"大国三农"系列规划教材

普通高等教育农业部"十二五"规划教材

普通高等教育"十四五"规划教材

地质学与地貌学

第3版

王 数 东野光亮◎主编

Geology and Geomorphology

中国农业大学出版社
China Agricultural University Press
·北 京·

内容简介

本书在第2版基础上，结合几年来各院校在教学过程中发现的问题，以及作者们教学研究和课程建设的新成果，进行增减、修订，并顺应时代的需求编写而成。本书既强调地质学、地貌学的基础理论和基础知识，又注重与农业资源环境相关内容、地质灾害及其防治等内容的结合。

本书可供高等农林院校农业资源环境、土地资源管理、地理信息科学、土地整治工程、生态学、环境科学、环境工程、农业气象、资源环境与城乡规划管理、水土保持与荒漠化防治等专业作为教材用书，也可供相关专业人员参考。

图书在版编目(CIP)数据

地质学与地貌学/王数，东野光亮主编. --3版. --北京：中国农业大学出版社，2022.12(2023.10重印)

ISBN 978-7-5655-2905-4

Ⅰ.①地… Ⅱ.①王…②东… Ⅲ.①地质学②地貌学 Ⅳ.①P5②P931

中国版本图书馆CIP数据核字(2022)第252850号

北京市规划和自然资源委员会地图审图号：GS京(2023)0212号

书　　名　地质学与地貌学　第3版
作　　者　王　数　东野光亮　主编

策划编辑　梁爱荣　　**责任编辑**　梁爱荣
封面设计　李尘工作室
出版发行　中国农业大学出版社
社　　址　北京市海淀区圆明园西路2号　　**邮政编码**　100193
电　　话　发行部 010-62733489,1190　　读者服务部 010-62732336
编辑部 010-62732617,2618　　出　版　部 010-62733440
网　　址　http://www.caupress.cn　　**E-mail** cbsszs@cau.edu.cn
经　　销　新华书店
印　　刷　北京鑫丰华彩印有限公司
版　　次　2023年1月第3版　　2023年10月第2次印刷
规　　格　185 mm×260 mm　16开本　26印张　615千字　插页5
定　　价　82.00元

第 3 版编写人员

主　　编　王　数　东野光亮

副 主 编　陈亚恒　王国安　朱西存　郑子成　赵文廷

编写人员　（按姓氏笔画排序）

王　数　　中国农业大学
王国安　　中国农业大学
东野光亮　山东农业大学
冯　君　　吉林农业大学
朱西存　　山东农业大学
闫　丰　　河北农业大学
纪文君　　中国农业大学
李秀娈　　菏泽学院
吴　训　　中国农业大学
陈亚恒　　河北农业大学
郑子成　　四川农业大学
赵文廷　　河北农业大学
栗　丽　　山西农业大学
徐　艳　　中国农业大学
郭景恒　　中国农业大学

第 2 版编审人员

主　　编　王　数　东野光亮

副 主 编　陈亚恒　田晓东　朱西存　郑子成

编写人员　（按姓氏笔画排序）

王　数	中国农业大学
王国安	中国农业大学
东野光亮	山东农业大学
田晓东	山西农业大学
冯　君	吉林农业大学
朱西存	山东农业大学
刘福臣	山东农业大学
李秀娈	菏泽学院
李惠卓	河北农业大学
陈亚恒	河北农业大学
郑子成	四川农业大学
赵文廷	河北农业大学
唐　兰	广西大学

主　　审　陆景冈　浙江大学

陈焕伟　中国农业大学

第 1 版编审人员

主　　编　王　数　东野光亮

副 主 编　夏建国　陈亚恒　刘福臣　田晓东

编写人员　（按姓氏笔画排序）

王　数　　中国农业大学
东野光亮　山东农业大学
田晓东　　山西农业大学
冯　君　　吉林农业大学
刘福臣　　山东农业大学
李惠卓　　河北农业大学
陈亚恒　　河北农业大学
郑子成　　四川农业大学
夏建国　　四川农业大学
唐　兰　　广西大学

主　　审　林　培　中国农业大学
梁成华　沈阳农业大学

第 3 版前言

习近平总书记在党的二十大报告中指出“科技是第一生产力、人才是第一资源、创新是第一动力”“实施科教兴国战略，强化现代化建设人才支撑”。人才是引领行业发展的第一资源，而教材是人才培养的根本。

《地质学与地貌学》(第 2 版)于 2013 年出版，至今已经 10 年。为了顺应国家的发展，使教材与时俱进，第 3 版在第 2 版的基础上，结合一线教师在教学过程中的教学研究和课程建设新成果，以及在教学中所发现的问题，对第 2 版内容进行了增减，同时采用新形态教材形式，并在合适的地方加入了相关思政元素内容。

第 2 版教材体系、结构和主要内容都比较合理，因此，结构上，第 3 版教材仍然分为 3 大板块:地质学部分、地貌学部分及地质灾害部分。纸质教材配套的相应数字资源，可以让更多的内容在数字资源部分延伸。内容上，在综合考虑地质学与地貌学的基本原理和核心内容的基础上，适当引入相关的实际案例。内容与农业资源环境、土地资源更加紧密结合，如新增加了“地下水与环境”“围海造陆、围湖造田与资源环境”的内容；有的标题虽然没有变化，但内容上有所更新，如第 9 章第 8 节中的“地表流水与土地利用规划”。考虑到教材的系统性，在地球概况中，新增“地球的起源及演化”。与第 2 版相比，删除了岩石与农田水利工程规划中较专业的内容；删除了第 2 版第 15 章中的“地质环境”一节内容，因为地质灾害问题就是环境问题，以便更详细地描述具体的地质灾害及其防治。形式上，采用新形态教材形式，在重点章后面增加二维码，以便读者更直观地查看彩色照片及短视频。在“中农 De 学堂”提供更多典型标本及景观图片，以开阔读者的视野；此外，还新增加一些配套数字资源如 PPT 课件、短视频和课外阅读材料，这些 PPT 是任课教师近些年在实践中新制作的很好的课件，视频则是最近几年实地拍摄的。另外，将思政元素引入教材，也是本教材的特色。为与国际接轨，在第 2 版基础上，在“专业术语中英文对照表”中增加了一些专业术语，地质年代表采用中英文对照，在课外阅读材料中选用了与重点章节内容相关的英文原文阅读材料。

《地质学与地貌学》(第 3 版)的作者，是在第 2 版作者基础上，又有新生力量的加入，这支有经验有活力的老中青组成的编写队伍，为打造一部高质量的理论教材奠定了基础。编写分工如下:绪论，王数、东野光亮；第 1 章，李秀娈、朱西存、赵文廷；第 2 章，王数、纪文君；第 3 章，王数；第 4 章，东野光亮、闫丰；第 5 章，王数、郭景恒、郑子成；第 6 章，王数、赵文廷、徐艳；第 7 章，朱西存；第 8 章，赵文廷；第 9 章，王数、徐艳；第 10 章，王数、徐艳、吴训；第 11 章，栗丽；第 12 章，王数；第 13 章，郑子成；第 14 章，王国安、陈亚恒；第 15 章，冯君、赵文廷。复习思考题主要由王数、陈亚恒、纪文君、栗丽、闫丰完成。数字资源部分主要由王数及各章作者完成。主编王数、东野光亮及 5 位副主编分别对教材有关内容进行了校核，全书由王数统稿。

感谢所有使用过第 2 版教材并提出宝贵意见的读者！感谢所有参考文献的作者！感谢研究生刘颖、李珍珍、毛率垒、王亚楠、蒲金芳、刘沙沙等对教材编写所做的工作！感谢所有关心和支持本教材的读者！

由于编者学识有限，书中难免有缺点和错误，恳请广大师生和读者批评指正！

编　者

2023 年 10 月

第 2 版前言

《地质学与地貌学教程》第 1 版出版至今已有 7 年了。本书在第 1 版的基本体系和内容框架的基础上，结合各院校任课教师使用该教材发现的问题以及近几年所进行教学研究和课程建设的成果，对该书的内容进行了部分更新、增加、删减和调整。

通过各院校师生的反馈情况，第 2 版教材中增加了地球相关知识及岩石圈等重要内容，起到承前启后的作用；在说明基本原理的同时，介绍了与旅游相关的造景地貌；结合近年来我国地质灾害频频发生的现状，对地质灾害的内容做了更进一步的充实，增加了有关“地质灾害勘察与评价”等与人们生产、生活密切相关的内容；另外，还增加了有关湿地的内容。为使教材更直观、生动地展现一些地质现象和地质过程，新增加了一些彩色照片并随书配有辅助光盘，使之更加立体化，以利于对教材内容的理解和拓展知识面。该教材在原有基础上，增补了相关参考文献，并增加了中英文术语对照表。

在本书修订过程中，先拟定了全书大纲，然后组织编写人员讨论，在讨论中达成了编写内容的共识。编写分工如下：绪论，王数、东野光亮；第 1 章，李秀娈、朱西存；第 2 章，李惠卓；第 3 章，王数；第 4 章，东野光亮；第 5 章，唐兰、王数、郑子成；第 6 章，王数；第 7 章，朱西存；第 8 章，刘福臣；第 9 章，王数；第 10 章，王数、刘福臣；第 11 章，田晓东；第 12 章，王数；第 13 章，郑子成；第 14 章，王国安、陈亚恒；第 15 章，赵文廷、冯君。复习思考题主要由王数、陈亚恒修改。电子部分内容由王数、王国安、朱西存完成。工数、东野光亮和几位副主编分别对有关内容进行了校核。全书由王数统稿。

本教材由浙江大学陆景冈教授和中国农业大学陈焕伟教授任主审，主审人对教材内容提出了许多宝贵的、中肯的建设性意见，主编根据这些意见进行了修改。

感谢所有使用过第 1 版教材并提出中肯意见的读者！感谢参考文献的作者！感谢所有关心和支持本教材的人们！

由于编者的学识有限，书中缺点和错误难免，恳请广大师生和读者批评指正！

编　者

2012 年 12 月

第 1 版前言

“地质学与地貌学”是土地资源管理、农业资源与环境、生态、信息管理、水土保持和荒漠化防治等专业的必修课，是一门重要的基础课程。本教材是为此课程而编写的。本教材包括地质学、地貌学及其应用几方面的内容，它们之间相互渗透、相互说明，地质作用及其结果贯穿全书。从地质学部分所涉及的地壳物质组成，到地貌学部分提到的各种地貌的形成，以及后面的地质灾害，都是地质作用的结果。除绪论外，全书共分 14 章。第 1～5 章大多数属于地质学范畴，分别介绍矿物，岩石，地质年代，构造运动和地质构造，风化作用及其在农业资源与环境学科中的应用，重点介绍内力地质作用及其产物；第 6～12 章主要介绍各种外力地质作用形成的地貌类型及其特征，分别是重力地貌，流水地貌及堆积物，地下水、岩溶地貌，风成地貌，黄土地貌，冰川地貌，海岸地貌和湖泊地貌；第 13、14 章分别讲述与农业相关的农业地质背景情况、地貌调查的程序和内容，以及与人类息息相关的地质灾害及其防治对策。本教材可供土地资源管理、农业资源与环境、资源环境与城乡规划管理、生态、环境工程、水土保持与荒漠化防治等专业的学生使用，也可供相关专业技术人员参考。

本教材是几所农业院校的老师，在多年的讲课经验和资料积累的基础上编写而成的。在内容上，一方面秉承成熟的理论体系，另一方面也注意适当地吸收有关内容的最新成果。本教材各章节的编写情况是：绪论，王数、东野光亮；第 1 章，李惠卓；第 2 章，王数；第 3 章，东野光亮；第 4 章，王数、唐兰、郑子成；第 5 章，王数；第 6 章，刘福臣；第 7 章，王数；第 8 章，王数、刘福臣；第 9 章，田晓东；第 10 章，王数；第 11 章，郑子成；第 12 章，陈亚恒；第 13 章，夏建国；第 14 章，冯君。复习思考题主要由王数、夏建国拟定。王数、东野光亮分别对教材内容进行了校核，全书由王数统稿。

本书由中国农业大学林培教授和沈阳农业大学梁成华教授主审，主审人对教材的编写提出了许多宝贵的建设性意见；该书还得到了北京大学的杨景春教授和南京大学的夏邦栋教授的大力支持，以及中国农业大学张凤荣教授、朱德举教授、刘黎明教授、陈焕伟教授和安萍丽、孙丹峰博士的热心指点和帮助，这里一并致谢！尽管文中给出了参考文献及引用者，但我们仍然要深深地感谢他们！还要感谢所有关心和支持本教材的人们！

由于编者的学识有限，书中缺点和错误难免，敬请广大师生和读者批评指正。

编　者

2004 年 10 月

目　录

绪论…………………………………………………………………… 1
一、地质学与地貌学的研究内容 …………………………………… 1
二、地质学与地貌学的关系 ………………………………………… 3
三、地质学与地貌学的发展历史、现状及展望……………………… 4
四、地质学与地貌学在农业领域中的应用 ………………………… 7
五、课程的学习重点和要求 ………………………………………… 9
复习思考题……………………………………………………………… 9
参考文献………………………………………………………………… 9
第一章　地球概况 …………………………………………………… 10
第一节　地球的起源与演化 ………………………………………… 10
一、地球的起源问题………………………………………………… 10
二、地球的演化……………………………………………………… 13
三、新地球观——地球系统科学…………………………………… 16
第二节　地球的物理性质 …………………………………………… 17
一、地球的密度和弹性……………………………………………… 17
二、地球的重力……………………………………………………… 18
三、地球的磁性……………………………………………………… 18
四、地球的温度……………………………………………………… 19
第三节　地球的构造 ………………………………………………… 20
一、地球的内部圈层………………………………………………… 21
二、地球的外部圈层………………………………………………… 26
第四节　地质作用 …………………………………………………… 27
一、地质作用的概念及分类………………………………………… 27
二、地质作用的特点及研究方法…………………………………… 28
复习思考题 …………………………………………………………… 30
参考文献 ……………………………………………………………… 30
第二章　矿物 ………………………………………………………… 32
第一节　矿物的概念 ………………………………………………… 32
一、矿物的定义……………………………………………………… 32
二、矿物的成因……………………………………………………… 34
第二节　矿物的化学成分 …………………………………………… 35
一、矿物的化学成分决定其晶格和外部性状……………………… 35
二、引起矿物化学成分变化的主要因素…………………………… 35
三、矿物中的水……………………………………………………… 37

第三节　矿物的形态和物理性质 …… 37
一、矿物的形态 …… 37
二、矿物的物理性质 …… 39
第四节　矿物的分类和常见矿物 …… 41
一、矿物的分类 …… 41
二、常见矿物 …… 42
第五节　矿物与农业资源环境 …… 51
一、土壤的矿物组成 …… 51
二、农用矿物 …… 55
三、矿物与农业环境 …… 55
二维码资源 …… 56
二维码 2-1　常见硅酸盐矿物 …… 56
二维码 2-2　其他常见矿物 …… 56
二维码 2-3　部分展示标本 …… 56
复习思考题 …… 56
参考文献 …… 56
第三章　岩石 …… 58
第一节　岩浆岩 …… 58
一、岩浆作用 …… 58
二、岩浆岩的物质成分 …… 62
三、岩浆岩的结构与构造 …… 66
四、岩浆岩的产状 …… 68
五、岩浆岩的分类和主要岩浆岩 …… 70
第二节　沉积岩 …… 77
一、沉积岩的形成过程 …… 78
二、沉积岩的物质成分 …… 80
三、沉积岩的结构与构造 …… 82
四、沉积岩的分类与主要沉积岩 …… 86
第三节　变质岩 …… 92
一、变质作用 …… 92
二、变质岩的物质成分 …… 95
三、变质岩的结构与构造 …… 95
四、变质岩的分类与主要变质岩 …… 96
第四节　岩石的演变 …… 100
一、三大岩类的转化关系 …… 100
二、影响岩石演变的因素 …… 101
第五节　岩石与农业的关系 …… 102
一、岩石与农田水利工程 …… 102
二、岩石与土壤 …… 103

二维码资源……………………………………………………………………………………… 103
二维码 3-1　常见岩浆岩 ………………………………………………………………… 103
二维码 3-2　常见沉积岩 ………………………………………………………………… 103
二维码 3-3　常见变质岩 ………………………………………………………………… 103
二维码 3-4　著名玉石 …………………………………………………………………… 103
二维码 3-5　各省代表岩石(摄于北京世园会) ………………………………………… 103
二维码 3-6　北京房山周口店村水泥厂附近的石灰岩矿 ……………………………… 103
二维码 3-7　北京房山大石窝镇的汉白玉矿 …………………………………………… 103
复习思考题……………………………………………………………………………………… 103
参考文献………………………………………………………………………………………… 104
第四章　地质年代…………………………………………………………………………… 105
第一节　绝对年代的确定……………………………………………………………………… 105
一、同位素年龄的计算 ………………………………………………………………… 105
二、测定地质年代的放射性同位素 …………………………………………………… 105
三、古地磁年龄的测定 ………………………………………………………………… 106
第二节　相对年代的确定……………………………………………………………………… 106
一、地层层序律 ………………………………………………………………………… 106
二、生物层序律 ………………………………………………………………………… 107
三、岩石地层学方法 …………………………………………………………………… 108
四、地层的接触关系 …………………………………………………………………… 108
五、切割律 ……………………………………………………………………………… 108
第三节　地质年代表…………………………………………………………………………… 108
一、地质年代表的建立 ………………………………………………………………… 108
二、岩石地层单位 ……………………………………………………………………… 109
三、年代地层单位与岩石地层单位的相互关系 ……………………………………… 110
四、我国的地质发展简史 ……………………………………………………………… 110
二维码资源……………………………………………………………………………………… 113
二维码 4-1　常见化石 …………………………………………………………………… 113
二维码 4-2　四川自贡恐龙化石群 ……………………………………………………… 113
复习思考题……………………………………………………………………………………… 113
参考文献………………………………………………………………………………………… 113
第五章　构造运动与地质构造……………………………………………………………… 114
第一节　构造运动……………………………………………………………………………… 114
一、构造运动的基本方式 ……………………………………………………………… 114
二、新构造运动和古构造运动 ………………………………………………………… 115
三、我国构造运动的概况 ……………………………………………………………… 118
第二节　地质构造……………………………………………………………………………… 119
一、水平构造 …………………………………………………………………………… 119
二、倾斜构造及岩层产状 ……………………………………………………………… 119

三、褶皱构造 …… 120
四、断裂构造 …… 123
第三节 构造地貌 …… 129
一、水平岩层的构造地貌 …… 129
二、倾斜岩层的构造地貌 …… 129
三、褶曲构造地貌 …… 130
四、断层构造地貌 …… 132
第四节 我国的大地构造 …… 137
一、槽台学说 …… 137
二、板块构造学说 …… 139
三、地质力学学说 …… 142
第五节 新构造运动及地质构造与农业资源 …… 143
一、新构造运动对土壤分布的影响 …… 143
二、新构造运动与土地资源利用 …… 143
三、地质构造与土壤分布和改良的关系 …… 144
四、地质构造与土地利用规划 …… 144
二维码资源 …… 145
二维码 5-1 京津冀地区部分地质构造 …… 145
二维码 5-2 地质构造 …… 145
复习思考题 …… 145
参考文献 …… 145
第六章 风化作用 …… 147
第一节 风化作用的类型 …… 147
一、物理风化作用 …… 147
二、化学风化作用 …… 148
三、生物风化作用 …… 150
第二节 主要矿物及岩石的风化特点 …… 150
一、影响岩石风化特征与风化速度的因素 …… 150
二、主要造岩矿物在风化过程中的变化 …… 153
三、主要岩石的风化特点 …… 154
第三节 风化产物 …… 156
一、风化产物的类型 …… 156
二、风化岩与残积物 …… 157
三、风化壳与风化带 …… 157
四、风化作用的阶段 …… 159
五、元素的地质循环 …… 160
六、土壤 …… 161
第四节 岩石风化与农业资源 …… 162
一、风化产物的岩石类型 …… 162

二、岩石的风化产物对土壤和作物的影响 …… 162
三、岩石风化物特性与土地利用管理 …… 164
二维码资源 …… 165
二维码 6-1　万年县的岩石类型及风化等级 …… 165
二维码 6-2　岩石风化 …… 165
二维码 6-3　洛阳龙门石窟 …… 165
复习思考题 …… 166
参考文献 …… 166
第七章　我国的典型岩石地貌 …… 167
第一节　花岗岩地貌 …… 167
一、花岗岩的分布 …… 167
二、花岗岩地貌 …… 168
第二节　玄武岩地貌 …… 173
一、柱状地形 …… 173
二、熔岩地貌 …… 174
第三节　砂岩地貌 …… 176
一、砂岩峰林地貌 …… 177
二、丹霞地貌 …… 178
三、嶂石岩地貌 …… 180
二维码资源 …… 181
二维码 7-1　花岗岩地貌 …… 181
二维码 7-2　玄武岩地貌 …… 181
二维码 7-3　砂岩景观 …… 181
二维码 7-4　江西龙虎山丹霞地貌 …… 181
二维码 7-5　广西北海涠州岛的玄武岩及景观 …… 181
复习思考题 …… 181
参考文献 …… 182
第八章　斜坡重力地貌 …… 184
第一节　崩塌 …… 184
一、崩塌的类型 …… 184
二、崩塌的形成条件 …… 186
三、崩塌堆积物和倒石堆 …… 187
四、崩塌坡体的识别 …… 188
第二节　滑坡 …… 188
一、滑坡的形态 …… 188
二、滑坡的影响因素 …… 190
三、滑坡的类型 …… 192
四、滑坡的发展阶段与识别 …… 194
五、滑坡的防治 …… 195

第三节 蠕动……197
一、蠕动的概念……197
二、蠕动的类型……197
二维码资源……198
二维码 8-1 崩塌及滑坡照片……198
复习思考题……198
参考文献……199
第九章 流水地貌……200
第一节 地表流水的一般概念……200
一、地表流水的形成……200
二、地表流水地质作用的影响因素……200
三、地表流水的特征……201
第二节 片流、洪流形成的地貌及堆积物……202
一、片流形成的地貌及堆积物……202
二、洪流形成的地貌及堆积物……204
三、泥石流……208
第三节 河流的地质作用……209
一、河流概述……209
二、河流的侵蚀作用……210
三、河流的搬运作用……213
四、河流的沉积作用及冲积物……214
第四节 河谷地貌……215
一、河床地貌……215
二、河漫滩……221
三、河流阶地……223
第五节 冲积平原……226
一、冲积扇……226
二、冲积平原的形成及地貌特征……226
三、冲积平原的物质结构……227
第六节 河口区地貌……228
一、河口区的特征……228
二、河口三角洲……228
第七节 河流地貌发育……231
一、河流发育与地质构造的关系……231
二、分水岭的迁移和河流袭夺……232
三、河流地貌发育的阶段……233
第八节 地表流水与资源环境……235
一、地表流水与矿产……235
二、地表流水与地下水资源……236

三、地表流水与土壤的形成和发育 …… 236
四、地表流水与农业用水和灌溉 …… 236
五、地表流水与土地利用规划 …… 236
六、水土流失的危害和防治 …… 237
二维码资源 …… 238
二维码 9-1　地貌与土地利用的关系实例 …… 238
二维码 9-2　流水地貌相关照片 …… 238
二维码 9-3　内蒙古额尔古纳河等 …… 238
二维码 9-4　贵州荔波世界自然遗产——68 级跌水之一 …… 238
复习思考题 …… 238
参考文献 …… 239
第十章　地下水、岩溶地貌 …… 240
第一节　地下水的基本概念和地质作用 …… 240
一、地下水的赋存空间与水分 …… 240
二、地下水的补给与排泄 …… 245
三、地下水的物理性质和化学成分 …… 248
四、地下水的地质作用 …… 249
第二节　地下水的类型及其特征 …… 250
一、包气带与饱水带 …… 250
二、地下水的类型及其特征 …… 251
第三节　地下水资源 …… 259
一、地下水资源的概念 …… 259
二、地下水资源的特征 …… 260
三、我国地下水资源概况 …… 261
第四节　岩溶地貌 …… 264
一、岩溶及岩溶作用过程 …… 264
二、岩溶发育的基本条件 …… 265
三、岩溶地貌 …… 267
第五节　地下水、岩溶与农业资源环境 …… 272
一、地下水与土壤的形成发育 …… 272
二、地下水与农田灌溉用水水质评价 …… 273
三、地下水与土地利用规划 …… 273
四、地下水与土壤盐渍化和沼泽化 …… 274
五、地下水与环境 …… 274
六、岩溶与农业资源环境 …… 275
二维码资源 …… 276
二维码 10-1　洛阳龙门石窟珍珠泉(岩溶水) …… 276
二维码 10-2　石灰岩岩溶地貌景观 …… 276
二维码 10-3　北京京东大溶洞 …… 276

二维码 10-4　北京京东大溶洞洞内的石笋及石钟乳 …… 276
二维码 10-5　九寨沟和黄龙的岩溶地貌 …… 276
复习思考题 …… 276
参考文献 …… 276
第十一章　风成地貌 …… 278
第一节　风的地质作用 …… 278
一、风的剥蚀作用 …… 278
二、风的搬运作用 …… 279
三、风的沉积作用与风积物 …… 281
第二节　风成地貌 …… 282
一、风蚀地貌 …… 282
二、风积地貌 …… 284
三、沙丘的移动 …… 287
四、风成地貌的影响因素 …… 289
第三节　沙质荒漠化及其防治 …… 289
一、荒漠和荒漠化 …… 289
二、沙质荒漠化的危害 …… 292
三、沙漠化的防治措施 …… 292
二维码资源 …… 294
二维码 11-1　风成地貌 …… 294
复习思考题 …… 294
参考文献 …… 294
第十二章　黄土地貌 …… 296
第一节　黄土 …… 296
一、黄土的分布 …… 296
二、黄土的一般特征 …… 298
三、黄土成因和我国的黄土地层 …… 300
第二节　黄土地貌 …… 302
一、黄土沟谷地貌 …… 303
二、黄土沟间地貌 …… 303
三、黄土谷坡地貌 …… 304
四、黄土潜蚀地貌 …… 304
第三节　黄土地区的水土流失及水土保持 …… 305
一、黄土地区的水土流失 …… 305
二、水土保持措施 …… 306
二维码资源 …… 306
二维码 12-1　陕西洛川黑木沟黄土 …… 306
二维码 12-2　洛川黑木沟黄土沟 …… 306
复习思考题 …… 306

参考文献……306
第十三章　冰川地貌与冻土地貌……307
第一节　基本概念……307
一、冰川的形成过程……307
二、冰川的类型……308
三、冰川的运动……311
四、冰川的前进与退缩……312
五、冰川的地质作用……312
第二节　冰川地貌……314
一、冰蚀地貌……314
二、冰碛地貌……316
三、冰水堆积地貌……317
第三节　冻土地貌……319
一、冻土……319
二、冻土地貌……321
第四节　冰川、冻土地貌与资源环境……324
一、全球气候变化与冰川……324
二、冻土与农业关系……326
复习思考题……328
参考文献……328
第十四章　海岸地貌和湖泊地貌……330
第一节　海岸地貌……330
一、海岸动力作用……331
二、海岸地貌……335
三、海岸类型……340
四、影响海岸发育的因素……345
第二节　湖泊与湿地……346
一、湖泊的形成与分类……346
二、湖泊的地质作用……348
三、湿地的分类及其特点……350
四、湿地的功能……353
第三节　围海造陆、围湖造田与资源环境……355
一、围海造陆与资源环境……355
二、围湖造田与资源环境……356
二维码资源……359
二维码 14-1　青海、西藏的湖泊……359
二维码 14-2　澳大利亚墨尔本的海岸地貌……359
复习思考题……359
参考文献……359

第十五章 地质灾害 …… 361
第一节 地质灾害的概念、类型及分布 …… 361
一、地质灾害的相关概念 …… 361
二、地质灾害的分类与分级 …… 362
三、地质灾害的分布 …… 364
四、地质灾害对农业资源与环境的影响 …… 365
第二节 地震灾害 …… 367
一、地震灾害概念 …… 367
二、地震的分布 …… 371
三、地震效应 …… 372
四、地震灾害的预报与预防 …… 373
第三节 地面沉降 …… 374
一、地面沉降的概念、类型及特点 …… 374
二、地面沉降的原因 …… 374
三、地面沉降的危害和防治 …… 376
第四节 其他地质灾害 …… 377
一、火山灾害 …… 377
二、崩塌、滑坡、泥石流 …… 380
三、地面塌陷 …… 381
第五节 地质灾害勘查与评价 …… 383
一、地质灾害勘查目的和任务 …… 384
二、地质灾害勘查工作程序 …… 384
三、地质灾害勘查方法与选用 …… 385
四、地质灾害危险性评估 …… 386
复习思考题 …… 390
参考文献 …… 390
专业术语中英文对照表 …… 391

绪　论

地学是以地球为研究对象的学科的统称，它是自然科学六大基础科学之一。地质学是地学的主要学科。除地质学外，与地球科学相关的还有地理学、气象学、生物学和天文学等学科。

地球包括固体地球及其外部大气。地质学着重研究地下，主要是固体地球表层几十千米厚的岩石圈；地理学重点研究地球表面；气象学则主要研究地球的大气圈；生物学重点研究地表的有机界；天文学则着重研究天体，并从天体的角度研究地球及地球的起源。本书中主要涉及地质学及地理学中的地貌学部分。

地质学、地貌学的出现都与人类的生产和生活需要分不开。经过长期的实践，地球被逐步认识，并形成了地质学和地貌学。地质学(Geology)是研究地球及其演变的一门自然科学，主要研究岩石圈的物质组成、构造、形成及其变化和发展历史以及古生物变化历史。地貌学(Geomorphology)则是研究地球表面的形态特征、结构及其发生、发展和分布规律，并利用这些规律来认识、利用和改造自然的科学。

一、地质学与地貌学的研究内容

(一)地质学的研究内容

随着生产发展的需要，地质学的任务需要分出专门学科分别承担。人们在生产实践中积累了丰富的经验，使各分支学科日益成熟，成为各自独立的学科。地质学的研究内容主要有：

1. 地球的物质组成

研究这方面的学科有结晶学、矿物学、岩石学、矿床学、地球化学等。结晶学是研究晶体的科学；矿物学是研究矿物的化学成分、内部构造、外部形态、物理性质及其相互关系，并阐明地壳中矿物的形成和变化历史，探讨其时空分布规律及其实际用途的科学；岩石学是研究岩石的分布、产状、成分、结构、构造、分类、成因和演化等方面的科学；地球化学是研究地球物质的化学成分及其化学运动规律的科学。

2. 地壳和地球的构造特征

研究这方面的学科有构造地质学、区域地质学、地球物理学等。其中构造地质学主要研究组成地壳的岩石、岩层和岩体在岩石圈中力的作用下变形形成的各种构造，并研究这些构造的几何形态、组合形式、形成机制和演化进程，探讨产生这些构造的作用力的方向、方式和性质；区域地质学是运用地质学的理论和方法，研究和阐明指定地区的地质构造及其演化的总体特征，探讨各种地质作用之间的内在联系，为矿产资源勘查、成矿规律分析、地质环境评价及有关经济建设提供综合性基础地质资料。

3. 地球的形成历史和演化规律以及古生物演化特征

研究这方面的学科有古生物学、地史学、地层学、第四纪地质学等。其中古生物学是研究地史时期的生物及其发展的科学；地史学是研究地壳发展历史的科学；地层学是根据化石的时空分布来划分对比地层的科学；第四纪地质学是研究在第四纪时期中地壳、气候和生物界发展历史与分布规律的科学。

4. 地质学的研究方法与手段

有遥感地质学、数学地质学、同位素地质学等。遥感地质学是以现代先进的遥感科学技术来研究地质体和某些地质现象在某些波段范围内的反射与发射电磁波的特性，以及它们所产生的影像特征；数学地质学是用数学的理论方法和计算机手段研究地质学基础理论、解决地质学及其实践问题的科学。

5. 地质学的应用

如水文地质学、工程地质学、地震地质学、环境地质学、石油地质学、煤田地质学等。水文地质学是研究地下水水量和水质的时空变化规律，地下水储藏和运动的地质环境条件，并研究如何运用这些规律去兴利除害的科学；工程地质学是调查、研究、解决与兴建各类工程建筑有关的地质问题的科学；地震地质学是运用地质学理论和方法研究地震成因、地震活动规律的科学；环境地质学是应用地质科学、环境科学以及其他相关学科的理论与方法，研究地质环境的基本特性、功能和演变规律及其与人类活动之间相互作用、相互制约关系的科学；石油地质学是研究石油和天然气在地壳中生成、运移和聚集规律的科学。

6. 综合性研究

新的地学思维是科学的整体思维，其促进了对地球的综合性研究。地质学一方面与其他的地球科学如气象、天文、生物等相结合，把地球作为一个整体而进行综合性研究；另一方面地质学与数学、物理、化学、医学等学科互相渗透，对解决现代科学的某些问题起着不可估量的作用。

（二）地貌学的研究内容

针对不同的研究内容，我国的地貌学出现了一些新的分支学科：

1. 气候地貌学

研究不同气候区的地貌形成、演变规律和地貌组合特征。

2. 构造地貌学

研究构造运动形成的各种地貌（如构造运动隆起形成的山地、台地和构造运动沉降形成的盆地、平原等），以及地质构造受外力作用后形成的各种地貌类型（如向斜山、背斜山、向斜谷、背斜谷等）。

3. 岩石地貌学

研究不同类型的岩石在外力剥蚀作用下形成的各种地貌形态。具有不同结构、构造及矿物成分的不同岩石，以及在不同外力条件下的同种岩石，都可形成不同的地貌特征。

4. 动力地貌学

运用河流动力学、海洋动力学、冰川动力学和风沙动力学的原理，研究河流地貌的演变、海岸地貌的形成发展、冰川地貌的成因以及沙丘的形成和移动规律。动力地貌学把地貌学朝着定量化方向推进。

5. 沉积地貌学

根据沉积物的成因和结构来研究地貌的形成和发展。

6.历史地貌学

研究不同阶段的地貌发育历史及地貌组合特征，并联系古自然环境对地貌发育的影响。

7.应用地貌学

分支学科有农业地貌学、工程地貌学、石油天然气地貌学等。农业地貌学研究影响农业区划和土壤区划等的地貌类型及其特征；工程地貌学是指修建各种工程如水利工程、道路工程时，对影响其稳定性等的各种地貌进行研究；石油天然气地貌学是研究石油、天然气的形成和赋存条件，其常常与地貌的形成和发展有关。

此外，还有遥感地貌学、地貌年代学等新的分支学科。新技术、新方法在地貌学中的应用为地貌学的发展开拓了新的方向。

二、地质学与地貌学的关系

(一)地貌形成的内、外动力

地质学从某种程度上说就是研究各种地质作用及其结果，地貌学则以研究地球表面的形态特征结构为主，因而地质作用是连接地质学和地貌学的纽带。地质作用包括内力地质作用和外力地质作用，正是这些内力及外力地质作用，或明或暗，或急或缓地作用于地球并改变着地球的面貌。

不同规模地貌的成因，有的与地球内营力作用有关，如构造运动形成构造地貌，岩浆作用形成熔岩地貌等；有的与外营力作用有关，如流水的侵蚀、搬运、沉积作用可形成各种流水地貌，风和冰川的剥蚀、沉积作用分别可形成风成地貌和冰川地貌等。一般说来，内营力具有造成地形起伏的趋势，外营力具有使地形夷平化的趋势。但是地表形态在形成和发展过程中并非仅由内营力或仅由外营力塑造成。如在构造运动上升形成的山地，它们同时又受外营力的雕塑，形成高岭深谷；而在构造运动下沉区，由于沉积作用，形成广阔的平原和盆地。所有地貌都在不断发展变化，其受构造运动、外营力作用和时间3个因素的影响。例如某一地区的构造运动常有升降变化，使地貌发育的方向发生改变，成为侵蚀地貌和堆积地貌的交替出现。可见，地貌的形成发展是内、外营力相互作用于地表的结果。

另外，随着人类活动的明显增多，即人为地质作用的加剧，使现代地貌无处不烙上人类活动的痕迹。人类活动对地貌发育的影响，一方面是直接建造人为地貌，如开凿运河、填平海峡等；另一方面是通过某些活动来间接影响地貌发育的方向与过程，如水土保持、改造荒漠、排涝蓄洪等。

(二)地貌形成的物质基础

地貌形成的物质基础是岩性和地质构造，而岩性和地质构造又是地质学的研究内容。

组成地壳的岩石有3大类：岩浆岩、沉积岩和变质岩。它们的颜色、矿物成分、结构和构造不同，因而抵抗外力剥蚀的能力也不相同。一般情况下，沉积岩抗蚀能力强，但也有少数沉积岩如页岩、泥灰岩等抵抗流水和风的破坏作用力差，而岩浆岩、变质岩抵抗流水侵蚀能力则较大，但又较易受风化作用影响遭崩解破坏，这便是岩石地貌学的研究内容。

大地构造单元是地貌发育的基础，不考虑地貌形成的地质背景，对各种地貌类型的现状和发展进程演化就说不透彻。常言道：“哪山不断层，到处有褶皱。”指的是断层和褶皱所形成的地貌，它们是很常见的构造地貌，此乃构造地貌学研究的内容。

地质构造形态和组成构造的岩性特征，对地貌发育也有重要的影响，主要表现在地貌对构造的适应性和地质构造所反映的基本形式。地貌对构造的适应性指地貌发育与构造线（褶皱轴、断裂带等）一致或部分一致，这是地质构造在剥蚀作用下，表现其地貌意义的一种普遍形式。大如构造体系控制山脉及水系布局，次如河谷及岩溶沿背斜轴部、断裂带发育等。地貌适应构造的现象，在巨型地貌以外的各级地貌中普遍存在，特别是流水地貌，更容易适应各种构造体系、构造形态和构造软弱带，岩溶发育也部分地呈现类似关系。

三、地质学与地貌学的发展历史、现状及展望

（一）地质学发展历史

在欧洲，地质科学资料的系统搜集始于 18 世纪中期。地质学的发展经历了原始时期（18 世纪中期以前）、近代时期（18 世纪中期至 20 世纪初）和现代时期（始于 20 世纪初）。自从哥伦布发现新大陆以来，探险和旅行成为一种颇为时兴之举。但是主要以考察地质现象为目的的旅行和探险，则从 18 世纪中叶开始。近代地质学时期，是以郝屯（J. Hutton）、魏尔纳（A. G. Werner）、史密斯（W. Smith）、居维叶（G. Cuvier）等为代表的一大批地质旅行家所奠定的，建立了生物地层系统和地质年表，开展了地质制图工作，确立了以郝屯（J. Hutton）—莱伊尔（C. Lyell）—达尔文（C. R. Darwin）为代表的地质学原理和方法。现代地质学时期则出现了以大陆漂移-海底扩张-板块构造学说为代表的一系列新的地质学理论，以及正在建立的地质学新的理论体系。20 世纪 60 年代末，产生了一门研究人类与环境相互作用、相互影响的新学科——环境地质学（Environmental Geology），它的出现旨在减轻自然灾害给人类带来的灾难，减轻人类自身经济技术给人类生存环境带来的破坏。科学地质学发展至今已有 200 多年的历史，是一门比较成熟的学科。

中国地质科学的发展大致可分为 3 个阶段：萌芽阶段（1872—1911 年）、近代阶段（1911—1949 年）和现代阶段（1949 年至今）。我国地质学的建立是从学习外国起步的。中国地质学奠基的主要标志是中国地层系统的建立。从 19 世纪 60 年代起，陆续有外国学者到中国调查地质矿产、考察中国的地质地理情况。1920 年，葛利普（A. W. Grabau）教授来华以及李四光、袁复礼等大批地质先驱留学回国，北京大学地质系孙云铸、钱声骏等毕业，他们都加入了中国地质学奠基者的队伍。从 1913 年地质研究所和地质调查所建立，到抗日战争爆发以前，中国地质学家主要依靠自己的力量，在全国范围内基本建立起中国的地层系统，为中国地质学的发展奠定了牢固的基础。

（二）地貌学发展简史

地貌学主要是近百年来逐渐发展起来的。随着经济发展和自然资源开发的需要，使它从其他学科中分化出来，成为一门独立的科学。

美国地貌学是在对美国西部地区进行自然资源调查和开发基础上发展起来的。美国西部的地质构造在地貌上表现明显，在进行地质调查时常采用地貌分析方法。美国地貌学派的代表人物是戴维斯（W. M. Davis，1850—1934 年），他创立了“侵蚀循环”理论，形成了科学地貌学最基本的思想体系。他认为地貌的发育要素有 3 个，即构造、营力和时间。地貌演化反映了这三者之间的函数关系，这一提法抓住了地貌演化过程中的实质。在每种循环中，又分出若干相

对意义的发育阶段:即幼年期、壮年期和老年期。戴维斯的理论比较全面地概括了地貌发育的因素,对地貌学的发展起过推动作用,但也存在严重的缺点,如把内力和外力从时间上截然分开。

欧洲地貌学是从中世纪文艺复兴时期以前的水工学中发展起来的,特别是围绕着阿尔卑斯山的一些欧洲国家,如德国、法国、奥地利、意大利,在进行水利建设的同时,研究了河流和冰川。欧洲地貌学的发展还和整个19世纪期间大规模的地形测量有关,因为有了大量的地形图,地貌学的量计研究才得到发展。此外,由于当时资本主义发展,需要调查矿产资源,在广大地区进行了地貌调查,对一些地貌发育的理论问题都进行了系统研究和总结。德国学者彭克(W. Penck,1888—1923年)的《地形分析》一书,就是这个时期的代表作。彭克的观点与戴维斯的不同,他认为地貌是内、外力同时相互作用下的产物,研究地貌学的目的就是通过分析地貌形态,实际去了解内、外力之间的相互关系,以便确定构造运动的性质。

20世纪50年代以后,地貌学进入了一个新的发展阶段,它逐渐从以往的定性描述转入数理分析和定量研究。首先,大量引进相邻学科如河流动力学、海洋动力学、冰川动力学、风沙动力学等先进理论和技术来充实自己。其次,由于板块构造理论的建立,海底地貌和构造地貌的研究有突飞猛进的发展;石油及其他沉积矿产勘探的需要,推动了沉积地貌学的发展;遥感技术、地貌年代测定技术、孢子花粉分析、地理信息系统等新技术和新方法的应用,使地貌学的研究内容在宏观和微观两方面都有重大进展。

我国的地貌学思想在公元5世纪就已有萌芽,但作为科学的地貌学是19世纪至20世纪初发展起来的。19世纪后,特别是鸦片战争以后,一些外国地学家纷纷趁机来我国“调查”和收集各种资料,对我国的黄土、冰川、河流和海岸地貌等做了一些研究。我国科学家在当时极端困难的条件下,也做了一些地貌研究,并取得了一定的成绩。新中国成立以来我国的地貌学得到了飞速发展,在许多方面取得了成绩,如系统地研究黄河下游游荡河流的成因、多沙河流的河床演变特征和长江三峡的河流地貌等,为水利建设提供了许多重要资料;研究活动构造地貌为中长期预报地震提供科学依据。

(三)地质学和地貌学的现状

1. 新技术的应用越来越广泛

如计算机技术、遥感技术的应用等。

2. 分析、研究定量化

近几十年来,遥感、地质和地貌年代测定技术、地理信息系统等在地质学及地貌学研究中的广泛应用,使定量研究更进一步。

3. 所研究的地球表面的广度和地球内部的深度有所增加

人类在南、北两极开展了有关研究,也进行了深海深地研究,钻井已超过12 km。

4. 研究的范围已扩展到了其他星球

从1969年7月20日美国人登陆月球起,探索月球的奥秘就开始了,地质学也就参与到该行列中。从取回的岩石样品分析得知,月球是由岩浆岩组成的,玄武岩为月球的主要岩石之一。2022年9月9日,中国国家航天局、国家原子能机构联合宣布,中国科学家在月球样品研究中发现了新矿物——嫦娥石。对火星的研究表明,红色火星表面也是由岩石组成的。2004年

3月2日,美国宇航局科学家宣布,“机遇”号火星车已找到火星上曾经有过液态水的强有力证据。通过“机遇”号对一块火星岩石分析,科学家发现了硫酸盐等一些必须在有液态水存在的条件下才会形成的矿物质。这一重大发现证明,火星过去可能有过适合生命栖居的环境。

5. 环境地质问题越来越得到重视

人类的生存环境就其本质来说是地球表面的生态地质环境,它包括大气圈、水圈、生物圈和岩石圈四个相互联系和制约的整体,离开了地质环境就无法完整地研究人类赖以生存的周围环境。环境地质问题成为1992年以来各届国际地质大会所关心的主题。毫无疑问,环境地质学是21世纪发展最迅速的地质学分支学科。

6. 数字地球概念的提出

“数字地球”概念于1998年初被提出。此概念的提出,是继1992年信息高速公路之后的人类又一伟大壮举,即建设“数字地球”的空间信息革命。

数字地球是解决空间信息共享的一门技术,它从空间数据的组织、管理和位置查询方面为不同的地学应用提供了保证,并可满足空间数据的采集、转换、存储、检索、处理、分析、产生和显示等要求,是一种特殊的信息系统。它伴随着地学研究的飞速发展和信息技术的突飞猛进,正在随着网络共享、数字化生存、数字经济等概念向一个以三维空间和多维信息处理为目的的以及能够真正共享与处理地球信息概念体系过渡。

数字地球的提出是地学和信息技术飞速发展的必然产物。早在20世纪60年代,科学家们便开始了数字地球的原型即数字地理信息革命的探索。由于早期的计算机速度以及网络体系较落后,当时只能从建立数字地球的支柱技术——3S即遥感(RS)、地理信息系统(GIS)以及全球定位系统(GPS)着手,从机理方面对数字地球进行研究。然而,随着计算机和网络技术的飞速发展以及3S技术的不断成熟,我们获取、存储、处理和显示空间信息的方法发生了翻天覆地的变化,使得人类对自己所处的星球及周围环境、文化现象等史无前例的海量数据的处理成为可能。因此,面对信息化社会对空间信息的迫切需求以及地学信息的复杂性特点,人类不得不去建立一种新的机制来处理和共享与日俱增的地球信息。这样,实现信息资源的共享与合理使用,建立一个全人类的数字地球便成了自然而然的一个问题。数字地球的提出,使全球性地共享资源成为可能,人们可以在一个地方看到几千里以外的地貌三维图,而且通过定量的科学计算将可以对地震、火山、暴雨、泥石流、滑坡等自然灾害进行模拟,以达到减灾防灾的作用。数字地球的提出,使“运筹于帷幄之中,决胜于千里之外”的古老梦想得以实现,使人类真正成为地球的主人。

7. 大数据时代对地学的影响

大数据对各行各业都造成了巨大影响,不仅给地学界带来了技术方面的革新,还转变了专家、学者对待学术问题的思考方式。在大数据时代下,地学领域的数据化水平持续提升,更好地与外界数据相连接,可以打破信息孤岛,让地学的定量化分析可以达到一个更高的标准。

(四)地学展望

为了可持续发展,求实的、定位正确的地球科学将介入许多发展方面,如水、土壤、减少贫困、城市化、废物处理、能源、矿产、减灾和教育等。

(1)地质科学可以确定新的、深部的、遥远的淡水层,预报地下水污染的途径,并且提出防止地下水被进一步污染的有效措施。

(2)地学家们可以评价哪些肥沃土地可能被洪水或海岸侵蚀，造成遗弃和盐碱化，并应用演化模型来减缓或避免土壤的继续流失。

(3)地球科学在减少贫困方面也能发挥极大的作用。贫困是土地退化的驱动力，贫困可以由提供给穷人更多基本需求而得到缓解，如安全蔽身处、饮用水和良好食物，安全蔽身处意味着他们将能防护自然和人为的灾害，如洪水、海啸、火山喷发、地震、地面沉降和不稳定地基等。由于这些灾害的大部分具有由地球作用控制的自然原因，地球科学家有能力预报、防止或减轻这类灾害。

(4)城市土地将更加集中地利用，构筑更多的地下基础设施、地下工厂和存储仓库；在海岸带将改造更多的土地、控制城市中的水管理和城市防洪等。而这些都要通过地球科学的参与才能圆满地解决。

(5)地质学可以很好地解决废物处置问题。可持续的废物处理是建立在“多屏障”原则之上的，要考虑不可渗透或弱渗透基础，如厚黏土体、页岩等作为渗滤进入生物圈之前的最后屏障。

(6)不可更新的能源如石油、天然气正在逐渐而无可挽回地枯竭。地球科学可以协助以最适宜的方式开发紧缺的能源资源。

(7)地质学可以协助进行环境可持续且经济有效益的矿业。

(8)环境地质学的研究内容之一就是防止和减轻地质灾害。此外，以极大努力开发的全球气候模型，如果没有提供地质数据并依靠其进行评价，将是无效的。

四、地质学与地貌学在农业领域中的应用

地质学、地貌学与农业的关系非常密切，我国很早就有人注意到自然条件对农业的影响。春秋战国时代，曾记载有“凡草土之道，各有谷造”，阐明了植物生长与地形、土壤和水文等的相互关系。北魏时，在贾思勰的《齐民要术》中指出：“顺天时，量地利，则用力少而成功多。任情反性，劳而无获”。他科学地认为因地制宜是获得好收成的途径。17 世纪到 19 世纪末期，在当时的历史条件下产生了土壤形成的地质学认识，即认为地球表面这一层疏松的土壤是由于岩石风化和受到淋溶的疏松的岩石表层，将土壤认为是一种地质体，因当时的土壤学家大多为地质学家和地理学家。后来土壤学的发展，即土壤发生学的形成，进一步修正和发展了这一些有关学说，形成了现代土壤发生学(Pedology)。

土壤学与地质学的关系也是相当密切的，介于土壤学和地质学之间新的分支学科“土壤地质学”就说明了这点。土壤地质学是运用地质学的手段说明土壤的发生、分布、形成历史以及地质体如何影响土壤的理化性状等，给土壤学增添了新的内容和新的研究途径(刘东生，1993)。如青藏高原隆起给高原土壤带来了特殊的形成环境，还因为隆起而改变了气候等因素，甚至影响到全国的土壤布局；又如举世瞩目的“南水北调”工程，表面看来它只引起水文地质环境的某些变化，但处理不当，可能在较大范围引发某些地区的土壤盐碱化与沼泽化。另外，运用土壤学手段，也能丰富地质学的内容，例如根据某些土壤分布的位置，如第三纪古红土等，可以了解新构造运动上升的依据及其升降幅度等。

此外，从农业资源的获得、农业环境的保护，到地质灾害引起的农业环境的破坏，地质学和地貌学都可以提供科学性的指导，服务于农业。

地质学与地貌学在农业各个方面的应用主要表现在以下几个方面：

(一)为农业问题提供科学依据

地质学、地貌学为农业规划、土壤区划、农田基本建设提供科学依据。在进行各种农业规划、土地规划、土壤区划、农田基本建设时,往往要考虑各地区的自然条件。而地质、地貌是自然条件的基本内容之一。有的农业生产问题直接就与地质问题相关,如干旱、半干旱和半湿润地区的盐碱地,就是因为土壤中积累了大量盐分所致,该问题又与地下水密切相连,而地下水本身属于地质学的一门分支学科——水文地质学的研究范畴。位于河北省邯郸地区的曲周县,以前就存在大片的盐碱地。人们掌握了当地地下水的分布、运移规律,因而采取相应措施对土壤进行了改良。

(二)土壤的形成发育

土壤的形成是各种成土因素综合作用的结果。在成土因素中,母质是形成土壤的基础物质,是土壤的骨架,是最重要的影响因素。所谓母质是指与土壤直接发生联系的母岩的风化产物,所以地球上的土壤都是地壳中的岩石经风化作用和成土作用形成的,母岩所含矿质元素的多少会影响到土壤的肥沃与贫瘠,母岩特性的各异势必影响到土壤的性质。石灰岩上发育的土壤与花岗岩上发育的土壤是不同的,前者带黏性并偏碱性,后者带砂性常偏酸性。

另外,地形因素也影响到土壤的形成。地形是影响土壤与环境之间进行物质、能量交换的重要场所。其作用是:一方面使物质在地表进行再分配;另一方面使土壤及母质在接受光、热条件方面发生差异,以及接受降水或潜水在土体的重新分配上的差异。这些差异都深刻地影响到土壤性质、土壤肥力和土壤类型的差异。如地形坡度较大,则冲刷作用强,形成的土层薄,而在坡麓则接受沉积,形成的土层厚,土壤养分条件好。

土壤形成以后,其发育程度随着时间的增长而加强。各地所处位置不同,其开始形成土壤的时间也不同,即土壤的形成年龄不同。具有不同年龄和不同发生历史的土壤,其所属类型也不同,土壤的性质、特征也不同。

(三)岩矿与农业资源

矿质肥料对农作物的增产有显著的效果。大多数化肥所用矿石,如钾矿石、磷矿石、泥炭等,制造农药的硫黄、雌黄、雄黄等和改良土壤用的沸石、石灰岩等都是地质作用的产物,它们都是很有价值的农业资源,在地壳内有一定的分布规律,掌握其分布规律,就能开发这些天然矿产为农业服务,既经济又方便。

(四)水与农业资源

农业灌溉是农业生产的一个关键问题,如果能很好地了解和掌握地表水、地下水的各种地质作用规律,根据地质、地形条件兴修水利工程,那么就能主动地利用和控制地表水、地下水,以提高农作物产量。要充分地、合理地利用土地资源,全面发展农业生产,无论是开垦荒地扩大耕地面积,还是进行农田基本建设,提高现有耕地的集约化经营水平,都必须解决好水的问题。因此,地表水、地下水的地质作用及其作为资源与农业的关系是非常密切的。

(五)地质学、地貌学与土地科学

地质学、地貌学与土地科学的关系非常密切,不论对土地资源还是对土地利用规划,都有非常重要的作用。土地资源的构成要素之一是地学要素,包括地形地貌、岩性特征等。地貌类型可决定土地资源的性质和利用方向。如以平原地貌类型为例,山前平原的扇缘地带往往低洼，土地资源性质上表现为水分较多，而成为水稻田和池塘养殖的土地资源利用方向，其扇中上部由于地下水埋深大、沉积物较粗而多为旱地或果树的土地资源利用方向；而北方干旱、半干旱地区的滨海平原，由于土壤含盐使平原的生物利用开发受到一定的限制。又如在做工业民用建设用地、交通用地、水利工程用地规划时，应考虑所选场址的地质构造和岩性等特征，根据土地的承压强度而合理地安排建筑物的布局和市政设施，做到既充分发挥岩土体的潜力，又安全与经济地实施城市工程建设。

(六)地质学、地貌学与农业环境

环境地质学的任务就是要减轻自然灾害给人类带来的灾难，减轻人类自身经济技术给人类生存环境带来的破坏。因此，针对地震、火山、滑坡、崩塌、泥石流等自然因素引发的农业地质灾害，以及土地沙漠化、地面沉降、地下水污染等人为因素造成的灾害，地质学和地貌学就有责无旁贷的义务。预报、治理这些地质灾害是地学的一个重要内容。此外，在农田污染和低产田方面，也可根据农业地质背景及地貌调查找到原因加以改善、治理，为农业生产服务。

五、课程的学习重点和要求

本教材是相应的地学课程的配套教材。地质作用这一概念贯穿于整个教材中，所以课程的重点是介绍各种内力、外力地质作用及其产生的结果，即内力地质作用形成的矿物、岩石、构造运动和各种地质构造；内力和外力地质作用形成的各种地貌类型以及与各种地貌类型相关的沉积物。重点是三大类岩石的特征及其风化特点，各种地下水类型的特征，构造地貌、流水地貌、岩溶地貌、黄土地貌、海岸地貌的形成原理、形态特征及结构特点。

此外，通过地学课程的学习，要求初步建立正确的地学时空观；能鉴定常见的造岩矿物和岩石；识别一般的地质构造；能阅读一般的地质图；掌握一般的野外工作方法；对地质学和地貌学在土地资源、地理信息科学、土地整治工程、农业资源与环境、生态学、资源环境与城乡规划、环境工程、水土保持与荒漠化防治等方面的应用有所了解，并能与专业有机结合而为其服务。

复习思考题

1. 地质学与地貌学的关系如何？
2. 地质学、地貌学主要研究哪些内容？
3. 地质学、地貌学与农业科学的关系如何？

参考文献

华南农业大学. 地质学基础. 北京：中国农业出版社，1999.

孙荣圭. 地质科学史纲. 北京：北京大学出版社，1984.

de Mulder E F J，Cordani U G. 未来 10 年为了可持续发展的地质科学. 北京：地质出版社，1999.

第一章 地球概况

在广阔无垠的宇宙中存在着形形色色的物质及物体，人类居住的地球是这个物质世界的组成部分，地球之于宇宙，就如滴水之于沧海、砂砾之于大漠，地球是太阳系中的一颗行星，而太阳系又是银河系中无数恒星之一。宇宙则由很多个像银河系甚至更庞大的恒星集团组成。根据地球最古老的物质记录，以及太阳系内原始物质和月球岩石年龄等综合判断，地球形成于大约46亿年前。

第一节 地球的起源与演化

地球的起源与演化始终是人类面临的自然科学终极问题，也是人类关于自身发展与地球命运的哲学问题。从长期以来信奉上帝创造世界的宗教观念，到哥白尼、伽利略、开普勒和牛顿等人的发现而彻底推翻“神创说”，再到18世纪以来的各种关于地球起源的“假说”，人类对于地球有了越来越全面和客观的认识。现代文明以来，随着科学技术的发展与进步，对宇宙和太阳系的观测越来越精细，人类的眼界越来越开阔，掌握的证据也越来越多，对太阳系及地球的认识也就更加深入。目前，关于这个问题的认识，尽管尚存在许多激烈的争论，但较为一致地认为：地球起源和演化与地球的物质组成、地球的各种性质、内外圈层的起源和演化以及地球的资源与环境等方面都有着密切关系。

一、地球的起源问题

（一）太阳系及地球起源的基本问题

关于太阳系与地球起源是一个十分复杂而艰深的科学难题。对于这个问题，人们进行了200多年的研究和探讨，但目前仍处于假说阶段。长期以来，虽然提出了很多假说，但至今尚未建立一种论据充分、得到大家普遍公认的科学假说。关于太阳系起源的假说是否合理，有一定衡量标准，即必须符合目前所了解到的太阳系的一些基本特征和基本事实，主要有下列几点：

(1)所有行星公转运行轨道都是椭圆形的，并且几乎位于同一轨道平面上（共面性），各轨道平面与太阳赤道面交角均小于7°。

(2)大多数行星都以同一方向绕日运行，而且还各自以同一方向绕轴自转（同向性），大部分卫星也是作同方向旋转，只有金星、天王星及天王星和海王星的部分卫星呈反向旋转或呈大角度斜向旋转。

(3)各行星与太阳间的距离具有按近似于几何级数递增的规律。

(4)太阳占太阳系总质量的99.86%，可是角动量（$C=M\gamma 2\omega$）只占太阳系角动量的1%，而99%的角动量分配在行星、卫星、彗星和小行星中。

(5)类地行星距太阳近、体积小、质量小、密度大、自转慢、卫星少；木星、土星、天王星和海王星为类木行星，它们距太阳远、体积大、质量大、密度小、自转快、卫星多，多具星环。

(6)太阳系内其他天体上已知的元素，地球上都存在，即太阳系具有组成物质的统一性。行星的内部结构一般均可分为星壳、星幔和星核3个圈层，即内部结构具有相似性。

(7)根据月球、地球和陨石样品中所含放射性元素的同位素年龄测定，得出了46亿年的相近年龄值，推测它可能代表了行星的形成年龄，即太阳系行星的形成年龄具有一致性。

(8)太阳同行星的物质组成有差别，氢、氦两种元素占太阳组成的99%，行星主要由较重元素构成，铁、氧、硅、镁在类地行星中占90%左右。

(二)太阳系及地球起源的假说

天体是怎样形成的？以后又经历了什么样的发展演化和过程？早引起了人们的关注。自1543年哥白尼提出“日心地动说”后，人类对天体演化的认识才冲破宗教迷信的桎梏，哲学家和自然科学家们开始了太阳系及地球起源问题的科学探讨。18世纪以来，科学家们先后提出了几十个假说，其中有些假说因立论无据而不能圆满地解释太阳系存在的客观规律，相继退出了地球科学舞台；但有些假说在促进天体演化及发展上却起了一定的积极作用，甚至对现代地球科学的形成与发展影响极大，如宇宙的膨胀说、星云说等。

天体形成的星云说最早由德国哲学家康德(1724—1804年)提出，在他1755年出版的《自然通史与天体论》中陈述了他的星云假说：天体物质具有自身的运动规律，宇宙中弥漫着气体与尘埃组成的星云，在万有引力作用下密度较大的微粒吸引了周围密度较小的物质逐渐集成大的团块，从而引力增大，促使聚集加快，形成巨大的球体，即原始太阳。原始太阳周围的微粒继续向引力中心竖直落下时，由于斥力而发生偏转，其中有一个主导方向，遂形成扁圆的旋转云状物。同时又逐渐聚集成小团块，在引力和斥力的共同影响下绕太阳旋转，形成行星。行星周围的颗粒以同样过程形成卫星。太阳是在太阳系聚集时开始发热发光的。行星中密度较大者受到较大引力而离太阳近，密度较小者离太阳远。康德假说的主要问题在角动量的分配上，而且原先不动的原始太阳在引力和斥力下会旋转起来也是不可能的。

法国天文学家兼数学家拉普拉斯(P. S. de Laplace，1749—1827年)在1796年出版的《宇宙体系解说》中提出太阳系成因的星云假说(图1-1)。他认为原始太阳是炽热的球形星云，直径有太阳系直径那么大，缓慢自转。圆盘由于散热收缩而自转加速，从而致使赤道离心力增大，星云变扁，当离心力超过向心力时分离出一个环，以后又相继分离出五个环(当时只知道6

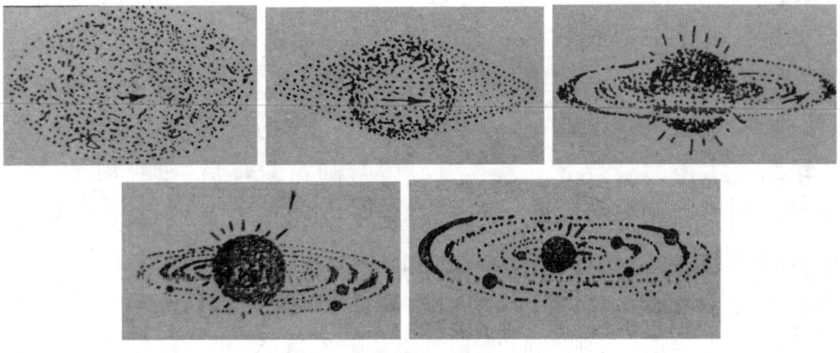

图1-1　拉普拉斯星云假说

(引自张宝政等，1983)

颗行星),各环绕日运转时逐渐吸聚成行星。热的行星以同样方式形成卫星。现知木星、土星和天王星都有这样的环就是证据,人们把这种环称拉普拉斯环。但拉普拉斯的这个假说也没有解决角动量分配问题。如果行星是太阳分出来的,两者的角动量与质量关系应该一致,现在却大不相同。太阳目前的转速太低,不能抛出环来。

康德和拉普拉斯假说,均认为太阳系是由星云本身物质经自身的演变而逐渐形成的,结论大致相同。但具体细节存在一定差别,拉普拉斯认为星云物质是炽热的,而康德没有提到温度问题。关于星云转化为行星的动力,康德认为是大微粒对小微粒的吸引力,拉普拉斯则认为是气体冷却;作为吸引力的对立面的另一种力,康德认为是斥力,而拉普拉斯则强调离心力的作用。关于行星形成过程,康德假说是基本微粒云—团块—行星,而拉普拉斯假说是气体云—分离环—团块—行星。

康德与拉普拉斯的星云假说没能解释太阳与行星之间的角动量分配问题,到了 19 世纪末,星云假说基本上受到了否定。科学家们开始寻找太阳系以外的原因,于是出现了一些新的假说。具代表性的有潮汐假说和俘获假说。

潮汐假说由英国天文学家兼物理学家吉恩兹(1877—1946 年)1916 年提出。他主张:炽热的原始太阳在与另一巨大星体接近时受吸力或碰撞,使原始太阳抛出一股气流或团块,凝聚成行星绕日旋转。该假说的根本问题是,恒星间距离遥远且有各自的轨道和规律,不可能靠近到发生引潮或碰撞,即使发生引潮现象,也不可能吸出到冥王星那么远的距离。俘获假说由俄国学者施密特(1891—1956 年)1946 年提出。他认为,旋转着的太阳在穿过一片暗星云时,便俘获了一部分气尘物质绕其旋转,并且相互聚集和碰撞,使各个方向的轨道逐渐平均化而趋于同一轨道平面,并按密度大小聚成行星和卫星。行星占有大的角动量是原来暗星云给的,而不是太阳给的。他这样来解决角动量的分配,但仍然存在着一些问题。实际上,当太阳比暗星云的角动量小得多的时候,不可能发生俘获。

随着 20 世纪中叶以来天文地质学的发展,人们认识到,太阳系的天体在物质成分、结构构造及形成演化方面都具有相似性,应该具有共同的起源。于是开始重新认识"星云假说"的合理成分,并对其进行修正。其中问题的焦点集中在质量与角动量分配的矛盾上。现代比较流行的解释是"磁耦合假说"。

20 世纪 60 年代英国天文学家 E. 霍伊尔(Hoyle)和法国天文学家 E. 沙兹曼(Schatzman)从电磁作用的机制来研究太阳系的起源问题,即所谓的"磁耦合假说"。该假说的要点是角动量是可以由带电粒子在磁场中运动的方式来转移的(图 1-2)。霍伊尔的假说在太阳系形成的开始阶段和拉普拉斯的星云假说有些相似。他认为:太阳系开始时是一团凝缩的星云,但温度并不高,转动并不快,转动速度因急剧收缩而加快,当这团星云的半径收缩到一定的程度,它的转动就达到不稳定的状态,两极渐扁,赤道突出,物质终于由此处抛出,形成一个圆盘。圆盘的质量只有太阳的百分之一。当中心体与圆盘脱离后,继续收缩,不再分裂,最后形成太阳。圆盘内物质则相互凝聚成了行星。星际空间存在着很强的磁场,太阳的热核反应发出电磁辐射,使周围的气体云盘成为等离子体在磁场内转动,当太阳与圆盘脱离时,太阳与圆盘内缘就发生了电磁流体力学作用而产生一种磁致力矩,从而使太阳的角动量转移到圆盘上。由于角动量的增加,圆盘向外扩展,太阳不断收缩。因失去了角动量而使其自转速度减慢。因为太阳辐射作用产生的太阳风推开了轻的物质,聚集成类木行星,较重的物质未能推走便在太阳附近聚集成为类地行星。这是一个比较令人满意的假说,然而也存在着很多问题有待进一步解决。

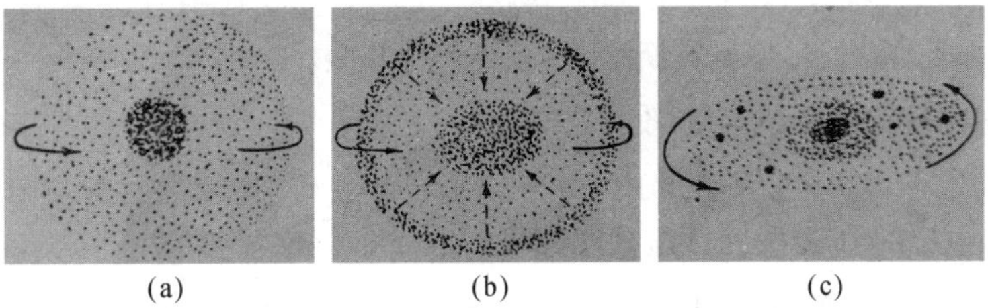

(a)原始太阳云具有密度较大的气体“尘埃”中心;(b)中心部分形成原始太阳;(c)在同一赤道面上聚集形成行星胚胎

图 1-2 太阳系形成的磁耦合假说

(引自张宝政等,1983)

(三) 太阳活动对地球的影响

太阳活动指太阳大气中所进行的激烈扰动的物理过程,主要表现有太阳黑子、耀斑、太阳风等。黑子为太阳光球上一个相对黑暗区,其温度比光球温度低,具有很强的磁场。太阳的光球之外为色球区,这里是一个充满着磁场的等离子体层,由于磁场不稳定,常常发生剧烈的色球爆发,称为耀斑。

太阳风是从太阳外层大气向外发射的一种较稳定的粒子流。太阳既有亿年、千万年、百万年尺度的变化,又有千年、百年、十年的变化。太阳活动的周期性无疑也制约着地球上各个方面、各种因素的周期性。1848 年吴尔夫提出太阳黑子有 11 年左右的平均周期,1908 年海尔发现黑子有 22 年的磁性周期。另外,太阳活动还具有 90、180 年等周期。

很多事实表明,在太阳上的突发事件可以影响地球上的天气变化,如美国某些区的干旱时期具有 22 年周期,与太阳黑子的 22 年磁性周期一致。一般认为耀斑可破坏臭氧层,从而造成气候变冷,并使生物受到紫外线伤害导致生物死亡。太阳活动不仅能影响大气圈、生物圈和水圈,而且可以影响到岩石圈。有许多地区(如我国华北、日本)的地震活动有 10~11 年周期,22 年周期在我国历史地震记录分析结果中亦有反映。

自然现象在其发展过程中都可能受到多种宇宙因素的综合影响,因此,在研究地球上许多自然现象与过程的成因及影响因素时,不仅要探讨单个宇宙因素的影响,还要考虑到它们综合作用的结果;不仅要考察银河系,还要考察太阳系;要加强日-地关系、地-月关系的综合研究。

二、地球的演化

(一)地球内热的演化问题

了解地球内热的演化是研究地球全部演化历史的一个关键性问题。从地球形成至开始有地质记录之前,即距今 46 亿~38 亿年期间,原始地球是均质的团块,主要为硅质化合物,铁和镁的氧化物以及含量很少的所有其他各种化学元素。一般认为原始地球开始是冷的,由于下列原因逐渐变热:①由微星碰撞转换而来的热能。无数尘埃碎块受原始行星团块吸引而坠落下来,产生大量由动能转化而来的热能,尽管有一大部分散失到地球以外的空间,但仍有一部分保留在行星内部,而使其温度逐渐升高。②压缩导致温度升高。随着地球的增长,内部压力不断增大，造成绝热压缩，使地球温度升高。由于岩石导热性差，大部分热能积累起来。据计算，这种压力使新形成的地球内部温度平均达 1 000 ℃。③放射性元素蜕变生热。U、Th 和 ^{40}K 等蜕变时放出的热能、热量长期积累，造成地球升温。

(二)地球内部圈层的形成与演化

原始地球接近于均质体，后来由于内部生热而导致物质运动和发生化学分异作用，逐渐形成地核、地幔和地壳，即所谓的固体地球层圈构造。原始地球主要由 Si、O、Fe、Mg、Ni 等化合物组成，随着地球内部逐渐变热，由于 Fe、Ni 的熔点较硅酸盐低，达到熔点首先熔化，形成熔融的金属层，同时硅酸盐开始软化，为重力分异作用创造了有利条件，较重的 Fe、Ni 向地心集结成地核；较轻的 Si-Al、Si-Mg 等向上浮，冷却形成原始地壳；二者之间的 Fe-Mg 硅酸盐组成地幔(图 1-3)。

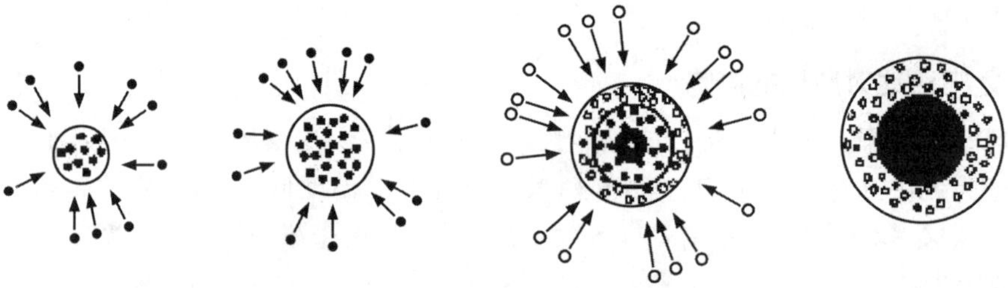

图 1-3 地球内部圈层形成过程示意图

黑点与箭头表示铁、镍；白点表示硅酸盐

(引自张宝政等，1983)

根据地层和岩石、板块构造运动和地质构造、古生物等研究成果，多数地球科学家认为地壳的形成与演化，经历了冥古宙(46 亿～38 亿年)、太古宙(38 亿～25 亿年)、元古宙(25 亿～5.7 亿年)、显生宙(5.7 亿年以来)等阶段。

(三)大气圈和水圈的形成与演化

在地球形成的最初阶段，大气圈就可能存在，但是由于这一阶段的地质记录不清，只能通过天体地质情况的类比来获得信息。推测结果是：这个时期的大气圈可能比较稀薄，主要由 H、He 等元素组成。因为它们密度小，大部分逃离了地球的引力或者结合在矿物的晶格中，所以最初的大气圈存在时间并不长。

地球的排气活动(如火山活动)使大气圈产生了重要的变化，它使得大气圈在冥古宙晚期至太古宙时以 H_2O(水汽)和 CO_2 为主，其次为 N_2、HCl、HF、NH_3、CH_4、H_2S。由于 CO_2 和 H_2O 的温室效应，地球形成之初的大气温度较高，热雨频繁。据 Knaut 和 Epstein(1976)估计当时的地表温度约为 70 ℃，海水的温度更高。

太古宙时期，大气中游离氧没有或很少，末期大气中的氧气仅占 5.5%(Kazansky，1973)，这时的氧含量可能与上层大气中的 H_2O 受紫外线照射分解有关。太古宙已有生物存在，主要为自养的原核细胞生物。生物的光合作用产生的氧主要限制在水圈里，并且与 Fe^{2+} 保持平衡，使其转化为 Fe_3O_4，形成条带状含铁岩石，所以大气中氧很少。在太阳光及高能紫外线的作用下，水中的光合植物(如蓝藻、绿藻)逐渐增加，氧的生产量越来越多，Fe^{2+} 则减少，二者的平衡被破坏，于是较多的氧气在元古宙进入大气圈。

大气圈中氧的出现或增加，又开创了新的细胞和有机体的形成阶段，出现真核生物。随着有机界的发展，大气圈中氧的积累逐渐增加，元古界末期大气中氧含量达到12%，中生代初，氧含量达到18%。O_2与NH_3化合产生N_2和H_2O，而CO_2则由较高的含量逐渐降低到现在的水平。

元古宙时期的大气层中CO_2减少并进入水体中，使得该时期开始形成大量的石灰岩和白云岩（碳酸盐岩类）。碳酸盐岩沉积可释放出氧气逃逸到大气圈。大气圈中的氧气受紫外线照射，某些氧分子变成氧原子和臭氧，因为它们的强化学活动性，使地表的物质发生氧化，所以显生宙时期开始出现广泛的红色地层堆积（即红层，red beds）。臭氧在光化学作用下不断积累，形成了对有害紫外线的屏蔽。

大气圈和水圈的形成与发展使得地球表层动力系统逐渐完善。在太阳能的作用下，出现各种气候、水文和地质现象。地球表面的海陆分布变化直接引起地表对太阳光反射率的变化，反射率高气候寒冷，反射率低气候暖热，当然影响地球表面温度变化的因素还较多。

（四）生命的起源与生物演化

伴随着大气圈和水圈的发展过程，生物圈也开始了自己的演化历史。在已发现的所有最古老的地层中都发现有原始植物遗留的残迹，所以说生命的开始也应该很早。所有的有机体都是由化学元素组成的，构成细胞质的95%是C、H、O、N、P、S、K、Na、Ca、Mn、Cl等，还有微量的Fe、Cu、Zn、Mo、B、F、Si和I等，这些元素也是水圈和大气圈的重要组成部分。在过热或过冷的温度下，不适合于生命生存。在其他星体上，水或汽化或冻结，不利于生命的形成。最初的生命是在水圈中产生的，液体水温0～100℃范围是生命繁殖的良好环境。地球在太阳系中的位置，恰好具有这样的温度条件。地球上还存在着多种能量形式，如紫外线、闪电、陨石冲击、放射性活动、火山和温泉等，从化学观点看，上述能源中只要有很少部分有效地运用于适当的场所，便足以供给形成生命的需要。生命是从无机界中产生的，这早已被人们接受。Miller（1957）将CH_4、NH_3、H_2等气体混合，利用电子放电，在实验室中获取了氨基酸和其他有机化合物，其中氨基酸为地球上生物的基础物质。很多人认为早期的大气圈中含有CH_4、NH_3、H_2等强还原物质（McAlester，1968；Krous-Kopf，1979），生物很可能在这样的大气圈中产生。

由无机物转化到有机物组成的原始生命，再由原始生命发展成细胞是一个复杂的物理化学和生物化学作用过程，要经历数亿年的时间。生物从原核细胞发展到真核细胞则需要更长时间。在地质历史漫长的岁月中，生物由简单到复杂，由低级到高级，由水生到陆生，适应能力越来越强，最后形成繁盛的生物圈。

在太古宙时，地球上的有机界处于萌芽状态。太古宙晚期，海水里的生命物质已发展成为最原始的生物，出现一些原始的单细胞菌藻类生物；元古宙的藻类空前繁盛，被称为菌藻植物时代，除了低等的蓝绿藻，还出现了大量繁殖的褐藻、红藻等高级藻类植物。元古宙晚期，从古老的原生动物中发展出低等多细胞类型的海绵动物和腔肠动物，再从某些古老的腔肠动物发展出高等多细胞动物。在震旦纪地层中曾发现微小的贝壳无脊椎动物化石以及无脊椎软体印模化石。

进入显生宙，海生藻类在早古生代海洋中继续发展，晚古生代第一次出现陆生植物。泥盆纪开始出现半水生半陆生的裸蕨植物和石松植物。石炭纪植物进一步由水边向陆地扩展,鳞木、芦木、大羽羊齿等繁盛,当时森林茂密,万木参天。晚古生代末,孢子植物衰退,取而代之的是裸子植物。

早古生代是海洋无脊椎动物的空前繁盛时期。寒武纪和奥陶纪三叶虫最盛,奥陶纪和志留纪笔石最盛,志留纪末,三叶虫和笔石多已绝灭,这一时期,淡水原始脊椎动物开始出现。晚古生代脊椎动物兴起,并产生了从水到陆的飞跃。泥盆纪的鱼类昌盛,在其演化过程中,一部分鱼类为了适应陆地环境,身体的构造发生了变化,总鳍鱼类的一支演化为最早的两栖类。石炭纪、二叠纪时期,植物茂盛,昆虫繁多,两栖类空前发展。二叠纪末,两栖类又进一步发展成为爬行类,完全摆脱了对水的依赖。晚古生代,海生无脊椎动物继续发展,以珊瑚、腕足类和菊石最为繁盛。

中生代的植物界以裸子植物发展为特征,苏铁类、银杏类和松柏类是其代表。这时真蕨和节蕨仍继续发展,到中生代晚期,被子植物开始出现。中生代是爬行动物的时代,特别是在三叠纪中期出现了恐龙,种类繁多。中生代恐龙称霸一时,成为地球上占绝对优势的陆生动物,还有一些成功地适应了海洋和空中的环境,白垩纪末,恐龙灭绝。中生代晚期,鸟类和哺乳类开始出现。

新生代的裸子植物退居次要地位,被子植物繁茂。新生代时,无脊椎动物继续演化,门类很多。哺乳动物大发展是新生代生物界的重要特征,哺乳类为恒温热血动物,由卵生变为胎生,对环境有更广泛的适应性。人是从灵长类中的猿类进化而来的。始新世至渐新世出现了最早的猿类,它们过着栖树的生活。在发展中,由于气候和植被的变化,有些灭绝了,其中有一支发展成为古猿,具有地面和树上生活的双重能力,中新世时,古猿中的一种成为类人猿,上新世至第四纪初出现了最早的人类。他们在劳动中创造工具,发展语言,逐渐变成现代的人类。

三、新地球观——地球系统科学

地球系统科学从传统地球科学脱胎而来。人类生活要从环境中获取食物、能源,所以必然要关心所居住的环境,对所立足的地球产生求知欲,于是逐渐形成了地球科学的各个分支,如气象学、海洋学、地理学、地质学等。然而,它们是对地球的某一组成部分的分门别类的研究。随着研究的深入,形成了各自的研究方法、手段和目的。但是,由于地球的空间广域性,形成它的时间悠久性和组成其要素的复杂性,分门别类的研究尽管有的学科已达定量、半定量化的研究水平,但仍不能完整地认识和研究地球,传统地学面临着挑战。用系统的、多要素相互联系的、相互作用的观点去研究和认识地球,越来越为有识之士所倡导。于是,在 20 世纪 80 年代中期,美国地球系统科学委员会(Earth System Science Committee)在 1988 年出版的《地球系统科学》一书中明确提出了“地球系统科学”思想和概念。事实上,20 纪 60~70 年代在中国兴起的对自然地理各要素进行综合研究的思想,可以看作是(表层)地球系统科学的萌芽。只是后者涉及的范围、领域更广,时间更长,系统的方法和现代技术手段更加先进完善而已。地球系统科学则更注意把地球当作一个行星从整体上来认识,进行各种时间尺度的演化研究,而不受地球各原有分支学科的局限。这是一种更广阔、更全面的地球观,即所谓的新地球观。

第二节 地球的物理性质

地球的形状并不是理想的球形，而是椭球形，即赤道略为膨大，两极略为收缩的扁球形。地球的物理性质主要包括地球的密度、弹性、重力、磁性、温度等，是人类探索和研究地球的重要依据。由于科学技术水平和经济水平的限制，当前用科学仪器仅能获得地壳表层的重力、地磁、地热等物理数据，深部地球物理性质则是根据一些假说推断计算出来的，它们从不同侧面反映了地球内部的物质组成及其特征。

一、地球的密度和弹性

要想知道地球的密度，首先需要知道地球的质量。现代计算的地球质量为 5.976×10^{27} g，将地球质量除以地球的体积，得出地球的平均密度是 5.517 g/cm^3。实际测量却表明，在地表出露的岩石中，上部岩石平均密度约为 2.65 g/cm^3，远远小于地球的平均密度，由此推测地球内部有密度更大的物质。据地震波资料得知，地球密度随深度的加深而增大，并且呈跳跃式变化。推测地核部分密度可达 13 g/cm^3 左右。

地球能够传播地震波(弹性波)，说明地球具有弹性。根据地震波在地下传播的特点，可了解地下的地质情况。

地震是地下局部能量积累的骤然释放。从震源向外发射的地震波，按传播方式分为 3 类：

(1)纵波　也称推进波或 P 波。P 波质点的振动方向与地震波传播方向一致，在固态、液态及气态物质中均能传播，而且速度较快，在岩石中可达 5.5～7.0 km/s，它最先从震源到达震中或设置地震仪的观测地点，所以又称初始波。

(2)横波　也称剪切波或 S 波。S 波质点的振动方向与地震波垂直，只能在固体中传播，而且速度较慢。P 波的传播速度比 S 波快约 1.7 倍，所以 S 波比 P 波晚到震中或设置地震仪的观测地点，所以又称次波。P 波与 S 波穿透地球，合称体波。

(3)面波　当体波传播到介质表面或两介质间的界面时，就会发生反射或折射，同时有一部分沿着界面或表面传播，则形成面波。面波通常记作 L 波，速度只有横波速度的 3/4。

地震波的传播如同光波的传播一样，当遇到不同波速介质的突变界面时，地震波射线就会发生反射和折射，这种界面称为波速不连续面。假如地球物质完全是均一的，那么由震源发出的地震波都将以直线和不变的速度前进。但实际分析的结果表明，地震波总是沿着弯曲的路径传播并且不同深度的波速不一致，这表明地球内部的物质是不均一的。传播路线的连续缓慢弯曲表示物质密度和弹性性质是逐渐变化的，传播速度的跳跃及传播路线的折射与反射表示物质密度和弹性性质发生了显著变化。

利用上述地震波的特征及其反射、折射的特点，分析世界各地地震仪的记录，不仅可借以确定地震的震级、烈度，推断地震波的传播路径、速度变化以及介质的特点，还可借以查明地球内部物质密度与物相的差异，从而了解地球的内部构造。所以，有人把地震比喻为地球内部的一盏明灯，它发出的地震波“照亮”了地球的内部，其中重要发现是相继确定了地球内部的多个不连续界面，如地幔、地核的分界面为古登堡面，地壳与地幔的分界面为莫霍面。物探中的地震法也是利用这个原理来进行工作的(图 1-4)。

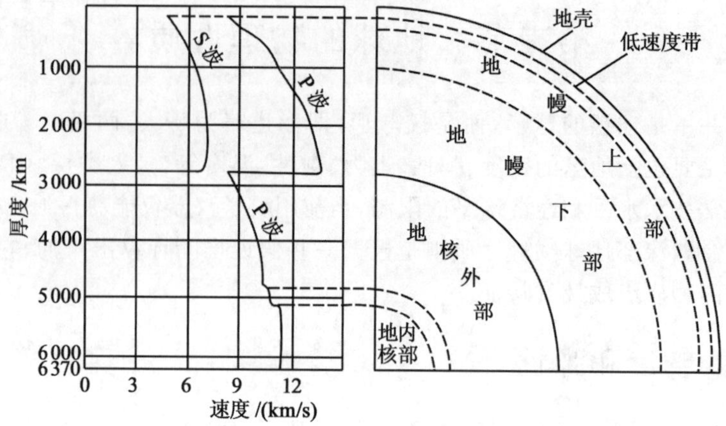

图 1-4　地球内部地震波 P 波和 S 波传播曲线

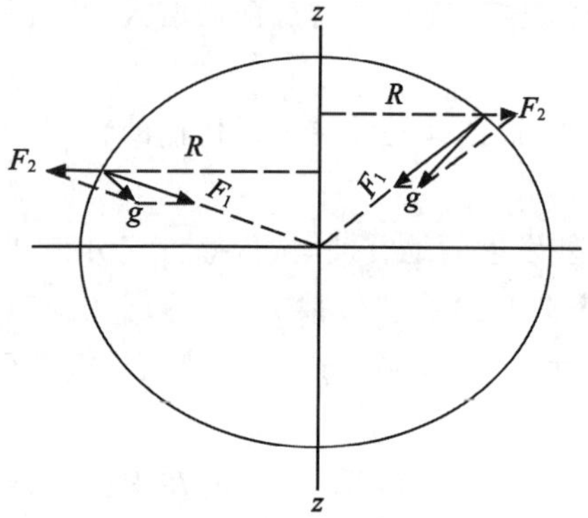

zz 地球自转轴；*g* 重力；

F_1地心引力；F_2离心力；*R* 纬度圆半径

图 1-5　重力与地心引力和离心力的关系示意图

二、地球的重力

地球上某处的重力是该处所受到的地心引力与地球自转离心力的合力(图 1-5)。地心引力与物体质量成正比，与距地心距离的平方成反比。地球赤道半径大于两级半径，引力在两极比在赤道大。离心力在两极接近零，而赤道最大，但离心力在重力值中所占的比例极小(仅为 1/300)，重力的方向仍大致指向地心。因此，重力加速度与地球的质量成正比，与半径的平方成反比。地表重力随着纬度的增大而增加，随着海拔高度的增加而减小。地球内部，深度增加半径减小，同时质量减小(上部物质产生的附加引力向上)，所以重力加速度变小，至地心半径为零，引力为零。

如果将地球视作一个圆滑的均匀球体，以大地水准面为基准，计算得出的重力值称理论重力值。实际上，由于地球表面起伏很大，地球内部物质密度分布也极不均匀，使得实测重力值与计算重力值常不符合，实测重力值与理论值之间有明显偏离，这种现象在地学上称重力异常。重力异常表明地下有密度较大的金属矿物或有密度较小的石油、天然气等。

三、地球的磁性

地球是一个磁性球体，具有南北两个磁极，有自身的磁场。地磁场近似于一个放置地心的磁棒所产生的磁偶极子磁场，S 极位于地理北极附近，N 极位于地理南极附近。两个磁极与地理两极位置相近，但磁轴与地球自转轴并不重合，而是呈 11.5°偏离。地磁极的位置也不是固定的，它是逐年发生变化的，例如磁北极的位置，1961 年在 74°54′N 和 101°W，位于北格陵兰附近地区，1975 年已漂移到了 76.06°N 和 100°W 的位置。经测定磁极有向西缓慢移动的趋势。

地磁力线分布的空间称作地磁场。磁力线的分布情况可由磁针的理想空间状态表现出来。由磁针指示的磁南极和磁北极为磁子午线方向。因为磁轴与地球自转轴并不重合，地磁子午线与地理子午线之间的夹角称为磁偏角。如果磁场方向的指向偏向正北方向以东称东偏，偏向正北方向以西称西偏。我国东部地区磁偏角为西偏，甘肃酒泉以西多为东偏。磁针在地磁赤道上呈水平状态，由此向南向北移动时磁针都会发生倾斜，磁针与水平面之间的夹角称为磁倾角。磁倾角的大小随纬度增加，到地磁南极和北极时，磁针都会竖立起来。为了使罗盘中的磁针尽量保持在水平面上自由转动，在北半球使用的罗盘就需在指针南端加上一个重量，以抵消磁倾角造成的磁针的自然倾斜。地球某一点所受的磁力大小称为该点的磁场强度（单位：A/m）。地磁场的状态可以用地磁场的三要素磁场强度、磁偏角、磁倾角来确定。

地面上每一点都可以从理论上计算出它的磁偏角和磁倾角。在世界范围内选择若干个地磁测站，测量该处的地磁要素数据，然后推算出世界各地的基本磁场数据，并以此作为地磁场的正常理论值。但在实际工作中，会发现某地实测地磁场要素的数据与正常值有显著的差别，这种现象称作地磁异常。一般情况，正异常多是由于地下赋存高磁场性的矿物或岩石，如磁铁矿、镍铁矿和超基性岩类等引起的；负异常则多是由于地下赋存石油、盐矿、铜矿和花岗岩等低磁性或反磁性矿物和岩石引起的。根据这种认识，利用地磁异常来寻找地下矿产和了解深部地质构造等情况的方法称作磁法勘探。地磁异常一方面可以指导找矿；另一方面可能造成某些危害，如导致驾车失控发生车祸。

地球磁极不仅不断发生漂移，还出现过反转，即南北极互相颠倒的现象。通过对岩石中剩余磁性（磁场的存在会导致岩石发生磁化，而磁场的变化会在磁化的岩石中留下记录，即在岩石形成过程中磁性矿物沿着当时的磁场方向被磁化，形成所谓的“剩余磁性”）的研究结果，发现在距今 100 万年前的第四纪，地磁场的方向和现在的完全相同，这一时期称作地磁场的正向期。但比其更早的时代，发现岩石磁化方向与现代地磁场的方向相反，因此被称为反向期。正向期与反向期在地球历史上交替出现，表明地史时期中曾有过多次磁场反转事件。在过去的 5 亿年中，地球发生过数百次这种所谓的地磁极性反转，大约平均每 40 万年就要发生 1 次。研究表明，在 2 000 年前的地磁强度约为现在的 1.5 倍。此后磁场强度以每 100 年 5%的比率减小，并且还将在今后的一段时间持续下去，如果以这种速率发展下去，地磁场将在千年的某个时期彻底消失。必须强调，这种地球磁极的变化是全球一致的，在较近的地质年代里，每次变化都有一定的命名，它还可作为地层对比与鉴定的重要依据。

四、地球的温度

地球的热量主要来源于太阳能和地球的内能。太阳是一个炽热的气体球，表面温度约为 6 000 ℃，太阳对地球的贡献，包括散发太阳辐射能、太阳粒子流，并以太阳引力迫使地球围绕太阳公转。到达地球的太阳辐射能量占太阳发出的总能量的 22 亿分之一，就是这很小部分的太阳辐射能温暖了地球表层。

按地温随深度的变化特征可将地壳划分为 3 层：

(1)外热层　该层地温受太阳辐射的影响，其温度随季节变化而变化，又称变温层。日变化影响范围 1～1.5 m，年变化范围可达地下 20～30 m。

(2)常温层　该层地温与当地年平均气温大致相当，且常年基本保持不变，深度20～40 m。一般情况下在中纬度地区较深，两极和赤道地区较浅；内陆地区较深，在滨海地区较浅。

(3)增温层　在常温层以下，地下温度开始随深度增加而增加。

大陆地区常温层以下至约30 km深处，大致每往下30 m温度会增加1 ℃，大洋底到15 km深处，大致每往下30 m温度会增加1 ℃，为规范计算地下温度变化的规律，将深度每增加100 m时所增高的温度称为地温梯度(或地热增温率)，单位为℃/100 m。由于地下的地质结构和组成物质不同，地温梯度在各地有差异。例如我国华北平原的地温梯度一般为2～3 ℃/100 m，在靠近大断裂的安徽庐江则为4 ℃/100 m。

在地下更深处，由于受到压力和密度增大等因素的影响，地温增加逐渐趋于缓慢。根据地震波传播速度变化情况推测地球内部温度的变化见表1-1。

表1-1　地球内部温度变化

深度/km	温度/℃	深度/km	温度/℃
100	1 100～1 200	2 900	约4 000
400	约1 500	地球中心	约5 500
700	约1 900		

大陆地热资源分布很不均匀，中生代褶皱带(相当于环太平洋带)和新生代喜马拉雅褶皱带(相当于地中海—喜马拉雅带)是两条著名的地热带，也是世界著名的地震、火山活动带。地热流值或地温梯度高于平均值的地方称地热异常区，常有温泉、热泉、沸泉或喷气孔，有时还会形成热水湖。所有这些可以直接或间接被人们利用。

第三节　地球的构造

数十亿年前刚从太阳星云中分化出来的原始地球是一个接近均质的物体，主要由碳、氧、镁、硅、铁、镍等元素组成各种物质，这些物质没有明显的分层现象。地球圈层的分化过程同整个地球温度的变化过程密切相关，放射性元素释放的能量在地球内部积累，导致地球内部的温度逐渐升高，因而使物质具有可塑性，再加上重力作用，物质便发生分异，逐渐形成性质不同的圈层。

原始地球的铁元素因为温度超过其熔点而以液态出现。液态铁由于密度大而流入地心，首先形成地核，重物质向地心集中的同时发生压缩，压缩功转变为能量又使地球局部增温和熔化。而物质的对流还伴随着大规模的化学分离。最后，地球内部就分化为地核、地幔、地壳，所以把地球固体表面以下的地壳、地幔、地核称为地球的内部圈层。

在上述分化过程中，地球内部的气体经过“脱气”形成大气圈。原始大气主要由二氧化碳、一氧化碳、甲烷和氨组成。生物出现后原始大气经过缓慢的氧化作用，最终形成了以氮和氧为主的现代大气。地球上的水与地球大气同是地球早期“脱气”的产物，并受地球吸引。由于地球表面逐渐降温以及大气中含有大量尘埃微粒，一部分水汽凝结成液态水降落到地面，然后汇集到洼地中，最后演变成由海洋、河流、湖泊、沼泽和冰川组成的水圈。生物出现以后，形成了生物圈。所以地球固体表面以上的大气圈、水圈、生物圈称为地球的外部圈层。

一、地球的内部圈层

地球内部圈层的划分目前主要是借助于地震波的研究成果。地震波的传播速度总体上随深度而递增。根据地震波在地下不同深度传播速度的差异和变化，发现在地球内部有两处极明显的一级波速不连续界面，那是一个明显的低速带和几个次一级的波速不连续面。

莫霍面(莫霍洛维奇不连续面，Moho discontinuity)是 1909 年由南斯拉夫学者莫霍洛维奇首先发现的，其出现的深度在大陆之下平均为 33 km，在大洋之下平均为 7 km。在该界面附近，纵波的速度从 7.0 km/s 左右突然增加到 8.1 km/s 左右，而横波的速度也从 4.2 km/s 突然增至 4.4 km/s。莫霍面以上的地球表层称为地壳。

古登堡面(古登堡不连续面，Gutenberg discontinuity)是 1914 年由美国地球物理学家古登堡首先发现的，它位于地下约 2 900 km 的深处。在此不连续面上下，纵波速度由 13.64 km/s 突然降低为 7.98 km/s，而横波速度由 7.23 km/s 向下突然消失。并且在该不连续面上地震波出现极明显的反射、折射现象。古登堡面以上到莫霍面之间的地球部分称为地幔；古登堡面以下到地心之间的地球部分称为地核(图 1-6)。

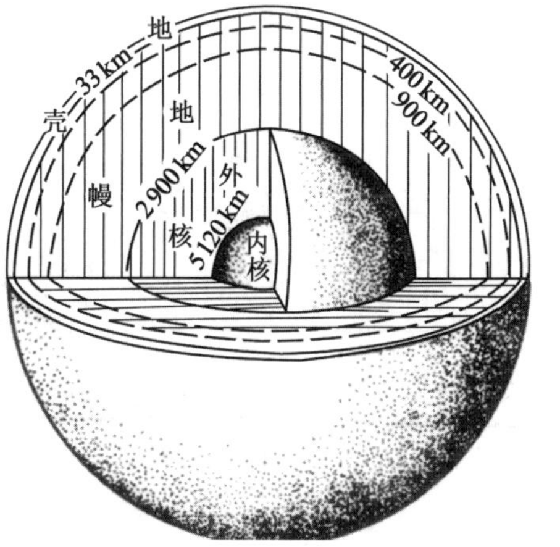

图 1-6 地球内部构造示意图

在距地球表面以下约 100 km 的上地幔中，有一个明显的地震波低速带，这是由古登堡在 1926 年最早提出的，称之为软流圈。实验证明地震波在液态结晶混合物中速度减慢并衰减，推测软流层有 1%～10%的物质熔融。低速带的上、下没有明显的界面，波速的变化是渐变的；同时，低速带的埋深在横向上是起伏不平的，厚度在不同地区也有较大变化。横波的低速带是全球性普遍发育的，纵波的低速带在某些地区可以缺失或处于较深部位。软流层是原始玄武岩岩浆源，并使其上的岩石圈板块易于平移和局部向下楔入。岩浆侵入、火山喷发、地震、板块构造等一系列深刻影响地球表层的地理环境过程都与此有关。

软流圈之上的地球部分被称为岩石圈，由地壳和上地幔顶部组成。从固体地球表面向下穿过地震波在 33 km 处所显示的第一个不连续面(莫霍面)，一直延伸到软流圈为止。岩石圈厚度不均一，平均厚度约为 100 km。

地球的内部构造以莫霍面和古登堡面为界可划分为地壳、地幔和地核 3 个主要圈层。根据次一级界面，还可以把地幔进一步划分为上地幔和下地幔，把地核进一步划分为外核、过渡层及内核。地球内部圈层构造及相关地球物理数据见表 1-2。

表 1-2　地球内部圈层构造及有关地球物理数据(转引自宋春青等,1996)

圈层 名称		圈层 代号		不连续面	深度/km	纵波速度/(km/s)	横波速度/(km/s)	密度/(g/cm³)	压力/10^{11} Pa	温度/℃	附注
地壳		A	A′		0	5.6	3.4	2.6	0	14	岩石圈
						6.0	3.6	2.7			
				康拉德面	10				0.003	180～300	
			A″			6.6	3.8	2.9			
						7.6	4.2	3.0			
				莫霍面	33*				0.01	400～1 000	
地幔	上地幔	B	B			8.0	4.4	3.32			
						8.2	4.6	3.34	0.019	500～1 100	
					60						
			B″	古登堡低速层	100	7.8	4.2	3.4	0.031	700～1 300	软流圈
					150	7.7	4.0	3.5	0.050	800～1 400	
					250	8.2	4.55	3.6	0.069	1 000～1 600	
					400						
		C	C′			9.0	4.98	3.85	0.14	1 200～2 000	
				拜尔勒面	650						
			C″			10.2	5.65	4.1	0.218	1 300～2 250	
	下地幔	D		雷波蒂面	1 000						
			D′			11.43	6.35	4.6	0.40	1 850～3 000	
					2 000						
						12.8	6.92	5.1	0.88	2 500～3 900	
					2 750						
			D″			13.63	7.31	5.6	1.34	2 800～4 300	
						13.32	7.11	5.7			
				古登堡面	2 900				1.50	2 850～4 400	液态
地核	外核	E				8.1	—	9.7			
					3 500						
						8.9	—	10.4	1.95	3 700～4 700	
					4 640						
	过渡层	F						12.0	3.01	4 500～5 500	
					4 900	10.4	2.07	12.5	3.24	4 700～5 700	
						11.2	1.24	12.7	3.33	4 720～5 720	
					5 120						
	内核	G			5 200	9.6	3.6	12.9	3.54	4 900～5 900	
					6 370	11.3	3.7	13.0	3.65	5 000～6 000	

注:━ 一级不连续面;— 次一级不连续面。* 表示大陆地壳平均深度。

(一)地壳

位于固体地球的最表层,主要由硅、铝、氧组成,呈结晶质固体岩石,平均密度 2.8 g/cm³。其上部密度较小,向下密度增大。地壳厚度很不均匀,其变化在 5～70 km 之间。地壳总体的平均厚度约 16 km,约占地球半径的 1/400,占地球总体积的 1.55%,占地球总质量的 0.8%。地壳可分为大陆型地壳和大洋型地壳。大陆型地壳的上层称为花岗岩层,也称硅铝层;下层称为玄武岩层,也称硅镁层。硅铝层厚 10 km 左右,硅镁层厚 20 km 以上,大陆型地壳平均厚度约为 33 km。大洋型地壳只有硅镁层,厚度较小,平均 5～8 km(图 1-7)。

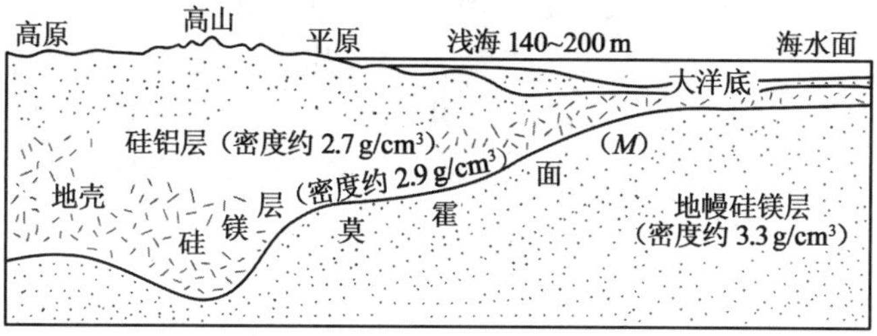

图 1-7 地壳结构示意图

1. 地壳中的元素

地壳中含有元素周期表中所列的绝大部分元素。美国学者克拉克(1889)最早研究地壳中元素的平均含量。他根据采自世界各地的 5 159 个岩石样品的化学分析数据，得出了地壳内 50 种元素的平均质量百分比。地质学上把元素在地壳中的平均质量百分比称为元素的克拉克值。地壳中主要元素的克拉克值见表 1-3。

表 1-3 地壳中主要元素的克拉克值 %

元素	克拉克值	元素	克拉克值
氧(O)	46.05	钙(Ca)	3.65
硅(Si)	27.88	钠(Na)	2.78
铝(Al)	8.13	钾(K)	2.58
铁(Fe)	5.17	镁(Mg)	2.06

从表 1-3 中可以看出，地壳中元素的克拉克值相差极为悬殊，其中氧、硅、铝、铁、钙、钠、钾、镁 8 种主要元素共占地壳总质量的 98.3%，其中氧几乎占 1/2，硅约占 1/4，铝约占 1/13，表中未列入的大多数元素的含量微不足道。如铜、铅、钍、锑、金的克拉克值分别为 0.007%、0.001 6%、0.001 2%、0.000 1%、5×10^{-7}%。

组成地壳的各种元素并非是以单质形式存在的，大多数情况是相关元素化合形成各种矿物，其中以氧、硅、铝、铁、钙、钠、钾、镁等组成的硅酸盐矿物最多，其次为各种氧化物、硫化物、碳酸盐等，各种不同矿物(特别是硅酸盐矿物)又组成各种岩石。

虽然其他大部分元素的克拉克值很小，但是它们在一定条件下可以迁移和富集。如果在一定地段和一定时间，某些元素富集起来含量超过该元素的克拉克值，并在质和量上达到开采的要求，这样的地段就形成了矿床。

2. 地壳的表面形态

地壳的表面高低起伏变化很大，基本分为陆地和海洋两大部分。陆地面积约为 1.49 亿 km^2，占地壳表面积的 29.2%；海洋面积约为 3.61 亿 km^2，占地壳表面积的 70.8%。陆地和海洋在地球表面分布极不均匀，陆地主要集中在北半球，占北半球总面积的 39%，而南半球陆地面积只占 19%。

地球表面起伏不平，陆地和海底都是如此。陆地最高点在我国西藏珠穆朗玛峰，海拔高度为 8 844.43 m；海洋最深处在太平洋西部的马里亚纳群岛附近的海沟，深达 11 033 m。

(1)陆地地形特征　陆地地形按其起伏高度又分为山地、丘陵、高原、平原和盆地。

①山地。指地面上四周被平地环绕的孤立高地，其周围与平地交界部分有一明显的坡转折。根据山的高度，可将其分为极高山、高山、中山、低山。海拔高度在500～1 000 m为低山，1 000～3 500 m为中山，3 500～5 000 m为高山，5 000 m以上为极高山。线状延伸的山体称山脉，成因上相联系的若干相邻的山脉称山系。大陆上现代最高、最雄伟的山系主要有两条：阿尔卑斯山-喜马拉雅山系和环太平洋山系。

②丘陵。指在低山周围，一般海拔高度小于500 m、相对高度不超过200 m、顶部浑圆、坡度较缓、坡脚不明显的低矮山丘群。如我国的胶东丘陵、川中丘陵等。低山与丘陵没有明显界限，它们之间的区别只是相对高度和形态不同。

③高原。是海拔高度在500 m以上、面积大、顶面较为平坦或略有起伏的地区。我国青藏高原海拔4 000 m以上，是世界上最高的高原。世界上最大的高原是巴西高原，面积达500×10^4 km^2。

④平原。是海拔低于200 m、宽广平坦或略有起伏的地区。如我国的松辽平原、华北平原、长江中下游平原等。世界上最大的平原是南美的亚马孙冲积平原，面积达560×10^4 km^2。

⑤盆地。指四周为山地或高原、中央地形低平的地区。如我国的四川盆地、塔里木盆地、准噶尔盆地等。一些中、小型盆地地形中积水便成为湖泊或洼地。世界上最大的盆地是非洲的刚果盆地。

(2)海底地形特征　海底地形高低起伏变化，而且有的地方地形相当复杂。按海水深度和地形特点，海底地形可分为大陆边缘、大洋盆地和大洋中脊3个大型地形单元。

①大陆边缘。大陆边缘是大陆与大洋盆地之间的过渡地带。由海岸向深海方向，大陆边缘常包括大陆架、大陆坡和大陆基。有时在大陆边缘则出现岛弧与海沟地形。

大陆架是海与陆地接壤的浅海平台，其范围是由海岸线向外海延伸至海底坡度显著增大的转折处。大陆架部分的海底坡度平缓，平均小于0.1°，其水深不超过200 m。大陆架的宽度差别很大，平均为75 km，欧亚大陆的北冰洋沿岸可达1 000 km以上。大陆坡是大陆架外侧坡度明显变陡的部分，其平均坡度为4.3°，最大坡度可达20°以上；水深200～2 000 m；平均宽度20～40 km。大陆坡上常发育有海底峡谷，峡谷的下切深度可以达数百米乃至千米以上，两壁陡峭，有些海底峡谷可切过整个大陆架与现代大河河口相接。大陆坡下是缓倾斜大陆基，坡度通常为5′～35′，水深2 000～4 000 m，展布宽度可达1 000 km。

②大洋盆地。大陆基的下界才是大陆与海洋的真正界线，从大陆基再往外延伸则是海洋的主体部分大洋盆地，其平均水深4 000～5 000 m。大洋盆地主要可分为深海丘陵和深海平原两类次级地形。

③大洋中脊。是绵延在大洋中部(或内部)的巨型海底山脉，它具有很强的构造活动性，经常发生地震和火山活动。

大洋边缘还有岛弧和深海沟，前者是大洋边缘延伸距离很长、呈弧形展布的岛群，如在太平洋北部和西部边缘有阿留申、千岛、日本、琉球、菲律宾等群岛，后者是大洋边缘的巨型带状深渊，其长度常达1 000 km以上，宽度近100 km，深度多在6 000 m以上，两者常平行伴生。通常把大陆边缘分为两类。一类是由大陆架、大陆坡和大陆基组成，这类大陆边缘主要分布于大西洋，称为大西洋型大陆边缘；另一类是由大陆架、大陆坡和海沟组成，主要分布于太平洋，称为太平洋型大陆边缘。

（二）地幔

位于莫霍面以下到古登堡面以上的圈层，深度为33～2 900 km，主要由固态物质组成。莫霍面以下的地幔物质的密度3.32～3.50 g/cm^3，至古登堡面增达5.66 g/cm^3，平均4.48 g/cm^3。大体在400 km深度与700 km深度为两个波速与密度的较快变化带。根据地震波传播速度的变化，又分为上地幔和下地幔两部分。

上地幔的平均密度为3.5 g/cm^3，这一密度值与石陨石相当，表明其可能具有与石陨石类似的物质成分。由火山喷发和构造运动从上地幔上部带出来的深部物质来看，也均为超基性岩。近年来通过高温高压试验来模拟地幔岩石的性质时发现，用橄榄石55%、辉石35%、石榴子石10%的混合物作为样品(矿物成分相当于超基性岩)，在相当于上地幔的温压条件下测定其波速与密度，得到与上地幔基本一致的结果。根据以上理由推测，上地幔由相当于超基性岩的物质组成，其主要的矿物成分可能为橄榄石，有一部分为辉石及石榴子石，这种推测的地幔物质被称为地幔岩。

上地幔上部存在一个软流圈，约从70 km延伸到250 km左右，其特征是出现地震波低速带。物理实验表明，波速降低可能是由于软流圈物质发生部分熔融，使其强度降低而引起的。据地内温度估算，软流圈的温度可达700～1 300 ℃，已接近超基性岩在该压力下的熔点温度，因此一些易熔组分或熔点偏低的组分便可开始发生熔融。据计算，软流圈的熔融物质可能仅占1%～10%，熔融物质散布于固态物质之间，因而大大降低了强度，使软流圈具较强的塑性。由于软流圈物质已接近熔融的临界状态，因此它成为岩浆的重要发源地。

下地幔的平均密度为5.1 g/cm^3，由于这里经受着强大的地内压力作用，使得存在于上地幔的橄榄石等矿物分解成为FeO、MgO、SiO_2和Al_2O_3等简单的氧化物。与上地幔相比，其物质化学成分的变化可能主要表现为含铁量的相对增加(或Fe/Mg的比例增大)。由于温度与压力随深度的增大，物质的相态变化也比较大，物质密度和波速逐渐增加。

（三）地核

地核是地球内部古登堡面至地心的部分，其体积占地球总体积的16.2%，质量却占地球总质量的31.3%，地核的密度达9.98～12.5 g/cm^3。根据地震波的传播特点可将地核进一步分为3层：外核(深度为2 900～4 640 km)、过渡层(4 640～5 120 km)和内核(5 120 km至地心)。在外核中，根据横波不能通过，纵波发生大幅度衰减的事实推测其为液态；在内核中，横波又重新出现，说明其又变为固态；过渡层则为液体-固体的过渡状态。

地核的密度如此之大，从地表物质来看只有一些金属物质才可与之相比，而地表最常见的金属是铁，其密度为8 g/cm^3，它在超高压下完全可以达到地核的密度。地核的密度与铁陨石较接近，也表明地核可能主要为铁、镍物质。地球具有主要由内部物质引起的磁场，这说明地球内部一定具有高磁性的铁、镍物质非常集中的某个圈层，而地壳、地幔中均不存在，那么它应存在于地核中。此外，人们用爆破冲击波提供的瞬时超高压来模拟地核的压力状态，并测定一些元素在瞬时超高压下的波速与密度，结果发现地核的波速与密度值与铁、镍比较接近。综合多方面推测，地核应主要由铁、镍物质组成。近年来的进一步研究还发现，在地核的高压下，纯铁、镍的密度略显偏高，推测地核最合理的物质组成应是铁、镍及少量的硅、硫等轻元素组成的合金。

二、地球的外部圈层

地球的外部圈层包括大气圈、水圈、生物圈 3 个圈层。

(一)大气圈

大气圈由包围在地球最外面的气态物质组成。这一圈层分布在地面以上至少高达 2 000～3 000 km 的范围。大气是人类和生物赖以生存必不可少的物质条件,也是使地表保持恒温和水分的保护层,同时也是促进地表形态变化的重要动力和媒介。大气圈自下而上又分为对流层、平流层、中间层、暖层、散逸层。主要成分为氮、氧,其次为氩、二氧化碳、水蒸气,此外,还有微量的氖、氦、氪、氙、臭氧、氡、氨和氢。

大气的地质作用主要表现在:①氧、二氧化碳等是进行地球化学作用的重要物质。②大气是生命的保护层(臭氧层能吸收紫外线)。③大气使地球表面具有适宜的温度;产生各种气候现象,导致外动力地质作用的发生。④运动的大气(风)是塑造地面形态的一种重要动力。⑤环境污染已开始破坏人类生存的保护层:直接的有飞沙走石,如内蒙古—北京—东北的春天沙尘暴;间接的为大气温室效应(工业二氧化碳排放使大气升温)、产生臭氧层空洞。

(二)水圈

水圈为一连续的圈层,包括海洋、湖泊、河流、冰雪、岩石空隙中的水等。水圈的主体为大洋,其面积约占地球表面积的 71%。地表水、地下水和大气中的水,在太阳辐射热的影响下,不断进行着水循环。水循环不仅调节气候、净化空气,而且几乎伴随着一切自然地理过程,促进地理环境的发展与演化。

水圈的地质作用主要表现在:①破坏岩石。包括机械破坏如流水的冲刷作用、干寒带的冰劈作用等;化学破坏,如水中含有 CO_2 等物质的溶蚀作用等。②搬运岩石。通过水的流动过程完成。

(三)生物圈

生物圈是指地球生物及其活动范围所构成的一个极其特殊和重要的圈层,是地球上所有生物及其生存环境的总称。在地理环境中,生物圈并不单独占有任何空间,而是渗透于水圈、大气圈的下层和岩石圈的表层。它们相互影响、相互交错分布,其间没有一条明显的分界线。生物圈所包括的范围是以生物存在和生命活动为标准的,从现在研究现状来看,从地表以下 3 km 到地表以上 10 km 以上的高空以及深海的海底都属于生物圈的范围,但是生物圈中 90%以上的生物都活动在地表到 200 m 高空以及从水面到水下 200 m 的水域空间内,所以这部分是生物圈的主体。生物圈在促进太阳能转化、改变大气与水圈的成分、参与风化作用和成土过程、改造地表形态、建造岩石等方面扮演着重要的角色,并且被视为各类自然景观的标志。

生物圈的地质作用主要表现在:①破坏岩石。包括机械破坏,如根劈作用、动物的穿凿作用等;化学破坏,如生物分泌有机酸等对岩石的破坏作用。②本身成矿作用。如石油、煤、形成生物岩等。

第四节　地质作用

一、地质作用的概念及分类

(一)地质作用的概念

地质作用(geological process)是指自然动力在自然界所发生的一切引起地球的物质组成、地表形态和内部构造发生改变的作用。这个引起变化的力,称为地质营力。地质作用在自然界普遍存在,有短暂而猛烈的,如地震、火山、海啸等,也有长期持续缓慢进行的,如岩石风化、海陆变迁、山脉隆起等。前者易于察觉,后者难以发现。就最终结果而言,猛烈的地质作用固然可以立即产生明显的后果,而缓慢的地质作用只要长期持续进行,同样可以产生甚至更为显著的后果。世界上最强烈的地震造成地面最大位移不过数米,而喜马拉雅山脉已从五六千万年前的汪洋中露出,变成了如今的世界屋脊。万川归海,河流携带泥沙逐渐淤积,短期内没什么变化,但是,正是黄河、淮河、海河长期淤积的结果,形成了广阔的黄淮海平原。仅仅在7 000多年前,黄淮海平原的许多地方尚在水下。

(二)地质作用的分类

按引起地质作用的能源的不同,地质作用可分为内力地质作用和外力地质作用。内力地质作用的能源来自地球内部,如地内热能、重力能、地球旋转能等,主要在地下深处进行,并可波及地表;外力地质作用的能源主要来自地球以外,如太阳辐射能、潮汐能、生物能等,在地表或地表附近进行。几乎所有外力作用都有重力能参加,并起着重要作用。

地质作用的主要能源包括:

1. 地内热能

地球本身具有巨大的热能,这是导致地球发生变化的重要能源。放射性热能,即由地球内部放射性元素蜕变而产生的热能,被公认为地球热能的主要来源。

2. 重力能

地心引力给予物体的位能。地球表面的所有物体都处于重力场的作用之下。

3. 地球旋转能

地球自转对地球表层物质产生离心力和离极力。离心力在两极为零,在赤道最大。

4. 太阳辐射能

太阳不断向地球输送热能。据计算,地球一年可以从太阳获得5.4×10^{24} J的热量。太阳辐射是大气圈、水圈、生物圈赖以活动、发育和进行物质及能量交换的主要能源,并由此产生了流水、风、冰川、海浪等外营力。

5. 潮汐能

地球在日月引力的作用下使海水产生潮汐现象。

6. 生物能

由于生命活动产生的能量。动植物及人类的活动,所产生的改变地球物质成分和地表形态的作用。

地质作用的分类见表 1-4。

表 1-4　地质作用的分类

地质作用	内力地质作用	构造运动	水平运动 垂直运动 岩石圈板块运动 地震作用
		岩浆作用	喷出作用(火山作用) 侵入作用
		变质作用	接触变质作用 区域变质作用 动力变质作用 混合变质作用
	外力地质作用	风化作用	物理风化作用 化学风化作用 生物风化作用
		剥蚀作用	按方式:机械、化学、生物剥蚀作用 按营力:地表流水、地下水、风、冰川、湖水、海水的剥蚀作用
		搬运作用	按方式:机械、化学、生物的搬运作用 按营力:地表流水、地下水、风、冰川、湖水、海水的搬运作用
		沉积作用	按方式:机械、化学、生物的沉积作用 按营力:地表流水、地下水、风、冰川、湖水、海水的沉积作用
		固结成岩作用	压固作用 胶结作用 重结晶作用 新矿物的生长

二、地质作用的特点及研究方法

(一)地质作用的特点

1. 地区特色

地质作用的发生和发展具有共同规律,但不同地方的地质作用是不同的,而且同一类地质作用在不同地方也具有其特殊性。

2. 现象复杂

地质作用包括从原子和离子的自然行为，到矿物、岩石的形成和变化，直到地壳各部分的活动以及山川的形成等，以及地核-地幔-地壳的相互作用和物质的转化等；还包括从无机界到有机界，从常温常压到高温高压条件下的物理变化和化学反应。控制和影响这些变化和反应的因素是极其复杂多样的，有光、热等各种能量的相互作用和转化，有地球本身的特性，也有宇宙因素的影响等。

3. 作用时间长

地球是一个庞大而复杂的星体，其发展历史长久，约有 46 亿年。许多地质作用过程是人们不能亲眼看到的。地质作用发生和延续的时间一般很长，海陆变迁、海底扩张等过程，一般以百万年为单位计算，如大西洋形成至今约 2 亿年。有些地质作用看起来其表现时间很短，如地震、火山，但其发生之前能量的聚集过程相当长。

(二)地质作用的研究方法

根据地质作用的特点，它的研究方法包括如下 3 种。

1. 野外调查

这是最基本、最重要的一点，因为地质现象就是地质作用的结果或产物。例如，了解一个地区的地质构造和矿产分布情况，除收集和研究前人资料外，必须到野外细心观察各种地质地貌现象，取得翔实的第一手资料，从而找出地质作用的特点与规律。

2. 室内实验、分析

通过野外的观察，取得第一手资料后，可以用数学、物理、化学及生物学的方法以提高对物质的鉴定能力、穿透能力。现代电子显微镜能放大 80 万倍，对于矿物中原子、离子的排列能够直接观察到。高温高压及超高压技术已应用于模拟地幔的物质性状及组成，使人们能在实验室里看到地下所发生的事。通过模拟我们还可以看到过去曾发生的事情。此外，从野外采样后，在室内可以测出岩石、土壤的一些定量指标，用一些特定的方法确定地质体的年龄。又如，通过对地貌的特征及地貌组合的分析，可以推断出地貌的发展阶段，从而了解地貌的发展变化规律。

3. 提出假说

这是建立在丰富的地质事实和数据基础之上，在分析研究的基础上结合实验成果进行的推论，是一个由感性认识上升到理性认识的过程，是运用地质学知识和原理去分析问题、研究问题的过程。在这个过程中要进行地质思维，并运用“将今论古”这个传统的思维方法。

英国地质学家莱伊尔(C. Lyell，1797—1875 年)在他的著作《地质学原理》一书中提出："The present is the key to the past"直译为“现在是了解过去的钥匙”，即“将今论古”的思想。这种思维方法的提出大大推动了地质学的研究。

“将今论古”的思想是：发生在地质历史时期的地质作用及其结果，与现在正在进行的地质作用及其产物有相似之处，所以从研究现代地质作用过程和产物中总结的规律，可以用来分析和推断发生在古代的地质作用过程和当时的古地理环境。有很多例子可以说明这种思想。如我们知道的天然盐是在干燥半干燥气候区的盐湖在强烈蒸发下沉积而成；煤是在湿热气候条件下植物被埋藏经化学分解而成；珊瑚在温暖洁净而平静海水中才能繁殖等。如果我们现在看到古代岩石中的盐层便可推知其当时为干燥半干燥盐湖；煤层告诉我们当时是湿热气候并且有大量植物被埋藏；珊瑚则表明当时处于温暖洁净而平静的海洋。莱伊尔认为地球上的一切地质记录——巨厚的地层、高大的山脉，并不是剧烈的动力造成的。各种缓慢的地质作用为人所不觉，但只要经过漫长的岁月，就可产生惊人的结果，这种理论被称为均变论（uniformitarianism）。而在莱伊尔之前，法国地质学家居维叶（G. Cuvier，1769—1832 年）认为地壳的变化和生物的发展，不是自然界逐步演化而成的，而是由于多次超越现在人类认识范围和经验的短暂而猛烈的激烈事件造成。“灾难—毁灭—再创造”，自然界按照这种过程不断形成新属种，如此反复变化不已。这种观点与均变论相反，被称为灾变论（catastrophism）。因为它否认生物演化，所以逐渐为均变论所代替。

但是莱伊尔只强调缓慢变化的一面，未见到突变的一面；只谈量变，未谈质变；只认识到古今的相似性，未认识到古今的差异性。地球的历史绝不会是简单的重复。现代地质学接受了莱伊尔现实主义的合理部分，同时也注意到地球发展的阶段性和不可逆性，以及在地球发展的不同阶段中自然条件的特殊性。

此外，“以古论今，论未来”是地质思维中另一个重要的方法论。因为人们今天能够直接加以观察的地质作用往往只是漫长的地质记录中的一个片段，而在过去的地质记录中却往往保留了地质作用的全部过程。认识了过去就能够帮助我们更好地了解现在并预测未来。如地质时期气候的冷暖变化是有周期性的，这在海底沉积物中留下了完整而清楚的记录，研究这些沉积记录就能帮助我们预测未来气候变化的趋势。

复习思考题

1. 什么是地质作用？地质作用的类型如何划分？
2. 什么叫克拉克值？组成地壳的主要元素有哪些？
3. 岩石圈的定义是什么？
4. 地震波有哪几种类型？
5. 简述地球内、外圈层的划分及划分根据。

参考文献

毕思文. 地球系统科学. 北京：科学出版社，2003.

地球科学编委. 10000 个科学难题 · 地球科学卷. 北京：科学出版社，2010.

哈茵. 普通地质学. 何国琦，译. 北京：北京大学出版社，1995.

华南农业大学. 地质学基础. 北京：中国农业出版社，1999.

黄定华. 普通地质学. 北京：高等教育出版社，2004.

李一良，孙思. 地球生命的起源. 科学通报，2016，61(28-29)：3065-3078.

梁成华. 地质与地貌学. 北京：中国农业出版社，2002.

吕洪波. 地球科学概论. 东营：中国石油大学出版社，2016.

马建良，王春寿. 普通地质学. 北京：石油工业出版社，2009.

帕特里克 · 德韦弗. 地球之美：一部看得见的地球简史. 秦淑娟，张琦，译. 北京：新星出版社，2017.

宋春青，张振春. 地质学基础. 3 版. 北京：高等教育出版社，1996.

苏文才,朱积安. 地质学简明教程. 上海:华东师范大学出版社,1989.

孙柏年,闫德飞,吴靖宇. 地球历史及其生命进程. 北京:兵器工业出版社,2013.

汪新文. 地球科学概论. 北京:地质出版社,2004.

王昌贤. 地质学基础. 重庆:重庆大学出版社,1998.

王守旭,张兴春,陈衍景. 地球初期壳幔演化的物理过程. 地质论评,2006,52(4):442-449.

伍光和. 自然地理学. 北京:高等教育出版社,2008.

夏邦栋. 普通地质学. 2 版. 北京:地质出版社,1995.

徐九华,谢玉玲,李克庆,等. 地质学. 5 版. 北京:冶金工业出版社,2015.

杨达源. 自然地理学. 南京:南京大学出版社,2001.

张宝政,陈琦. 地质学原理. 北京:地质出版社,1983.

周瑶琪,章大港,颜世永,等. 地球动力系统与演化. 北京:科学出版社,2013.

左建. 地质地貌学. 3 版. 北京:中国水利水电出版社,2013.

Earth System Science Committee, NASA Advisory Council. Earth system science a closer view. Washington: National Aeronautics and Space Administration,1988: 208.

Rampino M R, Stothers R B. Geological rhythms and cometary impacts. Science, 1984, 226:1426-1431.

Rampino M R, Stothers R B. Terrestrial mass extinctions: Cometary impacts and sun motion perpendicular to hegalactic plane. Nature, 1984, 308:709-712.

第二章　矿　　物

第一节　矿物的概念

一、矿物的定义

固体地球的最外圈是地壳，它是地质学最直接的研究对象。众所周知，地壳由岩石组成，岩石由许多小颗粒组成，这些颗粒往往在成分、形态、颜色和其他性质上都各有差异，并可按其各自的特征区别开来，这些颗粒就是矿物。由此可见，岩石不是组成地壳的最小单位，它是一种混合物，是不均匀的。而组成岩石的矿物才是地壳最小的组成单位，即地壳由岩石组成，岩石由矿物组成。

矿物(mineral)是由地质作用或宇宙作用形成的单质或化合物，具有一定的化学成分，绝大多数为晶质固态的无机物，稳定于一定的物理化学条件。

对于矿物的定义，我们可以从以下几方面来理解。

1. 矿物是自然界各种地质作用或宇宙作用形成的天然产物

矿物是地球、月球及其他天体中各种化学元素，在不同的物理、化学条件下，经过自然的化学反应所形成的产物。那些由人工合成的产物，如人造金刚石、人造水晶等，虽然其特性与天然产出的矿物相同但不属于自然矿物，只能称为人造矿物。

2. 矿物是具有一定化学成分的单质或化合物

每一种矿物都具有比较一定的化学成分，可以用化学式表达。如由一种元素组成的矿物(单质)自然金和自然铜，它们的化学式分别为 Au 和 Cu，由两种或两种以上的元素组成的矿物(化合物)，如石英、方解石，它们的化学式分别为 SiO_2 和 $CaCO_3$。

3. 大多数矿物为结晶质固态，极少数为非晶质、非固态

绝大多数矿物是结晶质固态无机物，即晶体，液态的(如自然汞)、气态的(如氦)以及有机物(如琥珀)仅有数十种。需要指出，现代矿物学的主要研究对象是晶体。所谓结晶质，是指组成矿物的物质质点(离子、原子、分子)按一定方式规则地排列成空间格子状构造，晶体的这种构造叫晶格。如岩盐晶体是氯离子(Cl^-)和钠离子(Na^+)在空间以立方格子形式排列而成的，见图 2-1。

由于各种矿物的化学成分不同，晶体构造也不同，但它们的共同点是内部质点在三维空间作周期排列，空间格子是表现排列的图形。空间格子的最小单位是平行六面体，称为晶胞。一个晶体可视为晶胞在三维空间平行地、毫无间隙地重复叠置。晶胞的形状由棱长、棱之间的夹角确定，棱长 a、b、c 及其夹角 α、β、γ 称为晶胞参数(图 2-2)。按晶胞参数的不同把晶体划分为 7 个晶系，从而使数目繁多的矿物能归类研究。这 7 个晶系分别是：①等轴晶系：$a=b=c$，$\alpha=\beta=\gamma=90°$；②四方晶系：$a=b\neq c$，$\alpha=\beta=\gamma=90°$；③三方晶系：$a=b=c$，$\alpha=\beta=\gamma\neq 90°$；④六方晶系：$a=b\neq c$；$\alpha=\beta=90°$，$\gamma=120°$；⑤斜方晶系：$a\neq b\neq c$，$\alpha=\beta=\gamma=90°$；⑥单斜晶系：$a\neq b\neq c$，$\alpha=\gamma=90°\neq\beta$；⑦三斜晶系：$a\neq b\neq c$，$\alpha\neq\beta\neq\gamma$。

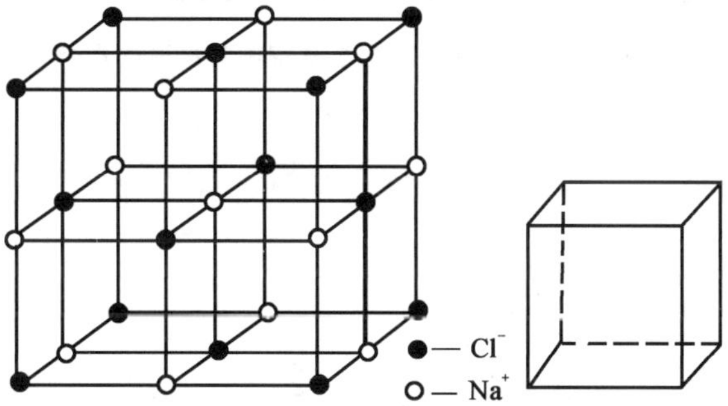

图 2-1　岩盐的晶体结构和晶体(引自成都地质学院，1978)

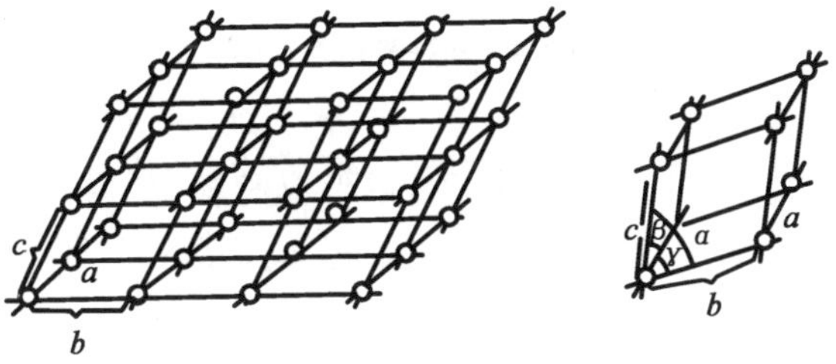

图 2-2　空间格子(左)与晶胞(右)

自然界除了结晶质矿物外，还有一部分非晶质体的胶体矿物。非晶质体的内部质点是无规律排列的，因而不具有规则的几何外形。如蛋白石($SiO_2\cdot nH_2O$)就是一种胶体矿物，化学成分除 SiO_2 外，H_2O 的含量不固定(变化于 1%～2%)。此外，还存在 MgO、CaO、Al_2O_3、Fe_2O_3 等，而且含量也是变化的。非晶质矿物在一定条件下可转化为晶质矿物。

4. *矿物具有一定的物理性质，结晶矿物还具有一定的形态*

由于矿物具有比较一定的化学成分和晶体构造，就决定了它们具有一定的形态和物理性质。每种晶质矿物都有一定的晶体构造，反映在外形上均具有一定晶体形状，即晶形。理想的晶体为规则的几何多面体，但在岩石中，矿物的晶形常因晶体生长时互相阻挡，不能很好地显示出来，最后都成为不规则的粒状(图 2-3)。

如果不同矿物结晶有先后，则先结晶的矿物晶形较好，称为“自形”，后结晶的矿物只能“充填”在先结晶矿物晶体间的空隙中，称为“它形”。矿物有颜色、光泽、硬度、解理等许多物理性质。人们常常利用矿物的形态和物理性质不同，来鉴别和认识不同种类的矿物，如磁铁矿晶体呈八面体(图 2-4)，石榴子石为菱形十二面体。

5. *矿物稳定于一定的物理化学条件*

矿物在一定的条件下才形成和稳定，当条件发生改变后，就会转化为与新环境相适应的新

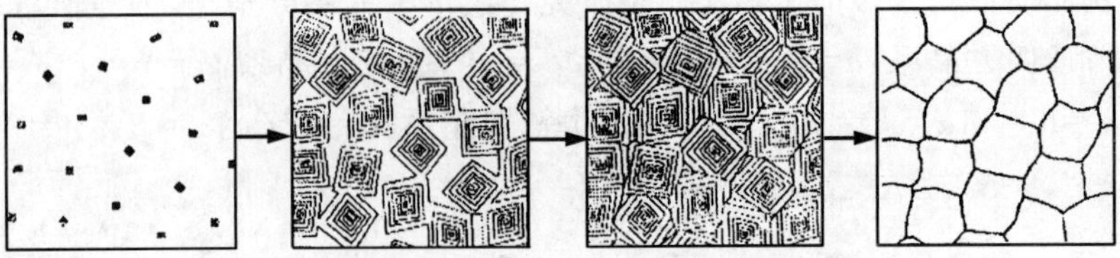

图 2-3 晶体结晶过程中生长空间对晶形的影响

（引自张宝政等，1983）

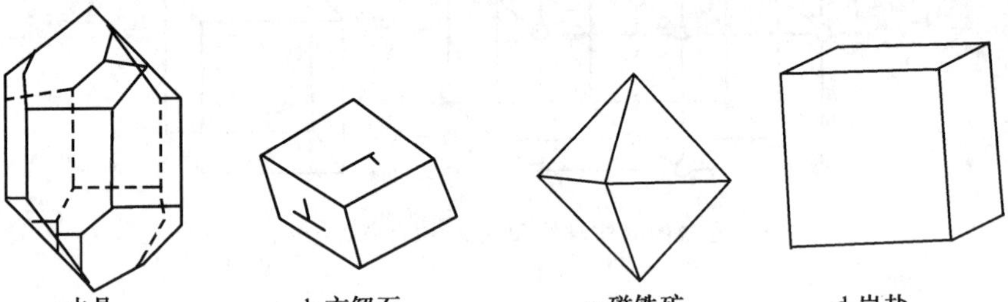

图 2-4 几种晶体的形态

矿物。如黄铁矿(FeS_2)在缺氧的还原条件下可以形成和稳定，但如果它出露于地表，在有充足的氧的氧化环境里，黄铁矿中的硫首先被氧化，生成硫酸(H_2SO_4)被水带走，同时低价铁 Fe^{2+} 也要氧化为高价铁 Fe^{3+}，形成与环境相适应的另一种新矿物褐铁矿($Fe_2O_3 \cdot nH_2O$)。如果物理化学条件再变化，褐铁矿也可能脱水变为赤铁矿(Fe_2O_3)。

二、矿物的成因

目前已发现的矿物有 5 000 余种，常见的约 200 种。这些矿物都是由不同的地质作用形成的。形成矿物的地质作用，可按其演化历程分为 3 类。

1. 内生作用

由于岩浆的冷却、分异，其中的物质通过各种物理化学反应形成的作用，称为内生作用。由内生作用形成的矿物叫原生矿物或岩浆矿物，如石英、长石、云母等。

2. 外生作用

在地表或近地表处，与太阳能、大气和水等有关的作用，称为外生作用。外生作用不仅形成新的矿物，而且还会使某些矿物发生次生富集现象。由外生作用形成的矿物叫次生矿物或表生矿物，如黏土矿物、岩盐、石膏等。

3. 变质作用

已形成的矿物受到构造变动或岩浆活动的高温、高压以及新成分的加入而受到改变的作用，称为变质作用。经变质作用形成的矿物叫变质矿物，如硅灰石、蛇纹石、红柱石等。

第二节　矿物的化学成分

一、矿物的化学成分决定其晶格和外部性状

(一)矿物的化学成分决定晶格

1. 矿物的晶格由化学成分决定

因为化学成分决定:①质点的种类及数量比;②质点的相对大小及配位数之间的关系(质点的相对大小直接影响到晶体构造中配位数,不同大小质点阴阳离子半径不同,则引起不同的格子);③离子(原子)的外电子层结构。

2. 矿物的晶格受制于外界条件

晶体形成时的外界条件有温度、压力、浓度、pH 等,它们对晶体构造产生影响,如同质多(异)象;化学成分相同的物质,在不同的环境条件下,会形成结构和性质完全不同晶体的现象,这些不同结构的晶体,称为该成分的同质多象变体。如金刚石和石墨,它们的化学成分都是碳(C)。金刚石是无色透明的最硬矿物,石墨是黑色不透明的极软矿物(图 2-5)。

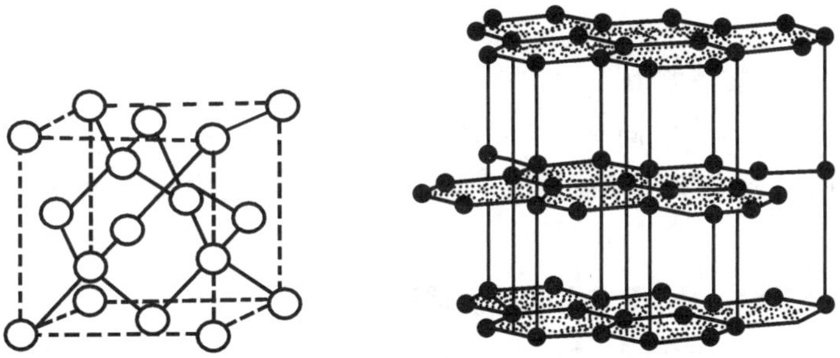

a. 金刚石　　b. 石墨

图 2-5　金刚石和石墨的晶体结构(引自戈定夷等,2003)

(二)矿物的化学成分也决定其外部性状

矿物的外部性状包括其形态及物理性质,如岩盐晶体呈立方体,而磁铁矿晶体是八面体,石榴子石晶体为菱形十二面体。我们所见到的赤铁矿显红色,孔雀石显绿色,重晶石的相对密度较大等,都是由其化学成分决定了质点排列及所带色素离子而呈现出彩色的外观所致。

二、引起矿物化学成分变化的主要因素

自然界的矿物都有较固定的化学成分,但可以在一定范围内发生变化。引起矿物化学成分变化的主要因素有:

(一)类质同象(同晶置换)——对于晶体矿物

为了说明类质同象的含义,先举一例。闪锌矿(图 2-6)的化学式为 ZnS。理论上,Zn^{2+} 和 S^{2-} 在数目上比例为 1∶1。但自然界产出的闪锌矿中常常含有 Fe^{2+}、Cd^{2+}、Mn^{2+}……不同产

地的闪锌矿中，铁、镉、锰……的含量常常不同。当闪锌矿中含有这些元素时，Zn 的含量就低于理论值，即 Zn^{2+} 和 S^{2-} 的比例不是 1∶1，但（Zn^{2+} + Fe^{2+} + Cd^{2+} + Mn^{2+} +……）与 S^{2-} 之比仍为 1∶1。对不同成分的闪锌矿研究后得出，无论闪锌矿中有无 Fe^{2+}、Cd^{2+}、Mn^{2+} 等成分，也无论这些成分的含量有多少，闪锌矿的晶体构造形式不变，只是晶胞大小发生了微小的变化。

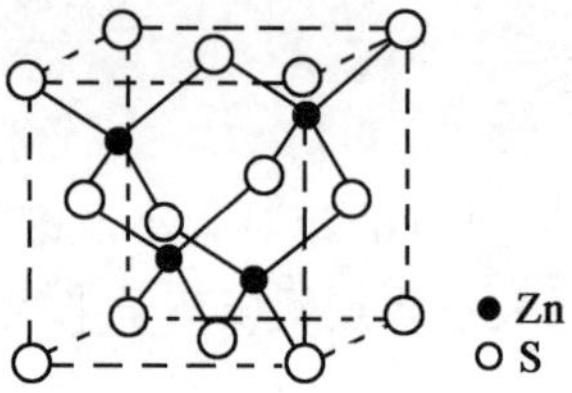

a. 闪锌矿的晶体结构

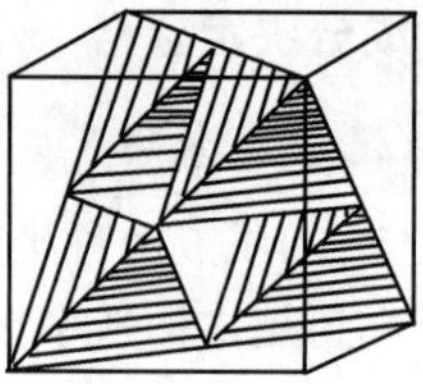
b. 闪锌矿的晶形

图 2-6 闪锌矿的晶体结构和晶形（引自戈定夷等，1989）

由此我们可以引出类质同象的概念。晶体中某种质点被类似质点所顶替（置换或取代）而能保持原有晶体构造类型，只稍微改变其晶格常数的现象，称为类质同象。如镁橄榄石 $Mg_2[SiO_4]$ 中的 Mg^{2+} 可被 Fe^{2+} 顶替，称贵橄榄石 $(Mg,Fe)_2[SiO_4]$，直到完全成为含铁的铁橄榄石 $Fe_2[SiO_4]$。

类质同象在土壤矿物中常有发生。在其中最常见的黏土矿物类中，晶格里常发生 Mg^{2+} 替代 Al^{3+}，或 Al^{3+} 替代 Si^{4+} 的同晶置换现象。

书写化学式时，类质同象相互顶替的元素用小括号括起，中间以逗号隔开，含量高者放在前面。

（二）胶体吸附作用——对于非晶质的胶体矿物

绝大多数矿物是结晶质的，但还有一部分是非晶质的胶体矿物。大多数次生矿物是胶体矿物或由胶体矿物转变而成的，有些热液矿物的生成也和胶体有关。

胶体是一种物质的微细质点分散在另一种物质中组成的分散系。形成矿物的胶体主要是分散媒为水的水胶溶体。

在表生作用及热液作用下，一些难溶于水的成分，经机械及化学作用后，使之成为微细质点分散在水中成为水胶溶体。例如，由长石、石英、云母组成的花岗岩，在风化过程中，K、Na、Ca、Mg 溶于水，难溶的 Si、Al 可形成 SiO_2、Al_2O_3 的微细胶体质点分散在水中。

胶体质点常常带电荷，经蒸发或电性中和作用，水胶溶体变为水胶凝体，成为非结晶质的胶体矿物，常见的胶体矿物有蛋白石（$SiO_2 \cdot nH_2O$）及褐铁矿（$Fe_2O_3 \cdot nH_2O$）等。已经形成的胶体矿物，随着时间的加长，特别是在较高温度和压力作用下，逐渐失去水分，缓慢地由非结晶质变为晶质，称为胶体“老化”，所形成的矿物叫变胶体矿物。如蛋白石形成的变胶体矿物为石英，褐铁矿形成的变胶体矿物为赤铁矿或针铁矿。

由于胶体质点带电荷，具选择性吸附作用，如正胶体有 $Al(OH)_3$、$Fe(OH)_3$ 等，负胶体有 SiO_2、腐殖质、MnO_2 等。一种胶体只吸附一定的异性电荷离子。可见吸附作用是引起非晶质的胶体矿物化学成分变化的主要因素。

(三)机械混入物

在矿物的形成过程中有一些其他矿物的细小颗粒混入。这种颗粒很小,在显微镜下也看不见,只有通过光谱或化学全分析才能发现它的存在。机械混入物与矿物本身的化学成分无关,混入的种类和数量也没规律。

三、矿物中的水

水不仅是形成矿物的一种重要介质,也是矿物本身的一种成分。自然界含水矿物有一系列特征,如相对密度小,硬度低,大半为外生成因等。水在矿物中存在的形式,直接影响到矿物的性质。按其存在形式,矿物中的水可分为两类,即:不加入晶格的吸附水、自由水和加入晶格的结晶水、结构水等。

(一)结构水

以 OH^-、H^+、$(H_3O)^+$ 的形式存在于矿物中的水,在晶格中占有一定的位置。结构水是矿物中结合最牢的一种水,因此只有在很高的温度条件下,水才会逸出而破坏晶格。

(二)结晶水

在矿物的晶格中呈水分子状态,在晶格中有一定位置,水分子的数量与矿物中其他成分成简单整数比。如石膏为 $CaSO_4 \cdot 2H_2O$。含结晶水的矿物失水温度是一定的,随着失水,矿物的晶格开始被破坏。结晶水的失水温度比结构水低,一般在 500 ℃以下。

(三)吸附水

是指机械地吸附于矿物中的水,没有参加晶格,含量不等,随温度而变化。当加热时,这种水就从矿物中逐渐失去,温度升至 110 ℃时,吸附水就全部逸出。按分布情况,吸附水又分为沸石水、层间水、胶体水及湿存水等。

第三节　矿物的形态和物理性质

晶体矿物具有一定的化学成分和晶格,这就决定了它们有一定的形态和物理性质,人们常用形态和物理性质来识别矿物。如自然金,呈粒状或块状外形,金黄色,不透明,硬度小,相对密度大,延展性强,化学性质稳定,在火中灼烧至熔融仍色泽如初,即所谓“真金不怕火炼”,这都是由金的构造本质所决定的。又如岩盐呈立方体,纯净者无色透明,有咸味,相对密度小,易溶于水等。下面介绍矿物的形态及物理性质。

一、矿物的形态

矿物的形态是矿物的显著特征之一,它决定于矿物化学成分及内部构造。自然界产出的矿物形态多数发育不好,它们的集合体形态虽不如单体一定,但有其各自的独特性质可作为鉴定矿物的重要依据。

按矿物的发育情况及出现方式,矿物的形态可分为单体形态、双晶及集合体形态。

(一)单体形态

包括晶体形状、结晶习性、晶面条纹等。结晶质矿物在适宜的条件下,可形成规则的几何外形。结晶习性是指在相同的生长条件下，一定成分的同种矿物，常有生成某一形态的习性。根据晶体在三维空间发育的程度不同，矿物的结晶习性分为3类：一向延长型：晶体沿一个方向延伸呈柱状、针状，如角闪石、电气石。二向延长型：晶体沿两个方向延伸呈板状、片状，如板状石膏、云母。三向延长型：晶体在三维方向发育均等，呈粒状，如橄榄石、石榴子石等。

(二)双晶

同种物质的晶体有规则地连生在一起，叫双晶。双晶可以是两个晶体，也可以是两个以上的晶体平行连生。如正长石的卡氏双晶和斜长石的聚片双晶，常是区别这两类长石的重要依据，图2-7是几种矿物的双晶。

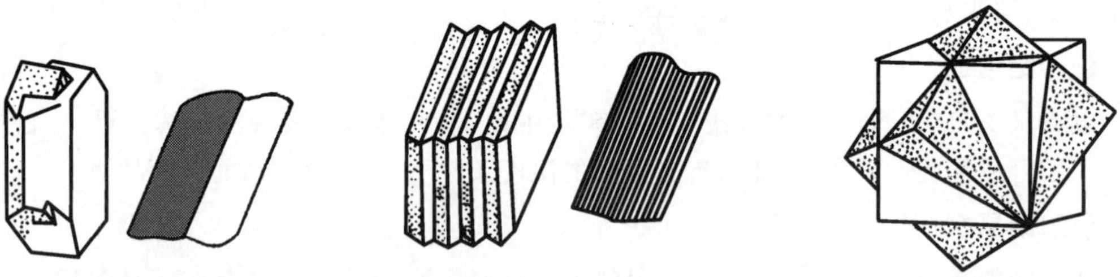

a.正长石的卡氏双晶　　b.斜长石的聚片双晶　　c.萤石的穿插双晶

图 2-7　几种矿物的双晶(引自戈定夷等，1989)

(三)集合体形态

矿物常常由许多较小的单体聚集成集合体。按结晶程度可分为：

1. 显晶质集合体

其单体界限大都可以用肉眼分辨，其形态以矿物单体形态为基础，可进一步分为：

(1)纤维状、放射状集合体　由针状、柱状矿物平行排列成纤维状(如石膏)或由一点向外呈放射状排列(如阳起石)。

(2)片状、板状、鳞片状集合体　由片状晶体集合而成，如云母。

(3)粒状集合体　由粒状晶体集合而成，如方解石、橄榄石。

(4)晶簇　丛生于同一基底上的矿物晶体，如水晶晶簇、萤石晶簇。

(5)树枝状集合体　因晶体在某些方向上迅速生长而成，如氧化锰的树枝状集合体等。

2. 隐晶及胶状集合体

这类集合体的个体，肉眼难以分辨，主要根据其外表形态而进一步划分。

(1)分泌体　这是由结晶质或胶状矿物充填于球状或不规则的空洞中，自外而内生长而成，特点是其组成物质多具同心层构造，如玛瑙。

(2)结核体　它是围绕某一中心自内向外生长成的瘤状体，如钙质结核。

(3)鲕状及豆状体　外形呈圆粒，大小如鱼子者称为鲕状体；形状大小如豆，称豆状体，往往被相同的矿质胶结成为块体。

(4)钟乳状体　大多为水凝胶凝结而成。徐徐流动的胶体溶液流到岩石表面或洞壁后，因蒸发失水而形成葡萄状、肾状、钟乳状的矿物集合体，这些集合体常具同心层构造，如石钟乳。

(5)土状集合体 岩石矿物经化学风化而呈现壳状或土状,如褐铁矿等。

二、矿物的物理性质

这里主要介绍肉眼鉴定矿物所常涉及的一些物理性质。

(一)颜色和条痕

矿物的颜色,五彩缤纷,自古以来就引人注目,是矿物的重要特征之一。如孔雀石(绿色)、蓝铜矿(蓝色)、褐铁矿(褐色)、赤铁矿(红色)等许多矿物,就是根据它们的特有颜色命名的。不少矿物固有的颜色,是鉴定矿物的重要依据。

矿物的颜色,主要是矿物对光线中不同波长的光波的均匀吸收或选择性吸收所表现出来的性质。根据发生的原因不同,矿物的颜色可分为自色、他色和假色 3 种,其中以自色最为重要。

自色是矿物的成分和构造所决定的颜色。一般较为固定,具有重要的鉴定意义。自色产生的原因最主要是矿物成分中含有色素离子,常见的色素离子有 Fe、Co、Ni、Mn、Cr、Cu、Ti。自色形成的另一原因,是矿物的晶体构造的均一性受到破坏,如受放射性射线的刺激可使石英变黑等。

他色是由外来带色杂质、气泡包裹体所引起,无鉴定意义。假色是由于矿物内部裂缝、解理面及表面的氧化膜引起光波的干涉作用而产生的颜色。

条痕是矿物粉末的颜色。透明矿物粉末多近白色,鉴定意义不大。对于不透明矿物而言,条痕更具有鉴定意义。如赤铁矿块体,表面可以是赤红、钢灰和铁黑色,但条痕总是樱红色。

(二)透明度和光泽

透明度指矿物透光的能力,它是相对的。根据透明度把矿物分为透明、半透明和不透明 3 种。

光泽是指矿物表面反射光的强弱。一般按反射率的大小自强而弱分为四级:金属光泽(呈明显的金属样光泽)、半金属光泽(呈弱金属状光泽)、金刚光泽(呈钻石状明亮反光)、玻璃光泽(呈平板玻璃样反光)。在矿物集合体的表面或在矿物不平的表面上,矿物的光泽常会呈现出各种各样的特点,在这种情况下呈现的光泽叫变异光泽。在描述矿物时,对变异光泽也应加以描述。常见的变异光泽有:油脂光泽(像沾有液态油脂的透明矿物表面的光泽);丝绢光泽(像丝绸的光泽);珍珠光泽(似珍珠或贝壳内壁的光泽),此外,还有松脂光泽、土状光泽、蜡状光泽、沥青光泽等。

矿物的几种光学性质之间的相互关系见表 2-1。

表 2-1 矿物几种光学性质的关系

项目	颜色			
	无色	浅色	彩色	黑色或金属色
条痕	无色或白色	浅色或无色	浅色或彩色	灰黑或金属色
光泽	玻璃—金刚		半金属	金属
透明度	透明		半透明	不透明

引自戈定夷等,2003。

(三)相对密度

相对密度是指纯净矿物在空气中的质量与同体积纯水的质量比(4 ℃时)。矿物相对密度的大小,取决于组成元素的相对原子质量和构造的紧密程度。一般粗略地将矿物的相对密度分为:轻的,相对密度<2.5,如石墨;中等的,相对密度在2.5~4.0,如方解石;重的,相对密度>4,如重晶石。绝大多数矿物具有中等相对密度。肉眼鉴定矿物时,通常是用手估量。

(四)硬度

矿物抵抗外来机械作用(如刻划、压力、研磨)的能力称为硬度。矿物的硬度也是决定于它的化学成分和晶体构造,其与构造紧密程度呈正比关系,此外,当矿物中含 OH^- 和水分子时,矿物的硬度会明显降低,如刚玉(Al_2O_3)的硬度为9,而三水铝矿 $Al(OH)_3$ 的硬度只有3。

一般采用摩氏硬度来确定矿物的相对硬度。摩氏硬度分级采用下列10种矿物,按硬度由小到大排列分为10级,见表2-2。

表2-2 矿物硬度分级

矿物名称	滑石	石膏	方解石	萤石	磷灰石	正长石	石英	黄玉	刚玉	金刚石
摩氏硬度	1	2	3	4	5	6	7	8	9	10

在摩氏硬度中,前面的矿物可以被后面的矿物刻划,它们之间的等级不是成倍数和比例关系的。如滑石的绝对硬度数为2.4 kg/mm^2,而金刚石的则为10 060 kg/mm^2。

实际工作中常以指甲(约2.5)、小刀(约5.5)、石英(7)与矿物刻划,粗略求得矿物的硬度。

(五)解理、断口与裂开

矿物受力后沿一定结晶方向裂开成光滑面的性质称为解理。解理是晶质矿物具有的特性,严格受其晶格、化学键类型及其强度和分布的控制。矿物的解理发生在晶体构造中垂直于键力最弱的方向。矿物的解理直接决定于矿物内部原子或分子排列形成的晶格,很稳定,具有固定不变的一定方向,是矿物的主要鉴定特征之一。

按矿物受力时,解理裂开的难易程度、解理片之厚薄、大小与平整光滑的程度,将解理分为5级:

1. 极完全解理

如云母,极易分裂成薄片,解理面平整光滑。

2. 完全解理

如方解石,当以小锤轻击时,即会沿解理面裂开;很易裂成平滑小块或薄板,解理面比较光滑。

3. 中等解理

如角闪石,解理的完善程度较差,很少出现大的光滑平面,但在矿物碎块上能清楚看到解理面。

4. 不完全解理

如磷灰石,解理不显著,解理面不清楚而且较难发现。

5. 极不完全解理

如石英,实际上是没有解理,而有断口。

断口是指单体矿物受力后，不沿一定结晶方向破裂而形成的断开面。常见的断口有贝壳状断口、参差状断口、锯齿状断口和平坦状断口。

解理的发育程度和断口的发育程度互为消长关系，具完全解理的矿物在解理方向常不出现断口，不完全解理或无解理的矿物碎块上常见断口。

识别晶面和解理面的方法是：晶面是晶体形成过程中生长在最外面的一层平面，有晶面花纹，受力打击后，立即破碎消失；而解理面新鲜、平整、光亮，平行解理方向上可连续出现解理面，往往可以看到一系列平行的阶梯面。

裂开是指某些矿物晶体在应力作用下，有时沿着晶格内一定的结晶方向破裂成平面的性质。裂开的平面称为裂开面。裂开酷似解理，也只能出现在晶体上，但两者产生的原因不同。裂开不直接受晶体结构控制，而取决于杂质的夹层及机械双晶等结构以外的非固有因素，其不是矿物本身固有的特性，只见于某些矿物的某些晶体上，不如解理稳定。

(六)矿物的其他物理性质

1. 弹性和挠性

矿物在外力作用下弯曲变形，当外力消除后，在弹性限度内能够自行恢复原状的性质，称为弹性，如层状结构的云母及角闪石石棉具有明显的弹性；而某些层状结构的矿物，当外力消除后，不能恢复原状的性质，称为挠性，如滑石、石墨等。

2. 磁性

指矿物在外磁场作用下被磁化所表现出能被外磁场吸引、排斥或对外界产生磁场的性质，如磁铁矿能被普通磁铁吸引，自然铋能被磁铁所排斥。

3. 放射性

放射性是含有放射性元素铀、钍等矿物所特有的性质。

4. 发光性

发光性是有的矿物受到外界能量的激发，可以发出可见光的现象。激发停止，发光即停止的称为荧光，如萤石发荧光；激发停止发光仍可持续一段时间的称为磷光，如磷灰石发磷光等。

5. 脆性和延展性

矿物的脆性是指矿物受外力作用时容易发生碎裂的性质，其与硬度无关。自然界绝大多数非金属晶格矿物都具有脆性。矿物受外力拉引时易成为细丝的性质称为延性；矿物的展性指矿物在锤击或碾压下易形变成薄片的性质，矿物的延性及展性常并存，所以统称为延展性，是金属键矿物的特性。肉眼鉴定矿物时，用小刀刻划矿物表面，若留下光亮的沟痕，而不出现粉末，则矿物具有延展性，借此可区别于脆性矿物。

第四节　矿物的分类和常见矿物

一、矿物的分类

矿物种类很多，系统地、全面地把它分类很有必要。在矿物学发展过程中，曾出现过按矿物的性质或晶体形态进行分类，但这些分类法均未全面反映矿物的本质。由于矿物的成分和内部构造是决定矿物性质的最基本因素，于是以矿物成分和构造为基础的晶体化学分类法就成为矿物学上较合理的分类方法而被采用。按晶体化学分类法，把矿物分为 5 大类 12 种类型，这里列出其中常见的几种，见表 2-3。

表 2-3 常见矿物的化学类型

分 类	描 述	代表矿物	化学式
一、自然元素	单质金属或非金属	自然铜	Cu
		自然金	Au
		金刚石	C
二、硫化物	元素同硫结合	方铅矿	PbS
		闪锌矿	ZnS
三、卤化物	卤族元素化合物	岩盐	$NaCl$
		萤石	CaF_2
四、氧化物及氢氧化物	1. 元素同氧结合	石英	SiO_2
		赤铁矿	Fe_2O_3
	2. 金属氧化物与水联合派生	褐铁矿	$Fe_2O_3 \cdot 3H_2O$
		铝土矿	$Al_2O_3 \cdot 2H_2O$
五、含氧盐			
1. 硅酸盐	元素同$[SiO_4]^{4-}$结合	正长石	$K[AlSi_3O_8]$
		橄榄石	$(Mg,Fe)_2[SiO_4]$
2. 含水硅酸盐（黏土矿物）	水同$[SiO_4]^{4-}$盐矿物联合派生的化合物	高岭石	$Al_4[Si_4O_{10}](OH)_8$
		绿泥石	$(Mg,Al,Fe)_6[(Si,Al)_4O_{10}](OH)_8$
3. 硫酸盐	元素同$[SO_4]^{2-}$结合	硬石膏	$CaSO_4$
		石膏	$CaSO_4 \cdot 2H_2O$
4. 碳酸盐	元素同$[CO_3]^{2-}$结合	方解石	$CaCO_3$
		白云石	$CaMg[CO_3]_2$
5. 磷酸盐	元素同$[PO_4]^{3-}$结合	磷灰石	$Ca_5[PO_4]_3(F,Cl,OH)$

引自 Arthur N. Strahler，1987。

二、常见矿物

已知自然界的矿物有 5 000 余种，但绝大多数分布极其分散，数量极少。对于形成岩石有普遍意义的矿物，即主要的造岩矿物有 20～30 种。现把常见的主要矿物简介如下。

（一）硅酸盐矿物

硅和氧是地壳中分布最广的两种元素，其克拉克值分别为 27.88％和 46.05％。由硅、氧和其他金属阳离子组成的硅酸盐矿物是组成地壳的物质基础。硅酸盐不仅是岩浆岩、沉积岩、变质岩的主要造岩矿物，而且也是土壤矿物质的主要组分。组成硅酸盐的化学元素种类不多，而由这些元素组成的矿物种数却远远超过组成元素的数目。目前已发现的硅酸盐矿物占已知矿物种类的 1/3 左右，有 800 多种。下面来看看硅酸盐矿物的一些特点。

硅酸盐是金属阳离子与硅酸根化合而成的盐类矿物，这类矿物均含氧化硅，以及一种或几种金属离子。其结构中一个硅的周围都有 4 个氧，形状呈四面体。硅氧四面体是一切硅酸盐矿物的基本结构单位，见图 2-8。

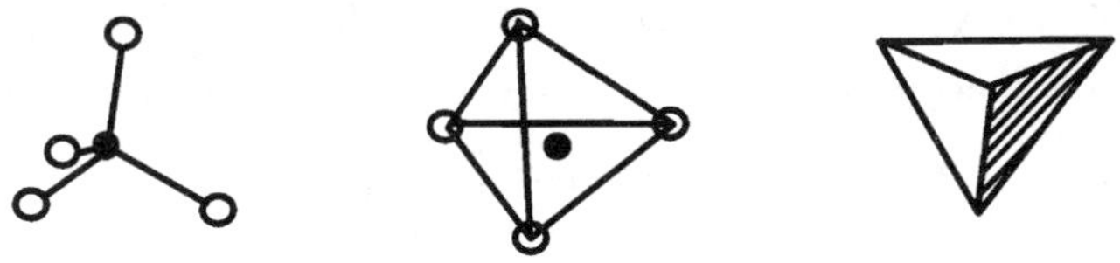

a　　　b　　　c

a，b 以硅（黑点）氧（圈）质点表示；c 以四面体表示

图 2-8　硅氧四面体（引自戈定夷等，2003）

根据硅氧四面体是否连接以及连接方式不同，主要形成以下 5 种构造形式，硅酸盐矿物也分属于这 5 种晶体构造类型之中。

1. 岛状构造硅酸盐

硅氧四面体 $[SiO_4]^{4-}$ 孤立地存在，或是每两个以一角顶相连组成孤立双四面体，硅氧骨架之间是靠金属阳离子联系维持骨架稳定。具此构造的矿物常呈粒状，如图 2-9 所示，如矿物橄榄石。

2. 环状构造硅酸盐

分别由 3 个、4 个、6 个四面体以两个角顶连接而呈环状硅氧骨干，其中以 6 个四面体连接的六方环最为重要（图 2-10），环与环之间由阳离子连接，如绿柱石、电气石。

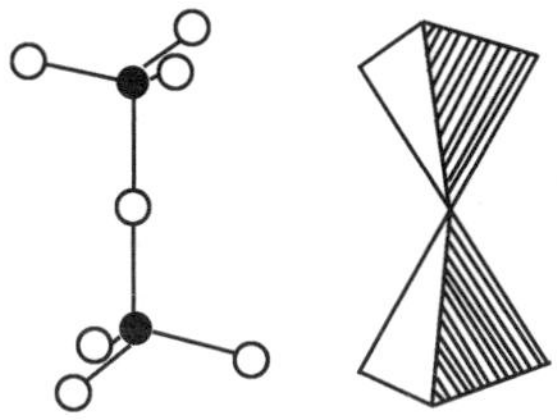

$[Si_2O_7]^{6-}$

图 2-9　硅氧双四面体

（引自戈定夷等，2003）

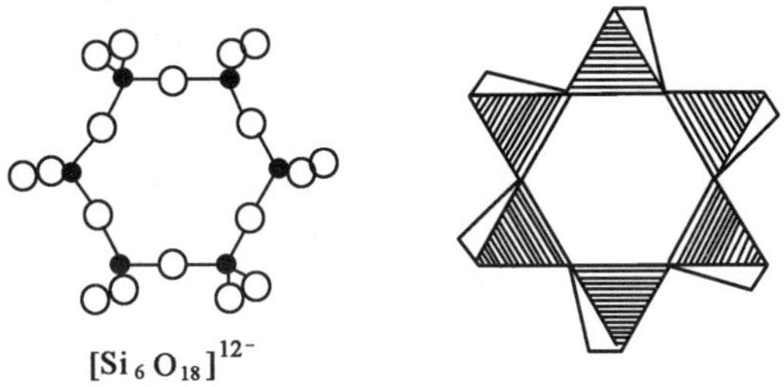

$[Si_6O_{18}]^{12-}$

图 2-10　六方环状四面体骨干

（引自戈定夷等，2003）

3. 链状构造硅酸盐

硅氧四面体彼此以 2 个角顶相连，沿一定空间作无限延伸而形成链状骨干。其中又分单链和双链。单链以辉石族矿物为主，硅氧骨干用 $[Si_2O_6]^{4-}$ 表示，如透辉石 $CaMg[Si_2O_6]$；双链以角闪石矿物为主（图 2-11），链与链之间通过阳离子相互联系。具此种构造的硅酸盐矿物单体常呈柱状、针状。

4. 层状构造硅酸盐

硅氧四面体彼此以 3 个角顶相连，组成无限延展的平面层（图 2-12），硅氧骨干可用

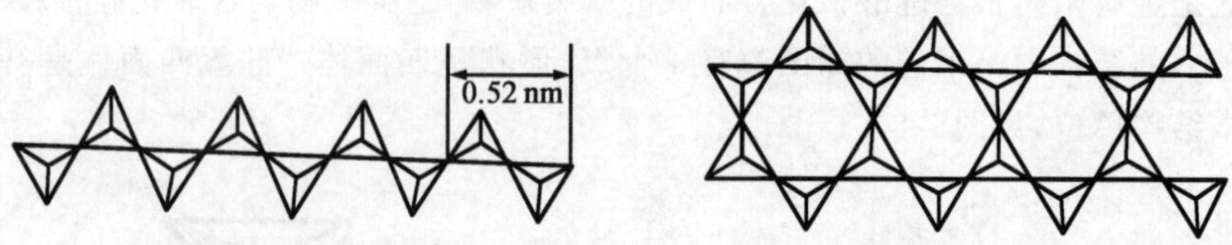

a.辉石式链 $[Si_2O_6]^{4-}$　　b.角闪石式链 $[Si_4O_{11}]^{6-}$

图 2-11　链状四面体骨干(引自戈定夷等,2003)

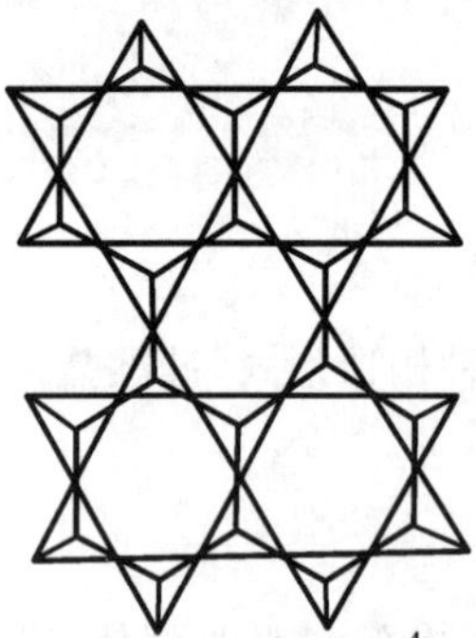

$[Si_4O_{10}]^{4-}$

图 2-12　层状四面体骨干

(引自戈定夷等,2003)

$[Si_4O_{10}]^{4-}$表示,层与层之间通过阳离子联系,具此种构造的硅酸盐矿物常呈层状、板状等,如滑石、云母。

5. 架状构造硅酸盐

硅氧四面体以其全部 4 个角顶与其他四面体相连,组成三度空间中无限扩展的骨干(图 2-13),因为四面体的全部 4 个角顶都用来和相邻的四面体相连接,所以所有角顶上的氧离子,其电价均被中和,石英即属于此种构造。由于架状硅酸盐中,Si、O 四面体中的 Si^{4+} 常被 Al^{3+} 代替,形成铝氧四面体,使氧离子带有部分剩余电荷,从而与其他阳离子结合成铝硅酸盐,如钾长石 $K[AlSi_3O_8]$、钙长石 $Ca[Al_2Si_2O_8]$。

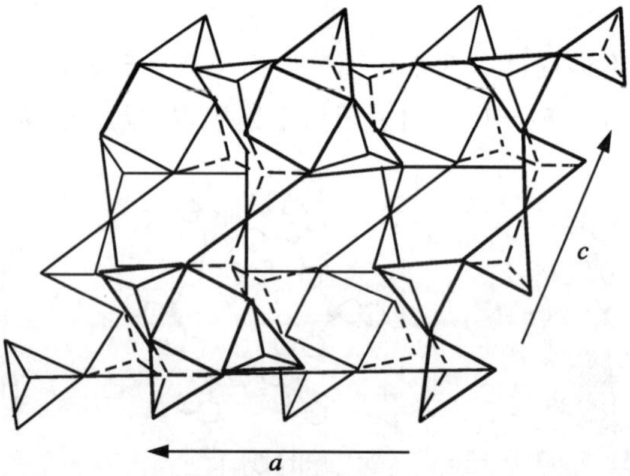

图 2-13　透长石的架状硅氧骨干$[AlSi_3O_8]^-$(引自戈定夷等,2003)

硅酸盐矿物的种类很多,常见的硅酸盐矿物如下:

- 橄榄石 $(Mg,Fe)_2[SiO_4]$　斜方晶系。单个晶体少见,常为粒状集合体。浅黄绿到橄榄绿色,随含铁量增高而加深。玻璃光泽,透明,硬度 6～7,贝壳状断口。相对密度 3.2～4.4,随含铁量增高而增大。
- 绿柱石 $Be_3Al_2[Si_6O_{18}]$　六方晶系。纯的绿柱石为无色透明,常见颜色有绿色、黄绿色、粉红色、深的鲜绿色,深蓝色的称海蓝宝石,其蓝色由 Fe^{2+} 引起,碧绿苍翠的称祖母绿,是一种极珍贵的宝石,其颜色由 Cr_2O_3 引起,含 Cl 则呈黄绿色,含 Cs 则呈粉红色;玻璃光泽,半透明至透明;解理不完全,硬度 7.5～8,相对密度 2.6～2.9。具有此特点的硅酸盐呈六方柱。

• 石榴子石 $X_3Y_2[SiO_4]_3$ 等轴晶系。化学式中的 X 代表二价阳离子 Ca^{2+}、Mg^{2+}、Mn^{2+}、Fe^{2+} 等，Y 代表三价阳离子 Al^{3+}、Fe^{3+}、Cr^{3+} 等。阳离子为铁、铝者称为铁铝榴石；阳离子为钙、铝者，称为钙铝榴石。尽管它们的化学成分有某种变化，但其基本结构相同，特征近似(图 2-14)。石榴子石常形成等轴状单晶体。集合体成粒状的块状。浅黄白、深褐到黑色(一般随含铁量增高而加深)。玻璃光泽，硬度 6～7.5，无解理，断口为贝壳状或参差状，相对密度 4 左右。

a. 菱形十二面体　b. 四角三八面体　c. a 与 b 的聚形

图 2-14　石榴子石晶体(引自戈定夷等，2003)

• 红柱石 $Al_2[SiO_4]O$ 斜方晶系。单晶体呈柱状，横切面近于正方形，集合体呈放射状俗称菊花石，常为灰白色及肉红色，玻璃光泽，硬度 6.5～7.5，有平行柱状方向的解理，相对密度 3.13～3.16。

• 蓝晶石 $Al_2[SiO_4]O$ 三斜晶系。单晶体常呈长板状，常为蓝灰色，玻璃光泽，解理面上有珍珠光泽，有平行长轴方向的解理，硬度 5.5～7，平行伸长方向的硬度小，垂直伸长方向的硬度大，相对密度 3.53～3.65。

• 夕线石 $Al[AlSiO_5]$ 斜方晶系。通常为针状及纤维状集合体，常为灰白色，玻璃光泽，硬度 7，有平行伸长方向的解理，相对密度 3.38～3.49。

• 绿帘石 $Ca_2Al_2(Fe^{3+},Al)[SiO_4][Si_2O_7]O(OH)$ 单斜晶系。单晶体为柱状，集合体为粒状或块状，绿色，色调随含铁量增加而变深，玻璃光泽，硬度 6～6.5，有平行柱状方向的解理，相对密度 3.21～3.49。

• 电气石 $Na(Mg,Fe,Mn,Li,Al)_3Al_6[Si_6O_{18}][BO_3]_3(OH,F)_4$ 三方晶系。属环状构造的硅酸盐，因类质同象替换使其成分复杂。晶体通常呈柱状，柱面有纵纹，横断面呈弧线三角形(图 2-15)。

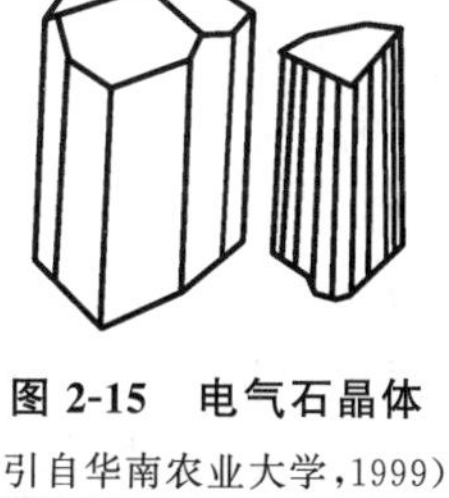

图 2-15　电气石晶体

(引自华南农业大学，1999)

颜色随成分而变，有暗绿、暗蓝、暗褐、玫瑰红、黑色。玻璃光泽，硬度 7～7.5，无解理，相对密度 3.03～3.25。当加热摩擦或加压时晶体一端带正电荷，另一端带负电荷而命名为电气石。达到宝石级的电气石，称为"碧玺"。

• 硅灰石 $Ca[SiO_3]$ 三斜晶系。大多为纤维状、放射状集合体，白色、灰白色，玻璃光泽，硬度 4.5～5，平行长轴方向解理完全，相对密度 2.87～3.09。

• 透辉石 $CaMg[Si_2O_6]$ 单斜晶系。单晶短柱状，横截面近于正方形，集合体为粒状，无色(含铁质者呈绿色)，玻璃光泽，硬度 5.5～6。平行于柱状方向有两组中等解理，其夹角 87°。相对密度 3.22～3.38。

• 普通辉石 $(Ca,Na)(Mg,Fe^{2+},Al,Fe^{3+})[(Si,Al)_2O_6]$ 单斜晶系。单晶体短柱状，横截面呈近八边形(图 2-16)，集合体粒状，绿黑色，玻璃光泽，硬度 5.5～6，平行于柱状方向有两组解理，其夹角为 87°，相对密度 3.2～3.4。

• 硬玉 $NaAl[Si_2O_6]$　单斜晶系。为辉石族矿物。常为粒状或纤维状集合体,无色、白色、浅绿或苹果绿色,玻璃光泽,硬度6.5,平行于柱状方向有两组解理,解理夹角为87°,相对密度3.24～3.43,坚韧。该矿物是一种典型的变质矿物。由具有细粒状或纤维交织状集合体的硬玉与一些长石类、其他辉石类矿物组成的玉石称为翡翠。

• 透闪石 $Ca_2Mg_5[Si_4O_{11}]_2(OH)_2$　单斜晶系。单晶体为长柱状,集合体为纤维状及放射状,白色或灰白色,富含铁质者呈绿色(称为阳起石),硬度5～6,偏光显微镜下有平行柱状方向的两组中等到完全解理(图2-17),其交角为56°,相对密度3.02～3.44,随含铁量增高而变大。

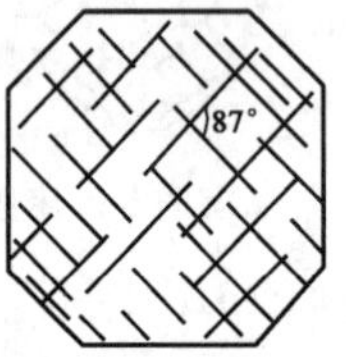

图2-16　偏光显微镜下普通辉石晶体的横切面及其两组解理

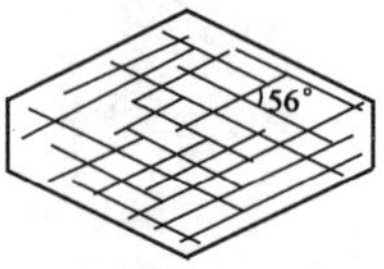

图2-17　偏光显微镜下透闪石晶体的横断面及其两组解理

• 蓝闪石 $Na_2Mg_3Al_2[Si_4O_{11}]_2(OH)_2$　单斜晶系。通常为放射状及纤维状集合体。

• 普通角闪石 $NaCa_2(Mg,Fe,Al)_5[(Si,Al)_4O_{11}]_2(OH,F)_2$　单斜晶系。单晶体较常见,为长柱状。横断面呈六边形,与透闪石的类似,绿黑色或黑色,玻璃光泽,硬度5～6,有平行柱状的两组解理,交角为56°,相对密度3.02～3.45,随着含Fe量增高而加大。

• 滑石 $Mg_3[Si_4O_{10}](OH)_2$　单斜晶系。单晶体为片状,通常为鳞片状、放射状、纤维状、块状等集合体,无色或白色,解理面上为珍珠光泽,硬度1。平行片状方向有极完全解理(有滑感),薄片具挠性,相对密度2.55～2.58。

• 蛇纹石 $Mg_6[Si_4O_{10}](OH)_8$　单斜晶系。一般为细鳞片状、显微鳞片状以及致密块状集合体,呈纤维状集合体者称蛇纹石石棉。黄绿色,或深或浅。一般玻璃光泽或蜡状光泽,块状者常具油脂光泽,纤维状者为丝绢光泽。硬度2.5～3.5,相对密度2.83。

• 高岭石(土) $Al_4[Si_4O_{10}](OH)_8$　三斜晶系。一般为块状或土状集合体,白色,常因含杂质而呈其他色调。块状者具蜡状光泽,土状者光泽暗淡,硬度2,相对密度2.61～2.68,具有可塑性。

• 白云母 $KAl_2[AlSi_3O_{10}](OH,F)_2$　单斜晶系。集合体呈片状或鳞片状。其中晶体细微者称为绢云母。薄片为无色透明。具珍珠光泽。硬度2.5～3。有平行于片状方向的极完全解理,易撕成薄片,具弹性。相对密度2.77～2.88。

• 黑云母 $K(Mg,Fe)_3[AlSi_3O_{10}](OH,F)_2$　单斜晶系。集合体为鳞片状或片状。棕褐色或黑色,随含Fe量增高而变暗。其他光学与力学性质同白云母相似。相对密度2.7～3.3。

• 绿泥石 $(Mg,Al,Fe)_6[(Si,Al)_4O_{10}](OH)_8$　单斜晶系。常呈鳞片状集合体、土状集合体,绿色,深浅随含铁量增减而不同,解理面上为珍珠光泽,有平行片状方向的解理,硬度2～3,相对密度2.6～3.3。

• 沸石 $A_m[Si_pAl_qO_{2j}]\cdot nH_2O$　A主要为Ca或Na。属架状构造的含水硅酸盐。沸石的种类很多,最常见的有钠沸石、丝光沸石、钙沸石、片沸石、方沸石、菱沸石等。其中,钠沸石、丝光沸石为斜方晶系;钙沸石、片沸石为单斜晶系;方沸石为等轴晶系;菱沸石为三方晶系。色浅，为白色或无色，硬度3.5～5.5，相对密度较小，为2.1～2.5，比长石类矿物更易被酸分解。大部分沸石加热都能迅速排出水汽。沸石主要用于从海水中提取钾，硬水软化，土壤改良及环境保护等。

● 蒙脱石$(0.5\ Ca,Na)_{0.66}Al_{3.34}Mg_{0.66}[Si_8O_{20}](OH)_4 \cdot nH_2O$　单斜晶系。常呈土体块状，白色或微呈浅红、浅绿色等，土状光泽或蜡状光泽，硬度1～2，有滑感，相对密度2～3。吸水后体积胀大数倍并分散为糊状，又叫“膨润土”。

● 伊利石 $K_{2-x}Al_4[Al_{2-x}Si_{6+x}O_{20}](OH)_4$　单斜晶系。与水白云母不是同一种矿物，但有许多相似之处。是泥质岩或土壤中的黏土矿物向云母转化的产物。在土壤和各种泥质岩中类似白云母的矿物，大都是伊利石。其他物理性质同水白云母。

● 长石　长石类矿物是地壳中分布最广的造岩矿物，约占地壳重量的50%。长石包括3种基本类型：钾长石 $K[AlSi_3O_8]$（代号 Or）；钠长石 $Na[AlSi_3O_8]$（代号 Ab）；钙长石 $Ca[Al_2Si_2O_8]$（代号 An）。长石类矿物分为两个系列（亚族），即斜长石系列和碱性长石系列。斜长石系列是由钠长石和钙长石组成的类质同象系列 Ab～An，斜长石系列种属的划分见表2-4。

表 2-4　斜长石系列种属的划分

项目	酸性斜长石*		中性斜长石	基性斜长石		
	钠长石	更长石	中长石	拉长石	培长石	钙长石
$Ca[Al_2Si_2O_8]$	0～10	10～30	30～50	50～70	70～90	90～100
$Na[AlSi_3O_8]$	100～90	90～70	70～50	50～30	30～10	10～0

* 此处酸性为地质学而非化学含义，与 SiO_2 含量有关。

斜长石为三斜晶系，有许多共同特征，如单晶体为板状或板条状，集合体形态常呈块状。常为白色或灰白色，玻璃光泽，硬度6～6.25。有两组解理，彼此不正交，其夹角为86°左右。相对密度2.61～2.75，随钙长石成分增大而变大。斜长石中常发育聚片双晶。

碱性长石系列包括：①所有钾长石：透长石、正长石、微斜长石及冰长石；②富钠长石：钠长石、歪长石。

常常把钠长石归为斜长石系列，因而习惯上把碱性长石系列（歪长石除外）统称为钾长石（钾长石不是一种矿物），即长石类矿物分为斜长石系列和钾长石系列。

钾长石包含正长石、钾微斜长石（常形成“条纹长石”）、透长石及冰长石，其中，正长石、透长石为单斜晶系，钾微斜长石为三斜晶系。钾长石成分无变化，仅结构略有差别。天河石是钾微斜长石呈绿色的变种，如果条纹长石中的钾、钠长石两相形成显微层片状结构，则产生“浮光”效应，叫月光石。钾长石中常见的是正长石，单晶体常为短柱状或厚板状，常为肉红色（有时具有较浅的色调），玻璃光泽，硬度6，有两组方向相互垂直的解理，相对密度2.54～2.57。正长石常具有双晶，以卡氏双晶最常见（彩版1图1）。

在上述硅酸盐矿物中，有特别意义的是钾长石、斜长石、云母（包括黑云母与白云母）、角闪石、辉石及橄榄石。如果将石英从广义上也当作硅酸盐矿物（因石英也具有硅氧四面体的基本结构）的话，这7类造岩矿物的化学成分、颜色与相对密度具有规律性的变化（表2-5）。这7类矿物是地壳岩石中最主要的矿物成分。

表 2-5 7 类主要造岩矿物的若干特征

名称	元 素	含水状况	颜色	相对密度
石英	Si、O	不含水	浅	2.6
钾长石	K、Al、Si、O	不含水	↓	2.6
斜长石	Na、Ca、Al、Si、O	不含水	↓	2.6～2.8
云母	K、Mg、Fe、Al、Si、O	含水	↓	2.9(黑云母)
角闪石	Ca、Mg、Fe、Al、Si、O	含少量水	↓	3.2
辉石	Ca、Mg、Fe、Al、Si、O	不含水	↓	3.3
橄榄石	Mg、Fe、Si、O	不含水	深	3.3

引自夏邦栋,1995。

(二)其他常见矿物

• 石墨 C　六方晶系。晶体呈六方片状,但少见。常呈鳞片状或块状,铁黑色至钢灰色,硬度 1,易污手,有滑感,一组解理。煤或炭质岩经变质作用而成。工业用于原子能、电力和冶金方面,也用于做润滑剂、铅笔芯、电极、人造金刚石等方面。

• 方铅矿 PbS　等轴晶系。一般为立方体和粒状块状出现,铅灰色,硬度 2～3,3 组解理。主要由岩浆作用形成,是冶炼铅的主要矿物,含银(Ag)量多时可提炼银。

• 黄铜矿 $CuFeS_2$　四方晶系。晶体呈四面体,但少见,常呈粒状或致密块状产出。铜黄色,风化面常显蓝、紫、褐色,断口参差状,硬度 3～4。主要由岩浆作用与变质作用形成,外动力地质作用也可形成,是重要的铜矿石。

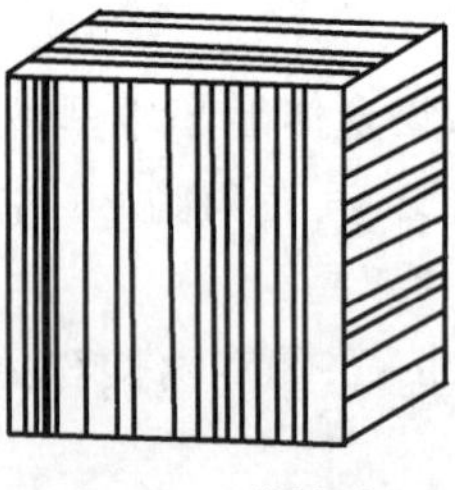
图 2-18　黄铁矿

• 黄铁矿 FeS_2　等轴晶系。完整的晶体是立方体或五角十二面体,立方体晶面上常见相互垂直的 3 组晶面条纹(图 2-18),集合体大多呈致密状、粒状,浅铜黄色,风化面常呈褐色,无解理,硬度 6～6.5。岩浆、沉积、变质等地质作用均可形成,是制造硫酸的重要原料。黄铁矿与黄铜矿不易区别,一般硬度比较可靠。劳动人民还有条经验:你是铜,我不信,用火烧,臭死人。黄铁矿被火烧时放出强烈的 SO_2 臭味,这也是两者的重要区别。

• 雄黄 AsS　单斜晶系。属硫化物。细粒状晶体,晶面常具平行的细纹,一般呈粒状集合体,橘红色,条痕淡橘红,晶面金刚光泽,断口脂肪光泽,半透明,硬度 1.5～2,解理完全,相对密度 3.4～3.6。

• 雌黄 As_2S_3　单斜晶系。属硫化物。晶体细小,普通呈叶片状、鳞片状,柠檬黄色,条痕与颜色相同,解理面呈珍珠光泽,硬度 1.5～2,解理极完全,可撕裂成薄片,有挠性,相对密度 3.4～3.5。

• 钾盐 KCl　等轴晶系。属卤化物。晶体呈立方体,集合体为致密块状,无色透明,有 Fe_2O_3 混入物时呈红色,玻璃光泽,硬度 1.5～2,有 3 组完全解理,易溶于水,味苦且涩,灼烧时火焰呈紫色。钾盐形成于干涸盐湖中,与石盐、石膏共生,含钾 52%,可用做钾肥及化工原料。

• 光卤石 $MgCl_2 \cdot KCl \cdot 6H_2O$　斜方晶系。属卤化物。晶体少见,通常呈致密粒状块体，质纯者无色，含氧化铁时呈红色、黄褐色，新鲜面玻璃光泽，在空气中易潮解变暗呈油脂光泽，硬度 2～3，性脆，无解理，易溶于水，具强潮解性。味辛辣苦咸，发强荧光。

● 岩盐（石盐）NaCl　等轴晶系。晶体呈立方体，集合体呈粒状。纯净者无色透明，因含杂质可呈现各种颜色。硬度 2，有 3 组解理。主要在盐湖中沉积而成。食用，工业上用作制盐酸、苏打，提取金属钠。

● 萤石 CaF_2　等轴晶系。晶体常呈立方体、立方体与菱形十二面体的聚形等。集合体呈粒状。无色透明的少见，一般为绿、紫、黄色，硬度 4，有 4 组完全解理，主要由岩浆作用形成。冶金工业作熔剂，火箭和原子能工业也广泛应用。

● 石英 SiO_2　石英有多种同质多象体，如 α-石英，β-石英，磷石英和方石英。其中 α-石英最常见，三方晶系，晶体呈六方柱双锥状，柱面上有许多平行条纹，常见为粒状或块状集合体，有时可见到石英晶簇。无色透明者叫水晶（crystal）。石英因含杂质可呈各种色调，例如含 Fe^{3+} 呈紫色者，称为紫水晶（amethyst），含有细小分散的气态或液态物质呈乳白色者，称为乳石英。

石英晶面为玻璃光泽，断口为油脂光泽，无解理，硬度 7，贝壳状断口（图 2-19），相对密度 2.65。

图 2-19　水晶上被打击后形成的贝壳状断口（李尚宽绘）

集合体呈晶簇状、梳状、致密块状。隐晶质集合体称为石髓或玉髓，常呈肾状、钟乳状及葡萄状等集合体，一般为浅灰色、淡黄色及乳白色，偶有红褐色及苹果绿色，微透明；具有多色环状条带的石髓称为玛瑙（agate）；呈瘤状者称燧石。

● 蛋白石 $SiO_2 \cdot nH_2O$　属氧化物，是非晶质的固态凝胶，含水量 1%～21%，无一定外形，通常为致密块体，有时呈钟乳状及多孔状。本身无色，常因含有杂质而被染成各种色彩。玻璃光泽至蜡状光泽，半透明而具蛋白光，硬度 5～5.5，断口贝壳状，相对密度 2 左右。

蛋白石可以从火山区域的温泉和间歇泉中沉淀而成，称为硅华。在外生条件下，由于硅酸盐矿物风化分解，产生大量硅酸溶胶，或就地凝聚形成蛋白石，或被携带到海洋，被硅藻、放射虫吸收组成其骨骼，死后形成硅藻土。非晶质的蛋白石经过晶化作用能变成隐晶质的石髓或显晶质的石英。

● 赤铁矿 Fe_2O_3　三方晶系。晶体呈板状或片状的少见，常见者为致密块状、鲕状、豆状、土状和肾状（彩版 1 图 2）。常见为土红、暗红或猪肝色，所以又称红铁矿，硬度 5.5～6，无解理。岩浆作用、沉积作用和变质作用都可形成，是重要的铁矿石。

● 磁铁矿 $Fe^{2+}Fe_2^{3+}O_4$　等轴晶系。晶体为八面体或菱形十二面体，通常为致密块状、粒状。铁黑色或深灰色，无解理，硬度 5.5～6，具强磁性。岩浆作用和变质作用均可形成。是最重要的炼铁矿物。与基性岩有关的磁铁矿床常含钒、铬、铂族元素可综合利用。

● 软锰矿 MnO_2　四方晶系，完整晶体少见。常见为土状、粉末状集合体。黑色，除晶体外集合体硬度很小，易染手。主要是沉积作用和风化作用形成，是主要的炼锰原料。

● 铝土矿 $Al_2O_3 \cdot nH_2O$　不是一个矿物种，是以极细的三水铝石、一水硬铝石或一水软铝石为主要组分，并包括数量不等的高岭石、蛋白石、赤铁矿、针铁矿等成的混合物。三水铝石和一水软铝石为单斜晶系，一水硬铝石为三斜晶系。通常呈鲕状、豆状、致密块状。深灰至白色，硬度 2～4，无解理，大多为风化、沉积作用形成，是提炼铝的重要原料。

• 褐铁矿 $Fe_2O_3 \cdot nH_2O$ 是铁的氢氧化物集合体的统称，成分比较复杂。其中主要包括针铁矿（α-FeOOH）和纤铁矿（γ-FeOOH），针铁矿为斜方晶系。外形有土状、豆状、多孔状、蜂窝状和葡萄状等。有褐色、棕褐色、黑褐色，硬度 1～4，无解理。多为风化作用形成，也有沉积作用产生的。常脱水成赤铁矿。褐铁矿形成的铁帽是找矿的标志，储量大时可作为铁矿开采。

• 方解石 $CaCO_3$ 三方晶系。常见晶形有菱面体和六方柱的聚形、菱面体等。3 组完全解理，集合体多样，有粒状、致密块状、鲕状、晶簇、钟乳状等。纯净无色透明者叫冰洲石。但常因含杂质而呈现各种颜色。性脆。硬度 3。相对密度 2.72。遇冷稀盐酸强烈起泡。大量的见于沉积作用形成，也有岩浆作用和变质作用形成的。主要成分为方解石的石灰岩是制水泥、烧石灰的原料，工业上作冶金熔剂；冰洲石可作光学仪器；经变质作用形成的以方解石为主要成分的大理岩可作建筑和雕刻材料。

• 文石 $CaCO_3$ 斜方晶系。晶体常为柱状，集合体常为柱状、纤维状、晶簇状等。白色或黄白色，玻璃光泽，断口油脂光泽，无解理，硬度 3.5～4.5，相对密度 2.9～3.3。文石加酸也起泡，但以晶形和解理区别于方解石。要注意文石构造不稳定，常转变成方解石，但仍保持其柱状晶形。

• 白云石 $CaMg[CO_3]_2$ 三方晶系。晶体为菱面体，晶面常弯曲成马鞍状。常为粗粒集合体，也有致密块状产出。还可见到多孔状、肾状。灰白色，有的具浅黄、浅红色。硬度 3.5～4，相对密度 2.85。3 组解理，解理面常弯曲。粉末遇冷稀盐酸微起泡。主要是沉积作用形成。工业上用作冶金熔剂和耐火材料，也可作化肥原料。

• 菱镁矿 $MgCO_3$ 三方晶系。属碳酸盐。晶体呈菱面体，常见为致密粒状集合体。色白，微带浅黄、浅灰，玻璃光泽，硬度 4～4.5，菱面体解理完全，相对密度 2.9～3.1，遇冷盐稀酸不起泡。加热的稀盐酸才起泡。

• 孔雀石 $Cu_2CO_3(OH)_2$ 单斜晶系。常为针状、放射状或钟乳状集合体，或呈皮壳附于其他矿物表面。深绿或鲜绿色，条痕淡绿色，晶面上为丝绢光泽或玻璃光泽，硬度 3.5～4，相对密度 3.5～4.0，遇冷稀盐酸剧烈起泡。孔雀石以其特有的绿色而与其他矿物相区别。

• 石膏 $CaSO_4 \cdot 2H_2O$ 单斜晶系。单晶体常为板状，集合体为块状、粒状及纤维状等。为无色或白色，有时透明，玻璃光泽，纤维状石膏为丝绢光泽，硬度 2，有一组极完全解理，易沿解理面劈开成薄片，薄片具挠性，相对密度 2.30～2.37。石膏中透明而呈月白色反光者称透明石膏，纤维状者称纤维石膏，细晶粒状块体称雪花石膏，以玫瑰类产出的叫沙漠玫瑰（彩版 1 图 3）。

• 重晶石 $BaSO_4$ 斜方晶系。属硫酸盐。晶体常成板状，集合体常成粒状、纤维状。纯净的晶体无色透明，一般呈白色、灰白、浅黄、淡褐，透明，玻璃光泽，解理面珍珠光泽，有一组完全解理，一组中等解理，硬度 3～3.5，相对密度 4.3～4.5。

• 磷灰石 $Ca_5[PO_4]_3(F,Cl,OH)$ 六方晶系。晶体为六方柱状，集合体为结核状、致密块状等，有绿、黄、黄褐、浅紫色等，玻璃光泽，断口呈油脂光泽，性脆，硬度 5，解理不发育，相对密度 3.1～3.2。当上述特性不明显、肉眼无法鉴别时，可将磷灰石的粉末放在火焰上焙烧，产生绿色磷光，或将饱和钼酸铵的硝酸溶液滴在矿石的新鲜面上，可见姜黄色沉淀（磷钼酸铵）。

第五节 矿物与农业资源环境

一、土壤的矿物组成

土壤矿物按其来源分为原生矿物和次生矿物，二者都是土壤固体颗粒的主要组分。土壤矿物质的组成、结构和性质，对土壤物理性质、化学性质、生物及生物化学性质都有深刻的影响。土壤矿物构成了土壤的"骨骼"，一般占土壤固相部分总重量的 95%～98%，其中包括原生矿物和次生矿物。次生矿物以结晶层状铝硅酸盐矿物为主，还有相当数量的晶态和非晶态的 Si、Fe、Al 氧化物和水化氧化物等，是土壤黏粒的主要组成部分；土壤中的原生矿物以硅酸盐为主，常见的有长石、石英、云母、辉石、角闪石、橄榄石及其他硅酸盐类，主要分布在土壤的砂粒和粉粒中。原生矿物已在前面讨论了，下面着重讨论次生黏土矿物。

(一)黏土矿物的类型

黏土矿物属于次生矿物，是原生矿物在地表经风化淋滤作用以及沉积作用的产物，形成并稳定于地表特定水热条件。黏土矿物多数为结晶质的，是层状的铝硅酸盐和次生的硅、铝、铁氧化物。

黏土矿物通常颗粒细小(一般$<2\ \mu m$)，因而具有较大的比表面积和化学活性，能吸附各种离子，其吸附性能和离子交换量随黏土矿物类型而变。黏土矿物能吸附水分和极性溶液，具有可塑性、黏性，有的还有胀缩性。

1. *层状铝硅酸盐黏土矿物*

(1)构造特点　此类黏土矿物大多不溶于水，从外部形态看，都是一些微细的结晶物质。其内部结构由两种基本结构单位组成，并都含结晶水。

①基本结构单位：层状铝硅酸盐矿物都由硅氧四面体晶片和铝氧八面体晶片两个基本单位组合而成(图 2-20)。四面体为$[SiO_4]^{4-}$，八面体为$[AlO_6]^{9-}$，都不是化合物。它们在形成铝硅酸盐化合物时，第一步先是四面体和八面体分别聚合，形成硅氧层及铝氧层。黏土矿物的晶架就是由这些硅氧层和铝氧层重叠而成的。由于铝氧层上下都带负电荷，硅氧层顶层的氧也带一个负电荷，这种氧叫活性氧。$Al_2O_6^{6-}$、$Si_2O_5^{2-}$ 要通过重叠、化合形成晶架，当这些硅氧层和铝氧层的根团与阳离子化合后形成盐类化合物，即一种矿物。不同比例的硅氧层和铝氧层相互重叠就形成不同的铝硅酸盐矿物。如果由一个硅氧层和一个铝氧层重叠，则组成 1∶1 型矿物，如高岭石类；如果由两个硅氧层间夹一个铝氧层，则组合而成 2∶1 型矿物，如蒙脱石类、水云母类。

②黏土矿物晶架内的同晶置换(类质同象)：在 Si、O 层中，常常 Al^{3+} 代替 Si^{4+}；在 Al、O 层中，常常 Mg^{2+} 代替 Al^{3+}，Fe^{3+} 代替 Al^{3+}。

由于同晶置换常以低价代替高价的金属离子，所以产生的电荷以负为主。若置换产生一正一负电荷，则可以抵消，整个晶架维持不变，若是同价离子代替，也不产生电荷。

一般由于黏土矿物带电，则能吸附相反的离子，因为黏土矿物以带负电为主，则常以吸附阳离子为主。黏土矿物对阳离子的吸附性是土壤中一个极重要的特性，与土壤肥力关系密切，

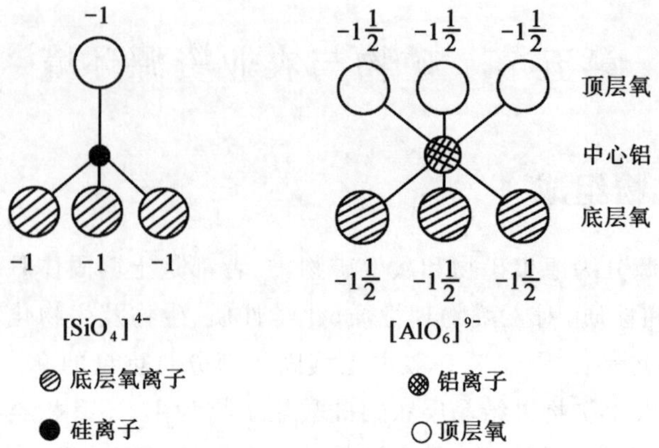

图 2-20　硅氧四面体和铝氧八面体结构图(引自黄昌勇,2001)

尤其可使土壤增加一定的矿质营养元素。

(2)黏土矿物的主要种类及其特性　土壤中的黏土矿物种类很多,据其性质归为以下几类。

①蒙脱石组:又叫 2∶1 型胀缩型矿物。这一组黏土矿物包括蒙脱石(又叫膨润土)、绿脱石和拜来石。其特点为:

a. 由两层 Si、O 层和一层 Al、O 层重叠而成晶架。

b. 晶架内普遍存在同晶置换现象。一般在 Si、O 层中,Al^{3+} 替代 Si^{4+};在 Al、O 层中 Mg^{2+} 替代 Al^{3+}。替代的结果,使蒙脱石类矿物带负电,剩余负电荷,由吸附在晶层上的交换性阳离子平衡,所以这类矿物都有较高的吸附阳离子能力。凡土壤中含这类黏土矿物较多时,其保肥能力较强,能吸附较多的营养性阳离子。

c. 这类矿物胀缩性大,吸湿能力强。晶层顶、底层都由 Si、O 层构成,所以当两层重叠时,相互间无吸引力,结果是两个基面间有相当大的胀缩性,因晶层间有水化度高的 Ca^{2+}、Mg^{2+}、Na^{+} 交换性阳离子,晶层间吸附水分或极性分子,引起晶层间沿 c 轴膨胀,脱水收缩。

d. 这类矿物呈片状,而且颗粒细小。含蒙脱石多的土壤,其黏结性、可塑性都特别显著,对耕作技术有较高的要求。

e. 蒙脱石类矿物主要分布在东北的黑钙土和华北的栗钙土中,华北地区的褐土和西北地区的灰钙土中都含有此类矿物。

我国绝大多数蒙脱石从沉积地层和火山沉积地层产出,并以火山沉积型为主,此外,还有风化成因的。火山沉积地层中的蒙脱石大多由火山玻璃在水盆地的碱性介质中水解脱玻化而成。我国大规模的火山喷发及强烈的断裂变动发生于燕山构造期的火山碎屑和凝灰质沉积物堆积在由断裂活动形成的众多断陷盆地中,为蒙脱石的形成创造了良好的环境。所以,我国陆相火山沉积型蒙脱石及由其构成的膨润土集中分布于中国东部上侏罗统与下白垩统的火山碎屑岩石中。黑龙江海林、内蒙古兴和、辽宁黑山和凌源、河南信阳、山东安丘、浙江临安和安吉、江苏江宁等著名产地的膨润土属此类。

②高岭石组:又叫 1∶1 型矿物,包括高岭石、埃洛石和迪开石。

a. 该类矿物晶架由一层 Si、O 层和一层 Al、O 层构成。

b. 晶架内同晶置换少。晶架内部 Al、O 层和 Si、O 层中没有或极少有同晶置换现象，所以其阳离子吸附能力不如蒙脱石为主的土壤，其保肥能力弱。

c. 晶层间由氢键连接，所以其吸湿能力不如蒙脱石类矿物。由于构成晶架基面的底层与顶层性质不同，当晶架重叠时，其相邻的两个表面，一面是 Al、O 层上的 OH^-，另一面是 Si、O 层上的 O，使得一个晶架的顶层和另一晶架的底层产生 H^+ 的氢键联系，这种氢键足以使晶架之间的距离牢固而不易像蒙脱石类矿物那样易膨胀。

d. 外形也呈片状，颗粒较蒙脱石粗，所以黏着力、可塑性较弱。

e. 高岭石黏土矿物在南方热带、亚热带土壤中普遍存在，由于强烈的脱硅富铝化的强烈风化而大量存在，在华北、东北、西北及西藏高原的土壤中较少。

我国的高岭石黏土矿物大多为风化类型的。它又分为残积高岭石和淋滤堆积高岭石。前种类型广布于南方各省区。风化母岩主要是酸性和中酸性的岩浆岩，以燕山期的花岗岩和伟晶花岗岩为最多。如著名的江西景德镇一带的高岭石由白云母及二云母花岗岩风化成，福建龙岩一带由白云母花岗岩及伟晶花岗岩风化成；其次是细晶岩、石英斑岩、花岗斑岩及中酸性火山岩等岩石，如潮州飞天燕一带高岭石由火山岩风化而成。风化淋积的高岭石，大多产于碳酸盐岩的古岩溶侵蚀面上及岩溶洞穴之中。在我国最典型的是分布于四川叙永到贵州习水一带的所谓“叙永式”高岭石。这些黏土矿物由上部地层（往往含黄铁矿和有机质）中的铝硅酸盐矿物，在酸性水的淋滤作用下，生成硅铝溶胶，被地下水带到下部洞穴空间和古侵蚀面的凹地中结晶充填而成。

③水云母组：又叫 2∶1 型非胀缩型矿物。包括伊利石、水白云母、蛭石。

a. 此类矿物由两层 Si、O 层及一层 Al、O 层水铝片组成。

b. 晶架内同晶置换现象主要发生在四面体内，主要以 Al^{3+} 代替 Si^{4+}，使晶架产生负电荷，有一定的吸附阳离子的能力，主要吸附 K^+、Ca^{2+}、Mg^{2+}、H^+，所以含伊利石较多的土壤，钾素养料也较丰富。

c. 晶层间由 K^+ 紧密相连。由于四面体晶片层间距离比八面体晶片大，因而四面体内同晶置换产生的负电荷对层间吸附的阳离子有较强的束缚力。水云母晶层间正是由于这种非交换性 K^+ 存在，使晶层间彼此紧密联系。吸附于晶架之间的 K^+，半陷在由晶层表面六个氧离子所构成的晶穴中，它同时受到相邻两晶架阴离子的吸附，所以使相邻晶架产生键力，从而使伊利石组矿物不易膨胀。

d. 保肥和吸湿力介于蒙脱石和高岭石之间。

e. 分布较广，华北干旱土壤中较高，南方土壤中较少。

伊利石矿物几乎遍及所有含泥质的沉积岩层中，广泛分布于其中的页岩中。在华北和西南地区的石炭－二叠系中，都产出一种几乎是单矿物伊利石黏土岩。它们常以煤层夹矸的形式存在。

2. 氧化物组

这类黏土矿物构造简单，包括水化程度不同的 Fe、Al、Si 的次生氧化物，是原生的硅酸盐矿物在地表经强烈风化所产生 $Fe(OH)_3$、$Al(OH)_3$ 及 SiO_2 的水胶凝体矿物，以及由于胶体老化而形成的结晶质矿物（即变胶体矿物）。土壤中存在着结晶程度高低不等的一系列氧化物。有结晶质的，如三水铝石（$Al_2O_3 \cdot 3H_2O$）、水铝石（$Al_2O_3 \cdot H_2O$）、针铁矿（FeOOH）、赤铁矿（Fe_2O_3），也有非晶质的，如蛋白石（$SiO_2 \cdot nH_2O$），土壤中的黏粒氧化物可以单独存在，也可以相互结合成凝胶，或以胶膜状沉淀在其他矿物表面。

（二）黏土矿物的分布

黏土矿物是在岩石、气候等因素综合作用下形成的，所以在自然界中呈地带性分布。我国热带、亚热带红壤中含高岭石较多，砖红壤细粒中水铝石较多，干旱地区石灰性土壤中伊利石最多。受土壤地带性的影响明显，如河北沿海含蒙脱石多，广东沿海含高岭石多。据有人研究，河流、湖泊沉积物中黏土矿物组成和邻近流域土壤中黏土矿物密切相关，所以河流、湖泊沉积物中黏土矿物的地带性分布趋势基本上符合表 2-6 的规律。

表 2-6 中国主要土壤类型黏土矿物的分布

（在＜5 μm 颗粒中的百分比含量） %

土壤类型	伊利石	蛭石	蒙脱石	高岭石	水铝石
棕漠土	35	4	2	3	0
灰漠土	35	4	10	2	0
栗钙土	25	4	2	10	0
棕壤	30	5	2	15	0
红壤	10	5	1	50	1
砖红壤	10	5	痕量	15	25

引自中国科学院南京土壤所，中国土壤，1998。

大部分黏土矿物是岩石在风化过程中由硅酸盐分解而成的。一般花岗岩风化后形成高岭石，而玄武岩风化后多形成蒙脱石。气候对黏土矿物的形成影响也很大。据谢尔曼（1952）研究美国夏威夷土壤剖面发现，黏土矿物的分布和年降雨量之间存在着密切的关系（图 2-21）。从该图看出，中等雨量地区，黏土矿物以蒙脱石为主，随着雨量增加，渐变为高岭石为主，雨量更多时，变为铝铁的氧化物。

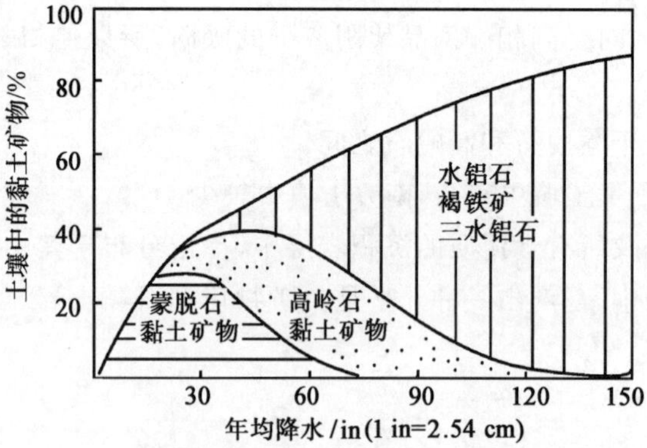

图 2-21 美国夏威夷土壤剖面中黏土矿物的分布

二、农用矿物

有的矿物就是天然的农业资源，可用于生产某些肥料或农药，有的矿物可以作为土壤的改良剂。下面是几种常见的农用矿物。

(一)磷灰石

磷灰石是分布最广的矿物之一，是提取磷的主要矿物原料，农业上主要用作磷素肥料和有机磷农药原料。在用作磷肥，特别是以磷矿粉施用时，磷灰石的成分及其结晶程度对有效性影响很大，一般岩浆型和变质型的磷矿(常叫磷灰岩)，以含氟磷灰石和氯磷灰石为主，结晶程度高，有效磷含量低，不宜作磷粉肥；而沉积型磷矿(常叫磷块岩)以含氟磷灰石、细晶灰石和碳磷灰石为主，为结晶程度低的及非晶质的胶磷矿，其有效磷含量高，适于作磷矿粉肥。

磷(P)是生物圈的重要生命元素。土壤中的磷含量主要决定于母质类型和含磷肥料。地壳含磷量约 0.12%。我国土壤全磷量有明显的地域分布趋势，从南向北逐渐增加，砖红壤的全磷量最低。

(二)钾长石

可为土壤提供天然钾(K)元素，主要有正长石、透长石、微斜长石。

(三)沸石

改良土壤和提取钾(K)。由于沸石的架状构造中具有宽阔的孔道，其间可含水。

当加热时，水可徐徐逸去而不破坏其结晶构造，当外界条件改变时，又重新吸水或被其他成分的分子代换，晶体构造并不破坏。沸石有很高的阳离子代换量，具有较强的离子交换性、交换选择性、吸附性和催化性，在农业上用作吸附剂。土壤中施入沸石粉，可提高土壤保水、保肥力，并疏松改良土壤。有研究表明：施入沸石后土壤中的 Cl^-、SO_4^{2-}、Na^+、Ca^{2+}、Mg^{2+} 等的含盐量均有明显降低，滨海盐化土壤全盐含量的降低率可达 22%～55%。沸石作为滨海盐化土壤的改良剂是可行的。

(四)雄黄、雌黄

雄黄和雌黄为岩浆活动后期低温热液矿物，二者常共生，雄黄在地表不稳定，常部分转变为雌黄，雄黄与雌黄为提取砷和 As_2O_3 的重要原料，可制作农药。我国湖南慈利等地有较大的矿床。

三、矿物与农业环境

矿物与农业环境的关系密切。由于土壤矿物是土壤固相部分的重要组成，矿物成分因此能够直接影响土壤的物理、化学、生物性质，如土壤质地、矿物养分含量和 pH 等，进而影响土壤资源的利用状况和管理方式。目前我国受铅、铬、镉、砷、铜等重金属污染的耕地面积近 2 000 万 hm^2，约占总耕地面积的 1/5。土壤中的这些重金属污染，主要来自含这些元素的矿石开采、冶炼和工业排放。另外，许多处于还原环境的含硫矿物，由于某种原因处于地表氧化条件下，很容易受氧化作用而分解。如在氧化条件下，黄铁矿(FeS_2)氧化成硫酸亚铁

($FeSO_4$),而硫酸亚铁可进一步氧化为硫酸铁 $Fe_2(SO_4)_3$,硫酸铁再进一步水解成褐铁矿及硫酸。可见,由于风化作用,硫化矿床氧化带会形成大量硫酸,其将使附近的农田变成酸性环境,影响到某些元素的活动性质,并影响到农作物的生长等,因而了解有关矿石的矿物成分及其特性,并采取相应的措施,对农业环境的保护是很有意义的。

我国矿产资源丰富,但在开采的同时,形成了大量采矿废弃地。这些废弃地因为土壤肥力不够,以及各种有毒金属元素的毒害作用,使土地生产力极为低下,植被难以恢复,逐渐成为不毛之地。因此,在这些农田土壤的持续利用中,治理土壤重金属污染十分必要。所采用的措施有:在重污染区,利用植物修复,即从可耕性土壤中移走有毒重金属元素,使重金属含量降低;在较轻污染区,可采用调整土壤 pH,或选用土壤改良剂等,降低土壤中重金属的有效性。关于我国采矿废弃地的重金属污染农田的植物修复,目前是一个很有发展前景的研究课题,它将有利于增加有关地区的农用地面积,并提高其土壤环境质量。

二维码资源

二维码 2-1　常见硅酸盐矿物　　二维码 2-2　其他常见矿物　　二维码 2-3　部分展示标本

复习思考题

1. 解释:矿物、原生矿物、次生矿物、类质同象(同晶置换)、造岩矿物、黏土矿物、解理、硬度、自色、他色、假色、透明度、光泽、双晶、集合体、结晶习性、结晶质、晶形。

2. 简述硅酸盐类矿物的结晶构造特征。

3. 为什么我国各大土类中的黏土矿物作有规律的分布?

4. 黏土矿物对土壤性质有何影响?

5. 按晶体化学分类法把矿物分为 5 大类,了解各类的代表矿物以及 7 类最重要的硅酸盐造岩矿物和方解石、白云石的化学组成及主要鉴定特征。

参考文献

戈定夷,田慧新,曾若谷. 矿物学简明教程. 北京:地质出版社,1989.

华南农业大学. 地质学基础. 北京:中国农业出版社,1999.

黄定华. 普通地质学. 北京:高等教育出版社,2004.

潘兆橹. 结晶学及矿物学. 3 版. 北京:地质出版社,1993.

任开文,吴贵鹏,郭克毅. 宝石肉眼鉴定. 北京:地质出版社,1999.

斯蒂夫·帕克. 岩石与矿物. 长春:吉林摄影出版社,1998.

宋春青,张振春. 地质学基础. 3 版. 北京:高等教育出版社,1996.

夏邦栋. 普通地质学. 2 版. 北京:地质出版社,1995.

杨雅秀,张乃娴.中国黏土矿物.北京:地质出版社,1994.

张宝政,陈琦.地质学原理.北京:地质出版社,1983.

赵珊茸.结晶学及矿物学.北京:高等教育出版社,2004.

Putnis A. Introduction to mineral science. Cambridge: Cambridge University Press, 1992.

Stephen Marshak. Essentials of geology. London: W. W. Norton & Company, Ltd., Castle House, 2003.

第三章 岩 石

岩石与农业的关系非常密切。土壤母质是由岩石经风化演变而成的。不同岩石类型风化形成的土壤性质不同,从而影响种植作物类型。另外,岩石性质极大地影响到农田水利工程的布局。

作为地质科学中的一个专用术语,岩石的含义如下:首先岩石是组成地壳的物质之一,它们构成了地球的岩石圈;其次岩石是矿物的天然集合体(包括玻璃物质),有些岩石主要由一种矿物组成,如石英岩主要由石英组成,而更多的岩石由两种以上的矿物组成,如花岗岩由石英、钾长石、酸性斜长石等多种矿物组成;此外,岩石还有一定的结构构造和变化规律,是在地质作用中形成的地质体。由此我们可以做如下定义:岩石是由地质作用或宇宙作用形成的固态物质,是矿物或岩屑的集合体,有一定的结构、构造和变化规律。

自然界中岩石种类虽然名目繁多,但根据其成因可分为岩浆岩(magmatic rocks)或火成岩(igneous rocks)、沉积岩(sedimentary rocks)或水成岩和变质岩(metamorphic rocks)三大类。岩浆岩是岩石的主体,占地壳岩石体积的64.7%,它由岩浆冷凝形成,是岩浆作用的最终产物;沉积岩是外力地质作用的结果;变质岩则由变质作用形成。

第一节 岩 浆 岩

一、岩浆作用

岩浆作用指岩浆的发育、运动及其固结成岩的作用,包括喷出作用和侵入作用。

(一)岩浆作用

1. 岩浆的概念

人们通过对现代火山活动的观察和研究,发现在火山活动时不但有蒸汽、石块自火山口喷出,而且还有炽热的熔融物质自火山口溢流出来。前者我们称其为挥发物质和火山碎屑,后者叫熔岩流。这说明在地下深处确实有高温炽热的熔融物质存在。这种高温炽热的熔融物质就是岩浆(magma)。熔岩流则是最接近岩浆的物质,但还不是真正的岩浆,真正的岩浆比熔岩流含有更多的挥发物质,这是由于在地下深处负荷压力较大,挥发物质可溶解在岩浆当中,一旦岩浆达到地表,压力降低,挥发组分就会逸去,熔岩流也会冷凝固结形成熔岩。

由此可知,地下深处确实有岩浆,那么是不是地下深处有一个岩浆层呢?地球物理的研究证明,岩浆并非到处都形成一个完整的岩浆层,仅是局部一定条件下的产物。地下各个部位的物质成分都与其所处的那个部位的温压等热力学条件相适应,而保持着稳定平衡或准稳定平衡状态,一旦这种平衡条件稍微改变,如地壳内部温度的升高和深部物质密度的转变使地壳下层上升等都可以导致稳定平衡的破坏,而使该地局部地段物质发生熔融,产生相应成分的岩浆,这种岩浆就可以沿着地壳中的薄弱地带如应力释放的断面上升,侵入地壳中或喷出地表造成岩浆活动。人工实验也证明了这种局部熔融的可能性。所以岩浆是地下高温熔融物质，其成分以硅酸盐为主，此外还有1%～8%的以水为主的挥发性物质，有时还含有金属硫化物和氧化物。根据对火山的观察，以及实验研究和地质资料的综合，岩浆的基本特征如下：

(1)岩浆的成分　岩浆的化学成分主要是两部分：一部分是硅和部分铝的氧化物，它们构成岩浆中的络阴离子，其基本形式为$[SiO_4]^{4-}$和$[AlSi_3O_8]^-$；另一部分是铁、镁、钙、钠、钾等金属离子构成的阳离子。这两部分物质的含量相互消长，前者少，后者就多；前者多，后者就少。在第一种情况下，有较多的阳离子游离在络阴离子周围，使后者较少连接成复杂的络阴离子，岩浆黏性就小一些。在第二种情况下，因阳离子数量不足，有较多的络阴离子通过共用Si^{4+}相互连接，成为体积较大且结构复杂的络阴离子，它们妨碍岩浆自由变形，提高了岩浆的黏性。

(2)岩浆的温度　岩浆的温度很高，这是由间接方法推知的。因为岩浆处于地下深处，其温度无法直接测量，而喷到地表的熔岩流的温度则可以直接测定。岩浆的温度为800～1 200 ℃，可以低到650 ℃，也可以高达1 400 ℃，随岩浆成分的不同有所差异。基性岩浆温度较高，为1 000～1 200 ℃；中性岩浆温度次之，为900～1 000 ℃；酸性岩浆温度最低，为600～700 ℃。温度是影响岩浆黏性大小的另一因素。岩浆的温度越高，其黏性越小；岩浆温度越低，其黏性越大。因此同种化学成分的岩浆因其温度不同，其黏性就有明显差异。

2.喷出作用

岩浆喷出地表的作用称喷出作用，又称火山作用。它伴随着地下大量物质在很短时间内释放出来。喷出物有气体、固体和液体3类。

(1)气体喷发物　溶解在岩浆中的挥发性成分在围压降低的条件下就会以气体形式分离出来。由于气体具有高度活动性，气体的喷出就成为火山喷发的前导，而且贯穿于火山喷发的始终。气体以水蒸气为主，其含量常达60%以上。此外还有CO_2、H_2S、S，以及少量CO、H_2、HCl、NH_3、NH_4Cl、HF等。火山喷发的气体量往往很大，如1912年阿拉斯加的卡特曼火山喷发的气体中，仅盐酸就达1 250 000 t，氢氟酸达200 000 t。

气体逸出状况的变化预示着火山活动的进程。如果气体逸出量越来越多，气体中的硫质成分越来越浓，气体的温度越来越高，就预示着大规模火山喷发即将来临。如果气体逸出量逐渐减少，气体中CO_2成分逐渐增多而硫质成分逐渐减少，且气体温度逐渐降低意味着火山活动在减弱。大规模火山喷发结束以后，在相当长的时间内还可能有少量温度较低的气体徐徐逸出。

(2)固体喷发物　气体的膨胀力、冲击力与喷射力将地下已经冷凝或半冷凝的岩浆物质炸碎并抛射出来；未冷凝的岩浆则成为团块、细滴被溅出来，在空中冷凝成为固体；此外，周围岩石也可以被炸碎并抛出来。所有这3类物质就成了火山爆发的固体产物，统称火山碎屑物。火山碎屑物按其性质与大小，可以分为火山灰、火山砾、火山渣、火山弹和火山块。

①火山灰：粒径<2 mm的细小火山碎屑物。

②火山砾：粒径2～64 mm，形态不规则，常有棱角。

③火山渣：粒径数厘米到数十厘米，外形不规则，多孔洞，似炉渣，其中色浅、质轻、能浮于水者称浮岩。

④火山弹：粒径>64 mm，由喷出的岩浆滴在空中冷凝而成，火山弹外形多样。

⑤火山块：粒径>64 mm，常为棱角状。

由各种火山碎屑物堆积并固结而成的岩石，称为火山碎屑岩。其中，由火山灰组成者称为凝灰岩；由火山砾及火山渣组成者称为火山角砾岩；由火山块组成者称为集块岩。如为不同粒径的火山碎屑物混杂者，则复合命名，如火山角砾凝灰岩、火山角砾集块岩。前者的主体为凝灰岩，后者的主体为集块岩。

(3)液体喷发物　液体喷发物称为熔岩流(或熔浆)，它是喷出地面而丧失了气体的岩浆。它可以沿地面斜坡或山谷流动，其前端呈舌状。熔岩流经冷凝形成的岩石叫熔岩(lava)。熔岩流因黏性不同其流动能力不同。一般基性熔浆流动性强，在地表可覆盖较大面积，地势相对平坦，这是玄武岩台地的形成原因，而酸性熔浆则相反，可覆盖的面积较小。分布面积宽广的熔岩流称熔岩被。熔岩流在流动过程中如遇陡坎，也能形成熔岩瀑布。

由于岩石的导热性差，熔岩流的外壳虽已冷凝或基本冷凝而其内部仍可保持熔融状态，并继续流动。在内部熔体流动的推挤力以及因外壳冷凝而产生的收缩力作用下，熔岩流表面常常发生变形。①冷凝后，表面比较光滑，或呈波状起伏，或扭曲似绳索，称为波状熔岩或绳状熔岩，这是黏性较小、流动性较强的熔岩流所常有的。②熔岩流表层破碎成大小不等的棱角状碎块并杂乱堆积，冷凝形成块状熔岩，这是黏性较大、流动能力较弱的熔岩流所常有的。

熔岩流在散热冷凝过程中，其表面常形成无数冷凝收缩中心，如果岩石结构均匀，这些收缩中心均匀而等距地排列，在垂直于连接收缩中心的直线方向因张力作用形成裂缝，裂缝横切面为六边形(图 3-1)。

随着熔岩流进一步冷凝，六边形裂缝最终会将整个熔岩层切割成六方柱，称为柱状节理(图 3-2)。在受到其他因素影响(例如温度不均匀)而发育不理想时，柱状节理的横切面可以是四边形、五边形、七边形等。

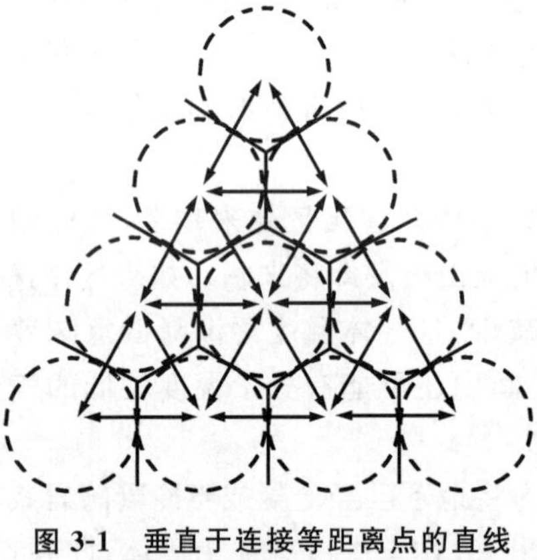

图 3-1　垂直于连接等距离点的直线构成的引张裂缝在平面上为六边形

(引自夏邦栋，1995)

图 3-2　柱状节理

(引自斯蒂夫·帕克，1998)

3. 侵入作用

深部岩浆向上运移，侵入周围岩石而未到达地表，称为侵入作用。岩浆在侵入过程中变冷、结晶而形成的岩石叫侵入岩。侵入岩是被周围岩石封闭起来的三度空间实体，所以又称侵入体。包围侵入体的原有岩石称围岩。

侵入体形成的深度不一。形成深度在地表以下>3 km 者，称为深成侵入体，其规模较大；形成深度在地表以下<3 km 者，称为浅成侵入体，其规模较小。由于地壳隆起，上覆岩石被风

化、剥蚀，侵入体便暴露于地表。

岩浆是高温物质，围岩是低温物质，在侵入过程中岩浆与围岩之间必然要发生许多变化，这里介绍两个主要的作用。

(1)同化作用与混染作用　岩浆熔解围岩，将围岩改变成为岩浆的一部分，称为同化作用。同化作用规模与程度受岩浆的成分、温度、规模以及围岩性质控制。一般说来，如果岩浆温度高，规模大，而围岩熔点较低，同化作用就易于广泛发生。如果岩浆温度较低，规模较小，且围岩性质偏基性，就难以发生同化。此外，如果围岩破碎，则碎块易混入岩浆，可促进同化作用发生。混入岩浆中的围岩碎块可以部分或全部被熔化，部分未熔化的碎块称为捕虏体。捕虏体的直径可超过数十米，也可小于数厘米。捕虏体常见于侵入体的边缘。

岩浆因同化围岩而改变自己原有的成分称混染作用。同化作用与混染作用是相伴而生的，由于同化和混染作用的存在，原始岩浆的种类只有几种，却可能形成多种不同成分的岩石。

(2)结晶分异作用　一种成分的岩浆按矿物熔点的高低可依次结晶出不同成分的矿物，并依次形成不同种类的岩石，这种作用称结晶分异作用。

当岩浆缓慢冷却时，熔点高、相对密度大的矿物首先结晶。其中一部分晶体因相对密度大而沉入岩浆底部，或因其他原因从岩浆中分离出来，聚集成为熔点较高的岩石。另一部分未能沉入底部或从岩浆中分离出来，则同剩余岩浆发生反应，岩浆的成分因而发生部分变化。当岩浆继续冷却到适当温度时，又有相应熔点的矿物结晶并分离出来，形成熔点较低的岩石，类似的作用多次发生，从而完成结晶分异过程。

20世纪20年代初，美国岩石学家鲍文(N. L. Bowen)根据人工硅酸盐熔浆实验证明了上述结晶分异过程，他提出了一个表示岩浆结晶过程的鲍文反应系列(图3-3)，这个反应系列一般称之为反应原理，即早期析出的晶体与岩浆反应可形成新的晶体。实验表明，富含橄榄石成分的玄武岩浆，通过结晶分异作用，首先形成由橄榄石组成的超基性岩，继而形成由辉石与基性斜长石组成的基性岩—辉长岩(与其成分相当的喷出岩是玄武岩)，随后形成由角闪石与中性斜长石组成的中性岩—闪长岩(与其成分相当的喷出岩是安山岩)，最后形成由石英、黑云母、白云母、钾长石与酸性斜长石组成的酸性岩—花岗岩(与其成分相当的喷出岩是流纹岩)。从玄武岩浆中能结晶出5%～10%的花岗岩。在岩浆结晶分异过程中，矿物是按两个系列结晶出来的，一个是连续反应系列，另一个是不连续反应系列。在连续反应系列中，通过反应，即部分先结晶出来的矿物同剩余岩浆之间发生作用，形成在化学成分上存在连续变化，而其内部结构无根本改变的一系列矿物，这就是钙长石、培长石、拉长石、中长石、更长石及钠长石系列。在不连续反应系列中，通过反应既有化学成分差异，也有内部结构显著改变的一系列矿物，这就是橄榄石、辉石、角闪石及黑云母系列。最后，上述两个系列又联合起来形成一个不连续的反应系列，依次结晶出钾长石、白云母和石英。

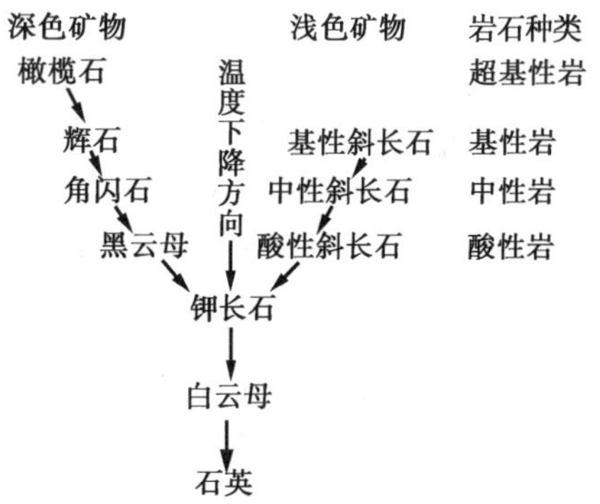

图3-3　鲍文反应系列

反应原理得到许多地质事实的证实。如岩石中早期结晶的矿物被晚期结晶的矿物包裹，

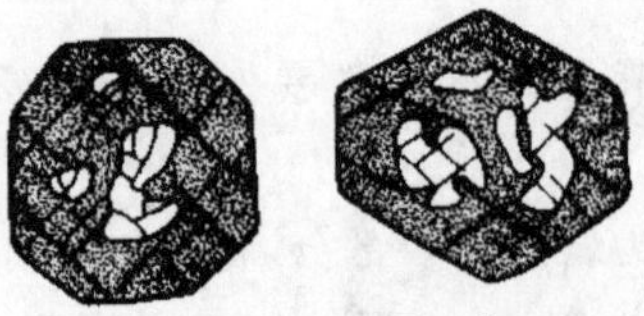
a　b
a. 辉石中包裹橄榄石的残余体；
b. 角闪石中包裹辉石的残余体
图 3-4　早期结晶的矿物被晚期结晶的矿物所包裹
(引自夏邦栋，1995)

其边缘被熔蚀(图 3-4)；早期结晶的矿物晶形完好，晚期结晶的矿物晶粒小，晶形不规则，基性岩浆喷出以后，接着喷出中性岩浆以至酸性岩浆等。

目前这个反应原理，并未失其意义，它们对于钙碱性岩浆的结晶情况是相符合的，所以用它可概略地表示矿物的结晶顺序，即橄榄石比辉石早析出，辉石又比角闪石、黑云母早结晶，随着岩浆温度的下降，早析出的高温矿物可以与岩浆反应生成系列中低位的矿物。如常见的橄榄石反应生成的辉石，辉石反应生成的角闪石等。除非岩浆温度再升高，其逆反应是很少见的。另外反应原理还说明了矿物共生关系，也说明了岩浆的分异趋势，即由基性向酸性演化。还说明了岩浆岩和围岩捕虏体间的关系，较基性的岩浆易于熔化酸性的捕虏体，而较酸性的岩浆则不易熔化较基性的捕虏体，所以自然界中较基性的暗色捕虏体最常见。

这个反应系列主要是人工实验的结果，是简化了的自然现象，其实自然的岩浆结晶情况要复杂得多。所以这个反应系列尽管在说明岩浆的结晶过程中是有用的，但是例外的现象也不少。因此，不能将其作为已证明了的绝对原理来使用。

(二)岩浆岩的概念

由岩浆冷凝固结而成的岩石称为岩浆岩。由于在岩浆冷凝和结晶过程中失去了大量挥发组分，所以岩浆岩与岩浆的成分不是完全相同的。

岩浆主要通过地壳变动，并沿地壳薄弱地带上升逐渐冷却而凝结。由岩浆的侵入作用形成的岩浆岩称为侵入岩。侵入岩又根据侵入深度不同分为深成岩和浅成岩。深成岩多以大岩体产出，浅成岩常成小岩体产出。

由岩浆的喷出作用(火山作用)形成火山岩，包括熔岩及火山碎屑岩。火山碎屑岩是岩浆岩与沉积岩之间的一种过渡类型。由于熔浆在地表条件下冷却较快，所以喷出岩的结晶颗粒都比较细，甚至完全是玻璃质的。

岩浆岩包括侵入岩和火山岩。

二、岩浆岩的物质成分

岩浆岩的物质成分包括其化学成分和矿物成分。研究物质成分不仅有助于了解各类岩浆岩的内在联系、成因及次生变化，而且可作为岩浆岩分类的主要依据。

(一)岩浆岩的化学成分

地球化学研究资料表明，地壳中存在的所有元素在岩浆岩中几乎都有所见，但各种元素的含量却很不相同，其中以 O、Si、Al、Fe、Mg、Ca、Na、K、Ti 等元素为最常见，且最多，它们约占岩浆岩总成分的 99.25%，其他的元素则不足 1%。

岩浆岩中的化学成分常用氧化物来表示。岩浆岩中各主要氧化物的平均含量如表 3-1 所示。从表中可以看出：

表 3-1　中国各类岩浆岩的平均化学成分　　%

化学成分	酸性岩(318)*	中性岩(64)	基性岩(225)	超基性岩(14)	碱性岩(40)
SiO_2	70.40	58.05	48.25	43.67	64.30
TiO_2	0.31	0.79	2.08	0.90	0.52
Al_2O_3	14.48	17.41	14.90	4.53	16.21
Fe_2O_3	1.38	3.23	4.17	4.22	2.44
FeO	1.77	3.57	7.61	7.77	2.57
MnO_2	0.08	0.15	0.21	0.25	0.16
MgO	0.94	3.24	6.93	25.34	0.63
CaO	1.93	5.77	8.27	8.79	1.71
Na_2O	3.77	3.57	3.30	0.90	5.00
K_2O	3.90	2.36	1.72	0.41	5.51
H_2O	0.65	0.85	1.47	2.84	0.32
P_2O_5	0.18	0.44	0.56	0.11	0.12
CO_2	0.32	0.57	0.53	0.27	0.51
总计	100.00	100.00	100.00	100.00	100.00

* 参加平均的样品分析数。据黎彤等，1963。

岩浆岩主要是由 SiO_2、Al_2O_3、Fe_2O_3、FeO、MgO、CaO、Na_2O、K_2O、TiO_2、H_2O 等多种氧化物组成，它们共占氧化物总重量的 99.3%以上，被称为主要造岩氧化物，其中又以 SiO_2 含量最多，Al_2O_3 次之，所以岩浆岩主要是由硅酸盐组成的。岩浆岩的化学成分特点：

(1)岩浆岩的化学成分是岩浆岩分类的重要依据之一。常常根据岩浆岩中 SiO_2 的百分含量将岩浆岩分为四大类：超基性岩类 SiO_2 含量<45%；基性岩类 SiO_2 含量为 45%～53%；中性岩类 SiO_2 含量为 53%～66%；酸性岩类 SiO_2 含量>66%。中性岩类又根据碱度(K_2O+Na_2O 含量)进一步分为钙碱性系列、碱性系列和过碱性系列，过碱性系列岩石习惯上也称为碱性岩类，其 K_2O+Na_2O 含量较高。

(2)岩浆岩中除了上述的主要造岩元素之外，还含有很多分布广而量微的元素，如 Ba、Sr、Li、Be、Ca、Pb、Zn、W、Mo、Sn、Rb、Nb、Ta、Y、Pt 等，这些元素虽然量少，但很有意义。一是它们可以富集成矿；二是可以灵敏地反映岩浆岩的形成过程，所以很受人们的注意。

(3)结合表 3-2 和图 3-5 还可以看出，一些主要氧化物还往往随着 SiO_2 的增减呈有规律的变化，由酸性岩到超基性岩，硅减少时，钾也减少，镁铁钙则增加。

表 3-2　岩浆岩的平均矿物成分　　%

矿　物	所占比例	矿　物	所占比例
石英	12.4	白云母	1.4
碱性长石	31.0	橄榄石	2.6
斜长石	29.2	霞石	0.3
辉石	12.0	不透明矿物	4.1
普通角闪石	1.70	磷灰石、榍石及其他	1.5
黑云母	3.80	总计	100.00

引自成都地质学院岩石教研室《岩石学简明教程》，1979。碱性长石：习惯上称为钾长石。

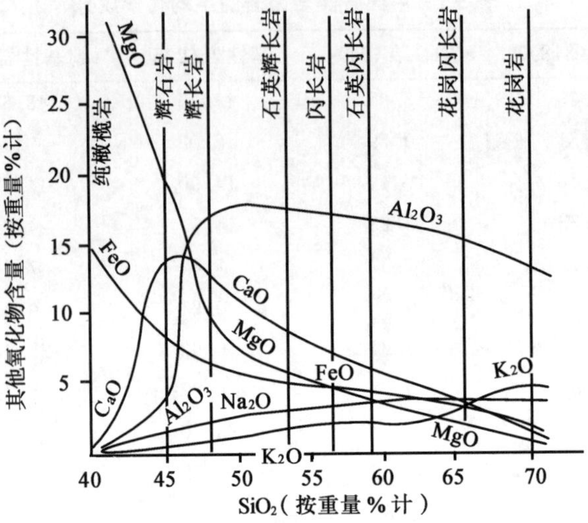

图 3-5 岩浆岩中 SiO_2 与其他氧化物之间的关系

(二)岩浆岩的矿物成分

矿物成分是岩浆岩分类的基础之一,所以人们在研究岩石时都特别重视矿物成分的研究。组成岩石的矿物,一般统称为造岩矿物。尽管自然界的矿物种类很多,但组成岩浆岩的常见矿物只有十几种。从表 3-2 可知岩浆岩中长石含量最多,占整个岩浆岩成分的 60%多,其次是石英。因此,这两种矿物就成了岩浆岩的鉴别和分类的重要依据之一,其他的矿物量则较少。这些矿物在不同岩石中的分布量也是很不相同的,如图 3-6 所示。

可根据不同的划分原则,对上述矿物进行分类。

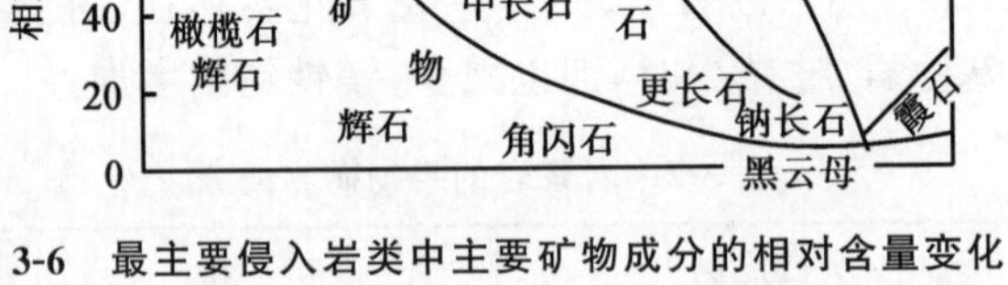

图 3-6 最主要侵入岩类中主要矿物成分的相对含量变化

1. 按矿物的化学成分特点划分

(1)硅铝矿物 又叫长英质矿物,SiO_2 和 Al_2O_3 含量较高,不含 FeO、MgO,包括石英、钾长石以及各种斜长石,因其颜色浅,所以又称为浅色矿物。

(2)铁镁矿物 FeO 和 MgO 含量较高,SiO_2 含量较低,包括黑云母、角闪石、辉石、橄榄石。因其颜色深,常为暗黑色,所以又称为暗色矿物。

这两类矿物是构成岩浆岩的基本矿物。

2.按造岩矿物在岩石中的含量划分

(1)主要矿物 是岩石中含量比较多的矿物,一般含量都>10%,它们是划分岩石大类的依据,如花岗岩中的钾长石和石英都是主要矿物,没有它们就不能定名为花岗岩。

(2)次要矿物 是岩石中含量不多的矿物,一般含量都<10%,它们对划分岩石大类不起作用,但可作为确定岩石种属的依据,如石英闪长岩中的石英,黑云母花岗岩中的黑云母。这里可以看出同种矿物在不同岩石中随着量的多少变化,它可以是主要矿物,也可以是次要矿物。

(3)副矿物 是岩石中含量很少的矿物,通常含量都<1%,偶尔可达5%。如磷灰石、榍石、锆石等。它们在岩石的分类和命名中一般不起什么作用。但是它们的存在,可以反映岩浆岩的含矿性和生成条件等方面的一些特征,对确定岩浆岩形成时代以及详细划分类型等方面都具有相当重要的作用。

岩浆岩中的造岩矿物都是随着岩浆的物理化学条件的改变而结晶出来的,而且它们形成之后,还会随着理化条件的变化而改变。因此,在岩浆岩形成的不同阶段及其以后所出现的造岩矿物是很不相同的,所以可以按照岩浆岩矿物的形成阶段和其形成时的理化条件将矿物分成不同的成因类型。岩浆岩中矿物的成因类型有:原生矿物、次生矿物和成岩矿物等。

(三)岩浆岩的矿物共生组合规律及其与化学成分的关系

岩浆岩的矿物不是任意组合,而是有规律地共生在一起的。这种有规律的共生组合,除了决定于形成的温度、压力等因素外,主要决定于岩浆岩的化学成分。化学成分不同的岩浆,其矿物成分也不一样。对照图3-5和图3-6,按SiO_2渐增的顺序来观察不同成分岩浆岩中矿物共生组合规律如下:

1.超基性岩类(橄榄岩和辉岩类)

SiO_2含量<45%,富于MgO和FeO,贫Na_2O和K_2O,因此,反映在矿物成分上,就以铁镁矿物为主,一般含量可>90%,长石含量很少或无。

2.基性岩类(辉长岩类)

SiO_2含量为45%~53%。随着SiO_2增多,MgO和FeO则减少。Al_2O_3和CaO含量剧增,因此出现了铁镁矿物和含钙长石分子较高的斜长石的近等量的共生现象。

3.中性岩类(闪长岩类)

SiO_2含量为53%~66%。随着SiO_2的增多,Na_2O和K_2O相应的有所增高,MgO和FeO、CaO则减少了。因而出现了普通角闪石和中性斜长石的共生。铁镁矿物则降低到30%左右。另外还有一类富于K_2O和Na_2O的中性岩类(正长岩类),其中则是铁镁矿物与碱性长石共生。

4.中性岩类(正长岩类)

SiO_2含量与闪长岩类相似,但富含K_2O和Na_2O,K_2O+Na_2O高达8%~12%,MgO、FeO、CaO含量比闪长岩低,因此以浅色硅铝矿物占优势,其中碱性长石含量很高。其深成岩为正长岩,喷出岩为粗面岩。

5. 酸性岩类(花岗岩类)

SiO_2 含量>66%。随 SiO_2 增多,K_2O 和 Na_2O 也增多了,但 MgO、FeO、CaO 则大大地减少,因此出现了石英、碱性长石、酸性斜长石、黑云母等的共生现象,其中铁镁矿物一般仅有10%左右。

由上述可知,岩浆岩中 SiO_2 和其他氧化物的相对含量变化对矿物的形成和共生组成影响很大。除了明显的酸度影响外,K_2O、Na_2O、CaO、MgO 的影响也很清楚。此外,有些岩石中 Na_2O、K_2O 含量特别高。因此,在这些岩石中就会出现一些富于碱质组分的矿物共生组合。

在一般岩石中,石英只出现在那些硅酸过饱和的岩浆岩中,所以石英是过饱和矿物,含有众多石英的岩石就是过饱和岩石。镁橄榄石和霞石、白榴石等则出现于硅酸不足的岩浆岩中,它们是不饱和矿物,含有这些矿物的岩石则是不饱和岩石。因此,石英、镁橄榄石或似长石(霞石,白榴石)很难在一起产出。这是因为它们在一起时于一定条件下,会转变成新矿物,如镁橄榄石+石英→顽火辉石;霞石+石英→钠长石。

黑云母多出现在富于硅和碱的花岗岩中。原生白云母很难见于含角闪石和辉石的岩石中。碱性辉石和碱性角闪石只产于碱性岩*中。

三、岩浆岩的结构与构造

(一)岩浆岩的结构

岩浆岩的结构是指岩石的组成部分(包括矿物和玻璃质)的结晶程度、晶粒大小(包括绝对大小和相对大小)、自形程度及其相互间的关系。影响岩浆岩结构的因素首先是岩浆冷凝的速度。冷凝慢时,矿物晶粒粗大,晶形较完好;冷凝快时,有众多晶芽同时析出,它们争夺结晶空间并相互干扰,结果使矿物晶粒细小,晶形不规则;冷凝速度极快时,甚至成为隐晶质或非晶质。岩浆的冷凝速度与岩浆的成分、规模、冷凝深度以及温度有关。此外,岩浆中矿物结晶的先后也是影响结构的重要因素。早结晶的矿物晶粒较粗,晶形较好;晚结晶的矿物受到空间的限制,其晶粒细小,晶形不完整。

1. 按矿物的结晶程度划分

(1)全晶质结构　即岩石全部都是由矿物的晶体所组成的一种结构,多见于深成岩中,如花岗岩。

(2)半晶质结构　岩石中既有矿物晶体,又有玻璃物质,多见于火山岩及部分浅成岩中。

(3)玻璃质结构　岩石全由玻璃物质(即矿物分子排列无序,不显晶形)组成,主要分布于火山岩中,如黑曜岩。是岩浆迅速上升到地表或近地表时,温度骤然下降到岩浆的平衡结晶温度以下,因为来不及结晶所形成的。

---

* SiO_2 含量与中性岩类相似,一般为53%~66%,但 K_2O 和 Na_2O 含量很高,K_2O+Na_2O 的平均含量高达13.5%~15.6%,属于 SiO_2 不饱和的过碱性中性岩类。CaO、MgO 含量较低(1%~2%);FeO、Fe_2O_3 的含量比正长岩类稍高,为3%~4%;Al_2O_3 的含量也较高,可达20%。硅铝矿物主要为碱性长石和似长石,无石英。浅色矿物含量为70%~80%。碱性长石常为正长石、微斜长石、歪长石或钠长石,似长石常为霞石和白榴石。暗色矿物主要为碱性辉石、碱性角闪石及富铁的黑云母。

玻璃质在岩石中常呈不同的颜色，一般为玻璃光泽，贝壳状断口，性脆。玻璃质是一种不稳定的物质，随着时间的推移，它们会逐渐转化为结晶物质，这叫脱玻化作用。仅在较新的喷出岩中才有玻璃质存在。

2.按矿物的晶粒大小划分

(1)按矿物颗粒绝对大小划分

①显晶质结构：矿物颗粒在肉眼下可以分辨，进一步可分为粗粒结构(粒径＞5 mm)、中粒结构(粒径 5.0～2.0 mm)、细粒结构(粒径 2.0～0.2 mm)、微粒结构(粒径 0.2～0.1 mm)。颗粒直径＞10 mm 者，可称巨晶或伟晶结构。

②隐晶质结构：矿物颗粒细小，肉眼或放大镜不可分辨。具隐晶质结构的岩石外貌呈致密状，肉眼观察时不易与玻璃质结构区别，但具隐晶质结构的岩石没有玻璃光泽及贝壳状断口，脆性小，有韧性。

(2)按矿物颗粒相对大小划分

①等粒结构：指岩石中同种主要矿物颗粒大小大致相等，见于侵入岩中。

②不等粒结构：指岩石中同种主要矿物颗粒大小不等，但变化是连续的。多见于浅成岩中。

③斑状及似斑状结构：组成岩石的矿物颗粒大小悬殊，其中粗大者称为斑晶，其晶形常较完整；细小者称为基质，晶形常不规则。斑晶与基质之间没有中等大小颗粒，以此与不等粒结构区分开。如果基质为显晶质且中粒以上，称为似斑状结构，斑晶和基质基本上是同一世代的产物，是在相同或接近的物理化学条件下结晶的；如果基质为隐晶质、非晶质或微粒，则称为斑状结构(图 3-7)，斑晶与基质形成于不同的世代。

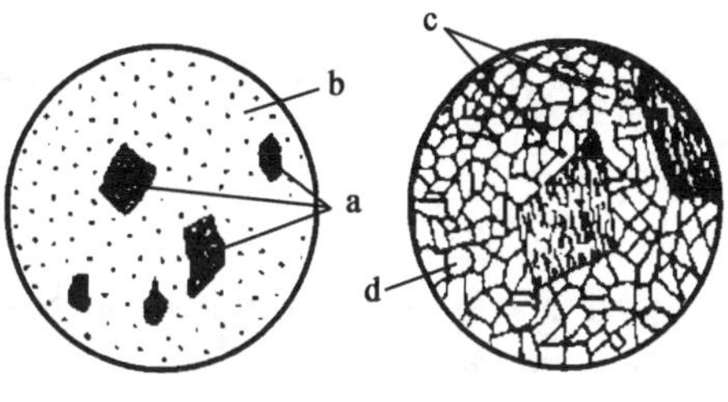

a，c. 斑晶；b，d. 基质

图 3-7　斑状结构(左)与似斑状结构(右)

斑状结构常见于浅成岩和喷出岩中。它的产生是由于岩浆在地下深处或上升过程中，某些矿物开始结晶析出，形成一些较大的晶体，然后这种含有晶体的岩浆又沿着一定的构造裂隙迅速上升到地壳表层，这时未凝固的岩浆骤然冷却，快速形成一些隐晶质或玻璃质，从而产生大小悬殊的两个部分，即先结晶的斑晶和后冷凝的基质，构成斑状结构。

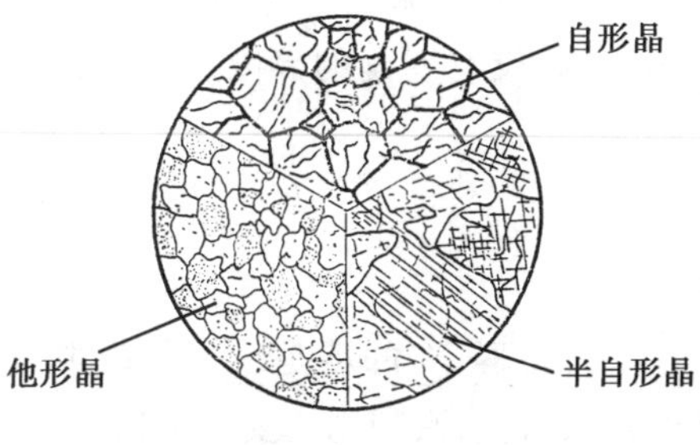

图 3-8　矿物颗粒外形完整程度

3.按矿物的自形程度划分

(1)自形结构　矿物晶粒具有完整的晶面，这种晶体大多是在有足够的时间和空间的情况下生成的(图 3-8)。

(2)半自形结构　指矿物晶体发育不完整，部分晶面完整，部分晶面不完整。说明在结晶时，很多矿物都在析出，互相干扰，没有自由空间，条件不允许它发育充分。

(3)他形结构　晶体无一完整晶面，形状多不规则。主要是由于晶体生长时已无自由生长的空间形成的，如花岗岩中的石英就呈他形晶粒。

(二)岩浆岩的构造

岩浆岩的构造是指岩石中不同矿物集合体之间的排列方式及充填方式。

1. 块状构造

岩石中矿物排列无一定规律,岩石为均匀的块体。这是最常见的构造。

2. 流纹构造

由不同颜色条纹所反映出来的熔岩流的流动构造,拉长的气孔相互平行排列。

3. 气孔构造与杏仁构造

熔岩中或浅成脉状侵入体边缘呈圆球形、椭球形或不规则形态的空洞。直径由数毫米到数厘米,是岩浆中的气体所占据的空间。一般说来,基性熔岩中气孔较大、较圆;酸性熔岩中气孔较小、较不规则,或呈棱角状。气孔中有矿物质充填者,称为杏仁构造。

4. 枕状构造

在水下溢出的基性熔岩中,常有枕状构造发育,枕体或多或少呈扁椭球体,大小不等地堆在一起。

5. 珍珠构造

主要见于酸性火山玻璃中,由玻璃质冷却收缩形成。特征是形成一系列圆弧形裂开,如珍珠岩。

6. 石泡构造

酸性熔岩的表面由于凝固时气体逸出,体积缩小而产生的具有空腔的多层同心圆球体。在黑曜岩、流纹岩中最常见。

综上所述,岩石的结构表现岩石组成个体的特征,而岩石的构造则表现岩石整体外貌的特征,它们都是岩石形成环境的反映。

四、岩浆岩的产状

典型的岩浆岩包括喷出岩和侵入岩。所谓岩浆岩的产状就是指岩浆岩体在地壳中的产出状态,它们是由岩体的大小、形状及其与围岩之间的关系和其所处构造环境来决定的。岩浆岩的产状是多种多样的,也是很复杂的,它们主要取决于岩浆岩的成分和形成条件,所以有火山岩的产状和侵入岩的产状之分,但是,两者之间有时是相连的,没有明确的界限。这里介绍几种主要的类型。

(一)火山岩的产状

火山岩的产状与火山喷发方式和喷出物的性质有关。

有的火山是一点突发的中心式喷发,形成单个火山或火山群;有的则是线型的裂隙式活动,形成线状火山群。喷出的物质也不尽相同,有的以熔岩流为主,有的则主要为火山碎屑,有的是二者均有。前者在火山口附近可以构成熔岩锥,如马达加斯加东面列维昂岛上的岩钟(图3-9),马提尼克岛蒙培雷的熔岩针;或形成熔岩流,如堪察加汝帕诺华山麓的熔岩流、夏威夷群岛基拉韦亚的熔岩瀑布(图3-10)。

图 3-9 马达加斯加
东面列维昂岛上的岩钟

图 3-10 熔岩瀑布
(引自乐昌硕,1998)

(二)侵入岩的产状

侵入岩的产状,指其形态、大小及其与围岩的关系。由于岩浆冷凝的深度、岩浆的规模与成分以及围岩的产出状态不同,侵入岩有多种产状(图 3-11)。

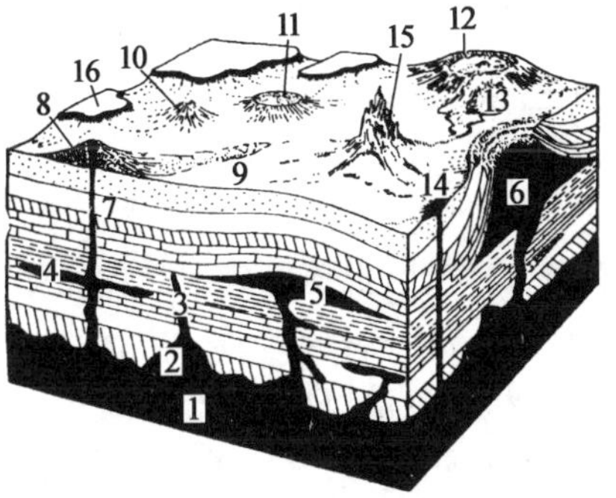

1. 岩基;2. 岩株;3. 岩墙;4. 岩床;5. 岩盖;6. 被侵蚀露出的岩盖;7. 火山颈;
8. 复式火山;9. 熔岩流;10. 熔渣锥;11. 小型破火山口;12. 大型破火山口;
13. 火山碎屑流;14. 小火山;15. 具有放射状岩墙的火山颈;16. 熔岩台地

图 3-11 喷出岩与侵入岩产状综合示意图
(引自夏邦栋,1995)

1. 岩墙(岩脉)

狭长形的侵入体。当围岩是成层的岩石时,它切割围岩的成层方向。其规模变化大,宽由数厘米(或更小)到数十米(或更大),长由数米(或更小)到数千米或数十千米。它是岩浆沿围岩的裂缝挤入后冷凝形成的。

2. 岩床

围岩为成层的岩石,侵入体为层状或板状,其延伸方向与围岩层理平行,它是岩浆沿围岩的层间空隙挤入后冷凝形成的。图 3-11 所示岩浆的成分为基性,其规模差别很大,厚常为数米到数百米。

3. 岩盆与岩盖

围岩为近于水平延伸的成层岩石,侵入体的展布与围岩的成层方向吻合,其中间部分略向下凹,似盆状者,称为岩盆。其底部有管状通道与下部更大的侵入体相通,常为基性岩浆沿围岩的层间间隙侵入、扩展后冷凝而成。如果侵入体底平而顶凸,并与围岩的成层方向吻合,似蘑菇状者，称为岩盖，它常由中酸性岩浆形成。

4. 岩株

分布面积为数十平方千米以内的侵入体。其形态不规则，与围岩的接触面不平直，边缘常有规模较小，形态规则或不规则的分支侵入体贯入围岩之中。岩株的成分多样，但以酸性与中性较为普通。

5. 岩基

规模极大的侵入体，其分布面积＞100 km^2，常达数百到数千平方千米。形态不规则，通常略向一个方向伸长。其边界弯曲，其边缘常以较小规模的岩脉或岩株形式穿插到围岩中。岩基主要由花岗岩组成，常有花岗岩岩基之称。

大规模的花岗岩岩基显然不可能是由花岗岩岩浆挤入围岩后冷凝形成的，因为围岩难以让出如此巨大的空间。一般认为，其形成途径有：①地壳深部岩石受地下高温作用熔融成为岩浆后冷凝形成；②地壳内部岩石遭受来自深部的高温化学流体物质，如 SiO_2、K_2O、Na_2O 等交代后转变而成。转变过程中原有岩石并未经过液化阶段，该作用称为花岗岩化作用。

五、岩浆岩的分类和主要岩浆岩

(一)岩浆岩的分类

自然界中的岩浆岩种类繁多，据统计，目前已确定名称的就有 1000 多种，它们之间存在着物质成分、结构、构造、产状及成因等方面的差异，另一方面，它们又都是地球演化及岩浆活动的产物，所以它们之间存在着共性和过渡性，显示岩石之间有一定的内在联系和变化规律。为了正确认识各类岩浆岩之间的差异及联系，为了能够反映岩石的成因和便于实际应用，很有必要对种类繁多的岩浆岩进行合理归纳和系统地科学分类。

岩浆岩的分类方案有多种，本教材只介绍适用于手标本鉴定的分类，分类依据包括化学成分、矿物成分、结构、构造及产状等几个方面（表 3-3）。

1. 超基性岩类

橄榄岩—苦橄岩类。超基性岩从化学成分上看，SiO_2 含量＜45%，为硅酸不饱和岩石。Na_2O 和 K_2O 含量极少，一般不到 1%。Al_2O_3 和 CaO 含量也很少。富含 MgO 和 FeO，铁镁矿物占优势，主要为橄榄石、辉石、角闪石。一般不含长石或长石很少。如铁镁含量＞90%的岩浆岩又叫超镁铁岩。超基性岩色深，密度大。其在地表的分布面积很小，只占岩浆岩分布面积的 0.5%，在洋底的分布面积也不大。但在超基性岩中常含有重要的金属和非金属矿产，如金伯利岩中的金刚石等。超基性深成岩的代表岩石是橄榄岩，浅成岩是金伯利岩，喷出岩有苦橄岩、科马提岩。科马提岩的一个重要特征是其中的橄榄石和辉石具针状骸晶，平行排列成簇，形成特殊的鬣刺结构，这种结构是熔岩迅速冷凝的结果。

2. 基性岩类

辉长岩—玄武岩类。SiO_2 含量为 45%～53%，随着 SiO_2 增多，Al_2O_3 可达 15%，CaO 含量可达 10%，均比超基性岩高，但 MgO 和 FeO 含量比超基性岩低。表现在铁镁矿物含量显著下降，而浅色矿物增加约 50%。本类岩石色深，其侵入岩为辉长岩、辉绿岩，数量较少，喷出岩为玄武岩类，数量极多，是喷出岩中分布最广的一种，它的面积几乎为其他喷出岩分布面积的 5 倍。

表 3-3 岩浆岩分类 %

化学成分分类		超基性岩	基性岩	中性岩		中酸性岩	酸性岩
岩石类别		橄榄岩—苦橄岩类	辉长岩—玄武岩类	闪长岩—安山岩类	正长岩—粗面岩类	花岗闪长岩—英安岩类	花岗岩—流纹岩类
SiO_2 含量		<45	45～53	53～66		>66	
颜色		黑—绿黑	黑灰—灰	灰-灰绿	肉红—灰红	灰白	肉红—灰白
矿物成分	石英	无	无或极少	少，<5	较少	多，20	多，>20
	正长石	无	无	极少	主要，40	<30	主要，30～40
	斜长石	基性少，<15	基性为主，>50 左右	中性为主，50	极少	偏中性，>60	酸性，<30
	主要暗色矿物及其含量	橄榄石(主) 辉石(次) >95	辉石(主) 橄榄石(次) 40～50 角闪石	角闪石(主) 黑云母(次) 25～40 辉石	角闪石(主) 黑云母(次) 10～20	角闪石(主) 黑云母(次) 15 左右	黑云母(主) 角闪石(次) 0～10

岩石产状		构造	结构	岩石类型					
喷出岩	熔岩流、熔岩被	气孔 杏仁 流纹 块状	玻璃质	火山玻璃岩 （黑曜岩、珍珠岩、松脂岩、浮岩）					
			隐晶质 斑状	苦橄岩	玄武岩	安山岩	粗面岩	英安岩	流纹岩
侵入岩 浅成岩	岩脉 岩墙 岩盘 岩床	气孔 块状	伟晶 细晶等	各种脉岩 （伟晶岩、细晶岩、煌斑岩等）					
			细粒 斑状	金伯利岩	辉绿岩 辉绿玢岩	闪长玢岩	正长斑岩	花岗闪长斑岩	花岗斑岩、石英斑岩
侵入岩 深成岩	岩株 岩基	块状	中、粗粒等粒似斑状	橄榄岩 辉石岩	辉长岩	闪长岩	正长岩	花岗闪长岩	花岗岩

注：①玢岩指斑状结构，斑晶成分是斜长石的中、基性岩类中的浅成岩或部分喷出岩；斑岩指斑状结构，斑晶成分是钾长石或石英。

②由碱性长石、碱性辉石、碱性角闪石等碱质较高的矿物所构成的一类岩石，称为碱性岩，为霞石正长岩——响岩类。由于这类岩石在地表分布很少，所以本教材不单独列出，其浅色矿物含量 70%～80%，主要为碱性长石、似长石类矿物，无石英。

3. 中性岩类

(1)闪长岩—安山岩类。本类岩石化学成分上，SiO_2 含量为 53%～66%。与基性岩相比，其 SiO_2 含量增多，Na_2O 和 K_2O 也有所增高，MgO 和 FeO、CaO 进一步减少，Al_2O_3 的变化不大。暗色矿物含量大为减少，约 30%，而浅色矿物则明显增多，可达 70%左右。本类岩石的主要矿物成分为角闪石和中性斜长石，次要矿物为辉石、钾长石和石英。该类岩石的深成岩为闪长岩，浅成岩为闪长玢岩，喷出岩为安山岩。

(2)正长岩—粗面岩类。SiO_2 含量与闪长岩类相似,但富含 K_2O 和 Na_2O,K_2O+Na_2O 高达 8%～12%,MgO、FeO、CaO 含量比闪长岩低,因此以浅色硅铝矿物占优势,其中碱性长石含量很高。其侵入岩以正长岩为代表,喷出岩代表为粗面岩。无论是侵入岩还是喷出岩,在地壳内的分布都较少。据统计,其分布面积约占全部岩浆岩的 0.6%。

本类侵入岩的次生变化常见的有钠长石化、高岭石化、绿泥石化等;喷出岩的次生变化为硅化、高岭石化、叶蜡石化及绢云母化等。

4. 酸性岩类

花岗岩—流纹岩类。此类岩石的侵入岩以花岗岩为代表,浅成岩为花岗斑岩,喷出岩为流纹岩。SiO_2 含量>66%,是各类岩浆岩中含量最高者,属硅酸过饱和岩石。K_2O 和 Na_2O 含量也较高,但 MgO、FeO、CaO 含量则是各类岩浆岩中最少的一类。因此浅色矿物石英、钾长石和斜长石含量>90%,深色矿物黑云母、角闪石含量在 10%以下。

5. 脉岩类

脉岩是岩浆作用过程中一定阶段的产物,经常在侵入体内部或附近围岩中,充填在裂隙中,呈脉状产出,因而得名。脉岩的成分比较复杂,有些脉岩的成分与相应的深成岩相当,如花岗斑岩、闪长玢岩等。有些差别较大,有些以暗色矿物为主要成分,这种脉岩称为煌斑岩。有的则以浅色矿物为主要成分,这种脉岩包括细晶岩和伟晶岩。

6. 火山碎屑岩类

火山碎屑岩是由于火山喷发所产生的各种碎屑物质经过短距离搬运或就地沉积形成的岩石。火山碎屑岩是岩浆岩和沉积岩之间的过渡类型岩石。从物质成分上看,火山碎屑岩与相应的熔岩、固体火山喷出物有密切关系,在空间分布上两者也经常共生。在结构构造上则又与沉积岩中的碎屑岩相似,但又有很多差别。火山碎屑岩的碎屑多具棱角,分选性很差,成分和结构、构造变化很大,常缺乏稳定的层理。一般火山碎屑岩所含火山碎屑物应占 50%以上。根据碎屑颗粒大小,可分为集块岩、火山角砾岩和凝灰岩。

(二)主要岩浆岩

1. 辉长岩

辉长岩(gabbro)是基性深成岩。颜色为黑色或黑灰色,主要矿物成分为辉石和基性斜长石,次要矿物为橄榄石、角闪石和黑云母,副矿物常有磁铁矿、钛铁矿等。为中—粗粒结构,块状构造。辉石呈绿黑色短柱状,斜长石多为板状半自形晶体,新鲜的斜长石易见聚片双晶。典型辉长岩中辉石与斜长石含量比约为 58∶42。辉长岩常呈小规模深成侵入体或岩盘、岩床等产出。

2. 辉绿岩

辉绿岩(diabase)为基性浅成岩。矿物成分与辉长岩相似,但结构与之不同。辉绿岩有典型的辉绿结构,即指岩石由较自形的长条状斜长石微晶和他形粒状微晶辉石等暗色矿物组成,辉石等深色矿物充填于长条状斜长石微晶的空隙中。具有斑状结构的辉绿岩叫辉绿玢岩。辉绿岩具有块状构造,有时有气孔和杏仁构造。辉绿岩中的斜长石常被蚀变为钠长石、黝帘石、绿帘石等矿物集合体。辉石可蚀变为绿泥石、角闪石等矿物。

3. 玄武岩

玄武岩(basalt)基性喷出岩，是分布最广的喷出岩。矿物组成与辉长岩相似，但结构构造则有很大的差别。新鲜岩石多呈黑色、黑灰或暗褐色，风化后常呈黄褐色、暗红色或灰绿色。细粒至隐晶质结构，也可有玻璃质和斑状结构。斑晶常为辉石、橄榄石和斜长石。多具气孔、杏仁构造。杏仁体多由方解石、蛋白石、绿泥石构成。具杏仁、气孔构造的玄武岩分别称为杏仁玄武岩、气孔玄武岩(彩版 1 图 4)，亦有块状构造。玄武岩可按其所含斑晶矿物成分划分为橄榄玄武岩、辉石玄武岩、斜长玄武岩，斑晶成分分别主要为橄榄石、辉石、斜长石。若橄榄玄武岩中的橄榄石已变为伊丁石则称为伊丁玄武岩。我国南京方山有伊丁玄武岩。

按化学成分特点可把玄武岩分为拉斑玄武岩、高铝玄武岩和碱性玄武岩 3 类。拉斑玄武岩含有较多的 SiO_2，碱质(K_2O+Na_2O)较少，矿物成分主要为基性斜长石和辉石，其次有橄榄石斑晶；高铝玄武岩含有较高的 Al_2O_3，SiO_2 含量略低于拉斑玄武岩，矿物成分与拉斑玄武岩相似；碱性玄武岩的化学特点是 SiO_2 不饱和，碱质高，其中钾更高。

月球上的主要岩石之一也是玄武岩。月球玄武岩细粒、多孔，主要由辉石、斜长石和钛铁矿组成。

4. 细碧岩

细碧岩(spilite)是海底基性喷出岩。岩石呈浅绿色，具隐晶质结构或斑状结构，杏仁构造，常具特殊的枕状构造。其特征是含钠高，$Na_2O>4\%$。矿物成分为钠长石、绿泥石、绿帘石、方解石等，斑晶为富钠的斜长石和辉石。辉石一般由绿帘石、绿泥石等代替。

5. 闪长岩

闪长岩(diorite)属于中性深成岩。矿物成分主要为中性斜长石(65%～75%)和普通角闪石(25%～35%)，两者比例约为 2∶1，其次为辉石和黑云母，没有或有少量石英(<5%)。多为粗粒、中粒结构，块状构造。一般为灰色或灰绿色。与基性岩过渡的种属，其暗色矿物含量>40%，则颜色较深，可呈深灰、灰黑色，可称为暗色闪长岩。暗色矿物含量<20%，可称浅色闪长岩。如石英含量达 10%～20%时，则称石英闪长岩。

闪长岩类的次生变化主要表现在斜长石、角闪石、黑云母的变化。斜长石次生变化后常形成绿帘石、绢云母，角闪石、黑云母次生变化后常形成绿泥石，因此次生变化的闪长岩常带浅绿色。

6. 闪长玢岩

闪长玢岩(diorite-porphyrite)为中性浅成岩。矿物成分与闪长岩相当，具明显的斑状结构。斑晶为中性斜长石和角闪石，基质为细粒或致密或隐晶结构，颜色多为灰白色。暗色矿物常绿泥石化，使岩石呈灰绿色、紫绿色、褐色。

7. 安山岩

安山岩(andesite)是中性喷出岩。其分布之广泛仅次于玄武岩。矿物成分与闪长岩相同。一般具有明显的斑状结构，斑晶主要是新鲜的中性斜长石，有时见有角闪石或黑云母的斑晶，斑晶常呈定向排列。基质通常为半晶质以至玻璃质，气孔和杏仁构造常见。浅色的安山岩通常具流纹构造。新鲜岩石多呈红褐色、褐黄色、浅紫色、淡绿色甚至黑绿色，而经风化后的安山岩，常绿泥石化、绿帘石化，黏土绢云母化。

8. 正长岩

正长岩(syenite)中碱性深成岩。本类岩石在矿物组成上突出的特点是出现大量钾、钠长石,没有石英或石英含量很少,其含量<5%。几乎全部由肉红色或灰白色的钾长石(占90%)组成,也含少量的中性斜长石和石英。暗色矿物有角闪石和黑云母,等粒结构,有时有斑状结构,块状构造。岩石颜色主要决定于所含钾长石的颜色。多为淡红色、浅灰色或白色。长石类矿物常常高岭石化,角闪石、黑云母易变为绿泥石或绿帘石,因此使岩石常稍带绿色。正长岩以很少量石英区别于花岗岩,以含较多钾长石区别于闪长岩。

9. 正长斑岩

正长斑岩(syenite-porphyry)为中碱性浅成岩。斑状结构,斑晶都是正长石,有时也有角闪石或黑云母。斑晶晶形一般均较完整,基质为隐晶质,块状构造。

10. 粗面岩

粗面岩(trachyte)中碱性喷出岩。它的矿物成分大致与正长岩相似,但以透长石为主,具斑状结构。斑晶为透长石或正长石(含量为45%~86%),其次为黑云母,基质为隐晶质。一般呈浅绿色、浅黄色、淡红色,块状构造,也常有流纹及气孔构造。由于表面常有粗糙感而得名。

粗面岩中的斑晶为透长石,而安山岩的斑晶主要是斜长石,此为二者之区别。粗面岩经风化作用后强烈变化,其中钾长石变为高岭石,角闪石、黑云母等暗色矿物分解形成绿泥石,从而使岩石略带绿色。

11. 花岗岩

花岗岩(granite)为酸性深成岩。主要矿物是石英(30%左右),钾长石和酸性斜长石,其中钾长石(平均约40%)多于酸性斜长石(平均25%)。暗色矿物以黑云母为主,等粒结构或花岗结构,块状构造。岩石浅色,一般是灰白色、肉红色。深色矿物多时呈深灰色,有时钾长石斑晶很大,基质粒径也较大,形成似斑状结构,称为似斑状花岗岩(彩版1图5)。花岗岩的典型结构为花岗结构,亦称半自形粒状结构。其特征是暗色矿物自形程度较好,长石次之,石英呈他形充填在不规则的空隙中。

二长花岗岩是指钾长石和斜长石含量近于相等的一种花岗岩。根据暗色矿物的种类可进一步分出黑云母二长花岗岩、角闪石二长花岗岩。

花岗岩可按暗色矿物种类命名,最常见的为黑云母花岗岩,二云母花岗岩(含黑云母和白云母),角闪石花岗岩等。暗色矿物很少(<1%)时则称白岗岩。另外也可按岩石中矿物颗粒结晶的大小命名,如粗粒花岗岩、中粒花岗岩、细粒花岗岩等。

花岗岩的次生变化主要是高岭石化、绢云母化、绿泥石化等。

关于花岗岩成因,一种认为是岩浆侵入地壳深处冷凝而成的;另一种认为是在地壳不太深的部位,原来的岩石(包括沉积岩),遭受来自上地幔的高温化学流体物质,如 SiO_2、K_2O、Na_2O 等交代,置换后混合岩化,花岗岩化使原有的岩石改造成花岗岩。

花岗岩在区域动力热变质作用影响下,可以发生破碎,形成碎裂岩、糜棱岩和千枚岩或形成片麻岩。在汽化热液影响下则可以被交代,而发生钾长石化、钠长石化或云英岩化和高岭石化,有时几种蚀变可以相互叠加。在表生作用下,花岗岩中的暗色矿物发生分解,长石变成绢云母或高岭石，而构成高岭石矿床，如江西景德镇，湖北大悟等地的高岭石矿。

花岗岩类分布极广，它们不但组成古老结晶地盾的基底，而且在褶皱带和断裂带中也有大量产出，常常构成大的岩基、岩株，也有较小的岩盖、岩枝和岩墙。我国各个地质历史时期和不同构造单元中都有花岗岩产出，其中有些与不同时代的各种变质岩系密切共生，交代现象明显，规模巨大，如秦岭、泰山、五台山、大别山、桐柏山、武功山、云开大山、弓长岭、龙门山等地的花岗岩，它们的形成(部分)可能与花岗岩化作用有关。

其次是产于褶皱带和断裂带中的独立花岗岩体，它们常有明显的分带现象，和围岩的侵入接触关系清楚，往往有接触变质的接触交代现象，或有同化混染现象。也可有岩浆角砾岩形成。其形成时代则随地而异，如秦岭东段某些加里东期的花岗岩，天山的海西期花岗岩和我国东南部的燕山期花岗岩等。

在花岗岩中还存在一些特别的矿产，如铀矿。我国前地矿部部长李四光的重大贡献之一是助力我国研制成功原子弹和氢弹。铀是制造原子弹和氢弹的原料，其中铀的来源之一为花岗岩型铀矿床。李四光是一位爱国科学家，为了新中国的建设，1949 年回国后，肩负起寻找铀矿的重任。根据他提出的地质力学理论，在我国南方找到了 211 特大的花岗岩型铀矿床。广东省仁化县 211 矿区位于诸广山岩体的东南缘，区内燕山期花岗岩呈多阶段、多次侵入，岩体内构造发育，铀矿化普遍而强烈。正是李四光的爱国情怀，他作为科学界的一面旗帜，为使我国摆脱被帝国主义卡脖子的局面，放弃国外所拥有的优越条件，投身到祖国建设中，为中国的崛起鞠躬尽瘁，贡献了他的力量。

12. 文象花岗岩

文象花岗岩(graphic granite)是一种具有文象结构特征的花岗岩，由石英及钾长石组成。

13. 花岗斑岩

花岗斑岩(granite-porphyry)属酸性浅成岩。矿物成分和花岗岩相同，但具斑状结构。斑晶为钾长石和石英，基质是隐晶质—细粒结构。花岗斑岩与似斑状花岗岩的区别是后者具似斑状结构，斑晶较大，基质为显晶中粒结构。这是因二者产状不同，前者是浅成的，后者是深成的。

14. 石英斑岩

石英斑岩(quartz porphyry)也是一种成分相当于花岗岩的浅成岩，具全晶质斑状结构，与花岗斑岩不同的是其斑晶成分主要为石英，基质一般为隐晶质。

15. 流纹岩

流纹岩(rhyolite)为酸性喷出岩。矿物成分相当于花岗岩，但结构不同，常具斑状结构。斑晶由较小的石英和透长石组成。有时为黑云母或角闪石。基质多为隐晶质和玻璃质，具明显的流纹构造或条带状，它是在半凝固流动过程中，不同颜色矿物晶体和玻璃质成分以及被拉长的气孔呈平行条带方向排列，所以具红、灰色不同色调相间的流动构造的条纹。也有气孔和杏仁构造，但一般气孔和杏仁体的量比基性喷出岩要少，常有顺流纹方向构造被拉长的现象。岩石颜色一般呈浅灰、砖红、粉红、灰白或黑色。流纹岩的主要鉴别标志是含石英斑晶，以此可同其他喷出岩区别。

除流纹岩外，常见的酸性喷出岩还有英安岩、黑曜岩、松脂岩、珍珠岩、浮岩等。

16. 黑曜岩

黑曜岩(obsidian)是一种几乎全为玻璃质的岩石，常为黑色或深褐色，具贝壳状断口。成分相当于流纹岩，但含有较多的水，一般<2%。密度为2.13～2.42。

17. 珍珠岩

珍珠岩(perlite)是一种全玻璃质岩石，颜色一般较浅，呈灰色、灰绿色、红褐色等多种，具蜡状光泽或瓷釉状光泽，常见珍珠构造。珍珠岩含水，含量2%～6%。密度为2.24～2.30。

18. 浮岩

浮岩(pumice)也是一种结晶程度很差的岩石，多为玻璃质。一般为灰白色、浅灰色或暗灰色，其最大特点是有很多气孔，气孔体积往往占岩石体积一半以上，实际上它是喷出岩浆表面的泡沫，因而岩石的密度小，多数<2，有的甚至<1，所以岩石能浮在水中，因此得名。

19. 花岗闪长岩

花岗闪长岩(granodiorite)为中酸性深成岩，是花岗岩与闪长岩之间的一种过渡类型的中酸性岩类，同花岗岩相比，它的主要特点是斜长石含量较多(>40%)，且多于钾长石，石英含量较花岗岩低些(约15%)，暗色矿物含量增高(约15%)，并以角闪石为主，多于黑云母。岩石颜色较花岗岩深，呈灰白色或暗灰色。粒状结构，块状构造。同样可按暗色矿物种类命名，如黑云母花岗闪长岩、角闪花岗闪长岩、辉石花岗闪长岩等。

20. 英安岩

英安岩(dacite)是中酸性喷出岩。大多数都含有斜长石、石英、正长石或透长石斑晶。斜长石斑晶成分变化很大，可自拉长石或培长石至更长石，但多数为基性中长石至酸性拉长石。可有正常环带、反环带和反复环带。有时钾长石可包于斜长石周围。钾长石斑晶比斜长石斑晶要少一些，甚至可以完全没有。石英常呈双锥状晶，主要构成斑晶。铁镁矿物斑晶中以普通辉石和紫苏辉石居多，但在较酸性的流纹英安岩中则主要是角闪石和黑云母斑晶。

21. 伟晶岩

伟晶岩(pegmatite)是具有伟晶结构的浅色酸性脉岩。主要由于挥发组分富集，所以矿物结晶粗大，一般颗粒平均直径都>1 cm，有的可以大到几米至几十米。矿物成分有的相当于花岗岩，有的相当于闪长岩、辉长岩或正长岩。其中以花岗伟晶岩最常见，也最重要。花岗伟晶岩的矿物成分与花岗岩相同，主要由钾长石、斜长石、石英和云母类矿物组成。伟晶岩化学成分复杂，富含稀有、稀土及放射性元素，可富集成有价值的矿床。

22. 细晶岩

细晶岩(aplite)因岩石具细粒他形结构而得名。细晶岩中浅色矿物大量集中，不含或少含暗色矿物，常呈灰白、黄白、浅红、灰绿等色。在各类岩石中常有与其成分相当的细晶岩，其中以花岗细晶岩最为常见。主要矿物成分为细粒石英和长石，二者含量在90%以上，又称长英岩。

23. 煌斑岩

煌斑岩(lamprophre)是一种脉状产出的暗色岩石，组成岩石的矿物主要是辉石、角闪石、黑云母等暗色矿物。岩石颜色很深,呈暗绿、黑色、黑褐色。粒状结构、斑状结构。斑晶都是自形的角闪石、黑云母等暗色矿物,这是它的最大特点。硅铝矿物(主要是斜长石)少,且分布于细粒基质中。不论基质或斑晶中的暗色矿物均呈完好的自形晶,此为煌斑岩所特有。根据结构,很难和其他基性岩脉相区别,可统称为基性脉岩或深色脉岩。

脉岩发育,表明该区裂隙比较发育,物质成分及结构不均一,有些岩脉本身可能成为地下水的通道。因而在选择地基、坝址及其他工程设施时,必须考虑岩脉发育对整个工程的承压、稳定性、渗漏、透水性的影响问题,采取相应措施,保证工程质量。

24. 火山集块岩

火山集块岩(volcanic agglomerate)有 1/5 以上的火山碎屑的直径>64 mm,碎屑带棱角。火山集块岩成分主要是各种中基性、基性熔岩块及火山弹大小不一的岩块堆积而成。形状多半为纺锤形、梨形、面包状等。多气孔,常分布在火山口附近或火山管道中,有的可在离火山口较远处堆积,由熔岩流或火山灰所胶结。

25. 火山角砾岩

火山角砾岩(volcanic breccia)有 1/3 以上的火山碎屑介于 2～64 mm。火山角砾岩主要为各种熔岩角砾,也可由一些其他岩石的角砾组成,棱角明显,分选性差,通常为火山灰所胶结。

26. 凝灰岩

凝灰岩(tuff)是火山碎屑岩中分布最广的一种岩石,具有典型的凝灰结构,火山物质(主要是火山灰)占 90%以上,碎屑粒径<2 mm。火山碎屑物包括岩屑、矿物晶屑和玻屑,一般晶屑含量较少,玻屑较多。常为黄白、灰白、灰绿等色。凝灰岩可具不清楚或清楚的层理,堆积在离火山口较远的地方,有些细小的火山灰,可以随风飘浮到几百千米,甚至几千千米以外。有些凝灰岩貌似火山熔岩,但仔细观察,便会发现凝灰岩中常有尖棱角状的晶屑、玻屑以至岩屑,这是熔岩中所没有的。有的凝灰岩由于压实和胶结不紧,容易风化蚀变为蒙脱石、绿泥石、方解石、高岭石等黏土矿物,其表面常有疏松的土状感。根据这些差别可大致与熔岩分开。根据凝灰岩的碎屑物的成分,可进一步分为:岩屑凝灰岩、晶屑凝灰岩、玻屑凝灰岩、复成分凝灰岩、熔结凝灰岩。熔结凝灰岩是一种由炽热的火山灰流等经熔结作用而成的岩石。其最大的特点是火山碎屑物具有塑变或半塑变的形态,呈定向排列,形成似流纹构造及熔结结构特征。

第二节　沉　积　岩

地表或接近地表的原有岩石,在常温、常压条件下,由风化作用、剥蚀作用、生物作用产生的物质经搬运、沉积和成岩等一系列地质作用形成的岩石,叫沉积岩。

沉积岩只占地壳岩石总体积的 7.9%,但它主要分布在地表,占地表出露的三大类岩石的 75%,是地表最常见的岩石。沉积岩中赋存煤、石油、天然气以及其他许多金属及非金属矿产,具有重要的经济价值。沉积岩的形成与外力地质作用密切相关,它是外力地质作用的产物。引起外力地质作用的能源主要有:①太阳热能。它使地表温暖,并引起大气的循环、水的运动、生命的活动，从而引起各种外力地质作用的发生。②日月引力能。它是产生海水潮汐现象的原因。潮汐具有强大的动能，对海岸地貌的塑造、物质的搬运与沉积等有重要作用。③重力能。在重力的支配下才有风、流水、冰川、湖水及海水的运动，才有物质从空中降落和从水中沉淀，才有山崩、地滑，才有生物界的正常生长和演化。

引起外力地质作用的因素有大气、水和生物。大气、水与生物引起地质作用的具体形式不同，同种因素引起地质作用的形式也有多种。

一、沉积岩的形成过程

沉积岩的形成过程可以概括为5个阶段。

(一)第一、二阶段——母岩的风化和剥蚀作用

母岩的风化作用、剥蚀作用为两个过程，两者相伴而生，所以常有风化剥蚀之说。由母岩风化作用所形成的沉积物质是沉积岩形成的基础。风化作用是指风化因素引起的岩石的崩解和分解作用。剥蚀作用是指岩石在流水、冰川、风、海流等外力作用下，岩石因机械作用、化学作用遭受破坏。风化作用的总趋势是使被改造的母岩(岩浆岩、变质岩及早先形成的沉积岩)发生物理化学变化，使母岩解体，并产生在地表条件下稳定的、新的物质成分。岩石经过风化作用后，其产物主要有碎屑物质，黏土物质和溶解物质，剥蚀作用的产物为碎屑物质、溶解物质。

岩石由造岩矿物组成，因而各类岩石在风化时的稳定程度决定于它所含的矿物成分。如超基性岩和基性岩，主要成分是易风化的铁镁矿物和基性斜长石，因而易受风化；酸性岩浆岩则相反，因它主要由石英、钾长石和酸性斜长石等稳定性较高的矿物组成，所以抵抗风化的能力较强，不易受风化；中性岩浆岩的风化性质介于前二者之间。在沉积岩中，砂岩的主要成分为石英碎屑，不易受化学分解，而以机械破碎为主；黏土岩一般较稳定，但易破碎呈细小碎屑被搬运；石灰岩在湿热地区主要发生化学风化，在干旱地区难以风化；硅质岩则很难化学风化。

(二)第三、四阶段——风化剥蚀产物的搬运作用和沉积作用

风化剥蚀作用与风化剥蚀产物的搬运作用和沉积作用，既是4个连续又独立的阶段，也是交互叠置的发展过程。特别是搬运作用与沉积作用更是密切相关，不能截然分开，所以在一起叙述。在搬运过程中物质仍然可以发生机械破碎和化学分解，即使物质沉积下来以后，还可以由于条件的变化再次进入搬运状态。

如上所述母岩的风化剥蚀产物有3类:碎屑物质、黏土物质和溶解物质。它们除了少部分残留原地组成风化壳堆积外，大部分被搬运走，并在新的适当的地方沉积下来。三者的性质不同，它们的搬运，沉积方式也不同。

主要的搬运营力有水、风、冰川，此外重力及生物的搬运也不可忽视。

按搬运方式可以分为:机械搬运、化学搬运、生物搬运。

以机械方式破坏的产物是以机械方式进行搬运的，如泥、砂、砾石被流水及风搬运；以化学方式破坏的产物是通过真溶液或胶体溶液进行搬运，前者如石灰岩溶于水后以钙离子与碳酸氢根离子形式被水搬运，后者如长石风化后形成的黏土矿物与二氧化硅在水中呈胶体质点被搬运；生物吸取介质中的化学元素营养自己，建造其骨骼，死亡后在一定的地方堆积下来，也起着搬运作用。

(三)第五阶段——沉积物的固结成岩作用

沉积物形成以后，即开始了转变为沉积岩的过程。由松散沉积物转变为坚硬的岩石，称为固结成岩作用。固结成岩作用主要有以下几种：

1. 压固作用

由于上覆沉积物不断加厚，在重荷压力下，使松散沉积物的含水量减少，体积缩小，并转变得较为致密，这种作用称为压固作用。

影响压固作用的因素有：负荷力大小、沉积物的粒度及成分、溶液的性质、温度等。

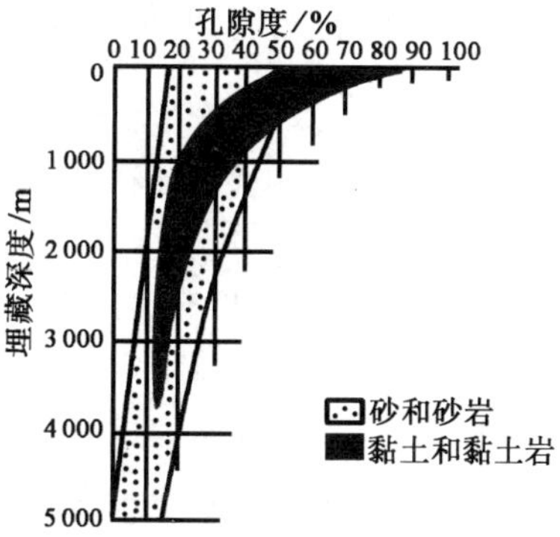

图 3-12　压固过程中沉积物孔隙度的变化

沉积物的压固主要表现在：孔隙度减小、含水量减少以及结构构造的变化等(图 3-12)。例如，据对瑞士的楚格湖某些现代湖泊黏土的研究得知：当埋深为 0 m 时，黏土含水量为 83.6%，孔隙度为 92%；当有 3.6 cm 的新沉积物覆盖后，黏土含水量减为 70.6%，孔隙度减到 85%。再者，黏土质沉积物在上覆负荷力不断加大的情况下，可表现出愈加完善的定向性。压固作用是黏土物质成岩的主要方式。

2. 胶结作用

在碎屑物质沉积的同时或生成之后，溶于水中的物质或由水带来的物质充填在沉积物的孔隙之中，将松散的碎屑物黏结在一起，称为胶结作用。起胶结作用的物质主要是化学沉淀物质，如硅质 SiO_2、钙质 $CaCO_3$、铁质 $Fe_2O_3 \cdot nH_2O$，泥质(黏土)等，称为胶结物。胶结作用是碎屑沉积物成岩的主要方式，如砾石经胶结后形成砾岩。

3. 重结晶作用

沉积物的矿物成分借溶解、局部溶解和固体扩散作用，使物质质点发生重新排列组合的现象，称为重结晶作用。

重结晶作用的强弱取决于物质成分、质点大小、均一性及相对密度等。一般而言，颗粒越小比表面积越大，溶解度也越大，越易被溶解而向大颗粒集中，即越易发生重结晶作用。重结晶作用也与物质成分有关，易溶的物质，如碳酸盐、盐类等矿物在成岩后生过程中很容易发生重结晶，形成粗大的晶体；温度及压力的增加，也能促进重结晶作用。重结晶的先后与矿物相对密度和结晶能力有关，一般是相对密度大而分子体积小和结晶能力大的矿物先发生重结晶。因此，在沉积岩中成为单独晶体或结核出现的往往是相对密度较大的矿物(如黄铁矿、菱铁矿)，在白云质灰岩中白云石的自形程度常较方解石好。

重结晶作用不仅使细粒、松散沉积物逐渐固结变粗、变硬，而且还可破坏沉积物的原始结构构造。如沉积物的颗粒大小、形状及排列方向等均可因重结晶作用而受到破坏，微细薄层理也可因重结晶作用而消失。

胶体老化是一种特殊的重结晶现象，即由非晶质物质变为半晶质—结晶质的现象。胶体老化常伴有脱水、固结、裂隙化及角砾化现象，还可产生一些特殊的结构，如球粒结构。在硅质岩中有时可见到蛋白石转变成球粒状的玉髓。胶体老化在硅质岩、黏土岩等中可见到。

重结晶作用主要发生在化学沉积物或生物化学沉积物中。

4. 新矿物生长

沉积物中不稳定矿物溶解或发生化学变化，导致若干化学成分重新组合并结合成为新矿物，从而使沉积物变硬。

在沉积物不断沉积的条件下，先沉积的沉积物所处的温度、压力以及介质环境均要发生变化，为了在新环境中保持稳定，沉积物固结变硬是必然的。固结的程度与时间有关，时间愈长，岩石愈坚硬。此外，固结的难易与沉积特性有关，有的易于固结，有的难以固结。如从温泉中沉淀出的 $CaCO_3$ 极易固结变成疏松多孔的岩石—钙华，而某些黏土虽在几千万年前甚至更早就沉积下来，但至今仍为塑性状态。固结成岩作用的几种途径见图 3-13。

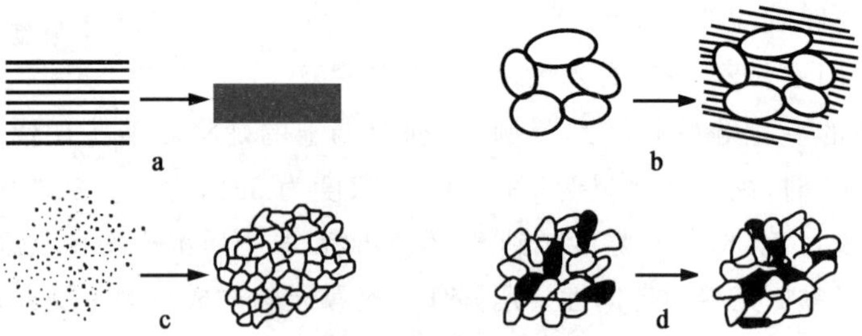

a. 压固作用；b. 胶结作用；c. 重结晶作用；d. 新矿物生长

图 3-13 固结成岩作用的几种途径

二、沉积岩的物质成分

(一)化学成分

由于沉积岩的物质主要来自岩浆岩，所以其总平均化学成分和岩浆岩的总平均化学成分很相似，见表 3-4，但各类沉积岩间的化学成分则相差很大，如碳酸盐岩以钙镁氧化物和 CO_2 占优势；砂岩则以 SiO_2 为主；只有页岩的化学成分与沉积岩的总平均化学成分相近，而以铝硅酸盐为主，这是由于沉积物质在风化搬运和沉积过程中发生分异造成的。

但是从表 3-4 也可以发现，沉积岩与岩浆岩的平均化学成分还有如下一些差别：

(1)沉积岩中 $Fe_2O_3>FeO$，而岩浆岩中 $Fe_2O_3<FeO$。因为沉积岩是在地表有充足氧的条件下(少数例外)形成的。

(2)沉积岩中的 $K_2O>Na_2O$，而岩浆岩中 $Na_2O>K_2O$。这是因为在沉积岩中有分布很广的黏土矿物及其他胶体矿物，它们对于 K 有很强的吸附作用；而 Na 的活动性比 K 高，易溶解于水中。另外，含 K 的矿物如水云母、白云母等，在地表稳定而不易被分解，所以沉积岩中总是 $K_2O>Na_2O$。

(3)沉积岩中有较多的 H_2O 及 CO_2，这是因为沉积物的生成过程中有大量 H_2O、CO_2 参与。

(4)沉积岩中富含有机质，而岩浆岩中没有，这是因为在沉积岩的物质中常有大量的生物物质存在。

表 3-4　沉积岩和岩浆岩平均化学成分比较(按氧化物百分比计)　%

氧化物	岩浆岩总平均	沉积岩总平均	页岩	砂岩	石灰岩
SiO_2	59.14	57.95	58.01	78.33	5.19
Al_2O_3	15.34	13.39	15.40	4.77	0.54
Fe_2O_3	3.08	3.47	4.02	1.07	0.54
FeO	3.80	2.08	2.45	0.30	—
MgO	3.49	2.65	2.44	1.16	7.90
CaO	5.08	5.89	3.11	5.50	42.61
Na_2O	3.84	1.13	1.30	0.45	0.05
K_2O	3.13	2.86	3.24	1.31	0.63
H_2O	1.15	3.23	5.00	1.63	0.77
P_2O_5	0.30	0.13	0.17	0.08	0.04
CO_2	0.10	5.38	2.63	5.03	41.58
SO_3	0.05	0.54	0.64	0.07	0.05
BaO	0.06	—	0.05	0.05	—
TiO_2	1.05	0.57	0.65	0.25	0.10
C	—	0.65	0.89	—	
总计	99.61	99.92	100.00	100.00	100.00

(二)矿物成分

组成沉积岩的矿物成分有 160 余种,但比较重要的仅有 20 余种,在一种沉积岩中矿物成分比较简单,一般 1～3 种,很少超过 5～6 种。

沉积岩的矿物成分主要来源于先成的各种岩石中的矿物碎屑和新形成的次生矿物。

(1)碎屑矿物　原岩中的矿物经物理风化破碎而成的呈碎屑状态的矿物,如石英、长石等。

(2)黏土矿物　由原生矿物经化学风化作用分解后形成的次生矿物,如高岭石、蒙脱石等。

(3)化学沉积矿物　是从真溶液或胶体溶液中沉淀出来的或生物化学沉积作用形成的矿物,如方解石、白云石、石膏、岩盐及含水氧化铁、锰、铝等。

(4)有机质　由生物残骸经有机化学变化而成的矿物。沉积岩的平均矿物成分与岩浆岩的不同,如表 3-5 所示。

从表 3-5 可以看出:①橄榄石、辉石、角闪石及黑云母等铁镁矿物在岩浆岩中可大量存在,而在沉积岩中少见,因它们是在高温高压下形成的矿物,在地表常温常压下不稳定。②长石、石英、白云母等矿物在岩浆岩和沉积岩中都比较多。但不同的是长石类矿物在岩浆岩中的含量多于沉积岩中的含量,而石英则相反。③盐类、碳酸盐及黏土矿物等沉积阶段新生成的矿物,它们是沉积岩中特有的矿物,而在岩浆岩中却没有。④生物组分,生物在沉积岩的形成过程中起了很大的作用,所以沉积岩中(主要是碳酸盐岩)可见有大量的生物组分,这在岩浆岩中是没有的。

表 3-5 沉积岩与岩浆岩平均矿物成分比较 %

矿物	沉积岩	岩浆岩
黏土矿物	14.51	—
沉积铁质矿物	4.00	—
白云石及部分菱镁矿	9.07	—
方解石	4.25	—
石膏及硬石膏	0.97	—
磷酸盐矿物	0.15	—
有机物质	0.73	—
白云母	15.11	3.85
石英	34.80	20.40
榍石及钛铁矿	0.02	1.45
磁铁矿	0.07	3.15
正长石	11.02	14.85
钠长石	4.55	25.60
钙长石	—	9.80
黑云母	—	3.86
角闪石	—	1.66
辉石	—	12.10
橄榄石	—	2.65

引自乐昌硕，1998。

三、沉积岩的结构与构造

(一)沉积岩的颜色

颜色是沉积岩最醒目的标志，它反映了岩石的成分、结构和成因。常把它作为分层、对比和推断古地理条件的重要标志之一。根据沉积岩的颜色可以确定介质的氧化或还原环境。

按成因，颜色可分为原生色和次生色。原生色又可分为继承色及自生色两种。继承色取决于碎屑物质的颜色，常为碎屑岩所具有，如长石砂岩常呈肉红色是因碎屑长石是浅红色，而长石由花岗岩中的浅红色长石机械破坏而来；自生色取决于沉积和成岩阶段形成的自生矿物的颜色，为大部分黏土岩、化学岩和部分碎屑岩所具有的颜色。次生色是在后生作用或风化作用过程中，原生色发生次生变化而形成的。

各种常见的自生色指示一定的沉积环境，具体为：

(1)灰色、黑色　这类沉积岩含有机质(炭质、沥青质)、分散状硫化铁(黄铁矿、白铁矿)，这些物质含量愈高，颜色就愈深，并表明岩石形成于还原或强还原条件下。

(2)红色、紫红色、褐红色、黄棕色　这类沉积岩含有铁的氧化物或氢氧化物。表明当时沉积介质为氧化及强氧化条件，其中黄色常见于炎热干燥气候条件下的陆相沉积物中，而红色常见于炎热潮湿气候条件下的陆相或海相沉积物中。

(3)绿色　这类沉积岩含有 Fe^{2+} 和 Fe^{3+} 的硅酸盐矿物(海绿石、鲕绿泥石)。代表弱氧化或弱还原的介质条件。碎屑岩中若含角闪石、绿帘石、绿泥石等碎屑矿物多时也可呈绿色。

(4)蓝色、青色　这类沉积岩是硬石膏、天青石、石膏、石盐等特有的颜色。有时蓝色是由蓝铁矿和蓝铜矿引起的。

(5)紫色　这类沉积岩与氧化铁或氧化锰有关,有时则含土状萤石。

沉积岩的颜色还与粒度、干湿情况有关。粒度愈细者则颜色深;湿的标本颜色显得更深。

(二)沉积岩的结构

沉积岩的结构指沉积岩颗粒的性质、大小、形态及其相互关系。主要有以下几种结构:

1. 碎屑结构

碎屑物可以是岩石碎屑(岩屑)、矿物碎屑(如长石、石英、白云母)、石化的生物有机体或其碎片(生物碎屑)、内碎屑(鲕粒或团块结构)以及火山喷发的固体产物(火山碎屑)等。内碎屑指形成于海盆中者,其中粒径>2 mm 者称为砾屑结构,粒径为 0.05~2 mm 者称为砂屑结构。对于颗粒是机械沉积的碎屑物,按碎屑粒径大小可分为:砾状结构,粒径>2 mm;砂状结构,粒径为 0.05~2 mm;粉砂状结构,粒径为 0.005~0.05 mm。按颗粒外形可分为棱角状结构、次棱角状结构、次圆状结构、滚圆状结构。

具有砾状和砂状结构者用肉眼能辨认其中碎屑之外形,同时可以看出其中碎屑颗粒及基质与胶结物的关系(图 3-14)。具有粉砂状结构者用放大镜能辨认其中碎屑之界线。

基质又称杂基,是充填于碎屑颗粒之间的细粒机械混入物,它们对碎屑物也起胶结作用,但不是化学成因的物质。胶结物一般是从溶液中化学沉淀的物质。基质和胶结物总称为填隙物或广义的胶结物。胶结类型有基底式、孔隙式和接触式 3 种,见图 3-15。

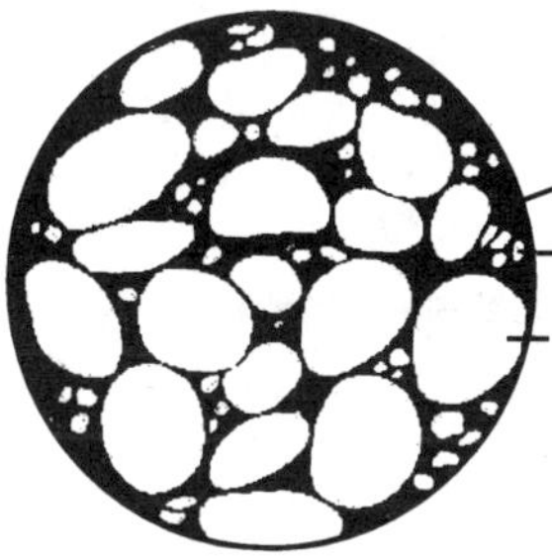

图 3-14　碎屑基质和胶结物(引自夏邦栋,1995)

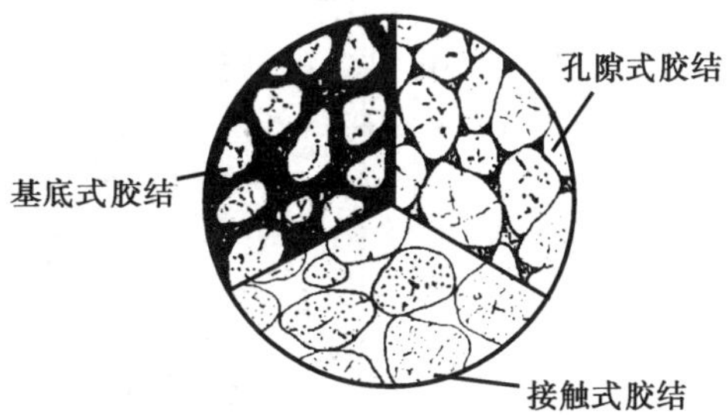

图 3-15　胶结类型(引自乐昌硕,1998)

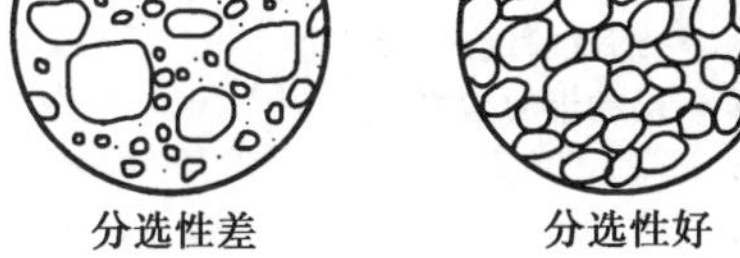

图 3-16　碎屑的分选性(引自夏邦栋,1995)

碎屑颗粒粗细的均匀程度称为分选性。大小均匀者,表明分选良好;大小混杂者,表明分选差(图 3-16)。碎屑颗粒棱角的磨损程度称为磨圆度或圆度。圆度有不同级别,棱角全未磨损者称为棱角形。

2. 泥质结构

粒径<0.005 mm,外观致密、均匀,是黏土岩具有的结构。泥质结构的岩石,只有借助于显微镜甚至电子显微镜才能辨认其中之黏土颗粒。

3. 化学结构

岩石中的颗粒由化学沉积作用或生物化学沉积作用形成。其中大多数为晶质或隐晶质。

4. 生物骨架结构

由原地生长的造礁生物的遗体组成岩石的骨架，骨架内有许多大小不同、形状各异的孔隙和空洞，称为生物骨架结构，是造礁生物形成的礁灰岩所特有的结构。常见的造礁生物有群体珊瑚、海绵、苔藓虫、层孔虫及藻类。

(三)沉积岩的构造

沉积岩的构造是沉积岩的重要特征之一。根据沉积岩构造的研究可以推断沉积岩生成和存在的环境，为岩相古地理的研究提供依据。一般把沉积岩的构造理解为沉积岩各个组成部分的空间分布和排列方式，是一种宏观的特征。沉积岩的主要构造类型有：

1. 层理构造

层理是沉积物以层状形式堆叠而在岩层内部形成的层状形迹，它是岩石的颜色、成分和结构沿垂向(垂直于沉积物表面的方向)变化而显示的一种层状构造。

层理是沉积岩最特征、最基本的构造，是沉积岩区别于岩浆岩和变质岩的最主要标志。根据沉积岩的层理特征，不仅可确定沉积介质的性质和能量状况，而且还可以判断沉积环境，有的层理还可以确定水的运动方向。

细层是层理最基本、最小的组成单位，其厚度很小，数毫米至数厘米，一组在成分、结构、厚度和产状上都相似的同类型的细层组成层系。岩层则是层理的最大组成单位，是在一个基本稳定的物理条件下所形成的沉积单位，可以包括一个或数个细层、层系(图 3-17)，层与层之间由层面分开。

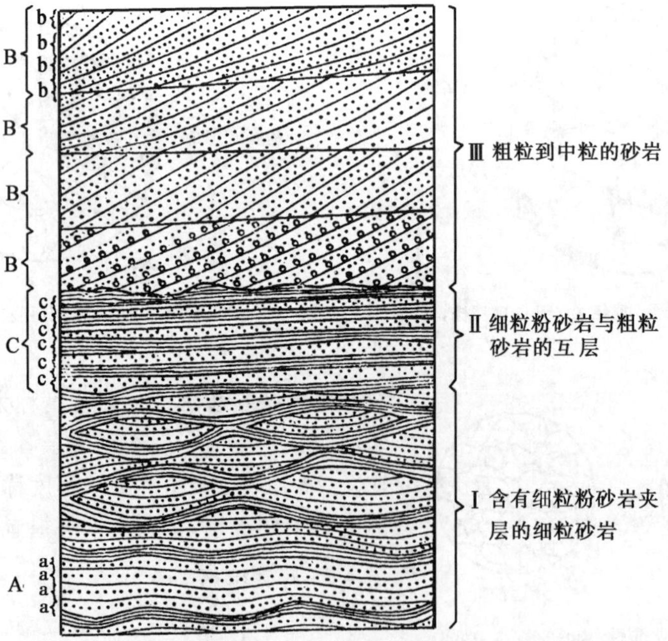

Ⅰ,Ⅱ,Ⅲ. 层系组；A,C,B. 层系；a,c,b. 细层；Ⅰ. 波状层理；Ⅱ. 水平层理；Ⅲ. 斜层理

图 3-17 层理的基本类型及有关术语(据 Л. Н. 鲍特文金娜，1957)

根据岩层的厚度可以分为：

块状层，＞100 cm　　薄层，1～10 cm

厚层，50～100 cm　　页片层，0.1～1 cm

中厚层，10～15 cm　　显微层，＜0.1 cm

按层理的形态成因分为：

(1)水平层理　层面平直，层与层之间互相平行，这种层理是在沉积环境比较稳定和平静的水体中形成的，多见于河流沉积的较平静的沉积环境中(如牛轭湖、河漫滩)，也可见于深水湖海或沼泽等环境。

(2)斜层理　层理与主要层理面斜交，即有的层理面是倾斜的。斜层理的方向代表了当时水流的方向。多由粗粒物质组成，是河流沉积物的典型特征，常见于湖滨、海滨、三角洲中。砂岩和粉砂岩中尤其常见。

(3)交错层理　由多组不同方向的斜层理相互交错切割而成。它是在水流运动方向频繁变化时形成的。

(4)递变层理　同一层内碎屑颗粒粒径向上逐渐变细。它的形成常常是因沉积作用发生在运动的水介质中，其动力由强逐渐减弱(图 3-18)。

(5)块状层理　岩层自上层面到下层面物质均匀，没有物质的分异现象，所以不显层理性，叫块状层理。它常是一种以沉积物的快速堆积为特征，由沉积物垂向加积作用形成的产物。砾岩、砂岩、粉砂岩甚至泥岩中都可出现块状层理。常见于浊流沉积物、洪积物和冰碛物中。

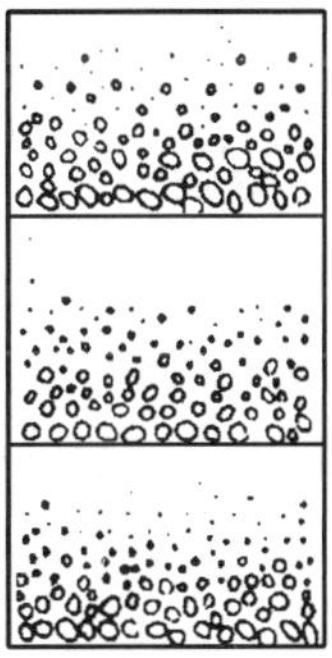

图 3-18　递变层理

2. 层面构造

沉积岩层面上保留的痕迹，反映岩石形成时的环境，并可指示岩层顺序。

(1)波痕　在岩层层面上保留下来，由风、水流或波浪作用形成的一种波状构造，叫波痕。波痕经常保留在砂岩中，但在泥灰岩和薄层灰岩中也可见到。沉积岩中最常见的是流水波痕和浪成波痕(图 3-19)。

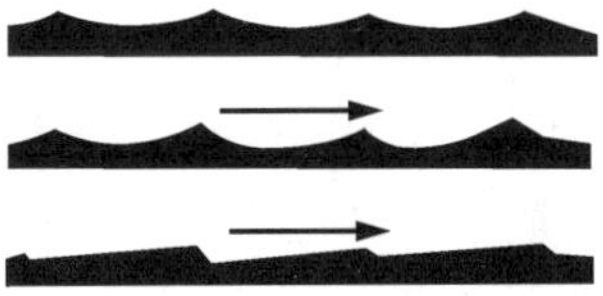

图 3-19　波痕

(2)泥裂(干裂)　主要是由于沉积物在尚未固结时即露出水面，经曝晒干裂，呈张开的干裂缝，后又为上覆沉积物充填而成(图 3-20)。

泥裂常见于泥质岩中，但也可见于粉砂岩、泥质砂岩及碳酸盐岩中。泥裂的断面一般是上宽下窄，常呈 V 字形或 U 字形，宽几毫米至几厘米，大小不一。泥裂缝中的充填物与上覆岩层的成分相当。

泥裂有指示气候和沉积相的意义。只有干燥气候条件下才易产生泥裂。泥裂常出现于陆相(河漫滩相、湖滨相)及海岸沉积的潮上带或潮间带的沉积物中。

3. 缝合线

缝合线最常见于碳酸盐岩中，但也可出现于砂岩、硅质岩和盐岩中。其特征是在垂直层面的切面上有呈动物头盖骨接缝般的锯齿状裂缝。缝合线的起伏幅度一般是数毫米到数厘米，总的展布方向与层面平行。规模较大的缝合线代表沉积作用的短暂停顿或间断，规模较小的缝合线是沉积物固结过程中在上覆沉积物的压力下，由富含 CO_2 的淤泥水沿层面循环时溶解两侧物质所致(图 3-21)。

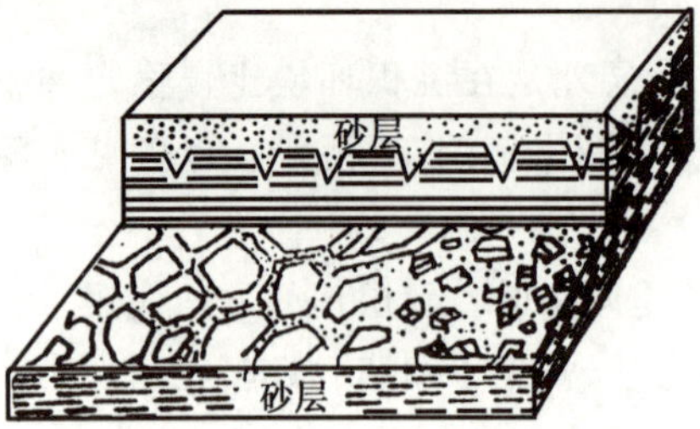

图 3-20 泥裂(干裂)

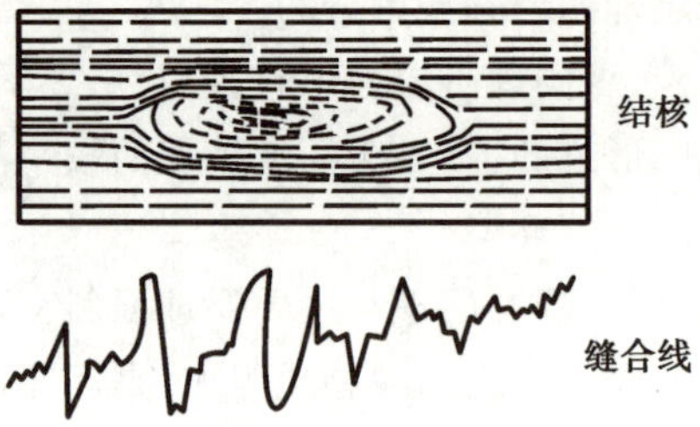

图 3-21 结核与缝合线(引自华南农业大学，1999)

4. 结核

沉积岩中某种成分的物质聚积而成的团块。它常为球形、椭球形、透镜状等。石灰岩中常见的燧石结核主要是 SiO_2 在沉积物沉积的同时以胶体凝聚方式形成的，部分燧石结核是在固结过程中由沉积物中的 SiO_2 自行聚积而形成的。黄土中的钙质结核或铁锰结核是地下水从沉积物中溶解 $CaCO_3$ 或 Fe、Mn 的氧化物后在适当地点再沉积(包括结晶)而成。

5. 刀砍状构造

为白云岩的重要识别标志。因方解石比白云石更易溶解，在岩石中被方解石充填的细小裂缝，由于差异风化，方解石被溶解而在风化面所表现出裂纹如同刀砍状的构造。

6. 生物成因构造

由于生物的生命活动，在沉积物中形成的构造，如叠层构造、虫孔、虫迹等。

四、沉积岩的分类与主要沉积岩

根据沉积岩的物质来源、结构特征和成岩方式，沉积岩分为 3 类：泥质岩类、碎屑岩类、化学岩及生物化学岩类。泥质岩、碎屑岩亦称外生沉积岩，组成物质主要来自沉积盆地之外，包括母岩风化后形成的陆源碎屑物质和黏土物质，以及火山碎屑物质。根据泥质岩的压固作用强度和构造特征，可分为黏土、泥岩、页岩。按颗粒大小，碎屑岩分为砾岩、砂岩、粉砂岩。

火山碎屑岩是岩浆岩与沉积岩之间的过渡类型，因它与岩浆岩类关系密切，已放在岩浆岩中介绍过了。

化学岩及生物化学岩亦称内生沉积岩，组成岩石的主要物质直接来自沉积盆地的溶液或沉积场所的溶液内，是溶液中的溶解物质通过化学或生物化学作用沉淀而成，按其成分不同分为铝质岩、铁质岩、锰质岩、磷质岩、硅质岩、碳酸盐岩、蒸发岩和可燃性有机岩。本书采用的沉积岩分类见表 3-6。

表 3-6 沉积岩分类

沉积岩类型		物质来源	主要的结构特征	成岩方式	岩石分类名称
Ⅰ.泥质岩类		母岩经化学风化后形成的次生黏土矿物	泥质结构	压固作用	1.黏土 2.泥岩 3.页岩
Ⅱ.碎屑岩类	沉积碎屑岩亚类	母岩机械破坏形成的碎屑物	沉积碎屑结构	胶结作用	1.砾岩、角砾岩 2.砂岩 3.粉砂岩
	火山碎屑岩亚类	火山喷发的固态碎屑物	火山碎屑结构		1.火山集块岩 2.火山角砾岩 3.凝灰岩
Ⅲ.化学岩及生物化学岩类		母岩经强烈的化学风化形成的溶解物质,通过化学或生物化学作用沉淀而成的物质;或生物直接堆积而成	化学结构 生物骨架结构	重结晶作用	1.碳酸盐岩 2.铝、铁、锰、硅、磷质岩 3.蒸发岩类 4.可燃有机岩

(一)泥质岩类

泥质岩又称黏土岩,是粒度<0.005 mm的陆源碎屑和黏土物质组成的岩石。绝大多数泥质岩是母岩化学分解后生成的黏土矿物经机械沉积而成。

泥质岩是分布最广的一类沉积岩,约占沉积岩总量的60%以上,其中又以页岩分布最广。

泥质岩的矿物成分主要是含量>50%的黏土矿物,常混入一部分石英、云母和极少量长石等的微细颗粒以及碳酸盐和铁的氧化物等杂质。

泥质岩有典型的泥质结构,层理清晰,质地致密均一,有细腻感。颜色多种多样,取决于黏土矿物和混入物,主要为灰色、黑色、紫红色等。泥质岩的颜色能帮助我们推断生成环境。

黏土经过中等程度的压固作用、脱水作用,能形成没有层理的泥岩,也可以形成具有良好层理的页岩,随着压固作用的加强,黏土岩按:黏土→泥岩→页岩顺序演变。因此通常根据黏土岩的压固作用强度(压固程度)和构造特征(层理)进行分类命名:黏土(弱固结)、泥岩(强固结)和页岩(强固结,并经较长时间的压力而具页理)。

(1)黏土 一般为疏松的土状岩石,较松软,可用手捏散,易吸收水分,含黏土颗粒在30%以上,成分较纯,往往由一种黏土矿物组成,典型的泥状结构。经济价值高者,称为黏土矿。按矿物成分主要有:

● 高岭石黏土 主要由高岭石组成,含量>90%,其次是埃洛石、水云母。疏松、有滑腻感,多数为浅色,呈白、浅灰、淡黄色等。具可塑性,遇水膨胀性不强。其黏结性和耐火性较高,是重要的陶瓷材料和耐火材料。

● 蒙脱石黏土 又称膨润土、膨脱岩、漂白土等,主要由蒙脱石组成,其次为伊利石,以及石英、长石、石膏、方解石等,呈白、肉红、淡黄绿色、淡青绿色等。致密状或土状,有滑腻感,吸水性强,吸水后体积膨胀,可达原体积的10~30倍,并崩解,可塑性高,黏结性强。常由各种火山灰,尤其是酸性火山灰(凝灰岩)风化形成,在工业上用作漂白剂和净化石油的原料。

(2)页岩(shale)　为黏土岩中固结很紧的岩石。其特点是有平行分裂的薄层状构造,称页理。典型的页岩层理薄如纸页。页理是鳞片状的黏土矿物在压紧过程中平行排列,层层累积而成的。常含有石英、长石、云母矿物细小碎屑。页岩致密,硬度低,不透水,表面光泽暗淡,颜色不一,一般为灰或灰黄色,常因含有杂质而有各种颜色。如含有机质的呈灰黑或黑色;含高价氧化铁的呈褐红、棕红等色;含氧化锰的呈黑、黑棕色(易染手)。因此也常用颜色来命名,如红色页岩、黑色页岩等。煤系中的页岩往往含碳质较高,称碳质页岩;含 $CaCO_3$(10%~30%)的称为钙质页岩,分布较广,常见于海相及内陆湖沼沉积,色浅,加 HCl 起泡;含 SiO_2(>85%)称硅质页岩;含磷灰石的叫磷质页岩。此外,还有混入一定粉砂质成分者,称粉砂质页岩(彩版1图6)。

(3)泥岩(mudstone)　黏土岩若不具页理而成块状、层状,致密和固结程度较高者,称为泥岩。颜色一般较浅,较坚硬,遇水不易变软,塑性差。

(二)碎屑岩类

1. 砾岩类

直径>2 mm 的陆源碎屑含量>50%的沉积岩称为砾岩。砾石的主要成分是比较坚硬的岩屑,此外,在较细的粒级中可有长石、石英等矿物碎屑。胶结物常为钙质、铁质、硅质及黏土质等。根据砾石的圆度可分为角砾岩和砾岩。

(1)角砾岩(breccia)　组成角砾岩碎屑(角砾)为棱角形或半棱角形,角砾岩一般是未经搬运或搬运不远的岩石,分选差。靠近母岩分布,其角砾成分完全取决于母岩的成分。它们常易遭受再剥蚀和再沉淀,必须在迅速埋藏的条件下才能保存下来。成因很多,如冰川角砾岩、洞穴角砾岩(洞穴垮塌形成的)、滨岸角砾岩(海岸垮塌造成)、断层角砾岩等。

(2)砾岩(conglomerite)　组成砾岩的碎屑,一般呈次圆状或圆状,是经过长期搬运和长期磨损的岩石,比角砾岩分布广泛,常成厚层。

根据砾石成分可分为单成分砾岩和复成分砾岩。砾石成分单一,以某一种矿物为主(>75%),称单成分砾岩,系经过长距离搬运,反复磨蚀,最后只剩下稳定的岩屑而成。单成分砾岩中砾石多由石英岩、脉石英组成,分选性好,砾石圆度在次圆以上,如石英质砾岩;砾石成分多种者称复成分砾岩。砾石种类常在三四种以上,有时一种岩石中可含十几种不同成分,砾石圆度较低,分选性差,是在快速侵蚀、快速沉淀条件下生成,如山麓洪(冲)积砾岩、河成砾岩等。

砾岩的形成需要高差较大的地形条件,大量的砾岩都形成于大规模的构造运动之后,产于构造活动性较大的地区。另外,砾岩的成分、结构、构造以及砾岩体的形态等特征,都与其成因有密切关系,它反映着母岩的成分、剥蚀和沉积速度、搬运距离、水流方向、水动力条件以及古气候、古地形条件等。所以研究砾岩对确定岩石的成因类型和沉积环境都有重要意义。砾岩往往还是重要的储水层和储油层。

2. 砂岩类

碎屑粒径为0.05~2 mm,含量>50%的岩石叫砂岩(sandstone)。砂岩分布很广,在沉积岩中仅次于黏土岩,居第二位。砂岩的碎屑成分主要是石英、长石和岩屑3种。在大多数砂岩中,石英都是最主要的碎屑,它是最稳定的组分。长石和岩屑在表生条件下较易破坏,不稳定。

根据粒径大小把砂岩分为粗砂岩(0.5~2.0 mm)、中砂岩(0.25~0.5 mm)、细砂岩(0.05~0.25 mm)3种;根据其主要胶结物,又可分为硅质砂岩、铁质砂岩、钙质砂岩、泥质砂岩。颜色也可以定名，如红色砂岩；根据碎屑成分可以分为石英砂岩、长石砂岩、岩屑杂砂岩等。

(1)石英砂岩　凡石英碎屑含量达90%以上的砂岩，称为石英砂岩。它是潮湿气候条件下风化彻底或经长期搬运分选而成。石英颗粒常磨得很圆，大小均一，表面光泽暗淡，胶结物大都为硅质，有时有钙质、铁质等。常具波痕及交错层理，一般不含化石，厚度一般不大，但稳定。石英砂岩分布广泛，约占砂岩总量的1/3。

(2)长石砂岩　主要由石英颗粒和长石两种碎屑成分形成。长石碎屑含量>25%，石英<75%，长石以钾长石和酸性斜长石最为常见，也有云母。胶结物有泥质、钙质、硅质、铁质。分选性和磨圆度变化较大，颜色多呈红色。长石砂岩外貌酷似花岗岩及花岗细晶岩，但其具明显的碎屑结构，碎屑颗粒有磨圆的特征，且石英含量常占优势。

大部分长石砂岩在构造运动强烈地区，山区花岗岩质母岩遭到强烈侵蚀，并在原地迅速堆积条件下形成，常分布在山间坳陷或边缘坳陷等地区，多为大陆(河流、湖泊)沉积。

(3)岩屑杂砂岩　又叫硬砂岩，是一种含有各种杂质的岩石碎屑及部分矿物碎屑的砂岩(岩石碎屑的含量>25%，石英含量<75%，长石含量<10%)。碎屑具棱角状，分选性差，并常含有基性喷出岩和凝灰质的碎屑。重结晶作用显著，所以岩性坚实而致密。岩石颜色较深，多灰、灰绿、灰黑等色。硬砂岩厚度常很大。这种岩石一般是在急剧隆起的山脉两侧，因为遭受强烈风化作用，侵蚀速度很快，各种岩石碎屑迅速堆积而形成，是地壳不稳定地区的产物。

砂岩分布很广，其物质成分和结构构造，常能反映母岩性质、风化程度、剥蚀和堆积速度、搬运介质的性质、搬运距离和方向、水动力等。砂岩体常是良好的储水层和储油层。砂岩的含水性和透水性主要决定于岩石的孔隙度和孔隙大小及连通情况。砂岩的孔隙度与岩石的分选性、磨圆度、胶结物成分及胶结类型密切相关。一般是分选性好、颗粒圆度高的岩石其孔隙度较高；反之，孔隙度低。钙质胶结物易被溶解，因而其胶结的岩石孔隙度较高；泥质基质不易溶解，孔隙度较小；硅质胶结物一般胶结紧密，几乎所有的孔隙被填满，所以孔隙度最小。

3. *粉砂岩类*

粉砂岩(siltstone)与砂岩类似，但颗粒更细，是0.005～0.05 mm的陆源碎屑占50%以上的沉积岩。粉砂岩的碎屑成分以石英为主，常含数量不定的白云母。长石和岩屑都少见。粉砂岩是介于细砂岩与黏土岩之间的过渡岩石，胶结物以泥质为主，其次是钙质和铁质，硅质胶结物极少见。

粉砂岩颗粒细小，除云母外，肉眼难以辨认，在放大镜下勉强可见细小石英等矿物。用手搓有细砂粒感觉，岩石断面粗糙，以此与黏土岩有区别。

粉砂颗粒细，呈悬浮搬运，不易磨细，因此磨圆度不好，有棱角。因经长距离搬运，不稳定成分都被淘汰了，所以分选性好，多具微水平层理，斜层理少。粉砂岩多分布于河漫滩、沼泽、三角洲及湖、海盆的浅水地带。

粉砂岩在横向及剖面上的分布有一定的规律。在横向上，它一般分布在砂岩与黏土岩的过渡地带；在剖面上常与黏土岩、砂岩组成互层。

(三)化学岩及生物化学岩类

本类岩石大部分由各种母岩经强烈的化学风化所形成的真溶液或胶体溶液，搬运至水盆地中沉淀而成。其沉淀方式主要有：以纯化学方式从真溶液中沉淀而成的，如盐岩、某些白云岩等；以胶体化学方式从胶体溶液中沉淀而成的如某些硅质岩；以生物化学方式从水溶液中沉淀而成的，如部分碳酸盐岩；由生物遗体堆积和转化而成的，如介壳灰岩等；由生物直接生长而成的，如礁灰岩；风化残积生成的，如某些铝质岩。根据本类岩石的成分、成因特征可分为以下几种。

1. 碳酸盐岩类

碳酸盐岩主要由方解石、白云石两种碳酸盐矿物组成，岩石的主要类型为石灰岩和白云岩。本类岩石在地壳中的分布仅次于黏土岩和碎屑岩，约占沉积岩总量的 20%，在我国约占沉积岩总面积的 55%，特别在西南、中南地区很发育，且时代愈老愈多。

碳酸盐岩本身就是很有价值的矿产，广泛用于农业、冶金、建筑、化工等方面。碳酸盐岩与一些稀有金属、非金属矿产等直接有关，与石油、天然气关系密切。在碳酸盐岩地区寻找地下水资源和进行工程建设有其特殊性，必须认真对待。

过去把碳酸盐岩看成是单一成因（化学的）和单一环境（深海的）的产物，现在则认为它是多成因、多种环境产物，既有化学的、生物化学的，也有生物的、机械的作用。沉积环境可以是浅水，也可以是较深水。从现代碳酸盐沉积环境可知：碳酸盐的发育需要丰富的生物和极浅的水，大部分在 10～15 m 的海水中沉积，很多是在平均低潮面以上沉积的，当然也有部分是较深水的沉积。碳酸盐岩在结构、构造和形成环境与碎屑岩有很多相似的地方。

（1）石灰岩（limestone） 由方解石组成，遇稀盐酸剧烈起泡。岩石为灰色、灰黑色或灰白色，性脆。石灰岩常具有燧石结核及缝合线，有碎屑结构和非碎屑结构两种类型。

具碎屑结构的石灰岩中碎屑成分都是 $CaCO_3$，碎屑间的填隙物也是 $CaCO_3$，其中粒径＞0.01 mm 者称亮晶，是 $CaCO_3$ 的化学沉淀物，相当于胶结物，粒径＜0.005 mm 的方解石微粒称为泥晶，是机械混入物，相当于基质。按其成因又分为内碎屑结构、生物碎屑结构、鲕粒或团块结构。

内碎屑：海盆中已固结的碳酸钙沉积被海水冲击破碎而成者。其中粒径＞2 mm 者称砾屑，砾屑结构也叫竹叶状结构（图 3-22），粒径＜2 mm 者称为砂屑。

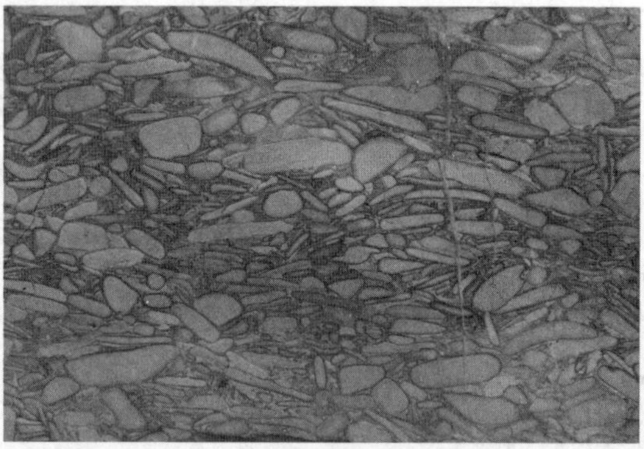

图 3-22　竹叶状结构（秦皇岛石门寨竹叶状灰岩）（王数摄）

生物碎屑：海中动物的介壳、骨骼或植物硬体被海水冲击破碎而成者。

鲕粒或团块：由海水中 $CaCO_3$ 凝聚而成者。外形浑圆，内部具同心圆构造。碳酸钙鲕粒是在干旱炎热的气候条件下在深仅数米的动荡浅水海域中形成的。在这种环境下海水中的

$CaCO_3$ 能够达到过饱和，而且因有充分的碎屑物质供应，使 $CaCO_3$ 能够以碎屑为核心逐次沉淀并形成同心圆构造。因大小与形状似鱼卵而得名。

非碎屑结构又包括晶粒结构和生物骨架结构。

因此，石灰岩有以下几种主要类型：由化学作用沉淀而成者叫化学灰岩，其中具不同的成层厚度的叫普通石灰岩，由多于 50%的方解石晶体组成。泥晶灰岩由粒径<0.005 mm 的方解石微粒组成，岩石极为致密，方解石微粒由生物化学作用等方式形成；由内碎屑构成者称为内碎屑石灰岩，具砾屑结构者称砾屑灰岩，又叫竹叶状灰岩，砾屑成分多为致密的微晶灰岩碎屑，具砂屑结构者称砂屑灰岩；由生物碎屑构成者称为生物碎屑灰岩，主要由各种生物遗体和亮晶方解石组成，常见的生物碎屑有纺锤虫、海百合、三叶虫等，当几乎由一种生物遗体组成时，可按生物组分命名，如纺锤虫灰岩、海百合灰岩等；由鲕粒、团块构成者分别叫鲕状灰岩、团块灰岩，鲕粒灰岩主要由鲕粒和亮晶方解石组成，其常具明显的、规模较大的交错层理。现代鲕粒形成于温暖(>20 ℃)、洁净和强烈搅动的浅海(深 2 m 左右)环境，多出现在潮汐砂坝和潮汐三角洲地带，盐度稍高；礁灰岩则是具有生物骨架结构的石灰岩，其中由珊瑚骨骼作为支撑骨架者称为珊瑚礁石灰岩。由于生物礁灰岩多孔，渗透性良好，常是石油、天然气储集的有利岩石。

在石灰岩中，可据其主要成分而命名，如硅质灰岩、白云质灰岩等。

(2)白云岩(dolomitite) 主要由白云石组成，遇冷的稀盐酸不起泡。岩石常为浅灰色、灰白色。硬度较石灰岩略大，岩石风化面上常有刀砍状溶蚀沟纹。

白云岩具有不同成因。部分白云岩是在气候炎热、干旱地区咸度增高的海水中由化学方式沉淀而成的，部分白云岩是 $CaCO_3$ 的沉积物在固结过程中被富含镁质的海水作用后，方解石被白云石交代置换而成。由化学作用沉积的白云岩具晶粒结构，晶粒为细粒或微粒，由交代置换作用形成的白云岩则保留原有石灰岩的结构。石灰岩与白云岩中的化学成分相似，形成条件有密切联系，因而在白云岩与石灰岩之间有过渡类型的岩石存在，各种过渡性岩石的主要差别在于岩石中的 MgO 和 CaO 的含量比例，即白云石和方解石的含量比例，其划分如表 3-7 所示。

表 3-7 石灰岩与白云岩及其过渡类型的划分 %

岩石名称	含量		特 点
	方解石	白云石	
石灰岩	95～100	0～5	加稀盐酸起泡剧烈
白云质石灰岩	50～95	5～50	加稀盐酸起泡
灰质白云岩	5～50	50～95	加稀盐酸不起泡
白云岩	0～5	95～100	遇冷稀盐酸不起泡，粉末加稀盐酸微起泡

2. 硅质岩

化学成分为 SiO_2，组成矿物为微粒石英或玉髓，少数情况下为蛋白石，质地坚硬，小刀不能刻划，性脆。含有机质的硅质岩颜色为灰黑色，含氧化铁的硅质岩称为碧玉，常为暗红色。呈结核状产出者为燧石结核，含黏土矿物丰富者称为硅质页岩，质地较软。

硅质岩的成因多样。部分硅质岩是热泉涌出富含 SiO_2 的热水凝聚沉淀或交代碳酸钙沉积物而成。部分硅质岩的形成与海中硅质生物，如硅藻等的迅速繁衍及其骨骼的大量堆积有关。

燧石岩是最常见、最重要的硅质岩，是一种致密坚硬具贝壳断口的岩石。常呈层状、条带状、结核状产出，常产于碳酸盐岩中，尤其结核状燧石更是如此。

硅藻土也是一种硅质岩，主要由硅藻遗体组成，硅藻主要由蛋白石组成，个体很小。硅藻土呈白色或浅黄色，轻而软，孔隙度很大，有很强的吸收性能，常见薄层理。硅藻土易碎，其在工业上可用做漂白剂、隔热隔音材料。

3. 磷质岩

含 P_2O_5＞5%的沉积岩称磷质岩或磷块岩。当 P_2O_5＞12%时，可作为磷矿开采，主要矿物有胶磷矿[$Ca_3(PO_4)_2 \cdot 2H_2O$]、磷灰石等。一般认为磷块岩的生成与生物作用密切相关，是生物化学作用的产物。我国的磷块岩按产状有：层状磷块岩和结核状磷块岩，前者多形成于开阔海洋的浅海陆棚区，后者多见于海峡地区。

第三节 变 质 岩

变质岩(metamorphic rock)是三大岩类之一，其分布范围比岩浆岩、沉积岩小，约占大陆面积的 1/5 左右，是岩浆岩或沉积岩经变质作用所形成的岩石。

一、变质作用

(一)变质作用的概念

变质作用(metamorphism)是岩石在基本上处于固体条件下，由于温度、压力及化学活动性流体的作用，发生化学成分、矿物成分、岩石结构和构造变化的地质作用。

岩石变质基本上未发生熔融，原有岩石并未失去其整体性。如果原岩受热全面熔融变为岩浆然后冷凝结晶成岩，这种新岩石就是岩浆岩。因此，从原岩是否遭受熔融来辨别岩浆作用和变质作用。但如果引起变质作用的温度很高，达到岩石在该压力下的熔点，那么变质作用就转变成为岩浆作用，所以变质作用与岩浆作用可以有发展上的联系。

另外，引起变质作用的温度、压力等因素，主要来自地球内部，因此变质作用主要发生在地表以下一定深度，而沉积岩的形成与大气、水、生物等外因有关，且发生在地球表层，这是沉积作用与变质作用的基本差别。但在沉积岩形成的固结成岩作用阶段，是在沉积物被埋藏后发生的，这与上覆沉积物的压力和地下的一定温度有关。因而变质作用与固结成岩作用在受到温度、压力作用方面有相似之处，但沉积作用比变质作用的形成温度、压力更低，深度更小。

(二)变质作用的因素

促使岩石变质的因素主要有温度、压力及化学活动性流体和时间。

1. 温度

是变质作用中最主要和最积极的因素。大多数变质作用是在温度升高时产生的。变质作用发生的温度由 150～180 ℃直到 800～900 ℃。低于这一温度的作用属于沉积岩形成的固结成岩作用，高于这一温度的作用，属于岩浆作用范畴。

(1)引起温度升高的热能来源

● 地热　地下温度随着深度增大而增高。如果地表岩石因某种原因沉陷到一定深处，就能获得相应的温度。

● 岩浆热　岩浆是高温熔融体，当岩浆侵入时，岩浆热便传到围岩，使围岩增温变质。

● 放射性元素蜕变释放的热　所含放射性元素虽然微量，但累计量却惊人，若地壳花岗岩厚度以 20 km 计算，其一年释放的总能量为 10^{16} J，该值比百万吨级的核爆炸释放的能量还大 250 000 倍。因而放射性元素蜕变释放的热是变质作用重要的热源。

● 构造运动所产生的摩擦热　构造运动导致块体相互错动和挤压，能产生高温。

(2)温度升高的作用　岩石受到较高温度时，岩石中矿物的原子、离子或分子的活动性增强，主要引起两方面的变化：

● 促进重结晶作用　当温度升高时，使岩石在固体状态下质点重新排列，产生重结晶作用，使非晶质变为晶质，或由小晶体变为大晶体，但岩石组分基本不变。如在高温下，石灰岩经重结晶作用变成结晶较粗大的大理岩，是由原来的碳酸钙物质经重结晶作用转变为方解石。

● 促进新矿物的形成　温度升高，使矿物成分间化学反应加快，原有的矿物消失，形成新矿物。如沉积岩中常见的黏土矿物在高温脱水后可以变成红柱石和石英。

$$Al_4[Si_4O_{10}](OH)_8 \underset{\text{放热}}{\overset{\text{吸热}}{\rightleftharpoons}} 2Al[AlSiO_5]+2SiO_2+4H_2O$$

（高岭石）　　　　（红柱石）（石英）

又如富含 SiO_2 的石灰岩，受热后，方解石分解放出 CO_2 及留下 CaO，CaO 同岩石中的 SiO_2 结合，则形成一种新矿物硅灰石：

$$CaCO_3+SiO_2 \underset{\text{放热}}{\overset{\text{吸热}}{\rightleftharpoons}} Ca[SiO_3]+CO_2\uparrow$$

（方解石）（石英）　　（硅灰石）

2. 压力

主要为静压力和定向压力。

(1)静压力　静压力又称均向压力(图 3-23)，指各方向相等的围压，是由上覆岩石重量引起的，它随着深度增加而加大。变质静压力最低为(1～2)×10^8 Pa，最高为(13～14)×10^8 Pa，即变质作用可以在地下几千米以内到 40 km 的深处发生。静压力加大会使岩石孔隙减小，使矿物中原子、离子、分子间的距离缩小，形成相对密度大、体积小的新矿物。如相对密度为 3.1 的红柱石，当压力增大后，变为相对密度为 3.6 的蓝晶石(图 3-24)，其成分均为 $Al[AlSiO_5]$，但内部结构排列却改变了。

另外，在很高的静压力下，相对密度小、体积大的不同矿物可以结合成相对密度大、体积小的新矿物并伴随总体积缩小。如辉长岩中的橄榄石与钙长石，在大压力下，可反应形成分子体积小、相对密度大的石榴子石，总体积大约减小 17%，其反应式如下：

$$Mg_2[SiO_4]+Ca[Al_2Si_2O_8] \longrightarrow CaMg_2Al_2[SiO_4]_3$$

	（橄榄石）	（钙长石）	（石榴子石）
相对密度	3.3	2.76	3.52

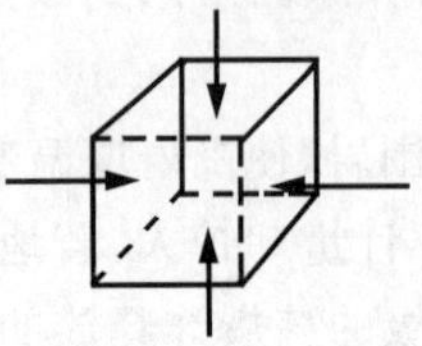

图 3-23　静压力的各向作用力相等

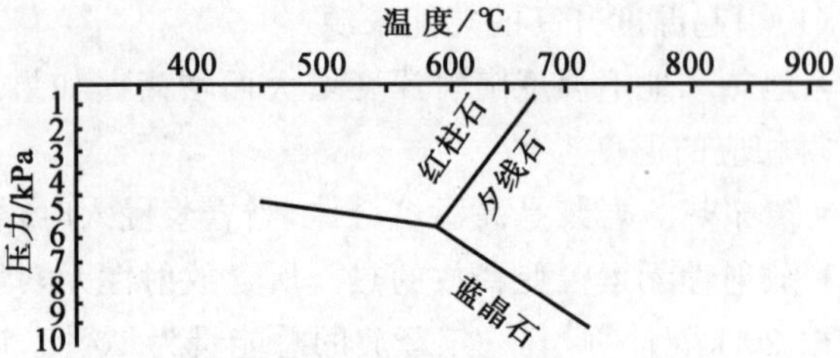

图 3-24　多形转变平衡曲线(引自 Althaus,1967)

据岩石实验研究,在压力为 30×10^{8} Pa(相当于地下 110 km 深度的压力)时,石英变成柯石英,其成分未变,但相对密度由 2.65 增为 2.93。柯石英是形成于地幔中的一种高压矿物。

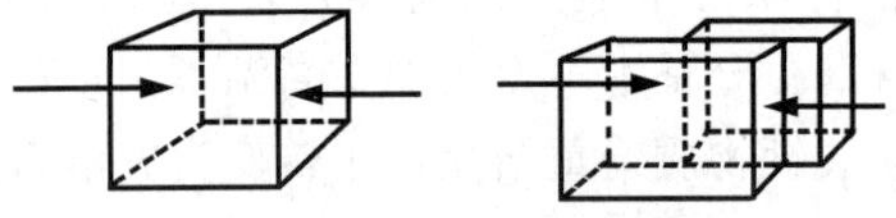

a. 挤压力　　b. 剪切力

图 3-25　定向压力

(2)定向压力　又称应力,是一种侧向压力,具有方向性,且两侧的作用力方向相反。它们可以位于同一直线上,也可以不位于同一直线上,前者称为挤压力,后者称剪切力(图 3-25)。

定向压力是由于地壳岩石的相邻块体做相对运动而产生的。它的作用主要在于导致岩石结构与构造的变化。

3.化学活动性流体

岩石的空隙和毛细孔及颗粒间存在有流体,含量占岩石总量的 1%～2%,以 H_2O、CO_2 为主,并含其他一些易挥发、易流动的物质。化学活动性流体是一种活泼的化学物质,其侵入围岩后,在适当的温度、压力下可与围岩发生一系列的化学反应,或者作为催化剂,或者溶解置换原岩中的原子、离子、分子,使岩石的化学成分及矿物成分发生改变,形成新的矿物,这种作用称交代作用。如:

$$\underset{\text{(菱镁矿)}}{3MgCO_3} + 4SiO_2 + \underset{\text{(热水)}}{H_2O} \longrightarrow \underset{\text{(滑石)}}{Mg_3[Si_4O_{10}](OH)_2} + 3CO_2$$

当岩浆侵入时,在侵入岩与碳酸盐岩围岩之间最易发生物质成分交换。侵入岩中的 SiO_2、Al_2O_3 等成分被带到围岩中,围岩中的 CaO、MgO 等成分被带入侵入岩内,结果在接触带两侧由交代作用而形成石榴子石、透辉石、透闪石、阳起石等矿物。这些矿物既含 SiO_2、Al_2O_3(来自侵入岩),又含 CaO、MgO(来自围岩),说明物质成分发生了比较复杂的变化。

4.时间

是变质作用很重要的影响因素,有些变质作用看来不易发生,但在长时间变质因素持续作用下却可以进行。特别是变质结构的生成、岩石的塑性变形,都是很慢的过程。

以上各项变质作用因素在变质作用中是相互配合的,但不同情况下起主导作用的因素不同,因而变质作用就显示出不同的特征。

二、变质岩的物质成分

变质岩的主要造岩氧化物仍是 SiO_2、Al_2O_3、Fe_2O_3、FeO、MgO、CaO、K_2O、Na_2O、H_2O、

CO_2、TiO_2、P_2O_5 等，但在不同的变质岩中含量不同，如由石灰岩变质成大理岩中，几乎无 SiO_2，而由石英砂岩变质形成石英岩中含 SiO_2 高达 90%。

变质岩常含有某些特征性矿物，这些矿物只能由变质作用形成，称为变质矿物。变质矿物有红柱石、蓝晶石、夕线石、硅灰石、石榴子石、滑石、十字石、透闪石、阳起石、蓝闪石、透辉石、蛇纹石、石墨等。变质矿物的出现就是变质作用发生的最有力的证明。

除了典型的变质矿物之外，变质岩中也有既能存在于岩浆岩又能存在于沉积岩中的矿物，它们或者是在变质作用中形成的，或者是从原岩中继承下来的。属于这样的矿物有石英、钾长石、钠长石、白云母、黑云母等。这些矿物能够适应温度、压力较大幅度的变化而保持稳定。不过云母虽然也存在于岩浆岩与沉积岩中，但其数量少，是作为次要矿物出现的；如果岩石中云母大量存在，成为岩石的主要矿物，那么，它就是变质作用造成的。

然而，那些只能适应常温、常压条件下的黏土、蛋白石、玉髓、石膏等沉积矿物在变质岩中是难以存在的。

三、变质岩的结构与构造

(一)变质岩的结构

1. 变晶结构

原岩发生重结晶而形成的结构，它表现为矿物形成、长大而且晶粒相互紧密嵌合。重结晶作用在沉积岩的固结成岩过程中即已开始，在变质过程中尤为重要和普遍。变晶结构的出现意味着岩浆岩及沉积岩中特有的非晶质结构、碎屑结构及生物骨架结构趋于消失，并伴随着物质成分的迁移或新矿物的形成。由重结晶作用形成的晶粒称为变晶。按变晶的大小可分为粗粒变晶结构（颗粒粒径＞3 mm）、中粒变晶结构（粒径 1～3 mm）、细粒变晶结构（粒径 0.1～1 mm）等。按变晶大小的相对关系可分为等粒变晶结构及斑状变晶结构。前者的变晶颗粒等大，后者的变晶颗粒有两种，其粒径相差悬殊。变晶的形态各异，由石英、长石等矿物组成者为粒状变晶结构，由云母、绿泥石等矿物组成者为鳞片变晶结构，由阳起石、硅灰石等矿物组成者为纤维状变晶结构。

2. 变余结构

变质程度不深时残留的原岩结构。如变余斑状结构（保留原岩的斑状结构）、变余砾状结构（保留原岩的砾状结构）、变余砂状结构（保留原岩的砂状结构）等。

一种变质岩经常同时具有两种或更多种结构，如兼有斑状变晶结构与鳞片变晶结构等。此外，在同一岩石中变余结构也可与变晶结构并存。

3. 碎裂结构

局部岩石在定向压力作用下，引起矿物及岩石本身发生弯曲和破碎，而后又被胶结起来形成新的结构，称为碎裂结构，是动力变质岩中常见的结构。根据破碎程度可分为碎裂结构、碎斑结构和糜棱结构。

(二)变质岩的构造

变质岩的构造有保留原岩的，也有新形成的，其中定向构造是变质岩的特征构造。

1.定向构造

(1)板状构造　岩石具有平行、密集而平坦的破裂面,沿此面岩石易分裂成薄板。此种岩石常具有变余泥状结构或显微变晶结构。它是岩石受较轻的定向压力作用而形成的。

图 3-26　片状构造显微照片

(引自夏邦栋,1995)

(2)片理构造　岩石中片状或长条状矿物连续而平行排列,形成平行、密集的纹理——片理,沿片理方向岩石易于劈开。如岩石的矿物颗粒细小且在片理面上出现丝绢光泽与细小皱纹者称为千枚状构造;如矿物颗粒较粗,肉眼能清楚识别者称为片状构造(图 3-26)。

片理的形成与定向压力的作用关系很大。首先,岩石中的片状矿物或长条状矿物在定向压力下可以发生位置转动从而定向排列;其次,粒状矿物在定向压力作用下可以被压扁或拉长,产生形态改变,从而定向排列;再次,矿物在平行于压力的方向上溶解,在垂直于压力的方向上生长。应该指出,在片理的形成过程中往往伴随着矿物的重结晶作用,因此,温度也是不可缺少的因素。不同矿物对定向压力的敏感性不同。黑云母、白云母、绢云母、绿泥石等片状矿物及角闪石、阳起石、透闪石、硅灰石、夕线石等柱状或纤维状矿物,反应敏感,易于发生定向排列。石英、方解石等粒状矿物在较强的定向压力作用下,也能发生变形并压扁拉长,从而定向排列。

(3)片麻状构造　组成岩石的矿物是以长石为主的粒状矿物,伴随有部分平行定向排列的片状、柱状矿物,后者在前者中呈断续的带状分布。片麻状构造的形成除与造成片理的因素有关外,还有可能受原岩成分的控制,即不同成分的层变质成为不同矿物条带;也可以是在变质过程中岩石的不同组分发生分异并分别聚集的结果。

具有片麻状构造的岩石,其矿物的颗粒较粗。其中长石特别粗大,好似眼球者,称为眼球状构造。

(4)条带状构造　岩石中成分、颜色或粒度不同的矿物分别集中,形成平行相间的条带。

2.块状构造

岩石中矿物颗粒均匀分布,无定向排列。如石英岩、大理岩常具有这种构造。它是岩石受到温度和静压力的联合作用,在定向压力不显著的情况下形成的。

3.变余构造

变质岩中残留的原岩的构造,如变余气孔构造、变余层状构造、变余泥裂构造等,以变余层状构造最为普遍,是判断原岩属于岩浆岩或沉积岩的重要依据。

四、变质岩的分类与主要变质岩

变质岩是经变质作用形成的岩石,因而变质作用类型不同,则形成不同的变质岩。不同的主导变质因素分别导致相应的变质作用,即接触变质作用、区域变质作用、混合岩化作用、动力变质作用,这些变质作用又形成相应的变质岩。

(一)接触变质岩

发生在岩浆岩(主要是侵入岩)与围岩之间的接触带上并主要由温度和挥发性物质所引起的变质作用称为接触变质作用,其形成的岩石叫接触变质岩。接触变质作用所需的温度较高,一般在 300～800 ℃,有时达 1 000 ℃;所需的静压力较低,仅为$(1\sim3)\times10^8$ Pa。按照引起接触变质作用的主导因素,接触变质岩可分为:

1.热接触变质岩

由热接触变质作用形成。引起变质的主要因素是温度。岩石受热后发生矿物重结晶、脱水、脱碳以及物质成分的重组合,形成新矿物与变晶结构,但是,岩石中总的化学成分并无显著改变。热接触变质岩的代表性岩石有:

(1)角岩 具有显微粒状变晶结构,主要为块状构造。岩石常很致密、坚硬。原岩可以是泥质、粉砂质、砂质的沉积岩,也可以是火山岩。因原岩成分不同以及变质程度的差异,角岩中的矿物多种多样。其中具有变余层理者称为角页岩,由页岩或富含泥质的沉积岩变来,致密坚硬并常具有变余层理及变余交错层理等构造。颜色常为暗色,具有灰绿色、灰黑色、肉红色等色调。

(2)大理岩(marble) 主要由石灰岩或白云岩经过热接触变质作用而成,为粒状变晶结构,块状构造。纯粹的大理岩几乎不含杂质,洁白似玉,称汉白玉,如北京故宫博物院、天坛公园的许多建筑石材都取自北京市房山区大石窝镇高庄村的汉白玉。多数大理岩因含有杂质,显示不同颜色的条带。如蛇纹石大理岩因含蛇纹石而显绿色条带,由含镁质石灰岩(如白云质石灰岩)变质而来。

(3)石英岩(quartzite) 主要由石英组成,具有粒状变晶结构,块状构造。岩石极为坚硬,原岩为石英砂岩。

热接触变质岩的变质程度因原岩离岩浆岩体的距离而不同,原岩离岩体近者受到的温度高,变质较强烈;离岩体远者受到的温度低,变质较轻。因此,变质程度不同的岩石常常围绕侵入体呈环带状分布。变质程度高者,常硬度高。角岩往往出现在内部带,斑点板岩往往出现在外部带。

2.接触交代变质岩

由接触交代变质作用形成。引起变质的因素除温度外,从岩浆中分泌的挥发性物质所产生的交代作用同样具有重要意义,所以岩石的化学成分有显著变化,新矿物大量产生。变质作用发生在侵入体与围岩的接触带上,同时影响到围岩及侵入体的边缘。接触交代变质岩的典型岩石是矽卡岩。矽卡岩的主要矿物是石榴子石、绿帘石、透闪石、透辉石、阳起石、硅灰石等,有时还有云母、长石、石英、萤石、方解石。矽卡岩经常包含两三种主要矿物及一些次要矿物。多数矽卡岩含有铁镁质硅酸盐矿物,常为暗绿色或暗棕色。部分矽卡岩主要由硅灰石、透闪石等浅色矿物组成,为浅灰色。岩石常为粒状或不等粒状变晶结构,块状构造。

(二)区域变质岩

区域变质作用形成了大量的区域变质岩。区域变质作用是在广大范围内发生,并由温度、压力以及化学活动性流体等多种因素引起的变质作用。区域变质作用影响的范围可达数千到数万平方千米以上，影响深度可达 20 km 以上。区域变质作用的温度下限在 200～300 ℃，上限在 700～800 ℃，压力为(1～14)×10^8 Pa。除了静压力以外，定向压力常起重要作用。区域变质作用的发生常常和构造运动有关。构造运动可以对岩石施以强大的定向压力，使岩层弯曲、揉皱、破裂；也可以使浅层岩石沉入地下深处以遭受地热和围压的作用；或使深层岩石推挤到表层。构造运动还能导致岩浆的形成与侵入，从而带来热量和化学物质，或从地下深处引来化学活动性流体。此外，由构造运动所造成的破裂，是热能和化学能向围岩渗透的良好通道。因而，构造运动为岩石的区域变质创造了极为有利的物理、化学条件。

1. 区域变质环境

区域变质作用中温度与压力总是联合作用并相辅相成的。一般说来，地下的温度与压力随深度增加而增长。但是，由于各处地壳的结构与构造运动性质不同，温度与压力随深度而增长的速度并非处处相同。有的变质地区压力增加慢，而温度增加快；有的变质地区压力增加快，而温度增加慢。这样便出现了不同的区域变质环境，主要有 3 类变质环境(图 3-27)。

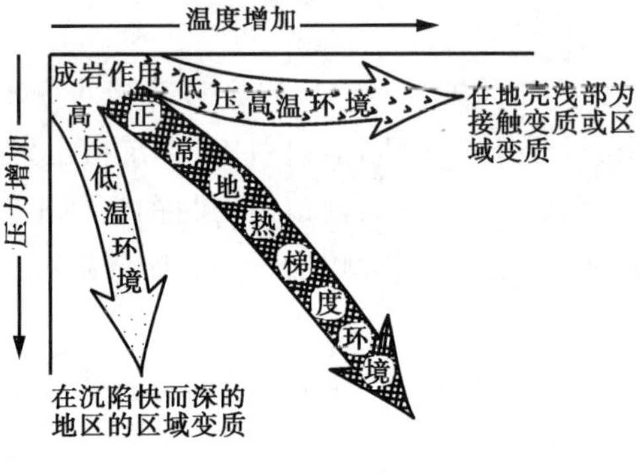

图 3-27 变质环境及其与温度、压力关系示意图(引自夏邦栋，1995)

(1)低压高温环境　地温梯度高，25～60 ℃/km，在地下不到 10 km 处，温度最高可达到 600 ℃。温度是引起岩石变质的主要因素，以出现红柱石等低压、高温变质矿物为特征；岩浆岩相当发育，广泛发生接触变质作用。

(2)正常地温梯度环境　地温梯度正常，为 20～30 ℃/km。随着温度与压力的变化可以出现不同变质岩。

(3)高压低温环境　地温梯度低，为 7～25 ℃/km，在地下 20～30 km 深处，温度约为 300 ℃。此环境以出现如蓝闪石等高压、低温变质矿物为特征，缺乏岩浆岩。高压低温条件的出现与岩石圈板块的俯冲作用相关。

2. 区域变质岩特征

区域变质岩常具有鳞片变晶结构及片理构造、片麻状构造特征。

(1)板岩(slate)　具有板状构造。原岩主要是黏土岩、黏土质粉砂岩和中酸性凝灰岩。重结晶作用不明显，主要矿物是石英、绢云母及绿泥石等。板岩常具变余泥质结构或显微鳞片变晶结构，是变质程度轻的产物。板岩中含炭质者，为黑色，称为炭质板岩，其他板岩常根据颜色定名。

(2)千枚岩(phyllite)　具千枚状构造。原岩性质与板岩相似,但重结晶程度较高,基本上已全部重结晶。矿物主要是绢云母、绿泥石及石英等。岩石具有显微鳞片变晶结构,片理面上常能见到定向排列的绢云母细小鳞片,呈丝绢光泽。千枚岩可以根据颜色定名。

(3)片岩(schist)　具有片状构造。原岩已全部重结晶。矿物主要是白云母、黑云母、绿泥石、滑石、角闪石、阳起石、石英及长石等,有时出现石榴子石、夕线石、蓝晶石、蓝闪石等。岩石中片状或柱状的矿物含量不少于1/3,以鳞片变晶、纤维状变晶及粒状变晶结构为主,有时出现斑状变晶结构。肉眼能清楚分辨矿物,可根据其中主要矿物(或特征性矿物)进一步命名,如云母片岩、石英片岩、绿泥石片岩、角闪石片岩和蓝闪石片岩等。岩石中如含有两种主要矿物或特征矿物,则多数者在后,少数者在前。如云母石英片岩、蓝晶石白云母片岩等。

(4)片麻岩(gneiss)　具有片麻状构造,中、粗粒粒状变晶结构并含长石较多的岩石。主要矿物是长石、石英、黑云母、角闪石等,有时出现辉石或红柱石、蓝晶石、夕线石、石榴子石等。片麻岩中长石与石英的含量大于1/2,而且长石含量大于石英。如长石含量减少,石英增加,则过渡为片岩。片麻岩可根据长石的成分进一步命名,以钾长石为主者称为钾长片麻岩,以斜长石为主者称为斜长片麻岩。花岗片麻岩的成分与花岗岩相当,主要由钾长石、石英及黑云母组成。

(5)变粒岩(granulite)　由长石和石英组成,但片麻状构造不发育。长石和石英含量占70%以上,长石含量大于25%,片状与柱状矿物含量为10%～30%。其主要为粒状变晶结构,块状构造。主要由粉砂岩、硅质岩、砂岩等变质而来。根据其中片状矿物或柱状矿物可进一步命名,如黑云母变粒岩,角闪石变粒岩等。

(6)斜长角闪岩(amphibolite)　主要由角闪石和斜长石组成,角闪石等暗色矿物含量>50%,石英很少。角闪石含量>85%者称为角闪岩。这类岩石是基性岩浆岩或富含钙镁成分的沉积岩在中高温条件下变质而成,具有粒状变晶结构,块状构造或片理构造。

(三)混合岩

混合岩由混合岩化作用形成。混合岩化作用即超深变质作用,它是由变质作用向岩浆作用转变的过渡性地质作用。混合岩一般包含两部分物质,一部分是变质岩,称为基体,它一般是变质程度较高的各种片岩、片麻岩,颜色常较深;另一部分是从外来的熔体或热液中沉淀的物质,称为脉体,其成分是石英、长石,颜色常较浅。当长英质熔体或富含K、Na、Si的热液彻底交代原来岩石时,原来岩石的宏观特征完全消失,并形成花岗岩,这种花岗岩称为混合花岗岩,它是混合岩化作用程度极高时的产物。这种作用是花岗岩形成的一种重要途径,在区域变质岩分布地区变质程度较深的核心地带常有花岗岩存在就是这一原因。

(四)动力变质岩

动力变质岩由动力变质作用形成,它的形成与地壳发生断裂有关。出现在断裂带两侧:在地壳的上层,表现为岩石的破碎,形成构造角砾岩;在地壳的较下层,因具备较高温度和静压力等条件,使矿物塑性变形、重结晶或出现新矿物,形成糜棱岩。

变质岩类型见图3-28。

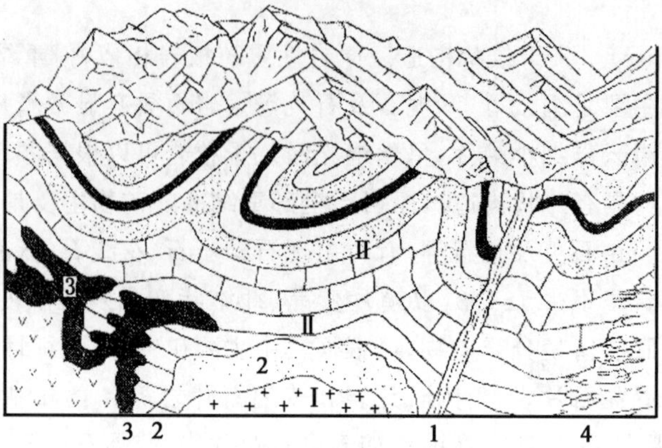

Ⅰ.岩浆岩；Ⅱ.沉积岩

1.动力变质岩；2.热接触变质岩；3.接触交代变质岩；4.区域变质岩

图 3-28　变质岩类型示意图

第四节　岩石的演变

一、三大岩类的转化关系

(一)三大岩类的特征比较

岩石圈由各种岩石组成，岩石是地壳发展过程中内、外动力地质作用的产物。前面已分别叙述了岩浆岩、沉积岩和变质岩三大岩类的成因和特性。岩性(rock characteristics)是指岩浆岩、沉积岩、变质岩由于它们形成的环境与过程不同，所表现出它们各自在矿物成分、结构和构造方面不同的特征。这些特性是区别三大岩类的主要标志(表 3-8)。

表 3-8　三大岩类的特征比较

特　征	岩　类		
	岩浆岩(火成岩)	沉积岩(水成岩)	变质岩
形成的地质作用	岩浆作用	外力地质作用	变质作用
岩石分类	按 SiO_2 含量分类 1.超基性岩 $SiO_2<45\%$ 2.基性岩 SiO_2 45%～53% 3.中性岩 SiO_2 53%～66% 4.酸性岩 $SiO_2>66\%$	按物质来源分类 1.泥质岩类 2.碎屑岩类 3.化学岩及生物化学岩类	按变质作用类型分类 1.接触变质岩 2.区域变质岩 3.混合变质岩 4.动力变质岩
分布最多的岩石	花岗岩、玄武岩、安山岩、流纹岩	页岩、砂岩、石灰岩	片麻岩、石英岩、大理岩
矿物成分	石英、长石、云母等，橄榄石、辉石、角闪石	石英、长石、云母等，富含黏土矿物、方解石、白云石、有机质等	石英、长石、云母、角闪石、辉石等外，常含变质矿物，如石榴子石、石墨、红柱石等

续表 3-8

特　征	岩　类		
	岩浆岩(火成岩)	沉积岩(水成岩)	变质岩
结　构	粒状、似斑状、斑状结构等，部分为隐晶质、玻璃质结构	典型的碎屑结构、化学结构和生物结构	粒状、斑状、鳞片状等各种变晶结构
构　造	多为块状构造，喷出岩常具气孔、杏仁、流纹构造	各种层理构造：水平层理、斜层理、交错层理，常含生物化石	大部分具片理构造：片麻状、片状、千枚状、板状等，部分为块状构造

(二)三大岩类转化

三大类岩石具有不同的形成环境和条件，而环境和条件又随地质作用的发生而变化。因此，在地质历史中，总是某些岩石在形成，而另一些岩石在消亡。如岩浆岩(变质岩、沉积岩的情况相同)通过风化、剥蚀而破坏，破坏产物经过搬运、堆积而形成沉积岩；沉积岩受到高温作用又可以熔融转变为岩浆岩；岩浆岩与沉积岩都可以遭受变质作用而转变成变质岩；变质岩又会再转变成沉积岩或熔融变成岩浆岩。因此，三大类岩石不断相互转化，图 3-29 表示了三者的转化关系。

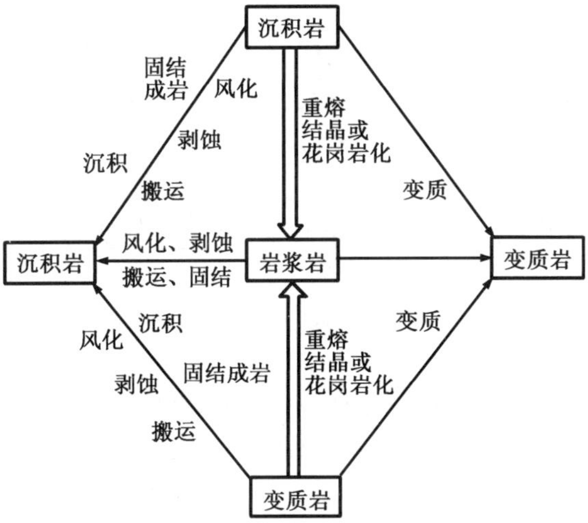

图 3-29　岩石的转化(引自左建等，2013)

二、影响岩石演变的因素

影响岩石转变的因素与岩石所处环境、具备的条件、拥有的能量以及地质作用的性质、方式有关。图 3-30 表示了岩石的转变与环境、能量及地质作用的性质等的关系。

图 3-30 中所指的地表环境指沉积岩形成的环境，属于常温、常压；深部环境指地壳下层，这里具有较高的温度与压力。图中表示出各种能量来源，一种是太阳能，它主要影响地表，控制了外力作用的进行；另一种是放射性热能，它包含在岩石中，控制了内力作用的进行。此外，以地球重力能和地球旋转能为代表的地球因素，在引起各种地质作用中也不可忽视。图 3-30

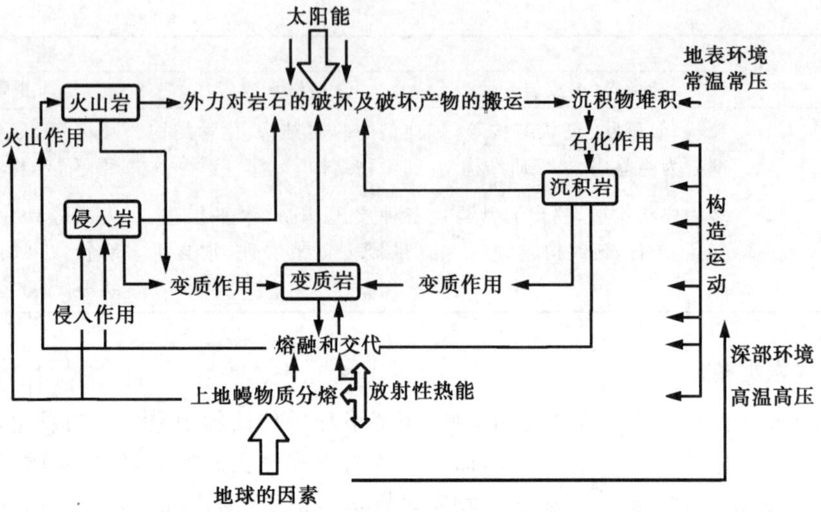

图 3-30 各种地质作用的关系及三大类岩石的演化(引自夏邦栋,1995)

中还表示了各种地质作用的内容和作用进行的方向,其中极其突出的是构造运动,它本身属于内力地质作用,但是它对其他内力作用及外力作用都有重要影响。如果没有构造运动,在地下形成的侵入岩与变质岩就不能上升和遭受破坏,并转变成沉积岩;如果没有构造运动,地表就难以强烈坳陷并堆积大量沉积物;如果没有构造运动,沉积岩与岩浆岩也不能沉入地下遭受变质。构造运动对岩浆的形成和上升也有重要影响。

第五节 岩石与农业的关系

岩石与土壤、农业的关系非常密切。任何一类土壤、土地类型都以一定类型的岩石为基础。前面所述的岩浆岩、沉积岩、变质岩三大岩类,都是衍生土壤的物质基础,也是地壳表层化学元素迁移、聚集、转化最活跃的地带。通过风化壳的地球化学作用,不但使母岩分解后产生大量的新矿物,而且广泛形成化学元素或化合物新的组合类型。岩石是植物或农作物矿质元素的天然供应库,由此可知岩石类型与农业之间的密切联系。

一、岩石与农田水利工程

岩性与农田水利工程联系甚密,因不同的岩石有不同的工程地质性质。在进行农田水利工程建设时,首先要进行规划,确定各种工程的位置,如水库、坝址、渠道以及微型水利工程如池、窖、井的位置。位置选择的合适与否,直接影响到工程效益。

一般说来,岩浆岩的强度高,压缩性小,不溶于水,软化性小,尤其是侵入岩及具隐晶致密结构的玄武岩和安山岩,有较高的抗压强度和较强的抗风化能力,是良好的地基和建筑材料,;但深成侵入岩中存在着风化作用沿裂隙发育的问题,有时延伸大,如花岗岩有时风化程度可达数十米,另外,具斑状结构,或有流纹、气孔构造的喷出岩,其力学性质不均一,因此在工程选址时要尽量回避。

沉积岩的特征是具有成层性,在岩性相同的条件下,工程应选择在厚层岩石上。此外,由于沉积岩的类型不同，在工程选址时要注意其工程地质特性的差异。如碎屑岩类，其强度与胶结物类型有关。硅质胶结的强度最高，铁质、钙质胶结的强度虽较高，但铁质胶结的易风化，钙质胶结的易遭受溶蚀，黏土胶结的强度低，易于风化。因而在选择工程位置时，应尽可能选在具有高强度胶结物且不易风化的岩组上。黏土岩类因强度低、可压缩变形、易风化、遇水易软化等特征可能产生沉陷变形及基础滑动，一般工程不建在这类岩石上，或必须经过慎重的地基处理。化学岩及生物化学岩的强度一般能满足工程要求，但主要问题是碳酸盐岩类岩石，尤其是石灰岩的溶蚀问题，形成洞穴、通道等，易引起渗漏现象。这是岩溶区进行水利工程建设时的关键问题。现以岩溶区水库、坝址选择做一说明。

一般情况下，变质岩由原矿物成分在高温高压下重结晶而成，岩石的力学强度较变质前相对增大。但如果在变质过程中形成某些变质矿物如滑石等，以及形成片理构造后，则其力学强度会相对降低，抗风化能力变差。

二、岩石与土壤

详见第六章风化作用。

二维码资源

二维码 3-1
常见岩浆岩

二维码 3-2
常见沉积岩

二维码 3-3
常见变质岩

二维码 3-4
著名玉石

二维码 3-5　各省代表岩石
（摄于北京世园会）

二维码 3-6　北京房山周口店村
水泥厂附近的石灰岩矿

二维码 3-7　北京房山
大石窝镇的汉白玉矿

复习思考题

1. 解释：岩石、岩浆、熔岩、岩浆作用、侵入作用、火山作用（喷出作用）、变质作用、岩浆岩（火成岩）、沉积岩、变质岩、围岩、侵入岩、深成岩、浅成岩，岩浆岩结构、岩浆岩构造、同化作用、混染作用、结晶分异作用、压固作用、胶结作用、重结晶作用、交代作用、接触变质作用、区域变质作用、岩性。

2. 什么是鲍文反应系列？鲍文反应系列与岩浆岩的分类关系如何？

3. 岩浆岩主要包括哪些化学成分和矿物成分？

4. 岩浆岩的分类依据是什么？试述各类岩浆岩的基本特征及代表性岩石的特点，并能鉴别常见的岩浆岩：花岗岩、流纹岩、安山岩、玄武岩。

5. 试述沉积岩形成过程。

6. 沉积岩的分类依据是什么？试述各类沉积岩的基本特征及代表性岩石砂岩、页岩、石灰岩的特点。

7. 什么是变质作用？引起变质作用的因素有哪些？变质作用主要分为哪几种类型？

8. 从形成地质作用、矿物成分、结构、构造等方面论述三大类岩石的区别与联系。

9. 影响岩石演变的因素有哪些？

10. 岩石与农业的关系如何？

参考文献

成都地质学院岩石教研室. 岩石学简明教程. 北京：地质出版社，1979.

《地球科学大辞典》编委. 地球科学大辞典. 北京：地质出版社，2006.

管守锐，赵徽林. 岩浆岩及变质岩简明教程. 北京：中国石油大学出版社，2012.

河海大学. 工程地质学. 南京：河海大学出版社，2002.

黄昌勇. 土壤学. 北京：中国农业出版社，2001.

黄定华. 普通地质学. 北京：高等教育出版社，2004.

乐昌硕. 岩石学. 北京：地质出版社，1998.

李正积. 地质与农业. 成都：四川科学技术出版社，1986.

路凤香，桑隆康. 岩石学. 北京：地质出版社，2002.

戚筱俊. 工程地质及水文地质. 北京：中国水利水电出版社，1997.

舒良树. 普通地质学. 北京：地质出版社，2010.

斯蒂夫·帕克. 岩石与矿物. 长春：吉林摄影出版社，1998.

天津大学. 水利工程地质. 北京：中国水利出版社，1999.

王根厚，王训练，余心起. 综合地质学. 北京：地质出版社，2008.

夏邦栋. 普通地质学. 2 版. 北京：地质出版社，1995.

于炳松，赵志丹，苏尚国. 岩石学. 2 版. 北京：地质出版社，2012.

赵澄林，朱筱敏. 沉积岩石学. 3 版. 北京：石油工业出版社，2004.

《中国地质学》扩编委员会. 中国地质学. 北京：地质出版社，1999.

A. N. 斯特拉莱. 自然地质学. 丘元禧，主译. 北京：地质出版社，1987.

Stephen Marshak. Essentials of geology. London：W. W. Norton & Company，Ltd.，Castle House，2003.

第四章　地 质 年 代

地质年代就是各种地质事件发生的时代。完整概念包括两种意义，其一是各种地质事件发生的先后顺序，即称为相对年代(relative age)；其二是地质事件发生到今天有多少年，即绝对年代(absolute age)。

地质作用贯穿于整个地质历史之中，为重塑地球的历史，地质学家们已经研究出各种关于岩石相对年代和绝对年代确定的方法，以致可以把地质事件按年代顺序进行编排。绝对年代是用距今多少年来表示，是通过某种岩石样品所含放射性元素测定的。一个岩石单位的相对年代是由它与相邻已知岩石单位的相对层位的关系及古生物的特征来决定的。

第一节　绝对年代的确定

一、同位素年龄的计算

人们在 19 世纪已经开始用各种方法来探索地球的年龄，有人利用海水的含盐量，也有人根据沉积岩的厚度来估算地球的年龄，但这些方法显然是很原始和很不准确的，因为海水的含盐量通过某些矿物和岩石的沉淀不断在消耗。另外，沉积作用的速度很难准确计算，因为不同地区和不同类型的沉积物沉积速度极不相同，并且有时因地壳上升，沉积作用停顿，不仅没有沉积物堆积，甚至早期形成的岩石也可能被剥蚀掉。

放射性同位素衰变，是自发地按一定速率进行的，它不受温度、压力、磁场等外界条件的影响。每年每克放射性元素产生出子体同位素(衰变产物)的克数是固定的常数，称为衰变常数(λ)。矿物中放射性同位素蜕变后剩下的母体同位素含量(N)与蜕变而成的子体同位素含量(D)可以测出，这样，根据下列公式就可以计算出该放射性同位素的年龄：

$$t=\frac{1}{\lambda}\ln\left(1+\frac{D}{N}\right)$$

式中：该放射性元素矿物的形成年龄(t)，称为矿物的同位素年龄，也是包含该矿物并和该矿物同时形成的岩石的同位素年龄，其中 λ 为衰变常数。

同位素年龄测定法是一种先进方法。它提供了地质年代的具体年龄值和各时代单位的时限长度。这种数值和生物地层学法划分出的地质年代结合起来，就使地质年代有了明确的时间含义。如寒武纪开始于距今 6 亿年，止于 5 亿年，延续时间约 1 亿年。特别是对化石稀少的前寒武纪地层提供了较可靠的大区之间和洲际间对比的根据，以及对一些岩浆岩侵入体时代的确定更有重要意义。

二、测定地质年代的放射性同位素

目前测定地质年代的同位素方法有：铀-钍-铅法(包括：$^{238}U \rightarrow ^{206}Pb + 8\,^{4}He$；$^{235}U \rightarrow ^{207}Pb +$

7 ^{4}He；$^{232}Th \rightarrow ^{208}Pb + 6\ ^{4}He$ 等几种方法），钾-氩法（$^{40}K \rightarrow ^{40}Ar$，$^{40}K$ 的半衰期为 13 亿年），铷-锶法（$^{87}Rb \rightarrow ^{87}Sr$，$^{87}Rb$ 的半衰期为 500 亿年）和碳-14 法（$^{14}C \rightarrow ^{14}N$，$^{14}C$ 的半衰期为 5 730 年）等。其中，碳-14 法只能应用于年轻地质体的年龄测定（一般不超过 5 万～6 万年），前几种用于测定较古老岩石的地质年龄。

放射性同位素种类很多，能够用来测定地质年代的必须具备以下条件：

(1)具有较长的半衰期，那些在几天或几年内就蜕变殆尽的同位素是不能使用的。

(2)该同位素在岩石中有足够的含量，可以分离出来并加以测定。

(3)其子体同位素易于富集并保存下来。

根据放射性物质衰变速度恒定原理来测定岩石形成的绝对年龄的方法，在运用中仍存在问题。如母体同位素含量与子体同位素含量有时不易精确测定，因为子体同位素可以因后来的地质作用而部分丢失，母体同位素也可能因各种地质作用而被混杂，且在一般矿物中上述放射性同位素的含量均很低，而测定的精度要求高，测量时可能有人为误差等。此外，有些沉积岩不含有与沉积作用同时形成的放射性同位素，因而还不能用这种方法求其绝对年龄。

三、古地磁年龄的测定

近些年来，古地磁学的研究进展很快，并已经运用到确定岩石的地质年代。研究岩石的磁性时，人们发现地球磁场经常发生倒转（即地质历史时期地磁场方向与现代的相反）。经研究又发现，根据岩浆岩测出的近 400 万年的地磁极性变化年表与根据来自深海钻孔的沉积物所测出的地磁极性变化表是一致的。这说明地球磁场的倒转是全球性的、周期性的。目前以岩石的磁化方向作为标志（与现代地磁方向一致的极性称为正向，方向相反的极性称为逆向）已经建立起最近 450 万年期间的“地磁极性年表”。因此，测定岩石的极性，确定该极性的延续时间，并通过与已知的标准值对比，就可以推算该岩石的形成年代。地磁年代表对恢复海洋盆地沉积物原貌特别有效。

第二节　相对年代的确定

一、地层层序律

地壳上部广泛分布着各种层状岩石，包括沉积岩、岩浆岩以及由它们变质而成的变质岩，这些层状岩石一般称为岩层。那些具有一定年代并具有某些共同特征或属性的岩层称为地层。岩层的特征指的是岩层的岩性、化石、地球物理性质、地球化学性质、分布等；岩层的属性则指的是在综合分析岩层某些特征的基础上所得出的有关岩层的形成环境、形成方式、形成时间和变化历史等方面的推论。地层是具有某种共同特征或属性的岩石体。能以明显界面或经研究后推论的某种解释性界面与相邻的岩层和岩石体相区分。它就像一部万卷巨著，记录和保存了地球诞生以来 46 亿年发展和演化的历史。所以地层具有时代的概念，其时代的概念体现在地层之间存在着的上下关系或新老关系。同时，地层是固结的岩石，也可以是没有固结的堆积物，包括沉积岩、火山岩和由沉积岩及火山岩变质而成的变质岩。所以地层具有一定的层位，各地层之间可以被明显的地层或沉积间断面所分开，或者由岩性、化石及地质年代等划定的界面所分开。

地层是在漫长的地质时期中逐步形成的，其形成有一定顺序，老地层先形成，位于下面，新地层依次一层层叠覆上去。一般在没有遭受过剧烈构造变动的地区，在地层没有发生过倒转或逆掩断层的情况下，地层保持着正常的顺序，即老地层在下，新地层覆盖于其上，“底老上新”这一非常明显的道理称为地层层序律(law of superposition)。

当地层因构造运动发生倾斜但未倒转时，倾斜面以上的地层新，倾斜面以下的地层老。当地层经剧烈构造运动，层序发生倒转时，上下关系正好颠倒。此时必须利用沉积岩的原生构造(泥裂、波痕、雨痕、交错层等)，来分析岩层的顶面和底面，恢复其原始的上下关系，以定其新老。

二、生物层序律

生物的演变是从简单到复杂，从低级到高级，不断进化和发展的。因此，一般来说，地层年代越老其中所含生物越原始、越简单；地层年代越新其中所含生物越进步、越复杂。另一方面，不同时期的地层中含有不同类型的化石及其组合，而相同时期且在相同地理环境下所形成的地层，不论相距多远都含有相同的化石及其组合，这就是生物层序律。

应用任何一个古生物种只能在某一段地层中出现的事实来准确地划分对比地层，这是地层划分与对比工作中最重要的基本方法。一般常用的生物地层学方法有以下几种。

1. 标准化石法

埋藏在地层中的古生物遗体或遗迹称为化石(彩版 2 图 1)。这些遗体在地质过程中经常被某种矿物质充填或交代而石化。然而并非所有的化石对地质年代都有鉴定意义，在化石中，我们把生存延续时间短、演化快、地理分布广、数量多的种类叫作标准化石。我们主要利用标准化石来划分和对比地层。其优点在于简单易行，只要掌握少数的标准化石属种特征及其分布，便可进行地层的划分和对比工作。例如寒武纪的三叶虫与石炭纪或二叠纪不同的蜓科化石等，是常用方法。

2. 生物群落组合分析法

生物群是指在一定的地质时代、一定的环境下共同生活的所有生物门类。对地层中的化石进行系统研究和综合分析，用以了解生物各门类、各属种共生组合及其变化，这在一定程度上反映了该地层形成时期生物群的总面貌，以此进行区域地层划分和对比。

3. 孢粉分析法

某些地层中，含有孢子花粉等微古植物化石，它们个体很小，经物理或化学方法处理后在显微镜下进行鉴定，根据所含孢子花粉的组合类别来划分、对比地层。由于孢子具有坚硬的外壳，不易破坏，随风飘动，分布广泛，对一些不含大型化石的地层划分、对比方面具有特别重要的意义。近年来，这种方法在煤田、油田的地层工作中已广泛应用。

生物的演化、发展与环境条件关系密切，当自然地理环境发生变革时，一些旧种消失，新种大量形成，生物群总体面貌发生变化，进入一个新的生物发展阶段，因此，生物界的发展阶段是和地表自然地理环境变化阶段相吻合的。所以生物地层学的方法有很多优点，可以进行大范围的对比，将地层划分到很详细的程度。

三、岩石地层学方法

岩石地层划分与对比的依据是岩石的岩性(颜色、成分、结构、构造)、岩相、层序等特征。人们在一个地区进行地层工作,总是首先根据岩石的岩性、岩相等特征,将该区的地层按其原始顺序划分为能反映出岩性特征及其变化的、不同级别的若干岩石地层单位(群、组、段、层)。然后,根据建立上述岩石地层单位所利用的岩性、岩相和层序特征,对一定地区范围内不同地点的岩石地层单位进行地层对比,以确定这些地层单位的岩性特征与地层位置是否相当。在实际工作中根据岩性及层序特征进行岩石地层的划分与对比极为方便,尽管岩石地层的划分有时与地质时代的划分并不完全一致。岩石的组合特征亦可说明地质过程,如海侵和海退时沉积物或岩石的颗粒组成在垂直剖面上有规律地交替出现粗细的变化。

四、地层的接触关系

由于地壳运动和岩浆作用,在地质历史上各种地质体的形成,有时间断,有时连续,也有变动穿插。相互接触的两个不同地质体之间,不仅有先后关系,还有特定的地质作用过程将它们联系起来,称为接触关系。沉积岩之间的地层接触关系有整合、平行不整合和角度不整合 3 种。

整合是两套地层的产状完全一致,互相平行,时代连续。这种接触关系反映没有发生过显著的地壳上升或升降交替运动。平行不整合也叫假整合,它的特点是地层内存在区域性剥蚀面,该面上、下地层在大范围内层面是平行的,但地层时代不连续,缺失部分时代的地层。这种接触关系反映曾经发生过显著的、均衡的升降运动。上升时遭受风化剥蚀,形成风化剥蚀面(即不整合面),地层缺失标志着地壳上升的时期。角度不整合(又叫不整合)是下伏地层与上覆地层底部呈一定角度相交,两套地层之间有明显的沉积间断,两套地层的产状既不平行、地层时代也不连续,其间有地层缺失。这种接触关系反映了曾经发生过显著的水平运动和差异性升降运动。表明在时代较老的地层形成后,曾发生过强烈的构造运动,使部分地层的原始水平状态发生了改变。

五、切割律

当岩浆沿围岩的裂隙侵入围岩并冷凝形成侵入体时,围岩岩石的形成显然要早于侵入体的岩石,侵入过程中部分围岩掉入岩浆中形成的捕虏体同样早于侵入体。所以切割者新,被切割者老,包裹者新,被包裹者老,这就是切割律。在地层里经常可以看到不同时期的岩脉交织在一起的情形。根据切割律我们可以知道,被切断的岩脉是老的,切断它的岩脉是新的,由此确定岩脉的新老关系。

第三节　地质年代表

一、地质年代表的建立

按年代早晚顺序把地质年代进行系统编年,称为地质年代表(geologic time scale)。地质年代表的建立,是对世界各地的地层进行系统划分对比的结果,是地史学主要成就的体现。地质年代表中具有不同级别的地质年代单位，与之相对应的是年代地层单位。

年代地层单位是特定的地质时间间隔内形成的岩层体。其顶底界线均为等时面。国际上，几级大的年代地层单位包括宇、界、系、统；与之相对应的地质年代单位分别是宙、代、纪、世。它们的对应关系如下：

年代地层单位	地质年代单位
宇	宙
界	代
系	纪
统	世

宇是最大的年代地层单位，是宙的时期内形成的地层。在旧的地质年代表中，整个地质时代包括两个宙：隐生宙和显生宙。相对应的两个最大的年代地层是隐生宇和显生宇。按地层的古老程度把隐生宇划分为太古界和较新的元古界，相对应的地质年代为太古代和元古代；按生物（主要是动物）演化的重大变革与阶段把显生宇划分为古生界、中生界和新生界，相对应的地质年代为古生代、中生代和新生代。显生宇（宙）内部的界（代）进一步划分为若干系（纪）；系（纪）内再分为若干统（世）；统（世）可再分为阶（期）。这些不同级别的单位主要都是根据不同级别的生物演化阶段来划分的。在全球范围，一般研究至世（统），下面更小的单位主要用于区域性研究。

第一个地质年代表是 1756 年由莱曼（J. Lehmann）和以后的魏尔纳（A. G. Werner）提出的，他们建立了 3 个时代的岩系。

现代的地质年代表是从 19 世纪开始发展起来的。继史密斯（W. Smith）的工作，建立了以岩层相对年代和化石内容为基础的地质纪，和纪相当的地层单位是系。

地质学界在新的地质年代表中，把太古代和元古代上升为太古宙和元古宙，不再使用隐生宙一词，太古宙和元古宙下边又续分出代。地质年代表见附页插表部分。

二、岩石地层单位

岩石地层单位是以地层的岩石特征和岩石类别作为划分依据的地层单位。一般它是地质工作中的基本实用单位。岩石地层单位包括群、组、段、层 4 级。

（1）群　为最大的比组高一级的岩石地层单位。它是由明显一致的相同岩石特征的两个或两个以上的组构成。组不一定集合为群。群与群之间有明显的沉积间断或不整合。如青白口群包括下马岭组、龙山组和景儿峪组，岩性上构成一大的沉积旋回，它和上、下地层间都有清楚的沉积间断或不整合。

（2）组　为岩石地层划分的基本单位。它在岩性上具有一定的规律性和均一性，以某类岩石为主或几类岩石的联合。组的厚度可大可小，1 米至数千米。组的界线划在明显的岩性变化面上，也可任意选定在岩性渐变带内。如北京昌平、河北蓟州区一带的下马岭组主要是页岩，长龙山组主要是砂岩，景儿峪组为泥灰岩，三组分界明显。

（3）段　为比组低一级的岩石地层单位。它代表组的一部分，以具有明显的岩石地层特征，区别于组的其余部分。如龙山组，可再分为下部龙山砂岩段，上部前坡页岩段。

（4）层　为最小的岩石地层单位。是一个能从岩性上区别于其上、下层的单位层。

根据岩石地层单位所含化石群及其他一些标志，可以确定其时代范围。同一岩石地层单位具有大致相同的时限。由于地层的岩相在横向上逐渐变化,同一岩性变化界面其时限并不绝对相等。因此,岩石地层单位可以具有接近等时的界线,或者其界线是穿时的面。时间的概念不应当作为划分或确定岩石地层单位界线的标志。

三、年代地层单位与岩石地层单位的相互关系

前面已经陈述了年代地层单位和岩石地层单位。前者是以形成时间作为依据划分的地层,后者是以岩性作为主要依据划分的地层。还有以化石作为依据划分的地层称为生物地层。年代地层单位都会对应一定的时代,可分为国际性和区域性的年代地层单位。某地的岩石地层单位可在年代地层单位前提下进一步划分,如在北京侏罗系地层中划分出:中侏罗统的九龙山组地层,为一套碎屑岩系地层。

四、我国的地质发展简史

(一)地球形成的早期历史

地球的历史将近有 46 亿年,而地球上已知最古老岩石的年龄约为 38 亿年。这样有 8 亿年的一段历史没有留下岩石记录。因此,地球的起源及其地壳、大气与海洋的早期演化历史,只能根据间接证据推断如下。

据现代理论,宇宙诞生于距今 180 亿~90 亿年的巨大爆炸中,太阳系的形成可能经历星云的压缩、气化、凝缩及其质点的增大以形成微星,并最终形成行星 4 个阶段,科学家们认为行星与太阳是近于同时形成的。地球的增大也可能发生于其组成物质大部分凝缩之后,而不是同时。地球增大的温度应小于水星。地球的地核含有大量在 650 K(377 ℃)时凝缩的陨硫铁,因而地球可能在 650 K 以下开始增大。地球和太阳系其他成员形成的时间,一般认为是在距今 46 亿年前。地球的地核、地幔和地壳的分离,要求地球在地核里升温到镍、铁和硫的混合物的熔点(约 5 000 ℃),要求地壳升温到硅酸盐的熔点(约 1 000 ℃)。地核在太阳系形成之后很快就形成了,地壳是在地球历史的很早阶段就已大部分形成,或者在整个地质时期以较为均一的速度增大。对月球和其他行星的研究表明,大量的地壳物质是在继地球形成之后不久即已形成。

普遍认为,大气圈和水圈(大洋)是由火山活动所释放的物质形成的。然而,地球也可能在增大时含有少量的水,这是由于水在 350 K 的温度下从太阳星云凝缩,地球的水和大气的来源是小行星带。地球在其早期阶段一定曾受到过来自小行星带的陨石的强烈轰击,大气圈和水圈中有一部分是这些陨石冲击时释放的物质所组成。巨大碳质球粒陨石冲击时能够释放大量水蒸气,其中一部分要保存在大气中,但大部分凝缩为水而形成小溪、河流和湖泊,并终于形成原始大洋。地球大气的一部分源自火山活动,另外还有地壳和地幔形成时的局部熔融,会从地球内部释放出大量的水和其他气体。

(二)生命的起源与发展

在 20 世纪前半期,人们对生物起源问题的兴趣高涨。尽管科学家们在关于能够繁殖的有机分子在何处形成以及怎样形成的问题上意见不一,但是大多数理论认为最可能的环境是水,因为植物和动物的液体在化学性质上与海水接近,所以在化学性质上与之相似的水体应是可能的环境。

在原始海洋里，无机物先形成氨基酸、核苷酸、单糖等简单有机化合物，然后聚合成甘氨酸、蛋白质及核酸等复杂的有机化合物，再形成具有新陈代谢的蛋白体。这大约发生在36亿年前，从而形成了有生命的原生体，在地球上产生了生命，把地球的历史从化学进化阶段推进到生物进化阶段。这些非细胞的生命物质，在地质过程中逐步演变成为具有较完备的生命特征细胞，在地球上出现了原核单细胞生物。1973年在南非就发现了距今32亿年前的细菌化石和单细胞蓝藻，在澳大利亚还发现了与蓝藻生命活动有关的生物沉积结构——叠层石。整个太古宙仅有原核生物的存在，直到元古宙，才有真核生物的出现，在澳大利亚10亿年前的地层中，有绿藻等化石的产出，后来还出现了褐藻及红藻等高级藻类。生物完成了由单细胞生物向多细胞生物的转变，产生了质的飞跃。元古宙末期时，海生无脊椎动物出现。到古生代时，海生的动植物已大量繁殖，并逐渐登陆。生物界不断地进化和发展，而且地质时代越推进，生物的进化越快。进入新生代后，地球上的生物已经呈现出千姿百态、欣欣向荣的繁盛景象。

（三）我国的地质发展简史

1.前寒武纪

前寒武纪不是地质年代表中一般的“纪”，它不是哪一个“代”下的续分。它是指寒武纪（或古生代）以前所有的地质时期，包括了太古宙、元古宙的地史阶段，延续时间长达近40亿年。这主要是由于它是地球历史上最古老、最悠久的一个阶段，出露的地层很少，目前研究得也不很清楚，所以在地质学界习惯笼统地叫作前寒武纪，有时候也称作前古生代，它也相当于原地史划分中的隐生宙。太古宙时地壳厚度不大，地壳运动相当频繁，岩浆活动强烈，岩石多遭受较强的变质作用，普遍形成深变质岩系。我国大部分地区为海洋，只有华北地区和东北南部前寒武系发育较好，以若干不大的岛屿突出在海面上，如鞍山群、泰山群地层。我国西部和南部出露地层较少。在这个时期的地层中，生物化石十分贫乏，只能在个别地区找到原核生物，但这仍然是生命从无到有的巨大进步。元古宙大约包括25亿年前到6亿年前的地质历史时期。按照1982年国际地质学会议决议，将元古宙分为3部分，可以简单地看作元古宙的3个代（插表部分“地质年代表”）。在这个时期内，中国北方地壳相对稳定，南方相对活动。北方太古宙形成的陆核经过阜平、五台、吕梁、晋宁等几次构造运动后，由陆核扩大相互连接形成了中朝地台（在中国为华北地台），在中国西部出现了塔里木地台，华南也有陆地形成，即扬子地台。此期的代表性地层为滹沱群和中条群，结晶基底为变质岩和火山岩，沉积盖层主要为碎屑岩及碳酸盐类岩石。中元古宙藻礁灰岩广泛发育，说明藻类在生物环境中具有重要意义。前寒武纪早期大气圈中CO_2较多而氧气缺少，到晚期时，藻类植物的繁盛通过光合作用使大气成分发生了明显的改善。晚元古代末期，还曾经出现过大冰期，因而有冰川沉积物发育。

2.古生代

太古宙、元古宙为古老的地质年代，它们旧称隐生宙，意思是生命的活动尚不够明显。古生代、中生代和新生代是生物活动的时代，它们合称显生宙，说明生命活动的重要性。古生代是显生宙的第一个代，指“古老生物”的时代，生命活动在地球上已经十分广泛，只是处于生命演化的初级阶段。古生代按传统的地质时代划分，又可以分为早古生代和晚古生代。早古生代包括3个纪，即寒武纪（∈）、奥陶纪（O）、志留纪（S），晚古生代也包括3个纪，即泥盆纪（D）、石炭纪（C）、二叠纪（P），所以古生代有6个纪。这些代号取自其英文名称的第一个字母。在地质学里，地层（也包括相应的地质时代）特别是地层的基层单位，习惯以地名命名，因而这些纪经常用最早研究或发现的地层的所在地加以命名。如寒武纪是英国威尔士的拉丁名称；奥陶纪是因这一地层区的古老民族叫奥陶；志留纪也是因地方的古代部族得名；泥盆纪则得名于英格兰的泥盆郡；石炭纪和二叠纪是由于地层特点冠名，石炭纪因英国命名地地层中富含煤层，二叠纪因地层明显二分，但它的原外文名仍是地名。早古生代我国海洋仍占绝对优势，许多古陆重新为海水浸漫。在我国北方地区尤其明显，华北地台下沉，沉积了几百米至几千米的海相地层，如山东张夏地区寒武纪地层中富含三叶虫化石。而南方地台则以上升为主，表现了明显的南升北降的格局。其间无论北方南方地层都有一定的升降变化。除三叶虫外，早古生代其他海生无脊椎动物也得到了大量发展。在志留纪末期，发生了一次大的地壳运动——加里东运动，它使得地槽范围缩小，陆地面积扩大(我国东南地区称广西运动)，华北地台等又上升成陆。晚古生代的石炭二叠纪，又发生了一次地壳运动，称为海西运动，也叫华力西运动，这次运动的结果使得我国由海洋占优势向陆地面积进一步扩大发展，并发生过多次的海侵海退的变化。因此，除海相地层外，还广泛发育了陆相和海陆交互相的地层。在华北地区缺失了泥盆系和下石炭统。这个时候生物界有了重大发展，陆生蕨类植物十分茂盛，它们组成的巨大森林被埋葬后形成煤层，使得石炭、二叠纪成为最重要的成煤时代。鱼类和两栖类在动物界占了统治地位。

3. 中生代

中生代意为“中期生物”的时代，其代表性植物为裸子植物，代表性动物为爬行动物。中生代包括 3 个纪：三叠纪(T)、侏罗纪(J)、白垩纪(K)。侏罗纪以最早研究地的地名命名，名字来自法国和瑞士交界的侏罗山；三叠纪、白垩纪与它们地层的性质有关：三叠纪是因在德国南部最早研究的地层明显三分，白垩纪由于发现该地层的英吉利海峡两岸地层中富含白垩，白垩是一种白色的土状碳酸盐沉积物。中生代时曾发生过两次大的地壳运动：一次发生在三叠纪中期，叫作印支运动；另一次发生在侏罗纪和白垩纪，叫作燕山运动。这两次地壳运动对我国的地貌和古地理环境带来了巨大的影响，其影响范围几乎遍及全国。首先使我国中生代初期时形成的南海北陆的局面得到了结束，华南地区发生海退，陆地上升，中国南北连成一大片完整的陆地。在我国西部地区，则出现了若干大型凹陷盆地，我国西部的多数山脉，除喜马拉雅山一带基本都在此期隆起形成。同时伴有广泛的大规模的岩浆侵入和喷发活动，尤以燕山运动在东部地区更为剧烈，如燕山期花岗岩相当典型。可以说，我国目前的地质地貌大的格局，基本是燕山运动以后形成的。中生代由于陆地面积空前扩大，我国广大土地上的气候条件由海洋性气候为主转变为大陆性气候为主。古生代喜欢湿热的蕨类植物逐渐衰退，代之以更能适应干湿冷热经常变化的裸子植物，如苏铁、银杏、松、柏等。这些植物在地壳的演化中逐渐转为含煤地层，因而侏罗纪也成为地质历史中一个重要的成煤期。在中生界地层中存在大量恐龙化石。

4. 新生代

在地质年代表中，地质时代中同一级的单位新的比起老的来延续的时间更短，这主要是生物进化过程不断加快造成的。新生代是地史中最近的一个阶段，从开始至今不超过 7 000 万年，仅相当于古生代的一个纪。新生代分为第三纪(E)和第四纪(Q)两个纪，第四纪是把第三纪上部地层中的松散岩层单独划分出来而成。在地质学界，第三纪还习惯地被分为古近纪(早第三纪)和新近纪(晚第三纪)。新生代最重要的构造运动称为喜马拉雅运动，也有人简称为喜山运动，在欧洲又称为新阿尔卑斯运动。这次运动使得中生代仍为海槽的喜马拉雅地区褶皱上升成山，台湾也脱水而出。断裂活动、差异性升降运动和大规模的玄武岩喷发都很强烈。新近纪以来的新构造运动，使燕山运动以后的我国地形得到了巩固和发展，成为我国今天所看到的各种各样的复杂地貌。新生代第四纪还曾发生过明显的气候波动——第四纪冰期，详见第十三章。新生代的生物进化，已达到现在的顶级阶段，其代表性的植物为被子植物，代表性的动物为哺乳动物。大约在200万年以前，古猿开始向人类演化，地质历史进入第四纪，所以第四纪是人类的时代。从古猿—猿人—古人—新人，人类在不断地进化与发展，也给地质环境带来深刻的影响。如何保护我们唯一的地球，维持一个良好的地质环境而实现可持续发展，是摆在每一个地学工作者面前最重要的课题。

二维码资源

二维码 4-1　常见化石　　二维码 4-2　四川自贡恐龙化石群

复习思考题

1. 解释：地层、地质年代、地层层序律、生物层序律、标准化石、地质年代表。
2. 确定相对地质年代的方法有哪些？
3. 我国地质发展简史如何？

参考文献

白顺良，翦万筹，等. 地质历史与板块运动. 北京：地质出版社，1984.

国际地层委员会. 国际地层年代表2021英文版.

国际地层委员会. 国际地层年代表2021中文版.

琚晓冬，邹正盛，冯文娟. 工程地质. 北京：清华大学出版社. 2019.

宋春青，张振春. 地质学基础. 北京：高等教育出版社，1996.

吴泰然，何国琦. 普通地质学. 北京：北京大学出版社.

夏邦栋. 普通地质学. 2版. 北京：地质出版社，1995.

左建，孔庆瑞. 地质地貌学. 4版. 北京：中国水利水电出版社，2019.

《中国地质学》扩编委员会. 中国地质学. 北京：地质出版社，1999.

W. B. 哈兰德，等. 地质年代表. 袁相国，等译. 北京：地质出版社，1987.

第五章　构造运动与地质构造

由于上地幔顶部附近有软流圈存在，因而固体地球最外层的岩石圈是活动的，这种由地球内部能量引起的使岩石圈的物质发生变形或变位的机械运动，叫构造运动（tectonic movement）。一般情况下，构造运动速度缓慢，不易为人们直接觉察，但在特殊情况下，构造运动快速而剧烈，表现为地震、火山等，这时人们就能直接感受到构造运动的存在。

构造运动在造成地壳演变的过程中具有头等重要的意义。因为持续进行的构造运动，尽管速度缓慢，但却会引起各种规模和类型的地质构造和沉积作用，导致岩浆活动和变质作用。

第一节　构造运动

一、构造运动的基本方式

从时间上看，从古到今，构造运动从未停止过；在空间上，地壳的任何一个区域都在发生着运动。构造运动的基本形式主要有水平运动和升降运动。

（一）水平运动

水平运动是地壳或岩石圈块体沿水平方向移动，其有 3 种基本方式：①相邻块体分离；②相邻块体相向汇聚；③相邻块体剪切、错开。剪切、错开的相邻块体既不分离也不汇聚。通过测量，能准确测定岩石圈块体水平运动速度。全球各大陆就是巨大的块体，其水平运动速度大约每年几毫米到几厘米。

（二）垂直运动

垂直运动是相邻块体或同一块体的不同部分作差异性上升或下降，使某些地区上升成为高地或山岭，而另一些地区下降为盆地或平原。“沧海桑田”是古人对地壳垂直运动的一种表述。垂直运动还能使沧海变高山，如喜马拉雅山上有大量新生代早期的海洋生物化石，说明这里在五六千万年前还是汪洋大海。而据深海钻探资料，印度洋底部某些地方发育有白垩纪煤层，说明 1 亿多年前这里曾是大陆边缘的沼泽。另外，我国福建漳州和雷州半岛等地的古海滩都已高出现代海面 40～80 m；据研究，我国舟山群岛、台湾岛和海南岛在第四纪早期（约 200 万年前）都是与大陆相连的，后来由于台湾海峡地区地壳下沉才分开的。

同一地区构造运动的方向随着时间的推移不断变化，某一时期以水平运动为主，另一时期以垂直运动为主。水平运动及垂直运动的方向都可以变化。不同地区出现的不同方向的构造运动往往有因果关系。一个地区块体的水平挤压可引起另一地区块体的上升或下降；相反，一个地区块体的上升或下降可引起另一地区的块体发生水平方向的挤压、弯曲，甚至破裂。

一般说来，相对平静时期，以升降运动为主，引起海陆变迁；相对剧烈时期，以水平运动为主，引起山脉隆起，又称造山运动。

二、新构造运动和古构造运动

(一)新构造运动

按时间可把构造运动分为新构造运动和古构造运动。我们把发生在地质历史时期的构造运动称为古构造运动，把发生于新近纪到现在的构造运动称为新构造运动。在运动规模、性质、表现形式上，新构造运动不同于以前的构造运动，即新构造运动中断裂活动普遍而显著，特别是运动速度快、幅度大且差异升降运动显著，而且它与人类的关系极其密切，如它对土壤的形成和发育、水利工程建设、地震的预测预防等，都具有重大意义。

1. 新构造运动的特征

新构造运动与古构造运动相比，并无木质上的差别，都有垂直运动和水平运动。古构造运动形成各种构造变动，一般经历的时间相当长，而新构造运动经历的时间较为短暂。因而表现形式有所不同，其特点是：

(1)振荡性　新构造运动的振荡性，主要表现在一定范围的升降，且在升降部位边缘常常伴有断裂出现。例如，斯堪的那维亚地区是一个巨大的穹隆上升区，在冰后期上升最高处已上升了 350 m，每年上升速度 4～5 cm。云贵高原和黄土高原都是上升区，在这些隆起区的周围都有断层发育。柴达木盆地、华北平原、松辽平原、江汉平原、罗布泊等都是大面积的下降区，这些地区的边缘也都存在着断层。

(2)节奏性　指构造运动的快慢，或者说是间歇性。一个大的地壳上升或下降，往往是由次一级的周期性较短的振荡运动所组成。新构造运动的节奏时间有长有短，时间以秒为单位的地震也是一种节奏，它也能使地壳变形；而在研究地貌和第四纪沉积物时，一般以数万年至数十万年为一个阶段。

(3)继承性　新构造运动既然是整个地壳运动的最新阶段，它除了出现新的特征之外，同时或多或少地继承了古构造运动的特征。由于新构造运动的这种明显的继承性，反映出它的分布具有一定的规律性。总体上来看，地质历史上历次构造运动活跃的地区也是新构造运动相对活动的地区，而比较稳定的地区也是新构造运动相对稳定的地区。如天山、祁连山都是华力西运动形成的山地，燕山期、喜马拉雅期运动继续加强了褶皱与断裂，现在的断裂方向是继承着华力西期的构造方向，目前仍在不断上升中。因此，研究新构造运动时，要考虑它与老构造的关系。

2. 新构造运动的标志

新构造运动会导致自然地理环境的改变，从而改变地表的各种外力作用形式和强度。所以新构造运动的特征可以从地貌和沉积物特征上反映出来。

(1)新构造运动在沉积物上的反映

● 岩相的变化　反映沉积岩或沉积物生成环境的岩石的各种性质叫岩相。在沉积物的剖面中，如果粒径有由下而上从粗到细的变化，并夹有海成有机物质时，则表示陆地逐渐下沉，并发生了海侵；反之则表明是海退和陆地上升。厚的湖相或平原河流冲积相代表该区地壳下降接受沉积的环境，残积、坡积相则表示形成时该区处于上升剥蚀条件。

● 岩层的厚度　在第四纪沉积区，巨厚的碎屑堆积表示这里地壳下降，而供给这些碎屑的邻近地带是上升区。由于地壳的升降运动交替进行，下降运动引起相应的沉积，上升运动引起沉积物的剥蚀或沉积中断，所以在一定时间内形成的岩层总厚度就代表了该区域下降的总幅度。通过岩层厚度的分析，可得出地壳运动的升降幅度，并根据较多的钻孔资料，编制出第四纪沉积层的等厚线图，从而确定该区下降的幅度和变化情况。

● 古土壤和埋藏风化壳　土壤或风化壳剖面的发育，需要有一定时期的稳定地面，剖面特点综合地反映当时的环境条件，如果出现新构造运动的升降，就会影响风化和成土因素的改变，剖面特征上也会出现相应的反映，因此古土壤和风化壳的出现，不仅能指示气候的演变，也能指示地面高度的变化。如在喜马拉雅山山区海拔高处发现过古红壤剖面，是这个地区新构造运动上升的重要证据。又如长江三角洲地区有多层埋藏泥炭，表明该地区曾有过多次地壳下沉等。

(2)新构造运动在地貌上的反映　地形地貌是内力和外力互相作用的结果，其反映了一定的构造因素。主要有：

● 山势　山地是上升区，主要以侵蚀地形为主。山地愈高，各地段河谷切割深度的相对差异愈大，垂直上升运动愈强烈。而山地的削平则说明运动有长期的停顿或地面下降。喜马拉雅山、青藏高原、横断山脉地区，山高谷深，是新构造运动强烈上升、河流垂直切割的地区。大兴安岭则山顶浑圆，山坡和缓，谷底宽浅，表现为近期上升幅度较小，以地面剥蚀为主的特点。

● 河谷　当河谷两侧发生不等量升降运动时，就可形成不同形式的不对称河谷。河流纵剖面在中下游地区可以近似地看成为光滑的向河口的缓倾线，出现坡折就意味着某部位的隆起或断裂下沉。纵剖面的比降也反映着新构造运动的性质，上升区较陡，下降区较缓。狭窄的河谷都是地面上升所致，先成河谷和深切河曲也都是强烈隆起的结果。随着地壳的抬升，河流可切穿抬升山岭或大型高地，形成峡谷。峡谷是山地丘陵区构造运动上升、河流深切的产物，而埋藏深槽是低海面时期的深切河槽。长江河口晚更新世以前的深切河槽槽底已比末次盛冰期深切河槽槽底低了 65 m 左右。这样的埋藏深槽应被理解为古河槽深切以来该地又发生了构造沉降运动。

● 阶地　阶地是新构造运动的产物。多级海岸阶地或多级河流阶地是新构造运动间歇性抬升的标志，阶地的类型反映着新构造运动的发展过程，侵蚀阶地表示地面间歇性的上升；基座阶地则表示地面曾经发生过下降，接受一定的沉积，而后再上升。由于各地区新构造运动有所差异，阶地的形态相应地也有地区差异性。如从长江三峡地区阶地位相图来看，奉节、巫山与巴东一带为隆起中心。因此，在一定地区内，查明各级阶地分布的高度，相互对比，可以看出阶地的彼此聚散或折断的现象，可用来阐明当地新构造运动的性质。

● 夷平面和溶洞　夷平面实质上是构造运动抬升变位了的地质时期中准平原的表面。因此，夷平面的海拔高度，可作为该地准平原形成以来新构造运动抬升的证据，并借以计算出新构造运动抬升的幅度和抬升的速率。地壳上升，可使地下形成的溶洞出露。多数山地可以发现数级溶洞与夷平面，反映了这个地区间歇性上升的发展历史。

● 水系　水系是一种地貌形态，它也是内外力共同作用的产物。所以水系的组合排列形式及变形、变迁受控于新构造运动。众所周知，格子状水系、平行水系与平行断裂和褶皱构造有关；放射状、环状水系多与穹隆构造有关；汇合状、网状水系与下沉的凹陷地区有关，尤其是在大范围内反映得更为明显。水系的同步转弯、汇流和分叉点的线状分布及洪积扇顶点的线状排列，也都与新构造运动有关。例如，绕黄土高原的黄河大曲折是鄂尔多斯不久之前发生上升的结果，松花江的急转弯是松辽分水岭隆起的结果(图 5-1)，川西滇西的一些大河，发生不自然的强烈急转弯，显然也是受新构造运动的影响。

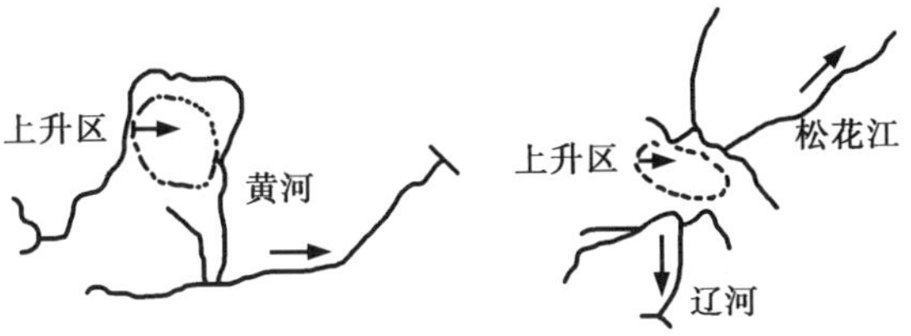

图 5-1　新构造运动与水系的关系(引自陆景冈，1997)

● 冲积扇叠置　山前分布的新老冲积扇相互叠置的现象也标志着山地新构造运动发展的过程。另外，冲积扇的变形与变位，也是新构造运动的表现。当山地上升很快时，河流侵蚀加强，带到冲积扇上的物质增多，颗粒也较大，使冲积扇面积不断扩大，覆盖原来的冲积扇，剖面中沉积物颗粒从下往上变粗。当山地上升停止后，河流逐渐塑造纵剖面，使其平缓，且搬运物质相应减少，冲积扇面积缩小。

● 海岸　海岸侵蚀远离现代海岸，表明地壳的上升运动和新的海退过程。新构造运动改变着海岸线的位置。海岸阶地、海蚀凹槽等都是海岸上升的标志；海湾、三角港、淹没海岸以及三角洲增长速度的延缓或停顿等，则是海岸下降的标志。但是海岸线的变动，不只是由于地壳运动所造成，还可由气候变化所引起。所以在研究中，还应结合多方面因素，全面分析。

(3)地震、火山活动与温泉　断块构造是新构造运动产生的盆、岭相间的地貌—构造形态，沿相邻两断块之间的断裂带，常有地震、火山活动和温泉的出现。

地震是新构造运动的表现形式之一，常发生在断块运动强烈的山地与平原交界的地带，如我国太行山东麓和华北平原交界地带等。活动的断裂谷、地堑谷和断陷盆地也是地震活动强烈地区。地震带的分布，与活动的构造带或断裂带吻合，反映了地震活动和构造运动之间的内在联系。

火山活动也是新构造运动主要表现形式之一。与我国相关的新生代火山活动带主要分布在滨太平洋两岸的我国东部断陷盆地及周围山地和西部喜马拉雅山地区。

伴随着火山活动和地震，在断裂构造附近常有温泉的出现。

此外，还有根据各地层中所含的动植物群的变化以及考古研究的分析，来说明新构造运动的形迹，还有用精密测量仪器，直接测得近期最新构造变动的数值等。

(二)古构造运动

对于古构造运动，因时间长久，当时所形成的地貌形态几乎被后期作用破坏，但构造运动的痕迹仍可大量表现在沉积物特征上(如岩性、岩相、厚度、地层接触关系)和构造变动上。

升降运动的主要标志有：岩相及厚度特征，褶皱和断层的存在。一般认为由升降运动引起的褶皱，应当是那些大型宽缓的隆起和坳陷。断层主要是指由于升降运动所引起的一些正断层或高角度逆断层。水平运动的主要标志有：挤压褶皱和逆掩断层，引张断陷及裂谷，平移断层等。一般认为，一些紧密褶皱和逆断层、逆掩断层，特别是一些巨大水平位移的低角度逆掩断层等都是水平运动所造成的。

地层接触关系是地壳运动的最明显最综合的表现。常见的地层接触关系有整合、平行不整合和角度不整合 3 种。

整合反映没有发生过显著的地壳上升或升降交替运动。平行不整合反映曾经发生过显著的均衡的升降运动。上升时遭受风化剥蚀，形成风化剥蚀面（即不整合面），地层缺失就标志着地壳上升的时期。角度不整合反映了曾经发生过显著的水平运动和差异性升降运动。不整合面形成于上下两套地层之间。

三、我国构造运动的概况

地球历史上，曾经发生过许多几乎影响到整个大地的构造运动，地球史上把这种大节奏的构造运动时期称为构造运动期，从一个构造运动期到另一个构造运动期称为构造旋回。一次大的构造旋回可经历几亿年时间，它从缓和的构造运动开始，经历较长的地质时期，然后以较短时间，经历剧烈的构造运动，便成为前后两次构造旋回的分界标志。例如，华力西旋回是从加里东运动结束后算起，开始是比较平静的时期，直到二叠纪末期发生华力西运动，并使自然地理面貌大大改观，从而结束了华力西构造旋回。

具有全球性的构造运动是地质历史中“代”的分界线，加里东运动是早晚古生代的分界，华力西运动是古生代和中生代的分界。而次一级的构造运动可作为“纪”的分界标志，如我国的喜马拉雅运动为第三纪和第四纪的分界，即在喜马拉雅运动结束后，中国的地壳发展史进入了第四纪。下面是中国的构造运动简况。

1. 阜平运动

发生在中太古代末期的一次强烈的构造运动，它使太古宙地层发生强烈的变质、变形，并有岩浆活动发生。

2. 五台运动

太古宙末期发生在华北的一次构造运动，它使早元古代地层发生变质、变形，引起岩浆运动，并使相应的地层之间成为不整合接触。

3. 加里东运动

从寒武纪到志留纪末的构造旋回称为加里东旋回，加里东运动是这一旋回末期的主要构造运动，表现为震旦纪及早古生代地层遭受轻度变质、强烈变形、岩浆侵入等。在我国，这一运动主要见于华南及祁连山等地。

4. 华力西运动

从泥盆纪到二叠纪末期的构造旋回称华力西旋回，这一旋回的末期出现强烈的构造运动，国际上称为华力西运动，也称海西运动。表现为晚古生代地层强烈变形，岩浆活动以及下三叠统地层不整合在二叠系地层上。我国的天山、大兴安岭形成，昆仑山和秦岭开始初具规模，浙、闽、粤沿海一带也有表现。

5. 印支运动

印支旋回发生的时代为三叠纪，其末期强烈的构造运动称为印支运动。因印支运动在印支半岛发育最好而得名。在我国，这一运动见于四川西部、青海东南部以及中国东部许多地区。这一运动促使海水自我国大陆的大多数地区撤退，从而开始了我国以大陆沉积作用为主的新时期。

6. 燕山运动

从侏罗纪到白垩纪末的旋回叫燕山旋回，该旋回末期的构造运动称为燕山运动，其运动规模大、范围广，几乎遍及全国各地，因此它非常重要，这次运动使燕山、昆仑山、秦岭基本形成。由于燕山旋回期是我国地壳发展的相对活动时期，此时岩浆活动、火山喷发等十分频繁，给我国许多金属矿床的形成造成了极为良好的条件。燕山运动以河北燕山地区最为典型，并研究得早而得名。

7. 喜马拉雅运动

发生在第三纪的旋回称喜马拉雅旋回，其末期出现的构造运动，称为喜马拉雅运动。我国东南沿海一带、台湾、西藏和滇西一带表现最为明显。在欧洲称为新阿尔卑斯运动。雄伟的喜马拉雅山脉和阿尔卑斯山脉都是在这一时期形成的。喜马拉雅运动之后，进入了地壳历史的最新时代——第四纪(Q)。

第二节　地质构造

岩层或岩石在构造运动力的作用下，发生变形或变位的形迹，称为地质构造。地质构造在层状岩石中最显著，研究得也最清楚。在不成层的岩浆岩中也是存在的。本书重点讲述成层岩石中的地质构造。它的基本类型有：水平构造、倾斜构造、褶皱构造和断裂构造。

一、水平构造

原始沉积物，特别是海洋中的沉积物多是近水平的层状堆积物，按沉积顺序先沉积的在下，后沉积的在上，这些层层叠置起来的沉积物，经过固结成岩作用形成坚硬的层状岩石，称为岩层。每个岩层具有相互平行的两个面，称为层面，顶面又叫上层面，底面又叫下层面。上下层面之间的垂直距离是岩层的厚度。

原始岩层一般是水平的，在漫长的地质历史中，由于地壳运动、岩浆活动等的影响，岩层产出状况发生多样的变化。有的岩层虽然经过地壳运动使其位置发生了变化，但仍然保持水平状态，这样的构造称为水平构造。绝对水平的岩层是没有的，因而所谓水平构造是指受地壳运动影响较轻微的某些地区，或受强烈地壳运动影响的岩层的某一局部地段，或大范围的均匀抬升或下降的地区。如川中盆地上侏罗统岩层，在一定范围内可认为是水平构造。当地形受切割时，老岩层总是出露在低洼处，而新岩层总是出露在较高处。

二、倾斜构造及岩层产状

当地壳运动不仅使岩层形成时的位置发生变化，而且改变了岩层的水平状态，使岩层层面和水平面间具有一定的夹角时(图 5-2 中的 α)，称为倾斜构造。倾斜岩层往往是褶曲的一翼、断层的一盘或者是不均匀抬升或下降所引起。研究倾斜岩层的产出状况和特征是研究地质构造的基础。为此在地质学上常常引用产状的概念。

岩层的产状是指岩层在空间的位置。岩层的空间位置用岩层的走向、倾向和倾角来表示，称为产状要素(图 5-3)。

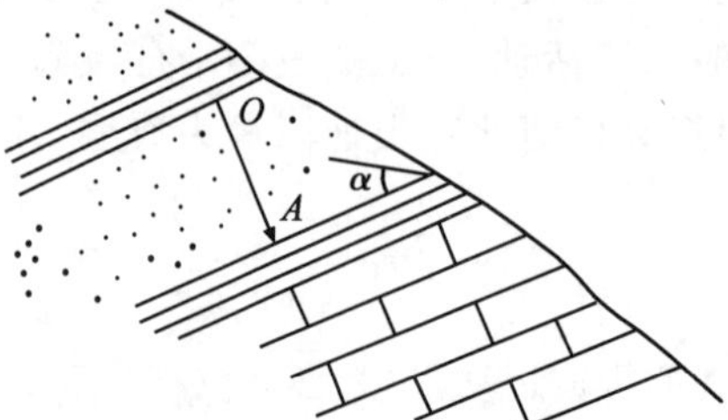

图 5-2 倾斜岩层及其厚度

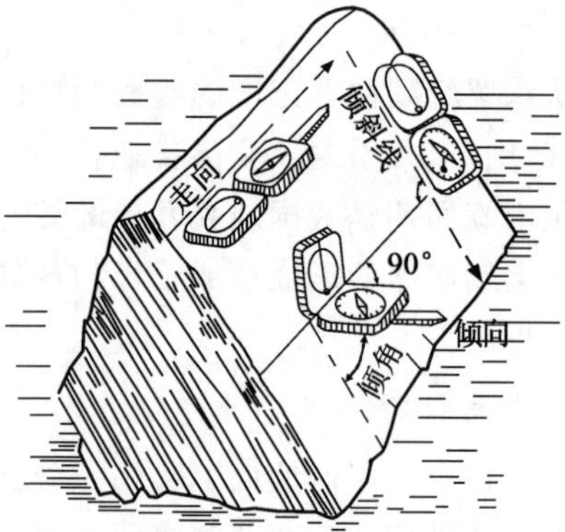

图 5-3 岩层产状要素

1. 走向

岩层层面与假想水平面的交线的方向，它标志着岩层的延伸方向。有两个走向值，变化于0°～360°。

2. 倾向

岩层面上与走向垂直并指向下方的直线称为倾斜线，它在水平面上的投影方向即为倾向，倾向与走向垂直。只有一个倾向值，在 0°～360°变化。

3. 倾角(α)

层面与假想水平面的交角，变化于 0°～90°。

一切面状要素的空间位置，都可以通过测量其产状要素来确定。

岩层层面的产状要素用地质罗盘仪来测量，测量的结果用方位角表示。常用的记录格式为：150°∠30°，其表示倾向为 150°(南东方向)，倾角为 30°。由于倾向与走向垂直，且有两个方向，若走向为 150°±90°，即为 240°及 60°。当 $\alpha=0°$时，是水平岩层；当 $\alpha=90°$时，是直立岩层；当 $0°<\alpha<90°$，是倾斜岩层。

非层状岩石空间位置的确定方法，原则上与上述方法相当。岩层形成后，经受构造运动仍保持上层面在上，下层面在下，即岩层下老上新的特点称为正常产状，若岩层为下新上老，即称为倒转产状。

三、褶皱构造

层状岩石的一系列波状弯曲而未失去其连续完整的构造称褶皱构造，是受水平力的结果。岩层被挤压形成的弯曲叫褶曲(fold)。褶曲的基本类型有两种：背斜和向斜(图 5-4)。一个褶皱是由若干背斜和向斜组成的。一般说来，背斜是向上拱起的弯曲，中心部分岩层相对较老，两侧岩层相对较新；向斜是向下的弯曲，中心部分岩层相对较新，两侧岩层相对较老。仅仅根据形态来认识背斜和向斜是不够的，甚至会得出与实际相反的结论，还必须根据岩层的新老关系来判别褶曲的性质。

(一)褶曲的几何要素

任何褶曲都具有以下各种要素，如图 5-5 所示。

● 核　褶曲岩层的中心。

● 翼　褶曲岩层的两坡。

● 轴面　褶曲两翼近似对称的面，也可以是曲面。

● 轴线　轴面与水平面的交线。

● 枢纽　同一褶曲岩层中最大弯曲点的连线，也是褶皱中同一层面与轴面的相交线。

● 弧尖　在垂直于枢纽的切面上轴面与层面的交点，是层面弯曲最大的部位，同一层面上弧尖的连线就是枢纽。

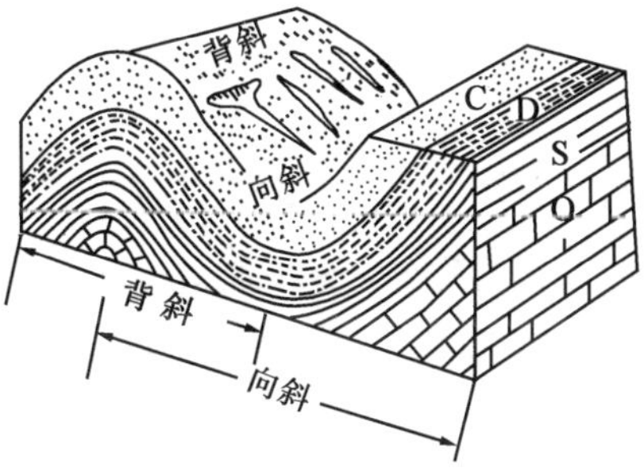

O、S、D、C 分别是奥陶系、志留系、泥盆系和石炭系地层

图 5-4　背斜与向斜

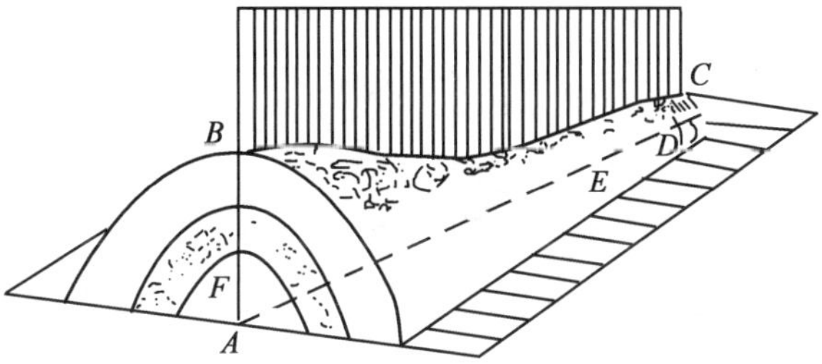

E. 翼；*F*. 核；*ABCD*. 轴面；*AD*. 轴线；*BC*. 枢纽；*B*. 弧尖

图 5-5　褶曲的几何要素

(二)褶曲的类型

1. 根据轴面的产状划分

● 直立褶曲　轴面近于直立，两翼倾向相反，倾角大小近于相等(图 5-6a)。

● 倾斜褶曲　轴面倾斜，两翼岩层倾斜方向相反，倾角大小不等(图 5-6b)。

● 倒转褶曲　轴面倾斜，两翼岩层向同一方向倾斜，其中一翼岩层为正常层序，另一翼岩层为倒转层序(图 5-6c)；如两翼岩层向同一方向倾斜，且倾角大小相等则称为同斜褶曲。

● 平卧褶曲　轴面近于水平，两翼岩层产状近于水平重叠，一翼岩层为正常层序，另一翼岩层为倒转层序(图 5-6d)。

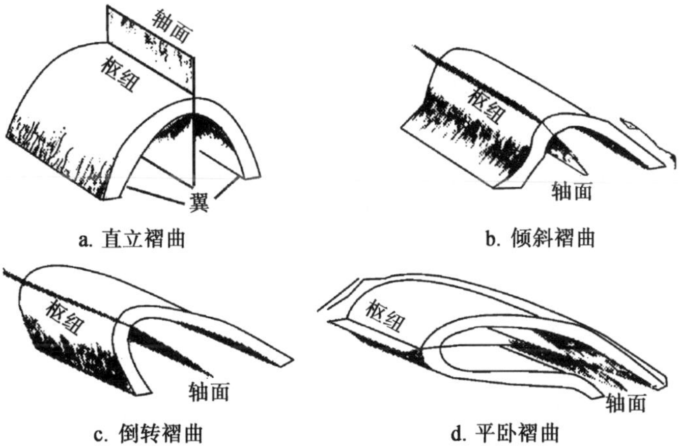

图 5-6　按轴面产状划分的褶曲类型(引自夏邦栋，1995)

2.根据横剖面的形态特点划分

- 扇形褶曲　褶曲在横剖面上呈扇形展开，两翼岩层均可出现倒转层序。
- 箱形褶曲　褶曲在横剖面上呈箱形，两翼岩层陡立而顶部或底部岩层平缓。
- 单斜　岩层向一个方向倾斜并向下逐渐过渡为水平产状。

3.根据枢纽的产状划分

- 水平褶曲　褶曲枢纽近于水平延伸，两翼岩层走向平行。
- 倾伏褶曲　褶曲枢纽向一端倾伏，两翼岩层走向在水平面上发生弧形合围。对背斜来说，合围的尖端指向枢纽的倾伏方向；对向斜来说，合围的开口方向指向枢纽的倾伏方向。

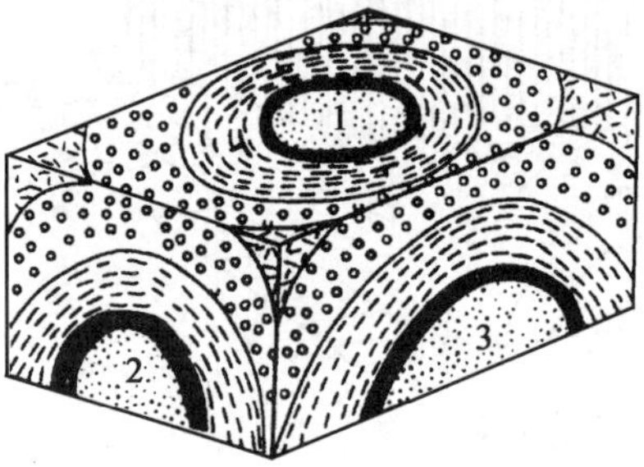

1.平面上；2,3.剖面上

图 5-7　穹

4.根据长、宽的比率划分

- 线状褶曲　长为宽的 10 倍以上，常达数十倍。
- 短轴褶曲　长为宽的 3～10 倍。
- 穹与盆　长为宽的 3 倍以下。上凸者为穹(图 5-7)；下凹者为盆。
- 复背斜与复向斜　它们是褶皱的组合形式。大规模的背斜两翼被次一级的褶皱复杂化者，称为复背斜；大规模的向斜两翼被次一级褶皱复杂化者称为复向斜。

(三)褶曲的野外识别

野外认识褶曲，首先要判断褶曲的存在，然后再确定是背斜还是向斜。

由于风化剥蚀作用的破坏和土层覆盖，野外出现的褶曲露头常残缺不全，为了恢复褶曲构造的全貌，必须对岩层的层序、岩性的各露头的产状进行测定和全面分析，才能认识褶皱构造。

褶曲存在的根本标志是垂直岩层走向方向上，同年代的岩层作对称式重复排列(图 5-8)。当横穿地层走向观察时，先后遇到 S(志留系)、O(奥陶系)、∈(寒武系)等由新到老的地层，再继续前进观察，又看到 O、S 等由老到新的地层对称重复出现，可以认为该处必有褶曲存在，再根据核部、翼部岩层的新老关系确定褶曲是背斜还是向斜。

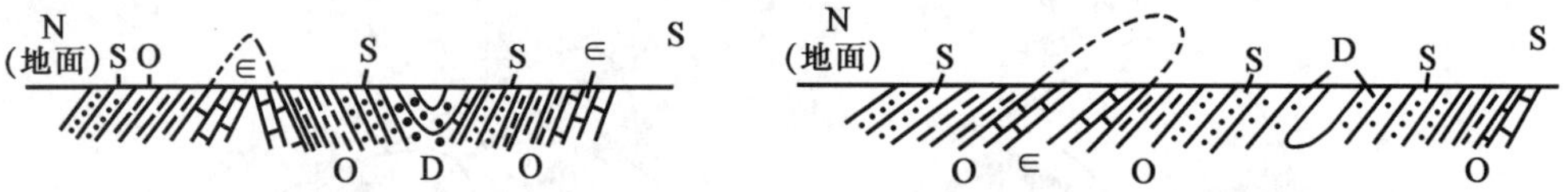

a. 直立褶曲　　b. 倒转褶曲

图 5-8　褶曲岩层的对称式重复排列

进一步观测两翼岩层的倾向和倾角，确定褶曲的形态和类型。图 5-8a 北端的背斜，其两翼地层层序正常，由于两翼岩层倾向相反，而且倾角相等，可确定其为直立背斜；图的南端倾向相对，倾角相等，可确定其为直立向斜。图 5-8b 所示也为一个背斜和一个向斜。由于两翼岩层均朝同一方向倾斜，且都是一翼层序正常，另一翼层序倒转，但倾角大致相等，可确定它们是倒转褶曲或叫同斜褶曲。

除了观察褶曲的横剖面以外，还要沿着岩层走向了解褶曲枢纽的产状。如果岩层走向呈弧形弯曲(图 5-9),其中倾伏背斜的枢纽是向地层弧形露头收敛的一端倾伏。倾伏向斜的枢纽是向展开的一端倾伏。如果褶曲的两翼岩层走向平行,表示褶曲枢纽呈水平状态。

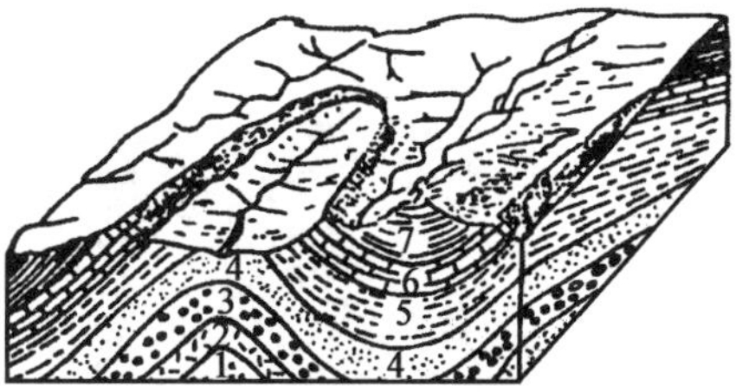

数字 1～7 表示从老到新的地层

图 5-9　倾伏褶曲的露头状况

四、断裂构造

岩石受力发生变形,最后使岩层的连续完整性遭到破坏,发生断裂,形成断裂构造,它是构造运动的直观反映。断裂构造可分为节理和断层两类。

(一)节理

1. 节理的定义

节理(joint)是岩石中的裂隙,是两侧岩块没有明显位移的断裂(图 5-10)。它是地壳上部岩石中发育最广的一种构造。节理的产状就是节理面的走向、倾向、倾角,它的产状可以是直立的、倾斜的和水平的。

图 5-10　节理

节理是一种小型构造,常与其他构造伴生,它的长度由几厘米到几十米,它们在岩石中常成群有规律地出现。在野外,一般都是以节理组、系为对象进行观测。节理的性质、产状和分布规律与区域构造有着成因联系。所以对节理的研究,在一定条件下有助于分析地质构造。

节理对岩石的风化作用有很大影响。节理发育的岩石,增强了岩石的通气透水和蓄水性,加速岩石的风化,可形成深厚的风化壳;丘陵山区许多谷地常是沿节理发展起来的,谷地两侧,沿节理面崩塌而形成峭壁,崩塌剥蚀下来的岩石碎屑或继续风化形成土壤母质,或被地表流水侵蚀。节理也是地下水、石油、天然气的运移通道和储聚场所。大量发育的节理常为水库和大坝工程带来隐患。

2. 节理的分类

按力学性质不同把节理分为剪节理和张节理(图 5-11)。剪节理是由剪应力产生的裂隙,其产状较稳定,沿走向和倾向延伸较远,节理面较平直光滑,当剪节理未被矿物质充填时是闭合的,如被矿脉充填,脉宽大且匀直,它可以切穿砾岩中的砾石,并常发育成 X 形节理系或一组平行节理。张节理是由张应力产生的裂隙,其产状不稳定,延伸不远,单条节理短而弯曲,节理面粗糙不平,在砾岩中张节理常绕过砾石而断裂,倘若切穿砾石,破裂面也凹凸不平;张节理多开口,若被矿脉充填,其脉宽变化较大,脉壁不平直,张节理常呈不规则树枝状、网络状、锯齿状、雁列状和放射状等。

按节理产状与岩层产状关系分为走向节理、倾向节理、斜向节理和顺层节理,前三者节理走向与岩层走向分别平行、垂直和斜交,后者的节理面与岩层面大致平行。按节理与褶皱轴向平行、垂直和斜交的关系,可把节理分为纵节理、横节理、斜节理。

按成因,节理可分为构造节理、风化节理和原生节理,以构造节理最为常见。构造节理的产状比较稳定,与区域构造或局部构造有一定关系,发育的范围和深度较大,既有剪节理也有张节理。风化节理的发育范围和深度有限,与各类构造没有规律性关系,仅见于地表,以张节理为主,产状极不稳定。原生节理常见于岩浆岩中,以张节理为主,产状比较稳定,如玄武岩中的柱状节理。

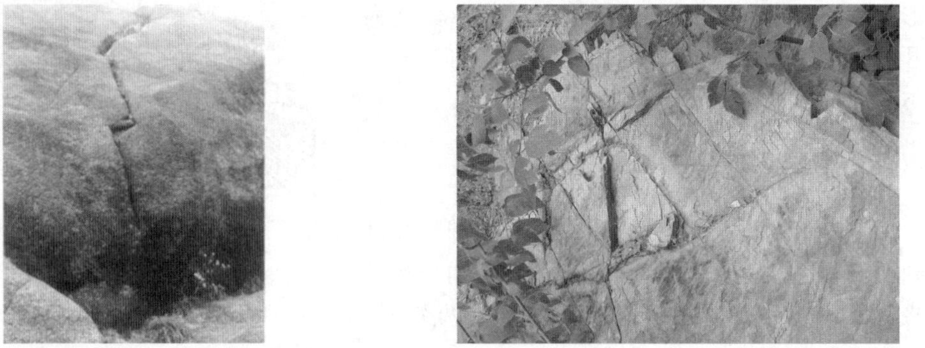

a.张节理(安徽黄山莲花峰)(引自舒良树,2010)　　b.剪节理(北京百望山森林公园)(王数　摄)

图 5-11　张节理和剪节理

节理构造普遍存在于各种岩石中。不同的岩石,节理发育的程度不同,在受力相当的情况下,一般来说,坚脆的岩石,如厚层石英岩、砂岩等,节理裂缝较长较大,发育较疏;而在软弱岩层里,如页岩、薄层石灰岩等,节理裂缝较薄较小,发育较密。岩浆岩中的节理有其特殊的规律,它的形成主要是岩浆冷凝时收缩发生张力形成,有时因各部分岩体冷却先后不均一造成节理,当然地壳运动也可以使岩浆岩发生节理。巨大的花岗岩侵入体,可以有二到三组节理,以近似水平的横节理组较为发育,将岩体分割成板状。

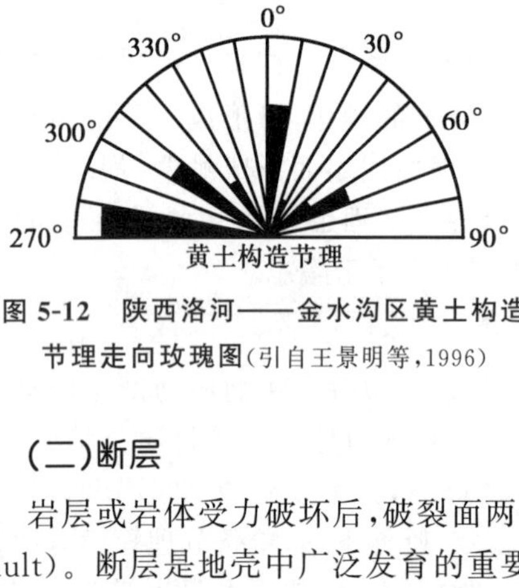

图 5-12　陕西洛河——金水沟区黄土构造节理走向玫瑰图(引自王景明等,1996)

较小的侵入岩体或熔岩流中,两组垂直的节理特别发育,把岩体分割成柱体,如常见的玄武岩的柱状节理即是,其横剖面为六边形或其他有规则的形状。

节理的方向及其密度可以通过节理玫瑰图反映出来,图 5-12 是陕西洛河——金水沟区黄土构造节理走向玫瑰图。根据玫瑰图可分析构造应力的主要方向或其地质作用主要成因等,很有参考价值。

(二)断层

岩层或岩体受力破坏后,破裂面两侧的岩块如果发生了明显的位移,这种断裂构造叫断层(fault)。断层是地壳中广泛发育的重要地质构造之一。形态多种多样,规模有大有小,大断层可延伸数十、数百、数千千米,甚至更大,小断层可在手标本上见到。断层主要由构造运动造成,也可由非构造运动产生,如滑坡、崩塌、冰川作用等。

1. 断层要素

断层各组成部分的名称叫断层要素,主要有断层面、断盘(图 5-13)。

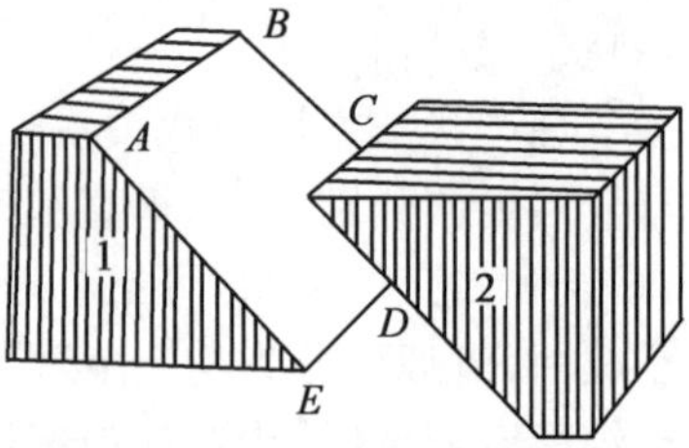

1,2. 断盘;ABCDE. 断层面

图 5-13　断层要素

(1)断层面　岩层或岩体发生断裂位移时相对滑动的断裂面。有的断层面是较规则的平面,但多数是波状起伏的曲面。有的断层破裂位移时是沿着许多密集的破裂面发生的，这样的断裂面就不是一个简单的平面，而是在宽度为几厘米、几米、数十米甚至更宽的地带内岩层被揉皱、破裂、切错的破碎带，称为断层破碎带。一般说来，断层规模越大，破碎带越宽，结构越复杂。破碎带岩层破碎，抗风化、剥蚀能力小，因而沿破碎带分布的方向上一般地势低洼，常有河流沟谷分布，也常是地下水出露的地方。

断层面的空间位置与倾斜岩层一样，可用断层面的走向、倾向、倾角来确定。断层面与地面的交线称为断层线。它可以是直线，也可以是曲线。

(2)断盘　断层面两侧的岩块称为断盘。断层面如果是倾斜的，按相对位置把位于断层面上面的断盘称为上盘，断层面下面的断盘称为下盘。按运动方向把相对上升的一盘称为上升盘，相对下降的一盘称为下降盘。

2. 断层的类型

(1)按断层两盘相对滑动方向分类

• 正断层　上盘相对向下滑动的断层叫正断层(图 5-14)。断层面倾角较陡，大多在 45°以上，以 60°左右者最为常见。不过近年来的研究发现，一些大型正断层的倾角也很低。正断层主要是由于岩层受到引张力和重力作用形成。正断层带内岩石破裂不强烈，断层角砾岩较多而糜棱岩较少，通常不伴生有强烈挤压形成的复杂小型褶皱等现象。

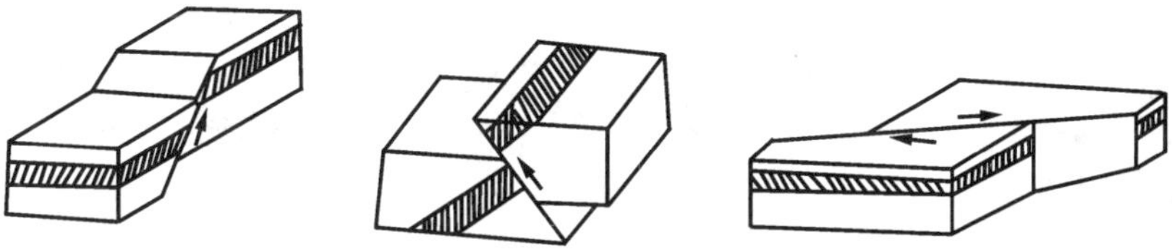

图 5-14　断层的几种基本类型

• 逆断层　是上盘沿断层面向上滑动的断层。根据断层倾角大小分为高角度逆断层和低角度逆断层。高角度逆断层倾角＞45°，常在正断层发育区出现。倾角＜45°者称为低角度逆断层，其中 30°左右或更小者称为逆掩断层。断层规模愈大，推移距离愈远，断层面倾角也愈平缓，有时断层面呈波状起伏。逆掩断层常显示出强烈的挤压破碎现象，形成角砾岩、糜棱岩等构造岩。

大逆掩断层的上盘，因从远处推移来而称为外来岩块(体)，下盘相对未动而称为原地岩块(体)。推覆体就是一种外来岩块(体)，逆掩断层与推覆体共同构成推覆构造。

当推覆构造发育地区遭受强烈侵蚀切割，将部分外来岩块剥蚀掉而露出下伏原地岩块，使一片外来岩块中露出一小片由断层圈闭的原地岩块，常常是较老地层中出现一小片较年轻地层，这种现象称为构造窗，构造窗常位于地形低凹处。如果剥蚀强烈，外来岩块被大片剥蚀，只在大片被剥露出来的原地岩块上残留一小片孤零零的外来岩体，称为飞来峰(图 5-15)。飞来峰表现为原地岩块中残留一小片外来岩块，常是较年轻的地层中残留一小片较老地层，常常成为陡立的山峰。

• 平移断层　断层两盘沿断层走向相对滑动的断层叫平移断层。断层面近于直立，断层线较平直。大型平移断层常表现为强烈破碎带、角砾岩化或糜棱岩化带，与其他两类断层比较，破碎现象更为强烈。平移断层常是褶皱形成过程中在水平扭力作用下产生，常与褶皱或逆

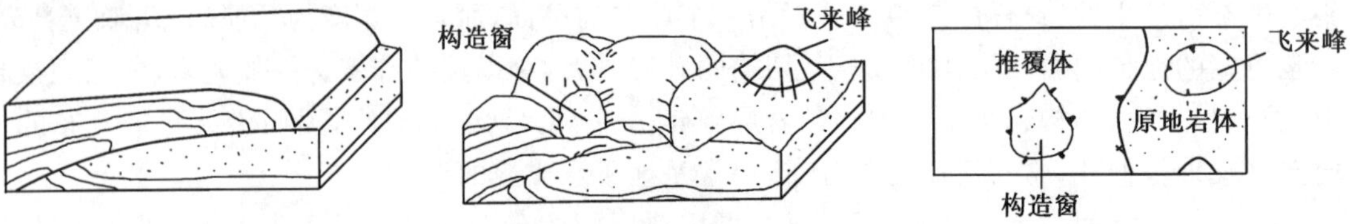

a. 剥蚀前　　b. 剥蚀后的立体图　　c. 剥蚀后的平面图

图 5-15　飞来峰和构造窗发育过程示意图(引自朱志澄,1990)

掩断层斜交和直交。平移断层常成组出现。

在实际工作中所见的断层并非如此简单,常常不是某一条断层单独出现,而是出现断层组合,如平移—逆断层,平移—正断层,逆—平移断层。前者表示以逆断层为主兼有平移断层性质,后者表示平移断层为主兼有逆断层性质。

如几条产状大致相同的正断层并列起来,且沿某一方向呈阶梯状下降,则形成阶梯断层(图 5-16a)。有时两条大致平行的相向倾斜的正断层,中间部分岩块下降,形成地堑(图 5-16b),陕西渭河河谷是地堑构造。如果两条大致平行的正断层相背倾斜,中央部分岩块上升,则形成地垒(图 5-16c)。江西庐山即是地垒构造。

a. 阶梯状断层　　b. 地堑　　c. 地垒

图 5-16　断层组合

(2)根据断层与有关构造的几何关系分类　按断层走向与被断岩层走向的几何关系可分为:

走向断层:断层走向与岩层走向平行。

斜向断层:断层走向与岩层走向斜交。

倾向断层:断层走向与岩层走向垂直。

顺层断层:断层面与岩层层理等原生地质界面基本一致。

按断层走向与褶皱轴向的几何关系可分为纵断层、横断层和斜断层,断层走向分别与褶皱轴向一致、直交和斜交。

3. 断层的规模

断层的规模或以其切割的深度,或以其延展的长度,或以其两侧岩块位移的距离为度量标准,三者之间关系非常密切。一般说来,断层切割越深者,其延展愈长,位移量越大。断层的切割深度一般由几米到几千米,最深可切割到地幔顶部。断层长度一般由几米到数十千米,最长达千千米以上。岩块位移幅度一般由几米以内到数十千米,最大达数百千米以上。切割深、延长远的断层,称深断裂。如我国东部的郯庐大断裂就是一条深大断裂,也是一个多地震地带(图 5-17)。这里也说明了断层与地壳的不稳定性有很大关系。

4. 断层的识别

露头良好的断层易于识别,但大多数断层因其两侧岩石破碎并受到风化剥蚀,常成为松散

图 5-17　郯城—庐江断裂位置示意图

物质覆盖的地带，断层特征不易察觉，此时需多方面考察断层的证据。现分述如下：

(1)擦痕和镜面　断层两盘相对滑动时，在断层面上摩擦刻划形成一组平行的细沟纹，叫断层擦痕(图 5-18)。有时局部断面被磨光，常附以黏土、铁质、硅质或碳酸盐质薄膜，以致表面光滑如镜，称为镜面。

断层面上常有与擦痕直交的小陡坎，称为阶步。一般情况下，阶步的陡坎方向是面向对盘的运动方向。顺着擦痕来回抚摸，可感觉到有滑有涩，感觉光滑的方向指示对盘运动方向。

陡坎面指向对盘滑动方向

图 5-18　断层擦痕(引自夏邦栋，1995)

(2)断层角砾岩与糜棱岩　断层两侧岩石因断裂而破碎，碎块经胶结形成的岩石叫断层构造岩。其中，碎块为大小不一的棱角状，无定向排列者，称为断层角砾岩，常见于正断层内；若碎块有不同程度圆化，略具定向排列者，称为磨砾岩，常见于逆断层和平移断层内；若由于强烈研磨成粉状和重结晶微粒组成的构造岩称为糜棱岩，它多见于大规模逆掩断层和平移断层带内。

(3)断层泥　断层两侧岩石因断层摩擦而形成的泥状物质，常与断层磨砾岩共生。

(4)拖曳褶曲　断层两盘相对错动，使两盘岩层发生小型的弧形弯曲，叫作拖曳褶曲。拖曳小褶曲的不同形态可指示断层的运动方向(图 5-19)。

图 5-19　断层带中的拖曳褶曲及其指示的两盘滑动方向

(5)地层的缺失与重复　走向断层会造成两盘地层的缺失和重复。走向断层造成的地层重复是非对称式的,其表现形式很多。图 5-20 是正断层引起的地层重复和缺失的两种形式。

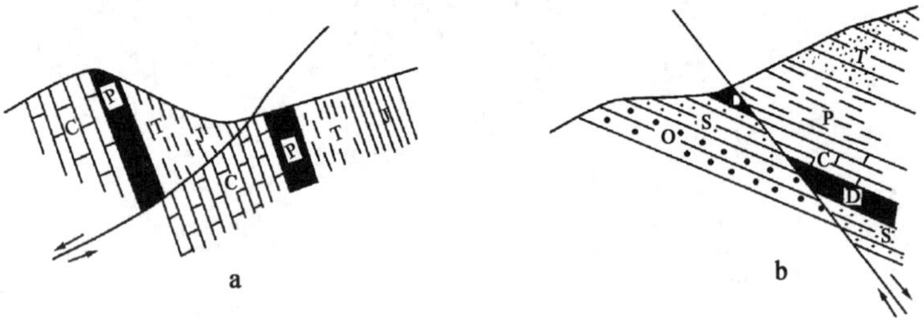

a. 断层面倾向与地层倾向相反,引起地层重复;

b. 断层面倾向与地层倾向相同,但断层面倾角更大,引起地层缺失

图 5-20　正断层造成岩层重复与缺失的两种情形(引自夏邦栋,1995)

褶曲和不整合等构造也可以造成地层的重复和缺失。它们的区别是:断层只产生地层不对称的重复,缺失的地层间不具有侵蚀面;而褶曲造成的地层重复是对称的,不整合形成的地层缺失具有侵蚀面,有时有底砾岩。

(6)地质体错断　断层可使岩层、矿层等地质体沿走向突然中断。断层也可使早期的侵入岩脉、岩墙发生错动,这种被切断的部分,在相当的距离内又可以找到同一岩石的露头。

图 5-21　断层的密集节理

(7)密集的节理　断层的发育常受先成节理的控制,因而断层面两侧常常有先成节理。在靠近断层处密集(图 5-21),而远离断层处稀疏甚至消失。

(8)地貌标志　断层构造在地貌上有明显表现。由断层形成的地貌有断层崖、三角面山、错断的山脊等(见本章第三节)。大型断层往往在断层带内形成串珠状湖泊洼地,如我国云南东部在南北向的小江断裂带上分布了一连串湖泊,自北而南有杨林海、滇池、抚仙湖、杞麓湖以及嵩明盆地、昆明盆地、宜良盆地、玉溪盆地等。

(9)泉水的带状分布　断层破碎带是地下水的通道和贮集场所,泉水的带状分布往往标志着断层的存在。著名的北京玉泉山泉水就是出现在断层线上;南京东郊的汤山温泉也是出露在断层线上。

(10)土壤和植被标志　断层带内因岩层破碎易于风化,常形成深厚的土层,因水分充足,常生长有茂密的植物。

第三节 构造地貌

一、水平岩层的构造地貌

岩层在其形成的整个过程中以及形成后，都没有受到构造变动，或只经抬升作用后露出地表，岩层产状仍保持着水平或接近水平状态，称之为水平岩层。例如，四川中部的白垩系地层，陕北中生界地层，在一定的地段，一定程度上均可看到水平岩层；又如长江中下游的第四系雨花台砾石层，亦为水平岩层；湖南张家界的砂岩岩层，也大多为水平岩层。

水平岩层的露头向四方延伸，一层层地铺盖着，而且在水平方向上，同一岩层的岩性、厚度大体均一。当地面未受强烈侵蚀时，只露出上面新的地层。当水平岩层被切割时，切割较深的地方才出露老的地层，新的地层在上面。如果顶部是由坚硬的新的岩层覆盖，即使受强烈的侵蚀分割后，顶部仍保持平坦状态，形成平顶方山地貌和"桌"状台地地貌(图 5-22)。美国科罗拉多高原为典型的"桌状高地"。

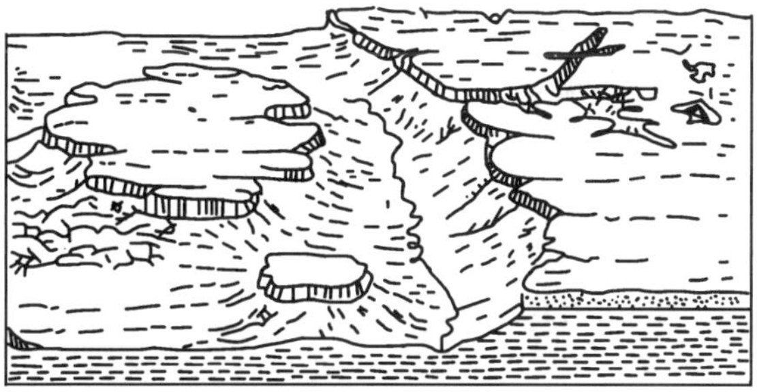

图 5-22 方山和"桌"状台地地形

二、倾斜岩层的构造地貌

水平岩层是不多的，常见的露头多有一定的倾斜，这是原始水平岩层经受构造变动后的结果。向一个方向倾斜的构造称单斜构造，著名的巴黎盆地就是单斜构造。如果单斜构造由于软硬岩层相间，就形成单面山和猪背岭。

1. 单面山

单面山是沿岩层走向延伸的，两坡不对称，一坡短而陡，一坡长而缓。单面山的一坡与岩层倾向相同，称为顺向坡(或后坡)；与岩层倾向相反的坡称为逆向坡(前坡)。逆向坡较陡，常成为悬崖峭壁，悬崖的高度与坚硬岩层的厚度成正比，后坡比较平缓，与层面大致相合，是一个长而缓的大致平整的坡面。著名的南京钟山(紫金山)就是单面山，见图 5-23。

2. 猪背岭

猪背岭是指形成于岩层倾角较大的单斜构造上的地貌。由于岩层倾角一般超过 45°，由构造面所控制的后坡与侵蚀所造成的前坡在坡度和长度上大致相等，形如猪背脊。猪背岭是单面山的一个特例。

这里要指出，河流的发育常受构造的控制。在顺向坡上发育的河流，称顺向河，逆向坡上发育着与岩层倾向相反的河流叫逆向河。如果组成单面山岩层软硬相间，则形成多列平行的单面山，两单面山之间的谷地，发育成次成河，它们构成单面山地区的格子状水系（图 5-24）。

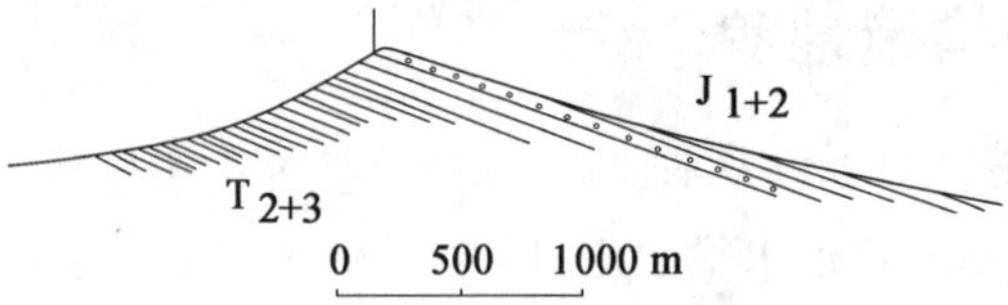

图 5-23 南京钟山（紫金山）—单面山（引自夏邦栋，1995）

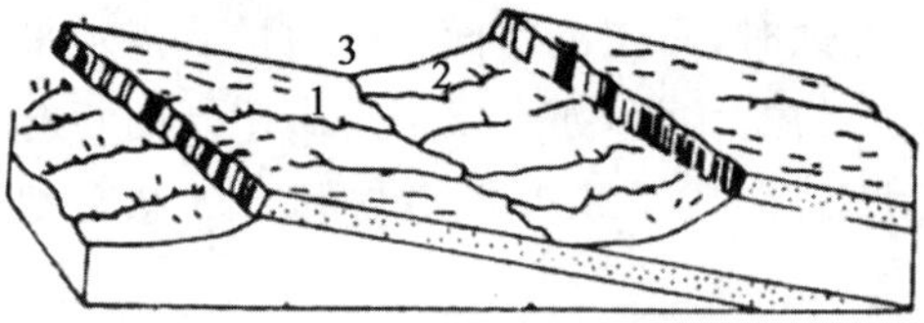

1. 顺向河；2. 逆向河；3. 次成河

图 5-24 单面山和格子状水系

三、褶曲构造地貌

1. 背斜山和向斜谷

在水平挤压力的作用下，岩层发生褶曲，在地表形成高低起伏，使隆起的背斜部分成为山地，凹陷的向斜部分成为谷地，它们的地貌形态与构造一致，称为顺地貌（图 5-25）。新生代构造褶皱常形成这样的地貌形态，因为形成时代较新，外营力的剥蚀作用还不能完全破坏原来的构造地貌。

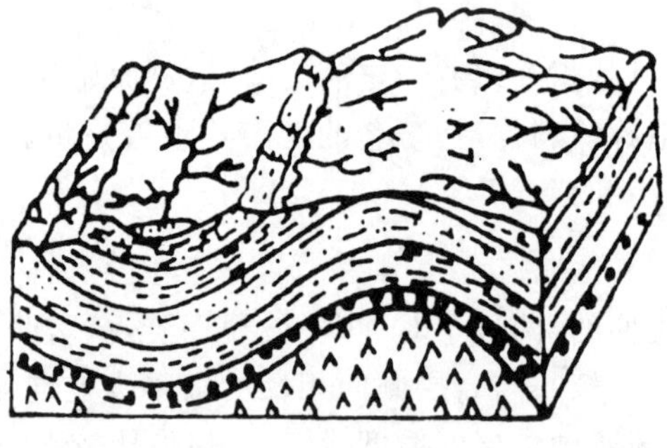

图 5-25 背斜山和向斜谷

在坚硬岩层厚度较大，构造上为隔挡式褶曲的地区，常有利于正地形的保存。四川东部的平行岭谷，便是这种地形。

2. 背斜谷和向斜山

顺地貌形成后，如果褶曲构造受外力作用，在张节理发育的背斜轴部，侵蚀作用较强，发育成谷地，即背斜谷，而向斜处形成山地，即向斜山，这种地貌形态称逆地貌(图 5-26)。逆地貌往往反映受长期的侵蚀，地貌发育的时间较长。

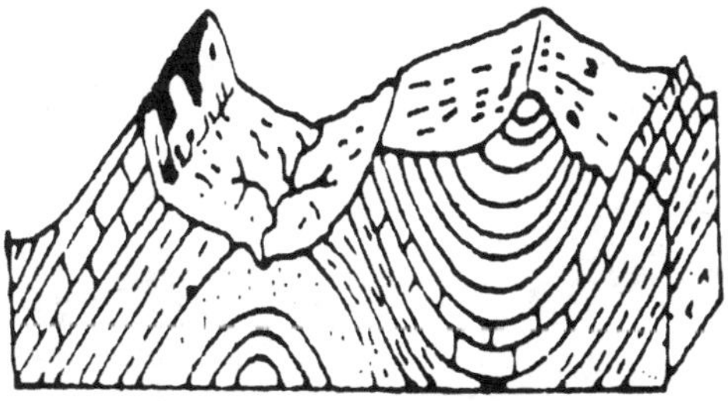

图 5-26 背斜谷和向斜山

外力作用已经破坏了原来的构造地貌形态。若逆地貌再经长期剥蚀破坏，有可能使构造形态和地貌形态恢复一致，称再顺地貌。顺地貌和逆地貌的发育除了时间因素还与原始构造产状、岩性软硬组合有关。如褶曲比较舒缓，起伏较小，而且坚硬岩层较厚，有利于顺地貌的延续存在。反之，褶曲较陡，起伏很大，软岩层较厚，易于发育成逆地貌。

逆地貌在地表非常普遍，如广东肇庆市七星岩地区就是一个例子，见图 5-27。该地区为一倾伏背斜构造，核心部分较老的地层为砂页岩，上覆较新地层为厚层石灰岩。背斜的顶部因受张力最大，形成许多与层面垂直的张开裂隙，为进一步的风化剥蚀创造了有利条件；两翼地层倾斜，弯曲率小，形成的断裂少，且为紧密的剪节理，所以风化、剥蚀较慢。差异风化、剥蚀的结果，背斜顶部便成为低地，两翼被保留下来成为高地。因轴部较老的地层为砂页岩，较易风化成为土山，河流的侵蚀作用，削平了土山而成为岗地。以后地壳上升，河流下切，保留下这些平缓的岗地，两翼的高地均由石灰岩组成，石灰岩很容易被水溶解，所以在水分的进一步溶蚀作用下，形成一座座屹立的孤峰如北斗七星，故名七星岩。

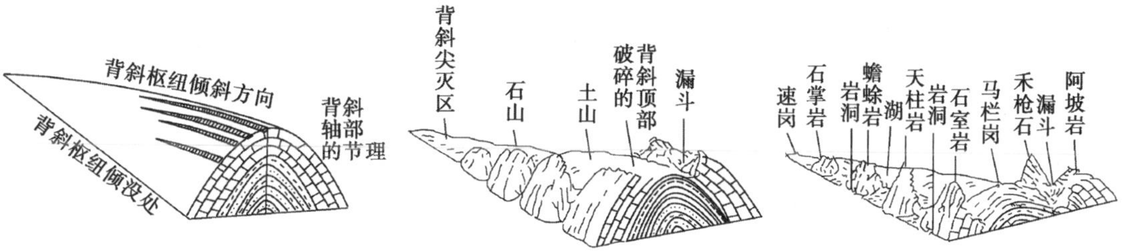

a. 七星岩背斜向西倾伏原始构造示意图

b. 背斜被流水破坏后土山出露和石山开始形成

c. 七星岩背斜现在的情况石山孤立湖中，土山呈条状分布在两列石山之间

图 5-27 广东肇庆七星岩背斜谷形成发育过程(引自华南农业大学，1999)

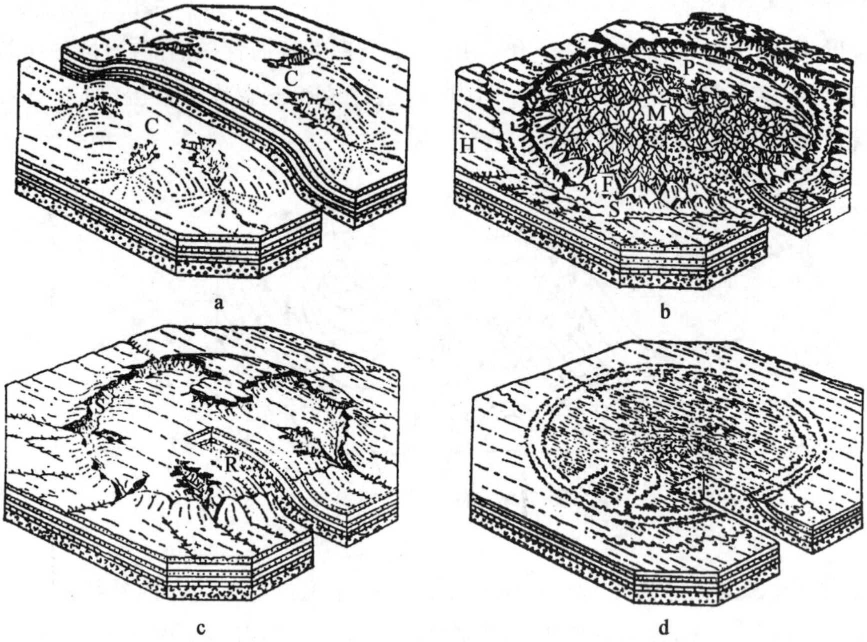

C. 顺向河；S. 次成河；R. 再顺向河；M. 结晶岩山地；P. 穹隆中央高原；F. 单面山；H. 穹隆外围的水平岩层

a. 穹隆构造形成初期；b. 表面的沉积盖层被剥蚀，露出中心结晶岩山地；c，d. 山地被进一步剥蚀

图 5-28 穹隆构造地貌发育（转引自杨景春等，2017）

3. 穹隆构造地貌

背斜轴的两端向下倾伏即为穹隆。有时穹隆是一个没有明显走向的背斜隆起。规模巨大的穹隆构造常常由岩浆侵入沉积岩层而成，或者外部是沉积岩盖层，内核是变质结晶岩体。当盖层被剥蚀后，核心就出露，在穹隆周围形成各种单斜地形，而在穹隆的中心形成岩浆岩或结晶岩山地（图 5-28）。该图是由于穹隆构造形成后由外力剥蚀形成的地貌特征。如果穹隆构造是活动的，现今仍上升，地表就会形成放射状水系，河流从中心向四周流。

4. 构造盆地

形态与穹隆山相反，常常是在一个向斜构造上发育的，盆地周围的环状单面山陡坡朝外，发育向心状水系。盆地中心常有湖泊或沼泽，盆地中沉积了很厚的疏松沉积物，是农业生产的良好基地。

四、断层构造地貌

1. 断层崖

断层活动形成的陡崖。

断层能直接形成有特色的地貌，如断层崖，也能使原先的地貌发生变形，如夷平面或河流阶地被错断。断层崖形成后，由于外力剥蚀作用，也可使断层崖变为断层三角面山。凡由断层直接或间接形成的地貌，统称为断层构造地貌。

它的高度取决于断层的规模，最高可达百米，低的只有数米甚至不到 1 m。断层崖的走向各式各样，与断层的性质有关。断层崖的排列方式有：连续线性分布、间断分布、"之"字形分布、首尾相接斜列分布（图 5-29）。断层崖的不同排列形式和断层的力学性质有关。在地面出现的平直而延伸较长的断层崖，多属于张扭性断层形成的断层崖；间断分布或呈之字形分布的断层崖，常是张性断层形成的；而多条首尾相接的斜列分布的断层崖，则由压扭性断层形成。

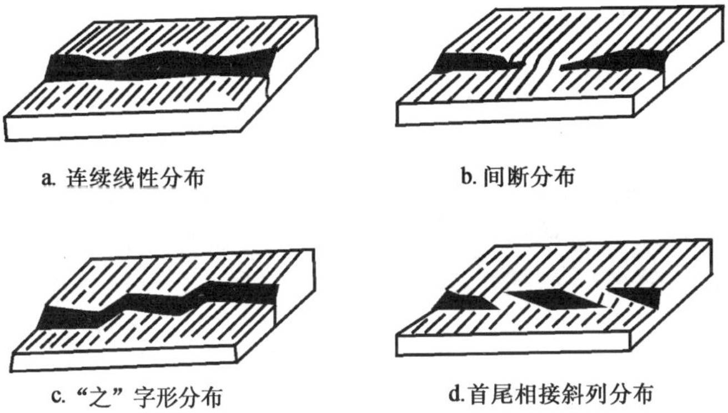

图 5-29　断层崖排列形式

理论上，断层崖的坡面角和断层的倾角应一致，但实际上，断层崖的坡面倾角比断层的倾角要小，或者断层崖的上部倾角比下部倾角小。这些特点和断层崖的坡面发育有关。当断层崖刚形成时，断层崖的坡面倾角和断层倾角近于相等，随着时间的推移，断层崖不断崩塌，坡度渐渐变缓，经过一段时期后，断层崖坡面倾角就小于断层倾角。如果断层再次活动，在断层崖的下部又出现新的断层崖，它的坡度比经受过剥蚀的早先形成的断层崖坡度要大。因此，多次断层活动形成的断层崖，其上部坡度小，下部坡度大，坡面有明显的转折。如果断层有几次活动，断层崖的坡面就可能有几次转折。

由于断层崖的崩塌，在断层崖的坡脚，堆积一层重力堆积物，当断层崖的坡面达到相对平衡时，崩塌就减弱或停止。当再一次发生断层活动，出现新的断层崖，坡面又开始崩塌，形成新的一层重力堆积物。因此，在断层崖坡脚，剖面中可以见到多层呈楔状的崩塌堆积物。所以每一层崩塌堆积物可表示一次断层活动（图 5-30）。

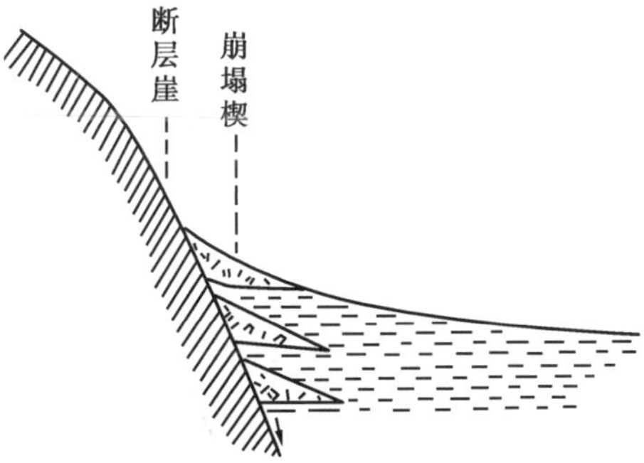

图 5-30　断层崖坡脚的楔状崩塌堆积物

2. 断层三角面山

断层崖形成后，由于受到横穿断层崖的河流侵蚀(多为一些暂时性水流形成的河流)，完整的断层崖被分割出许多三角形的断层崖，这时断层崖山地称为断层三角面山。断层三角面山是由断层崖发育而来的，断层三角面山的底线就是断层线，这里能见到断层破碎带。如果组成三角面山的岩石很坚硬，或者断层崖形成的时代很近，断层三角面就较清楚；如果断层崖形成时代久远，在外力长期剥蚀作用下，断层三角面高度逐渐降低，坡度也逐渐变缓，断层三角面山就形成缓缓的山坡，甚至最后使山地也被夷平(图 5-31)。

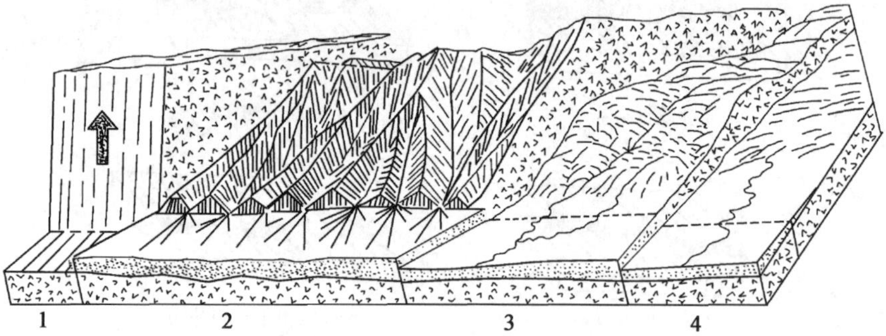

1. 断层刚发生，形成高大的断层崖；2. 三角面山；
3. 断块山地被剥蚀降低，断层崖被侵蚀成断层三角面山；进一步
降低、后退，形成浑圆的山嘴，山嘴已距断层一段距离；4. 断块山地被夷平

图 5-31 断层崖的演化(转引自杨景春等，2017)

3. 断层谷

沿断层破碎带发育成的河谷。断层谷一般切割较深，两岸陡峭，则呈峡谷；若断层破碎带较宽，则形成宽谷。断层谷的两侧常不对称，一侧为陡峭的断层崖或三角面山，一侧为缓坡。断层谷通常是直线分布的。断层谷地形很普遍，是断层常形成的地貌形态，如图 5-32 所示。

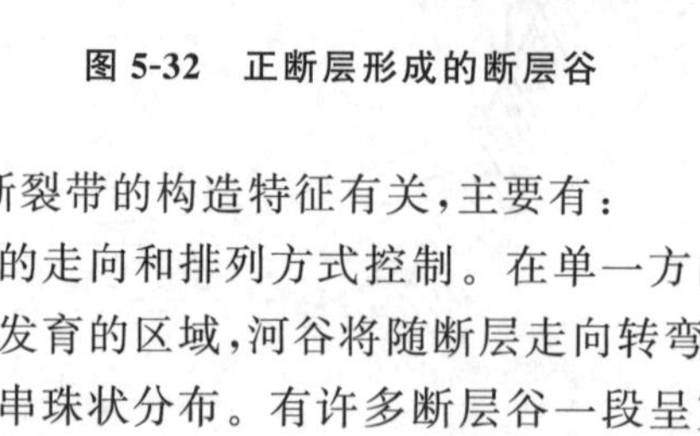

图 5-32 正断层形成的断层谷

断层谷的平面形状常和断裂带的构造特征有关，主要有：

(1)断层谷的走向受断层的走向和排列方式控制。在单一方向断裂带中发育的断层谷多是平直的，在有几个方向断层发育的区域，河谷将随断层走向转弯而转弯。

(2)断层谷常呈宽狭相间串珠状分布。有许多断层谷一段呈宽谷、一段呈狭谷交替出现。产生这种现象的原因是断层谷内常有横向隆起的分布，河流流经横向隆起时下切侵蚀形成峡

谷，在断层破碎带中形成宽谷。

4. 断陷盆地

由断层所围限的陷落盆地。断陷盆地的周边或是全部由不同方向断层所围，或是某一边以断层为界。其平面形态有长条形、菱形或楔形。断陷盆地的剖面为槽状的地堑构造或为簸箕状的半地堑构造(图 5-33)。山西汾河、陕西渭河都是地堑构造，形成了汾渭盆地。

a. 地堑断陷盆地　b. 簸箕式半地堑断陷盆地　c. 复式半地堑断陷盆地　d. 复式地堑式断陷盆地

图 5-33　断陷盆地构造类型(引自杨景春等，2017)

(1)断陷盆地的成因　断陷盆地是由地块拉张陷落形成的。拉张方向和区域构造应力状态有关，拉张的部位受介质条件影响。如一条规模较大的剪切断裂带，在活动过程中，它的两侧地块沿这一剪切带发生扭动，导致一对拉张方向和一对挤压方向的应力。在一对拉张应力作用下，形成断陷盆地(图 5-34)。山西断陷盆地就是这样形成的。自新近纪以来，该区处于 NEE—SWW 方向的挤压应力状态，致使一些规模较大的北东方向的断裂产生右旋运动，从而导致 NW—SE 方向的拉张和 NE—SW 方向的挤压，所以形成了一系列 NE 方向的拉张断陷盆地。另外，断层扭动，断层两侧地块发生滑动，由于断层线的走向发生弯曲，使断层带的应力状态发生改变，局部的拉张段形成断陷盆地。这种断陷盆地的平面形态多是菱形(图 5-35)。

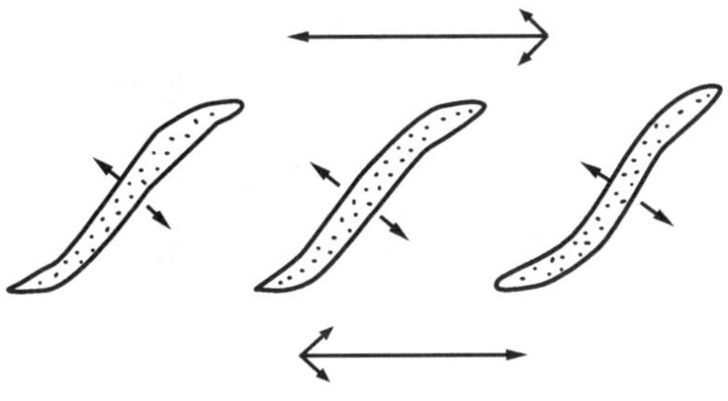

图 5-34　断陷盆地形成示意图(引自杨景春，2005)

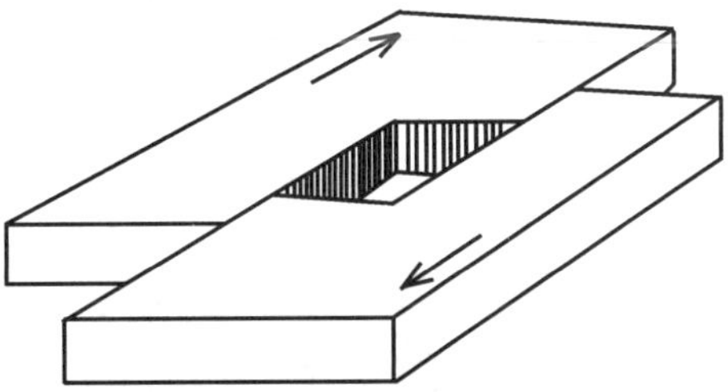

图 5-35　菱形断陷盆地形成示意图(转引自杨景春，2005)

(2)断陷盆地的沉积结构　包括沉积物成因类型结构和不同年代沉积物的分布结构。断陷盆地内沉积了较厚的新生代松散沉积物。垂向上，常是湖积物和冲积物互层，或是冲积物和洪积物互层。水平方向上，盆地边缘山麓是洪积物，向盆地中心逐渐过渡为冲积物、湖积物。断陷盆地内沉积物按年代的分布规律是：从中心向两侧变老，并对称排列。

5. 断块山地

受断层控制的块体，呈整体抬升或翘起抬升形成的山地。断块山地或是地垒式的山地，或是一侧沿断层翘起，一侧缓缓倾斜的掀斜式山地(图 5-36)。我国江西的庐山即是地垒式断块山地。

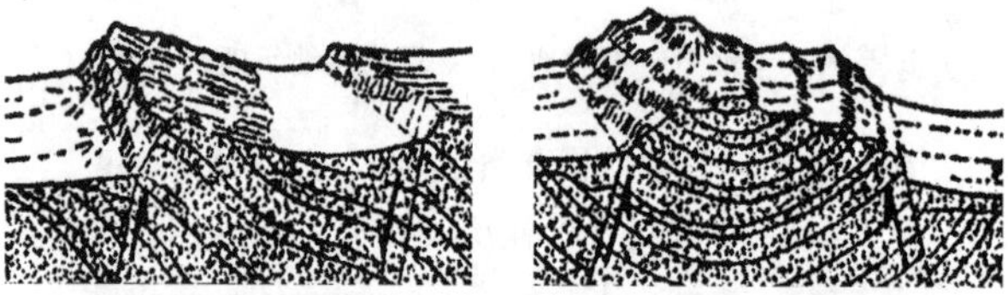

a. 掀斜式上升断块山　　b. 地垒式上升断块山

图 5-36　断块山(根据 Davis)

前者山坡两侧对称，后者翘起的一坡短而陡，倾斜的一坡长而缓，山体的主脊偏向翘起的一侧。断块山地的山麓常发育断层崖或断层三角面山。断块山地对河流发育有很大影响。在新生代晚期仍在抬升的断块山地，常使河流发生袭夺和改道，见图 5-37 和图 5-38。断块山地抬升，使原先河流的流路受阻，迫使河流改道，放弃原先河道。如山西南部侯马附近的紫金山—稷王山抬升，使古汾河放弃原来从这里往南流的一支主河道而往西流，在河津附近入黄河。在紫金山—稷王山抬升的隘口至礼元一段，还保留有汾河的古河道形态和河流沉积物。

图 5-37　恒山断块翘起和河流反向示意图(引自杨景春等，2017)

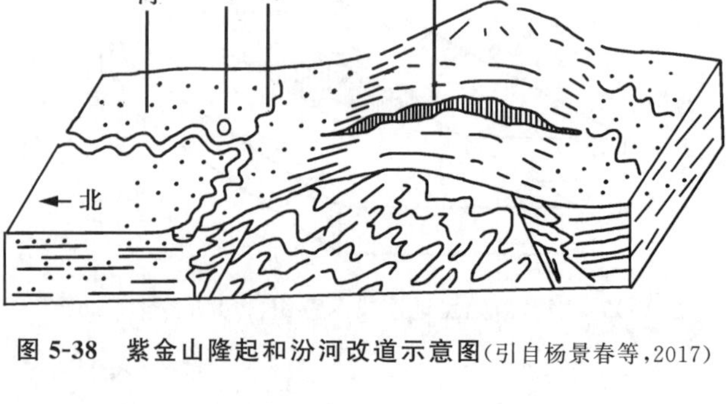

图 5-38　紫金山隆起和汾河改道示意图(引自杨景春等，2017)

第四节　我国的大地构造

自人类发现构造运动以来，就力图解释其成因。构造运动的根本原因是力的作用。大地构造是指大范围以至全球范围内构造运动的作用力及它所导致的地壳构造或形态。大地构造学是从全球的角度研究地壳构造的发生、发展和分布规律，它力图解决构造运动的方向、性质、时空分布规律及动力来源问题。但至今仍然不能全面解释以上各问题。下面简要介绍几种有影响的大地构造学说。

一、槽台学说

由于地壳各个地区地壳运动性质不同，因而反映在地壳中构造变形、沉积作用、岩浆作用和变质作用亦有很大差异。通过对大量实际资料分析对比、综合和归纳，地壳可以划分为强烈活动的地槽和相对稳定的地台两个大地构造单位。

（一）地槽与地台

1. 地槽

地槽是地壳上巨大狭长的或盆地状的沉积很深厚的活动地带，长达数百千米至数千千米，宽数十千米至数百千米。它具有两种性质，早期主要表现为强烈坳陷，接受巨厚的沉积物沉积，厚度可达几千米至一两万米，并且常有火山活动，形成以基性甚至超基性的熔岩流和岩床等；晚期经造山运动褶皱成山，还伴有强烈的岩浆活动和变质作用，形成以中酸性为主的庞大岩基以及贯入围岩中的岩脉等。地槽经过一系列地质活动以后转变成相对稳定的褶皱山脉称为褶皱带，地槽是褶皱带前身，而褶皱带是地槽发展的结果，褶皱带形成后仍不断上升，地貌上表现出巍峨的山势。

2. 地台

地台是地壳上相对稳定的地区，它的活动性较弱，平面上呈近等轴不规则形状。具有双层结构，下层称为基底，是褶皱带残留的基部，上层称为盖层（或沉积盖层），由稳定型的碳酸盐岩、砂页岩组成，两者呈显著的角度不整合接触。地台发展也经历前期下降，后期上升过程，但与地槽相比，地台阶段地壳缓慢地升降，升降幅度小，无明显的水平挤压，以致构造变动、岩浆活动和变质作用都较弱，因而沉积盖层上岩层呈现水平或缓倾斜，厚度薄，岩相较稳定，没有遭受区域变质作用，缺乏大规模岩浆岩。地台上大面积长期隆起，具很大稳定性，基底露在地面，一般缺乏沉积盖层的称地盾。

3. 过渡区

在地槽与地台之间，具有过渡性的地区，称为过渡区。过渡区的性质介于两者之间。

地槽和地台在漫长的历史中不是恒定不变的，而是互相制约、互相转化。如地槽区在褶皱回返后逐渐失去活动性，最后转化为褶皱带，开始具有地台性质，而地台区又可能重新活化而成地槽。因此，地台与地槽只是地壳发展中不同的发展阶段而已。

（二）我国大地构造分区

在不同理论指导下，其大地构造分区也不同。这里主要介绍根据传统大地构造理论（槽台学说)所进行的大地构造分区。根据地壳发展的阶段性,以活动地槽区最后转化为稳定的褶皱带的时间来划分,我国的大地构造单元可相应划分为:

(1)华北地台(中朝地台) 包括秦岭—大别山以北,天山—阴山一线及其东延部分以南的整个华北、东北南部、渤海、北黄海及朝鲜北部,以深断裂与相邻单元分界。

(2)扬子地台 包括由云南东部至江苏的整个长江流域和南黄海。

(3)塔里木地台 北与天山相邻,南接昆仑山。

(4)南海地台 分布在海南岛南端,包括大部南海在内的广大地区。

(5)天山—兴安海西褶皱带 包括天山、大兴安岭地区。

(6)祁连加里东褶皱带 包括祁连山地区。

(7)昆仑—秦岭海西褶皱带 北邻华北地台—塔里木地台,东南接扬子地台,与滇藏褶皱带相邻。主要部分为海西褶皱带,其东南缘的南秦岭为印支褶皱带。

(8)滇藏老阿尔卑斯褶皱带 分布在龙门山和金沙江—红河以西,昆仑山以南,雅鲁藏布江以北地区。北部为印支褶皱带,南部唐古拉山和冈底斯山主要为燕山褶皱带。

(9)喜马拉雅褶皱带 位于雅鲁藏布江以南,地槽的全面褶皱发生在晚始新世,最南缘为印度地台的北部边缘。

(10)华南加里东褶皱带 位于扬子地台之南。

(11)台湾新阿尔卑斯褶皱带 位于中国台湾。

我国大地构造分区(图 5-39)控制了我国地貌形态,我国地貌特点与大地构造有密切关系。

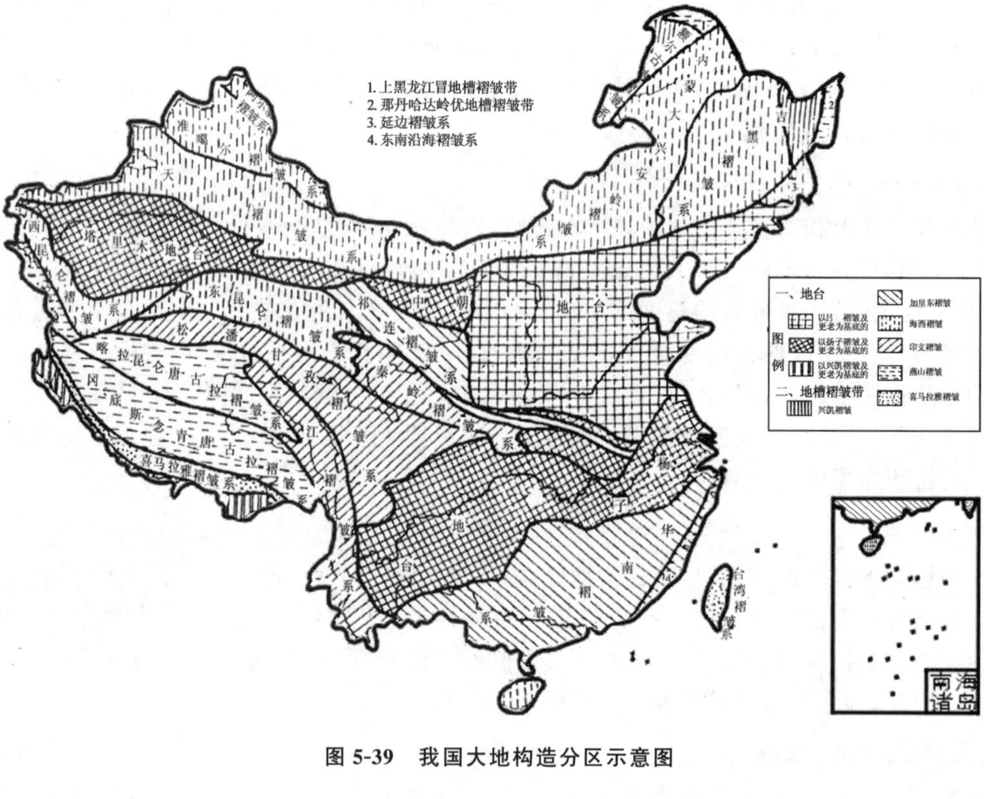

图 5-39 我国大地构造分区示意图

二、板块构造学说

板块学说是关于全球构造的理论，它标志着地质学的革命性变革。对地球表面海陆现状的形成有两种不同的看法：一种是强调地壳的升降运动；另一种是强调地壳的水平运动。对于后一种看法有其渊源，这就是地质学史上曾经闻名一时的大陆漂移说。其实，大陆漂移、海底扩张、板块构造是一个问题的三部曲。

（一）大陆漂移说

大陆漂移说（drifting continent）是 1912 年德国学者魏格纳（A. Wegener）正式提出来的。他发现大西洋两岸大陆的轮廓非常吻合，似乎大陆沿大西洋发生过裂开和漂移。此外，他从地质上作了进一步的研究后发现，相邻大陆在地质上有许多相似性和可拼合性。

1. 古生物特征

许多动物，尤其是陆生动物，它们只能在同一大陆内迁移而不能远渡重洋，但在大西洋两岸许多浅海或陆地上，生活的动物种属相同。如二叠纪生活在内陆的中龙，分别发现于非洲和南美洲（图 5-40）。

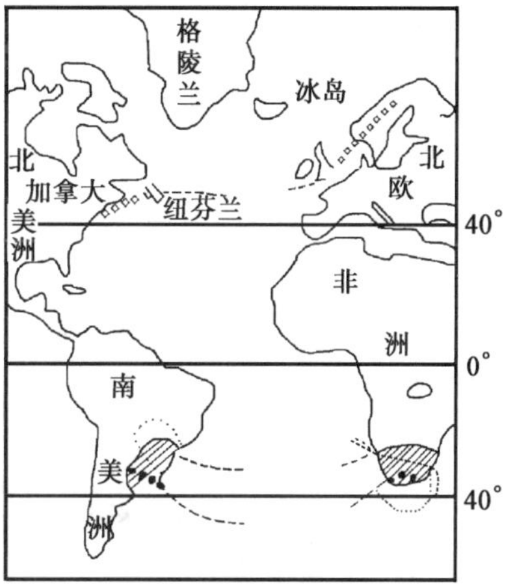

图 5-40　大西洋两岸地形与地质的吻合性（引自夏邦栋，1995）

2. 地层岩性特征

非洲南部二叠系岩层组成的开普山脉向西延伸，这种岩层也出现在南美洲的布宜诺斯艾利斯。非洲高原出露的前寒武纪片麻岩在巴西也有出现等。

3. 古冰川活动遗迹的分布

石炭、二叠纪的冰川活动遗迹发现于印度、澳大利亚、非洲、南美洲，它们分别位于热带或赤道的不同地带，现今的气候条件无法形成冰川。如果没有发生过统一的大陆分裂和漂移，上述现象无法解释。

魏格纳认为，大约在 3 亿年前，地球表面有个统一的大陆，从侏罗纪开始，联合古陆逐渐分裂成几块，并各自漂移，最终形成各大陆及其间大西洋与印度洋，见图 5-41（魏格纳，1912）。

a.晚石炭世　b.始新世　c.更新世早期

图 5-41　大陆地壳在漂移过程中的位置（魏格纳，1912）

他认为,大陆是由比重较小的花岗岩层组成,漂浮在比重较大的玄武岩层之上,由于地球自转离心力的作用,以及潮汐摩擦力的作用,使漂浮在玄武岩层基底上的花岗岩层产生由西向东的漂流,由于漂流速度不同,就分裂成各大洲,其间形成各大洋。大陆漂移前缘受基底阻碍处就挤压形成褶皱山脉。

大陆漂移的主导思想是正确的,但魏格纳未能证明大陆漂移的机制。因刚性的花岗岩层不可能在刚性的玄武岩层上漂移;潮汐摩擦阻力与离心力太小,不足以引起大陆漂移。大陆漂移遭到部分人的反对和嘲讽,只有少数学者继续探索大陆漂移的真谛。

英国学者霍尔姆斯提出了对流说,他认为大陆漂移可用地幔对流来解释。因为岩石导热性差,放射性热能在地球内部发生不均匀聚积,使地幔下层物质受热上升,地幔上层温度相对低而密度大的物质则下降,两者构成封闭式的循环流动。在对流的早期阶段,上升的地幔流到达原始大陆中心部分,然后分成两股,并朝相反方向流动,从而将大陆撕破,并使分裂的块体随地幔流漂移,其间便形成海洋,上升的地幔流因压力减低而熔化成岩浆,这些岩浆组成洋底和岛屿。地幔流的前缘碰到从对面来的另一地幔流时,就转向下流,从而将大陆块体的底部向下牵引,使大陆边缘受到挤压而形成褶皱。当对流停止时,褶皱体因均衡力而上升形成山脉。与褶皱形成的同时,地幔流把洋底的玄武岩也往下拖曳,从而形成海沟。

对流说克服了大陆漂移说不能解决的问题,即是地幔对流驱动大陆运动。地幔对流说得到了较广泛的支持,至今仍受到重视(图 5-42)。

图 5-42 霍尔姆斯的地幔对流说(引自夏邦栋,1995)

(二)海底扩张

20 世纪 60 年代初,美国地震地质学家迪茨(Dietz)正式提出海底扩张的概念,接着赫斯(Hess)加以深入阐述。

迪茨提出:由地幔中放射性元素衰变生成的热,使地幔物质以每年数厘米的速度进行大规模热循环,形成对流圈,它作用于岩石圈,成为推动岩石圈运动的主要动力。洋壳的形成与地幔对流有关。洋脊轴部是地幔物质的上涌部位,即离散带,海沟是地幔物质的下降部位,即敛合带。在离散带,洋壳不断形成、撕开,并缓慢地向两侧的敛合带方向扩张。

赫斯进一步提出:地幔对流的速度为每年 1 cm。对流圈在洋脊处上升,并且地幔物质从洋脊轴部涌出。洋脊随地幔对流圈的存在而存在,其生命为 2 亿~3 亿年。当对流圈在大陆下面上升时,导致大陆分裂而且被分裂的陆块以均一的速度向两侧运动,在裂口处逐渐形成洋脊。这时,大陆是驮在地幔上被动地随地幔对流体的运动而运动。

海底扩张的要点是：洋底在洋脊裂谷带形成，而后分裂，并不断向两侧扩张，同时老的洋底在海沟处潜没消减，因而洋底不断更新。洋底的扩张是由于刚性的岩石圈块体驮在软流圈上运动的结果，运动的驱动力是地幔物质热对流。洋脊轴部是对流圈的上升处，海沟是对流圈的下降处。如果上升流发生在大陆下面，就导致大陆的分裂和大洋的启开。

(三)板块构造

海底扩张说继承了大陆漂移说和地幔对流说的基本思想。主要着眼于洋底，对洋底的形成与演化规律进行了解释。其为板块构造学的诞生打下了基础。

板块构造立足于海底，面向全球。它是海底扩张说的发展，并已成为推动地质学革命的潮流。

板块构造的含义是：刚性的岩石圈分裂成许多巨大的块体——板块(plate)，它们驮在软流圈上作大规模水平运动，致使相邻板块相互作用，板块边缘便成为地壳活动性强烈的地带，具体表现为强烈的岩浆活动、地震活动、构造变形、变质作用以及深海沉积作用。而板块内部的构造活动性微弱得多，可视为相对稳定区。

板块的边界类型有3种：离散型边界、汇聚型边界、转换型边界(图5-43)。

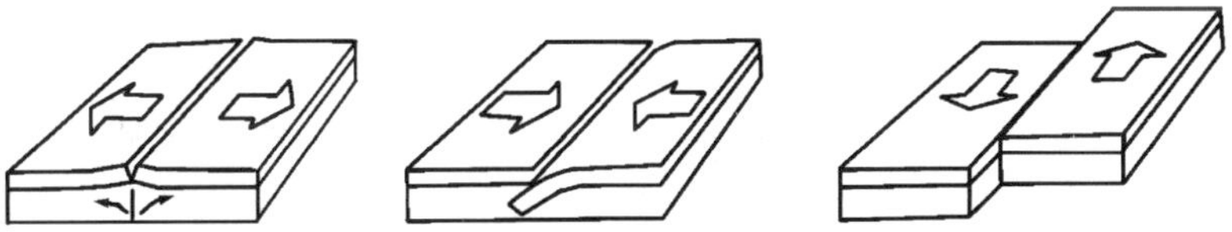

图5-43　板块边界的3种不同类型

(1)离散型边界　在洋中脊及大陆裂谷地区，板块在这里向两侧分离，以拉张作用为特征，地幔的岩浆从这里上升沿着拉张裂隙侵入或喷出。所以这里是岩石圈增生的地方。东非裂谷被认为是沿初期离散型板块边界形成的。

(2)汇聚型边界　汇聚型边界两侧岩块相向运动，形成强烈的挤压，其结果表现为俯冲型边界和碰撞型边界。当大洋板块与大陆板块相遇时，通常密度较大的大洋板块会俯冲到密度较小的大陆板块之下。俯冲作用通常会形成海沟、岛弧等地貌组合。环太平洋构造带是俯冲型边界的典型代表。当两大陆板块相遇时，两者相互挤压，以变形缩短和岩浆作用为主，并最终“焊接”在一起，在板块结合处形成一系列山脉。以喜马拉雅山为代表的特提斯构造带是碰撞型边界的代表。

(3)转换型边界　位于相邻板块相互错动的地方，表现为转换断层，这里没有物质的增生和消减。

根据全球规模的构造带分布所构成的自然边界，岩石圈划分为6大板块，即美洲板块、太平洋板块、欧亚板块、非洲板块、澳洲－印度板块、南极洲板块(图5-44)。此外还有面积较小的板块如菲律宾板块、加勒比海板块等。

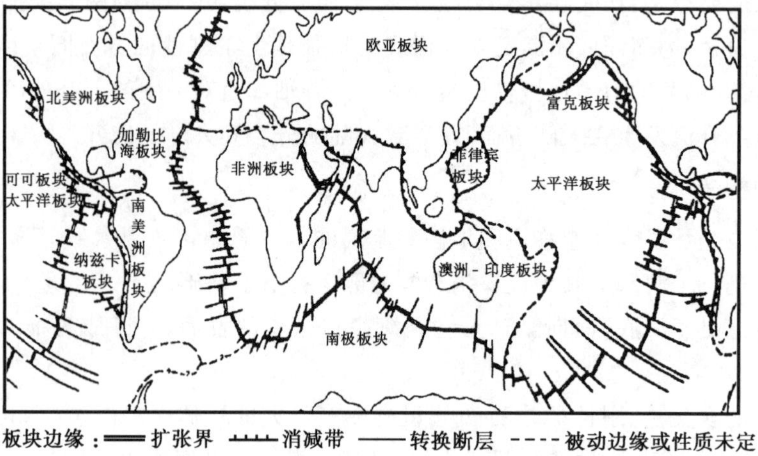

图 5-44　全球地壳板块构造划分(引自 Arthur N. Strahlev,1977)

三、地质力学学说

地质力学是我国著名的地质学家李四光教授运用力学观点研究地质构造和地壳运动规律的一门科学。野外经常见到的岩层褶皱、断层、节理等地质构造现象,地质力学上称之为构造形迹。每种构造形迹都有和它相伴而生的一群构造形迹,它们在形成和发展过程中的内在联系,叫成生联系。具有成生联系的构造形迹群聚集成带,一般称构造带。各个构造带,如果它们大体上是同一时期经过一次运动,或者按同一方式断续经过几次构造运动产生,就可以把它们当作一个统一的整体叫构造体系,它是在一定动力作用方式下发生的区域构造运动的结果。

根据形成构造体系的构造运动方式及其形态特征,可概括地分为 3 大类型:

(1)纬向构造体系　在大陆上常表现为横亘东西的隆起山岭,例如我国的阴山—天山构造带,秦岭—昆仑构造带和南岭构造带等。

(2)经向构造体系　是走向南北的强烈构造带,如我国川滇南北向构造带,贺兰山区走向南北的构造带。

(3)扭动构造体系　为区域构造运动的构造体系,如我国东部地区内北北东构造的巨大“多”字形的构造体系(简称为新华夏系),祁连山、吕梁山、贺兰山“山”字形构造体系。

地质力学研究了地壳表面各种类型的构造体系,在分析它们的分布与地应力的活动方向以后,认为地壳运动是以水平运动为主,在强大的地壳水平运动作用下,可以引起相当规模的垂直运动。而地壳水平运动的主要动力来源于地球自转及自转速度变化,如地球自转产生的离心力可以形成南北压力,以至产生纬向构造体系。地球自转速度改变有可能产生东西向压力,形成经向构造体系。这样便把地壳表面的构造形迹、构造体系与地壳运动的方式、方向以及地壳运动的动力规律联系起来形成一门系统的具有独特见解的地质力学。地质力学在找矿、勘探、工程地质、地震以及地热资源勘探等方面的应用,取得了一定效果,特别是为我国石油事业做出了重大贡献。

第五节　新构造运动及地质构造与农业资源

由于构造运动将形成各种各样的地质构造，而地质构造又控制着地形的分布格局，如控制盆地、高山、河流等的分布情况。当岩层受力拉伸、挤压以及扭动时，产生升降运动、水平运动，从而产生断裂、褶皱构造，由于外力的作用，则形成有规律的构造地貌。在绪论中曾提到要进行土壤区划、农业规划，就要考虑自然条件，而地质条件是一个很重要的自然条件。地质条件主要包括地层岩性和地质构造。前者指岩层形成的地质年代和岩石类型、矿物组成及结构、构造特点，已在前面介绍过；后者则指地质构造类型如水平构造、倾斜构造、褶皱构造及断裂构造。

新构造运动的升降以及地质构造对土壤的形成和分布都有重大的影响。

一、新构造运动对土壤分布的影响

由于新构造运动可引起环境的演变，从而影响土壤在空间中形成与分布的规律。如我国青藏高原强烈上升，使全国土壤分布起了很大变化——西藏高原的土类为高山草甸土及高山寒漠土；沿纬度线分布的红黄壤带向西延至云贵高原以东，而广大的西北地区不能接受海洋湿润空气，只能形成干旱地区特有的钙层土；由于北方冷空气受阻而折向东南，使我国东南沿海的温度低于世界上其他同纬度地区，使整个沿纬度线的土壤带位置，相对地略向南方推移，这一系列的巨大变化都是随西藏高原的新构造上升而逐渐改变的。

就局部范围而言，随着时间的推移，新构造运动也改变着成土因素。如我国长江三角洲地区，具有明显的新构造下沉特征。在广大平原区的土壤剖面中常可见不断加积的土层，主要有：含大量铁、锰新生体的黄色土层；含泥炭的黑色土层；大量铁、锰淋失的白色漂洗土层；含还原性铁的青蓝色土层。现在这四种土层无一定次序地上下叠置，说明土壤的发育环境有过多次变化，这都是由于轻微的新构造运动引起。我国东北地区的白浆土，广泛分布于三江平原一带的低缓丘陵上，据有人研究其形成过程是由于新构造运动上升使排水条件改善，土壤中原来的潜育性层次，经过氧化还原交替，从青灰色变为白色。与新构造运动有关的土壤形成实例还很多，以上仅举几例可见一斑。

二、新构造运动与土地资源利用

新构造运动对地貌的形成具有控制作用，不同地区的新构造运动不同，从而可形成不同的地貌分区，地貌单元不同，相应的土地资源利用也会不同。下面以江西省鄱阳湖地区的新构造运动影响到该区的土地资源利用为例来说明它们的密切关系。

鄱阳湖是地堑式湖，其湖盆是第三纪末期，由于断裂活动，又经过长期以负向为主的缓慢运动及江河冲积物的不断充填而成。鄱阳湖的形成主要受新构造运动的控制，该区的新构造运动在区域地貌的基本轮廓上加速了现代地貌的发育过程，从而形成了现有地貌状况下的不同土地资源利用方式(赵小敏，2001)。鄱阳湖地区的主要运动形式是继承性的断裂和被活动性断裂所控制的断块差异升降运动，总趋势是间歇性上升。

(1)根据运动特点，鄱阳湖地区的新构造运动分为 3 个区：①东北部掀斜式上升区，有景德镇等；②西北部断块差异上升区，包括九江、庐山等区；③鄱阳湖盆断坳沉降区。

(2)在新构造运动控制下，根据成因、形态和大地构造标志等，将鄱阳湖地区划分为4个地貌区：①东北部中山丘陵区；②西北部中山低山平原区；③中部湖盆水域洲滩区；④南部平原区。由于鄱阳湖地区的新构造运动的控制，各区域的地貌形态不同，从而引起自然生态环境和人类生产活动的差异，因而各区的土地利用特点不同。

(3)鄱阳湖地区的土地资源利用分为4个区：①东北部林业陶瓷旅游用地区，包括景德镇市区等；②北部农林旅游区，有九江市区、濂溪区等；③中部水域洲滩区，有鄱阳湖水面和岛屿区；④南部农业城镇用地区，有南昌市、南昌县等。

三、地质构造与土壤分布和改良的关系

岩层不同会使形成的土壤不同，尤其在基岩出露地区。地质构造决定着岩层的分布，因而决定着土壤的分布，地质构造与土壤分布规律直接相关。

在水平岩层地区，岩层在地面的露头界线大致平行于等高线，因此土壤分布一般也有按等高分布的规律；在倾斜岩层分布区，岩层在地面露头的界线与地形等高线不一致，这时就需要根据岩层产状与地面土壤母质分布的关系来了解土壤的分布规律。因而可根据岩层产状和地形特征来了解地面土壤母质和土壤的分布规律。

各种类型的褶曲构造，在地面上岩层露头的分布也都有一定的规律，当掌握了褶曲构造的类型和褶曲轴的走向以后，就能根据褶曲地区地层对称式重复出现的规律，对土壤分布作出正确的判断。因此，在进行土壤调查时，有关地质构造的图件，是不可缺少的重要参考资料。

近年来卫星遥感技术广泛应用于地学领域，也是土壤科学现代化的一个方面，用卫星照片来判断地貌、水文及土壤的性质和分布状况，更加准确和迅速，然而对卫星照片的判读和解译，必须具有地质构造和相应地貌、水文等的基本知识，才能得出正确结论。

某些低产土壤，如沼泽地、盐碱土等大多数与排水困难等的构造盆地有关。必须了解盆地的地质构造特点，才能采取相应措施降低地下水位以改良沼泽地，在有排水保证条件下，引淡水进行灌溉，减少土壤含盐量以改良盐碱土。

土壤侵蚀是降低土壤肥力的一个重要因素，它可以引起水土流失，降低土壤肥力，尤其在丘陵山区，水土流失比较严重，成为限制农业生产的一个突出因素，必须根据构造地形的规律，来开展水土保持工作。例如，在断层崖、猪背岭、逆向坡等地段，水土流失严重，不宜开垦种植或过度放牧，应封山育林防止冲刷，或采取适当的工程防护，治沟稳坡，减少水土流失。

四、地质构造与土地利用规划

在进行各种用地规划，尤其是建设用地规划时，要考虑到地质构造的影响，因为地质构造极大地影响农田基本建设工程的稳定性。各种厂址、坝址及重要的交通要道的选择，都要尽量避开断裂构造，或设计时考虑断层的活动强度，以便采取相应的措施，降低断层活动对工程的影响。

在山区常进行农田基本建设，需进行修筑梯田、引水上山等田间工程，这些田间工程与地质构造的关系很密切。如在山坡进行工程挖方时，应该根据岩层和节理的产状，选择合适的挖方地点。在有节理的岩石上挖方，侧坡与节理面相交是较好的挖方方案。修筑梯田必须考虑

节理和层理构造的情况。若节理面或层理面与地面坡度相反，则梯田面的宽度可以加宽，前后坡可以陡些，两级梯田间的间隔（高差）可以大些；若节理面或层理面与梯田坡向一致，则梯田的宽度应变窄，前后坡的坡度应减缓，并加强固坡措施，在土石山坡地，最好梯田坡用石墙衬砌，以防塌方。

此外，在背斜轴部张节理很发育，岩石破碎，容易漏水，尤其是下面有石灰岩层时，常形成漏水溶洞，水分更不易保存。所以灌溉渠道的位置不宜选在背斜轴部，因其发达的节理会引起渠道水分渗漏损失；同样也不宜在背斜轴部凿井取水和建蓄水水库，因为背斜轴部无蓄水性能。向斜轴部蓄水性能较好，是打井取水的好地方。另外，在农田水利工程规划时，对于水库、沟、渠以及微型水利工程如池、塘、窖、井位置的选择，必须对附近的断层、节理做充分的研究，了解其特性，避开渗漏地段，为规划提供依据。尤其是微型水利工程，是旱地山区发展的前提。可以通过成片规划，兴建集雨工程，发展旱地粮经作物，发动群众户办微型水利，依托微水工程发展“池园经济”，其被人们誉为山区开发的“金钥匙”。

二维码资源

二维码 5-1　京津冀地区部分地质构造

二维码 5-2　地质构造

复习思考题

1. 解释：构造运动、新构造运动、地质构造、褶皱、节理、断层、正断层、逆断层、大地构造。
2. 水平、倾斜和直立岩层各有何特点？
3. 褶曲主要包括哪些要素？褶曲分为哪些类型？
4. 断裂构造包括哪些？断层有哪些要素？简述断层的基本类型及其特点？
5. 什么叫飞来峰、构造窗？其形成过程如何？
6. 简述主要构造地貌的特点及其形成过程。
7. 试述新构造运动、地质构造对土壤分布的影响。
8. 野外如何识别褶皱和断层？

参考文献

《地球科学大辞典》编委. 地球科学大辞典. 北京：地质出版社，2006.

华南农业大学. 地质学基础. 北京：中国农业出版社，1999.

陆景冈. 土壤地质（四）. 北京：中国农业出版社，1997.

陆景冈. 土壤地质学. 北京：地质出版社，1997.

舒良树. 普通地质学. 北京：地质出版社，2010.

汪新文.地球科学概论.北京:地质出版社,2004.

王根厚,王训练,余心起.综合地质学.北京:地质出版社,2008.

吴泰然,何国琦.普通地质学.北京:北京大学出版社,2003.

夏邦栋.普通地质学.2版.北京:地质出版社,1995.

杨景春,李有利.地貌学原理(修订版).北京:北京大学出版社,2005.

杨景春,李有利.地貌学原理.4版.北京:北京大学出版社,2017.

朱志澄.构造地质学.武汉:中国地质大学出版社,2004.

Stephen Marshak. Essentials of geology. London: W. W. Norton & Company, Ltd. , Castle House, 2003.

第六章　风 化 作 用

暴露在地表的岩石处在和它们形成时不同的物理、化学环境，即由高温高压的成岩环境转变为常温常压的地表环境，从而受到氧、二氧化碳、水、生物和温度变化的作用，因而会产生变化。变化的性质可以是机械的，表现为由整块岩石变为碎块或碎屑；也可以是化学的，表现为岩石的化学成分和矿物成分发生改变，从而使坚硬的岩石最终变成松散的碎屑和土壤，这就是风化作用（weathering），即地表或接近地表的岩石，在大气、水的联合作用以及温度变化和生物活动的影响下，所发生的一系列崩解和分解。松散的风化产物很易被流水、冰川、风等营力再破坏和搬运，即再受剥蚀作用。因此，风化作用是其他外力地质作用的先导，在外力地质作用中占有特殊的地位。

第一节　风化作用的类型

按照风化作用的影响因素、性质和方式，把风化作用分为物理风化、化学风化和生物风化3大类。在实际中，这3种风化类型常相伴而生，并相互影响和促进，共同破坏岩石。

一、物理风化作用

物理风化作用（physical weathering）又称机械风化。它是地表岩石发生机械破碎而不改变其化学成分也不形成新矿物的作用。其产物主要是岩石碎屑以及少数矿物碎屑。产生物理风化的原因以地表温度的变化为主，包括以下几种方式。

1. 矿物岩石的差异性胀缩

首先，岩石是热的不良导体，其表层和内部在昼夜及季节温差变化的条件下并不能同步发生热胀冷缩，因而在表层与内部之间受到引张力作用。在引张力的长期反复作用下，便产生平行和垂直于岩石表层的裂缝，从而使岩石破碎，见图6-1。其次，岩石由多种矿物组成，不同矿物的膨胀系数不同，比热不同，颜色深浅不一，接受热量不同，温度的反复变化就会引起差异性胀缩，从而破坏矿物之间的结合能力，促使岩石碎裂。例如，石英的膨胀系数为 31×10^{-6}，正长石为 17×10^{-6}，普通角闪石为 28.4×10^{-6}，因此，粗粒结晶花岗岩，在温差大的地区，容易破碎。而由单一矿物组成的岩石，如石灰岩、石英岩等受温度影响较小，崩解较慢。另外，辉长岩、玄武岩含暗色矿物多，热的辐射能力强，在温度变化大时，也容易风化。

a. 岩石风化的初始阶段，产生平行于岩石表面的裂隙；b. 岩石进一步风化，形成平行及垂直于岩石表面的裂隙；c. 随着裂隙的增多导致岩石破碎，在原地残留小块岩石；d. 岩石最终崩解

图6-1　温度变化引起岩石差异胀缩而崩解过程示意图（引自华南农业大学，1999）

2. 冰劈作用

渗入岩石中的水在温度低于 0 ℃时结冰，体积膨胀近 9%，从而给周围岩石的压力达 960 kg/cm^2，扩大岩石空隙。如果冻结和融化反复进行，就必然使岩石的空隙逐渐增多、扩大，最终使岩石崩裂，这种过程称为冰劈作用（图 6-2）。在高纬度和中纬度的高山区，昼夜温度常在 0 ℃上下波动，充填于裂隙中的水体冻融频繁，因而冰劈作用最为显著，这种风化作用由水的反复冻结所致，所以也称为寒冻风化作用。

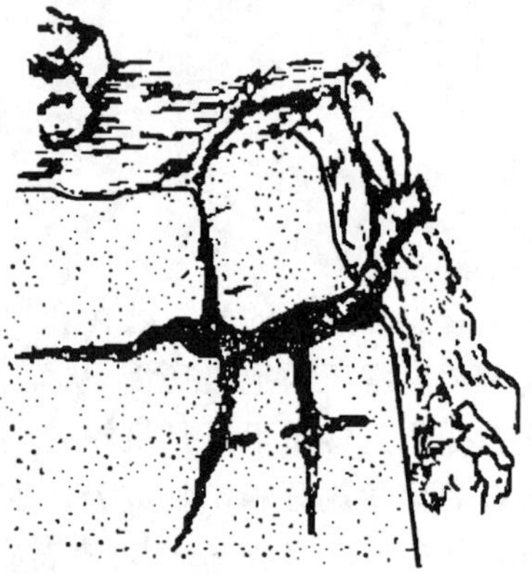

图 6-2 冰劈作用

3. 盐分结晶的撑裂作用

岩石中含有的潮解性盐类，在夜间因吸收大气中的水分而潮解，其溶液渗入岩石内部，并将沿途所遇到的盐类溶解；白天在烈日照晒下，水分蒸发，盐类结晶，对周围岩石产生压力。这种作用反复进行，使岩石崩裂，在崩裂的碎块上可以见到盐类的小晶体。此种作用主要见于气候干旱区。

4. 层裂或卸荷作用

深部的岩石处于上覆岩石的强大压力之下，一旦因上覆岩石剥去，压力解除，岩石随之而产生向上或向外的膨胀，形成平行于地面的层状裂隙。这种作用常见于花岗岩出露地区。在采石场里，因上覆岩块快速采去，下面岩石膨胀，体积增大，也常形成许多平行于地面的裂隙。

二、化学风化作用

化学风化作用（chemical weathering）是地表岩石在水、氧及二氧化碳的作用下发生化学成分变化，并产生新矿物的作用。包括以下几种主要方式：

1. 溶解作用

水是溶剂，尤其是自然界的水，总含有一定数量的 O_2、CO_2 及其他酸、碱物质，它们具有较强的溶解能力，能溶解大多数矿物。矿物的溶解度是由其化学成分及内部结构属性所决定的。常见矿物的溶解度大小顺序为：石盐、石膏、方解石、橄榄石、辉石、角闪石、滑石、蛇纹石、绿帘石、钾长石、黑云母、白云母、石英。许多岩石中含有方解石、石膏、石盐等易溶矿物，它们溶蚀以后，岩石的坚硬程度降低，直至岩石完全解体，只残留一部分难溶矿物。此外，水的温度、压力以及 pH 等因素的变化对矿物的溶解度也有明显影响。如温度升高则矿物的溶解度增大，因此，热带地区的岩石风化速度较快。

2. 水化作用

有些矿物能吸收一定量的水参加到矿物晶格中，形成含水分子的矿物，称为水化作用。如硬石膏经水化后形成石膏，反应式如下：

$$\underset{\text{(硬石膏)}}{CaSO_4} + 2H_2O \longrightarrow \underset{\text{(石膏)}}{CaSO_4 \cdot 2H_2O}$$

硬石膏转变成石膏后，体积膨胀约 59%，从而对周围岩石产生压力，促使岩石破坏。此外，石膏较硬石膏的溶解度更大，硬度更低，因而加快了它的风化速度。

3. 水解作用

弱酸强碱盐或强酸弱碱盐遇水离解成带不同电荷的离子，这些离子分别与水中含有的 H^+ 和 OH^- 发生反应，形成含 OH^- 的新矿物，称为水解作用。大部分造岩矿物是硅酸盐或铝硅酸盐，其中一部分是弱酸强碱盐，易于发生水解。如钾长石发生水解形成高岭石（土）、氢氧化钾和二氧化硅，其反应式如下：

$$\underset{\text{(钾长石)}}{4K[AlSi_3O_8]}+6H_2O \longrightarrow \underset{\text{(高岭石)}}{Al_4[Si_4O_{10}](OH)_8}+8SiO_2+4KOH$$

其中氢氧化钾和二氧化硅呈真溶液或胶体状态流失，铝硅酸根与一部分 OH^- 结合形成高岭石残留原地。

在湿热气候条件下，高岭石还要进一步水解，形成铝土矿，其反应式如下：

$$\underset{\text{(高岭石)}}{Al_4[Si_4O_{10}](OH)_8}+nH_2O \longrightarrow \underset{\text{(铝土矿)}}{2Al_2O_3 \cdot nH_2O}+4SiO_2+4H_2O$$

SiO_2 呈胶体溶液淋失，铝土矿富集起来成为矿床。

4. 碳酸化作用

溶解于水中的 CO_2，与水结合形成碳酸，使水解作用加速进行。因为水溶液中除 H^+ 和 OH^- 外，还有 HCO_3^-、CO_3^{2-}，并且 CO_3^{2-} 为主要的阴离子，所以称为碳酸化作用。碳酸化作用实际上是有碳酸参与的水解作用。硅酸盐矿物经碳酸化作用后，硅酸盐中碱金属变成碳酸盐随水迁移。如钾长石的碳酸化作用为：

$$\underset{\text{(钾长石)}}{4K[AlSi_3O_8]}+4H_2O+2CO_2 \longrightarrow \underset{\text{(高岭石)}}{Al_4[Si_4O_{10}](OH)_8}+8SiO_2+2K_2CO_3$$

斜长石也能产生碳酸化作用。由于长石是岩浆岩中最主要的造岩矿物，它们都易于经过碳酸化和水解作用变成黏土矿物，因而岩浆岩较易受风化而破坏。

5. 氧化作用

由于许多元素具有与氧结合的能力，氧化就成为一种普遍的自然现象。自然界的有机化合物、低价氧化物和硫化物最易遭受氧化作用，尤其是低价铁最易氧化成高价铁。水大大加速了氧化作用的速度。如黄铁矿（FeS_2）在水的帮助下很快氧化成褐铁矿，其反应式如下：

$$\underset{\text{(黄铁矿)}}{2FeS_2}+7O_2+2H_2O \longrightarrow \underset{\text{(硫酸亚铁)}}{2FeSO_4}+2H_2SO_4$$

$$12FeSO_4+3O_2+6H_2O \longrightarrow \underset{\text{(硫酸铁)}}{4Fe_2(SO_4)_3}+4Fe(OH)_3$$

$$Fe_2(SO_4)_3+6H_2O \longrightarrow \underset{\text{(褐铁矿)}}{Fe_2O_3 \cdot 3H_2O}+\underset{\text{(硫酸)}}{3H_2SO_4}$$

黄铁矿(FeS_2)经氧化后形成了褐铁矿,显然化学成分改变了,颜色由铜黄色变为褐色,硬度、相对密度都变小了。同时所生成的硫酸对岩石腐蚀性极强,可使岩石中某些矿物分解形成洞穴和斑点,使岩石疏松破碎,并产生一些新矿物。因此,若岩石中含有较多的黄铁矿,用作建筑材料是不利的。

三、生物风化作用

生物风化作用(biological weathering)是指生物在其生命活动中对岩石、矿物产生的机械的和化学的破坏作用。

根源于岩石裂隙中的植物的根须不断变长、变粗和增多,像楔子一样对裂隙壁施加压力,劈裂岩石,称为根劈作用,这是最常见的生物机械破坏作用。此外,动物也会使岩石破碎、土粒变细,如穴居动物田鼠、蚂蚁和蚯蚓等不停地挖洞掘穴。

人类活动尤其是工程建设,如打隧道、筑路、采矿、建水坝等,都会大大加速工程地区岩石的风化过程。

生物的化学风化作用是通过生物的新陈代谢和生物死亡后的遗体腐烂分解来进行的。植物和细菌在新陈代谢中常常析出有机酸、硝酸、碳酸、亚硝酸和氢氧化铵等溶液而腐蚀岩石。生物死亡后逐渐聚集起来,在还原的环境下经过缓慢腐烂分解,形成一种暗黑色的胶状物质,叫腐殖质。它一方面供给植物必不可少的钾盐、磷盐、氮的化合物和各种碳水化合物;另一方面腐殖质本身就是一种有机酸,对岩石、矿物有腐蚀作用。

生物特别是微生物的化学风化作用是很强烈的。据统计,每克土壤中可含几百万个微生物,它们都在不停地制造各种酸类,从而强烈破坏岩石。据估计,微生物对岩石所产生的总分解力远远超过全部动植物所具有的分解力,同时在微生物参与下可加速分解作用。如高岭石在实验室内要 1 000 ℃的高温经过化学处理才能分解,而硅藻在常温下就能完成这一分解过程。利用微生物的这种能力可以进行生物选矿,如石油的细菌脱蜡;还可以进行天然肥料的生产,如对含钾量高的钾矿石粉末分解,生产钾肥。

以上 3 类风化作用及其多种风化方式都具有其独立意义。但是它们常常相互促进,共同作用。如物理风化能扩大岩石的裂隙,使大块岩石碎裂,增加其表面积,这就有利于水、气体以及生物的活动,加速岩石的化学风化;而化学风化使矿物和岩石的性质改变,破坏了原有岩石的完整性和坚固性,这就为物理风化的深入进行提供了有利条件。生物风化则总是与各种物理风化及化学风化作用配合发生的。

第二节　主要矿物及岩石的风化特点

一、影响岩石风化特征与风化速度的因素

岩石一旦暴露于地表,就会遭受不同程度的风化,风化过程因岩石特征及外界环境不同而异。

(一)岩石所处的环境

1. 气候条件

气候是通过气温、降水量以及生物繁殖状况而影响岩石风化的。气温的高低对于岩石的机械破坏程度、各种化学反应的速度以及生物界的面貌和新陈代谢速度都有重大影响。降雨量的多少关系到水在风化作用中活跃的程度,多数类型的风化都离不开水,而且水量的多少和水运动状况还涉及一部分风化产物的淋失与运移过程,直接或间接影响到岩石风化的速度。生物的繁殖状况直接关系到生物风化作用的进行。所以气候是控制岩石风化的重要因素。

气候明显地受纬度、地势及距离海洋远近等因素控制,而且具有分带性。在不同气候带上,岩石风化的特点显著不同。在两极及低纬度的高山区,气候寒冷,植被较少,化学风化作用进行缓慢而微弱,冰劈作用极为重要,岩石易破碎成为具有棱角状的粗大碎屑。在干旱的沙漠区以物理风化为主,化学风化较弱,岩石风化后多成为棱角状碎屑;由于雨水稀少,蒸发强烈,易溶矿物也难溶解。在湿热气候区,气温高,降水量大,植物茂密,微生物活跃,化学风化和生物风化作用进行得快而充分,往往深达数十米以下的岩石也遭到风化。如果湿热气候能在较长时间内保持稳定,岩石的分解作用便能向纵深方向发展,形成巨厚的风化产物。图 6-3 表示了不同气候带中温度、降水量与植被之间的相互关系及其对风化作用的影响。

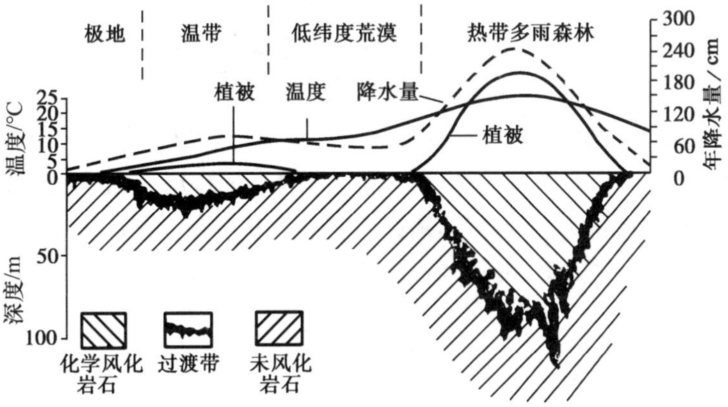

图 6-3 极地到热带风化作用变化略图(引自 W. K. 汉布林,1980)

2. 地形条件

地形条件包括地势的高度、起伏程度以及坡向 3 个方面。

地势的高度影响到气候。如中低纬度的高山区具有明显的气候分带,山麓气候炎热,而山顶气候寒冷,其生物界面貌显著不同。因而,风化作用的类型和方式随高度而变化。

地势的起伏程度对于风化作用更具有普遍意义。地势起伏大的山区,或巨大的悬崖陡壁上,各种风化产物均易被其他外力作用搬开,难以在原地残留,因而基岩裸露,风化速度十分快，尤其是物理风化作用更为活跃。

地势低缓地区的风化产物多残留原处或只经过极短距离的运移在低洼处堆积下来，松散的风化产物可形成较厚的覆盖层，从而减轻温度变化对下伏基岩的影响，使风化作用速度减慢。

低山丘陵或宽缓的分水岭地区，风化速度中等，但化学风化作用影响深度较大，对于风化产物的发育和保存也较为有利。

坡向涉及气候的日照强度，对于中、低纬度山区尤其具有意义。例如阳坡日照强，温度和湿度变化大，而阴坡可能常年冰雪不消，两坡岩石风化的特点显然有所不同。

山坡的方向还影响到植被的生长，阴坡植被常比阳坡植被茂盛，这对岩石风化也有很大影响。

(二)岩石的特征

1.岩石成分

岩石抗风化能力的强弱与它所含矿物的成分和数量有密切关系。主要造岩矿物中抵抗风化能力由小到大的次序是：橄榄石、钙长石、辉石、角闪石、钠长石、黑云母、钾长石、白云母、黏土矿物、石英、铝和铁的氧化物。方解石也属于易风化矿物。可见，岩浆岩中结晶越早的矿物越不稳定，结晶越晚的矿物越稳定。矿物在风化过程中的稳定性与鲍文反应系列中矿物晶出的顺序有明显的对应关系。因而就岩浆岩而论，由铁镁质矿物和基性斜长石组成的超基性岩和基性岩最容易被风化，酸性岩浆岩较难被风化，中性岩浆岩则介于两者之间。

沉积岩是在近地表环境下形成的，总的看来比较稳定。许多沉积岩的破坏往往不是单纯由风化作用造成，而是风化与剥蚀共同作用的结果。常见的石英砂岩，其主要成分为性质稳定的石英，抗风化能力较强，在风化中以机械破碎为主。黏土岩的化学性质较稳定，主要是遭受物理风化，同时它的强度低，也易受剥蚀，在风化与剥蚀共同作用下，地形上往往成为低地。石灰岩在干寒地区以机械风化为主，在湿热地区易遭受化学风化。硅质岩除少数非晶质结构者外，一般较难以化学风化。不同变质岩的成分不同，其风化性能也有差别。

2.岩石的结构、构造

岩石中矿物或碎屑物颗粒的粗细、分选程度及胶结程度等结构特征决定着岩石的致密程度和坚硬程度，从而影响到岩石的风化。如疏松多孔或粗粒多孔的岩石显然比细粒致密而坚硬的岩石易于风化。薄层岩石、具有层理、片理构造的岩石，水分和空气易侵入层理或片理而加速其风化。

3.节理发育状况

节理破坏了岩石的连续性和完整性，增加了岩石的可透性，是促进岩石风化的重要因素，因而岩石中节理密集之处往往风化最强烈，尤其是在几组节理交汇的地方，常因风化及剥蚀作用的叠加而形成各种特殊地形，成为美丽的风景。有时几组方向的节理将岩石分割成多面体的小块。小岩块的边缘和隅角从多个方向受到温度及水溶液等因素的作用而最先破坏，而且破坏深度较大，久而久之，其棱角逐渐消失，变成球形或椭球形，这种现象叫球状风化。它是物理风化和化学风化联合作用的结果，但以化学风化作用为主。图 6-4 表示由几组节理切割的岩石形成球状风化的过程。

a. 岩石被节理切割　b. 风化初期　c. 风化晚期

图 6-4　球状风化形成的几个阶段（引自夏邦栋，1995）

使岩石产生球状风化的条件主要有：①岩石具有厚层或块状构造；②发育几组交叉节理；③岩石难以溶解；④岩石主要为等粒结构。

被 3 组以上节理切割出来的岩块，起初棱角明显，在风化过程中，棱角处首先风化，最后使岩块变成椭球形、球形。

矿物成分、结构、构造及节理状况不同的岩石共生在一起，它们抵抗风化的能力不一致，则抗风化能力强的岩石突出，抗风化能力弱的岩石凹入，这种现象称为差异风化。

在自然界，各种影响风化作用的因素是综合起作用的。其中，岩石的特征属于内在因素，气候、地形等是外界条件。在相同的外界条件下，不同的岩性，其风化特征不一样。如在潮湿气候条件下，花岗岩易于风化以至变成较软的高岭石和松散的石英砂，而石英砂岩却较难变化。这就是因为花岗岩中的长石易于水解或碳酸化而变成高岭石，而石英砂岩几乎全由石英组成，水解或碳酸化对其不起作用。另一方面，在不同的外界条件下，同种岩石的风化特征也不一样。如石灰岩在湿热气候条件下极易化学风化，在干旱气候条件下，因缺乏足够含 CO_2 的水，化学风化就难以发生。因此在研究岩石的风化特征时，应该对各种控制因素作全面分析。

二、主要造岩矿物在风化过程中的变化

各种造岩矿物的化学成分、性质都不同，其风化过程及风化产物都不相同。主要造岩矿物的风化特点是：

1. 石英

石英硬度大，溶解度小，很难风化，是地表最稳定的矿物。其主要发生物理风化，崩解成细颗粒，所以大部分沉积岩都含有许多石英。

2. 长石类矿物

长石的硬度也较高，其物理风化作用较难，在一定条件下，常会发生化学风化作用。钾长石、斜长石受水和二氧化碳的影响，都会遭受风化，形成高岭石为主的新物质。斜长石次生变化后常形成绢云母、钾长石、绿帘石。斜长石比正长石更易风化。

3. 云母类矿物

其中黑云母比白云母容易风化,所以沉积岩中存在大量白云母。黑云母常发生化学风化,形成铁的氢氧化物以及黏土矿物,黑云母次生变化常形成绿泥石;而白云母较稳定,一般情况下不分解,当风化条件很强时,也会风化成水云母或高岭石。

4. 铁镁类矿物

此类矿物颜色深,有的还含有二价铁,因此容易发生化学风化,形成新的物质,所以在沉积岩中很少见到铁镁矿物。铁镁硅酸盐矿物(如辉石、角闪石类矿物)风化后,形成铁镁氧化物及一些黏土矿物。

5. 黏土矿物

为形成于地表条件下的次生矿物,性质稳定,一般情况下很难风化。但在强烈的化学风化条件下,还要进一步分解。这类矿物中以铁铝氧化物最稳定。高岭石也较稳定,但在强烈的风化条件下,它还会进一步分解,蒙脱石稳定性较小,水云母不稳定,会进一步风化成蒙脱石或高岭石。

6. 碳酸盐矿物

在湿热气候区,这类矿物容易发生化学风化,因为在含有较多的 CO_2 的多水地区,富有碳酸化作用,是形成喀斯特地貌的主要过程。其中方解石最容易发生化学风化,白云石次之。

7. 硫化物

很容易发生化学风化,常常发生氧化作用形成硫酸和硫酸盐。硫化物因氧化的结果使其附近的水及农田变成强酸性造成对作物和农田危害,其反应式见前面第一节。

三、主要岩石的风化特点

前面叙述了主要造岩矿物在风化过程中的变化,其各不相同。岩石是由矿物组成的,因此,不同矿物组成的岩石在外界条件下,风化特点也会不同;而同一岩石由于外界环境的差异也会引起风化过程的不同。一般说来,岩浆岩、变质岩比沉积岩更容易风化。主要代表岩石的风化特点是:

1. 花岗岩

在植被覆盖差,昼夜温差变化大的地区,主要发生物理风化,这与其复杂的矿物组成和粒状结构有关。花岗岩含有大量石英、长石等高硬度矿物,所以物理风化后常崩解为散碎的砂粒。

在湿热气候区,化学风化强烈。花岗岩中的石英难以风化保留为粗砂,其中的长石却化学风化成高岭石黏土矿物,形成砂中带黏的风化产物。

花岗岩风化后形成的土壤砂性强,耕作容易;其厚度大,且又有长石风化后提供的钾素,所以稍加培育便可达到一定肥力。

花岗岩的风化作用及其变化详见表 6-1。

表 6-1 花岗岩的风化作用(引自成都地质学院岩石教研室,1979)

矿物成分	化学成分	所发生的变化	风化产物
石英	SiO_2	残留不变	砂粒
正长石	K_2O	成为碳酸盐、氯化物进入溶液	溶解物质
	Al_2O_3	水化后成为含水铝硅酸盐	黏土
	$6SiO_2$	少部分 SiO_2 游离出来,溶于水中	溶解物质
更长石	$3Na_2O$	成为碳酸盐、氯化物进入溶液	溶解物质
	CaO	成为碳酸盐,溶于含 CO_2 的水中	溶解物质
	$4Al_2O_3$ $20SiO_2$	同正长石	黏土 溶解物质
白云母	$2H_2O$ K_2O $3Al_2O_3$ $20SiO_2$	残留不变	云母碎片
黑云母	H_2O	水溶液	水溶液
	K_2O	成为碳酸盐、氯化物进入溶液	溶解物质
	Al_2O_3	生成含水铝硅酸盐	黏土
	$2(Mg,Fe)O$	成为碳酸盐、氯化物进入溶液, 碳酸盐氧化成赤铁矿、褐铁矿等	溶解物质及色素
	SiO_2	部分 SiO_2 游离出来溶于水中	溶解物质
锆石	ZrO_2 SiO_2	残留不变	砂粒(重矿物)
磷灰石	$Ca_5[PO_4]_3$ (F,Cl,OH)	溶解或残留不变	溶解物质或砂粒 (重矿物)

在南方湿热气候区,如果花岗岩中有几组节理切割时,则常出现球状风化现象,因而表现出浑圆的外貌,详见第七章。而在北方干寒气候区,即使在节理发达的花岗岩地区,因化学风化作用弱,也只能形成险峻的山峰,如陕西的华山。

2. 玄武岩

玄武岩中的矿物结晶温度比花岗岩中的高约 300 ℃,而且主要为深色矿物组成,容易吸热,很易发生化学风化,其风化产物多黏细(彩版 2 图 2),黏重度次于石灰岩的风化物。

在湿热气候区,玄武岩风化作用强,常风化为富铁的硬壳,成为土壤中影响作物生长的铁盘,如在我国雷州半岛较普遍。玄武岩上发育成的土壤,在南方为暗棕或棕红色,含丰富的盐基和矿质元素。但在北方干旱、半干旱条件下,玄武岩以物理风化为主,往往形成的土层薄,营养元素释放不出来,发挥不了玄武岩的优势。

3. 页岩

页岩极易发生物理风化,因为页岩以黏土矿物为主,吸水膨胀,失水收缩,页理薄,硬度小,很容易破碎。由于黏土矿物在地表较稳定,不易进一步发生化学风化,所以页岩的风化产物多为页岩碎片,其风化后形成的土壤肥力一般较低。但在适宜的环境条件下,岩石碎块进一步化学风化、分解,也可形成深厚的土层,这时的风化产物黏重,矿质营养丰富,形成较肥沃的土壤,如四川广泛分布着中生代紫色砂页岩，使四川享有“天府之国”的美誉。其组成的地形浑圆低矮。

4. *砂岩*

砂岩主要由石英组成，而石英的抗风化能力很强，所以砂岩的风化取决于胶结物的特征。若胶结物为泥质或钙质，则砂岩风化快，形成较厚的风化产物，其松散无大石块；若胶结物为硅质或铁质，则砂岩风化难，风化层薄且夹有大岩块。

含石英多的砂岩，风化后形成的土壤质地砂性，易透水，养分含量少，肥力低；而含有较多长石、云母的砂岩，风化后可形成较好质地的土壤，因为长石、云母可风化成黏粒矿物。

5. *石灰岩*

矿物成分主要为方解石，在湿热气候条件下，化学风化强烈，主要发生溶解、碳酸化作用，风化产物多黏细，含钙质丰富，酸性较弱。在地形起伏大的石灰岩分布区，因裂隙、溶穴发育，地表水流缺乏，常常基岩裸露，土层浅薄，植被稀少；因它以化学风化为主，岩石与土层之间没有半风化碎石层，所以一旦被蚀，土层不易恢复，易形成光山。这是该区易出现贫困的原因。但在地势较低的地方，通过汇集地下水源，使水分充足，有利于农业种植。

石灰岩风化的难易与岩石组成及构造有很大关系。厚层石灰岩、硅质石灰岩难以风化，而薄层石灰岩及泥质石灰岩易于风化。与复矿物及低硬度矿物组成的岩石相比，石灰岩更难风化。如长江三峡的峡谷由石灰岩组成，而宽谷由花岗岩、砂页岩组成。

无论什么气候条件，石灰岩风化形成的土壤一般土层薄，土体下层由于石灰岩裂隙、溶穴的存在，难以保持水分，所以石灰岩高地土壤的肥力及生产力均不高。

在干旱气候区，降水少，岩溶地形不很发育，又因为石灰岩矿物组成单一，结构致密，故难以风化，则形成陡峭的地形。

6. *石英岩*

主要由石英组成，因结构致密、硬度大，所以风化很难进行，即使风化，也以机械破碎为主，或沿着节理形成陡峭的山坡。风化层薄，多含有碎石。

石英岩风化形成的土壤，含养分少，质地砂性，保水保肥差，土壤贫瘠。

7. *大理岩*

其由碳酸盐矿物组成，在湿热气候区，主要发生化学风化，风化土层浅薄，而在干旱区，则难以风化而形成陡峭的地形。

第三节 风化产物

一、风化产物的类型

1. *碎屑物质*

包括岩石碎屑和矿物碎屑，主要是物理风化作用的产物，在干旱炎热地区（如沙漠）或高寒地区（如高海拔山区）最易形成。也有一部分是岩石在化学风化过程中未完全分解的矿物碎屑（如石英及长石碎屑）。风化形成的碎屑物质可以陆续地被其他外力作用搬往他处，成为碎屑沉积物的重要来源。

2. 溶解物质

这类物质是化学风化作用和生物风化作用的产物，主要包括两部分：一部分是易于搬运的K、Na、Ca、Mg等元素的碳酸盐、硫酸盐、氯化物以及为数较少的Mn、P的氧化物，它们常以真溶液形式被水带走，它们是化学沉积物的主要来源。另一部分是在湿热条件下，化学风化产生的“脱硅”过程而使Si淋失，主要以胶体溶液形式随水流走，其中一部分以蛋白石形式在原地附近堆积。

3. 难溶物质

岩石中较为活泼的元素及其化合物被带走之后，一般是以相对不活泼的Si、Fe、Al等元素在原地残留下来，形成砂粒（北方）或褐铁矿、黏土矿物以及铝土矿等（南方）。

二、风化岩与残积物

风化岩是指在风化营力作用下，结构、成分和性质已经发生不同程度变异的岩石。按风化程度，风化岩划分为残积物、全风化岩、强风化岩、中等风化岩和微风化岩。把新鲜岩石称为未风化岩或基岩。残积物是指岩石风化后残留在原地（未经搬运）的土状物质。

残积物包括物理风化形成的碎屑物、化学风化形成的难溶矿物。由于风化作用的复杂性，各地残积物的特点不同，但具有共同特点：残积物中的碎屑物大小不均匀，棱角明显，无分选、无层理；结构构造全部破坏，已经风化成土状，锹镐易挖掘，干钻易钻进，具可塑性；它的成分与下伏基岩密切相关。例如，花岗岩经风化后，长石变成高岭石，黑云母变成蛭石和褐铁矿，石英则成为细小的砂粒，有时抗风化能力强的重矿物会残留而富集成为残积型砂矿床，如锡、钨、金、金刚石等；残积物主要分布在山顶、平缓山坡，其底界常随下伏基岩面而起伏变化，残积物的厚度因地而异。残积物也可以通过水、风等外营力搬运到较低的地方，形成坡积物、冲积物、风积物等。

全风化岩的母岩结构基本破坏，但尚可辨认，有残余结构强度，可用镐挖，干钻可钻进，植物根须较容易扎入。强风化岩的母岩结构大部分破坏，矿物成分显著变化，风化裂隙很发育，岩体破碎，用镐可挖，干钻不易钻进，植物根须较易扎入风化裂隙。中等风化岩的母岩结构部分破坏，沿节理面有次生矿物，风化裂隙发育，岩体被切割成岩块，用镐难挖，岩芯钻方可钻进，植物须根可扎入风化裂隙，植物主根较难扎入风化裂隙。微风化岩的母岩结构基本未变，仅节理面略有变色，有少量风化裂隙，植物根须难扎入风化裂隙。其中，全风化岩较容易改良成为土壤，有时还可以作为土壤改良剂，在缺土地区可谓较好的后备土壤资源。

三、风化壳与风化带

地壳表层由表面往深部，残积物与风化岩和未风化岩，往往呈逐渐过渡关系，上部风化程度较深，下部风化程度较浅。残积物在地壳表层普遍分布，不连续地覆盖在地壳基岩之上，所形成的一层薄壳，即为风化壳（weathered crust）。风化壳厚度一般为数厘米至数十米，我国南方残积型风化壳可达百米以上，而北方有的地方却很薄，某些海滨堆积型风化壳（经搬运堆积的）可达数百米。被岩层或较新土层覆盖而保存下来的风化壳，称为古风化壳，例如我国华北许多地区中奥陶统地层与其上覆的中石炭统地层之间，发育了厚数厘米到数米的富含 Fe、Al 质的古风化壳。

风化带是指地壳表层岩石按其风化程度而划分的层带，完整的风化带剖面包括风化壳及其以下伏的全风化、强风化、弱风化、微风化的层带。风化带发育的完整性受气候、岩石性质、地形和风化作用的强度及作用时间长短等因素的影响，各层带的厚度不一，且往往发育不全（图 6-5）。

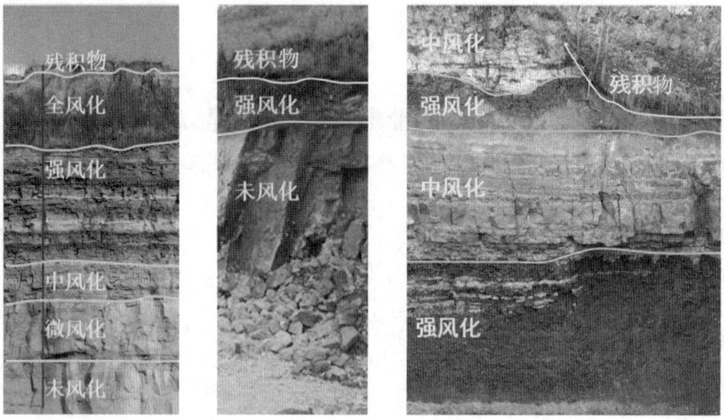

(a)风化带发育完整；(b)风化带发育不完整；(c)风化带发育不连续

图 6-5 风化带剖面发育情况

风化壳的形成与岩石风化密切相关，因此，风化壳形成的影响因素与影响岩石风化的因素很相近。当然，风化壳形成的厚度与时间因素还有关。因此，风化壳形成的影响因素除气候、地形、矿物外，还有一个很重要的时间因素。

1. 气候因素

是以温度、湿度影响岩石和矿物的分解，以及元素的迁移方向。气候将影响风化作用的类型、风化作用的速度和程度，而气候又具地区性特征，因而风化作用也具有地区性差异，由此决定了风化壳也具有地区性变化的性质，如南方与北方，沿海与内陆有不同的风化壳类型。表 6-2 概括了主要类型的风化壳与气候的关系，以及各主要类型风化壳中黏土矿物的规律性变化。

表 6-2 主要风化壳类型与气候的关系

主要风化壳类型	气候条件	风化阶段	主要黏土矿物
碎屑风化壳	寒带	物理风化	无
水云母风化壳	寒带或寒温带	物理风化为主，化学风化微弱	水云母
蒙脱石风化壳	草原及半荒漠带	化学风化为主	蒙脱石
高岭石风化壳	温暖湿润带	化学风化加强	高岭石
铝土矿风化壳	湿热的亚热带、热带	化学风化彻底	铁、铝氧化物

2. 地形部位

影响到物质的淋失与聚集。位置高，物质易淋失，风化壳向酸性方向发展快；位置低，则接受堆积。海拔高度与坡向也会影响风化壳的形成。如平原和相对静止的构造状况，是形成厚层风化壳的有利条件。

3. 矿物成分

是影响风化壳的内因所在，不同的母岩会有不同的矿物成分，即使在同一气候条件下，也会形成不同特征的风化壳，如以花岗岩和玄武岩为母岩发育的风化壳之剖面特征是不同的。

4. 时间

会影响到风化壳发育的程度，一般是地面发育年龄越久，则风化壳发育程度越深。我国的风化壳以华南红壤地区的发育程度较深，这里不但有湿热气候条件，而且风化壳发育的时间也较长。

四、风化作用的阶段

由于各地风化条件的差异，岩石的风化进程不一，从而使风化壳的发展处于不同的阶段。风化阶段与岩石的矿物成分、化学成分及外部条件都密切相关，因为各元素的物化性质、生物的选择性吸收以及气候和地形等的影响，元素的迁移按一定顺序进行（表 6-3）。

表 6-3 移动性元素迁移序列

元素迁移序列	迁移序列的组成	元素迁移序列	迁移序列的组成
强烈移失的	Cl (Br、I)、S	略可移失的	Fe、Al、Ti
易移失的	Ca、Na、Mg、K	实际上不移失的	Si(石英的)
可移失的	Si (硅酸盐的)、P、Mn		

风化作用的阶段包括：

1. 物理风化为主的阶段

又称机械破碎为主的碎屑阶段，是岩石风化的初期，以物理风化为主，化学风化不明显，这个阶段只有最易淋失的氯(Cl)和硫(S)发生移动。风化壳中为粗大的岩石碎屑，缺乏黏土矿物，为岩石遭受全面风化作准备，形成碎屑残积物。

2. 化学风化为主的早期阶段

又称钙淀积或饱和硅铝阶段，岩石遭受进一步风化。据表 6-3 所示元素迁移顺序，Cl、S都已从风化壳中淋失，K、Na、Ca、Mg 在风化壳中发生移动，随着流水的作用，部分钙与 CO_3^{2-} 结合成碳酸钙，沉淀在岩石空隙中，形成富钙的残积层，其中黏土矿物主要是蒙脱石和水云母。处于这一阶段的风化壳类型形成的土壤为钙层土，如我国内蒙古、东北等地的栗钙土、黑钙土；以及气候干旱的草原或荒漠地区如新疆等地的灰钙土、漠钙土等。

3. 化学风化为主的中期阶段

又称酸性硅铝阶段，风化作用更强烈。风化岩中的 K、Na、Ca、Mg 遭受淋失，硅酸也部分淋失，风化壳呈酸性反应。经风化形成高岭石黏土矿物，成为黏土矿物残积层。对应此阶段风化壳的土壤代表为秦岭、大巴山之间的谷地和江淮丘陵的黄棕壤。

4. 化学风化为主的晚期阶段

又称铝的阶段，是风化作用的最后阶段。在湿热气候条件下，风化作用相当彻底，硅酸盐矿物也全部分解淋失，剩下的黏土矿物为铁、铝的氧化物，形成鲜明的红色。此阶段形成的风化壳对应的代表土壤为我国华南沿海地区的砖红壤。

五、元素的地质循环

风化过程中，某种元素一方面迁移淋失，另一方面会在合适的条件下停留累积。在风化壳发展演变中，各种元素不断迁移，并由一种形态演变为另一种形态，这种过程叫作元素的地质循环。研究各种元素的地质循环，对研究动、植物营养非常重要。下面以 K、Na、C 元素循环为例说明。

1. K、Na 的地质循环

K、Na 二元素的克拉克值均较大，它们有较大的离子半径，配位数较大，在岩浆矿物中组成架状硅酸盐矿物和层状硅酸盐矿物，前者如钾长石（$K[AlSi_3O_8]$）和钠长石（$Na[AlSi_3O_8]$）等，后者如白云母（$KAl_2[AlSi_3O_{10}](OH, F)_2$）等。长石类矿物约占地壳重量的一半，因此 K、Na 元素的分布很广。

随着硅酸盐的风化，K、Na 都终将以离子形式出现在水溶液中，可与各种阴离子结合。在酸性硅铝阶段，K、Na 几乎被完全淋走。但由于钾是植物和微生物生长所必需的营养元素，因此，钾从风化壳中淋出，实际上又进入了生物圈之中。另外，钾离子很容易被黏土矿物吸附，所以钾的淋失实际上很少。而对于钠来说，没有钾的那两个去向，大量淋失的钠都进入了湖泊和海洋。因此，在封闭的海湾和湖泊干涸后，有较多岩盐，而钾盐却较少。

植物生长需要钾素，其分布在植物的茎秆之中。施用草木灰或秸秆还田可以把植物从土壤中吸取的钾素归还给土壤。土壤中含有云母类矿物，冲积物中也含有钾的黏土矿物，经过风化作用后，这些钾素又会进入生物循环，如此下去即进行着元素的地质循环过程。

2. C 的地质循环

地球上最大的两个“碳库”是岩石圈和化石燃料，含碳量约占地球上碳总量的 99.9%。这两个库中的碳活动缓慢，实际上起着贮存库的作用。地球上还有 3 个碳库：大气圈库、水圈库和生物库。这 3 个库中的碳在生物和无机环境之间迅速交换，容量小而活跃，实际上起着交换库的作用。

碳在岩石圈中主要以碳酸盐的形式存在，总量为 2.7×10^{16} t；在大气圈中以二氧化碳和一氧化碳的形式存在，总量有 2×10^{12} t；在水圈中以多种形式存在；在生物库中则存在着几百种被生物合成的有机物。这些物质的存在形式受到各种因素的调节。

大气中的二氧化碳溶解在雨水和地下水中成为碳酸，碳酸能把石灰岩变为可溶态的重碳酸盐，并被河流输送到海洋中。海水中的碳酸盐和重碳酸盐含量是饱和的，接纳新输入的碳酸盐，便有等量的碳酸盐沉积下来。通过不同的成岩过程，又形成石灰岩、白云岩和碳质页岩。在化学和物理风化作用下，这些岩石被破坏，所含的碳又以二氧化碳的形式释放入大气中。火山爆发也可使一部分有机碳和碳酸盐中的碳再次加入碳的循环。碳质岩石的破坏，在短时期内对循环影响虽不大，但对几百万年中碳量的平衡却是重要的。

六、土壤

(一)成土作用

土壤(soil)是地球表面陆地上能够生长植物的疏松表层,它是风化壳的表层部分,是岩石的风化产物(成土母质)在气候、地形、时间及生物等因素的综合作用下形成和发展的。土壤体由矿物质、有机质、土壤水分、土壤空气及土壤生物组成。

成土作用是指残积物及其他沉积物的表层在一定条件下产生的形成土壤的过程。即残积物的表层,通过生物风化、物理风化和化学风化发生了物质移动和能量转化。它包括了土体内有机质的聚积和分解,矿物的形成和破坏,元素的迁移和转换,土壤剖面结构的形成和发展等,这一切便是土壤的形成过程。

(二)土壤剖面结构

发育成熟的土壤剖面,根据其成分、颜色和结构特点,可划分为 3 个基本层次,见图 6-6。

A 为表土层,有机质丰富,由于有机质的积聚常呈暗色,为黑灰、浅灰色,有利于农作物生长。

B 为淀积层,淀积层的有机质较表土层少,由于雨水不断渗入,或是继续淋溶,或是从上层淋滤下来的部分物质在这里沉淀。淀积的物质主要有氧化铁、氧化铝、腐殖质、石膏和碳酸钙等。本层很少受到田间作业的影响,但是它的性质在很大程度上决定土壤的生产力。本层常常可分为两个分层,上部分层中许多易溶成分被淋失,色较浅;下部分层则是矿物质的主要聚集部位,色较深。

A 层和 B 层总称为土体,即为前述风化壳剖面中对应的Ⅰ层。

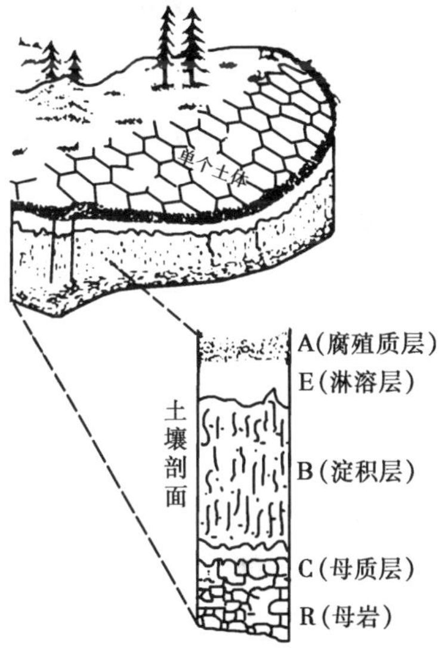

图 6-6　土壤剖面的基本土层

(引自黄昌勇,2001)

C 为母质层,由残积物和半风化岩石组成,它和淀积层是过渡关系。与 C 层对应的是风化壳剖面中的Ⅱ层和Ⅲ层。R 为母岩,即前面对应的Ⅳ层未风化岩石。

各地土壤的特征并不相同,因其受母质、气候、植被、地形和人类活动等因素控制,而大区域以气候最重要。如我国北方地区气温较低,降雨较少,风化淋滤作用较弱,土壤中储藏的养分较丰富;相反,南方地区气温高,降雨量大,风化淋滤作用较强,土壤中养分含量较少。气候也控制了土壤中次生黏土矿物的成分。次生黏土矿物成分不同,对土壤吸收养分的能力和土壤的结构有重大影响。如我国南方的红壤和黄壤中主要的次生黏土矿物是高岭石,它对养分的吸收能力较弱;而西北及东北的黑土、栗钙土则以蒙脱石为主,吸收养分的能力强。因而两地区的土壤肥力有所不同。在一个气候区内,一般以地形条件为主,如高地则淋溶、侵蚀,低地则汇水、沼泽化,中部广大平原则为良好农田。

风化作用与人类活动有着密切关系。农业需要改良土壤,而改良土壤就必须研究母岩的性质和风化作用特征。此外,在风化壳中往往富集某些矿产,如高岭石、铝土矿及铁和锰的氧化物矿床以及一些重金属矿床。

第四节 岩石风化与农业资源

岩石类型和地球化学特征是农业地质背景的重要因素之一。不但直接影响着成土作用，还制约着作物品质优势的发挥、耕作制度的选择、土壤侵蚀强弱及农业生态系统的平衡。

岩石的风化产物与土壤、农业的关系非常密切。任何一类土壤、土地类型都以一定类型的岩石为基础。前面所述的岩浆岩、沉积岩、变质岩三大岩类都是衍生土壤的物质基础，也是地壳表层化学元素迁移、聚集、转化最活跃的地带。通过风化壳的地球化学作用，不但使母岩分解后产生大量的新矿物，而且广泛形成化学元素或化合物新的组合类型，可见岩石是植物和农作物矿质元素的天然供应库。

一、风化产物的岩石类型

土壤的理化性状，如土壤质地、结构、养分、酸碱度等，甚至土壤中的空气、水分等都受岩石风化物（成土母质）的影响。土壤发育的时间越短，其组成和性状就越接近岩石风化物。

风化产物按岩性可分 5 类：

1. 石英岩类

包括的岩石种类有石英砂岩、石英岩、硅质石英岩、硅质砾岩等。由于岩石中含有大量的石英，抗风化能力强，因而风化层薄，砂质，多石砾，营养元素贫乏，形成的土壤保水性差，在温暖湿润的条件下，常形成酸性土壤。

2. 长英质岩类

包括花岗岩、流纹岩、花岗片麻岩、正长岩、长石砂岩、粗面岩等。一般物理风化相对容易，特点是富含长石、钾素，风化物多为砂性，通透性好，土层深厚。

3. 铁镁质岩类

主要包括玄武岩、辉绿岩、闪长岩、安山岩、橄榄岩。因为含有容易风化的深色矿物，湿润气候区的物理、化学风化都进行得十分迅速，风化层较厚，质地为壤质或重壤质，富含 Fe、Mg、Ca 等元素，但贫 K；在干旱条件下风化困难，风化层薄。

4. 碳酸盐岩类

包括石灰岩、白云岩和大理岩等。由于碳酸钙受酸性水溶解，大量随水流失。一般形成的风化层很薄，富钙，质地黏重，呈中性至微碱性反应。

5. 页岩与片岩类

包括页岩、板岩、千枚岩及各种片岩等，因硬度低，水分空气易沿层片间隙作用，很易风化，风化层厚而疏松，保水保肥力强，养分含量高。

二、岩石的风化产物对土壤和作物的影响

例 1　江西南丰蜜橘生长与土壤地质条件的关系

著名的江西南丰蜜橘，种植于南丰盆地内，分布在丘陵岗地上，其母岩为红砂岩、变质岩和第四系松散沉积物，由于成土母岩——红砂岩富含硼、钼等微量元素，导致红壤土中全硼、全钼

的含量较高，对蜜橘的生长和品质产生了极为显著的影响，加之当地良好的光热条件和水土环境，从而使得蜜橘枝叶繁茂、单株产量高、品质优良。

例 2 云南烤烟的品质与土壤地质背景的关系

云南优质烤烟区主要分布在几个大的山间盆地和山前平原，地形完整、开阔，岩石矿物复杂，砂岩、粉砂岩和泥岩并存，含有石英、长石、黏土矿物及铁质、硅质等，以富 Si、Al、Fe 和稀土元素为特征；而劣质烤烟区的土壤中稀土元素普遍较低，单一砂岩形成的黄红壤养分易淋洗，碎裂灰岩衍生的石灰性红壤 pH 太高，这些不利环境都大大影响了烤烟的品质。地质背景是通过土壤这一重要的生态桥而影响烤烟品质的。从本质上说，地质背景对烤烟品质的影响最终表现为地球化学元素的影响，即某些地球化学元素在母岩→土壤→烟株这样一个生态系统中的运移和作用。

例 3 安徽省地貌及成土母质与茶叶生产布局

茶树生长要求温暖湿润的气候和酸性土壤。优质茶具有如下特点：①喜酸嫌钙（植茶土壤最适 pH 为 5.0～5.5，不含 $CaCO_3$）；②土壤富钾（K）；③土壤高硅（Si）；④有效态锌（Zn）、铜（Cu）、钼（Mo）、硼（B）等微量元素含量较高；⑤富硒（Se）茶的形成受母质控制（母岩中含 Se，土壤也含 Se）。

1. 皖南山区

安徽的名茶有黄山毛峰，太平猴魁，六安瓜片等，其中黄山毛峰，太平猴魁都产在皖南山区。皖南山区为江南台背斜，有三条近似平行的山脉：北部的九华山，中部的黄山，南部的天目山。本区的成土母岩有花岗岩、千枚岩、石英岩、板岩、页岩、安山岩、凝灰岩、紫色砂岩、砂页岩和石灰岩。在这些母岩中，除石灰岩、紫色砂页岩风化物发育的土壤外，一般岩石风化物形成的土壤都为酸性，适宜茶树生长，其中黄壤分布区条件优越，多云雾，空气和土壤湿度高，茶叶品质优良，为重点发展茶园。

2. 大别山区

此区为大别山台背斜，岩石主要为古老的变质岩，如花岗片麻岩、石英片岩等，局部有花岗岩分布。该气候带水热资源仅次于皖南山区，但由于地形影响，大别山区也是云雾多、空气湿度大，同时岩石风化物以酸性结晶岩风化物为主，发育的土壤为酸性，适宜茶树生长，茶叶品质也很优越，安徽有名的六安瓜片、舒城小兰花都产在本区。

3. 沿江丘陵区

本区为下扬子古生代褶皱带，低山丘陵主要由沉积岩和岩浆岩组成，该区气温高、湿度低，不利茶叶品质提高。

4. 江淮丘陵区

大地构造上属郯庐大断裂地带和北大别山沉降带的范畴，是以丘陵、岗地组合为主的地貌特征。丘陵上成土母岩为花岗岩、石英岩、安山岩、千枚岩和玄武岩，其风化物发育成普通黄棕壤。本区空气湿度低，茶叶品质差。

5. 淮北地区

在大地构造上为淮河台向斜，成土母质为石灰岩、黄土性古河流沉积物，一般含有 $CaCO_3$，不宜种茶树。

综上所述，根据茶叶生长的自然条件和安徽地貌、成土母质、土壤分布情况，皖南山区应为茶叶生产重点发展地区，大别山区亦可，沿江丘陵区发展机耕茶园，而江淮丘陵区不宜发展新茶区，淮北地区不宜种茶树。

三、岩石风化物特性与土地利用管理

构成土地物质基础的岩石、矿物可分为两类：残积物和运积物。

1. 残积物

其与母岩关系密切，由母岩风化而成。包括：

(1)岩浆岩类　表现风化过程及风化产物性状差异较明显者为酸性岩和基性岩类。

酸性岩类以喷出岩流纹岩和深成岩的花岗岩居多。其矿物组成为石英、长石与云母等，因矿物结晶好，组成复杂，易于物理风化，形成较厚的风化壳；又因含钙镁矿物少，风化产物中盐基离子少，在一定淋溶条件下就易形成酸性(南方)、微酸性(北方)的土壤。基性岩类包括喷出岩中的玄武岩和深成岩中的辉长岩。其矿物成分主要为辉石、角闪石和斜长石等，虽然以深色矿物为主，因结构致密，物理风化慢，在北方山地丘陵区一般风化壳薄，但在南方高温高湿地区化学风化强烈，形成较厚的风化壳；又因含钙镁等碱土金属矿物多，阻碍土壤酸化，所以土壤一般较肥沃。

(2)沉积岩类　沉积岩类一般矿物成分单一，结构致密，成岩条件与地面环境条件比较一致，所以物理风化速度慢，土层浅薄。

砂岩类的矿物组成以石英为主，所形成的土壤沙性透水，缺乏养分。石灰岩类的矿物组成以碳酸盐类为主，含有一定量的黏土矿物。因为碳酸盐阻碍风化，所形成的土壤质地黏重，透水性差，土层薄，一般呈微碱性(北方)或中性(南方)反应。石灰岩中裂隙发育，又属可溶性岩石，化学风化形成溶洞，所以漏水严重，石灰岩山区多为地表缺水地区。紫色砂页岩类的矿物成分以黏土矿物为主，较易发生物理风化。当含有一定的K、P、Ca等矿质元素时，可形成肥沃的土壤。在南方湿热地区形成中性或微酸性、养分含量较高的土壤，如紫色土。北方以物理风化为主，其优势难以发挥。

(3)变质岩类　变质岩的性状与其原生岩石基本相同，如花岗片麻岩在风化和形成的风化壳性质上与花岗岩相同，石英岩在风化和形成的风化壳性质上与砂岩基本一致。

2. 运积物

包括坡积物、洪积物、冲积物、风积物、黄土等。这些物质的共同特点是都经受了一定的搬运，物质疏松深厚。可以按它们的分选性和物质粗细划分。由于被搬运的距离和搬运动力不同，这些运积物的分选程度不同。分选程度按坡积物、洪积物、冲积物、风积物逐次增高。根据物质组成，这些运积物可分为沙质运积物、壤质运积物和黏质运积物。沙质运积物一般分布在河流故道和风沙区，易随风流动，漏水漏肥，保蓄能力差；壤质运积物以冲积物较好，所以广阔的冲积平原多为优质农田。黄土因其所处地势高，气候较干旱，虽然土壤性状较好，但由于水土流失，难以发挥其土壤潜力；黏质运积物分布在河间洼地、扇缘洼地或湖积平原，物质黏重，耕性差，虽然保肥保水能力强，但通透性差，易滞水积涝。

3.岩石和矿物的性质与土地利用管理

(1)各类岩石风化残积物与土地利用管理　首先,这类物质一般分布在丘陵山区,地面起伏,具有一定坡度,易发生水土流失,所以在土地利用管理上,要注意水土保持和依地形部位和坡向安排利用方式和管理措施。其次,残积物的性质较多地继承了其下伏母岩的矿物学性质,可按岩石类型把山地分为"石灰岩山区""花岗岩山区""紫色砂页岩山区""玄武岩山区"等,因地制宜,栽培不同作物。花岗岩类发育的土壤质地较粗,通透性好,钾素含量高,因此适宜种苹果、梨,花岗岩山区出产的苹果和梨的糖分高,果形好。在南方,高温多雨,化学风化强烈,花岗岩发育的土壤表现更大的酸性,养分比较贫乏,只能种植抗酸性耐贫瘠的作物,而且必须施用石灰和大量肥料;石灰岩山区发育的土壤质地黏重,不适宜栽种水果;在四川紫色砂页岩发育的土壤中含有较多的Ca、K、P元素,所产出的农产品品质优良。

(2)各类运积物与土地利用管理　相对说来,运积物比残积物的地面坡度小,所以一般不存在水土流失问题。运积物一般土层厚,也不存在土层浅薄的限制问题。沙性运积物通气透水性好,春天土温上升快,可栽培对积温要求较高的作物,如棉花。另外,沙性运积物的热容量小,昼夜温差大,栽种瓜果有利于糖分积累。沙性运积物土质疏松,还适宜种植花生、甘薯、马铃薯等作物;黏质运积物质地黏重,土壤的通透性差,不适宜于栽培果树、瓜、花生、甘薯、马铃薯等作物,但它的保蓄能力强,养分含量多,有后劲,所以适宜种植小麦、玉米、水稻等谷类作物。壤质运积物质地适中,土壤的通透性和保蓄性都较好,适宜种任何作物。

作为区域农业地质体背景的各类岩石及其风化,对土壤的性质及土地利用都有深刻影响。

如江西省万年县在漫长的地质历史发展过程中,广泛发育了一套中元古界浅变质岩系,面积占全县出露地层面积的72%左右,沉积岩和岩浆岩局部出露。浅变质岩主要由千枚岩、板岩、少数片岩、变质凝灰岩类、变质石英砂岩、变质粉砂岩或变质石英杂砂岩类组成。局部出露的沉积岩主要为碎屑岩、碳酸盐岩,少量零星出露的岩浆岩主要为花岗岩。

由于岩性及地质构造的差异,再加上坡度的影响,使得万年县的岩石风化程度各异,从而影响到土壤发育及土地利用状况。整个县域不同的岩石类型及其风化程度,导致土壤类型及性质各异,以及不同的地质灾害类型及等级,如大多数变质岩具有板状构造、千枚状构造和片状构造而易于风化,使变质岩分布区易发生崩塌、滑坡等地质灾害,从而使坡度陡的变质岩分布区的地质灾害等级较高,影响到土地利用。

二维码资源

二维码6-1　万年县的岩石类型及风化等级

二维码6-2　岩石风化

二维码6-3　洛阳龙门石窟

复习思考题

1. 解释：风化作用、物理风化作用、化学风化作用、生物风化作用、剥蚀作用、风化壳、残积物、球状风化、差异风化、元素的地质循环

2. 试述风化作用的类型及其影响因素、作用方式和结果？

3. 主要造岩石矿物的风化特点如何？

4. 试述花岗岩、玄武岩、页岩、砂岩、石灰岩、石英岩、片麻岩的风化特点。

5. 图示说明残积型风化壳的剖面结构特征。

6. 如何理解风化作用的阶段性？

7. 影响岩石风化的因素有哪些？影响风化壳形成的因素有哪些？

8. 试用风化原理来说明沉积岩中常见矿物出现的原因。

9. 从岩浆岩的化学成分特点说明岩浆岩的分类及其对风化产物性质的影响。

10. 如何理解岩石风化与土壤形成的关系？

参考文献

陈焕伟，张凤荣，刘黎明，等. 土壤资源调查. 北京：中国农业大学出版社，1997.

成都地质学院岩石教研室. 岩石学简明教程. 北京：地质出版社，1979.

华南农业大学. 地质学基础. 北京：中国农业出版社，1999.

黄昌勇. 土壤学. 北京：中国农业出版社，2001.

李正积. 地质与农业. 成都：四川科学技术出版社，1986.

陆景冈. 土壤地质(四). 北京：中国农业出版社，1997.

陆景冈. 土壤地质学. 北京：地质出版社，1997.

舒良树. 普通地质学. 北京：地质出版社，2010.

夏邦栋. 普通地质学. 2 版. 北京：地质出版社，1995.

熊顺贵. 基础土壤学. 北京：中国农业大学出版社，2001.

张凤荣. 持续土地利用管理的理论与实践. 北京：北京大学出版社，1996.

周恩湘，林大仪，杨思治，等. 土壤地质. 北京：地质出版社，1994.

朱德举，刘友兆，王秋兵，等. 土地资源学教程. 北京：海洋出版社，1999.

W. K. 汉布林. 地球动力系统. 北京：地质出版社，1980.

第七章　我国的典型岩石地貌

岩石是形成地貌的物质基础，其物质成分、结构、构造、产状与破碎程度、物理和化学稳定性等对风化及剥蚀作用、地貌的形态特征及其发展变化速度、区域地貌类型、地貌结构等均有重要影响。岩性特殊的岩石，经溶蚀、侵蚀等外力作用所形成的独特地貌类型，称为岩石地貌。同类岩石在不同的自然地理条件下，或各类岩石在相同的自然地理条件下的地貌形态特征及其演化都不相同。我国常见的岩石地貌有花岗岩地貌、玄武岩地貌、红色砂砾岩地貌(丹霞地貌)、石灰岩地貌、石英岩地貌、页岩地貌等，其中又以前 4 种类型最为典型。由于石灰岩地貌与水的作用密切相关，因此把该部分内容放在第十章，本章重点介绍花岗岩地貌、玄武岩地貌、砂岩地貌。

第一节　花岗岩地貌

花岗岩是构成大陆地壳最主要的岩石类型之一，是分布最广的深成岩。它由地下深处炽热的岩浆上升冷凝而成。其凝结深度一般都在 3 km 以下。要使地下深处的花岗岩出露到地表并形成山岳地貌形态，这个花岗岩岩体必然处于造山带中。由于造山带的岩石不断上升，并不断地受到剥蚀，才有可能使地下深处的岩体出露到地表。因此，位于造山带是花岗岩地貌形成的必要条件。

国内外地学家研究认为，花岗岩地貌主要有高山峻岭、雄伟浑圆的山体和低矮的丘陵岗地。构造侵蚀的花岗岩峰林地貌，主要发育在高差大的山区，多由岩株状的花岗岩体组成。花岗岩岩石裸露，岩体内有多组断裂，受冰川或流水强烈切割和风化作用后形成了雄伟高耸、峰峦重叠、谷深坡陡的奇峰深壑的地貌景观；花岗岩中有几组节理发育时，常形成球形风化地貌；穹隆状的花岗岩体形成，在湿热气候条件的作用下，岩体上常发育厚层的红色风化壳，形成红土丘陵地貌景观。花岗岩石林地貌是一种新发现的花岗岩地貌。

一、花岗岩的分布

花岗岩在地表的分布十分广泛，可占地表岩浆岩面积的 20%～25%。我国是世界上花岗岩最发育的国家之一，花岗岩分布面积为 90.9 万 km^2，约占国土面积的 10%。花岗岩体主要出露在东部地区，尤其在云贵高原以东、秦岭大别山在内的东南部花岗岩分布广泛，特别是在广东、福建以及广西东南和江西南部、湖南南部一带更为集中。广东、福建两省的花岗岩出露面积占全国的 30%～40%，广西、湖南、江西三省(自治区)占总面积的 10%～20%。在我国东南部，从西北至东南依次出露加里东、海西、印支、燕山各期花岗岩。燕山期出露最广，它们在构造变动中侵入，又因先后多次的构造变动而抬升，特别是断块抬升，当风化作用剥去沉积岩盖层后出露地表。

我国的花岗岩地貌大多出现在雨水充沛的东部地区，一些花岗岩会发育有互相垂直的三组节理，丰沛的水源加上适当的地形，常形成跌水瀑布，竖直最发育的一组节理在流水的作用下形成山谷，水平的一组节理形成河床，另一组竖直的节理则造就断崖跌水。许多花岗岩山区会分布有多级瀑布，如黄山的人字瀑、百丈泉、九龙瀑，北京云蒙山的黑龙潭、天仙瀑等。

地质地貌学家崔之久先生认为，北纬25°～35°之间，即大致在南岭与黄河之间的区域，是中国花岗岩造景地貌充分发育的中心区域，其他地方难与之相比。这一区域花岗岩名山相对比较集中，一是受长江中下游花岗岩带以及有利的构造条件影响；二是因为这一区域是我国历史上文化重心所在，人们对这里的名山有着更多的关注与认知。但随着近年来人们对地质遗产和自然景观视野的扩展，在北纬35°以北的半干旱—干旱地带，特别是新疆、内蒙古、东北地区，对花岗岩景观有了更多的发现。这其中，新疆阿尔泰山的花岗岩景观占有十分重要的地位。

我国许多名山都以花岗岩为主体，如安徽的黄山、九华山、天柱山，陕西的华山，山东的崂山，湖南的衡山，辽宁的千山，江西的三清山，北京的凤凰岭，天津的盘山，浙江的普陀山、天台山，福建的太姥山、鼓浪屿，广东的罗浮山，湖北的九宫山和河南的嵖岈山等。大量出露的花岗岩体，在我国各地不同的自然地理条件下，形成了形态独具一格的山地与丘陵地貌，构成了独特的地貌景观。学习花岗岩地貌不仅使我们了解我国著名大山的构成，而且还会激发我们对祖国美丽山川的热爱。

花岗岩主要由石英、长石和云母等造岩矿物组成，颜色较浅，晶质结构，块状构造。花岗岩坚硬的特性使它在风化时会突立于其他软弱岩层之上，成为高山峻岭地貌。然而，花岗岩岩体中常存在丰富的节理：一是花岗岩在冷凝过程中，因体积收缩，常常产生不同方向的原生节理，常见的节理有直立的、水平的和斜列的3种；二是在岩石形成后，受外力的影响所产生另一些方向各异的次生节理。由于风化作用、流水侵蚀作用、冰蚀作用、风蚀作用、重力崩落作用等沿着节理进行，因而使坚硬的花岗岩形成形态各异的地貌。

花岗岩中的各种矿物具有不同的膨胀系数，例如石英和长石的膨胀系数可相差近1倍，因此在热胀冷缩的过程中，花岗岩表层容易产生裂隙，使矿物颗粒之间失去固结力，有利于层状风化和层状剥蚀的进行。在高温多雨的气候条件下，进行更为迅速。

二、花岗岩地貌

由于花岗岩处于不同的地质构造背景，因而产生了不同的岩浆成分、结构构造及不同的断裂（裂隙）形式，同时也由于所处的气候环境不同，导致形成不同的花岗岩地貌，主要包括花岗岩峰林地貌、花岗岩球形风化地貌、花岗岩丘陵区崩岗侵蚀地貌、花岗岩石林（阿斯哈图）地貌。

（一）花岗岩峰林地貌

花岗岩峰林地貌是以岩株构造为基础形成的。在早期构造运动的影响下，大量的岩浆侵入古老的沉积岩层中，形成的花岗岩体与围岩的接触面较陡。在花岗岩侵入体形成过程及形成以后，岩体中产生了多组节理，尤其是垂直节理十分发育。在地质演化中，花岗岩体因先后多次的构造变动而抬升，特别是在断块抬升作用影响下，上覆的沉积岩盖层逐渐被剥蚀，花岗岩体出露地表。流水沿节理下切形成密集的水网，将岩体分割成初始方山和条状山脊。在山体不断地抬升过程中，受花岗岩岩体侵入形态的支配以及在节理构造的控制下，水网密度继续增大，岩石沿垂直节理出现重力崩塌，挺拔、陡峭的地貌景观初步形成。后随区域性抬升，在沿断裂所进行的寒冻风化作用以及河谷、沟谷等的强烈下切作用影响下，地貌高差进一步扩大。流水继续沿近于直立的断裂冲刷、下切，将花岗岩体切割成一个个陡峻的山峰，最终形成了石柱或孤峰，如黄山的梦笔生花(彩版 2 图 3)和嵖岈山的定海神针，石柱、孤峰丛集成为峰林。石柱和峰林造就了花岗岩山地雄伟挺拔的气势。与石灰岩岩溶地貌中的峰林相比，黄山花岗岩峰林显得更为雄伟壮观(彩版 2 图 4)。如黄山切割深达 500～1 000 m，形成高度在千米以上的山峰就有 70 多座。华山则是东(朝阳峰)、西(莲花峰)、南(落雁峰)、北(云台峰)、中(玉女峰)五峰对峙局面。

黄山是典型的花岗岩峰林地貌，以峰高峭拔、雄峻瑰奇而著称。黄山群峰如林，峰多岭少是地貌的一大特色。千米以上的山峰有 72 座；其中 3 大主峰分别是：莲花峰海拔 1 864 m，是黄山和华东第一高峰，光明顶海拔 1 840.4 m，天都峰海拔 1 810 m。它们多受北西向、北东向、东西向和南北向各组节理和断层控制，许多峰体都受到冻裂作用和多种原因的剥蚀作用，还有人认为与古冰川的掘蚀有关，尚无定论。松树根也有助于机械破坏。黄山山体节理发育的较大沟谷有 36 条，正是这些沟谷，把山体分割成峭壁奇峰。区内奇峰耸立，青松挺拔、山石嶙峋，云海浩瀚，温泉喷涌。黄山以奇松、怪石、云海“三奇”和丰富的水景及它们的相互组合为突出特点，1990 年被联合国教科文组织列入“世界文化和自然遗产名录”，2004 年 2 月被联合国教科文组织授予“世界地质公园”。

黄山地区曾经是被称作“古扬子海”的汪洋，后来由于多次地壳运动上升形成目前的景观格局。黄山主体由中生代燕山期(距今 1.31 亿～1.23 亿年)花岗岩组成，经历了四期侵入而成，其形成于晚侏罗世－早白垩世的燕山期，隆升于喜马拉雅期，在晚侏罗世由地下炽热岩浆沿地壳薄弱处向上侵入而成。在距今 6 500 万年前后，黄山地区的岩体又发生较强烈的隆升，随着地壳的抬升和来自不同方向的各种应力作用，盖层遭受风化、剥蚀，形成不同方向的裂隙，从而破坏岩石。自第四纪以来，间歇性上升形成了三级古剥蚀面，最终形成了今天的黄山。在这些岩体中，由于矿物组分、结晶程度、矿物颗粒大小、抗风化能力和节理的性质、疏密程度等多方面差异，造就了鬼斧神工般的黄山美景。

三清山是另一个典型的花岗岩峰林地貌。它位于江西省东北部，地处中亚热带，属季风气候类型兼具山地气候特征，海拔 1 819.9 m，地势高差大。三清山地处扬子板块与华夏板块的结合带，从中元古代至今漫长的地质历史时期，经历了晋宁期、加里东期、印支期和燕山、喜山期四个构造发展阶段。晚三叠世的印支运动结束了大规模的海侵历史，从此上升为陆地。进入燕山运动时期，构造和岩浆活动强烈而频繁，至晚白垩世形成了三清山花岗岩岩体。喜马拉雅期运动以来，仍以断块作用为主，地壳大幅度抬升形成山体。三清山超酸性高硅花岗岩体在独特的三角形“隆上隆”断块抬升作用下，棋盘格式断裂网络和丰沛的雨水，加上重力崩塌、生物等的作用和影响，在漫长的地球历史过程中塑造出独特的花岗岩峰林地貌。

三清山花岗岩峰林(图 7-1)，千姿百态，拟人似物，惟妙惟肖，展示了花岗岩地貌的奇特过程和丰富多样的形态类型。“东方女神石”“巨蟒出山左”为三清山的代表性石景。2008 年 7 月 8 日，第 32 届世界遗产大会将三清山列入“世界遗产名录”。

图 7-1 江西三清山花岗岩峰林(王数 摄)

必须强调,花岗岩峰林地貌都是在地壳强烈抬升的基础上形成。相反没有抬升的花岗岩地区只能形成较平缓的低山丘陵,这在我国东南沿海一带比比皆是(如普陀山、东山岛一带,鼓浪屿等处)。

(二)花岗岩球形风化地貌

花岗岩常具有等粒结构、块状构造,当其中发育了几组节理时,则常发生球形风化,表现为浑圆的地貌形态,如北京凤凰岭(彩版 2 图 5)和厦门南普陀寺内的花岗岩球形风化都很明显。浑圆的花岗岩体常形成“石蛋”“岩丘”,如黄山天都峰上的仙桃石(图 7-2),传说是当年孙悟空在蟠桃大会上偷来大量仙桃,到此见游人口渴,便撒下供人解渴品尝,其实都是花岗岩石蛋。浙江的天台山、福建的九仙山、广西的大容山,山顶上都有巨大的石蛋。大抵侵蚀强烈的地方,因石蛋之间的红土多已流失,使石蛋景观更为突出,可满山遍布。如著名的厦门鼓浪屿,该岛高处的日光岩,是一个直径超过 20 m 的巨形石蛋,高踞各石蛋之上,成为重要名胜点。鼓浪屿有听涛声、观海景、“海上花园”等多种景点,多与花岗岩有关,曾被评为福建十佳景点的榜首。

图 7-2 黄山天都峰的仙桃石(左:天都峰;右:莲花峰)(王数 摄)

全国花岗岩石蛋地形的景点大量集中在东南沿海,原因是这里花岗岩出露最多,而且高温多雨,湿热的风化条件好。花岗岩风化所成的怪石景点,几乎连绵不断。在海南有“天涯海角”“东山岭”,在广东与浙江境内也为数不少。

在湿热的气候条件下，一般花岗岩都会形成浑圆形，如老君岩造像在福建泉州清源山西侧，原为一道教庙观集中地，是在浑圆的花岗岩体上，就原基础略施雕琢而成（图 7-3）。

图 7-3　在浑圆花岗岩体上雕塑的老君造像（引自陆景冈，2003）
（宋代古迹，福建泉州清源山，左为可能的原山外貌）

浑圆的花岗岩体在湿热的南方成为"岩丘"状，突出于丘陵或平地之上。海南"天涯海角"即很典型。福建太姥山也由花岗岩组成，球形分化明显（图 7-4）；浙江普陀山全岛均由花岗岩组成，浑圆形的怪石随处可见，使我们不禁惊叹大自然的鬼斧神工。

图 7-4　福建太姥山的花岗岩球形风化

（三）花岗岩丘陵区崩岗侵蚀地貌

在我国南方高温多雨的气候条件下，花岗岩风化壳坡地上发育着各种形状的深切山坡崩陷凹地形，其冲沟沟头部分经不断地崩塌和陷蚀作用而形成一种围椅状侵蚀地貌，称之为崩岗（图 7-5）。"崩岗"的命名具有发生学和形态学方面的双重意义，"崩"是指以崩塌作用为主要侵蚀方式，"岗"则指经常发生这种类型侵蚀的原始地貌类型。崩岗侵蚀作为一种严重的水土流失类型，在我国南方地区，特别是风化壳深厚的花岗岩低山丘陵区分布十分普遍。

节理发育的花岗岩在风化过程中，由于重力、风化和地貌演变作用下会产生各种节理面，各种结构面切割风化壳，在重力和风化营力（主要包括阳光、气温、雨水）的作用下，结构面将不断张开，由闭合-微张开-宽张开发展，增加了潜在崩塌体的不稳定性。表层岩土由于径流的冲刷，沟谷不断下切，使原来平衡的地应力受到破坏，引起地应力释放，导致沟壁顶部产生平行于临空面的卸荷现象，产生卸荷裂隙。随着沟谷的下切，裂隙越来越深，不稳定的崩塌体在遇到

图 7-5 花岗岩崩岗侵蚀地貌

暴雨时，土体吸水增重，同时土体大量裂隙渗水，抗剪力下降，剪应力大于其抗剪应力时，土体就会沿着某一断裂面崩塌。崩塌后新裸露的土体在地压力和其他外应力作用下，产生新的裂隙系统的递级发展，而径流作用带走了崩塌下来的崩积物，使沟壁又重新变高，裂隙又不断加大加深，为下次崩塌创造条件。径流冲刷和崩塌过程交替进行，相互促进，促使崩沟不断扩大。

1. 崩岗侵蚀地貌形成的条件

(1)岩性与地质构造　较厚的花岗岩风化壳是崩岗侵蚀地貌形成的物质基础，而节理等的存在会加速侵蚀作用。

(2)地形条件　起伏较小的地形有利于风化物质的积累；另外，地形通过对水热的再分配形成不同的坡地小气候，从而影响植被的生长。

(3)气候条件　热带、亚热带气候区，降水丰沛有利于厚层风化壳的形成，为崩岗发育提供了动力。

(4)人为活动　人为地质作用会极大地加快崩岗发育，主要是植被的破坏造成水土流失。

2. 崩岗发育的 3 个阶段

(1)深切活动期　以水蚀为主，由沟头跌水造成的冲刷下切力，加上溯源沟蚀的作用，致使沟底加深，沟道加宽，沟岸陡壁形成，此时沟坡尚未出现堆积。

(2)崩塌活动期　侵蚀力逐渐由水蚀转化为重力，集水区的径流继续跌水，并不断入渗崩顶周围的裂隙和侵蚀沟，作为地下水保存起来，通过其潜蚀作用从崩底以下降泉的形式重新出露地面。与此同时，崩岗的溯源侵蚀、侧向侵蚀和下切侵蚀仍旧继续，土壤块体受重力发生断裂崩塌，崩顶不断向上和两边扩张逐渐接近分水岭，沟坡出现堆积锥，又被径流切割，崩壁越来越高，越来越陡。

(3)平衡趋稳期　崩顶发展到分水岭，集水坡面很小，水力冲刷作用变弱，基本只有重力崩塌仍然继续，但崩塌量已经大大减少，崩壁和沟岸坡度变缓，沟坡堆积量增大，崩岗发育趋向稳定，植被也逐渐恢复。

其中第 2 阶段水土流失最为严重和危害最大，也是崩岗发育受外部影响最为复杂的阶段。

崩岗侵蚀是我国南方热带、亚热带地区一种特殊的侵蚀类型，主要分布于广东、湖南南、江西南、福建、贵州、广西等地。崩岗破坏地表完整性，造成土地退化，所产生的大量泥沙掩埋农田，淤塞河道、山塘、水库，冲毁房屋、道路、通信线路等工程民用设施，危害十分严重。

对于我国南方的崩岗地貌灾害，应根据崩岗的类型、形态特征等，因地制宜地采取生物措施和工程措施进行综合治理。

(四)花岗岩石林地貌(阿斯哈图)

花岗岩石林是一种罕见的、奇特的岩石地貌景观，极具观赏价值，这种新发现的花岗岩石林，蒙古语称为阿斯哈图(彩版 2 图 6)。

阿斯哈图石林位于内蒙古克什克腾旗的大兴安岭山脉的北大山上，形成于海拔 1 600～1 900 m 的花岗岩上。

花岗岩石林与云南路南石林成因不同。云南的路南石林是石灰岩在热带气候条件下，经水流的溶蚀作用而成。而大兴安岭最高峰附近的北大山一带发育的花岗岩石林，主要是由冰盖冰川的掘蚀和冰川融化时形成的大量冰融水对花岗岩冲蚀作用产生，所以叫“冰川石林”。

石林通体为坚硬的花岗岩，这是世界所罕见的。由于近水平裂隙特别发育，在石林侧面有保存较多的冰水冲刷形成的悬沟槽，远看恰似千层饼。石林顶部有冰臼分布，这是花岗岩地貌的新类型。

第二节　玄武岩地貌

玄武岩是分布最广的基性喷出岩。地下岩浆在内力作用下，沿地壳薄弱地带喷出地表后冷凝而形成的岩石，它的矿物结晶颗粒细小，常常具有气孔构造或经其他浅色矿物充填而成的杏仁构造。发育在玄武岩地区、具有独特外形特征的地貌称为玄武岩地貌。

由于玄武岩岩浆黏度小，流动性大，喷溢地表易形成大规模熔岩流和熔岩被，在高原地区常形成面积达数千至数十万平方千米的熔岩台地，有人称其为高原玄武岩，如印度的德干高原玄武岩，在海洋中则构成海岭或火山岛。

在我国玄武岩山地从东到西、从北到南均有分布。例如黑龙江五大连池、山西大同火山群、云南腾冲火山群、浙江会稽山区与江苏虎丘等地，其地貌形态和高度有一定差异。

常见的玄武岩地貌形态有玄武岩柱状地形和熔岩地貌。

一、柱状地形

当岩浆溢出地表冷却进行收缩时，它会沿着与熔岩流动方向相垂直的角度裂开，形成非常规则的六边形几何形状，称为石林柱。全球最著名的柱状玄武岩是英国北爱尔兰安特里姆平原边缘，沿着海岸的巨人之路的石柱林，但是最大和被公众广泛认可的柱状玄武岩则是美国怀俄明州的魔鬼塔。中国玄武岩柱状地形分布也多，特别在沿海地区，浙江、福建、广东、香港、台湾、山东等均有分布，如香港西贡石柱、江苏南京六合桂子山石柱林、福建漳州滨海火山地质公园(林进屿、南碇岛)、浙江临海桃渚、云南腾冲、广东湛江徐闻、山东昌乐团山子、台湾澎湖等地的柱状地形。虽然这些玄武岩的结构有所不同，但它们都以同样的方式形成突出的景色。

江苏省六合区东北的桂子山柱状地形堪称一绝，石柱横切面呈六边形、五边形，亦有四边形和七边形的，一眼望去，犹如一把筷子矗立在平原上，气势雄伟而壮观。

另一个典型的玄武岩柱形地貌是福建省漳州古火山——南碇岛(图 7-6),它是由玄武岩形成的石柱林和由数个单体石柱组合成的石柱丛,可见高度在 20～50 m 的悬崖峭壁。

图 7-6 福建省漳州南碇岛玄武岩石柱林地貌

二、熔岩地貌

(一)熔岩地貌的成因及类型

熔岩地貌是岩浆从地壳断裂溢出、沿地面流动冷却形成的各种地貌。如熔岩丘、熔岩垅岗、熔岩盖、熔岩隧道和熔岩堰塞湖、熔岩波涛等。在岩石圈之下,存在着一个岩石呈熔融状态的软流层,火山喷发时的岩浆主要来源于此。因地壳断裂、新构造运动或板块运动,地下岩浆涌出地表而形成熔岩流,同时还伴有大量气体和其他火山喷发物质,火山喷发过后,便会遗留下各种类型的熔岩地貌。熔岩地貌的主要类型有:

1. 火山锥

在岩浆涌出地面的通道(火山口)附近,在岩浆活动停止后,由于各种火山喷出物冷却凝固和堆积,形成圆锥状山丘,即为火山锥。

2. 熔岩丘

熔岩流溢出地表冷却成的圆形或椭圆形小丘。高几米到十几米,长几十米。地壳内熔岩流有较大的静压力,常沿裂隙冲出地面,或在封闭熔岩壳下随巨大气泡的气体外溢、鼓胀形成熔岩丘(图 7-7)。

3. 熔岩台地

岩浆涌出地表后,因为温度下降,岩浆就要冷却凝固 ,覆盖在所流淌的地表上,就是熔岩台地。

4. 熔岩垅岗

熔岩流沿地表流动冷却形成的长条形垅岗(图 7-8)。长几千米或几十千米,宽几十米至几百米。横剖面呈凸透镜体状,中部微凸,两侧缓倾。许多熔岩垅岗构成熔岩丘陵。

图 7-7　内蒙古阿尔山国家地质公园熔岩丘

图 7-8　熔岩垅岗

5. 熔岩盖

熔岩流在地形平缓地区从中心向四周流动冷却成的宽广原野。熔岩流像水流一样，从高处流向低处。如果熔岩流到一个洼地里，就汇成熔岩湖；流经陡坎，就形成熔岩瀑布。

6. 熔岩隧道

熔岩内部的窄长通道。熔岩表面冷却很快，当熔岩流还在流动时，熔岩外表已固结成壳，由于凝固的熔岩导热性非常小，熔岩流内部能长久地保持高温，如果熔岩来源一旦断绝，使熔岩里未凝固的液体熔岩就"脱壳"流到较低部位，于是在熔岩内形成空洞，成为熔岩隧道。熔岩隧道顶部崩坍后，熔岩表面就可能形成圆形或椭圆形的凹陷。

7. 火口湖

火山喷发过后，火山口积水而成的湖泊。吉林省的长白山天池，就是著名的火口湖。

8. 熔岩堰塞湖

熔岩流到河谷内，阻塞河道，使上游河谷积水成湖。如中国牡丹江上游的镜泊湖，是由全新世玄武岩熔岩阻塞牡丹江而形成的湖泊。举世闻名的黑龙江五大连池也是熔岩堰塞湖。

(二)我国熔岩地貌分布

全世界约有 2 000 座死火山,500 多座活火山,主要分布在环太平洋火山地震带和地中海—喜马拉雅火山地震带,以及东非的火山带。由于我国位于前两大火山地震带之间,因此火山活动较为频繁,形成了各种类型的火山熔岩地貌。

1. 东北地区熔岩地貌

(1)黑龙江五大连池　位于黑龙江省五大连池市区北部,地处小兴安岭与松嫩平原接壤地带。经地质考察证实,从 200 多万年以来,至 1719—1721 年间,在黑龙江境内小兴安岭南麓先后断续有火山喷发,火山熔岩流堵塞河道,形成了五个相连的火山堰塞湖,故名五大连池。五大连池的形成经过了 3 个阶段:老黑山早期喷发,熔岩流以向南为主,形成头池和二池;老黑山后期喷发,熔岩流以向北及东为主,形成二池和三池;老黑山喷发结束后,火烧山又喷发,岩流向东北方向流动,形成四池、五池(彩版 3 图 1、图 2)。

五大连池火山地貌景观齐全,有 14 座火山锥,五个串珠状的熔岩堰塞湖,65 km^2 的熔岩台地,以及大量的药泉。它不仅是一个天然的风景旅游区,也是一个研究火山地貌的科研基地,同时还是一处温泉疗养地,有“火山博物馆”之称,已开辟为我国第一个火山自然保护区。

(2)黑龙江镜泊湖　位于黑龙江省宁安市南部,是个狭长的大湖。它曾是牡丹江上游的古河道,大约 1 万年前的一次火山喷发,汹涌的玄武岩流堵塞了牡丹江河床,形成了我国最大的高山堰塞湖——镜泊湖,湖长约 45 km,面积约 90 km^2,湖平如镜,清幽秀丽,是我国著名的风景区和避暑胜地,被誉为“北方的西湖”。镜泊湖火山以熔岩隧道、熔岩瀑布著称。

(3)吉林省长白山天池　长白山天池是一处火山口湖,位于长白山自然保护区的中心,吉林省东南部,是中朝两国的界湖。海拔 2 194 m,是我国最高的火口湖,最深处达 300 m 以上,又是我国最深的湖泊。因为它所处的位置高,所以称为“天池”。

2. 云南腾冲火山群

位于云南省西部腾冲断陷盆地中。这是我国规模较大的一处火山群。1 000 km 以上的土地上,分布有 90 余座火山锥,50 个火山口。火山地貌类型齐全,规模宏大,保存完整,还有大量的温泉和沸泉,已建成国家级风景名胜区。

3. 台湾大屯火山群

位于台湾地区台北市以北 16 km 处。大屯火山群有 16 个圆锥形山体,有些山顶巨大的火山口还经常吐出浓烟,景色壮观。山中林木苍翠,景色秀美,“大屯春色”成为台湾著名八景之一。

此外广东省西樵山、雷州半岛、湛江市湖光岩都有火山熔岩、火山湖。山西省大同盆地东部的大同火山群,包括 30 余座火山锥和大片分布于桑干河两岸的玄武岩。

第三节　砂 岩 地 貌

砂岩是地表出露较广的一种沉积岩,由砂岩发育形成的地貌称为砂岩地貌。常见的砂质岩石有石英砂岩、长石砂岩和岩屑砂岩。因砂岩的矿物成分、硬度和胶结程度的不同,发育的地貌也不相同。由硅质胶结的石英砂岩,抗风化和侵蚀能力强,常形成相对高起的山岭;胶结不坚实的粗砂岩、长石砂岩则常成为丘陵或盆地。如湖南和江西中部的红砂岩丘陵,安徽南部、浙江西部的红砂岩盆地，彼此串通相连，内部广泛分布砂岩缓丘。我国由砂岩形成并命名的地貌类型主要有3种，分别是砂岩峰林地貌、丹霞地貌和嶂石岩地貌。

一、砂岩峰林地貌

砂岩峰林地貌当数张家界的最典型。张家界砂岩峰林地貌是一种由石英砂岩构成的峰林景观，呈现奇峰异石、深峡危崖的地貌特征。它是既具有科学研究价值的地貌新类型，又是具有高度吸引力的旅游胜地，1992年被联合国教科文组织列入"世界自然遗产"名录。

张家界砂岩峰林地貌之代表要数武陵源景区，包括天子山、索溪峪和张家界国家森林公园。约在3.8亿年前，晚古生代中晚泥盆世时期($D_{2\text{-}3}$)，这里是一片汪洋。当时的张家界处于宽阔的滨海地带，靠近古陆，因而接纳了大量来自古陆的松散碎屑物质，这些物质在这里沉积下来，又经过漫长而复杂的成岩过程，形成了总厚度超过500 m的石英砂岩，这就是张家界峰林地貌形成的物质基础。之后又经过"燕山运动""喜马拉雅运动"和第四纪新构造运动的抬升，砂岩峰林地貌才完整地形成和发育。由于褶皱作用较弱，岩层产状保持水平，而垂直节理及断层却十分发育，在风化作用、流水侵蚀作用、重力崩塌作用下，才形成了我们今天看到的千姿百态、沟壑纵横、奇峰耸立、万石峥嵘的大自然奇观(彩版3图3，图7-9)，使我们不禁惊叹大自然的神奇力量，从而激发对祖国山川的热爱。

图7-9　张家界砂岩峰林地貌——御笔峰(王数　摄)

构成张家界砂岩峰林地貌的岩石，主要有两种：单一的石英砂岩和石英砂岩夹页岩。前者为巨厚层，质纯，岩层厚度>520 m，石英含量75%～95%，其胶结物多为铁质、硅质等，岩石化学性质在表生环境下十分稳定，具较强的抗风化能力。同时，这种岩石具有坚硬的物理特性，因此构成峰柱的基座很坚固。顶部主要由滨海－浅海相碎屑岩类组成，岩性为灰白－肉红色巨厚层细粒石英岩状砂岩夹薄层状粉砂岩、页岩，含1～3层鲕状赤铁矿，形成砂岩峰柱的红色"铁帽"。后者存在于巨厚层石英砂岩中，常呈若干薄层状，因其胶结物中含有钙质，抗风化侵蚀的能力较弱，易于风化剥蚀，造成崩塌。崩塌的岩块性脆而易裂，易被洪水卷入河床带走，从而形成了坡积物甚少的直立柱状峰林。它一方面降低了峰柱的坚固程度，另一方面有利于单个峰柱的雕塑造型，形成众多栩栩如生的拟人拟物的造型地貌。两者形成间层状层组结构，即厚层石英砂岩、石英岩状砂岩夹薄层和极薄层绢云母粉砂岩或页岩。从造型方面来看，上部为中层和薄层居多，有利于雕塑造型。

张家界处于亚热带湿润性气候区，冬春温暖，气温较高，降水量大且集中。张家界风化作用的主动力是流水。流水通过下切和侧蚀作用，不断蚀去坡面上的风化产物，使风化得以顺利进行；流水的侧蚀作用往往在坡脚掏出水平洞穴，使上覆岩块悬空，为重力崩塌提供了可能。岩性的差异性风化，常使硬岩层相对突出而成顺层岩脊，软岩层凹进而成顺层岩槽或岩洞，顺层岩洞的风化加深为上覆岩层的崩塌创造了条件。陡崖坡的崩塌大多是沿着某一破裂面的块状崩塌，到坡脚发生机械破碎，因而在坡脚常堆积由巨大石块构成的崩积物。

这里风化作用和流水侵蚀、搬运作用十分强烈。流水巨大的搬运作用，将碎屑物迅速携带出峪口，形成冲洪积扇，所以嶂谷、峡谷中巨大堆积物少，而形成“箱状”或U状谷，山体演化成峰林。张家界岩层都具有水平层理，因而经风化作用、流水、重力的长期作用，形成了张家界高峻、顶平、壁陡、麓缓的基本地貌形态。

当地的生物繁盛，也为岩石的风化剥蚀提供了有利条件。该区从三叠纪到第三纪为干热气候，第四纪以来，未受到冰川侵袭。因而第四纪以前的某些生物得以保存和繁衍，形成许多南北生物的汇聚场和古老生物的基因库。山峰石柱之巅、悬崖峭壁之上的青松、灌木，其根系深深扎进岩石裂隙之中，并产生有机酸，不断分解着岩石。随着植物的生长，根劈作用较较强，导致岩层从一种形态变成另一种形态，使石峰、石柱更露峥嵘(图7-10)。

图7-10 张家界砂岩峰林地貌(王数 摄)

二、丹霞地貌

丹霞地貌是由陆相红色砂砾岩构成的一种接近水平构造的地貌，具有顶平、陡峭、麓缓的特点，它是指中生代侏罗纪至新生代第三纪形成的红色砂砾岩，经长期的风化作用和流水切割与侵蚀，形成的独特丘陵地貌，呈现孤立山峰和陡峭奇岩怪石，在巨厚红色砂砾岩层中，沿垂直节理发育而成。因这种地貌以我国广东省北部仁化县丹霞山最为典型，所以称为丹霞地貌。类似的地貌在我国其他地方也有许多，如福建武夷山的丹霞地貌(见彩版3图4)及贵林赤水和江西龙虎山的丹霞地貌(图7-11)。

图 7-11　江西龙虎山的丹霞地貌(王数　摄)

丹霞地貌即为红层地貌,所谓"红层"是指在中生代侏罗纪至新生代第三纪沉积形成的富含红色氧化铁的陆相红色岩系,一般称为"红色砂砾岩"。红层地貌是我国地质史上最后一次造山运动中整体抬升并经风化、流水等侵蚀,切割形成的以方山、石墙、石柱为主要造型的赤壁丹崖丘陵地貌。

丹霞地貌发育盛期始于第三纪晚期的喜马拉雅造山运动。这次运动使部分红色地层发生倾斜和舒缓褶曲,并使红色盆地抬升,形成外流区。流水向盆地中部低洼处集中,沿岩层垂直节理进行侵蚀,形成两壁直立的深沟,称为巷谷。巷谷崖麓的崩积物在流水不能全部搬走时,形成坡度较缓的崩积锥。随着沟壁的崩塌后退,崩积锥不断向上增长,覆盖基岩面的范围也不断扩大,崩积锥下部基岩形成一个和崩积锥倾斜方向一致的缓坡。崖面的崩塌后退还使山顶面范围逐渐缩小,形成堡状残峰、石墙或石柱等地貌。随着进一步的侵蚀,残峰、石墙和石柱也将消失,形成缓坡丘陵。在红色砂砾岩层中有不少石灰岩砾石和碳酸钙胶结物,碳酸钙被水溶解后常形成一些溶沟、石芽和溶洞,或者形成薄层的钙化沉积,甚至发育有石钟乳。沿节理交汇处还发育漏斗。

在砂岩中,因有交错层理所形成锦绣般的地形,称为锦石。河流深切的岩层,可形成顶部平齐、四壁陡峭的方山,或被切割成各种各样的奇峰:有直立的、堡垒状的、宝塔状的等。在岩层倾角较大的地区,则侵蚀形成起伏如龙的单斜山脊;多个单斜山脊相邻,称为单斜峰群。岩层沿垂直节理发生大面积崩塌,则形成高大、壮观的陡崖坡;陡崖坡沿某组主要节理的走向发育,形成高大的石墙;石墙的蚀穿形成石窗;石窗进一步扩大,变成石桥。各岩块之间常形成狭陡的巷谷,其岩壁因红色而名为"赤壁",壁上常发育有沿层面的岩洞。

丹霞地貌最突出的特点是"赤壁丹崖"广泛发育,"色如渥丹,灿若明霞"。切割破碎,难见台地,形成顶平、坡陡、麓缓的方山、石墙、石峰、石柱等奇险的地貌形态,是名副其实的"红石公园"。

丹霞地貌主要分布在中国、美国西部、中欧和澳大利亚等地,以中国分布最广。在中国分布在热带、亚热带湿润区,温带湿润一半湿润区,一般分布于年降水量大于 1 500 mm 的地区。

我国已发现丹霞地貌 780 余处,除广东丹霞山外,较为著名的还有福建武夷山、江西龙虎山、安徽齐云山、贵州赤水、四川青城山等，我国丹霞地貌分布见图 7-12。2010 年 8 月，湖南崀山、广东丹霞山、福建泰宁、江西龙虎山、贵州赤水、浙江江郎山等六处丹霞地貌，被联合国教科文组织正式列入“世界自然遗产名录”，它们是中国丹霞地貌的典型代表。丹霞地貌的科学和美学价值日益引起世界人民的关注和重视。

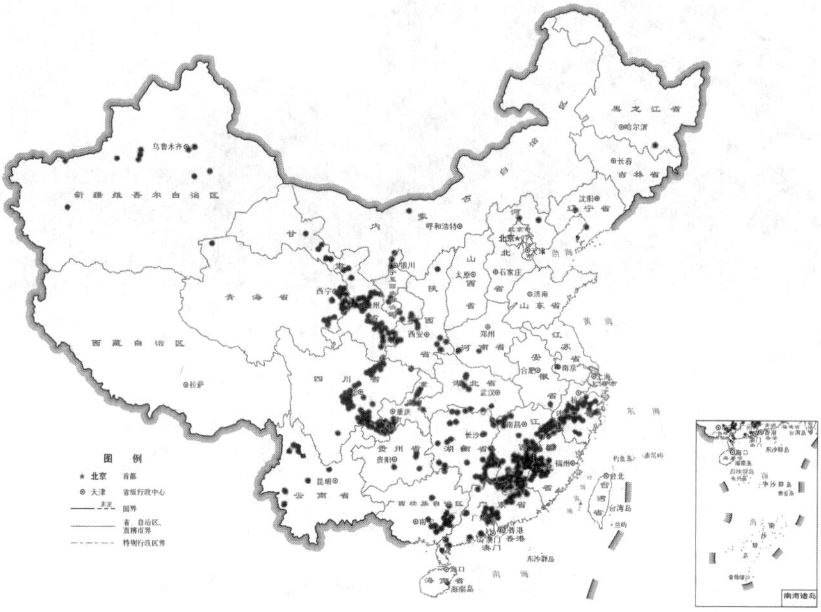

图 7-12 我国的丹霞地貌分布

三、嶂石岩地貌

嶂石岩地貌(图 7-13)主要由易于风化的薄层砂岩和页岩形成，多形成绵延数千米的岩墙峭壁，多层地层重叠崖壁，除顶层为石灰岩外，多由红色石英砂岩构成，远远望去，赤壁如屏如画，被地学家命名为嶂石岩地貌。

图 7-13 河北省赞皇县嶂石岩地貌(引自吴忱，2008)

嶂石岩地貌有5大特点：赤壁长墙连续不断、阶梯状陡崖贯穿全境、多个Ω形嶂谷相连、多棱角鲜明的、垂直沟谷自始至终，并蕴藏着大量奇特的地质、地貌景观和与之相关的历史及地方文化景观。

嶂石岩这种特殊的形态与构成它的岩石性质有关。上面是坚硬的厚层石英砂岩，下面则是一层比较薄、比较软的泥岩或泥质砂岩，由于后者软弱，所以它先遭受风化剥蚀，然后在重力作用下，石英砂岩垮塌，这是主要原因。因此嶂石岩地貌是从下往上塌，然后后退。当底部软岩层被侵蚀掏挖后，上面的岩石沿裂隙向下垮落，首先形成纵深往里、一头开口的沟谷，两侧陡壁继续垮塌，就逐渐形成嶂谷。

1972年，河北省科学院地理研究所的郭康在太行山考察中发现了一种气势不凡的红崖长墙砂岩地貌，后经多年考察研究，正式将该地貌命名为嶂石岩地貌。嶂石岩地貌主要分布在河北省中南部赞皇县太行山深山区的嶂石岩景区。此外，嶂石岩地貌在太行山其他许多地方也有分布，人造天河"红旗渠"就建在嶂石岩地貌之上。除了太行山脉，山西的中条山也有分布，基本上分布在河北、山西、河南一带。

砂岩峰林地貌、丹霞地貌与嶂石岩地貌并列为中国三大砂岩地貌，但三者的形成有本质的的区别：

张家界砂岩峰林地貌是巨厚的石英砂岩经过漫长的差异风化、流水切割、重力崩塌等外营力作用形成；以塔柱状峰林为特色，呈现千峰耸立、万石峥嵘的地貌景观。

丹霞地貌是由陆相红色砂砾岩经流水整体侵蚀切割形成的丘陵地貌，具有顶平、陡峭、麓缓及外形多变的特点。

嶂石岩地貌则以延续不断的赤壁长墙、弯曲相连的嶂谷以及一头开口的峡谷为主要特色。

二维码资源

二维码 7-1 花岗岩地貌

二维码 7-2 玄武岩地貌

二维码 7-3 砂岩景观

二维码 7-4 江西龙虎山丹霞地貌

二维码 7-5 广西北海涠洲岛的玄武岩及景观

复习思考题

1. 什么是岩石地貌？我国典型的岩石地貌有哪些？
2. 花岗岩峰林地貌的成因是什么？
3. 试述花岗岩丘陵区崩岗侵蚀地貌的成因。
4. 玄武岩柱状地形是怎样形成的？
5. 熔岩地貌的主要类型有哪些？
6. 中国三大砂岩地貌是什么？它们有什么区别？

参考文献

柴乐，衷存堤，黄新曙，等. 江西武功山花岗岩地貌特征与成因. 地质论评，2022，68(3)：965-980.

陈安泽. 中国花岗岩地貌景观若干问题讨论. 地质论评，2007.

陈利江，徐全洪，赵燕霞，等. 嶂石岩地貌的演化特点与地貌年龄. 地理科学，2011，31(8)：964-968.

崔之久，陈艺鑫，杨晓燕. 黄山花岗岩地貌特征、分布与演化模式. 科学通报，2009(21)：3364-3373.

崔之久，杨建强，陈艺鑫. 中国花岗岩地貌的类型特征与演化. 地理学报，2007(7)，62(7)：675-690.

高抒，张捷. 现代地貌学. 北京：高等教育出版社，2006.

龚勋. 世界自然奇观(上). 昆明：云南教育出版社，2010.

李旭义，查轩，陈世发. 崩岗侵蚀治理范式结构与功能研究. 水土保持研究，2009，16(1)：93-98.

刘细元，马振兴，尹国胜，等. 三清山花岗岩峰林地貌景观资源及其形成演化. 华东理工学院学报，2006(增刊).

陆景冈. 旅游地质学. 北京：中国环境科学出版社，2003.

罗曦，杨志军，张珂，等. 广东丹霞山红色成因的矿物学研究. 矿物学报，2021，41(6)：704-712.

潘大东，林永崇. 新疆罗布泊雅丹地貌形态特征分析. 干旱区资源与环境，2022，36(6)：157-163.

潘志新，任舫，陈留勤，等. 陕北丹霞地貌特征及国内外对比研究. 地理科学，2021，41(6)：1069-1078.

彭小华，吴昊，李兴文，等. 延安地区丹霞地貌类型及发育机制研究. 干旱区地理，2021，44(2)：418-426.

齐晓明，李永春，李志强，等. 阿拉善高原南缘额日布盖丹霞地貌及成因研究. 干旱区资源与环境，2021，35(4)：120-125.

宋昊泽，杨小平，穆桂金，等. 罗布泊地区雅丹形态特征及演化过程. 地理学报，2021，76(9)：2187-2202.

唐云松，陈光文，朱诚. 张家界砂岩峰林景观成因机制. 山地学报，2005(5)：308-312.

王江，肖龙，黄俊，等. 火星雅丹地貌研究进展. 地质学报，2021，95(9)：2742-2754.

王锡魁，王德. 现代地貌学. 长春：吉林大学出版社，2009.

王允鹏，石越，王宏昌，等. 五大连池. 上海：中国地图出版社，2010.

魏罕蓉，张招崇. 花岗岩地貌类型及其形成机制初步分析. 地质论评，2007，53(S1 期)：147-160.

吴忱. 华北地貌环境及其形成演化. 北京：科学出版社，2008.

吴昊，彭小华，祝捷，等. 陕西靖边龙洲波浪式丹霞地貌景观特征及其成景环境分析. 矿产勘查，2021，12(2)：497-502.

吴志峰,王继增.华南花岗岩风化壳岩土特性与崩岗侵蚀关系.水土保持学报,2000,14(2):31-35.

颜明.我国砂岩地貌研究进展综述.安徽农业科学,2013,41(27):11069-11071,11086.

杨湘桃.风景地貌学.长沙:中南大学出版社,2005.

于得芹,蒙永辉.山东省花岗岩地貌景观的构造分区和典型类型研究.山东国土资源,2020,36(9):37-43.

张根寿.现代地貌学.北京:科学出版社,2005.

张萍,查轩.崩岗侵蚀研究进展.水土保持研究,2007,14(1):170-173.

周翠,姜勇彪,段政,等.南昌梅岭花岗岩地貌景观特征及其形成发育规律.地质论评,2021,67(1):129-143.

第八章　斜坡重力地貌

斜坡上的所有物质在重力作用下都有沿坡向下移动的趋势,各种松散碎屑或不稳定的岩层和土层因自身重力,并在各种外因触发作用下而发生沿斜坡向下移动或垂直下落的运动,称为块体运动(mass movement) 或下坡运动(downslope movement),又称负荷地质作用。块体运动中,滑移物质本身既是动力,同时又是作用的对象,一方面它对沿途所遇到的不动体(包括基岩、稳定土层)进行破坏或改造,另一方面它本身也遭受破坏。因此,块体运动过程包括机械的破坏、运移和堆积。经块体运动破坏或改造而形成的各种地貌,统称为斜坡重力地貌。

块体运动的动力除运动物质的重力外,常有许多外在的触发因素,主要有:①自然或人为的掏空斜坡下部的岩土体;②斜坡上的附加负荷,包括自然和人为的堆积物或者构筑物;③各种震动力,包括地震、爆炸等的震动作用;④地表水和地下水的作用。水对下坡运动的影响具有多重性,一是它可以增加斜坡的重力;二是它可以起润滑剂的作用;三是水能软化岩土体,降低岩土的内聚力和内摩擦角;有时,静水力和动水力往往构成促进块体运动的主要动力。由于斜坡岩土体水分的增加与季节有关,因此,许多块体运动常发生在春暖开冻期或雨季。

按照滑移物质的类型和组成、斜坡陡缓、运动特征、动力和触发作用等,通常将块体运动主要划分为崩塌(fall)、滑坡(landslide)、蠕动(creep)类型。无论是哪种类型的下坡运动,都有可能造成不同程度的灾害,破坏道路、阻塞河流、损毁土地、毁坏居民点和厂矿等,造成人员伤亡及其他财产损失。我国山区面积大,在进行各种工程建设中都会遇到蠕动、崩塌、滑坡、泥石流等地质灾害,对交通、建筑物、农田等破坏性很大。因此,研究块体运动及其地貌类型,在生产和环境保护实践中均具有重大意义。本章重点介绍崩塌、滑坡等斜坡重力地貌,泥石流在第九章介绍。

第一节　崩　　塌

斜坡上的土体或岩体在重力作用下,突然向下崩落,称为崩塌。崩塌的运动速度很快,一般可达 5～200 m/s,多发生在 45°以上的陡坡上。岩土体以跳跃、滚动形式运动,直接坠落于地面,在坡上方形成陡坎,称为崩塌崖;在坡的下方形成碎石舌、倒石堆等。崩塌运动时没有固定的滑动面,其地质营力主要是重力地质作用,一般没有流水作用的参与,崩落物质主要由土和岩块组成。崩塌是斜坡破坏的一种形式,对农业、水利、铁路、公路的危害严重。因此对崩塌类型、崩塌产生条件和崩塌堆积物的研究具有重大意义。

一、崩塌的类型

按照崩塌体的组成类型和位置、规模等,可将崩塌可分为山崩、崩岸、岩崩和岩屑崩落等类型。

1. 山崩

山崩是指山区发生的大规模崩塌现象。在斜坡很陡的山区,在岩石的释重作用、冰劈作用、温差作用等物理风化作用下,沿陡坡边缘产生一系列的张裂隙,使边坡处于极不稳定状态。当遇到地震、爆破或人工开挖等触发因素时,岩体产生崩塌。山崩的规模可大可小,大规模的山崩破坏力巨大。如 1911 年帕米尔高原巴尔坦格河谷一次巨大山崩,崩落体积达 36 亿～

48 亿 m^3。在几秒钟的时间内，岩体从 600 m 的高处塌落下来，堵塞了河流，形成了长 75 km、深 262 m 的堰塞湖。

2. 崩岸

在河岸、湖岸和海岸，由于河流的侧蚀作用，湖岸、海岸的浪蚀作用，导致底部被掏空，使上方岩体失去支撑而发生崩岸。

3. 岩崩

陡岸整块岩体直接坠落或滚落，称为岩崩。崩落的岩体散落于山坡下方的缓坡地带，常在坡脚处形成倒石堆，也称岩堆。

4. 岩屑崩落

岩屑顺斜坡作跳跃式的滚动称为散落，它比山崩和岩崩的速度慢，常常在坡脚处形成崩积扇或崩积裙。在土体斜(边)坡中产生的崩塌，也称土崩。

根据崩塌(危岩)体的失稳机制和变形破坏的力学机制，将崩塌分为滑移、倾倒、拉裂、臌胀、错断、陷落六种形式的破坏类型(表 8-1)及它们的复合形式。

表 8-1　崩塌的形成机制分类

崩塌类型	崩塌特征及形成机制						
	岩性	结构面	地貌	崩塌体形态	受力状态	起始运动形式	失稳主要因素
滑移式	多为软硬相间的岩层，如石灰岩夹薄层页岩	有倾向临空面的结构面(可能是平面、楔形或弧形)	陡坡通常大于 55°	可能组成各种形状，如板状、楔形、圆柱状等	滑移面主要受剪力作用	滑移	重力、静水压力、动水压力
倾倒式	黄土、石灰岩、白云岩及其直立岩层	多为垂直节理、柱状节理、直立层面	峡谷，直立岸坡，悬崖等	板状，长柱状	主要受倾覆力矩作用	倾倒	重力、静水压力、动水压力、地震力
拉裂式	多见于软硬相间的岩层	多为风化裂隙或重力拉张裂隙	上部突出的悬崖	上部硬层以悬臂梁形式突出来	拉张作用	拉裂	重力
臌胀式	直立的黄土、黏土或坚硬岩石下有较厚软岩层	上部垂直节理、柱状节理，下部为近水平的结构面	陡坡	坡体高大	下部软岩受垂直挤压作用	臌胀，伴有下沉、滑移、倾斜	重力、水的软化作用
错断式	坚硬岩石或黄土	垂直裂隙发育，通常无倾向临空面的结构面	大于 45°的陡坡	多为板状或长柱状	自重力引起的剪切力作用	错断	重力
陷落式	可溶岩或含矿岩层	垂向裂隙发育，有倾向临空面的结构面	大于 45°的陡坡	楔状、块状岩块及其他形状	自重力引起的张力，剪力作用于空区顶板	陷落下沉	重力、地震力

来源：中国地质调查局.《滑坡崩塌泥石流调查规范》(DD2008-02)，2008.

二、崩塌的形成条件

崩塌虽然发生比较突然，但有一定的形成条件和发展过程。崩塌形成的基本条件，归纳起来主要有气候、地形、岩性、构造和其他因素。

1. 气候条件

气候是影响风化作用的主要因素，而风化作用的类型决定了岩石风化产物的类型、性质。在干旱、半干旱地区和高寒山区，由于温差作用、冰劈作用、岩石释重和盐的结晶与潮解作用，产生强烈的物理风化作用，促使岩石破碎，加速其向下崩落；而在湿热多雨地区，则以化学风化和生物的化学风化作用为主，其风化产物为黏性土，不易产生崩塌。如兰新铁路上一些新开挖的花岗岩路堑，不到5年就遭受强烈的风化，而暴雨、冰雪融化往往是崩塌的触发原因。

2. 地形条件

斜坡高陡是形成崩塌的必要条件，规模较大的崩塌，一般多发生在高度>30 m，坡度$>45°$的陡峻斜坡上。斜坡的外部形状，对崩塌的形成也有一定的影响。一般在上陡下缓的凹形坡和凹凸不平的陡坡上易发生崩塌；而上缓下陡的凸形坡不易发生崩塌。因此崩塌一般发生在高山峡谷、河流强烈下切地段。

3. 岩性条件

崩塌一般发生在块状或厚层状坚硬岩体中，这类岩体能形成陡峻的斜坡，斜坡前缘由于应力重分布和卸荷等原因，产生深而长的张裂隙，并与其他结构面组合，逐渐形成结构体，在触发因素作用下发生崩塌。组成这类岩体的岩石有花岗岩、砂岩、石灰岩、片麻岩和石英岩等；而平缓的层状或软硬互层状岩体斜坡（如砂页岩互层、石灰岩与页岩互层、石英岩与千枚岩互层等），由于平缓的软弱面对陡倾的拉裂面起了一定阻隔作用，不易使拉裂面向深处发展，经长期的表层风化作用，边坡表面呈片状、层状剥落，堆积于坡脚，一般不会发生规模较大的崩塌；但是在差异风化作用下，斜坡外形凹凸不平，形成锯齿状坡面，当岩层上硬下软、上陡下缓时，易产生崩塌。

4. 构造条件

如果斜坡上的岩层非常完整，就不易发生崩塌。实际上，自然界的斜坡存在各种结构面，如岩层层面、裂隙面、断层面等，这些结构面将斜坡切割成不同的结构体，从而削弱了岩体内部的联结，为崩塌的产生创造了条件。

结构面的产状特征和结构体类型对崩塌影响很大，如结构面倾向临空面且倾角较陡时，当斜坡受力情况发生变化时，被切割的不稳定岩体就有可能沿这些软弱面发生崩塌；如果结构面密度大，岩体为散体结构或碎裂结构时，就易发生崩塌；如为整体块状结构，就不易发生崩塌。另外新构造运动上升的山区、垂直节理发育的岩坡、陡峭的黄土坡，其边坡都不稳定，容易发生崩塌。

5. 其他条件

降水、地下水、地震常常是不稳定山坡发生崩塌的触发因素。降雨渗入岩体后，一方面会增加岩体的质量，另一方面能使裂隙中的充填物产生泥化、软化，降低岩体抗剪强度，同时在静水压力、动水压力和浮托力作用下，使岩体温度降低，容易产生崩塌现象。据统计，大规模的崩塌多发生在暴雨、久雨和强震之后。地震对边坡稳定性影响较大,在地震作用下,首先使边坡岩体的结构发生破坏变化,出现新的结构面,使原有结构面张裂、松弛,在地震力的反复作用下,斜坡发生崩塌。

另外,人工爆破、开挖边坡、农业开垦等都是造成崩塌的重要原因。

三、崩塌堆积物和倒石堆

1.崩塌堆积物

在崩塌作用下,沿斜坡崩落的石块和碎屑,在坡度平缓的坡麓地带堆积所形成的堆积物称为崩塌堆积物,即崩积物(col),又叫重力堆积物。崩积物的岩性与斜坡上部岩石基本一致。其岩性单一,由未经分选、棱角分明的碎石组成,颗粒大小混杂,排列不规则。一般说来,较大的岩块可以滚落到倒石堆的边缘才停积下来,而一些较小的碎屑则堆积在倒石堆的顶部。

2.倒石堆

由崩积物堆积形成的地貌,形状为锥形体,称为倒石堆(岩屑堆)(图 8-1)。几个倒石堆连成一片,形成带状倒石堆。

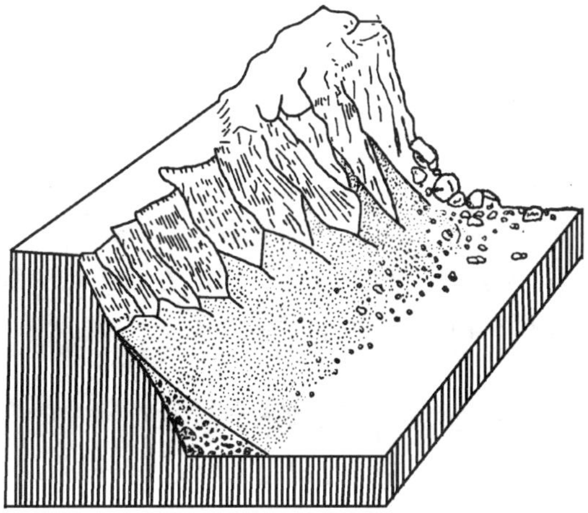

图 8-1 倒石堆的结构(转引自杨景春等,2017)

倒石堆的平面形状多种多样,主要取决于局部地形条件,一般有三角形、半圆形、扇形。倒石堆的纵剖面形态一般呈三角形。在坡脚处,地面近于水平,崩塌的岩屑停积在这里,该近于水平的地面叫倒石堆的基底。往上部,由于基岩斜坡逐渐增大,倒石堆开始发育的时候,岩屑不会在这里堆积,常为崩落岩屑的发源地,称基坡。随着基坡上岩屑的崩塌,基坡则不断后退,原来陡峭的基坡变缓,倒石堆加长,其顶点逐渐向后移动,被倒石堆覆盖的下部基坡就不再破坏。如果上部基坡仍不断崩塌,则坡度进一步变缓。由此,基坡坡度从下往上逐渐变小,呈一上凸的剖面线(图 8-2)。

倒石堆多见于构造运动强烈、气候比较干旱、风化严重的山区和高山峡谷地区。特别在页岩、千枚岩、板岩、片岩等岩性软弱易风化地区,以及在破碎的花岗岩、石灰岩等组成的山坡、坡

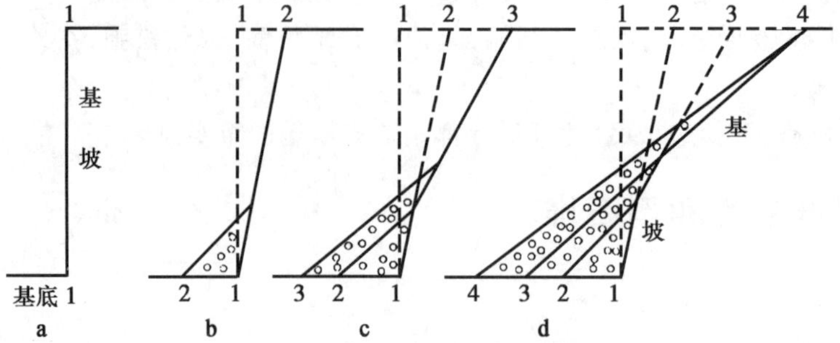

基坡从位置 1→位置 4 时，下面的倒石堆发育也从位置 1→位置 4

图 8-2 基坡后退与倒石堆发育示意图(引自杨景春等，2017)

脚地带，常有倒石堆分布。

倒石堆大部分为近期堆积，其表面坡度接近于组成物质的天然休止角。当倒石堆浸水后，土的内摩擦角降低，容易发生局部滑动或整体滑动。倒石堆在垂直剖面上，呈现下粗上细现象；在纵向上，近陡坡处颗粒细小，坡麓处粗大。崩落比较活跃时，往往岩壁陡而新鲜。如果倒石堆表面为细小岩屑，并发育了土壤，生长了植物，而且山坡也较平缓，说明崩塌已经停止，不再危害道路。

四、崩塌坡体的识别

通常可能发生崩塌的坡体在宏观上具有如下特征：

(1)坡度大于 45°且高差较大的坡体，或成孤立山嘴的坡体，或凹形陡坡。

(2)坡体内部裂隙发育，尤其垂直和平行斜坡延伸方向的陡裂隙发育，或顺坡裂隙或软弱带发育，坡体上部已经有拉张裂隙发育，并且切割坡体的裂隙即将可能贯通，使之与母体(山体)形成分离之势。

(3)坡体前部存在临空空间，或有崩塌物发育，说明曾发生过崩塌，今后还可能再次发生崩塌。

具备上述特征的坡体，即为可能发生的崩塌体，尤其当上部拉张裂隙不断扩展、加宽速度突增，小型坠落不断发生时，预示着崩塌很快就会发生，处于一触即发状态之中。

第二节 滑 坡

滑坡是斜坡上的土体和岩体，由于地表水和地下水的影响，在重力作用下沿一定滑动面整体下滑的现象。滑坡体一般为缓慢地、长期地、间歇性地滑动，它可以延续几年、几十年、甚至上百年。有的滑坡，开始运动缓慢，以后突然变快，形成巨大的灾害。

一、滑坡的形态

滑坡在平面上的边界和形态受滑坡的规模、类型与所处在的发育阶段有关。一个完整的滑坡，一般由以下要素组成(图 8-3)：

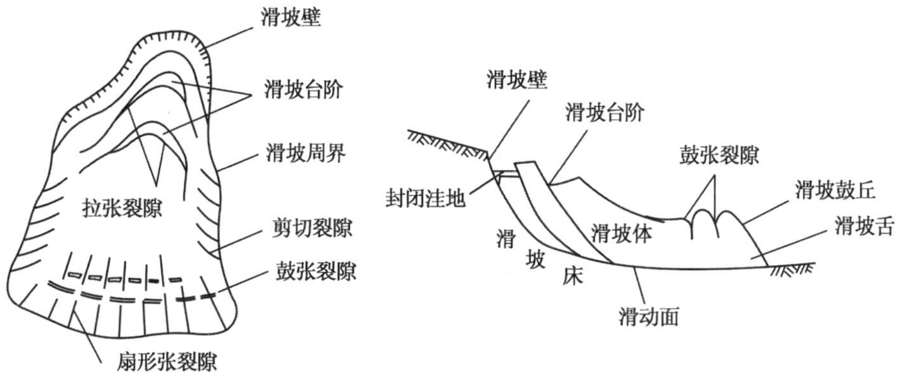

图 8-3 滑坡要素及滑坡形态特征示意图(引自刘春原,2000)

1.滑坡体

简称滑体,滑坡发生后与母体脱离开的滑动部分。滑坡体由于是整体滑动,但其内部基本上保留原有的层位关系以及结构、构造特征。滑坡体的表面起伏不平,裂隙纵横;原有的树木倾斜或倒伏,形成醉汉林、马刀树。滑坡体与周围不动土体分界线,称为滑坡周界。滑坡体的规模大小不一,从几十立方米到几万立方米不等。

2.滑坡床

滑坡体以下未滑动的部分。它保持原有的结构、构造特征,只是靠近滑坡体部位有些破碎。

3.滑动面和滑坡带

滑坡体与周围未滑动岩土体之间的分界面称滑动面。滑动面的形状与滑坡体的成分、结构、构造有关。在均质的黏性土和软岩中,滑动面近于圆弧面;如滑坡体沿岩层层面、结构面滑动时,滑动面为直线或折线。由于滑动时的摩擦,滑动面比较光滑,有时可见滑动擦痕和磨光面。在滑动面上下所形成的碾压破碎带,称为滑坡带。滑坡带内的土体受到揉皱、碾磨作用,岩石产生糜棱岩化现象,在石灰岩内可见大理岩化现象。它往往由碎裂岩、糜棱岩、岩粉、岩屑和黏土组成。

4.滑坡壁

滑坡体滑落后,滑床上方未滑动部分岩土体所形成的弧形陡壁。平面上多呈圈椅状,高数厘米至数十米,坡度一般 60°～80°,形成陡壁。

5.滑坡台阶

由于各阶段滑体运动的差异,在滑坡体上形成的滑坡错台,每一错台都形成一个陡坎和平缓台面,称为滑坡台阶。

6.滑坡舌

又称滑坡前缘或滑坡头,位于滑坡的前部。滑坡舌的隆起部分叫滑坡鼓丘。

7.滑坡洼地与滑坡湖

滑坡体与滑坡壁之间的月牙形洼地称为滑坡洼地。此洼地往往由于地下水在此出露或地表水的汇集,形成湿地、水塘、滑坡湖。如陇海铁路宝鸡附近卧龙寺滑坡,切割了含水层,有泉水涌出,形成了宽 40 m,深 10 m 的滑坡湖。

8. 滑坡裂缝

滑坡体在滑动过程中,由于各部位的移动速度不均匀,在滑坡体内部、表面产生的裂缝称为滑坡裂缝。按受力状况及分布部位不同,可分为:

(1)张拉裂缝　分布在滑坡体的上部,由于下滑时的张拉作用产生的,和滑坡壁的方向大致平行或吻合。

(2)剪切裂缝　分布在滑坡体中部的两侧,由滑动土体与不滑动土体相对位移而产生的,常伴有羽状裂隙。

(3)鼓张裂缝　指滑坡舌上,因土体隆起形成的张裂缝,其方向一般垂直于滑动方向。

(4)扇状张裂缝　分布于滑坡体的中下部,以滑坡前缘最多,是由于滑坡体下部向两侧扩散而形成的,呈放射状分布。

二、滑坡的影响因素

滑坡的影响因素主要包括岩土类型和性质、岩体结构和构造、风化作用、水的作用、地震和人类活动等。可将这些因素分为两类:一类为主导因素,是长期起作用的因素,包括岩土类型和性质、地质构造、岩体结构、风化作用、地下水活动等;另一类为触发因素,是临时起作用的,有地震、洪水、暴雨、堆载、人工爆破等。正确分析各种因素的作用,是边坡稳定性评价的工作之一,为预测边坡破坏、发展演化以及有效防治措施提供依据。

1. 岩土类型及性质

岩土类型及性质是影响边坡稳定性的根本因素。岩性控制着斜坡破坏的形式和类型。在黄土地区,边坡在干燥时,可以直立陡峻,但一经水浸,土的强度大减,变形急剧,形成大的滑坡;在花岗岩、厚层石灰岩地区,则以崩塌为主;在片岩、板岩、千枚岩等变质岩地区,往往表现为表层挠曲、倾倒等蠕动破坏形式。在坡高和坡角相同的情况下,岩体愈坚硬,抗变形能力愈强,边坡的稳定性愈好;反之边坡稳定性差。所以坚硬完整的岩石(如花岗岩、石英砂岩、石灰岩等)能形成稳定的高陡斜坡,而软弱岩石和土体则只能维持低缓的斜坡。近年来我国学者根据不同的岩性组合,归纳出了以下容易滑动地层,简称“易滑地层”,如砂泥岩互层、砂页岩互层、灰页岩互层、黏土岩、板岩、千枚岩、软弱片岩等。

(1)硬质岩层中夹有薄层软质岩、软弱破碎带时,当倾角较陡且有地下水活动时,岩层可能沿软弱夹层滑动。

(2)灰页岩、砂页岩地层,易顺页岩发生顺层滑动;含煤砂岩,易沿煤层发生顺层滑动。

(3)玄武岩易沿下伏的凝灰岩发生顺层滑动。

(4)变质岩类中的片岩、板岩、千枚岩也易产生滑动。

(5)黏土岩土层中,由于上部地层松散,易渗水,而下部土层比较致密、坚硬起到隔水作用。当水下渗后,在分界面上构成软弱滑动面;残坡积黏性土,当含水量较大时,抗剪强度显著降低,易沿下伏基岩面滑动。

2. 地质构造和岩体结构

地质构造因素对边坡稳定性,特别是岩质边坡稳定性的影响十分明显。在区域构造比较复杂，褶皱比较强烈，新构造运动比较活跃的地区，边坡稳定性差，如我国西南横断山脉地区，金沙江地区深切河谷，边坡的崩塌、滑坡、泥石流等极其发育，常出现巨大型滑坡和滑坡群。

对岩质边坡来讲，边坡的破坏形式受岩体中的结构面控制。结构面的成因、性质、延展、产状对边坡的稳定有很大影响。其中软弱结构面的走向与边坡走向的关系、倾向与边坡的倾向的关系，决定了边坡的稳定性。

对于软弱结构面的走向与边坡走向一致的情况，有以下几种类型：

(1)平迭坡　软弱结构面是水平的。这种边坡稳定性较好，但如存在陡倾的节理，则容易产生崩塌和剥落。

(2)顺向坡　软弱结构面的倾向与斜坡面的倾向相同，即岩层倾向外坡。根据软弱结构面的倾角 α 和斜坡坡角 β 的关系又分为两种情况：①$\beta>\alpha$ 时，斜坡稳定性最差，极易产生顺层滑坡；②$\beta<\alpha$，斜坡比较稳定。

(3)逆向坡　软弱结构面的倾向与斜坡面的倾向相反，即岩层倾向内坡。这种斜坡是最稳定的，有时有崩塌发生，很少产生滑坡。

以上 3 种情况，是指软弱结构面的走向与斜坡的走向相同，对于走向斜交情况，则称为斜交坡。

(4)斜交坡　软弱结构面的走向与斜坡的走向斜交，这类斜坡当软弱面倾向外坡，且交角小于 40°时稳定性较差，否则较稳定。

3. 水的作用

地表水和地下水是影响边坡稳定性的重要因素，不少滑坡都与水的作用有关。水对边坡的影响是多方面的，有软化作用、冲刷作用、静水压力、动水压力和浮托力作用。

(1)水的软化作用　是指水的活动使岩土的强度降低的作用。对黏性土和黄土等土质边坡，遇水后土的抗剪强度降低，抗滑力减少，软化现象明显；对岩质边坡，岩体中的软弱夹层和泥化夹层，亲水性强，出现崩解泥化现象，降低抗剪强度，影响边坡稳定性。

(2)水的冲刷作用　河谷岸坡因水流冲刷而使斜坡变高、变陡，不利于斜坡的稳定。冲刷还可使坡脚临空，易产生滑坡。

(3)静水压力　岩质斜坡上的张裂隙，因降水或地下水活动使裂隙充水，则裂隙将承受静水压力。静水压力的方向与裂隙面垂直，指向斜坡的临空面，对边坡稳定是不利的。雨季使一些斜坡产生崩塌或滑坡，往往与裂隙静水压力的作用有关。

(4)动水压力　如果斜坡上岩土体是透水的，地下水在渗流作用下，产生了动水压力。动水压力方向与渗流方向一致，指向临空面，因而对边坡稳定不利。在河谷地带当洪水过后河水位迅速下降时，河岸内的水缓慢地流出，因而产生的动水压力指向坡外，可能产生滑坡。当库水位急剧下降时，库岸也会因较大的动水压力而失稳破坏。

(5)浮托力　处于地下的透水斜坡，将承受浮托力的作用，使坡体的有效重量减轻，对斜坡稳定不利。一些由松散堆积物组成库岸的水库，当蓄水时岸坡发生变形破坏，原因之一就是浮托力的作用。

4. 地震

地震对边坡稳定性影响较大，在地震作用下，首先使边坡岩体的结构发生破坏变化，出现新的结构面，使原有结构面张裂、松弛，饱和砂层出现震动液化，地下水状态发生较大变化，在地震力的反复作用下,边坡沿结构面发生位移变形,直至破坏。

强烈地震引起山崩、滑坡的实例,国内外都有大量记载。如1933年8月25日四川叠溪大地震,引起大滑坡和山崩,摧毁了叠溪镇,滑坡和崩塌将岷江堵塞形成4亿～5亿 m^3 的堰塞湖。10月9日溃口,湖水急剧下泄,造成下游2 500人死亡。

5.人类活动

人工开挖陡坡坡基或隧道常会发生诱发滑坡,如我国贵昆铁路线二梯岩隧道出口处发生的滑坡,是由于在沟侧陡坡开挖隧道所致。另外,爆破、引水产生的黄土湿陷性等,均可以引起边坡的变形与破坏。

三、滑坡的类型

由于自然条件千变万化,滑坡的成因、形态、滑动特点各不相同,为了反映滑坡的工程地质特征及其发展规律,从而有效地预测和预防滑坡的发生,各国学者和工程部门对滑坡提出了各种分类方案。

(一)按滑动面与岩土层面关系的分类

这是应用较广泛的一种分类,可分为均质滑坡、顺层滑坡、切层滑坡3类(图8-4)。

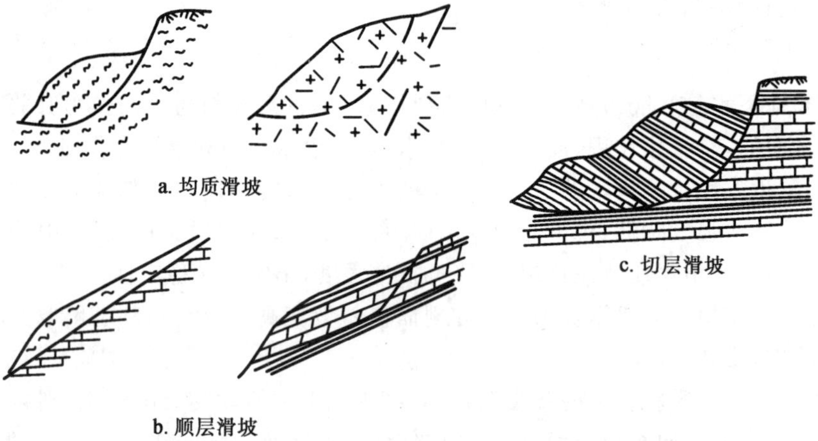

图8-4　滑坡的类型(引自戚筱俊,1996)

1.均质滑坡

这是发生在均质、无明显层理的岩土体中的滑坡。滑动面不受层面控制,一般呈圆弧形,在黏土、黄土和黏土岩中较常见。

2.顺层滑坡

发生在非均质的成层岩体中,沿岩层面发生滑动的滑坡。这类滑坡多发生在岩层倾向与斜坡倾向一致、但倾角小于坡角的条件下。如果岩层中存在原生或次生的软弱夹层时,夹层的抗剪强度较低,很容易沿该层面滑动。另外,坡积物与下伏基岩的交界面较陡时,坡积物的下滑也属于顺层滑坡。顺层滑坡的滑动面一般为平面,也可以是波状或倾斜阶梯形。

顺层滑坡在自然界分布广泛,而且规模较大,我国三峡工程库区云阳到奉节一带有多处这种类型的大型滑坡。

3. 切层滑坡

滑动面切过岩层面的滑坡，称为切层滑坡。多发生在岩层产状平缓、坡面与岩层面反倾向的非均质岩层中。滑动面在顶部常是陡直的，沿裂隙面发育，下部的滑动面一般为圆弧形或对数螺线形。

以上根据滑坡体的厚度又可分为浅层滑坡（滑坡体厚度＜5 m）、中层滑坡（厚度为5～20 m）、深层滑坡（厚度＞20 m）。

（二）按滑坡的滑动力学特征分类

该分类对滑坡防治有很大意义，一般可分为推动式滑坡、牵引式滑坡和混合式滑坡3类。

1. 推动式滑坡

推动式滑坡是指滑坡的上部不稳定，以致上部边坡始滑而使下部滑动，主要是由于坡顶堆积荷载或进行工程建设引起的。另外坡顶的垂直裂隙，在雨后积水产生的水压力，也会增加坡顶的下滑力，产生滑坡。

2. 牵引式滑坡

由于坡脚受河流冲刷或人工开挖，又在其他因素作用下，首先在边坡下部开始滑动，引起由下而上依次下滑。

3. 混合式滑坡

由于坡顶堆荷或坡下河流冲刷、人工开挖产生的滑坡，始滑位置不固定，边坡的上缘和下缘均存在始滑点，这种情况比较常见。

（三）按滑坡的岩土类型分类

边坡的地层、岩性是决定边坡工程性质特征的基本因素之一。边坡的岩性不同，则滑坡的滑动力学特征、形态特征、滑动面形状及发育规模有所不同。滑坡按岩土种类分为堆积层滑坡、黄土滑坡、黏土滑坡、基岩滑坡四类。

（四）按滑坡发生的活动性分类

1. 活滑坡

发生后仍在活动的滑坡。滑坡壁及两侧有新鲜的擦痕；滑坡体上有新产生的鼓张裂缝、张拉裂缝和剪切裂缝；滑坡体上分布有醉汉林和马刀树等特征。活滑坡对工程建设影响较大，因而必须重点研究。

2. 死滑坡

发生滑动后已稳定，并停止发展。一般情况下不可能重新活动，坡上植被茂盛，常有居民点等。

（五）按滑坡的发展阶段分类

按滑坡的发展阶段，可分为：幼年期、青年期、壮年期和老年期。这对滑坡的预测和调查，研究滑坡的发生发展规律有重要意义。

此外，还可按滑坡体的体积大小分为小型滑坡、中型滑坡、大型滑坡、特大型滑坡。

四、滑坡的发展阶段与识别

任何自然现象都有发生、发展、消亡的过程,滑坡现象同样也属于一个具有这样发展变化规律的过程,它是动态的,而不是静态的。研究它的发展变化过程,不仅是为了认识它的变化规律,更重要的是为了有效地防治和避免灾害。对待处于不同发展阶段的滑坡,应采用不同的预防和治理措施。

完整的滑坡发育过程往往需要经历多个阶段,目前国内外尚未形成统一的认识和划分标准。不同研究者从不同角度出发对滑坡过程进行了划分,如日本学者渡正亮比照地貌发育过程,将滑坡分为青年期、壮年期、老年期;我国徐邦栋教授将其细分为蠕动阶段、挤压阶段、匀速滑动阶段、加速滑动阶段、固结压密阶段、消亡阶段;《滑坡防治》一书将其划分为蠕动挤压阶段、滑动阶段、剧滑阶段和固结压密阶段。

下面主要介绍郑颖人等(2007)提出的滑坡过程阶段划分方法,该方法依据滑坡受力和变形特征,将滑坡过程划分为蠕动阶段、挤压阶段、滑动阶段、剧滑阶段和稳定压密阶段。

(一)蠕动阶段

滑坡蠕动实质是指主滑段滑动带的蠕动变形。斜坡受河流冲刷、海浪侵蚀、人工开挖或加载,或因地下水的增加及地震作用等,引起坡体内部应力调整,在斜坡的中下部产生应力集中,当主滑段下段滑动面上的剪应力超过该处岩土体的抗剪强度时,产生塑性蠕动变形。变形进一步发展,塑性区逐渐扩大,中部坡体向下挤压,引起后部牵引段失稳,与稳定坡体间产生主动破裂而出现拉张裂缝,裂缝可能有多条,而其中最外缘的一条为主拉裂缝。开始时,裂缝为断断续续不贯通,只表明坡体上部发生了变形,随着变形的发展而逐渐贯通、延伸和变宽。

(二)挤压阶段

滑坡后缘主拉裂缝出现之后,为地表水的灌入和下渗软化滑带土提供了有利条件,主滑段和牵引段向前移动共同推挤抗滑体,主拉裂缝向滑体两侧延伸,张开加大和下错,滑体中上部两侧出现羽状张裂缝,呈雁行排列。滑坡抗滑段滑面尚未形成,所以整体处于挤压状态。

蠕动和挤压变形阶段是滑坡的前兆,其历时可长可短,长的可达几年,短者仅几天,随滑坡地质条件和作用因素不同而不同。如我国甘肃东乡区的黄土滑坡,早在1979年9—10月山头就开裂有约10 cm张拉裂缝,1982年加宽到20～40 cm,延伸长度由数十米增大到百余米,1993年2月裂缝宽度达1 m,长达500 m,于1993年3月7日发生大规模滑坡,前后历时达14年之久。陕西省蓝田县的敬家村黄土滑坡,1962年就发现了后缘张裂缝,至1980年整体滑坡,历时18年。1985年6月12日长江北岸的新滩滑坡,其后缘早在1964年就出现长度270 m的张裂缝。

(三)滑动阶段

岩体沿滑动面下滑使滑坡体后方的张拉裂缝被贯通相连,两侧羽状裂缝错开,随后前缘出现大量放射状鼓张裂缝、挤压鼓丘,滑动面下部有浑浊的地下水出露,此时滑坡速度迅速由快至慢。此阶段为剧烈滑动阶段,也是应力释放阶段。

(四)剧滑阶段

滑坡开始整体滑动后,经一个短期的匀速滑动,随滑带土强度的降低而进入剧滑破坏阶段。此时，滑坡以较快的速度滑移较大的距离，往往造成较严重的破坏，建筑物严重变形，甚至倒塌，滑坡前缘和后缘因变形大而出现“醉汉林”。

(五)稳定压密阶段

滑坡经剧烈滑动后，其重心降低，能量不断消耗，滑坡逐渐趋于稳定。当滑坡停止后，在自重作用下，土体逐渐被压实、固结，裂缝逐渐闭合消失。我国卧龙寺滑坡自 1955 年滑动后，土体在自重作用下，被逐渐压密固结，下沉量呈逐年下降趋势。1959 年下沉 25.9 mm，1960 年下沉 7.4 mm，1961 年下沉 1.3 mm，以后趋于稳定。

稳定压密阶段有暂时性和永久性之分。剧滑后暂时稳定者，多为周期性滑动，它是指滑动过程中的一个循环，并不改变滑动的性质。剧滑后永久稳定者，或为滑坡体脱离原滑坡床而解体，如某些崩塌性滑坡，不再具备滑坡条件；或为剧滑之后，相当大的一部分滑体脱离滑床而堆积于平坦地面上，抗滑力远大于下滑力，且破坏抗滑力的因素(包括自然的和人为因素)不再起作用。永久稳定是滑坡的转化，即斜坡由不稳定而转为稳定。

五、滑坡的防治

滑坡的防治，要贯彻“及早发现，预防为主；查明情况，综合治理；力求根治，不留后患”的原则。预防为主，指的是不稳定边坡预先采取措施，以防止其变形；工程布置尽量避开严重滑坡地带，或采取相应的设计方案。整治为辅，指的是对已发生变形的斜坡及时进行治理措施。在选择防治措施之前，要查清滑坡形成的条件、原因、滑坡的性质、稳定程度及其对工程的危害，认真研究滑坡所处在的发展阶段，了解产生滑坡的主要、次要原因及相互关系，结合工程特点综合选择防治措施。通常的防治措施有防渗与排水、削坡减重与反压、支挡措施和锚固措施等。

(一)防渗与排水

边坡变形破坏的发生和发展，常与地下水有密切联系。地表水、地下水往往是导致边坡破坏的主要因素。消除和减轻水对边坡的危害作用，其目的主要是降低孔隙水压力和动水压力，防止岩土软化和崩解，消除或减小水的冲刷作用。具体方法如下：

1. 拦截

在滑坡体周围修筑截水沟，以拦截和旁引滑坡范围外的地表水、地下水，使其不进入滑坡体。

2. 排导

在滑坡体内充分利用自然沟谷，布置树状排水系统，或修筑盲洞、水平钻孔、集水井，排出滑坡体内的地下水。

3. 护坡

在滑坡体上种植草皮或在滑坡上游严重的地段修筑 T 形坝，改变水流流向，防止地表水对坡面的冲刷。

4. 填补

用黏土或水泥填补滑坡体上的裂缝，阻止地表水渗入滑坡体内。

(二)削坡减重与反压

对于推移式滑坡或滑床为上陡下缓的滑坡,将陡倾的边坡上部的岩体挖除一部分,使边坡变缓,降低下滑力。但是单纯的削坡减重往往不能起到阻滑作用,最好与反压措施结合起来,即将削减下来的土石堆在坡角,起反压作用,效果更好(图 8-5)。

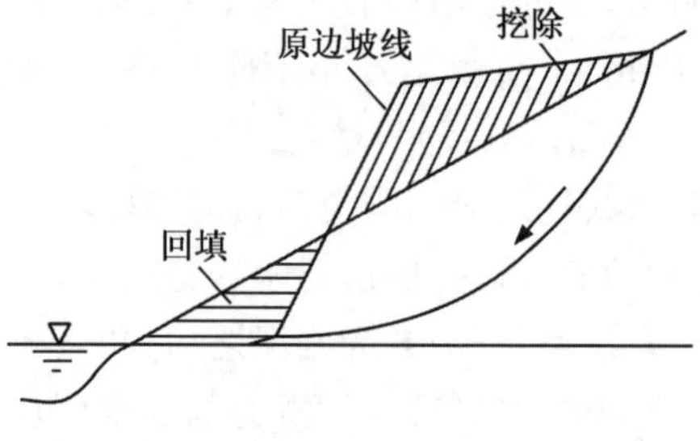

图 8-5 减重与反压(引自天津大学,1999)

(三)支挡工程

设置支挡结构以支挡滑坡体,可以有效地改善滑坡体的力学平衡条件,提高抗滑力,是目前用来稳定边坡的有效措施之一。主要有挡土墙、抗滑桩、锚杆等。

1. 抗滑挡土墙

是目前比较普遍的一种抗滑工程。一般采用重力式挡土墙,它位于滑坡的前缘,借助自身的重量支挡下滑力。按建筑材料和结构形式不同,分为浆砌石、混凝土、钢筋混凝土挡土墙。挡土墙的优点是结构比较简单,可以就地取材,加固效果明显。有时在挡土墙内设置排水孔,排除地下水,有效地减少孔隙水压力,效果更好(图 8-6)。

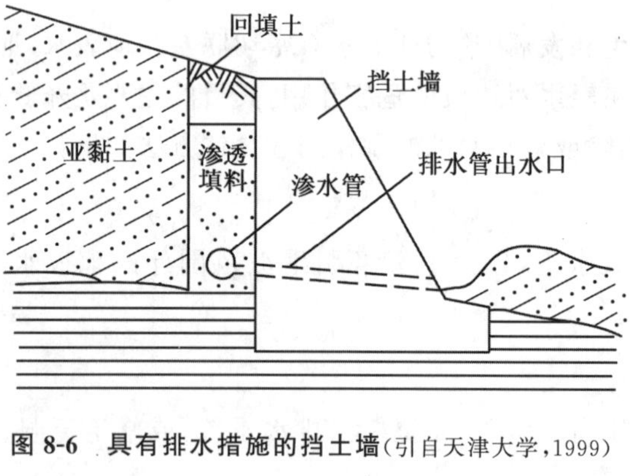

图 8-6 具有排水措施的挡土墙(引自天津大学,1999)

2. 抗滑桩

就是将短桩打到滑床内,用以支挡下滑力。抗滑桩的位置、间距、排列方式等,取决于滑坡体的密实程度、含水情况、滑坡推力的大小。一般布置在滑坡体的前缘部分,通常布置一排或数排,桩身全长的 1/4～1/3 应埋置于滑动面以下的稳定滑床内(图 8-7)。

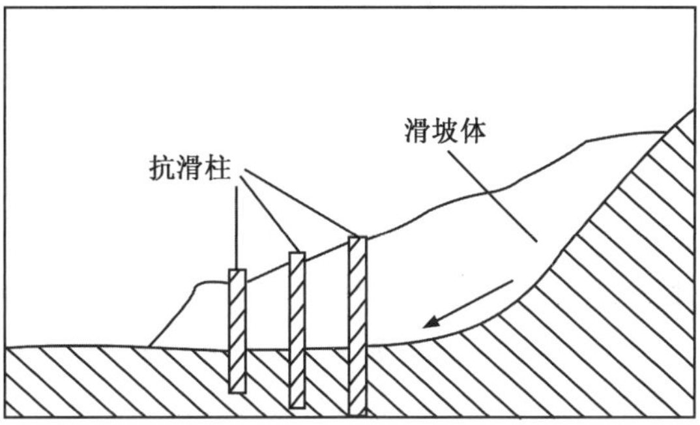

图 8-7　抗滑桩(引自李智毅,1994)

抗滑桩一般采用木桩、钢桩、混凝土桩和钢筋混凝土桩,对于较小规模的滑坡或滑床为土层时,可以采用预制桩;对于滑坡规模较大、下滑力较大、滑床为岩石时,一般采用钢筋混凝土灌注桩。抗滑桩具有施工方便、安全、经济的优点,在工程上应用很广。

3. 锚杆

是一种防治岩质滑坡和崩塌的有效措施。利用锚杆所施加的预应力,可以提高滑动面的法向应力,进而提高滑动面的抗滑力(图 8-8)。

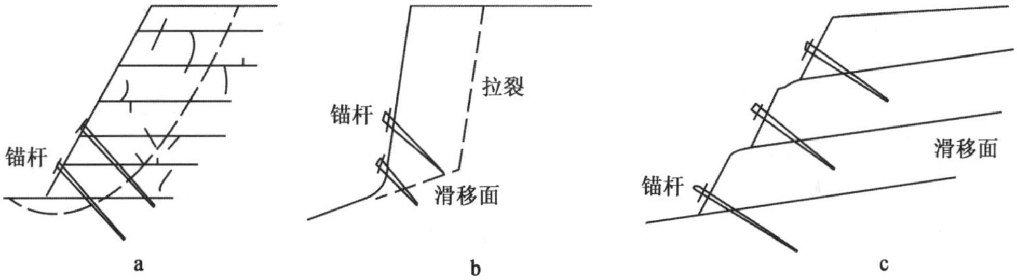

图 8-8　锚杆的布置(引自李智毅,1994)

第三节　蠕　　动

一、蠕动的概念

蠕动(creep)是指斜坡上的土体或岩体及其风化碎屑物在重力作用下,顺坡向下发生缓慢移动的现象。虽然蠕动的速度很慢,但多年积累结果却影响很大,也会危害生产和建设。

二、蠕动的类型

蠕动变形只是边坡变形破坏的一个发展阶段,是长期缓慢进行的,开始时往往不易觉察。但蠕变的进一步发展并在裂隙水、地震等外部因素作用下,往往发生急剧的边坡破坏。不少边坡的滑坡、崩塌之前都经历了蠕动变形阶段。因此研究蠕动的类型及特性,具有重要意义。

按照蠕动体的物质组成,蠕动分为土层蠕动、岩体蠕动。

(一)土层蠕动

土层蠕动又称为土爬,是一种松散物质在斜坡上发生的胀缩变形和剪切变形。由于气候的干湿冷热变化,会使土颗粒尤其是黏土颗粒体积发生变化,干时体积缩小而开裂,颗粒间形成空隙,使上部碎屑失去支持,因重力而向下移动;湿时体积膨胀,土颗粒向两侧和下方移动,如此反复作用,土颗粒就不断下移;另外在重力作用下,斜坡上的土体沿斜坡方向产生的重力分力促使土体向下移动,而土的抗剪强度抵抗土体发生变形,由于外界条件的改变,如果某一点向下的剪应力大于土的抗剪强度,则该点产生剪切破坏,产生了塑性变形,形成土层蠕动。

土层蠕动由于速度慢,植物可生长在蠕动层中。如树干向坡下弯曲,地表出现醉汉林、电线杆、篱笆、栏杆发生顺层倾斜,破裂的残墙等,都有可能是土层蠕动造成。

蠕动土层的深度,随松散堆积物中空隙发育程度不同。

引起土层蠕动的因素有黏土含量、冻融交替、坡度以及干湿和温差变化。

(二)岩体蠕动

岩体蠕动是指岩石在重力作用下,向临空方向发生的一种缓慢变形现象。岩体蠕动主要表现为岩石发生滑移、扭转、弯曲,但岩块本身的形态不发生显著变化,仅岩块之间由于蠕动而发生位置相对变化,从而出现松动、架空现象。

蠕动变形既不是岩石的弹性变形,也不是单一的塑性流变,它是以岩块间的剪切位移及岩块间的歪斜扭转为主要特征。当岩体中不存在明显的软弱夹层,蠕动表现为岩块转动;当岩层间有软弱夹层时,蠕动可表现为沿软弱夹层的剪切位移,甚至出现顺层滑动,或者表现为上覆岩体的松动张弛。在发生蠕动的岩体中,上部岩层运动速度大,向下部逐渐减少以至变为零。

造成岩体蠕动的原因,是陡坡上表层岩体,在本身自重的长期作用下,应力超过了岩体本身的弹性限度,发生破裂变形,或者由于长期受力作用的结果,发生了弹塑性变形。

二维码资源

二维码 8-1 崩塌及滑坡照片

复习思考题

1.什么是崩塌?形成崩塌的条件有哪些?如何预防崩塌?试举例说明崩塌及其对农业生产的影响。

2.什么是滑坡?滑坡有哪些类型?滑坡的影响因素有哪些?如何防治滑坡?

3. 什么是蠕动？蠕动的类型及其特点如何？

4. 比较岩性对崩塌、滑坡的影响。

参考文献

崔冠英，李济祥. 水利工程地质. 4 版. 北京：中国水利水电出版社，2000.

河海大学. 工程地质学. 南京：河海大学出版社，2002.

李智毅，杨裕云. 工程地质学概论. 北京：中国地质大学出版社，1996.

刘青原，朱济祥，郭抗美. 工程地质学. 北京：中国建材工业出版社，2000.

戚筱俊. 工程地质及水文地质. 北京：中国水利水电出版社，1997.

杨景春，李有利. 地貌学原理. 4 版. 北京：北京大学出版社，2017.

左建，温庆博，等. 工程地质及水文地质. 3 版. 北京：中国水利水电出版社，2013.

第九章　流 水 地 貌

地表流水是最普遍的地质营力，除了大陆上极端寒冷区和干燥区，到处都可见到它的踪迹。凡是由地表流水作用塑造成的各种地貌，称为流水地貌。地表流水（surface running water）可分为片状流水（sheet flow）、沟谷流水（洪流）和河流 3 类。这 3 种水流是流水不同的发展阶段，其相互联系，并在一定条件下相互转换。一般说来，上坡以片流为主，下坡则沟谷流水逐渐加强，河流位于坡的最下部。片状流水和沟谷流水属于暂时性流水，而河流得到暂时性水流和地下水的补给，属经常性流水，有固定的流路。

第一节　地表流水的一般概念

一、地表流水的形成

地表流水的形成必须具备以下基本条件：①有充足的水量，即要求有相当大的降水量。我国南部地区，降雨量大，蒸发量小，很容易形成流水，而且形成各种流水地貌；在西北地区，有时年降雨量仅 100 mm 左右，且蒸发量又大，不易形成流水。②要求有渗透性较差的下垫面条件。③有高低起伏的地形。这样可以使地表水下渗变弱，汇集更多地表径流并沿一定的落差方向流动。一般在地面坡度大、土壤结构致密、植被覆盖差的地区，容易汇集地表流水。

二、地表流水地质作用的影响因素

流水在重力作用下，沿地表流动，其动能为 $E_k = \frac{1}{2}\rho t Q v^2$，其中 Q 为流量（m^3/s），v 为流速（m/s），ρ 为流水密度（kg/m^3），t 为流水作用时间（s），水的动能大小与流量和流速的平方成正比，其中流速影响最大。流水动能大小还与地形、气候、植被、岩石及构造等因素有关，因为坡度、坡长、降雨量、植被覆盖度及岩性、地质构造情况都影响到流水的流速和流量。动能的大小直接影响到流水的地质作用。流水的地质作用包括流水的侵蚀作用、搬运作用和沉积作用。当流量或流速减小时，动能减小，流水的侵蚀、搬运作用变弱，以沉积作用为主；当流量、流速增大时，则以侵蚀、搬运作用为主。另外，物质颗粒粗细也影响到流水的地质作用。流水搬运物质的方式有推移、跃移、悬移和溶移，前 3 种为机械搬运方式，后一种为化学搬运方式。图 9-1 反映了不同粒级的碎屑颗粒组成的河床条件下，流速与颗粒粒径之间的关系。一般说来，搬运较大颗粒需要较大的侵蚀速度，但是颗粒形状、密度、产状和水流特点也起一定的控制作用。该图显示出颗粒的侵蚀速度是一个弯曲带，最低侵蚀速度所移动的并不是粉砂和黏土，而是较之更粗的细砂，因为粉砂和黏土颗粒均匀，黏结力很强。可见细颗粒的侵蚀速度和堆积速度差别很大，而大颗粒（卵石）的侵蚀速度与沉积速度几乎相等。

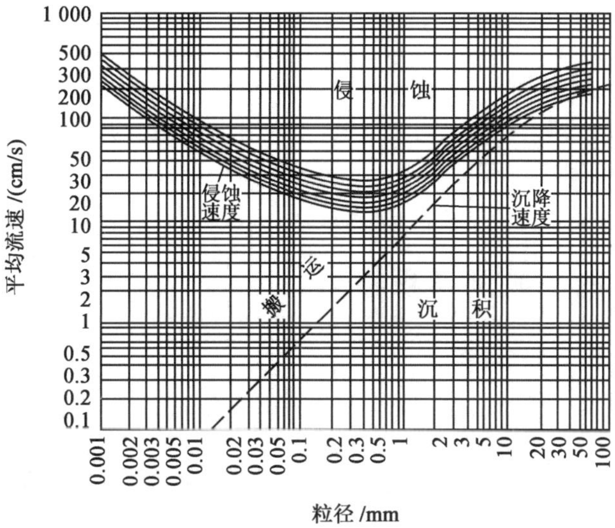

图 9-1　侵蚀、搬运、沉积和流速的关系

三、地表流水的特征

3 种地表流水在一定条件下会相互转换，但其作用范围各不相同，许多特点如水量、流路、地质作用及其产生的结果等也不相同，见表 9-1。

表 9-1　3 种地表流水的特点比较

水流类型	片　流	洪流(沟谷流水)	河　流
状态	片状	线状	线状
作用范围	上坡	下坡	坡最下部
流路	不固定	固定	固定
水流特点	分散	集中	集中
时间	暂时	暂时	经常
水量	较小	暴涨暴落	较大
侵蚀作用	片状侵蚀	沟状侵蚀	向下、向旁侵蚀
搬运能力	差	强	强
沉积物类型	坡积物(dl)	洪积物(pl)	冲积物(al)
物质组成	黏土、粗砂碎石，分选、磨圆差	几个相带不同，分选、磨圆差	上中下游粗细不一，分选、磨圆好
形成地貌	浅凹地、坡积裙	侵蚀沟、洪积扇	冲积平原、三角洲、河漫滩、河流阶地等

第二节 片流、洪流形成的地貌及堆积物

大气降雨或冰雪融化后，在倾斜的坡地上，形成片状水流。片流由许多细小股流组成，无固定流路。片流侵蚀范围广，侵蚀量也较大，尤其在由松散细粒沉积物组成的裸露斜坡上更明显，造成严重的水土流失，是一种强烈的地貌过程，直接影响到工农业建设。

一、片流形成的地貌及堆积物

(一)片流的侵蚀作用及其结果

片流对整个坡面进行大致均匀的侵蚀，使斜坡均匀降低，这种侵蚀作用称为片(面)状侵蚀(sheet wash)。

有的山地或丘陵的斜坡上往往土壤表层被剥蚀殆尽，下部的心土暴露，这是片流侵蚀作用的结果。片流侵蚀不仅造成水土流失，冲毁或掩盖农田，而且通过大量增加河流的含沙量(冲走粉砂、土粒)，使河床淤高，淤塞水库，破坏航道，造成严重的经济损失。如 1998 年夏季我国长江持续高水位、大流量的原因，就是长江上游的乱砍滥伐，引起坡地水土流失，造成泥沙淤高河床，从而抬高水位；又如治理黄河，主要是解决其含砂量大的问题，而黄河下游的泥沙来源主要是黄河中游的黄土高原的片状侵蚀和冲沟侵蚀造成。要根治黄河，首先要解决中游地区的严重水土流失问题。

另外，片流对可溶性岩石组成的山坡还有溶蚀作用。如在石灰岩山坡上形成溶沟、石芽。片流的冲刷，使土壤失去大量有机质，十分有害。因此，人们采取一切可能的措施防止斜坡水流的侵蚀。

坡面侵蚀作用只出现在降雨或融雪时期，所以坡面侵蚀与降雨性质、地形和坡面物质组成有关。

1. 雨滴击溅作用

雨滴对坡面会产生巨大的冲击力。能使小于 0.5 mm 的土粒离开原位，被溅起离地面 60 cm 以上的高度，水平方向激溅的距离超过 1.5 m。斜坡上的土壤颗粒受到雨滴冲击后，多数是向下坡移动。从整个坡面来说，上坡受到雨滴冲击作用强，侵蚀强度大，下坡侵蚀作用弱，侵蚀强度小。降雨破坏了土壤的结构，使表土分散，给水流冲刷创造有利的条件。因此，降雨量和降雨强度一般与侵蚀作用成正比关系，据实验室模拟结果，在流量相同的条件下，暴雨冲刷量比地表片流冲刷量大 60 倍。雨后的侵蚀量可用下式近似推算：

$$W=AI^{0.75}L^{0.5}M^{1.5}$$

式中：W 为该次暴雨的侵蚀量(t/h)；A 为与其他因素有关的可变系数；I 为斜坡坡度；L 为坡长(m)；M 为降雨强度(cm/min)。

2. 坡面径流侵蚀

坡面径流侵蚀力大小与地形、土壤、植被等因素有关。

地形(坡形、坡度和坡长)控制坡面流水冲刷速度和冲刷量。凸坡一般较直坡、凹坡易受侵蚀。坡度直接影响着斜坡水流的深度和速度，控制冲刷能力的大小。据统计，当坡度由 0°递

增到 40°，侵蚀强度随着递增，以 0°～20°递增率最大，20°～40°的递增率减缓。当坡度从 40°增加到 90°，侵蚀强度就渐渐变小，以 60°～80°递减的速度最快。因此，路堑、堤岸等边坡过于缓和，将导致斜坡冲刷的加强。随着坡度的增加，虽然坡面径流速度加快，但坡度加大而使径流量减小。斜坡的侵蚀与堆积情况见图 9-2。

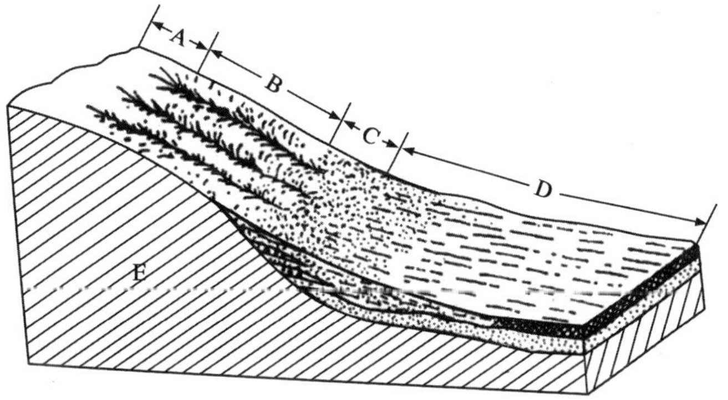

A. 弱冲刷带；B. 强冲刷带；C、D. 堆积带及坡积裙边缘带；E. 基岩

图 9-2　斜坡的侵蚀与堆积结构示意图(据 E. B. 桑采尔，1957，转引自田明中等，2009)

坡向也会影响侵蚀强度，迎雨坡一般大于背雨坡。

坡面上土壤团粒结构好、土层厚，可吸收一部分雨水，使地面径流量减少，侵蚀减弱；植被覆盖度与侵蚀作用成反比，植被可以减少坡面径流量，控制坡面径流速度，并可阻挡雨滴直接冲击地面。坡面径流侵蚀力大小可由以下土壤侵蚀强度公式表征，由威斯启梅尔(W. H. Wischmier)结合美国 20 世纪 30 年代起的 8 000 多个土壤侵蚀试验观测点资料统计总结提出：

$$A=R\cdot K\cdot S\cdot L\cdot C\cdot P$$

其中：A 为土壤侵蚀量[t/(km^2 · 年)]；R 为降水量及其强度对土壤表层产生的侵蚀动能(J/m^2)；K 为土壤质地与结构；L、S 为土壤所处地面的坡长与坡度；C 为植被盖度(%)；P 为田间工程保护措施和土壤耕作措施。该方程比较全面地考虑了土壤侵蚀的环境因素，在世界各地应用效果较好，各地在应用时需修订和确定一些因素的区域参数值。

片蚀造成的地形称为浅凹地，通常分布在河谷的源头、分水岭附近及高平原上。

(二)坡积物及坡积裙

1. 坡积物

片流在侵蚀作用的同时，也有搬运和堆积作用，有时因水流局部变化而产生，将冲刷的物质暂时堆积在斜坡的小凹地里。多数情况下还是因为水流至下坡，流速变缓而发生堆积。总的看来，片流的侵蚀与堆积将斜坡展平，使斜坡趋于平缓(图 9-3)。在片流作用下，被带到坡地平缓处或坡麓地带堆积下来的沉积物，叫坡积物(deluvial，dl)，其特点是：

(1)坡积物组成单一，其岩性成分与上坡基岩一致。

(2)由黏土、亚黏土、粗砂和石块组成，上坡粗，下坡细，分选性和磨圆度差。

(3)略有与坡面大致平行的层理。

(4)坡积物厚度一般不大，结构疏松，渗透性能较强，常含性质良好的浅层孔隙水，可供饮用。

2. 坡积裙

坡积物围绕坡地边缘分布，形似衣裙的花边，称为坡积裙(deluvial fringe)。

坡积裙的纵剖面呈微下凹的曲线，坡积裙的上部常覆盖在坡地斜坡上，坡度一般为7°～10°，向下逐渐平缓。坡积裙的前缘部分常堆积在山麓平原或山间盆地边缘，或在河谷底部，最前端与其他成因类型的沉积物相互穿插(图9-4)。

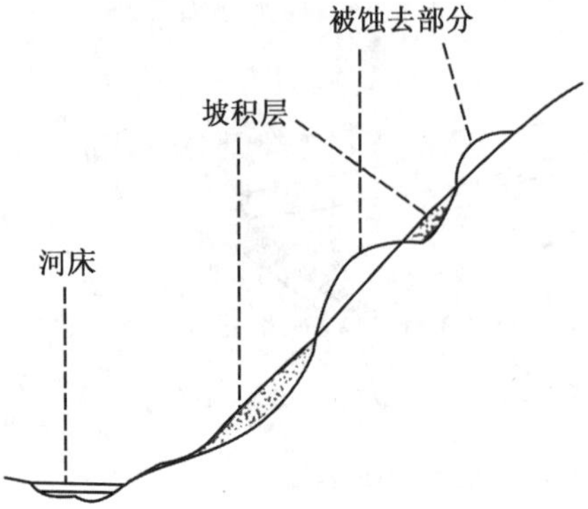

图9-3 片流在斜坡上的侵蚀与堆积

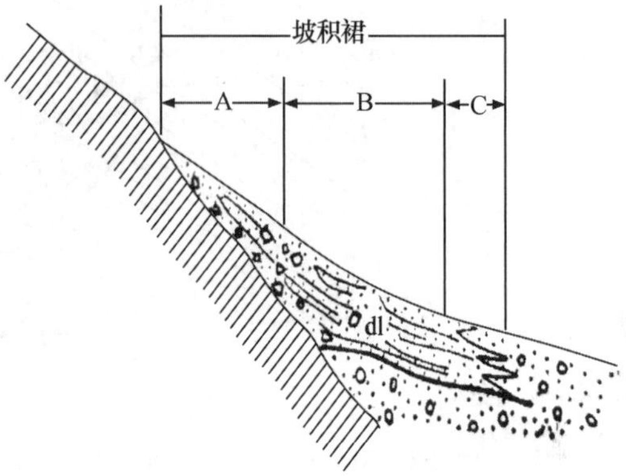

A. 上缘部；B. 前缘部；C. 边缘部；dl. 坡积物

图9-4 坡积裙的结构(引自杨景春等，2017)

随着斜坡在洗刷作用下逐渐被夷平，片状侵蚀带和冲沟侵蚀带逐渐向坡顶延伸，坡积裙也逐渐向坡上部发展，逐渐扩大范围，往往整个斜坡都为一个巨大的坡积裙所覆盖，当其延至坡顶附近时，常与残积物相接而不易区分，成为一种混合成因类型，叫残积—坡积物。

二、洪流形成的地貌及堆积物

某些沟谷基本上全年干枯无水，仅在暴雨或大量积雪迅速融化后，才形成瞬时通过的洪流，又称沟谷流。暂时洪流与河道洪水不同。后者包括常年河和间歇河，虽然在特大洪峰时，其洪水的一部分可以暂时漫出河槽，但是大多数情况下，却基本沿着河床流动，流线位置和水流动态都较稳定。而暂时洪流水势迅猛，流态极不稳定，是一种爆发性的洪流或泥浆流，流入山前或山间平原上，失去地形约束，到处漫溢，无论其动态过程或所形成的地貌和堆积物，都与河道洪水有本质的不同。

洪流的规模可大可小，它有自己独特的水文特性，因而也有一系列独特的作用与结果。洪流除流量变化悬殊、暴涨暴落以及湍急快速的特点外，还挟带大量泥沙、岩屑、石块，颗粒大小混杂，因而具有较强的侵蚀力和搬运力，而在沟口由于流速减小则发生堆积。

(一)洪流的侵蚀作用及侵蚀沟

1. 洪流的侵蚀作用

洪流的侵蚀作用叫沟状侵蚀(gully erosion)。因为在一定的条件下，地表间歇性水流冲蚀成各种侵蚀沟，其可以在所有地形和气候带内形成，只要地形有一定的坡度，并有低凹处便于集中地表水流均可发生，但是以多暴雨的气候和松散土层的条件下更易形成，所以在干燥和半干燥区更常见，如在我国西北和华北的黄土地区，洪流是改造地表形态最主要的营力，其侵蚀强度虽然不如河流，但是考虑到其作用的普遍性，仍十分可观。事实上，河流仅作用于狭窄的河谷地带内，而侵蚀沟结合风化剥蚀、片状洗刷、滑坡、崩塌等作用，不断分割并夷平地形，对广阔的河间地区的改造有决定性的作用。

侵蚀沟由小到大逐渐发展，按发育阶段可分为细沟、切沟、冲沟和坳沟，其中切割较深规模较大的沟谷称为冲沟。它的上端叫沟头，下端叫沟口。冲沟具有很强的侵蚀能力，是最常见最主要的类型；细沟（又称浅沟）是雨后生成于斜坡上的不稳定形态，在一定的条件下可以发展为坡面小冲沟；坳沟则是冲沟的衰老阶段（图 9-5）。

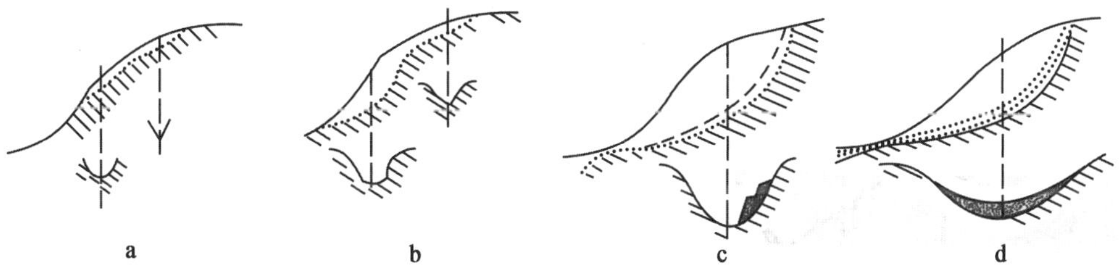

a. 细沟；b、c. 冲沟；d. 坳沟

图 9-5 侵蚀沟的发展阶段

在暴雨不断冲刷的影响下，斜坡上的细沟和冲沟过度密集分布，沟间地成为狭窄的刃状形态，称为劣地。劣地主要分布在干燥和半干燥地区，是经历了强烈冲刷的标志。

2. 冲沟

冲沟是侵蚀沟中规模最大的一种，长度可达数千米或数十千米，深度可达数米或数十米，有时可达百米以上。冲沟在丘陵和山区很普遍。

(1)冲沟的形成　冲沟的形成与降雨性质、地形和岩性有关。

大雨时，冲沟的水量大，具有较大的能量，它冲刷沟谷，并通过溯源侵蚀向源头伸长。

在松散土层覆盖的地区，它主要生成于原始凹地内，这些线状凹地多为古代侵蚀网的残余或反映岩性的差异，有时也能反映被掩盖的基岩地形和地质构造。在岩性均一和地形相同的坡面上，冲沟的间距大致相似，排列形式主要由坡度决定，一般在＞30°的坡地上多作平行排列，而在＜30°尤其是＜20°的坡地上，由于冲沟之间易于互相兼并，则多为树枝状排列。特别是在坡长不一致的情况下，更容易形成树枝状的冲沟网。

在基岩出露的地区，冲沟除沿原始凹地生成外，还常沿各种不同的构造线发展，包括节理、断层、岩层层面和不同岩性的接触面等。因此，其延伸方向、排列形式和密度等，往往与地质构造和岩性的特征密切相关。根据实践经验，在一定数量的基础上，广泛统计调查区内的冲沟走向，编制玫瑰图，往往可以反映该区地质构造的特征，主要的各组冲沟走向线常与构造线相一致，可作为预查地质构造的一个可靠的间接标志。

(2)冲沟的侵蚀作用及其形态特征　绝大多数冲沟都不是常年有水，或仅有极小的涓涓细流，无论对塑造沟床形态或搬运碎屑物质几乎都没有任何实际意义。一般只是在暴雨或积雪大量融化后才有较大的水流。这时，水量比较集中，使其具有强烈的侵蚀能力，冲沟侵蚀能力的大小不仅和降雨量、融雪量有关，也与集水面积的大小及集水区的形状有关。

由于冲沟沟床的位置较其附近的河流水面更高，因此其下切作用十分活跃。如果冲沟发育在松散土层中，例如在黄土高原，常可形成数十米的深沟。在基岩出露的地区，下蚀速度虽然较慢，但其侵蚀作用仍以下切为主，在复杂的地质构造和岩性影响下，沟底往往形成起伏不平的纵剖面。

在黄土或其他松散土层覆盖地区，冲沟向源侵蚀作用也很发育，如在黄土区，由于垂直节理较发育，冲沟的沟头往往形成陡坎。当水流通过时，在陡坎底部掏蚀成壶穴，引起顶部崩塌，使陡坎不断后退，冲沟不断伸长，有时每年可延伸数米至十余米以上(图 9-6)。

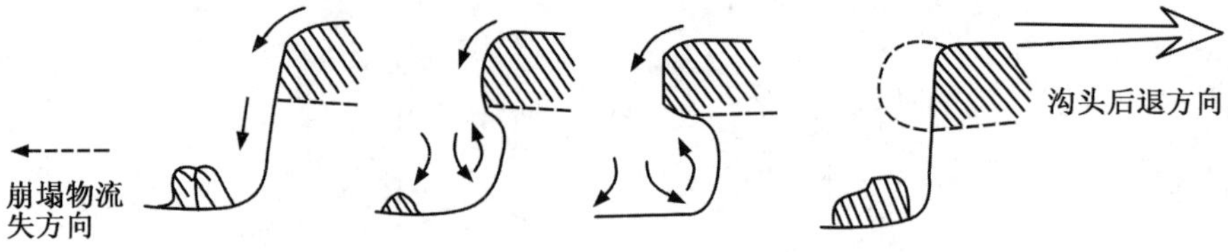

图 9-6 冲沟沟头发展过程示意图(引自华南农业大学，1999)

冲沟的纵剖面一般开始是成不规则的阶梯状，多涡穴和跌水，后来坡度转折处渐渐被侵蚀削平，使整个剖面倾斜变得平缓，沟底有的地方是被蚀露的基岩，有的地方有堆积物。一般说来，在较短的沟谷里，纵剖面会演变成较平直的形态；在较长的沟谷里，多演变为上部陡、下部渐缓的曲线。由于沟口的堆积不断向前伸长，而沟头部分不断向源侵蚀，因此致使全沟谷变长且底部坡度变缓。

由于剧烈的下切作用，冲沟的横剖面常呈 V 字形。沟谷横剖面形态变深、变宽，两侧的沟坡不断崩塌、剥蚀后退，从陡坡到缓坡。横剖面的变化与纵剖面的变化是相应的，在纵剖面逐渐变缓的过程中，横剖面也变得开阔起来。

冲沟的形成和发展，使地形遭受强烈的分割，蚕食耕地，破坏道路，对居民点和工程建设都造成危害。同时它还将大量泥沙带入河流，增大河流的含沙量，成为下游河流和水库淤积的主要来源。

冲沟不断下切，使沟间地区地下水面下降，土地日益干燥，当冲沟网密布，将平坦完整的沟间地蚕食分割为许多孤立的丘陵时就更加严重了。但是在冲沟两侧或其汇合处等地貌部位都往往可以找到含量丰富的地下水，如果冲沟切入地下水十分丰富的含水层，可以经常得到地下水的补给，在沟底形成较大的径流量，便发展成为河流。当冲沟发展到一定阶段，沟坡变缓，沟底也变得平坦，沟底由侵蚀转为堆积，这时的沟谷称为坳沟。

(二)洪积物及洪积扇

洪流一边侵蚀沟床、沟坡的同时，也将大量碎屑物质搬运到沟口或山坡低平地带，因流速减小而迅速堆积，形成扇状堆积体。堆积体体积小而坡度大者称洪积锥；体积大而坡度小者称洪积扇。洪流在山口或沟口的堆积物叫洪积物(pl)(proluvium)。有的由洪积、冲积物混合组成，后一种是冲沟发育成了河谷。有时相邻的洪积扇不断扩大伸展，彼此相连成片，形成广大的洪积扇(diluvial fan)(或倾斜的山前洪积平原)。在干旱区和半干旱区的山麓地带，洪积扇非常广泛。洪积扇分布于山地与平原交接部位，或山间盆地的边缘，其以山口或沟口为顶点。

1. 洪积扇的结构

洪积扇的规模大小不等，面积自数百平方米到数百平方千米。

从平面上看，洪积扇顶部堆积的是粗大的砾石，物质从顶部向边缘逐渐变细。因为水流出山后，坡度逐渐变缓，水流搬运能力降低所致。先是粗颗粒沉积，随着水流向洪积扇边缘扩散，其搬运能力愈来愈小，只能带动砂和小砾，到了洪积扇的边缘部位，坡度继续减小，水流更加分散和减弱，只堆积砂、黏土及淤泥了(图 9-7)。

从横剖面上看，洪积扇的底部主要由黏土、亚黏土组成，物质垂直向上逐渐变粗，由砂砾石组成。

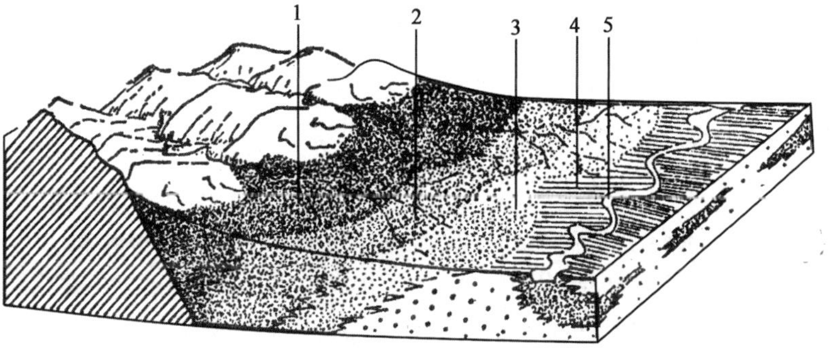

1.洪积扇中心粗砾石沉积；2.洪积扇过渡区的砂砾沉积；3.洪积扇边缘细砂黏土沉积；4.河漫滩细砂石沉积或冲积平原砂黏土沉积；5.河流及河床沉积

图 9-7　洪积扇结构示意(引自杨景春等，2017)

从洪积扇的纵剖面可看出，扇顶坡度较陡，而远离出口则渐渐变缓。根据洪积物的变化规律，自扇顶至边缘把洪积扇分为 3 个带，相应地地下水在埋藏深度、径流条件、排泄和矿化度上都作规律的变化(图 9-8)。

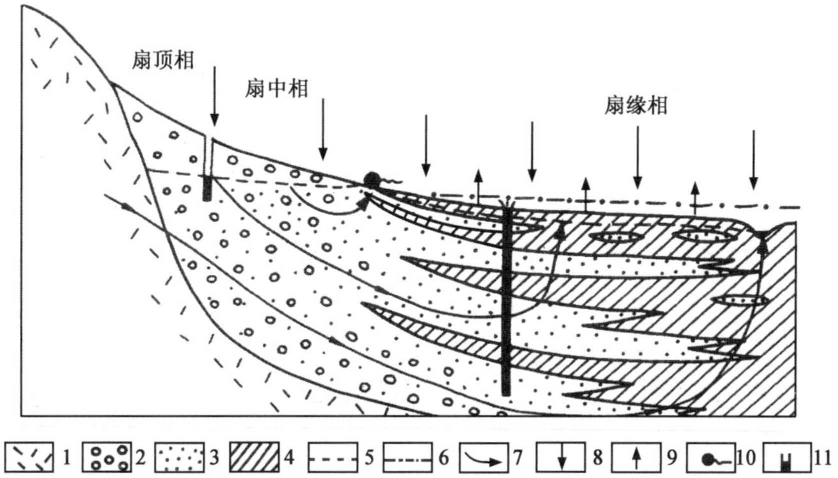

1.基岩；2.砾石；3.砂；4.黏性土；5.潜水位；6.承压水侧压水位；7.地下水流线；8.降水入渗；9.蒸发排泄；10.下降泉；11.井，涂黑部分有水

图 9-8　半干旱地区洪积扇分带及水文地质示意图(引自王大纯等，1998)

(1)扇顶相　为洪积扇的中央带。主要由砾石、卵石、岩屑等粗大物质组成，其间夹有细粒的沉积物，分选性很差。在地貌上形成明显突出于整个洪积扇之上的扇顶锥。有时可见砂的透镜体。由于此带岩性粗大，透水性好，地形坡度大，地势高，潜水埋深大，地下径流强烈，又叫

潜水深埋带。

(2)扇中相　包括过渡带及边缘地带。细颗粒逐渐增多,由卵砾石过渡为砂砾石或砂为主,并有黏土夹层出现。此带分选性较扇顶相好。由于颗粒变细,透水性变差,径流受阻,往往形成壅水,潜水接近地表,以泉或沼泽的形式溢于地表。这一带又叫潜水溢出带。

(3)扇缘相　包括洪积扇边缘地带及前方带。此带颗粒更细,大多为各种粒径的砂与黏性土的互层,分选性变好。此带向下,由于河流、湖泊对潜水的排泄以及蒸发,潜水埋深又略增大,所以此带又称为潜水下沉带。此带岩性变细,地势变平,干旱气候下,蒸发成为主要排泄方式而使地下水的矿化度增大,土壤常发生盐化。

在洪积扇边缘附近,地下水埋深小,常是居民与农田分布区。实际的洪积扇各相带如河北省阳原县虎头梁附近山前洪积扇(彩版3图5)。

2. 气候变化、构造运动对洪积扇发育的影响

气候变化主要表现在沟谷流流量的变化、含沙量的增减及所携带颗粒大小等方面。如气候向湿润转变,则沟谷流流量增加,因此可将大量沉积物带到离山较远的地方堆积,沉积范围扩大,洪积扇面积变大,粗粒物质可能堆积在前一时期较细粒物质之上,且洪积扇的纵坡度减小;当气候变干时,则沟谷流流量减少,流水搬运的物质只能堆积在洪积扇顶部,洪积扇范围缩小。

构造运动对洪积扇的发育也有影响。如在洪积扇范围内发生构造下沉,而洪积扇的堆积速度和基底下沉速度一致时,则洪积扇的平面剖面结构按正常状态发展。当洪积扇下部基岩发生褶皱或断层时,在相对下降地段,堆积较厚,相对上升地段沉积较薄。当洪积扇受上升山地牵动而上升时,洪积扇的顶点往平原方向迁移,新洪积扇嵌入在老洪积扇之内,老洪积扇被切割成阶地。

三、泥石流

泥石流(debris flow)是一种特殊的洪流(沟谷流),是山地沟谷中含有大量松散固体碎屑的洪流。它常在暴雨或融雪时期突然爆发,速度快、历时短,有很大的侵蚀与搬运能力,是一种严重的地质灾害。我国的泥石流多分布在西部山区,如云、贵、川山区。北京山区的泥石流主要发生在怀柔、延庆等地。

(一)泥石流的形成条件

泥石流的形成和气象、水文、地形、地质等因素有密切联系,主要有:

1. 突发性水流

主要是暴雨或集中降雨,其次是冰川大量融冻和雪崩所生成。如1972年7月27日夜,北京市怀柔区山区发生的泥石流就与集中降雨有关。泥石流发生区从26日20点开始降雨,27日夜最大降雨强度达114 mm/h,之后便引发了泥石流。

2. 大量碎屑物

形成泥石流的另一个必要条件是上游供给足够的碎屑物,因此,强烈风化、崩塌、滑坡、片流以及断层破碎带的存在、发育或厚层黄土及其他松散沉积物聚积地区,都可能在突发性水流条件下发生泥石流。

3. 陡峭的地形

形成泥石流最有利的地形是上游三面环山,有利于停积巨厚的松散沉积物,也有利于迅速

集中水流，坡面的不良物理地质作用发育，山坡坡度大，多为30°～60°或更大时，堆积物多处于临界稳定状态，稍加外力就会向下运动，并产生连锁反应，促使其顺着陡坡大量滚落，爆发泥石流，称为形成区；中游的沟床顺直、狭窄、陡急，可以使泥石流迅速通过，并加剧其作用，称流通区；下游地形开阔平坦，可以接受大量堆积，称堆积区(图 9-9)。

由此可见，多突发性的暴雨，物理风化作用强烈，植被稀少的干旱、半干旱地区，比湿润地区更易发生泥石流。

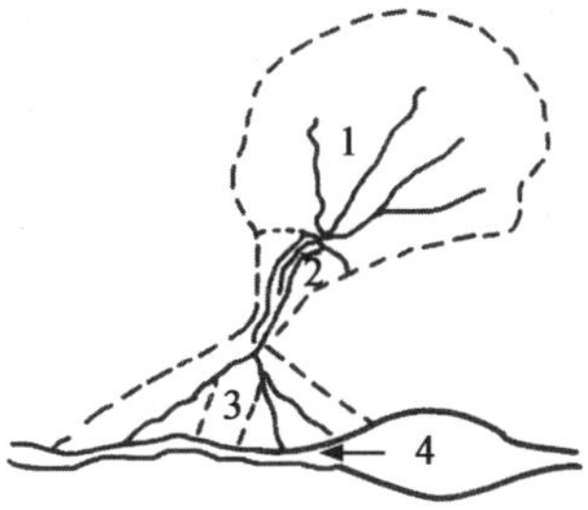

1. 形成区；2. 流通区；
3. 堆积区；4. 堰塞区
图 9-9　泥石流的流域分区

4. 人为因素

人为活动也会对泥石流的发生有影响。

(二)泥石流的分类

1. 根据固体物质含量和组成成分及流态特点分类

(1)山洪　固体物质体积含量＜10%～15%，容重＜1.37 t/m³，水是搬运介质，表现为挟砂量较大的汹涌洪流，没形成泥浆形态。

(2)稀性泥石流　固体物质体积含量为 10%～40%，容重＞1.37 t/m³，其中黏土和粉土的含量较少，具有明显的紊流性质，又称紊流性泥石流。石块以滚动或跳跃形式搬运，泥沙悬浮。由稀性泥石流形成的洪积扇的坡度小，地表平整。当主要由水流和大小石块组成时叫水石流。

(3)黏性泥石流　固体物质体积含量＞40%，最高达 80%，容重 1.5～1.6 t/m³，其中含有大量黏土和粉土，表现为黏稠的泥浆，泥浆是搬运的介质，如果固体物质基本上由细粒泥沙组成，又称泥流。此类泥石流流动时有明显的阵流，每次阵流时间只有几分钟，但能量很大，在泥石流的前端，大石块被推挤成高耸的“龙头”，龙头推动巨大石块向前移动，有很强的侵蚀能力和搬运能力。

2. 根据泥石流形成的诱发因素分类

(1)降雨型泥石流　以降雨为水源形成的泥石流。如前面提到的西藏山区和北京市怀柔区山区发生的泥石流。

(2)融雪型泥石流　是现代冰川(积雪)沟谷区在夏秋季节，冰雪强烈融化而突然爆发的泥石流。

(3)溃决型泥石流　是高山大陆性冰川地带，冰湖湖堤被湖水冲决形成的突发性泥石流。

(4)地震型泥石流　由地震直接诱发形成的泥石流。地震诱发山崩、滑坡，为泥石流的形成提供松散固体物质。

第三节　河流的地质作用

一、河流概述

河流与人类社会的发展关系极为密切。由河流可形成肥沃的冲积平原，正是人类文明的发源地。河流还是最活跃的地质营力。

河流的水流在流动过程中侵蚀地表，形成各种侵蚀地貌，被侵蚀的物质沿河谷向下游搬运并堆积，形成各种堆积地貌，如河漫滩、三角洲等。凡由河流作用形成的地貌，称河流地貌。

河水是地表水流最主要的形式，其主要来自大气降水。降雨落到地面之后，一部分蒸发返回大气层，一部分被植物吸收，一部分渗透到岩土空隙中成为地下水，剩下的沿地表流动，通过河流，最后汇入海洋。影响河流发育的主要因素是气候因素和下垫面因素。湿润气候区，河流终年保持一定流量，称为经常性流水的河流；干旱或半干旱区，年降水量少，蒸发量大，河谷只在雨季时才有水流，称为暂时性流水的河流。不论是经常性水流的河流，还是暂时性水流的河流，都会进行侵蚀、搬运和堆积，只是它们的作用方式和强度不同。

河流作用塑造的地貌极其多样，从河谷横剖面看，可分为河床、谷底和谷坡(图 9-10)。

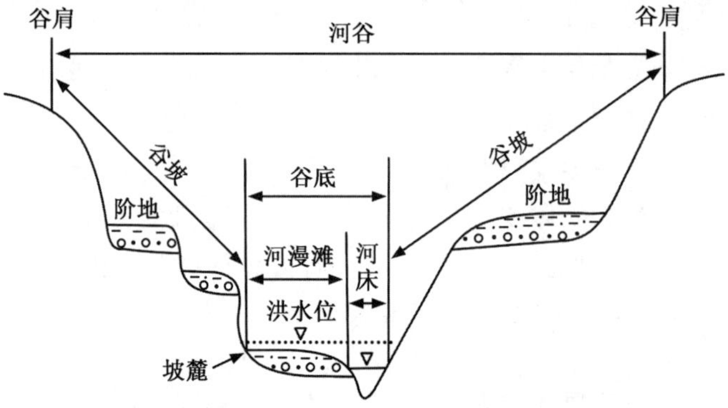

图 9-10 河谷横剖面及形态要素图(引自杜恒俭等，1981)

谷底包括河床和河漫滩。谷坡是河谷两侧的岸坡，常发育有阶地。河谷按横剖面形态分为 3 类：峡谷或 V 形谷、U 形谷和碟形谷。从河流纵剖面看，上游河谷狭窄，多瀑布；中游河谷展宽，发育河漫滩和阶地；下游河床坡度小，多形成曲流和汊河，河口段形成三角洲或三角湾。

二、河流的侵蚀作用

河流以自身动能并以其搬运固体物质破坏河床，称为河流的侵蚀作用(stream erosion)。

(一)侵蚀作用的方式

1. 水力作用

河水的机械冲击力引起河床破坏。就山区的石质河床而言，常因其流速大，流水冲入岩石裂隙并产生强大压力，促使岩石崩裂。对于由松散沉积物构成的河床而言，其破坏性更大。

2. 磨蚀作用

流水以其携带的砂砾作为工具，磨蚀河床，使其加宽、变深。此外，河水中的砂砾相互碰撞与摩擦而不断变小变圆。

3.溶蚀作用

河水将易溶矿物和岩石溶解，促使河床破坏。主要见于由碳酸盐及盐类岩石组成的地区。

(二)侵蚀作用的方向

侵蚀作用分为下切侵蚀和向旁侵蚀 2 种。

1.下切侵蚀

又称下切(down-cutting)或下蚀，是水流加深河床或沟床的作用。下蚀的强度取决于水流的动能、含沙量以及河床组成物质的抗冲强度。当下切速度较快时则形成槽状峡谷(彩版 4 图 4)。

下切侵蚀可以沿较长的河段进行，称沿程侵蚀；也可以是源头或瀑布的后退，称向源侵蚀。

河流下蚀的原因主要有 4 个：①存在侵蚀基准面；②顺坡而下的水流有垂直向下的运动，坡度越陡，下蚀能力越强；③河底滚动的砂砾摩擦河床，使河底加深很快；④锅穴作用，即流水中急速旋转的涡流引起。其中以原因①为主。

每条河流下切侵蚀的最大深度并不是无止境的，往往受某一基面控制，河流下切到接近这一平面后即失去侵蚀能力，不再向下侵蚀，这一平面即是河流侵蚀基准面(erosion basis)。控制一条河流下切最深的一点高度，称为终极侵蚀基准面，如海平面；不直接入海的河流，以其流入的水体表面，如湖水面、主流水面为其侵蚀基准面，称为地方侵蚀基准面。

2.向旁侵蚀

又称旁蚀，即河水冲刷河床两侧及谷坡，使河床左右迁徙，谷坡后退，河床及谷底加宽。

河流向旁侵蚀的原因是弯道离心力的作用和地球偏转力的作用。

河道水流除向下运动外，还有垂直于主流方向的横向运动。在弯曲河道中，从凸岸流向凹岸的表面水流和从凹岸经河底流向凸岸的底流构成一个连续的螺旋性向前移动的水流，叫横向环流(图 9-11)。横向环流的形成主要是弯道离心力和地球偏转力共同作用所致。自然界平直河道很少，河道大多数是弯曲的。即使河道开始平直，也会因为水体的脉动而向弯曲发展，如图 9-12 实验河流所示。河道一开始都是直的，河道坡度均一且沉积物分布均匀，但随着河流侵蚀和沉积的发生，河道就慢慢变成一系列略呈对称的弯道，形似正弦曲线。因为水流沿另一物体表面运动时，需克服摩擦力和黏滞力，水体便作上下及横向摆动，而且摆动由弱到强，河底逐渐变成波状，并在河道两侧形成交替排列的浅滩和凹坑。河道一旦为波状，弯道离心力便开始起作用。在弯道离心力的作用下，水体向凹岸集中，使凹岸水面抬高，凸岸水面降低，从而产生横比降，引起自凹岸向凸岸的横向力，而水体表层离心力大于横向力，所以合力指向凹岸。弯道离心力 $F=mv^2/r$，其中 m 为水量，v 为流速，r 为弯道半径。由于流速随水深度增加而减小，离心力也随水深加大而减弱。因此，上层水流所受离心力大于下层水流，在凹岸则产生向下水流。在弯道同一深度不同部位流速也是不同的，靠近凹岸处流速大，凸岸处流速小，因此凹岸水流随下降水流沿着河床底部向凸岸排挤，而水体表面从凸岸流向凹岸，这样就形成了横向环流。

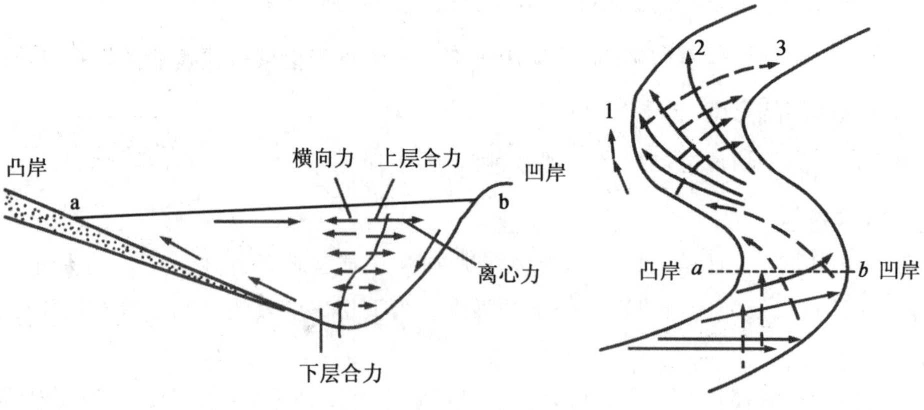

A. 剖面图

B. 平面图

1. 流向；2. 表层水流；3. 底层水流

图 9-11　弯道横向环流的形成

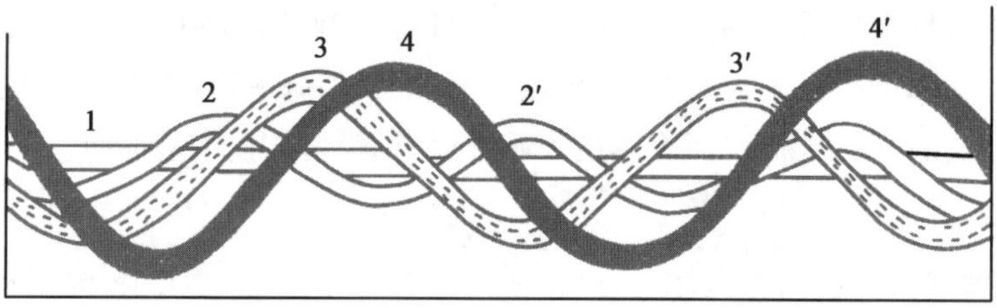

河曲形成并向下游迁移，波长由 2～2′到 3～3′到 4～4′不断增长，最后可以达到河道宽度的 10 倍

图 9-12　河曲形成实验图(引自夏邦栋，1995)

不同形状的河床断面，形成不同的环流系统，可分为以下 4 种(图 9-13)：

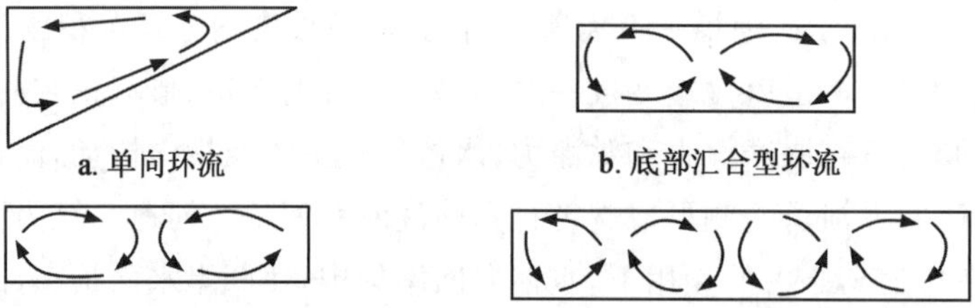

a. 单向环流

b. 底部汇合型环流

c. 底部辐散型环流

d. 复合型环流

图 9-13　水流横向环流的类型

(1)单向横向环流(9-13a)　多在弯曲河段发生，因为这里水流离心力作用较强。

(2)底部汇合型双向横向环流(9-13b)　洪水期，平直河道河床中部的水量比靠近两岸的增加快一些，因此洪水期河床横向水面呈上凸形，表层水流从河床中部向两岸构成双向环流。这种类型的横向环流可掏蚀两岸，而在河床中部发生堆积。

(3)底部辐散型双向横向环流(9-13c)　枯水期，平直河段河床中部水面呈微下凹形，两岸表层水流流向河床中部，构成表层汇聚、底部辐散型的横向环流。这种环流能进一步侵蚀河床中部。而在两岸发生堆积。

(4)复合型环流(9-13d) 在平原分汊河流或河床底部起伏不平的地方，形成多股主流线，各自构成横向环流，组合成复合型环流系统。

在平面上，河流的主流线偏于凹岸，而且弯道中的水体是螺旋式前进。由于横向环流的作用，使凹岸侵蚀，侵蚀下来的物质随横向环流向凸岸搬运；在凸岸，因底流向上运动，流向表层，物质便在凸岸沉积下来。

在地球偏转力作用下，水体运动方向要发生偏离，在北半球运动的水体偏向前进方向的右侧，在南半球运动的水体偏向前进方向的左侧。在河流弯道处，离心力和偏转力同时作用。河流右弯处，两力方向相反，相互抵消部分，所以对凹岸侵蚀力减弱；河流左弯处，二力方向一致，所以对凹岸侵蚀力增强(图 9-14)。此外，凹岸的最大侵蚀点和凸岸的最大堆积点并不在它们的顶部而是偏于前方。这样，随着横向环流不断作用，不仅使弯道幅度逐渐增大，而且弯道位置也不断向下游方向迁移，从而使河流变得更加弯曲，如新疆开都河(彩版 3 图 6)，并向下游移动(图 9-15)。

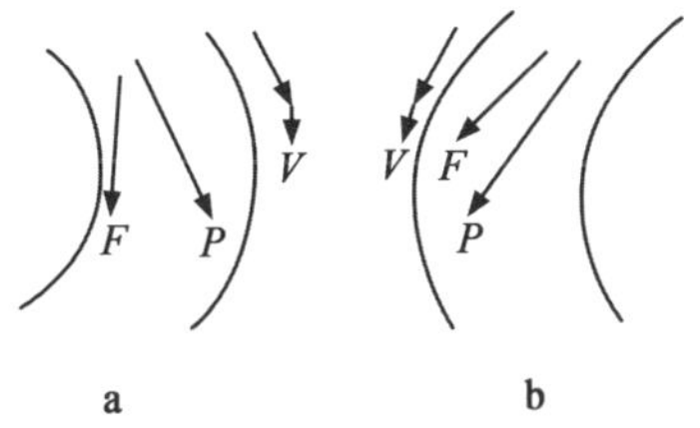

a. 弯道右弯，侵蚀力小；b. 弯道左弯，侵蚀力大；
F. 地球偏转力；*P*. 弯道离心力；*V*. 流速

图 9-14 离心力、偏转力与旁蚀作用的关系
(北半球河流)

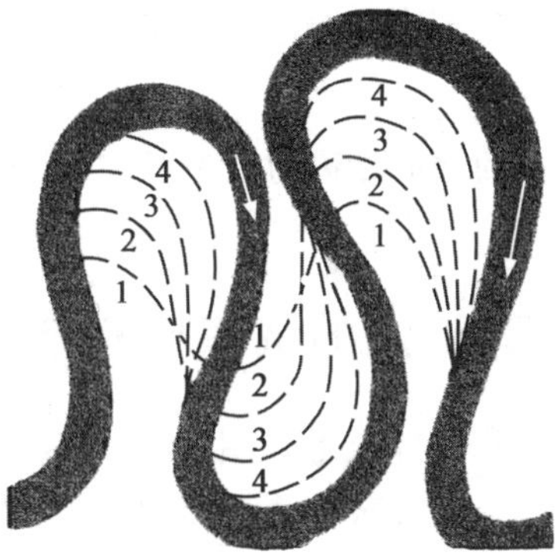

图 9-15 向旁侵蚀引起的河曲发育

三、河流的搬运作用

(一)河流的搬运方式

河流水流在搬运过程中携带大量泥沙和推动河底砾石移动的作用，叫河流的搬运作用(stream transport)。河流水流搬运的方式有 4 种，其中机械搬运方式有 3 种(图 9-16)。

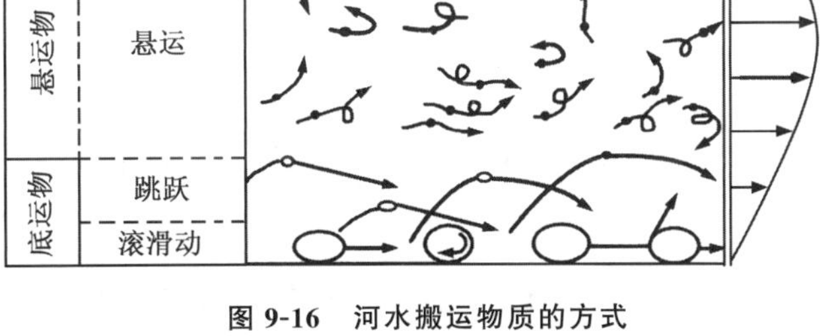

图 9-16 河水搬运物质的方式

1. 推运

是流水使泥沙或砾石沿底面滚动或滑动,主要是泥沙或砾石受水流的迎面压力作用所致。

2. 跃运

是床底泥沙呈跳跃式向前搬运。流水中的砂粒上下部产生压力差,上升力相对增强,泥沙颗粒跃起,被水流挟带前进。泥沙颗粒离开河床后,颗粒上下流速相等,压力差消失,泥沙颗粒又沉降到底床。如此反复进行,泥沙呈跳跃式前进。

3. 悬运

是较细小的颗粒在流水中呈悬浮状态搬运。当流水的平均流速大于颗粒的沉速时,泥沙被带到距底床一定高度位置而转入悬浮状态,并由水流挟带向下游搬运。

4. 溶运

易溶岩石及矿物成分溶解于河水,以离子状态进行搬运。每升河水中溶解的盐类物质为150～300 mg,其中以Ca、Mg的碳酸盐类最多,而K、Na的氯化物较少。

(二)河流的搬运能力和搬运量

河流能够搬运一定粒径碎屑的能力称河流的搬运能力,它决定于流速。河流能够搬运碎屑物质的最大量称为搬运量,它取决于流速和流量,更重要的是流量。我国主要河流中,搬运量最大的为黄河,其次为长江。

四、河流的沉积作用及冲积物

流水挟带的泥沙,由于条件改变,如河床坡度减小、流速变慢、水量减少和泥沙增多等,可引起搬运能力减弱,即河流的沉积作用(stream deposition)。

(一)沉积作用发生的原因

首先,河流的不同部位流速发生变化。如河道由狭窄突变为开阔的地段,河流弯道的凸岸,支流汇入主流处,河流入海、入湖处,河流的中下游坡度减小,由于流速明显降低,从而引起沉积作用。其次,河流流量随气候或季节变化。如在枯水期流量减少,因而河流动能减小,搬运能力降低,引起沉积。再次,搬运物增加,负荷过重。如因山崩、滑坡等均可使河流超负,河水的能量不足以将其搬运,较粗的碎屑物便在河床中沉积下来,从而抬高河床。这种沉积过程称为加积作用。第四,局部地段河底变平坦,涡流减弱等,也能引起河流沉积作用。

(二)冲积物

冲积物(alluvium,al)是河流中沉积的物质,是在流动的水体中以机械方式沉积的碎屑物。冲积物具有如下特征:

1. 分选性好

这是由于流水搬运能力的变化比较有规律。在一定程度的水动力条件下,只能有一定大小的碎屑物质沉积下来。如上游沉积物粗,中游渐渐变细,下游最细。

2. 磨圆度较好

较粗的碎屑物质,在搬运过程中相互之间以及碎屑物与河底之间不断摩擦,变圆滑。河床中的卵石,常常相当圆滑。

3. 成层性较清楚

因为河流的沉积作用具有规律性变化。如因河床侧向迁移,同一地点在不同时期所处的部位在变化,接受的沉积物特征不一样。此外,同一地点,洪水期沉积物粗而且数量多,枯水期沉积物细而且数量少;夏季沉积物颜色较淡,冬季沉积物颜色较深,不同时期沉积物的成分也会有差别等。因此,在沉积物剖面上表现了成层现象。

4. 韵律性

特征类似的两种或两种以上的沉积物在剖面上有规律的交替重复出现,称为韵律性,每一次重复就形成一个韵律。河流沉积常具有韵律性。如一个完整的韵律可以包括下部的河床相沉积、中部的河漫滩相沉积及上部的牛轭湖相沉积。这样一个韵律代表河床在一次侧向摆动时逐次沉积的产物。

第四节　河 谷 地 貌

一、河床地貌

河谷中枯水期水流占据的谷底部分称为河床。

河床横剖面呈一低洼的槽形,山区河床为 V 字形,纵剖面较陡,浅滩与深槽交错出现,多跌水和瀑布;平原区河床呈 U 字形,平面形态弯曲或分汊,纵剖面坡度较缓,微有起伏。

(一)河床纵剖面的形成与发展

河床纵剖面是河流从源头到河口沿着中线的剖面,常用河流源头到河口的河床最低点连线表示。河床纵剖面是河流作用形成的,而且与河流侵蚀基准面有关。侵蚀基准面的变化影响河床纵剖面的发展。当侵蚀基准面上升时,水流搬运泥沙能力减弱,河流发生堆积。相反,侵蚀基准面下降,如果出露的地面坡度较大,则流速加大,侵蚀作用加强,开始在河流下游发生侵蚀,然后逐渐向上游发展,即发生向源侵蚀(图 9-17)。

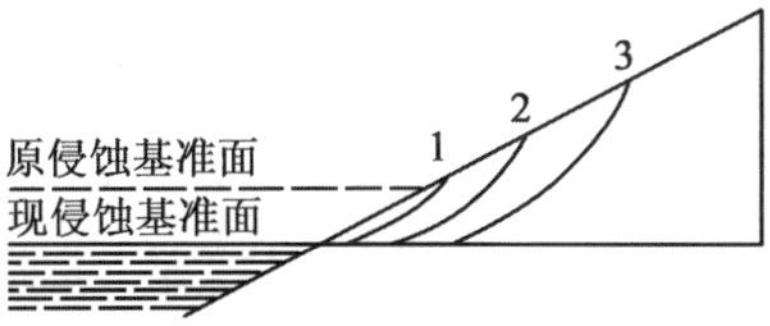

1,2,3 表示河流不断溯源侵蚀的各个阶段

图 9-17　侵蚀基准面下降发生向源侵蚀示意图(引自杨景春,2017)

向源侵蚀不仅是从河口开始逐渐向上游延伸的深切侵蚀,也包括河流源头向河间地的侵蚀,瀑布的局部向源侵蚀,黄土沟谷源头常发生源头的向源侵蚀。

瀑布,即指流水从高处泻落,如云南省路南县西南端的大叠水瀑布(彩版 4 图 1),近 90 m 高,70 m 宽,景色十分壮观。大叠水瀑布是断块差异升降的结果。这里有一条东西向的断裂通过,使北面相对抬升,南面相对下降。在软硬相间、倾角平缓并倾向上游的岩层中最易形成瀑布。瀑布一旦形成,其下蚀作用更为强烈。由于水力冲击和漩涡水流的掏蚀,可以掘掉瀑布陡壁下部的软岩层,使上面突出的硬岩层临空而导致瀑布向上游后退。我国黄河壶口瀑布平均每年后退 5 cm。

向源侵蚀在河床纵剖面的塑造过程中很重要。河流在每一时候的任一河段同时都也在进行着堆积作用。因为这些作用,使河流发展到一定阶段后,河床的侵蚀和堆积达到了平衡状态,河床上的突起被削去,凹坑被充填,在地质构造、岩性和气候等不变条件下,这时河床纵剖面将呈现一条圆滑的曲线,称为平衡剖面。在这种状况下河流排泄水体及所携带的沉积物只需做最小的功。这是河流发展的总趋势。然而绝对的平衡剖面在自然界的河床中难以见到。因为水流的侵蚀不会停止,如果流速不能移动固体颗粒,但化学溶蚀仍在进行。通常自然界的任一河流流经地区的岩性不同,河床纵剖面总是呈阶梯状。另外,季节变化能影响河流水量和含沙量变化,支流带来的泥沙和水量,也将影响到主河的水量和含沙量的变化。因此不能把河床发展的最终剖面看成一个绝对的平衡剖面。虽然如此,但总有一些河段在某一段时间内,可以达到相对的平衡状态。这时河流为了适应外在条件的变化,具有自动调节能力,来沙多则堆积,来沙少则侵蚀。对任一条河流而言,任何时候水流都力求达到平衡状态,由于各种因素的影响,平衡随时被破坏,水流又重新向新的平衡状态方向发展。

(二)河床纵剖面发展的影响因素

影响河床纵剖面发展的因素有水文、构造运动及岩性、气候变迁等。

1. 水文状况

主要表现为河流中水量的变化。在季风气候区的河流,雨季时,河水位上涨,称为洪水期。洪水期的河流在不同的河段,水面纵向坡度不同,因而对河床的作用也不一样。狭窄河段,过水断面较小,洪水期上涨高度较大,在上游形成壅水,河床中将发生堆积;从山地到平原的河段,河谷展宽,河床中将发生侵蚀。

2. 构造运动和岩性

构造运动可使整个流域或流域内局部地区发生升降。若整个流域抬升,其相当于侵蚀基准面下降,向源侵蚀将自河口向上游发展。若流域内局部地区发生差异运动,上升地段的河床坡度增大,因而发生侵蚀,下降地段则发生沉积。

岩性对河床纵剖面的影响是由于不同岩石抵抗侵蚀能力不同而造成差异侵蚀,形成岩槛或跌水。岩槛形成后,常不断向上游移动,有时也向下游移动,由形成岩槛的岩层产状而定。当构成岩槛的坚硬岩层倾向上游时,在河流侵蚀作用下,河床降低、岩槛向上游方向移动。岩槛也可由横切河流的断层形成。

3. 气候变迁

气候变迁使自然环境发生改变,从而使河流发生侵蚀、堆积和基准面升降。气候干燥时,地表径流减少,同时植被也减少,河流中的相对含沙量增多,河床中则发生堆积。而且由于气候变干,侵蚀基准面下降,在河流的下游地段会发生侵蚀。气候湿润时则出现相反的情况。另外,气候冷暖变化也影响到河床纵剖面的形态。周期性的气候冷暖变化表现为冰期和间冰期。冰期时地表水都结冰,这时河床中水量大幅度减少,侵蚀基准面降低,河床中碎屑物增多。因此,冰期时河流上游段因风化碎屑增多是加积型河床,下游段因侵蚀基准面下降而形成侵蚀型河床。间冰期时,则出现相反的情况,上游段因冰雪融化出现下切侵蚀,下游段因侵蚀基准面上升而堆积(图 9-18)。

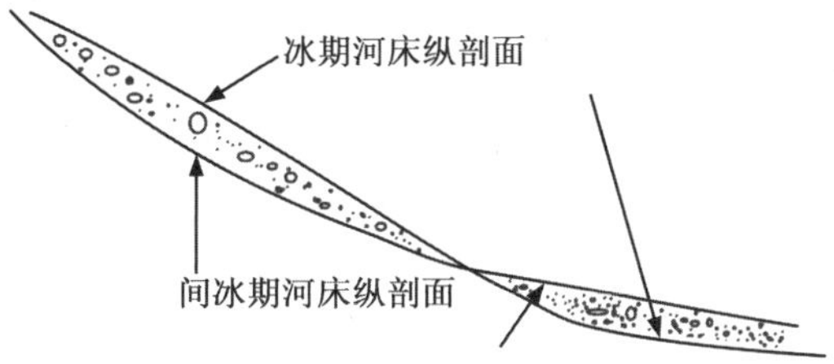

图 9-18 冰期和间冰期河床纵剖面(引自杨景春,2017)

(三)平原河流地貌

1.河床平面形态

根据河床平面形态和演变形式,平原区的河床可分为微弯型、弯曲型、分汊型和游荡型 4 种基本类型。

(1)微弯型河床 河床通常宽浅而微有弯曲,两岸分布犬牙交错的边滩,其水内环流虽然能造成凹岸侵蚀、凸岸堆积的现象,但是边滩向下游移动的速度大于凹岸后退的速度,凹岸受到一些冲刷后,很快被上游推移下来的边滩所掩护,使弯道不致发展得太大,不会演变为弯曲形态。

(2)弯曲型河床 弯曲型河床又叫自由曲流,指在冲积平原上发生的曲流,外形蜿蜒弯曲,河谷宽阔,河床不受河谷约束,能自由地迂回摆动,以裁弯取直的方式逐渐演变。曲流的成因可归为以下几种:①横向环流的作用使河流凹岸侵蚀,凸岸堆积,形成曲流;②河床底部泥沙堆积形成障碍,使水流偏向一岸,形成曲流;③河床两岸岩性不同等原因造成差异侵蚀而形成曲流。

自由曲流的发展过程具有循环性,以曲率逐渐加大,曲流段不断向下游推移的方式而进行着,在其迂回范围内,形成曲流带。当河床曲率愈来愈大时,河床的上下河段愈来愈接近,形成狭窄的曲流颈。洪水时,曲流颈被冲开,河道取直称为截(裁)弯取直(图 9-19)。截弯取直后,弯曲河道被废弃,从废河汊演变为牛轭湖(图 9-20)。

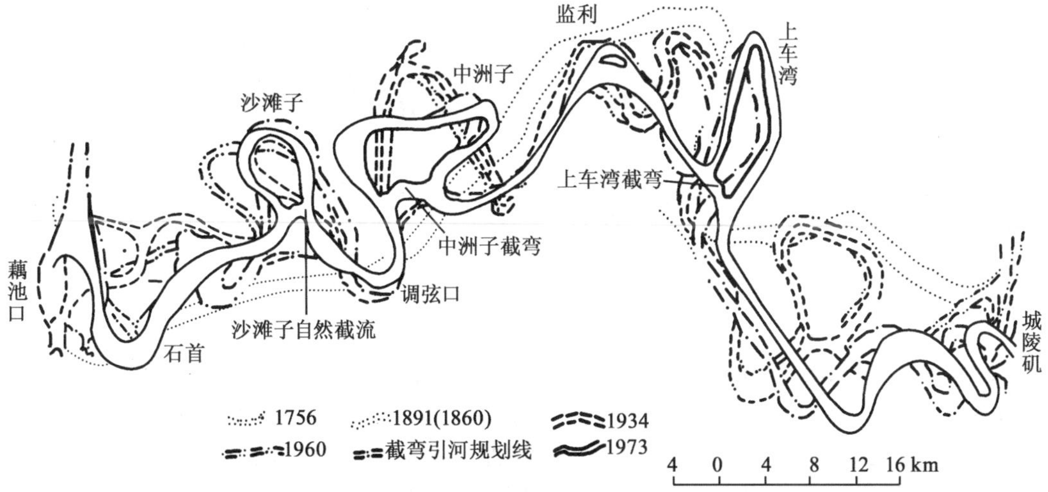

图 9-19 下荆江河道变迁图(引自杜恒俭等,1981)

(3)分汊型河床　河床中因心滩、沙洲造成河床分汊,宽窄相间,形似发辫,又叫作辫流。其成因有:①由于河床中心滩的形成,使河床出现分汊(图 9-21a)。②曲流截弯取直后形成辫流,一种情形是决口处的深度和宽度迅速加大,河流大部分流量都通过这里,这种分汊现象持续不了多久,老河床便逐渐淤积而成牛轭湖;另一种情形是截直水路中,河床的宽度和深度并不如老河床,主流仍从老河床中流过,辫流会长久地存在(图 9-21b)。③干支流汇口处,由于干支流的相互顶托,受顶托的河段水流速度小,泥沙堆积成沙洲,而使河床分汊,如长江受鄱阳湖的顶托,泥沙堆积成张家洲,形成张家洲分汊河床。

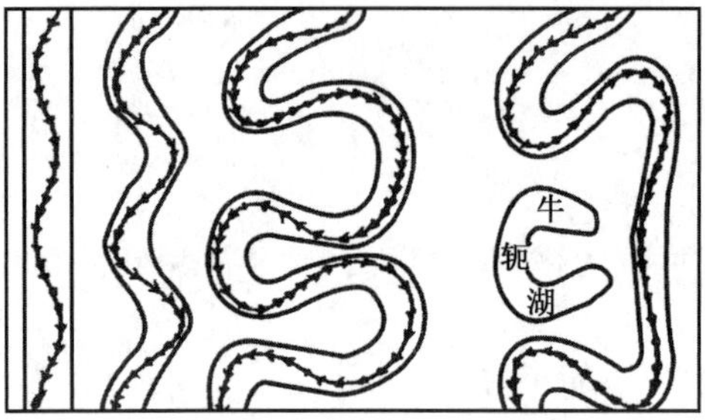

图 9-20　牛轭湖的形成

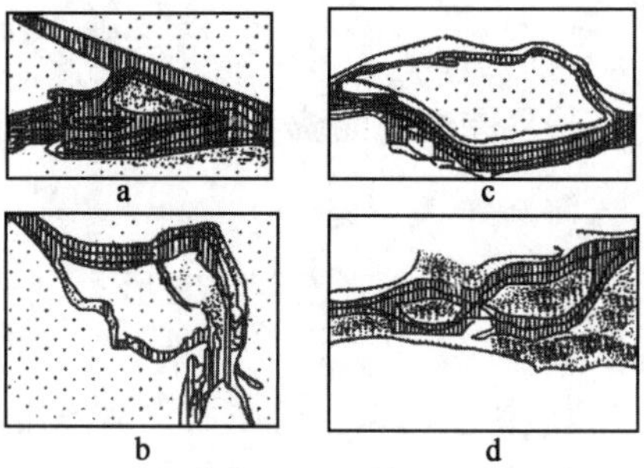

图 9-21　辫流的形态(转引自杨景春等,2005)

(4)游荡型河床　是一种水流分散,洲滩星罗棋布,极易改道的河床。游荡河床大多发育在沙和粉沙堆积的平原上,河流含沙量大,沉积速度快,河床常被淤高成地上河,即在河流两侧常有自然堤沿河分布。该类河床总的平面形态较顺直,没有显著的弯道。黄河下游的孟津—高村段是典型的游荡型河流。

2. 河床地貌

(1)水下沙波　是河床中堆积的微地貌。挟沙底流在运动时,水流流速具脉动现象。脉动式推移的结果,就产生了垂直于水流方向的波浪式堆积物,称为沙波。沙波的形态、结构和移动方式都与风成沙丘很相似,具有规律的斜层理,斜层理与沙波的陡坡均倾向下游,底部颗粒粗,上部颗粒细,倾角一般 30°左右,迎水面的坡较缓(图 9-22)。

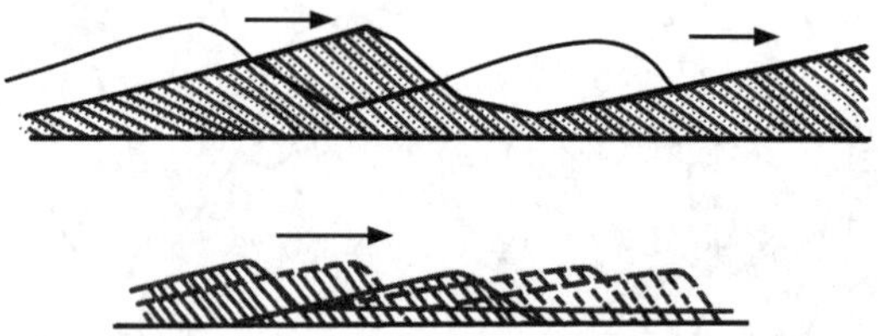

图 9-22　沙波在河床底部运动及其形成的斜层理

(2)自然堤(天然堤)　洪水期横向环流把水底沙脊推向凸岸河漫滩边缘,形成浆状沙嘴,继续推移到被淹没的河漫滩上,便成为自然堤(图 9-23)。自然堤在平水期露出水面,开始滋生植物,当其再被洪水淹没,在起伏不平的自然堤地形影响下,可以在自然堤间产生一系列小型环流,加之有了植物而增加地面糙率,使悬移质大量沉积,因而自然堤年复一年地迅速增高。自然堤两坡不对称,朝向河谷的一坡缓,背向河谷的一坡陡。

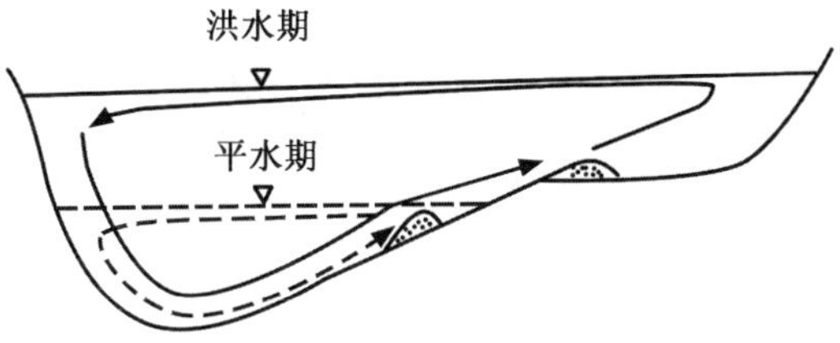

图 9-23　自然堤的形成

(3)水下浅滩　水下浅滩是河床底部的一些不同规模的冲积物堆积体,有的分布在岸边,有的分布在河心。形成浅滩的原因主要是在弯曲河道中,由于横向环流作用所致,岸边为单向环流,河心为双向环流。在相对顺直的河段,洪水期表面流速向两岸分散,平水期则向河心主流线集中。洪水期,中央主流线的流速和过水流量大,造成断面的水面呈凸形,使表流流向两岸。含沙量较小的表流遇岸壁下折,侵蚀两岸使之崩塌,并通过底流把泥沙冲到河心。最后,河心含沙量较大的上升水流无力再携带它们,便在河底大量堆积,形成河心浅滩(图 9-24)。平水期则相反,表面流速向主流线集中,在河心产生含沙量较小的下降水流,侵蚀洪水期形成的浅滩,并把冲刷的泥沙带到岸边堆积。洪水期在浅滩上的沉积量总是大于平水期的侵蚀量,所以河心浅滩总是在不断地发育,当枯水期其露出水面就成为心滩。在心滩的基础上,再经洪水期悬移质的加积,高出了平水期水面,形态稳定,可耕作和作为居住地时就称为江心洲,如长江南京段八卦洲、湘江的橘子洲头。

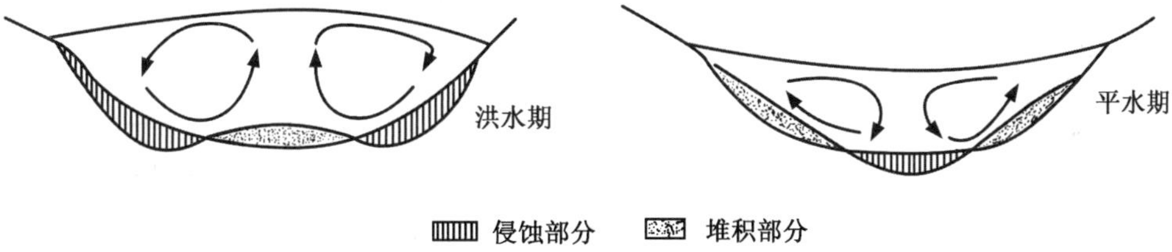

图 9-24　心滩的形成

(四)山地河流地貌

在山地和丘陵地区,地质构造复杂,岩层坚硬,河谷的形态主要由地质因素决定。其河谷形态特征表现为宽谷与峡谷沿河交替分布,岩性坚硬的河段,常形成峡谷,边坡陡峭,河漫滩和阶地不发育;岩性松软的河段则发育较开阔的宽谷,有河漫滩和阶地分布。如在三峡,长江依次切过石灰岩和砂页岩地区,便形成了峡谷和宽谷相间的现象。山间河床地貌有:

1. 壶穴和岩槛

壶穴是基岩河床中被水流冲磨的深穴,其深度可达 6～7 m 或更深(图 9-25)。壶穴大多是携带着石块的涡流,在基岩河床上飞快旋转,钻蚀而成。其前提条件是河床基岩节理发育,或存在断层破碎带等。水流往往沿岩石节理面或破碎带冲击,掏蚀河床,河床被掏蚀后,便在壶穴处形成水流漩涡,从而形成壶穴。

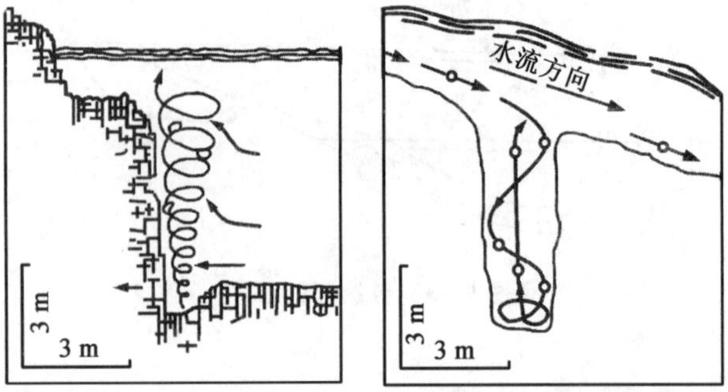

a

b

a. 向上运动的涡流对裂隙基岩的冲击(横剖面),图中岩块被水流上举起来;b. 下降涡流钻凿而成深壶穴,涡流搬运砾石的螺旋轨迹是根据实验室河槽模型试验观测所推论的

图 9-25 壶穴的形式(引自 C. R. 诺维尔)

岩槛是基岩河床中较坚硬的岩石横亘于河床底部形成的,常形成跌水或瀑布,并构成上游河段的地方侵蚀基准面。岩槛的形成与岩性和地质构造有关。

2. 深槽

在山间河床中的断裂破碎带、裂隙密集带、软弱岩层等抗风化能力较弱的部位,因流水冲刷的不均一性而形成深槽。长江三峡的一些低于海平面的深槽就是构造因素加以强烈的水流冲刷而成。

3. 深切曲流

在山区,由于地壳上升,曲流深切到基岩中,称为深切曲流,根据下切和侧蚀情况,其又分为嵌入曲流和内生曲流两种。嵌入曲流是在地壳急剧抬升时,曲流保持原形切入基岩中而形成。内生曲流是指曲流在下切过程中,还进行较强的侧蚀,使曲流更加弯曲,曲流颈愈来愈窄,洪水期水流漫溢而截弯取直,原来的弯曲河道被废弃,被废弃曲流环绕的小丘称离堆山(图 9-26)。深切曲流反映新构造运动从下降或相对稳定转化为大面积上升的发展特征,如四川省合川以上的嘉陵江、涪江等有典型的深切曲流发育,即反映了这一新构造运动的发展性质。

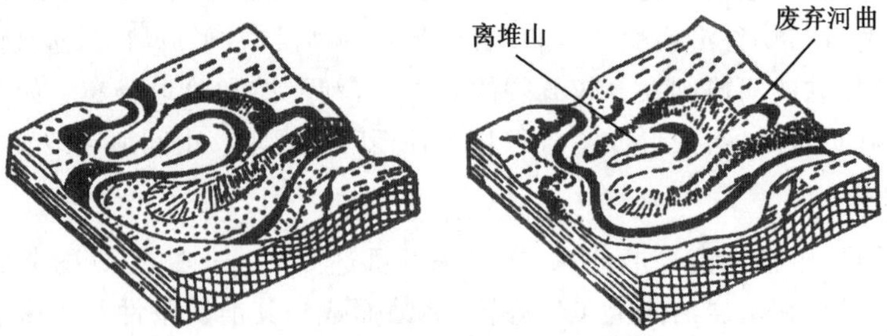

a. 嵌入曲流　　b. 内生曲流

图 9-26 深切曲流及离堆山形成示意图(引自杨景春,2017)

二、河漫滩

河流洪水期淹没河床以外的谷底部分，称为河漫滩(flood land)。平原河流的河漫滩较发育，宽度较大，山地河流河漫滩不发育，宽度较小，但其相对高度比平原河流的河漫滩高。

(一)河漫滩的形成过程

单向横向环流使河床的凹岸遭受侵蚀，掏蚀岸壁下部，使谷坡后退，原先的“V”形河谷(图9-27a)逐渐展宽，洪水期这种作用更加显著，被侵蚀的粗物质有一部分堆积在河床底部，另一部分被环流带到河床凸岸堆积，形成河床浅滩(图 9-27b)。这些堆积物形成于河床环境内，由粗粒的推移质构成。随着河谷不断展宽，枯水期一部分河床浅滩露出水面，河床的位置向凹岸移动，河床的平面形态为微弯曲。河床继续向凹岸移动，河床浅滩更加展宽，以至枯水期有大片露出水面，于是形成雏形河漫滩(图 9-27c)，这时洪水期在这里堆积的物质与河床相物质粒度没区别。河床的平面形态显得更加弯曲。河谷再进一步展宽，洪水期在河床内和雏形河漫滩上的堆积条件开始不同。雏形河漫滩上水较浅，水流很慢，流水沿河床底部挟带的粗粒碎屑物，不能被带到雏形河漫滩上，只能将细沙或黏土质细粒物质搬运到这里堆积，即在原来较粗的物质之上盖了一薄层细粒物质，这时雏形河漫滩就转变为河漫滩(图 9-27d)。新河床形成后，再逐渐发育成新曲流，再重复上述河漫滩的发育演变过程。

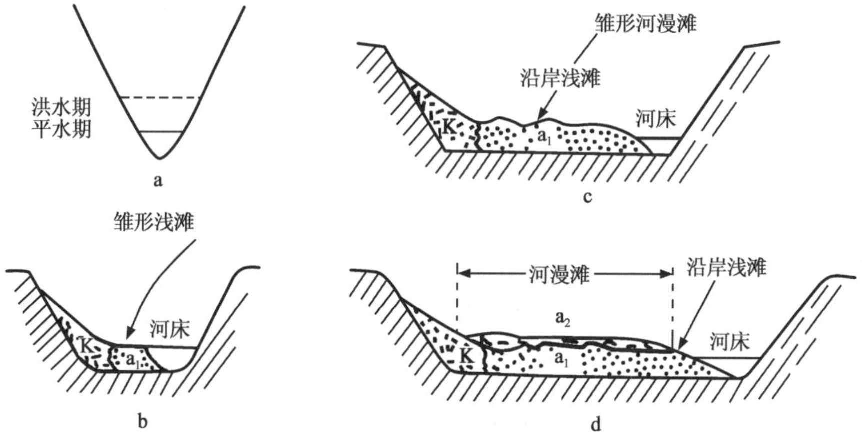

a、b、c、d. 河谷横剖面的 4 个发展阶段

K. 山坡的坡积裙；a_1. 早期沉积(较粗)；a_2. 后期沉积(较细)

图 9-27　河谷发育与河漫滩形成过程

可见，河漫滩的形成发展和河床侧方移动及洪水期、枯水期水位变化直接相关。

如果有双向环流的作用，如前面所述，在水下形成河心浅滩。随着横向环流增强淤高浅滩，使之高出枯水位而形成心滩，或称心滩式河漫滩。

(二)河漫滩的结构

河漫滩具有二元结构，这是冲积物区别于其他成因堆积物的主要标志之一。洪水期河漫滩上水流速度较小，环流从河床中带到河漫滩上的物质为细砂、黏土等，称为河漫滩相冲积物，下层是由河床侧方移动沉积的粗砂、砾石，称为河床相冲积物，这种上层细、下层粗的结构就构成了完整河漫滩二元结构。

河床相冲积物具有下粗上细的特点。下部粗大颗粒是在洪水期河床水流最强部分堆积的，称蚀余堆积。洪水期在河床凸岸的浅滩部位，水流速度相对减慢，则沉积较细的物质。洪水期随着河床的侧移，蚀余堆积逐渐被河床浅滩堆积物覆盖。

典型的河漫滩按其表面地势起伏和沉积物的特性可分为：近河床部分、中央部分、近阶地部分（图 9-28）。越粗的颗粒，先沉积集中在近河床处；越细的物质，离河床较远。所以在河床边，近期沉积物有明显分布规律：河边以砾石、粗砂为主，远离河边以粉砂、黏土为主。

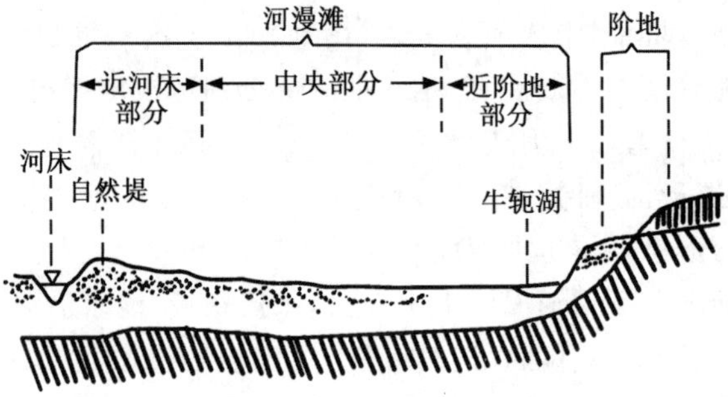

图 9-28 河漫滩冲积物的各个部分及其地形（引自华南农业大学，1999）

此外，在河漫滩上近阶地部分常出现透镜体状的牛轭湖沉积物，它由淤泥夹腐殖质层沉积构成。牛轭湖沉积的出现，表明河流曾发生过截弯取直。

（三）河漫滩的形态特征

1. 滨河床沙坝

分布在河床凸岸边缘，沙坝两坡不对称，朝向河床的一面是缓坡，朝向岸的一坡是陡坡，高度数米（图 9-29）。由于洪水期横向环流作用加强，从河床流向河漫滩的水流带动大量推移物质，当水流从河床流向河漫滩的过程中，水流速度骤减，推移质便在河床浅滩边缘堆积。洪水消退后，这些堆积物便形成一条沿河床凸岸分布的长垅，即滨河床沙坝。

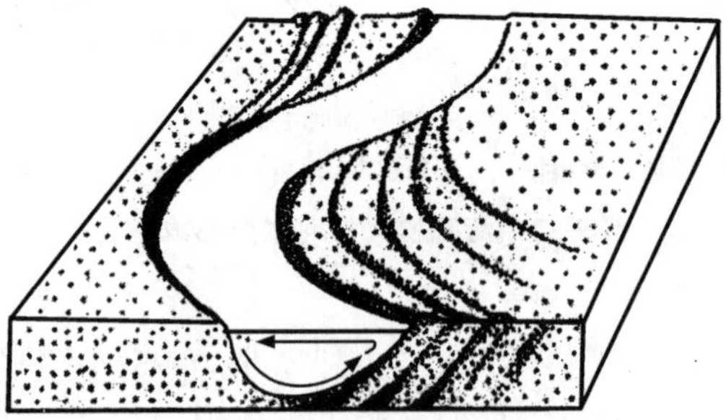

图 9-29 滨河床沙坝及迂回扇

2. 迂回扇

河床侧方移动常常是多次快速进行，因而形成多条大致平行的滨河床沙坝，组合形状如扇形，称为迂回扇。

3. 心滩沙堤

在平原汊河的心滩边缘，水流流速低，泥沙沿心滩两侧沉积，形成沿心滩两侧分布的沙堤，称为心滩沙堤。心滩沙堤分布形状与心滩演变有关。当心滩向下游移动时，心滩向上游一端受冲刷，结果在新心滩中部还留有老沙堤残余部分；当心滩向上游增长，则形成老沙堤套在新沙堤内部；如果心滩向河床两侧或一侧扩大，则沙堤呈弧形分布在心滩两侧或一侧。

(四)影响河漫滩发育的因素

控制河漫滩发育的两个主要因素是：洪水位高度和洪水期河流含沙量，而水文、植被、气候、地质等条件又起决定性作用。

1. 水文状况

主要表现为洪水的上涨高度、持续时间和涨落水速度。如果每次洪水上涨高度很大，持续时间长，则有利于河漫滩堆积。洪水上涨速度很快，流速也快，在河漫滩上的低洼地形中可能形成环流系统，低地内物质被带到洼地两侧，加大河漫滩上的地形起伏。洪水上涨速度很慢，河漫滩上水流速度很小，则横向环流作用弱，悬浮物则在低洼处堆积，使地形变得更加缓和，尤其在洪水退落时，持续时间长，可形成较多堆积。

2. 植被情况

流域范围内的地面植被茂密程度影响到地面侵蚀强度，从而影响河流的含沙量。植被茂密区，水流侵蚀程度弱，带入河流中的泥沙较少，河漫滩堆积作用弱；植被稀疏区，水流侵蚀强度大，水土流失严重，带入河流中的泥沙量增多，有利于河漫滩堆积。

3. 气候条件

影响到河水水文规律和含沙量变化。在高山、高纬度地区，河流的洪水期往往与春夏的融雪有关，若有高山森林的保护，则融雪水慢慢流入河流。因此河流中的洪水位低，河漫滩沉积物不多。在湿热气候区，降雨量大而集中，在短时期内河流中能形成很高的洪水位。此外，这里化学风化强烈，有大量的风化物质被带到河流中，河漫滩堆积层就很厚。半干旱气候区，降雨集中，所以河流中在较短期内水位迅速上升，堆积厚层的河漫滩沉积物。温带季风气候区，一年中有明显的雨季，河漫滩上形成较固定的河漫滩沉积物。

4. 地质条件

主要影响到含沙量。如果一定河段的上游段岩性抗风化能力差，或节理、断层发育，则有大量风化碎屑物被带到河流中，从而加大河漫滩堆积；相反，则河漫滩堆积弱。

三、河流阶地

河流下切侵蚀，原来的谷底超出一般洪水位以上，呈阶梯状的沿河平台称为河流阶地(river terrace)。

由于过去的河流在某些地段的沉积本来就不多，甚至在一些峡谷段内缺失，而且后期河流来回摆动的破坏，所以阶地并不总是沿河连续分布，阶地一般保存在河流的凸岸。阶地在两岸也不是完全对称分布的。由于构造运动、气候变迁等因素的影响，同一级阶地的相对高度也有不同。

阶地包括以下组成部分：阶面、阶坡、阶地前缘、阶地后缘(图 9-30)。阶地高度是从河床水面算起，阶地宽度指阶地前缘至后缘的距离，阶地级数从下往上依次由新到老排列。

1. 阶地面；2. 阶坡(走坎)；3. 前缘；4. 后缘；5. 坡脚；h_1. 前缘高度；h_2. 后缘高度；h. 阶地平均高度；d. 坡积裙

图 9-30 阶地形态要素示意图(引自曹伯勋，1995)

(一)河流阶地的成因

形成河流阶地必须具备两个条件，即有较宽广的谷底以及河流的下切侵蚀。阶地的成因主要有：

1. 构造运动

这是最常见的类型。当地壳上升时，原先河床纵剖面的位置相对抬高，水流侵蚀改造河床，力图使之达到原先的位置，结果就表现为切割谷底，靠近两侧谷坡的谷底部分就形成阶地。每一级阶地的形成都经过下面两个阶段：

(1)地壳相对稳定时期　河流以侧蚀堆积为主，形成一个较平坦的地面，这就是将形成的阶地面，它可以是河漫滩，有时也可以是侵蚀平面。

(2)地壳上升运动时期　河流以下切侵蚀为主，使河漫滩或侵蚀平面上升，以至高出最大洪水位以上。构造运动是间歇性的多次的，这样就能形成多级构造阶地。

构造运动形成的阶地较普遍。大面积均匀上升地区，河流普遍下切侵蚀，在河流的整个流域形成阶地。有时，同一时期内，有的地区上升幅度大、速度快，形成的阶地高度大，而另一些地区上升幅度小、速度慢，形成的阶地高度小。若同一时期内不同地段构造运动方向不一，则上升区形成阶地，下降区发生堆积，不形成阶地。

2. 气候变迁

一般说来，若气候长期干旱，河水量少，含沙量则相对增多；而且地面植被也少，带到河流中的泥沙量增多。因此气候变干，河流表现为堆积。反之，河流中水量增多，含沙量少，则发生侵蚀。由于长期的气候干湿变化而引起堆积和侵蚀作用的交替，就形成气候阶地。华北晚更新世的马兰阶地即为气候阶地，它由砾石和黄土组成。由于晚更新世时期气候干冷，机械风化作用强，带到河流中的碎屑物很多，形成加积。后因气候变湿，河水流量变大，下切成为阶地。

冰期与间冰期的交替出现，常可形成堆积阶地。冰期时，河水量少，河流中上游发生堆积，下游段发生侵蚀；而间冰期则因水量增多，河流中上游发生下切侵蚀成阶地，下游段发生堆积。

3. 侵蚀基准面下降

是构造运动或气候变迁引起的。侵蚀基准面下降引起河流下切侵蚀，最先发生在河口段，然后不断向源侵蚀。在向源侵蚀所能达到的范围，一般都能形成阶地，在向源侵蚀所达到的一点——裂点处消失。如果侵蚀基准面多次下降，则能在纵剖面上出现好几个裂点(图 9-31)。

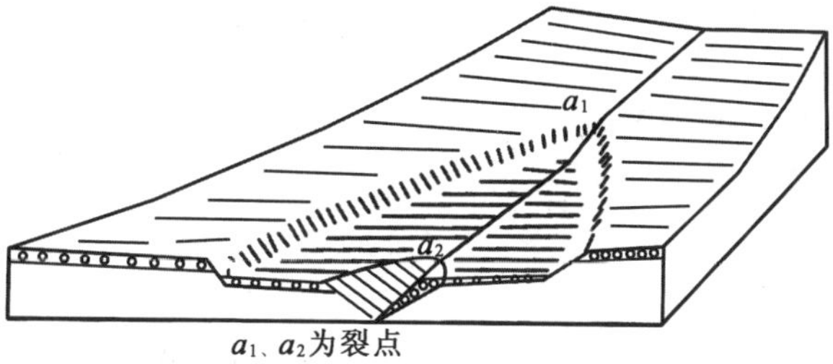

图 9-31 侵蚀基准面下降,河流溯源侵蚀形成的裂点和阶地

(根据 W. M. 戴维斯,转引自杨景春等,2017)

(二)河流阶地分类

根据阶地的构造和形态特征,可分为以下几种类型:

1. 侵蚀阶地

由基岩构成,在阶面上没有或只有很少的残余冲积物分布,只有残积物和坡积物。阶面是河流侧蚀造成的谷底侵蚀面,阶坡是河流下切造成的侵蚀阶梯。侵蚀阶地大多数发育在构造抬升的山区河谷中,因为这里水流流速大,侵蚀作用较强(图 9-32a)。

2. 基座阶地

有成层的冲积物覆盖在基岩基座上,反映在形成阶地的过程中,河流下切,已切穿原来河谷的谷底(图 9-32b)。

3. 堆积阶地

如果河流下切而没有切穿原来的基岩谷底,此时所形成的阶地全部由冲积物组成。堆积阶地在河流下游最常见。根据下切深度不同,堆积阶地又分为上迭阶地和内迭阶地两种(图 9-32c、d)。上迭阶地的特点是形成阶地时河流下切深度较前一周期下切深度小,河谷底部保留有早期的冲积物;内迭阶地是在形成阶地时的下切侵蚀深度正好和前一周期相同,都是一直切到基岩面为止。

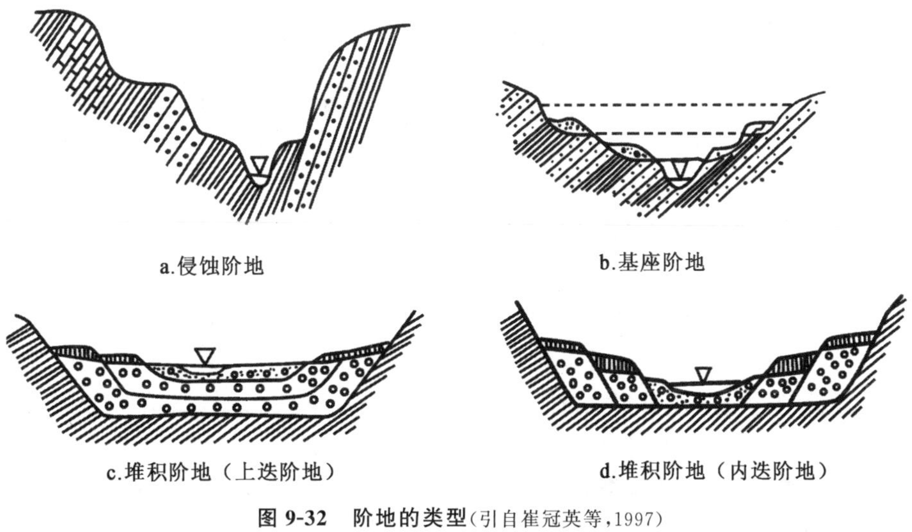

图 9-32 阶地的类型(引自崔冠英等,1997)

埋藏阶地是堆积阶地中的一种特殊类型。原有的阶地由于各种原因被新的沉积物所掩埋,在地形上不再有阶梯状的形态,称为埋藏阶地。埋藏阶地主要发生在新构造运动下沉的地区,如川西平原、江汉平原均有埋藏阶地分布。

阶地是河谷地区最常见的地形之一,其在新构造运动研究中具有很大的意义。根据阶地的类型,可以了解新构造运动升降的性质;根据阶地的级数,可以了解新构造运动间歇上升的次数;根据各级阶地之间的高差,可以大致了解不同时期新构造运动上升的幅度等。

第五节　冲积平原

一、冲积扇

较大的山地河流,在出山口地段,因地势骤然开阔,流速降低,在山地与平原交接地带发生大量沉积,形成的扇状地形称冲积扇(alluvial fan)。

冲积扇的形状与前面提到的洪积扇很相似,因而特点也与之相似,但还有其独自的特征:

(1)范围较大,有时可达数万平方千米;

(2)除近中心处坡度稍大外,总体坡度较小,外围与平原相接,过渡不明显;

(3)处于与山区相接的地方,其形成与当地新构造运动有关;

(4)冲积扇上常有弯曲的河流出现,有时改道较多,出现错综的河网。

冲积扇、洪积扇常构成冲积平原。如四川的成都平原就是一个较大的冲积扇。又如华北平原主要由黄河、永定河、滦河、滹沱河等河流的洪积扇－冲积扇组成,主要属于河流地貌,占华北平原总面积的80%左右;它又是古代河流地貌和现代河流地貌组成的,其中古代河流地貌又占河流地貌的大约80%。在山前洪积扇地区,既有河流堆积地貌,又有河流侵蚀地貌;在冲积扇－泛滥平原及古潟湖－三角洲平原地区主要是河流堆积地貌;在两个大的冲积扇之间和冲积扇前缘有冲积－湖积地貌和湖积地貌;在河滩地和古河道高地上的决口扇、自然堤地区有风沙地貌。

二、冲积平原的形成及地貌特征

冲积平原是在大河的中下游由河流带来大量冲积物堆积而成的。在长期构造下沉条件下,冲积平原能堆积很厚的冲积物,华北平原是由于太平洋板块向亚欧板块俯冲,引起弧后拉张和大陆边缘的弥散,出现拉伸构造而成。华北平原自第三纪以来的沉积物厚度最大达5 000 m,最少也有1 500 m左右。冲积平原的基底,常起伏不平,大多是由构造断裂形成的隆起与拗陷。

根据作用营力和地貌部位,把冲积平原分为山前平原、中部平原和滨海平原3部分(图9-33)。

山前平原又叫冲洪积平原,位于山前地带,其沉积物为冲积物、洪积物。因河流出山进入平原,河流纵比降急剧减小而发生大量堆积,形成冲积扇,许多冲积扇联结而成洪积—冲积倾斜平原。如果山地与平原之间有大面积的丘陵,从山区流出的河流,流经丘陵时河谷受到约束,不能形成大规模的散流,河流带来的冲积物不能很快堆积,则冲洪积倾斜平原不发育,如大别山的山前地区就是如此。

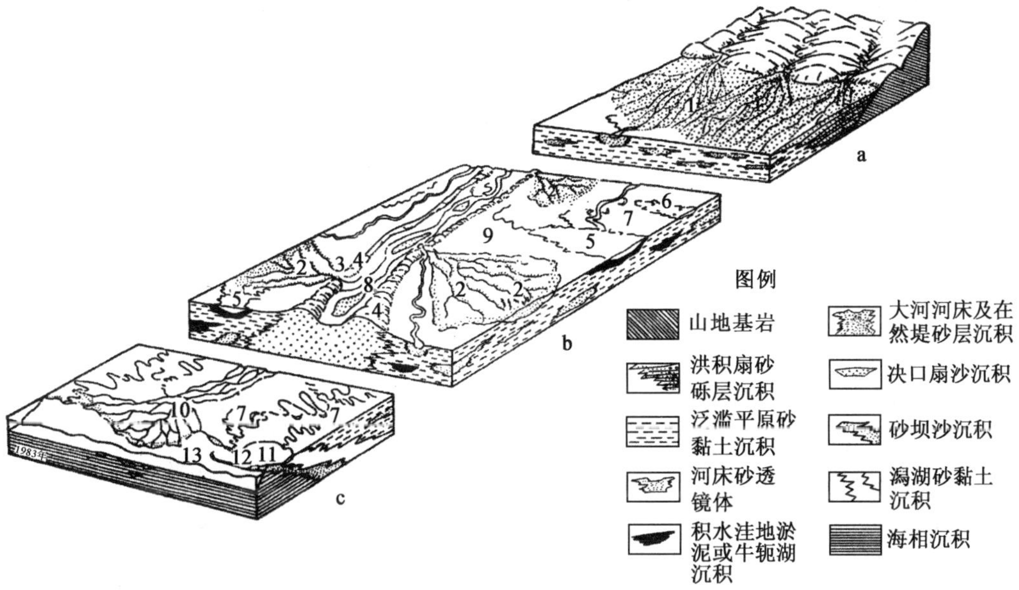

a. 山前平原；b. 中部平原；c. 滨海平原

1. 洪积扇；2. 决口扇；3. 天然堤决口；4. 天然堤；5. 河间地积水洼地；6. 沼泽；7. 牛轭湖；

8. 河床；9. 河间地泛滥平原；10. 三角洲；11. 潟湖；12. 沙嘴；13. 海洋

图 9-33　冲积平原地貌和形态特征示意图(引自杨景春，2017)

中部平原又叫泛滥平原，是冲积平原的主体，其沉积物主要是冲积物，其中还夹有湖积物、风积物。中部平原坡度较缓，河流分汊，水流速度较小，带来的物质较细。洪水时期，河水溢出河谷，大量悬浮物随着洪水一起溢出，在河谷两侧堆积成自然堤。若自然堤被洪水冲溃，则形成决口扇。洪水消退后，决口扇上沙粒被风吹扬，形成风成沙丘或沙地。我国豫东地区的大面积沙地和沙丘是黄河南岸多次决口带来的砂粒经风的作用形成。冲积平原上的河流经常改道，在平原上留下许多古河道遗迹，并保留一些沙堤、沙坝、迂回扇、牛轭湖、决口扇和洼地等地貌及其沉积物。

滨海平原又叫三角洲平原，其成因属冲积－海积类型。其沉积物颗粒很细，湖沼面积大。因有周期性的海潮侵入陆地，形成海积层与冲积层相互交错的现象。在滨海平原常见到潟湖、海岸沙堤等地貌形态。

上述堆积平原多在沉降区形成，在相对稳定区，河谷摆动展宽，形成侵蚀型冲积平原，其沉积物较薄，主要由河床相和河漫滩相物质组成。

三、冲积平原的物质结构

冲积平原的物质结构与其形成过程有关。山前平原主要是较粗颗粒的洪积物和河流冲积物。中部平原以河流冲积物为主。中部平原的河流常有变化，从而引起结构上的不同。当构造下沉而且河流摆动范围不大，则形成厚层的河床沉积体，横向过渡为河间地块沉积。河间地中常发育湖沼，湖沼沉积物在剖面中呈透镜体状。如果河流改道，在地势较低的河间地形成新河床，在剖面中就形成一些孤立分散的河床沙透镜体沉积。决口扇在平面上呈舌状分布，在剖面中可形成大的透镜体。中部平原沉积层中还常有海相夹层，这是短期海侵作用造成的。滨海平原由海相和河流相共同组成，不同类型的沉积物呈水平相变。如果陆源物质增多，陆地向海方向增长，河流相沉积在海相之上。若陆源物质减少，则海水伸入陆地，海相沉积又覆盖在河流相沉积之上。

第六节 河口区地貌

一、河口区的特征

在河流入海(湖)的河口地段，海洋或湖泊和河流相互作用。由于河流从窄河面进入宽水面，流速急剧下降；有时还因细小的黏土遇到海湖中的盐分，发生凝聚作用，流水便把挟带的大量泥沙物质沉积下来。如果河流带来的泥沙超过海洋或湖泊的搬运能力，则形成向海(湖)突出的堆积体，平面形态像一个尖顶向陆地的希腊字母“Δ”，称三角洲(delta)。若河流、海洋或湖泊的侵蚀作用大于河口区的堆积作用，就形成一个喇叭形的河口，称为三角湾或三角港。我国钱塘江河口是典型的喇叭形三角湾(图 9-34)。

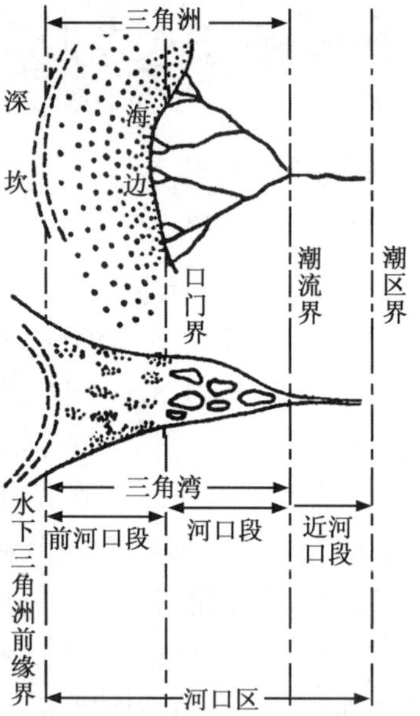

图 9-34 河口区地貌分段

(转引自杨景春等，2017)

河口区可划分为近河口段、河口段和前河口段(口外滨海段)。这里受河流和海洋两种动力作用，水流的流向、流速变化复杂。涨潮时，潮流进入河口，在潮流流速与河流流速正好抵消处，称潮流界。潮流界以上的河段，河水位受潮流顶托的影响，影响最远处叫潮区界。潮流界与潮区界之间的河段，称近河口段。近河口段的河水受潮汐影响，有定期水位涨落变化和流速增减变化。河口段位于潮流界与口门之间，是河海相互作用地带，水流分散，出现河口沙岛，此段即三角洲所在地段。口门向外至水下三角洲前缘坡折处为前河口段，在这里潮汐、海流和波浪共同作用，形成水下三角洲和沙岛。

河口区的分段界线并不固定，其随着水文状况的改变而改变。如长江河口，在枯水大潮期间，潮区界在离口门 616 km 的安徽大通，潮流界在江苏镇江、扬州一带。洪水期，河流作用加强，潮区界下移到离口门 500 km 的芜湖，潮流界下移至江阴以下。

二、河口三角洲

(一)三角洲的形成条件

三角洲是由于河口区的堆积作用超过侵蚀作用而形成的。其形成条件是：①河流输沙量大。据统计，若河流年输沙量等于或大于年径流量的 1/4，就能形成三角洲。②河口附近的海洋侵蚀搬运能力较小,沉积物得以充分保存。③口外滨海区海水浅、坡度缓,有利于浅滩露出水面。此外,构造运动、气候变迁及人类活动等因素对三角洲的形成和发展也有一定的影响。

(二)三角洲的形成过程

首先形成水下三角洲,其由一系列水下浅滩和河口沙坝、沙嘴组成。由于河口地区水流比降减小,水面展宽,水体混合,使流速急剧下降,引起泥沙大量沉积,因而形成河口沙坝。如果河流入海处的水下坡度平缓,由于流速小,河流所携带的一部分物质便发生沉积,在河口两侧则发育河口沙嘴或水下沙堤,此为三角洲的雏形阶段(图 9-35)。随着河口沙坝的形成和发展,使过水断面面积减小,因而使河流分流,形成汊道。汊道口又会形成新的河口沙坝,再次引起汊道分流,出现新的汊道。同时,河口沙坝还继续接受沉积并逐渐堆高,向大海方向扩展,露出水面成为河口沙岛;与此同时,其内部又在形成许多小海湾及潟湖,潟湖因植物茂盛而成为沼泽,或因泥沙填充变成低地。最后河口沙嘴、河口沙岛与湖泊、沼泽等构成广大的三角洲平原。长江三角洲就是这样形成的。例如从三角洲顶点的镇江、扬州起,长江南北两岸各有一条古河口沙嘴,海拔分别为 4～6 m 和 7～8 m。在这两条古沙嘴的内侧,长江南北两岸各有一个大面积的潟湖沼泽平原,河流入海口,形成许多沙洲(图 9-36)。

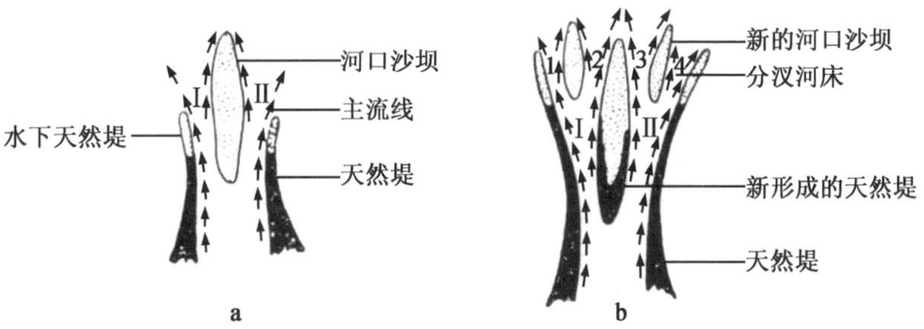

图 9-35　河口沙坝和汊道的形成

(据 A. J. Scott and W. L. Fisher,1969,转引自严钦尚等,1990)

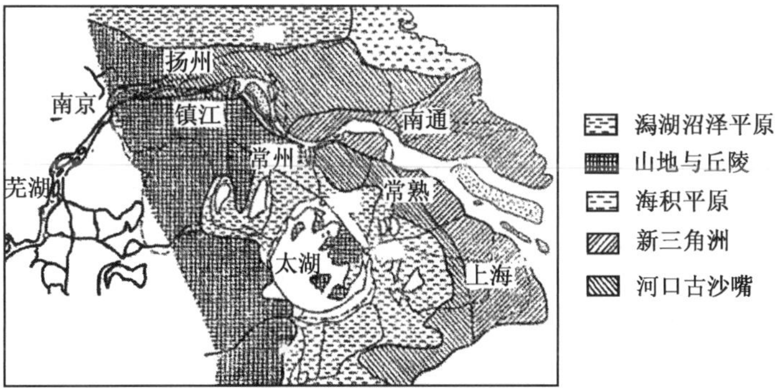

图 9-36　长江三角洲地貌图(引自杨景春等,2001)

三角洲岸线向海伸展的速度，各个时期都不同，即使同一时期，某些地段遭受侵蚀，而另一些地段发生淤积。三角洲向海推进的同时，也不断淤高。长江三角洲从全新世以来，平均每年向海推进约 40 m。靠杭州湾一段岸线由于受潮流和波浪的侵蚀而不断后退，原来陆地上的玉盘山，如今却在大海之中。另一种情况是河流的含沙量大，潮流和波浪作用弱，三角洲增长速度快，我国的黄河三角洲即属此类。这里潮汐作用弱、河口潮差通常只有 0.8～1.0 m，潮区界距河口不到 20～30 km，潮流界在口门附近。入海的泥沙约 40%在口门附近淤积，河口沙嘴每年以 2～3 km 的速度向海延伸。

(三)三角洲的结构

三角洲是河流入海(湖)形成的泥沙堆积体，它是河流和海(湖)共同作用下形成和发展的。根据三角洲的地貌特征可划分为三角洲平原(水上三角洲平原和水下三角洲平原)，三角洲前坡和三角洲外缘海底 3 个单元。因而三角洲的结构也分为 3 个单元，即顶积层、前积层和底积层(表 9-2)。

表 9-2 三角洲的结构及相应的地貌特征

三角洲结构	地貌及沉积物特征
顶积层	由水上三角洲平原沉积和水下三角洲平原沉积组成，包括水上的湖泊、沼泽及水下沙嘴、沙坝。沉积物为冲积物(al)湖积物(l)和水下薄层细粒泥质
前积层	入海河流的悬浮物质被带到水下三角洲的前坡沉积。主要为冲积物(al)呈半液体状态
底积层	沉积物粒度细，具水平层理，含有大量海绿石和有孔虫等，为海洋沉积物(m)

引自杨景春，1988

三角洲在形成过程中，由于沉积了饱含有机质的淤泥，经过长期的地质作用能形成石油和天然气，所以三角洲往往成为石油、天然气产地。如美国的密西西比河三角洲，意大利的波河三角洲，以及我国的辽河三角洲等。

(四)三角洲的类型

根据河口水流、波浪和潮汐作用的相对强度，把三角洲分为河流型、波浪型和潮汐型等。

根据三角洲的形态特征和形成过程，可分为以下几种类型，见表 9-3 和图 9-37。

表 9-3 三角洲的类型

三角洲类型	形成条件	形态	动力	实例
扇形三角洲	入海河流含沙量高，三角洲口外海水浅	扇形	河流 河流、波浪	黄河三角洲 尼罗河三角洲
岛屿形三角洲	河流含沙量不多而有潮汐作用，泥沙堆积成许多沙坝、垄状沙滩	岛屿形	河流、潮汐	珠江三角洲 恒河三角洲
鸟爪形三角洲	潮汐作用微弱，海流及波浪作用弱，河流挟沙量较高并分成几股汊河入海	鸟爪形	河流	密西西比河三角洲
过渡型三角洲	入海河流挟带的泥沙堆积如岛屿状或尖头形	岛屿形或尖头形	河流、潮汐	长江三角洲

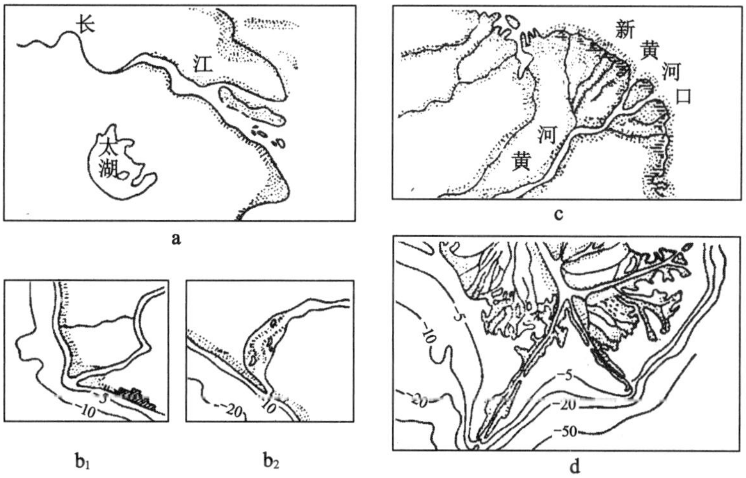

a. 长江三角洲；b_1. 台伯河三角洲；b_2. 奥兰治河三角洲；c. 黄河三角洲；d. 密西西比河三角洲

图 9-37 三角洲的类型(引自杨景春，2017)

第七节 河流地貌发育

一、河流发育与地质构造的关系

(一)河谷的位置与取向受局部性地质构造控制

河流的形成演变一方面受流水自身运动规律控制，另一方面受地质构造控制，两者相互影响，塑造河流地貌。可以认为，河谷常是地质构造上的薄弱带。它可以是软弱岩层或岩石的分布带，也可以是断裂或节理的发育带。由于这些地带抗流水侵蚀能力弱，易快速发育成河谷。因此，河谷时而顺直，时而转折，其中都蕴藏有地质构造的形迹。

(二)水系形式

流域是河流集水范围的总称。即在一个地域内地表径流通过各级支流最后汇入一条主流，这个集水范围称为主流的流域。

水系是指一条干流及其所属各级支流共同组成的河流系统。通常包括干流、流入干流的各级支流，以及流域内的地下暗流、沼泽及湖泊。常见的水系形式有：

1. 树枝状水系

常见于岩石强度比较均一的地区。如大规模岩浆岩分布区，岩层产状平缓区以及近代松散沉积物分布区等。

2. 角状水系

河谷常作直角状转折。它发育在岩层或岩石强度均一但有断层或节理的地区。

3. 格子状水系

主支谷呈格子状相交，主谷延伸较长。主河发育在向斜轴部，支流来自向斜两翼；或发育在直立节理或断层构造地区。

4. 放射状及向心状水系

在穹隆构造地区或火山锥高地上，河谷自中央向四周发散，在盆地内河谷从四周向盆地中心汇聚。

5. 环状水系

在穹隆构造山上发育的放射状水系，侵蚀破坏穹形山，一些支流沿被剥露出来的软岩层走向发育，形成环形。

(三)大区域内河流的展布格局与大构造有密切联系

大区域内河流展布格局受该地区地势特征控制，而地势特征，受控于大构造。我国地势西高东低，西部是青藏高原，是全球隆起最高的陆地，由此向东地势渐低，由此决定了我国主要的河流——长江、黄河及珠江都自西向东入海。与此同时，西南部的主要河流澜沧江、怒江等均环绕青藏高原东侧，沿横断山脉由北向南入海。这种展布格局显然是受青藏高原这一地势的控制，而青藏高原的隆起却是印度板块向欧亚板块俯冲并发生碰撞的结果。换言之，板块构造是造成上述河流展布格局的总根源。

二、分水岭的迁移和河流袭夺

(一)分水岭的迁移

分水岭(watershed)是河流之间把相邻两个水系分隔开来的高地。在自然界，有的分水岭是山岭，有的是高原，有的是微微起伏的缓丘。

分水岭两侧坡度和坡长有些对称，有些不对称。由于两坡坡度和坡长的不一样，两侧河流的向源侵蚀速度不同，结果使分水岭高度不断降低，还使分水岭位置向一侧迁移，即分水岭发生迁移(图 9-38)。

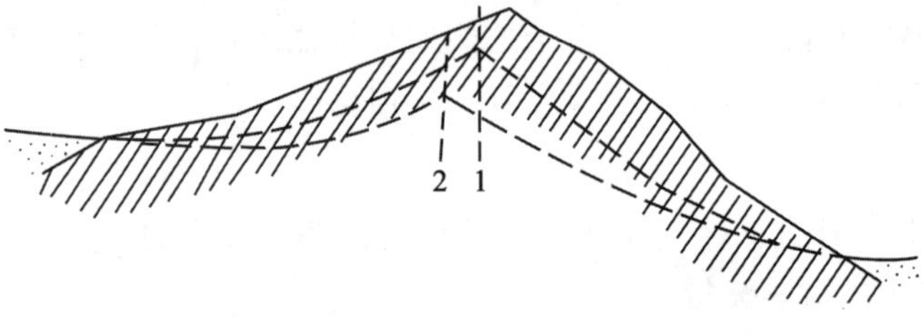

1. 原先的分水岭；2. 迁移后的分水岭

图 9-38 分水岭的迁移

分水岭两坡不对称的原因可能有：①地质构造的影响。在山区，岩层产状控制山坡坡度，尤其是新生代以来的褶皱山区，剥蚀作用还没有完全破坏原始的地质构造，不对称的褶皱两翼必然引起分水岭两侧地形的不对称。另外，在单斜构造区，常形成一些不对称的单面山，它们也形成一坡陡一坡缓的分水岭。②两相邻流域的侵蚀基准面的位置高低和侵蚀基准面到分水岭的距离不等，引起分水岭两坡不对称。如四川嘉陵江的侵蚀基准面较涪江低，涪江又较沱江低，遂发生一方数以百计的冲沟大小支流逐渐蚕食分水岭地面，使其向另一方逐渐迁移。

(二)河流袭夺

分水岭迁移的结果,导致分水岭一坡的河流夺取另一坡河流的上游段,称河流袭夺(图 9-39)。其中侵蚀基准面较低者,下切和向源侵蚀的能力较强,逐渐发展,切穿分水岭,切入邻河的河谷,截取其河水,使其改流入新河道。称该袭夺他河的河为袭夺河,被截断的称为被袭夺河,发生袭夺的地方往往突然转折,称袭夺湾,袭夺湾以上的被袭夺河被迫改变了流向称为改向河。以下的河段水少谷宽,称断头河,在袭夺湾与断头河之间的局部河段因为断绝了水流,成为新的分水高地,但仍保持着原有的河谷形态,称为风口(图 9-40)。在这里可以找到过去河谷的冲积物,甚至有老阶地分布,冲积物的成分与被袭夺河上游的物质相同。在我国西南地区,河流袭夺现象较普遍。

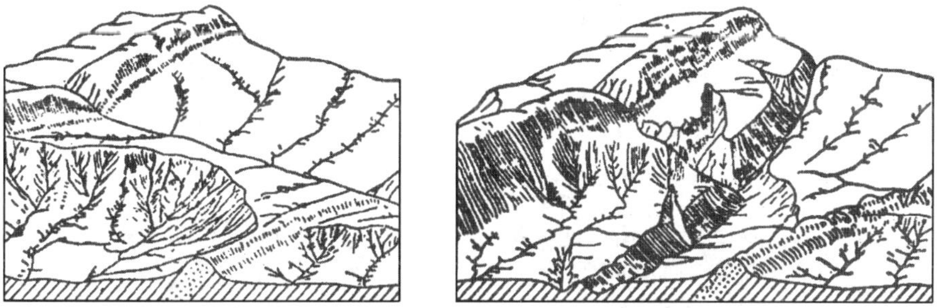

a. 袭夺前的河流　　b. 袭夺后的河流

图 9-39　河流袭夺(据 W. M. 戴维斯,转引自杨景春等,2017)

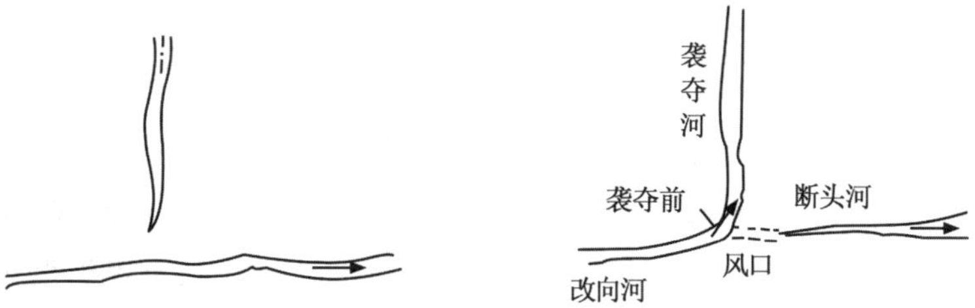

袭夺前　　袭夺后

图 9-40　河流袭夺的过程

三、河流地貌发育的阶段

假定某一地区的原始地貌是一个简单的平原,这个平原经地壳运动而被抬升,抬升到一定的高度后转变为稳定。河流在这样的理想条件下将按下列模式发展。

(一)河流地貌发育的幼年期阶段

河流沿被抬升的原始倾斜地面发育,开始时水文网稀疏,在河谷之间存在着宽广平坦的分水地(图 9-41a)。随着河流的下切侵蚀,河流比降开始加大,坡折增多,横剖面呈狭窄的 V 字形,谷坡陡峭。坡顶与分水地面有一明显的坡折。这时谷坡上的崩塌、坠落和滑坡很活跃。后来,水系渐渐增多,地面分割加剧,河谷加深。较大的河流逐渐趋于均衡状态。此后,谷坡的剥蚀速度相对大于河流下切速度,河谷不断展宽。这个时期的地势起伏最大,地面最为破碎(图 9-41b、c)。

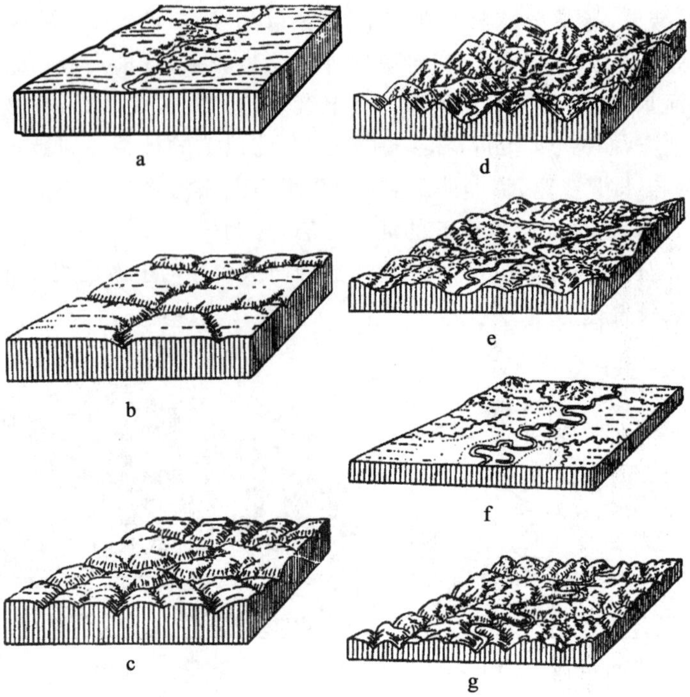

a. 原始缓倾斜地面;b. 幼年早期;c. 幼年晚期;d. 壮年早期;e. 壮年晚期;
f. 老年期;g. 侵蚀回春,进入下一阶段的幼年期

图 9-41 河流地貌发育阶段(据 A. N. 斯特拉特,转引自杨景春等,2017)

(二)河流地貌发育的壮年期阶段

谷坡不断后退,使分水岭两侧的谷坡日益接近,并终于相交,原来宽平的分水地面最后变成狭窄的岭脊(图 9-41d)。但这时的谷坡仍然比较陡峭,崩塌、滑坡过程仍很活跃。随着谷坡侵蚀作用的不断进行,谷坡渐渐变缓,山脊变得浑圆,谷坡上岩屑很多,谷坡上部的岩屑通过土溜或土壤蠕动向下搬运,下坡的岩屑主要受片状流水冲刷和谷坡侵蚀,这时在谷坡下半部常成凹形坡。

壮年期阶段的主河一般都已趋于均衡状态。到壮年期最后阶段,较小的支流也渐渐趋于平衡状态,这时的河谷比较开阔,山脊也浑圆低矮(图 9-41e)。

(三)河流地貌发育的老年期阶段

河流停止下切侵蚀,分水岭将渐渐下降,地面变成微微起伏的波状地形。河流蜿蜒曲折,河谷展宽,谷坡较稳定。如果有局部坚硬岩石区,因抗侵蚀力强而保留有突出的山丘,孤立在周围平缓起伏地形之上,称为侵蚀残丘。整个地面称为准平原,它代表河流地貌发育的终极阶段(图 9-41f)。如我国江苏北部徐州一带,安徽滁县以北张八岭一带都可见到第三纪形成的准平原的残迹。准平原的形成,流水作用具有十分重要的意义,而海洋与湖泊的侵蚀作用以及其他外营力也有一定影响。准平原可以因随后的地壳上升而抬高,再受流水侵蚀而成为山地。在山地顶部可以残留准平原的遗迹,即相当平坦的顶面。其范围可大可小,面上可见到砂、砾等松散沉积物，而且一系列相邻的平坦山顶大致位于同一高度。它们代表了地质时期中准平原的表面，称为夷平面(彩版 4 图 2)。夷平面对新构造运动状况的了解有重要意义。可根据松散沉积物中化石以及对夷平面上的沉积物进行同位素年龄测定，确定夷平面的形成时代。

第八节　地表流水与资源环境

流水及其形成的地貌和堆积物在地球上广泛分布，并与人类生产、生活密切相关。

一、地表流水与矿产

冲积砂矿是在有含矿地质体提供物源前提下，经流水作用、河床演变、水系调整和新构造运动影响下的产物。在具备上述条件的中、低山丘陵区内的 2 级和 3 级水道和切割密度、深度都大的汇水区内，有可能形成大、中型冲积砂矿。冲积砂矿的矿种主要有：砂金、金刚石、钨砂和锡石等。冲积砂矿的类型有河床砂矿、河漫滩砂矿、阶地砂矿和古冲积砂矿，下面主要介绍前 3 种。

(1)河床砂矿　是河床中正在形成的冲积砂矿，主要堆积在河床中有利于流速降低、重矿物能富集的地貌部位，如凸岸、岩槛、旋水区和河床纵剖面较陡地段(图 9-42)。此外，河流流向片理、节理地段也有利于冲积砂矿的形成和富集。

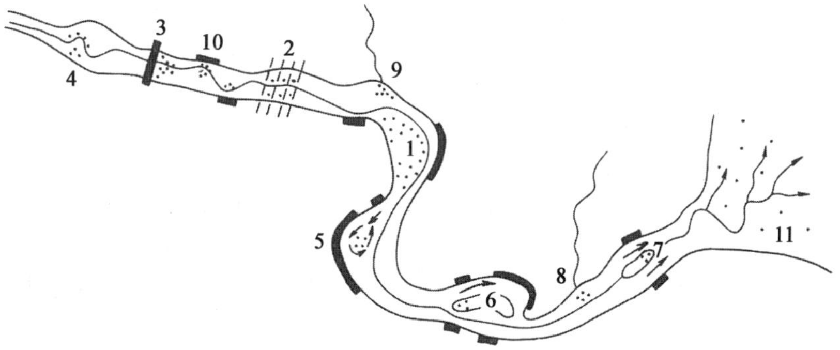

河床中砂矿富集地段：1. 凸岸边滩(点坝)；2. 岩槛、壶穴、瀑下方；3. 含矿岩脉下方或陡坡地段；4. 河谷由窄放宽处；5. 旋水区；6. 沙洲头部；7. 沙洲尾部；8. 支流与主流钝角(或直角)交汇处；9. 支流汇入主流(支流流速大于主流)；10. 深水区；11. 三角洲。图上粗黑线段表示河流主线顶冲和易崩塌段

图 9-42　河床中砂矿富集地段和易受侵蚀塌岸地段示意图

(引自曹伯勋，1995)

(2)河漫滩砂矿　是已经稳定下来的赋存于河漫滩冲积层中的砂矿。河漫滩砂矿形成过程中曲流侧移使含矿砂砾层分布展宽，河流加积作用使含矿砂砾品位贫化。重矿物受重力作用随水向下运动过程中，遇到黏土夹层则局部富集，大部分被搬运到砂砾层底部，部分渗入河底基岩的风化裂隙中。河漫滩细粒沉积物中，有时也富集少量细粒矿。

(3)阶地砂矿　是河漫滩砂矿转化来的，与阶地类型密切相关。在河流凸岸，河流侧向移动明显的堆积岸和早期上升、晚期沉降等地段，都分布有阶地砂矿。阶地砂矿受后期外力作用影响，可以使品位变化，如风化剥蚀可使含矿层变薄，冲沟切过含矿砂砾层，进行 2 次分选，会使阶地砂矿工业品位相对提高。

二、地表流水与地下水资源

冲积砂砾层是河谷区和冲积平原的主要浅层地下含水层系。冲积砂砾的形成和分布与曲流移动、河谷形成发展、阶地类型、水系调整及新构造运动有关。冲积层中的地下水与基岩地下水、河水之间存在水力联系。不同时代和深度的地下古河道系统纵横交错，既是良好的地下含水层系，又可用于贮水和引渗回灌。洪积砂砾层是干旱、半干旱区山前地带的主要含水层系。洪积物的分布、厚度、埋藏深度和地下水补给，取决于气候、相邻山地的新构造运动和冰雪状况。

三、地表流水与土壤的形成和发育

3 种地表流水作用形成的堆积物和地貌，对土壤的形成发育都有极大影响。

片流、洪流和河流所形成的堆积物，即分别为坡积物、洪积物、冲积物，它们的分选性、磨圆度等特点各异，而且都有一定的分布规律，由此决定了所形成的各种土壤的特点和土壤的分布规律，如在洪积扇顶部和边缘的土壤性质是不同的。

坡积裙、洪积扇、河漫滩、河流阶地、三角洲等，所处位置不同，受到的地质营力也不同，因而各自的结构特征不一样，从而影响土壤的形成发育。如各阶地形成的时间不一，它将影响到土壤形成的年龄；高度相似的阶地，其组成物也大致相似，有着相似的成土母质；不同高度的阶地，水文状况明显不同，高阶地受侵蚀作用强，低阶地则常常滞水，从而影响土壤发育。

四、地表流水与农业用水和灌溉

水是农业生产的命脉。地表水的合理利用、灌溉和防洪等直接影响到农业生产。掌握地表流水的运动规律，有效利用地表水和进行灌溉，并能采取相应防治水害措施，对农业生产都有巨大的意义。某些地区，用带有泥沙的洪水进行淤灌，可改变土壤的理化性质；西北风沙地区，利用洪水通过沙地，以水拉沙使地面平整，这些都应根据流水的运动规律进行。

五、地表流水与土地利用规划

地表流水的沉积作用和侵蚀作用所形成的地貌和堆积物都不同，在进行规划时需要区别对待，那些由于流水的沉积作用形成的如坡积裙、洪积扇、河漫滩、冲积平原、三角洲等，都是易于开垦之处，而流水冲刷的地方，则需要有保护措施。另外，有的地貌还处于不断变化之中，如河流的凹岸遭侵蚀易于坍塌，凸岸堆积，江心洲会向下游伸长等，在规划时应根据它们的发展趋势采取相应的措施。

下面以黄河流域为例，说明不同地貌和水文特点与高质量空间规划之间的关系。

黄河发源于青藏高原巴颜喀拉山北麓，呈“几”字形流经青海、四川、甘肃、宁夏、内蒙古、山西、陕西、河南、山东 9 省(自治区)，全长 5 464 km，是我国第二长河流。黄河流域横跨青藏高原、内蒙古高原、黄土高原、华北平原等四大地貌单元和我国地势三大台阶。黄河流域上中下游不同地区自然条件千差万别，农地利用、保护和治理，应把水资源作为刚性约束，坚持以水定地，分区分类推进。

上游遵循自然规律、聚焦重点区域，在超载过牧地区开展减畜行动，加强人工饲草地建设，控制散养放牧规模，减轻草地利用强度。三江源地区需强化禁牧封育等措施，实施黑土滩等退化草原综合治理，有效保护修复高寒草甸、草原等重要生态系统；青海玉树和果洛、四川阿坝和甘孜、甘肃甘南等地区河湖湿地资源丰富，推动以草定畜、定牧、定耕，积极开展草种改良，科学治理玛曲、碌曲、红原、若尔盖等地区退化草原；实施渭河等重点支流河源区生态修复工程，在湟水河、洮河等流域开展轮作休耕和草田轮作，大力发展有机农业，对已垦草原实施退耕还草；持续推进沙漠防护林体系建设，深入实施退耕还林、退牧还草、三北防护林、盐碱地治理等重大工程，发挥黄河干流生态屏障和祁连山、六盘山、贺兰山、阴山等山系阻沙作用，推动上游黄土高原水蚀风蚀交错、农牧交错地带水土流失综合治理。

中游突出抓好黄土高原水土保持，全面保护天然林，持续巩固退耕还林还草、退牧还草成果，加大水土流失综合治理力度。在河套平原区、汾渭平原区、黄土高原土地沙化区、内蒙古高原湖泊萎缩退化区等区域大力实施林草保护措施；以减少入河入库泥沙为重点，积极推进黄土高原塬面保护、小流域综合治理、淤地坝建设、坡耕地综合整治等措施；以陇东董志塬、晋西太德塬、陕北洛川塬、关中渭北台塬等塬区为重点，实施黄土高原固沟保塬；以陕甘晋宁青山地丘陵沟壑区等为重点，开展旱作梯田建设，加强雨水集蓄利用；统筹水土保持与高效旱作农业发展，因地制宜调整旱作种植结构，在适宜地区实施坡耕地整治、老旧梯田改造和新建一批旱作梯田。

下游推进湿地保护和生态治理，合理划分滩区类型，因滩施策、综合治理下游滩区，统筹做好高滩区防洪安全和土地利用。以稳定下游河势、规范黄河流路、保证滩区行洪能力为前提，加强黄河干流水量统一调度，保障河道基本生态流量和入海水量，确保河道不断流。编制黄河三角洲湿地保护修复规划，稳步推进退塘还河、退耕还湿、退田还滩政策；加大大汶河、东平湖等下游主要河湖生态保护修复力度；实施贯孟堤扩建工程，推进温孟滩防护堤加固工程建设，加强滩区水源和优质土地保护修复，依法合理利用滩区土地资源；适度调整永久基本农田、重大基础设施和重要生态空间等相冲突的用地空间；在不影响河道行洪前提下，加强滩区湿地生态保护修复和水生态空间管控，使滩区有滞洪沉沙功能得到充分发挥。

六、水土流失的危害和防治

水土流失的类型可分为面状侵蚀、沟状侵蚀、泥石流和塌失。它们都与暂时性流水作用有关，后者指在松散堆积物（如黄土分布区）覆盖的斜坡地带，由于降水入渗引起的滑塌。引起水土流失的因素有自然因素和人为因素。影响水土流失的自然因素有降水、地形因素、土壤质地和植被覆盖度。一般在地形起伏大、植被覆盖度低、降水多且强度大的地区，水土流失严重；人为因素包括人口增长过快导致荒地开垦、毁林毁草、乱砍滥伐及工程建设等破坏生态环境活动。水土流失造成的危害有：土壤肥力降低，山地石化，土地沙质化，河湖库淤塞，江河通航能力降低，农田、道路及建筑物受损，生态环境遭受严重破坏等。

我国是世界上水土流失灾害特别严重的国家。多山且地形起伏，为地表径流顺坡流失提供了前提条件；另外，中国又是一个季风气候国家，水旱季节交替明显，降水多集中于夏秋，且以暴雨形式出现，既不利于稳定植被生长，也为水土流失提供了强大的自然营力；再加上我国是农业古国，垦耕历史悠久，为水土流失的发生和加剧创造了条件。据调查统计，1997 年底全国水土流失总面积约 180 万 km^2，约占国土总面积的 19%。我国水土流失分布非常广泛，以黄土高原地区最严重，长江、珠江中上游和山东半岛、辽东半岛等地区比较严重。其中黄土高原地区水土流失面积 43 万 km^2，年均每平方千米侵蚀模数约 8 000 t，平均年流失表土厚度 3.5 cm，约 1 316 亿 t 泥沙。长江流域水土流失面积 56 万 km^2，年侵蚀土壤 24 亿 t。

对水土流失的防治应因地因时制宜，做到“预防为主，防治结合”。主要防治措施有：

1. 工程措施

主要包括布设截水沟、排水渠、沉沙池、蓄水塘等，使沟、渠、池、塘形成能排能灌的坡面水系工程，充分发挥水土保持工程蓄水、灌溉、拦沙、防洪等多功能作用。另外，在沟头的上部筑环状沟、坝，并植草造林，防止沟谷的向源侵蚀；改造坡耕地，修建水平梯田，使坡面变平、坡度减小、坡长缩短，从而减少径流、增加降水入渗，是拦截流水、控制水土流失和保持水土最有效的措施之一。

2. 生物措施

选择栽种适合当地生长的树种，形成防护林、水源涵养林、用材林、薪炭林及合理搭配的格局。

3. 保土耕作措施

在坡度＜15°的坡耕地上，采取改顺坡耕作为沿等高耕作，沟垄种植、套种、间种及地膜覆盖等，改变局部小地形，减少径流或延长作物对地面覆盖时间，可有效防治水土流失，提高保水、保土、保肥能力。

4. 管理措施

加强宣传教育，增强全民水土保持意识；依法防治水土流失，坚决制止乱垦、滥伐、滥采，防止因开矿、建厂、修路造成新的水土流失；另外，还应建立健全各级预防监督网络，并依法进行管理。

二维码资源

二维码 9-1　地貌与土地利用的关系实例

二维码 9-2　流水地貌相关照片

二维码 9-3　内蒙古额尔古纳河等

二维码 9-4　贵州荔波世界自然遗产——68 级跌水之一

复习思考题

1. 解释：坡积物(dl)、洪积物(pl)、冲积物(al)、坡积裙、冲沟、泥石流、河床纵剖面、河流侵蚀基准面、向源侵蚀、深切曲流、自由曲流、洪积扇、冲积平原、河漫滩、河漫滩二元结构、三角洲、河流阶地、自然堤、夷平面、牛轭湖。

2. 地表流水有哪 3 种类型？其特点如何？

3. 试述片流的地质作用。并简述坡积物的特征，坡积裙的结构特点。

4. 试述沟谷流水的特点及其地质作用过程。洪积扇的结构特点及其土地利用特征如何？

5. 泥石流的形成条件有哪些？
6. 河流的侵蚀作用与沉积作用的关系怎样？
7. 冲积平原的类型及其特点如何？
8. 试述牛轭湖、河漫滩的形成过程。
9. 河流阶地有哪几类？简述主要类型的形成过程。
10. 试述三角洲的结构特点及其土地利用特征。
11. 试述地表流水对土壤形成与发育的影响。
12. 水土流失的危害及其防治措施如何？
13. 试述地表流水对土地利用规划的影响。

参考文献

曹伯勋. 地貌学及第四纪地质学. 武汉：中国地质大学出版社，1995.
陈世斌. 新编地貌学教程. 北京：气象出版社，1997.
《地球科学大辞典》编委. 地球科学大辞典. 北京：地质出版社，2006
杜恒俭，陈华慧，曹伯勋. 地貌学与第四纪地质学. 北京：地质出版社，1981.
高抒，张捷. 现代地貌学. 北京：高等教育出版社，2006.
华南农业大学. 地质学基础. 北京：中国农业出版社，1999.
卢金凯，杜国桓. 中国水资源. 北京：地质出版社，1991.
马军. 中国的水危机. 北京：中国环境出版社，1999.
潘凤英，沙润，李久生. 普通地貌学. 北京：测绘出版社，1989.
田明中，程捷. 第四纪地质学与地貌学. 北京：地质出版社，2009.
王飞燕，王富葆，王雪瑜. 地貌学与第四纪地质学. 北京：高等教育出版社，1991.
王数. 京西山前地带地学条件与土地利用结构分析. 山东农业大学学报(专集)，1998，46-50.
吴忱. 华北地貌环境及其形成演化. 北京：科学出版社，2008.
夏邦栋. 普通地质学. 2 版. 北京：地质出版社，1995.
谢宇平. 第四纪地质学及地貌学. 北京：地质出版社，1994.
严钦尚，曾昭璇. 地貌学. 北京：高等教育出版社，1990.
杨景春，李有利. 地貌学原理. 北京：北京大学出版社，2001.
杨景春，李有利. 地貌学原理(修订版). 北京：北京大学出版社，2005.
杨景春，李有利. 地貌学原理. 4 版. 北京：北京大学出版社，2017.
左强，李品芳. 农业水资源利用与管理. 北京：高等教育出版社，2003.

http://www.gov.cn/zhengce/2021-10/08/content_5641438.htm 中共中央 国务院印发《黄河流域生态保护和高质量发展规划纲要》.

Peter H. Gleick. 世界之水. 左强，林启美. 等译. 北京：中国农业大学出版社，2000.

Stephen Marshak. Essentials of geology. London：W. W. Norton & Company，Ltd.，Castle House，2003.

第十章　地下水、岩溶地貌*

第一节　地下水的基本概念和地质作用

地下水具有重要的资源属性和生态功能，在保障我国城乡生活生产供水、支持经济社会发展和维系良好生态环境中发挥着重要作用。近年来，随着社会发展，我国地下水开发利用程度不断加大，导致部分地区地下水超采和污染问题突出。为了加强地下水管理，2021 年国家已经通过并实施《地下水管理条例》，旨在从多方面作出规定，保护、利用和管理好地下水资源。因此，掌握地下水的基本概念及各类地下水的特征具有重要意义。

地下水(groundwater)是指存在于地面以下松散物质孔隙中或岩石裂隙、溶穴中的水。地下水的赋存随着地形、岩性等的变化而变化。地下水的作用主要包括资源属性、地质营力、生态环境因子、灾害因子等。地下水和地表水对可溶性岩石的共同作用，会形成特有的岩溶地貌。

一、地下水的赋存空间与水分

(一)地下水的赋存空间

岩土空隙是地下水储容空间和运移通道。空隙的多少、大小、形状、方向性及连通情况和分布规律，对地下水的分布和运动具有重要的影响。岩土中的空隙包括孔隙(pore)、裂隙(fissure)和溶穴(cavity)(图 10-1)。

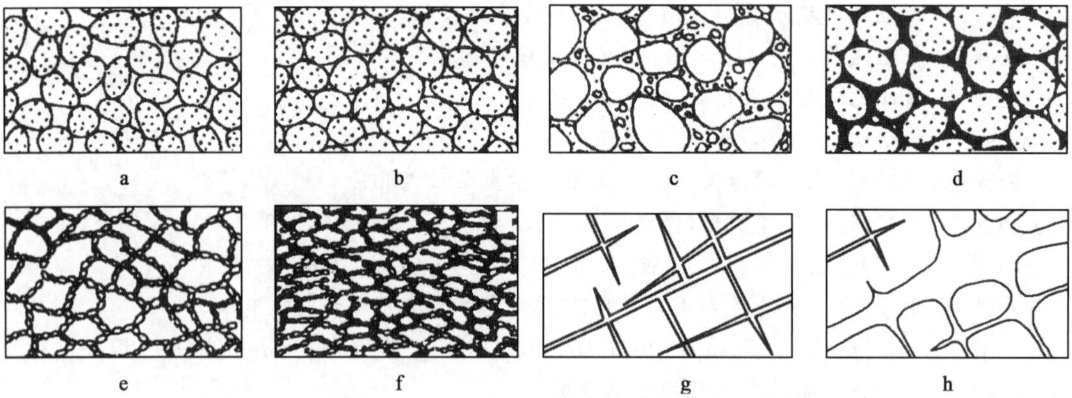

a. 分选良好，排列疏松的砂；b. 分选良好，排列紧密的砂；c. 分选不良的，含泥、砂的砾石；
d. 经过部分胶结的砂岩；e. 具有结构性孔隙的黏土；f. 经过压缩的黏土；
g. 具有裂隙的岩石；h. 具有溶隙及溶穴的可溶岩

图 10-1　岩石中的各种空隙(引自王大纯等，1998)

* 岩溶地貌又称喀斯特(Karst)地貌。

1. 孔隙

松散岩土是由大小不等的颗粒组成，颗粒及颗粒集合体之间的空隙称为孔隙。孔隙体积的多少用孔隙度表示。孔隙度是指某一体积岩土（包括孔隙在内）中孔隙体积所占的比例。若以 n 表示孔隙度，V 表示包括孔隙在内的岩土体积，Vn 表示岩土中孔隙的体积，则有：

$$n=\frac{V_n}{V}\times 100\%$$

孔隙度的大小主要取决于分选程度、颗粒排列情况、颗粒形状及胶结充填情况。分选性好者孔隙度高，分选性差者孔隙度低，如均匀的砂和砾石的孔隙度为 30%～35%，而砂与砾石混合物的孔隙度为 15%～20%。在理想状态下，构成松散岩土的颗粒均为等粒圆球，当其为立方体排列时，孔隙度为 47.6%，为四面体排列时，孔隙度仅为 25.95%。自然界中松散岩土的孔隙度大多介于此两值之间。另外，球形者孔隙度高，不规则形状者孔隙度低。胶结程度差者孔隙度高，胶结程度好者孔隙度低。表 10-1 列出自然界中松散岩土的孔隙度常见参考值。

表 10-1 松散岩土孔隙度常见参考数值 %

松散岩土名称	砾石	砂	粉砂	壤土	黏土
孔隙度	25～40	25～50	35～50	50	40～70

改自王大纯等，1998。

孔隙大小对地下水运动影响很大。孔隙大小取决于颗粒大小。对于分选性差的松散岩土，孔隙一般较小，因为粗大颗粒形成的孔隙被细小颗粒所充填。另外，颗粒排列方式也影响孔隙大小。

2. 裂隙

裂隙是岩石的裂缝，即岩石中的节理，是岩石在各种应力作用下破裂变形而成。按裂隙的成因可分为成岩裂隙、构造裂隙和风化裂隙。成岩裂隙是岩石在成岩过程中由于冷凝收缩（岩浆岩）或固结干缩（沉积岩）而产生的，岩浆岩中成岩裂隙较发育，尤以玄武岩中柱状节理最有意义。构造裂隙是岩石在构造变动中受力而产生的。这种裂隙具有方向性，大小悬殊，分布不均。风化裂隙是风化营力作用下岩石破坏产生的裂隙，主要分布在地表附近。

裂隙的多少以裂隙率表示。裂隙率（K_f）是裂隙体积 V_f 与包括裂隙在内的岩石体积 V 的比值，即 $K_f=(V_f/V)\times 100\%$。野外研究裂隙时，应注意测定裂隙的方向、宽度、延伸长度、充填情况等，因为这些都对水的运动具有重要影响。

3. 溶穴

可溶性岩石在地下水溶蚀下产生的空洞称溶穴。溶穴的体积（V_k）与包括溶穴在内的岩石体积（V）的比值称岩溶率（K_k），即 $K_k=V_k/V\times 100\%$。

溶穴的规模悬殊，大的溶洞可宽达数十米，高数十至百余米，长达几至几十千米，而小的溶孔直径仅几毫米。岩溶发育带岩溶率可达百分之几十，而其附近岩石的岩溶率可几乎为零。

自然界岩土中空隙的发育状况远较上面所说的复杂，如松散岩土固然以孔隙为主，但某些黏土干缩后可产生裂隙，而这些裂隙的水文地质意义，甚至远远超过其原有的孔隙。固结程度不高的沉积岩，往往既有孔隙，又有裂隙；可溶性岩石，由于溶蚀不均一，有的部分发育溶穴，有的部分则为裂隙，有时还保留原先的孔隙与裂缝。岩土中的空隙，必须以一定方式连接起来构成空隙网络，才能成为地下水有效的储容空间和运移通道。

(二)岩土中水的存在形式

地壳岩土中存在着各种形式的水(图 10-2)。

我们通常所说的地下水是指岩土空隙中的水。

- 地壳岩土中的水
  - 岩土“骨架”中的水(矿物结合水)
    - 吸附水
    - 结晶水
    - 结构水
  - 岩土空隙中的水
    - 结合水
      - 强结合水(吸着水)
      - 弱结合水(薄膜水)
    - 液态水
      - 重力水
      - 毛细水
    - 气态水
    - 固态水

图 10-2　地壳岩土中的水

1. 结合水

颗粒及岩土空隙表面均带有电荷。水分子是偶极体，由于静电吸引，固相表面具有吸附水分子的能力。随着距离增大，吸引力减弱，而水分子受自身重力的影响就愈显著。受固相表面的引力大于水分子自身重力的那部分水，称为结合水。这部分水束缚于固相表面，不能在自身重力影响下运动。其中最接近固相表面的结合水称为强结合水，其外层称为弱结合水(图 10-3)。强结合水又称吸着水，不能流动，但可转化为气态水而流动；弱结合水又称薄膜水，其外层能被植物吸收利用。

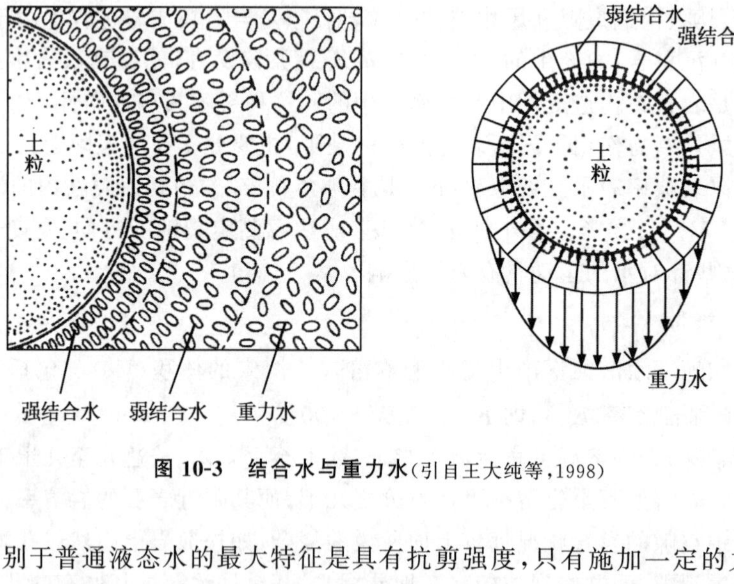

图 10-3　结合水与重力水(引自王大纯等，1998)

结合水区别于普通液态水的最大特征是具有抗剪强度，只有施加一定的力方能使其发生变形。结合水的抗剪强度由内层向外层减弱。当施加的外力超过其抗剪强度时，外层结合水发生流动。

2. 重力水

距离固体表面更远的那部分水分子，重力对它的影响大于固体表面对它的吸引力，因而能在自身重力下运动，这部分水就是重力水。

重力水中靠近固体表面的那一部分，仍然受到固体引力的影响，水分子排列较整齐，远离固体表面的重力水，只受重力控制，在流速较大时转为紊流运动。岩土空隙中的重力水能自由流动。井泉取用的地下水，都属重力水，是地下水中的主要存在方式。

3. 毛细水

受毛细管力作用而保持在土壤毛细管孔隙（直径 0.001～0.1 mm）中的水。依其与地下水的关系及所处部位，又分为毛管上升水和毛管悬挂水。储存在地下水面以上的岩石或土壤毛细管孔隙中且与饱水带的地下水直接相连的水称为毛管上升水，其位置随当地地下水面的升降而变化；储存在包气带的岩石或土壤毛管中但与饱水带的地下水没有水力联系的水，呈“悬挂”状态，称为毛管悬挂水。毛细水可为植物直接吸收利用，属于有效水。

4. 气态水

指呈水汽状态、储存和运移于非饱和带岩石或土壤空隙中的水。通过蒸发和凝结作用，气态水对岩石中水的重新分布起着一定的作用。

5. 固态水

当岩石或土壤的温度低于水的冰点时，空隙中液态水则变为固态水。在我国青藏高原及东北某些多年冻土区，地下水终年以固态水形式存在。

此外，矿物中的水也是岩土中水的存在形式。

（三）与水有关的岩土性质

岩土空隙多少、大小、连通情况等，影响其储容及运移。

1. 容水性

指岩土能容纳一定水量的性能，由容水度表示。容水度指岩土完全饱和时所能容纳的最大的水体积与岩土总体积的比值，可用小数表示。一般说来容水度在数值上与孔隙度（裂隙率、岩溶率）相当，但具膨胀性的黏土例外。

若以 C 表示容水度，V 表示岩土的总体积（m^3），W 表示岩土中所容纳水的体积（m^3），则有：

$$C=W/V\times 100\%$$

2. 含水性

岩土空隙中含有水的特性，由含水量表示。含水量指松散岩土孔隙中实际含水的多少。其中重量含水量（W_g）是指松散岩土孔隙含水重量（G_w）与干燥岩土重量（G_s）的比值，即 $W_g=\frac{G_w}{G_s}\times 100\%$；体积含水量（$W_v$）是岩土孔隙含水体积（$V_w$）与包括孔隙在内的岩土体积（$V$）的比值，即$W_V=\frac{V_w}{V}\times 100\%$。

取水的相对密度为 1，岩土的干容重为 r_a 时，有如下关系：

$$W_V = W_g \cdot r_a$$

孔隙充分饱水时的含水量称作饱和含水量(W_s)。饱和含水量与实际含水量之差称为饱和差。

3. 给水性

由给水度表示。地下水位下降一个单位深度，从地下水位延伸到地表的单位水平面积岩土柱体，在重力作用下释出的水的体积，称为给水度(μ)，以小数或百分数表示。岩性对给水度的影响表现为空隙的大小和多少。颗粒粗大的松散岩土，裂隙宽大的坚硬岩石，以及具有溶穴的可溶岩，空隙宽大，重力释水时，理想条件下给水度值接近孔隙度、裂隙率与岩溶率。若空隙细小，重力释水时大部分水以结合水的形式滞留于空隙中，给水度往往很小。

$$\mu = \frac{W_y}{V} \times 100\%$$

式中：W_y 为在重力作用下饱水岩土排出的水体积(m^3)；V 为岩土的总体积(m^3)。

4. 持水性

由持水度表示。地下水位下降时，结合水及各类毛细水滞留于非饱和带。地下水位下降一个单位深度，单位水平面积岩土柱体中滞留于非饱和带中而不释出的水体积，称持水度(S_r)。

$$S_r = \frac{W_r}{V} \times 100\%$$

式中：W_r 为在重力作用下保持在非饱和带岩土空隙中水的体积(m^3)；V 为岩土的总体积(m^3)。

持水度、给水度和孔隙度的关系是：

$$\mu + S_r = n$$

显然，影响给水度的因素也会影响持水度。

5. 透水性

指岩土允许水透过的能力。表征岩土透水性的定量指标是渗透系数(K)。透水程度取决于岩土中孔隙、裂隙的性质与大小。孔隙与裂隙愈大，水就愈易透过岩土，反之，则不易透过。按岩土的透水性可划分：

透水层：透水的岩层，如砂、砾石层。其中能透水并给出相当数量水的岩层叫含水层(aquifer)。

隔水层(aquiclude)(不透水层)：不能给出水的岩层，或给出微不足道水的岩层，如黏土层。

半透水层：介于以上两者之间，如亚砂土、轻亚砂土、黄土等。

描述岩土渗透性能的参数是渗透系数(K)。1856 年，法国水利学家达西(H. Darcy)通过大量的实验，得出线性渗透定律，即达西定律：

$$Q = K\omega h/L = K\omega I$$

式中：Q 为渗透流量(m^3/d)；ω 为过水断面(m^2)；h 为水头损失(m)；L 为渗透路径(m)；I 为水力梯度；K 为渗透系数(m/d)。从水力学知识可以推出达西定律的另一种表达式：

$$V = KI$$

式中：V 为渗透速度。

由此可以看出：水力梯度 I 是无因次的，所以渗透系数 K 的因次与渗透速度相同，一般采用 m/d 或 cm/s 为单位。水力梯度为定值时，渗透系数愈大，渗透速度就愈大；渗透速度为一定值时，渗透系数愈大，水力梯度愈小。因此，渗透系数愈大，岩石的透水能力愈强。

松散岩土渗透系数的参考值见表 10-2。

表 10-2　松散岩土渗透系数 K 参考值　m/d

松散岩土名称	渗透系数	松散岩土名称	渗透系数
亚黏土	0.001～0.10	中砂	5～20
亚砂土	0.10～0.50	粗砂	20～50
粉砂	0.50～1.0	砾石	50～150
细砂	1.0～5.0	卵石	100～500

改自王大纯等，1998。

岩石的透水与否是相对的，任何不透水的岩石，在强大的压力作用下也可有微弱的透水，黏土层在一定条件下会转变为弱透水层。

二、地下水的补给与排泄

地下水经常不断地参与自然界的水循环。含水层或含水层系统经补给从外界获得水量，通过径流将水量由补给处输送到排泄处向外界排出。在补给、排泄过程中，含水层与含水系统除了与外界交换水量外，还交换能量、热量与盐量。因此，补给、排泄与径流决定着地下水水量水质在空间与时间上的分布。

(一)地下水的补给

含水层或含水系统从外界获得水量的过程称为补给(recharge)。地下水的补给来源有大气降水、地表水、凝结水、来自其他含水层或含水系统的补给，另外还有水库渗漏水、灌溉回归水等与人类活动有关的地下水补给，其中大气降水是最重要的补给源。

1. 大气降水的补给

落到地面的降雨，归根结底有 3 个去向：转化为地表径流、返回大气圈、下渗补给含水层。

影响大气降水补给地下水的因素比较复杂，其中主要有年降水总量、降水特征、包气带的岩性及厚度、地形、植被等。年降水量大则有利于补给地下水。间歇性小雨和过分集中的暴雨不利于补给地下水，而绵绵细雨最有利于地下水的补给。包气带透水性好，有利于降水入渗补给，如包气带岩性为砂、砾石等较有利于补给，而为黏土层则不利于补给。当降水强度超过地面入渗速率时，地形坡度大会使地表坡流迅速流走，使地表径流增加。平缓与局部低洼的地势，有利于滞积地表流，增加水入渗份额。森林、草地可滞留地表坡流与保护土壤结构，有利于降水入渗，但是浓密的植被，尤其是农作物，以蒸腾方式强烈消耗包气带水，造成大量水分亏缺，尤其在气候干旱地区，农作物复种指数的提高，会降低降水补给地下水的份额。

应当注意的是，影响降水入渗补给地下水的因素是相互制约、互为条件的整体，不能孤立地加以分析。如强烈岩溶化地区，即使地形陡峻，地下水位埋深达数百米，由于包气带渗透性极强、连续集中的暴雨也可全部吸收。

2. 地表水的补给

河流是最主要的地表补给水源。河流与地下水的补给关系沿着河流纵剖面而有所变化。一般说来，山区河流深切，河水位常低于地下水位，起排泄地下水的作用，洪水期则河水补给地下水。山前，由于河流的堆积作用，河床处于高位，河水常年补给地下水。冲积平原与盆地某些部位，河水位与地下水位的关系随季节变化。而在某些冲积平原中，河床因强烈的堆积作用而形成“地上河”，河水常补给地下水。

3. 凝结水的补给

饱和湿度随温度降低而降低，温度降到一定程度，空气中的绝对湿度与饱和湿度相等。温度继续下降，超过饱和湿度的那一部分水汽，便凝结成水。这种由气态水转化成的液态水叫凝结水。

夏季的白天，大气和土壤都吸热增湿；到夜晚，土壤散热快而大气散热慢，地温降到一定程度，在土壤孔隙中水汽达到饱和，凝结成水滴。由于此时气温较高，地面大气的绝对湿度较土中为大，水汽由大气向土壤孔隙运动，如此不断补充，不断凝结成水滴。凝结水相当有限，但在高山、沙漠等昼夜温差大的地方，凝结作用对地下水补给的作用不能忽视。

4. 含水层之间的补给

两个含水层之间存在水头差且有联系的通路，则水头较高的含水层便补给水头较低者。此外，地下水还可从人类活动中得到补给。

建造水库、进行农田灌溉以及工业与生活废水的排放都使地下水获得补给，还可有计划地人为补充含水层的水量，即人工补给地下水。人工补给地下水可以补充与储存地下水资源，抬高地下水位，控制地面沉降、防止海水倒灌与咸水入侵淡水含水层等。

(二)地下水的排泄

含水层失去水量的过程称为地下水的排泄(discharge)。地下水通过泉、向河流泄流及蒸发、蒸腾等方式向外界排泄。此外，还有一个含水层向另一含水层的排泄。井孔抽取地下水，或渠道、坑道等排泄地下水，属于人工排泄。

1. 泉

泉(spring)是地下水的天然露头。山区丘陵及山前地带的沟谷、山麓常见泉，在平原地区很少见。

泉的类型按补给泉的含水层的性质，可分为上升泉和下降泉两大类，分别由承压水和潜水补给。根据出露原因，下降泉又分为侵蚀下降泉、接触泉和溢流泉。沟谷切割揭露潜水含水层，形成侵蚀下降泉(图 10-4a,b)；切割达含水层隔水底板形成接触泉(图 10-4c)；潜水流前方透水性急剧变弱，或隔水底板隆起，潜水流动受阻形成溢出泉(图 10-4d,e,f,g)。

上升泉可分为侵蚀上升泉、接触带泉及断层泉。当河流冲沟等切穿承压含水层隔水顶板时，形成侵蚀上升泉(图 10-4h)。地下水沿导水断层上升出露成断层泉(图 10-4i)；在侵入体与围岩的接触带，常因冷凝收缩产生裂隙，地下水沿导水通道上升成泉，称接触带泉(图 10-4j)。

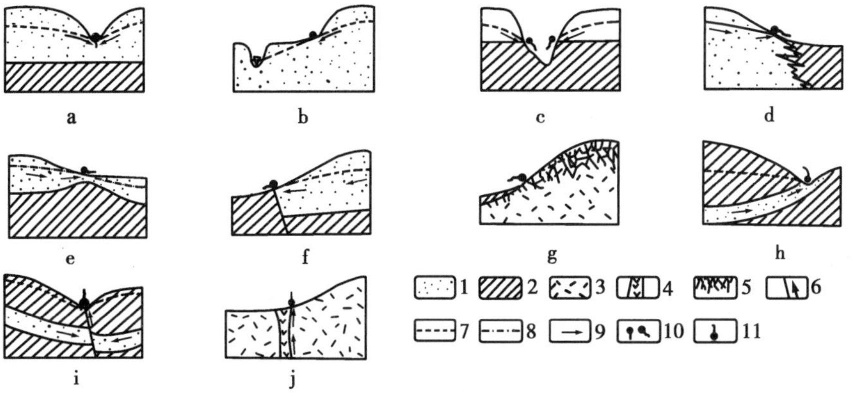

1. 透水层；2. 隔水层；3. 坚硬基岩；4. 岩脉；5. 风化裂隙；6. 断层；7. 潜水位；
8. 侧压水位；9. 地下水流向；10. 下降泉；11. 上升泉

图 10-4　泉的类型

在地形、地质、水文地质条件十分巧妙的配合下，可出现成群的泉。举世闻名的泉城——济南有 100 多个泉，是因市区北侧地下水流遇闪长岩及辉长岩体受阻，被迫出露而成的溢出泉（图 10-5 和图 10-6）。

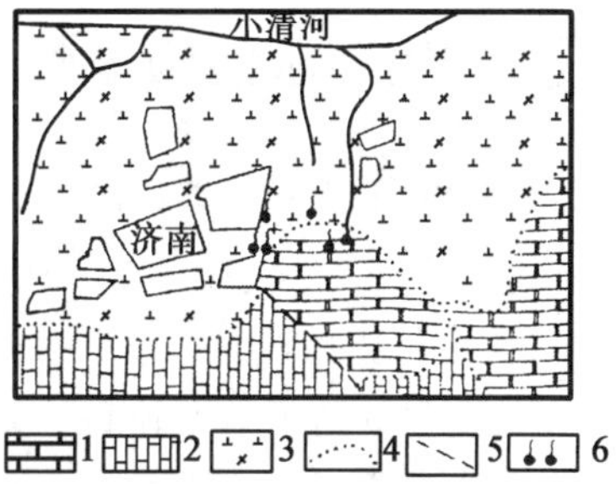

1. 下奥陶统白云质灰岩；2. 中奥陶统灰岩；
3. 闪长岩及辉长岩；4. 基岩地层界线；
5. 断层；6. 泉群

图 10-5　济南泉水成因地质示意图

（改自王大纯等，1998）

2. 其他排泄方式

（1）泄流　河流切割含水层时，地下水沿河呈带状排泄，称作地下水的泄流。

（2）蒸发　低平地区，尤其干旱气候下松散沉积物构成的平原与盆地中，蒸发与蒸腾往往是地下水的主要排泄方式。

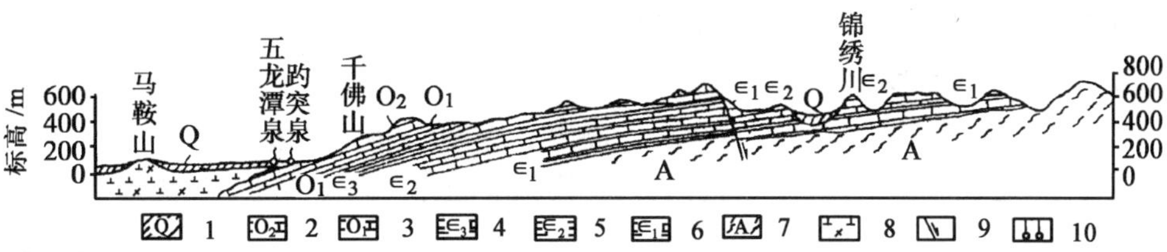

1. 第四系；2. 中奥陶统灰岩；3. 下奥陶统白云质灰岩；4. 上寒武统灰岩页岩；5. 中寒武统鲕状灰岩；
6. 下寒武统灰岩、页岩；7. 前震旦纪变质岩；8. 闪长岩及辉长岩；9. 断层；10. 泉群

图 10-6　济南泉水成因地质剖面图（改自王大纯等，1998）

地下水的蒸发实际上可以分为土壤水的蒸发和潜水的蒸发，影响因素包括气候、包气带岩性、潜水埋藏深度，以及地下水流动系统的规模。气候越干燥，相对湿度越小，地下水蒸发越强烈。包气带岩性主要通过其对毛细上升高度与速度的控制而影响潜水蒸发，一般粉质亚砂土、粉砂等组成的包气带，毛细上升高度大，而毛细上升速度又较快，所以潜水蒸发最强烈。潜水

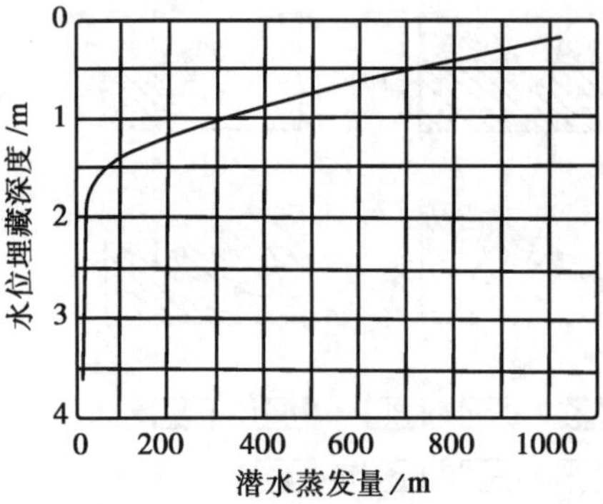

图 10-7 潜水蒸发量与水位埋深关系曲线

（引自王大纯等，1998）

埋深愈小，蒸发愈强烈。地处半干旱地区的河北石家庄市，测得潜水蒸发与其水位埋深的关系见图 10-7。

干旱、半干旱的平原与盆地，常常由于利用地表水大量灌溉引起潜水面抬升，潜水蒸发增强，从而造成次生的土地盐渍化。

（3）蒸腾　植物生长过程中，经由根系吸收水分，在叶面转化成气态水而蒸发，这便是叶面蒸发，也叫蒸腾。植被繁茂的土壤每年的蒸发量约为裸露土壤的两倍，蒸腾的深度受植物根系分布深度的控制，在潜水深埋的干旱、半旱区，某些灌木的根系深达地下数十米。蒸腾只消耗水分而不带走盐分。植物根系吸收水分时，也吸收一部分溶解盐，但只有喜盐植物才吸收较多盐分。

三、地下水的物理性质和化学成分

（一）地下水的物理性质

主要包括温度、透明度、颜色、气味、味道、导电性、放射性。

地下水温度取决于埋藏的自然环境、地质条件及埋深。冻土区、地下水温低，而火山区及由深处上升的地下水温较高。如吉林省长白山长白瀑布附近温泉温度约 80 ℃。按水温把地下水分为沸腾的水（温度＞100 ℃）、极热的水（42～100 ℃），热水（37～42 ℃）、温水（20～37 ℃）、冷水（4～20 ℃）和极冷水（0～4 ℃）。

地下水的颜色取决于水中的化学成分。纯水无色，水层较厚时呈天蓝色，含铁多的水呈黄红色等。一般地下水无气味，含 H_2S 的水有臭鸡蛋味，含有机质过多时，有腐烂味；地下水的味道与化学成分有关，如含硫酸镁有苦味，含盐过多有咸味等。地下水的导电性取决于其所含电解质的多少，而其放射性则决定于放射性气体的含量，一般地下水的放射性是极微弱的。

（二）地下水的化学成分

地下水是一种复杂的溶液。赋存于岩石圈中的地下水，不断与岩土发生化学反应，并在与大气圈、水圈和生物圈进行水量交换的同时，交换化学成分。人类活动也极大地影响地下水的化学面貌。

1. 地下水中的主要气体成分

地下水中常见的气体成分有 O_2、N_2、CO_2、CH_4 及 H_2S 等，以前三种为主。通常地下水中气体含量不高，却很有意义。它可说明地下水所处的地球化学环境，另外，有些气体会增加水溶解盐类的能力。

2. 地下水中的主要离子成分

地下水中分布最广、含量较多的离子共七种，即 Cl^-、SO_4^{2-}、HCO_3^-、Na^+、K^+、Ca^{2+} 及 Mg^{2+}。构成这些离子的元素，或是地壳中克拉克值高且在水中有较大溶解度的 O、Ca、Mg、

Na、K 以及克拉克值不高但溶解度大的元素如 Cl 等。有些元素如 Si、Al、Fe 等，虽然其克拉克值高，但其溶于水的能力很弱，在地下水中含量一般不高。它们决定了地下水化学成分的基本类型。地下水所含各种离子、分子和化合物总量，称为总矿化度，以每升水中所含克数(g/L)表示。

一般情况下，随着总矿化度的变化，地下水中占主要地位的离子成分也随之发生变化。低矿化水中以 HCO_3^- 和 Ca^{2+}、Mg^{2+} 为主，高矿化水以 Cl^- 和 Na^+ 为主；中矿化水以 SO_4^{2-} 为主，阳离子可以是 Na^+，也可以是 Ca^{2+}。地下水按矿化度的大小可分为 4 类：①淡水，矿化度＜1 g/L；②弱矿化水，矿化度为 1～5 g/L；③矿化水，矿化度为 5～30 g/L；④咸水，矿化度＞30 g/L。

地下水的硬度分为总硬度、暂时硬度和永久硬度。总硬度指水中所含钙盐和镁盐的总含量，如 $Ca(HCO_3)_2$、$Mg(HCO_3)_2$、$CaSO_4$、$MgSO_4$、$CaCl_2$、$MgCl_2$ 等。暂时硬度是指当水煮沸时，重碳酸盐分解破坏而析出的 $CaCO_3$ 或 $MgCO_3$ 含量。而当水煮沸时，仍然存在于水中的钙盐、镁盐(主要是硫酸盐和氯化物)的含量，称为永久硬度。

总硬度为暂时硬度和永久硬度之和，一般用“德国度”来表示。1 个德国度相当于 1 L 水中含有 10 mg 的 CaO 或 7.2 mg 的 MgO。

3. 地下水中的其他成分

除了以上主要离子成分外，地下水还有一些次要离子，如 H^+、Fe^{2+}、Fe^{3+}、Mn^{2+}、NH_4^+、OH^-、NO_2^-、NO_3^-、CO_3^{2-}、SiO_3^{2-} 及 PO_4^{3-} 等。

地下水中的微量组分有 Br、I、F、B、Sr 等；地下水中的胶体成分主要有 $Fe(OH)_3$、$Al(OH)_3$ 及 H_2SiO_3 等。

有机质也常以胶体形式存在于地下水中。有机质的存在，常使地下水酸度增加，并有利于还原作用。地下水中还存在各种微生物。如在氧化环境中存在硫细菌、铁细菌；在还原环境中存在脱硫酸细菌等。

地下水中含有某些特殊组分或某些气体成分，或者有一定的温度，因而对人体有医疗作用时称为矿水。某些含有较多的硝态氮，可作为天然液体肥料的地下水叫肥水。

四、地下水的地质作用

(一)地下水的剥蚀作用

地下水的剥蚀又称潜蚀，它包括两种方式：

1. 冲刷

地下水流一般分散，流速缓慢，冲刷力微弱，只能冲刷细小的颗粒，使岩石空隙逐渐扩大。规模较大的洞穴和裂隙中的地下水流速较快，冲刷力较强。黄土最易被地下水冲刷破坏，因为它主要由粉砂组成，颗粒细小而松散，而且黄土含有较多碳酸盐类矿物，易被地下水溶解，从而被冲刷带走。

2. 溶蚀

可溶性岩石以石灰岩居多。当地下水中含有 CO_2，易溶解石灰岩或含碳酸盐类矿物的岩石。其反应式为：

$$CaCO_3 + CO_2 + H_2O \rightleftharpoons Ca^{2+} + 2HCO_3^-$$

因为地下水的运动发生在岩石空隙中，水与岩石接触面大，且流速缓慢，因而其溶蚀作用为地下水的主要剥蚀方式。尤其在湿热气候条件下，其与地表水共同作用，会形成特殊的岩溶地貌。

(二)地下水的搬运作用和沉积作用

1.搬运作用

除溶洞水有较强的机械搬运外，地下水的搬运主要以化学方式进行，包括真溶液和胶体溶液两种形式。搬运物以重碳酸盐为主，有时有氯化物、硫酸盐、氢氧化物、二氧化硅、磷酸盐及氧化铁等。

2.沉积作用

按沉积方式有机械沉积和化学沉积两类。

(1)机械沉积　地下暗河流到开阔地段时，因流速降低，可以出现砾石、砂和黏土沉积，沉积物略有分选和磨圆，量少粒细。

(2)化学沉积　是地下水的主要沉积方式。引起化学沉积的主要原因有：①地下水流出地表或流入洞穴，所含 CO_2 因压力降低而逸出，水中 $Ca(HCO_3)_2$ 分解成 $CaCO_3$ 而沉淀；②水温降低，尤其是温泉水流出地表时水温下降，在泉口附近发生沉淀；③水分蒸发，使溶液浓度增加而产生沉淀。此外，胶体物质通过胶凝作用发生沉淀。

按化学沉积的场所可分为：

A.孔隙沉积　是在孔隙中发生的沉积物，有 $CaCO_3$、$Fe(OH)_3$、SiO_2 等，能导致沉积物胶结成坚硬的岩石。如果沉积物围绕某一矿物颗粒发生凝聚，可形成结核。如黄土中的钙质结核与铁锰结核。

B.裂隙沉积　发生在裂隙中。形成脉状沉积体，如方解石脉、石英脉等。

C.溶洞沉积　富含 $Ca(HCO_3)_2$ 的地下水，沿着孔隙、裂隙渗入空旷的溶洞，由于温度-压力改变，CO_2 逸出，加之蒸发作用加强，沉淀出 $CaCO_3$，形成千姿百态的堆积地貌，如石钟乳、石笋、石柱、石幔等。

D.温泉沉积　位于温泉出口处。沉积物疏松多孔，称为泉华，钙质者称为钙华或石灰华，硅质者称为硅华。

第二节　地下水的类型及其特征

一、包气带与饱水带

地表下一定深度，岩土中的空隙被重力水充满，形成地下水面。以地下水面为界，其上者称为包气带(zone of aeration)，也叫非饱和带(unsaturated zone)，其下的含水地带称为饱水带，也叫饱和带(saturated zone)(图 10-8)。

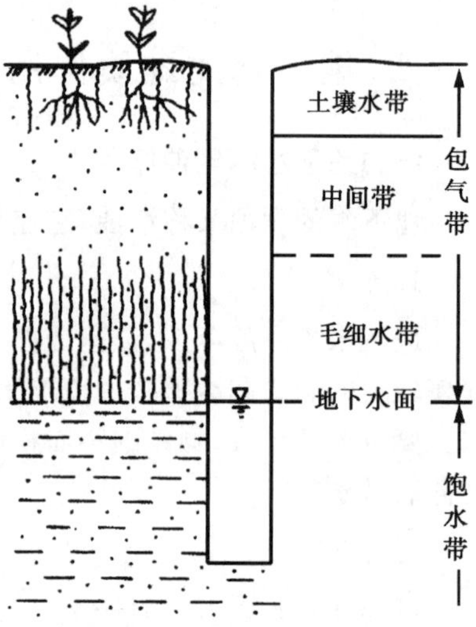

图 10-8　包气带与饱水带

(引自王大纯等，1998)

存在于包气带中的水统称包气带水。包气带自上而下分为土壤水带、中间带和毛细水带。

饱水带岩石空隙全部为液态水所充满。饱水带中的水是连续分布的，在水头差的作用下，可以发生连续运动。饱水带中的重力水是开发利用或排除的主要对象。

二、地下水的类型及其特征

（一）地下水的分类

按地下水的埋藏条件可把它分为包气带水、潜水（phreatic water）及承压水（confined ground water）（图 10-9）。

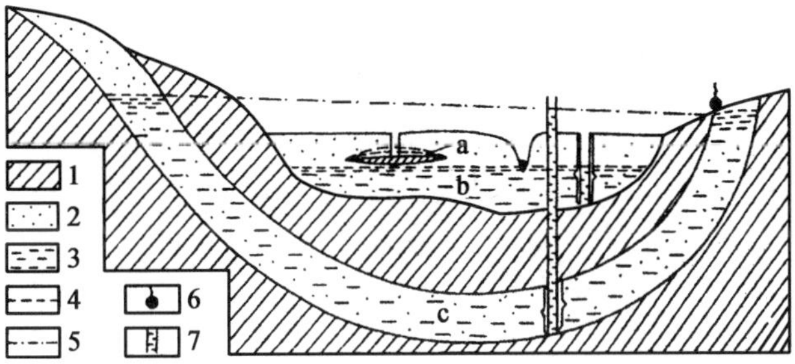

1. 隔水层；2. 透水层；3. 饱水部分；4. 潜水位；5. 承压水测压水位；6. 泉（上升泉）；7. 水井，实线表示井壁不进水；a. 上层滞水；b. 潜水；c. 承压水

图 10-9 潜水、承压水及上层滞水（引自王大纯等，1998）

按含水层空隙性质，把地下水分为孔隙水（pore water）、裂隙水（fissure water）和岩溶水（karst water）。在实际中，两种分类原则可以结合考虑（表 10-3）。

表 10-3 地下水分类表

埋藏条件	含水介质类型		
	孔隙水	裂隙水	岩溶水
包气带水	土壤水、局部黏性土隔水层上季节性存在的重力水、悬挂毛细水、重力水	裂隙岩层浅部季节性存在的重力水及毛细水	裸露岩溶化岩层上部岩溶通道中季节性存在的重力水
潜水	各类松散沉积物浅部的水	裸露于地表的各类裂隙岩层中的水	裸露于地表的岩溶化岩层中的水
承压水	山间盆地及平原松散沉积物深部的水	组成构造盆地、向斜构造或单斜断块的被掩覆的各类裂隙岩层中的水	组成构造盆地、向斜构造或单斜断块的被掩覆的岩溶化岩层中的水

引自王大纯等，1998。

（二）主要地下水类型的特征

1. 包气带水

主要包括土壤水和上层滞水。土壤水存在于包气带顶部的土壤层中，是土壤的重要组成部分，也是土壤肥力的重要影响因素。上层滞水指包气带中存在于局部隔水层以上的重力水。

包气带水以结合水、毛细水、气态水的形式存在,其分布区与补给区都一致。土壤水主要消耗在植物吸收利用和地面蒸发上,其水量受气象因素影响极为显著,并随季节性气候变化而变化。上层滞水水量不稳定,但在干旱区,当地下水埋藏较深时,可利用上层滞水灌溉和饮用。包气带的水质已愈来愈受到人类生活与生产的强烈影响。因而研究包气带水盐的形成及其运动规律对阐明饱水带的形成有重要意义。

2. 潜水

饱水带中第一个具有自由水面的含水层中的水称为潜水(图 10-10)。潜水没有隔水顶板,潜水的表面为自由水面,称作潜水面。潜水面形状基本与地形起伏一致,但比地形起伏缓和得多。从潜水面到隔水底板的距离是潜水含水层的厚度(M),潜水面到地面的距离叫潜水埋藏深度(D)。

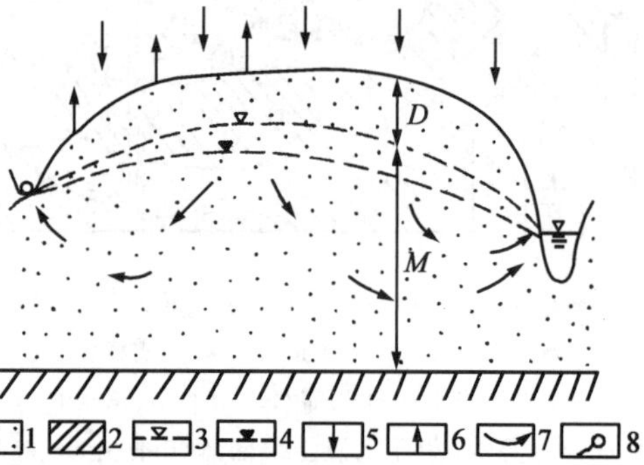

1. 含水层;2. 隔水层;3. 高水位期潜水面;4. 低水位期潜水面;
5. 大气降水入渗;6. 蒸发;7. 潜水流向;8. 泉

图 10-10 潜水

由于潜水含水层上面不存在完整的隔水顶板或弱透水顶板,与包气带直接连通,因而在潜水的全部分布范围都可以通过包气带接受大气降水、地表水的补给。潜水在重力作用下由水位高的地方向水位低的地方径流。潜水的排泄,除了流入其他含水层以外,还径流到低洼处,以泉、泄流形式向地表水体排泄,或通过土面蒸发或植物蒸腾的形式进入大气。

潜水与大气圈、地表水圈联系密切,气象、水文因素的影响很大。丰水期,潜水接受的补给量大于排泄量,潜水面上升,含水层厚度增大,埋藏深度变小。干旱期,排泄量更大,潜水面下降,含水层厚度变小,埋藏深度变大。潜水的动态有明显的季节变化特点。

所谓潜水动态是指各种原因引起的含水层各要素(水位、水量、水温、水的化学成分),随时间的变化规律。可分为昼夜变化,季节变化,年变化,多年变化(图 10-11)。

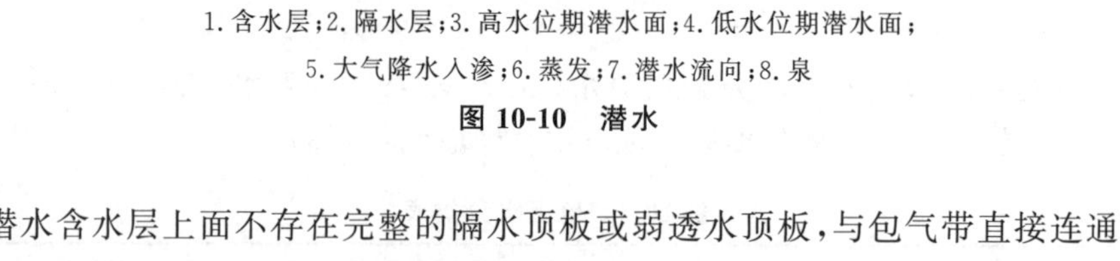

图 10-11 河北冀县新庄潜水位多年变化曲线

影响地下水动态的因素有气象因素、水文因素和地质因素。

潜水积极参与水循环，资源易于补充恢复，但受气候影响，且含水层厚度一般比较有限其资源常缺乏多年调节性。

潜水的水质主要取决于气候、地形和岩性条件。湿润地区及地形切割强烈的地区，有利于潜水的径流排泄，往往形成含盐量不高的淡水。干旱气候下由颗粒组成的盆地平原，潜水以蒸发排泄为主，常形成含盐高的咸水。

总之，潜水的基本特点是与大气圈、地表水圈联系密切，积极参与水循环，决定这一特点的根本原因是其埋藏特征——位置浅且上面没有连续的隔水层。

3. 承压水

充满于两个隔水层之间的含水层中的水，叫承压水。承压含水层上部、下部的隔水层分别称隔水顶板和隔水底板。隔水顶底板之间的距离为承压含水层的厚度。

承压性是承压水的一个重要特征(图 10-12)。

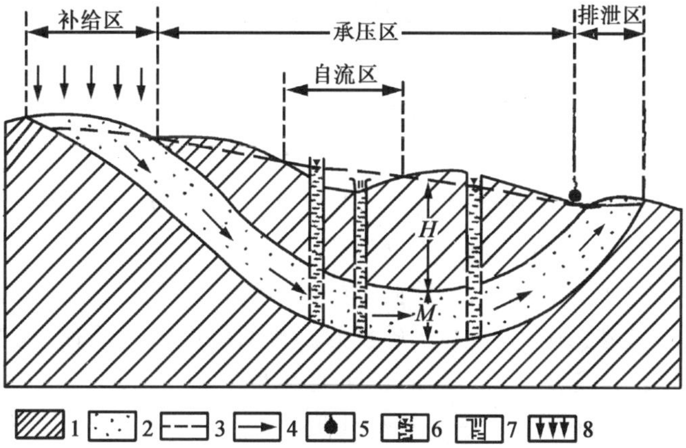

1. 隔水层；2. 含水层；3. 潜水位及承压水测压水位；4. 地下水流向；5. 泉；6. 钻孔，虚线为进水部分；7. 自喷孔；8. 大气降水补给；H. 承压高度；M. 含水层厚度

图 10-12 基岩自流盆地中的承压水(引自王大纯等，1998)

含水层从位置高的补给区获得补给，向另一侧较低的排泄区排泄。测压水位高于地表的范围是承压水的自流区，在这里井孔能自喷出水。

承压水的补给源主要是现代大气降水与地表水入渗。其补给、排泄、径流区不一致。承压水参与水循环不如潜水积极。因此，气象、水文因素的变化对承压水的影响较小，承压水动态也比较稳定。承压水资源不容易恢复、补充，但因其厚度较大，其资源往往具有多年调节性能。

4. 孔隙水

指赋存于松散沉积物颗粒构成的孔隙网络中的水。在我国第四系和部分第三系未胶结或半胶结的松散沉积物中，赋存孔隙水。特定沉积环境中形成的成因类型不同的松散沉积物，受到不同的水动力条件控制，从而呈现岩性与地貌有规律的变化，决定着赋存于其中的地下水的特征。

(1)洪积扇中地下水　孔隙水可赋存于洪积扇、冲积平原、河谷平原、湖积物以及黄土层中。

洪积扇中的地下水在第九章中已提到(图 9-8),即洪积扇的上部中央地带和部分过渡地带组成的潜水深埋带,地下水矿化度小,向下为过渡带,下部及部分边缘地带构成的潜水溢出带,矿化度变大。再向下即为包括所有的边缘地带和前方带的潜水下沉带,地下水矿化度增大。

(2)冲积平原中的孔隙水　这里以黄河冲积平原为例说明。

在黄河中部平原上,常见地上河,地上河经常冲决自然堤和人工堤而频繁改道。

在冲积平原上,近期古河道与现代河道地势最高,沉积颗粒较粗的砂,向外则地势变低,依次堆积亚砂土、亚黏土,在河间洼地的中心部位则堆积黏土(图 10-13)。

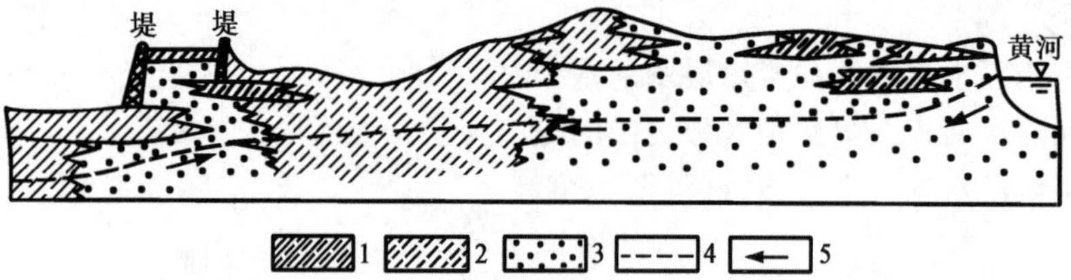

1. 亚黏土;2. 粉砂;3. 细砂;4. 潜水位;5. 地下水流向

图 10-13　黄河下游岸边水文地质剖面图(引自王大纯等,1998)

由地势较高、堆积粗粒沉积的现代河道与近代古河道,到地势低洼、堆积黏性土的河间洼地,显示着良好的微地貌—岩性—地下水分带。

现代河道与近期古河道地势高、岩性粗、渗透性好,利于接受地表水与降水的入渗补给,地下水埋深大,蒸发弱,以溶滤作用为主,水质良好。自两侧向河间洼地,地势逐渐变低,岩性变细,渗透性变差,地下水位变浅,蒸发增加,矿化度增大。

黄河冲积平原相当普遍地存在着一层矿化度＞2 g/L 的咸水,一般认为是上更新世晚期干旱气候条件下大陆盐化作用的产物。

(3)黄土高原中的地下水　我国西部黄土高原普遍分布黄土。黄土中的粉土含量大于60%,富含钙质,结构较疏松。下中更新统(Q_{1+2})黄土,多为粉土质亚黏土,厚度最大可达200 m。由于多次沉积间断,形成十余层深棕至棕黑色的古土壤层,古土壤层以下为钙质结核层。上更新统(Q_3)黄土厚数米到数十米,主要为粉土质亚砂土,古土壤层与钙质结核均不如 Q_{1+2} 黄土发育,结构较疏松。

黄土均发育垂直节理,且多虫孔、根孔等以垂向为主的大孔隙。因此黄土的垂向渗透系数常比水平方向大几倍到几十倍。张宗祜等对甘肃黄土进行渗水试验后得出,黄土垂向渗透系数为 0.19～0.37 m/d,水平方向为 0.002～0.003 m/d(张宗祜,1966)。随着埋深加大,黄土中大孔隙减少,渗透性明显降低。

总之,黄土高原地下水水量不丰富,地下水位埋深大,水质较差。这是岩性、地貌、气候综合影响的结果。

黄土塬有较宽广的平台,切割较弱,有利于降水入渗,不利于排泄,所以赋存地下水比较丰富。地下水由塬中心向四周辐射状散流,以泉的形式排泄于沟谷底部或相对隔水层顶部。塬中心地下水位埋深浅,塬边缘埋深大,矿化度也由塬中心向四周增大。

黄土梁、黄土峁切割强烈,不利于降水入渗与地下水赋存。梁、峁间宽浅谷地,赋存有水量较小、水质较差而水位浅的地下水，可供少量居民用水或畜牧用水。

黄土高原降水量不大。除东南部可达 500～700 mm 外，中部为 400～500 mm，北部小于 400 mm。降水稀少，所以黄土中可溶盐含量高，从而地下水矿化度也较高。相对湿润的南部，黄土可溶盐<0.3%，地下水为矿化度一般<1 g/L 的重碳酸盐水。干旱的北部，黄土含盐量 0.5%～0.8%，地下水矿化度为 3～10 g/L 的硫酸盐-氯化物水。

5. 裂隙水

坚硬基岩在应力作用下产生各种裂隙，包括成岩过程中形成的成岩裂隙，由构造变动产生的构造裂隙，风化作用形成的风化裂隙。

与孔隙水相比，赋存并运移于裂隙基岩中的裂隙水，表现出更强烈的不均匀性和各向异性。

基岩裂隙率比较低(比孔隙度低一到两个数量级)，裂隙在岩层中所能占有的空间很有限，而且其分布很不均匀，在空间上的展布还具有明显的方向性。因此，裂隙岩层一般不形成具有统一水力联系、水量分布均匀的含水层，而通常由部分裂隙在岩层中某些局部范围内连通形成若干带状或脉状裂隙含水系统(图 10-14)。岩层中各裂隙含水系统内部具有统一的水力联系，水位受该系统最低出露点控制。各系统之间没有或仅有微弱的水力联系，各有自己的补给范围、排泄点及动态特征，其水量大小取决于自身的规模。规模小的系统贮藏和补给有限，水量小而动态不稳定。带状或脉状裂隙含水系统一般是由一条或几条大的导水通道(如大断层、大裂隙、侵入岩与围岩接触带)为骨干汇同周围的中小裂隙而形成的。这些大的导水通道在空间上的分布往往表现出随机性，在不同的方向上的延展长度存在很大差别。

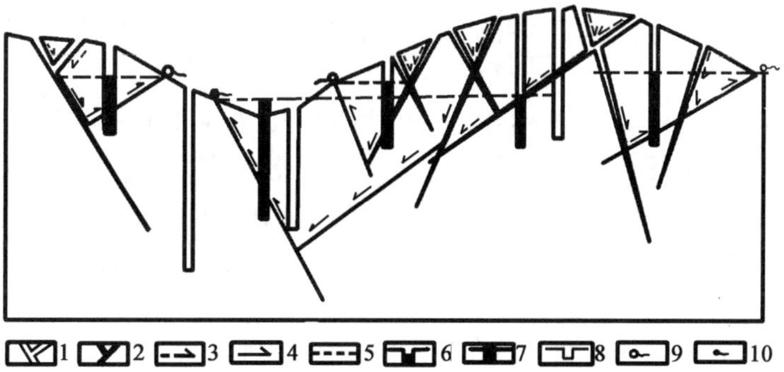

1. 不含水张开裂隙；2. 含水张开裂隙；3. 包气带水流向；
4. 饱水带水流向；5. 地下水水位；6. 水井；7. 自流井；
8. 无水干井；9. 季节性泉；10. 常年性泉

图 10-14　裂隙含水系统(引自王大纯等，1998)

(1)成岩裂隙水　成岩裂隙是岩石在成岩过程中受内部应力作用而产生的原生裂隙，如沉积岩固结脱水、岩浆岩冷凝收缩都可产生成岩裂隙。

沉积岩及深层岩浆岩的成岩裂隙通常多是闭合的，含水意义小。陆地喷发的玄武岩成岩裂隙最为发育，常形成六方柱状节理及层面节理。此类裂隙大多张开且密集均匀，连通性好，构成贮水丰富、导水通畅的层状裂隙含水系统。美国夏威夷群岛玄武岩裂隙水十分丰富，檀香山城脚即以之为供水水源，钻孔总涌水量达 7.5 m^3/s 之多。玄武岩岩浆成分不同及冷凝环境的差异，使玄武岩成岩裂隙发育程度大不相同。如我国内蒙古一带的第三纪玄武岩，致密块状的与气孔发育的交互成层，前者柱状节理发育而透水，后者则构成隔水层。

(2)风化裂隙水　暴露于地表的岩石，在各种风化营力作用下形成风化裂隙。风化裂隙一般在成岩裂隙与构造裂隙基础上再发育，形成密集均匀、无明显方向性、连通性良好的裂隙网络。风化营力决定着风化裂隙层呈壳状存在于地表附近，一般厚度数米到数十米，未风化的母岩往往构成相对隔水底板，所以风化裂隙水一般为潜水，被后期沉积物覆盖的风化壳可赋存承压水(图 10-15)。

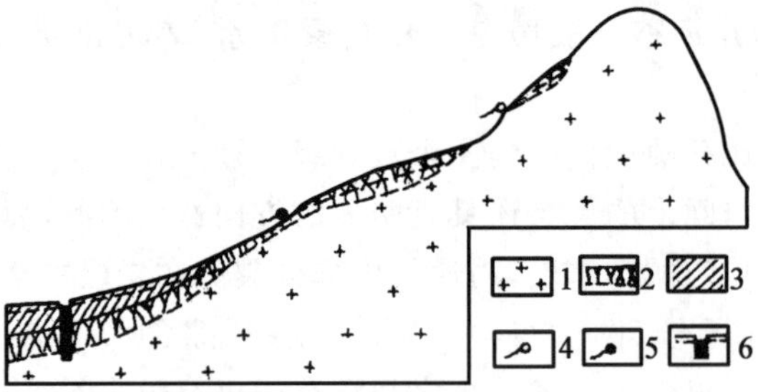

1. 母岩；2. 风化带；3. 黏土；4. 季节性泉；5. 常年性泉；6. 井及地下水位

图 10-15　风化裂隙水示意图

风化裂隙的发育受岩性、气候及地形的影响。由单一稳定的矿物组成的岩层(如石英岩)，其风化裂隙不发育。泥质岩虽易风化，但裂隙易被土状风化物充填而不导水；由多种矿物组成的粗粒结晶岩(如花岗岩、片麻岩等)，由于不同矿物的差异胀缩，风化裂隙发育，是风化裂隙水存在的重要岩石类型。

气候干燥而温差大的地区，岩石的物理风化作用强烈，有利于形成导水的风化裂隙。而湿热气候区化学风化作用强，泥质次生矿物及化学沉淀常充填裂隙而降低其导水性，这类地区上部强烈风化带的导水性有时反而不如下部半风化带。如福建漳州花岗岩中一个钻孔资料，地下 25 m 内强风化带的涌水量仅 0.012 5 L/s，而 25～45 m 半风化带内涌水量增到 0.45 L/s。

(3)构造裂隙水　构造裂隙是所有裂隙成因类型中最常见、分布范围最广，与各种水文地质工程地质问题关系最密切的类型，是裂隙水研究的主要对象。

构造裂隙的张开宽度、延伸长度、密度以及导水性等在很大程度上受岩层性质(如岩性、单层厚度、相邻岩层的组合情况)的影响。在塑性岩石如页岩、凝灰岩、千枚岩等之中常形成闭合乃至隐蔽的裂隙。这类岩石的构造裂隙往往密度大、张开性差、延伸不远，多构成相对隔水层；脆性岩石如致密的石灰岩、岩浆岩、钙质胶结砂岩等，其构造裂隙一般较稀疏，但张开性好，延伸远，有较好的导水性。沉积岩的裂隙发育与胶结物成分和颗粒大小有关。钙质胶结者显示脆性岩石特征，泥质、硅质胶结者与塑性岩石接近。粗颗粒的沙砾岩裂隙张开性优于细粒粉砂岩。

构造裂隙的特点具有明显而又比较稳定的方向性，其主要由构造应力场控制。不同岩层在同一构造应力场下形成的裂隙通常具有相同或相近的方向。应力集中处，裂隙常发育，岩层透水性也好。同一裂隙含水层中，背斜轴部较两翼富水，倾斜岩层较平缓岩层富水，断层带附近往往格外富水。

6. 岩溶水

岩溶水是指赋存和运移于岩溶化岩体中的地下水。

在岩溶地区，地表水比较贫乏，但地下水极为丰富，有很发育的地下河。我国不少大中城市都靠巨大的岩溶泉作为供水水源。

(1)岩溶水的分带性　可溶岩分布地区，在有关因素的控制下，不同部位的水交替与水流状况不同，岩溶发育及岩溶水的动力条件均显示出分带性。

在厚层裸露的石灰岩分布区，局部的侵蚀基准面控制着地下水的流动状况，大体可分为以下四个带(图 10-16)。

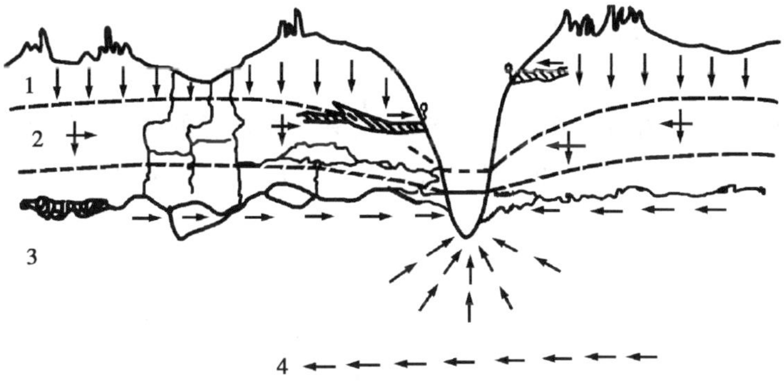

1. 垂直循环带；2. 过渡循环带；3. 水平循环带；4. 深部循环带

图 10-16　岩溶水的垂直分带(引自杨景春，2017)

①包气带(垂直循环带)：位于地表以下，地下水高水位以上。在降雨和融雪的时候，水沿裂隙或落水洞从地表向下流入到岩溶地块，这里才有水流。水流在向下运动过程中，如果遇到近似水平产状的隔水岩层，或水平孔道，水流就会成水平运动，在岩层中形成含水层，或在谷坡上出现泉眼。许多情况下，大部分地下水一直流到地下水面为止。本带厚度取决于当地气候与地形条件，最厚可达数百米。

②季节变动带(过渡循环带)：位于地下水高水位和低水位之间。低水位期本带地下水主要作垂直运动，高水位期基本呈水平运动。因此，本带既有水平方向的，也有垂直方向的溶洞。本带的厚度取决于地区的潜水位变化幅度，由几米到几十米。

③饱水带(水平循环带)：位于低水位以下，经常处于饱水状态，水流运动总的流向近于水平方向，在接近河谷底部深处，水流流向地表河谷。该带中多发育互相连通的水平方向的溶蚀通道。

④滞流带(深部循环带)：位于局部侵蚀基准面以下一定深度，地下水运动不受当地河流的影响，而受地质条件控制，流向更远更低的区域侵蚀基准面方向。此带位置较深，水交替迟缓，除局部构造断裂等径流特别有利部位外，岩溶发育很弱，再向深部径流停滞，无溶蚀现象。

(2)岩溶水的分布特征　岩溶发育初期，可溶性岩体与裂隙含水岩体一样，水的分布与运动具有明显的不均匀性和各向异性。随着水流作用，沿隙壁发生溶蚀。细小裂隙阻力大，水流缓慢，通过水量有限，溶蚀作用也较缓慢；宽大的汇水裂隙，水流畅通，通过水量大，溶蚀速度较大。这样，由于原有裂隙差异而产生差异性溶蚀作用而形成大小不同的通道，结果宽大的汇水裂隙经溶蚀扩展形成地下管道。经过长期作用，可溶岩原有的裂隙系统被水流改造，最终形成地下暗河系统(图 10-17)。

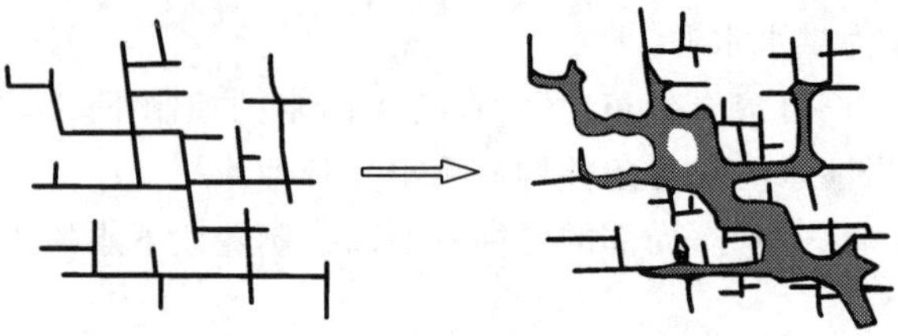

图 10-17 可溶岩中裂隙系统经溶蚀作用改造示意图(引自王大纯等，1981)

另外，在石灰岩体中，岩溶水有孤立分布的，也有互相连通的统一地下水。孤立的岩溶水的运动缺乏水力联系，这大多是有石灰岩和页岩等互层形成隔水层的影响，各自成为一个循环系统，例如贵州乌江一带；互相连通的地下水往往有统一的地下水面，这常在岩溶发育较为成熟的地区，或见于无不溶性岩石夹层的地区，如广西中部岩溶平原。

(3)岩溶水的运动特征　岩溶水最明显的运动特征是它的速度和流态多变。在可溶性岩体中，由于差异溶蚀，能形成各种规模的通道、洞穴和裂隙。在大的洞穴中呈现无压水流，有时还形成地下湖泊；在规模较小的管道和裂隙中，则形成有压水流。因此，在同一含水岩溶岩体中，无压水流和有压水流同时并存，而且在同一管道中的有压水流，于不同断面流速不同，断面大的地段流速减慢，断面小的地段流速加快。

岩溶水中紊流和层流流态常有变化，这种变化与岩溶化程度和岩溶的演化阶段有关。当灰岩体溶蚀微弱时属于裂隙水，地下水流态以层流运动为主，随着岩溶进一步发育，裂隙进一步扩大，地下水流态转化为以紊流为主。岩溶发育进入晚期阶段，地下水力坡度及流速均减小，形成层流与紊流交替出现。

(4)岩溶水的补给、排泄与动态　我国南方的岩溶区，降水入渗量达降水量的 80%以上；而北方岩溶地区，降水入渗量一般为降水量的 40%～50%。如晋南龙子祠泉附近，下过每小时 50 mm 的暴雨后，长达 3 km 的灰岩沟谷，不见水流出沟。岩溶山区往往雨过不见水，地表水十分缺乏。裂隙岩层分布区，入渗量一般仅占降水量的 10%～30%，有的还不到 5%。降水对孔隙、裂隙岩层以渗流形式补给，速度慢。在岩溶地区，降水汇集后通过落水洞、溶斗等直接“流入”“灌入”，降水在最短时间里，通过最短的途径，迅速达到地下水面。

岩溶发育的结果，使岩溶水排泄集中，往往在很大范围内，集中地通过一个大泉或大的泉群进行排泄。

岩溶水的动态特征是水位、水量变幅大，变化迅速而缺乏滞后。这些特征反映了岩溶水补给、径流和排泄特点——降水灌入式地迅速补给，管道中畅通地径流，地下河系集中地排泄。

第三节 地下水资源

一、地下水资源的概念

资源是指自然界存在且可被人类利用的一切。地下水资源(groundwater resources)指能够持续而稳定地供应某一数量、质量的地下水。地下水资源是水资源的一个组成部分。地下水与大气水、地表水在水文循环过程中相互转化。因此,一个地区的水资源是一个密切联系的有机整体。作为资源,地下水具有一系列较地表水优越之处:

(一)空间分布

地表水的分布局限于稀疏的水文网;而地下水的分布范围却十分广阔。

(二)时间调节性

地表水循环迅速,其流量与水位在时间上变化显著,干旱半干旱地区的地表水在急需用水的旱季断流;而流动于岩土空隙中的地下水,循环速度远较地表水的缓慢。含水系统实际上是具有天然调节功能的地下水库,其对干旱地区、干旱年份的供水尤为可贵。

(三)水质

符合一定要求的水才是可利用的资源。地表水易于受污染使水质恶化;而地下水在入渗及渗流过程中,由于岩层过滤,水质比较洁净,不易受污染。当然,地下水受污染后,比地表水更难以净化。

(四)可利用性

利用地表水要进行水质处理,在某些地段修建水工建筑物的一次性投资大;而地下水分布广,一般不需铺设引水管道,不需要处理水质,一次性投资也小。但不适当地开发利用地下水会造成严重的环境问题,如果提升到地表利用也会耗费一定资金。

作为资源,地下水主要用于供水,而对供水水源的一个基本要求是:能够持续而稳定地供应某一数量的水。这就要求含水系统能获得外界水的足够补充,并在含水系统中经常保持一定水量。

地下水并不是“取之不尽,用之不竭”的,而是一种数量有限的资源。随着人口增长及生产力的发展,人们对地下水的需求增加,当在一些缺乏地表水的干旱半干旱地区,大量而集中地开采地下水,很快引起区域性水位下降,出现地下水资源枯竭的现实威胁时,人们才意识到,地下水是一种数量有限而珍贵的资源,必须查明其数量,有计划地开发利用。

1915 年,美国最早提出以含水层为单元的安全抽水量的概念,其意为地下水的开采量不应超过其补给量。后来人们又发现,过度开采地下水会引起地面沉降、海水入侵、咸水入侵等,造成环境损害。因而,作为地下水资源的定义应修改为“地下水盆地中能连续地、不至于引起不良结果地抽取的地下水量。”人们利用资源是为了获得利益,如果开发地下水导致弊大于利,则不可取。因此,允许利用的地下水资源量,不仅受自然条件约束,还受技术、经济、社会、法律条件的约束。

二、地下水资源的特征

(一)地下水资源的系统性

地表水具有系统性,即大大小小的水系。地表水资源总是按水系进行计算,并按水系进行规划利用的。

地下水资源也是按系统分布的,这个系统就是含水系统。存在于同一含水系统中的水是个统一的整体,在含水系统的任一部分注入或排除水量,都会影响整个含水系统。而某一含水系统可以长期持续作为供水水源利用的地下水资源,原则上等于它所获得的补给量。不论在同一含水系统中打井的地下水用户有多少,所能开采的地下水量总和不能超过此系统的补给量。因此,应以含水系统为单元,统筹规划地下水资源的开发利用,才能避免地下水开发利用的盲目性。

(二)地下水资源的可调节性

对供水水源的一个基本要求是保证供水的均衡性,即不仅在丰水期,并且在枯水期也能经常稳定地供应某一水量。

地下含水系统是具有时间上调节水量功能的天然的"地下水库"。"地下水库"不必依靠修坝筑库蓄水,它或利用有利的地质构造蓄存水,或者利用含水介质滞留水,或两者相结合。含水系统的贮存水量可维持枯水季节或年份的供水,并在丰水季节或年份得到补偿。

一般说来,潜水含水层厚度通常不大,储存水量有限,只具有年内或隔年调节能力,而不能保证连续干旱缺水年份的供水。承压含水层厚度通常较大,地质构造也有利于蓄水,具多年调节功能。

不同介质的含水系统滞蓄水量的能力也不同。孔隙含水系统分布于地势低洼的部位,介质的渗透性通常不很大,贮留水量多,调节能力较好。岩溶含水系统含水介质渗透性极强,滞留地下水能力差,只有当其具备有利于蓄水的较大规模的地质构造(如向斜、单斜断块)时,才有较强的蓄水能力与调节能力。

(三)地下水资源的可恢复性

总体上说来,地下水是可再生资源,具有可恢复性。地下水资源的再生是通过水文循环实现的。地下水从大气水与地表水获得补给,向大气与地表水排泄。在水文循环过程中水量不断再生,水质也不断更新。含水系统与外界水的循环交替程度不同,地下水资源的可恢复性也不同。地下水资源的再生能力既取决于可能补给源水量大小,又取决于含水系统接受补给的条件(地形、岩性、构造等),其中赋存条件和含水介质的渗透能力很重要。

一个地区的降水量从根本上决定着地下水可能获得补给的多少,从而宏观上决定着一个地区地下水资源状态。

岩溶含水系统由于介质渗透性极强,在条件有利时往往可以获得很大份额降水的补给,其地下水资源的可恢复性往往要优于裂隙及孔隙含水系统。

赋存于浅部的潜水,与大气相通,积极参与水文循环,地下水在含水系统中的平均贮留时间短(一年到几十年),资源具有良好的可恢复性。

(四)地下水资源的限制性

地下水有许多有益于人们的特性,然而还存在极大的限制性。如承压水埋深大,具有补给慢的特点，且有隔水层妨碍它与外界发生水力联系，水循环交替缓慢。承压含水层愈深，循环距离长，更新再生愈慢。深部承压水的平均贮留时间可以达数千年甚至数万年。被良好隔水层圈闭的构造条件下的承压水系统，与外界不发生水力联系，赋存着地质历史时期形成的地下水。这种情况下的地下水资源不具恢复性。

另外，不遵循自然规律地严重超采地下水会导致生态灾害。一个含水系统能够长期持续供应的水量，原则上等于从外界获得的补给量。因此，即使是规模巨大、储存水量十分丰富的含水系统，若其中的水不具可恢复性，则将逐渐耗尽储存资源，最终枯竭。这就是华北平原深层孔隙承压水资源，被集中开采几年后，形成大面积区域性地下水位降落漏斗，引起地面沉降的原因。

三、我国地下水资源概况

(一)地下水资源量

水资源是人类赖以生存的最重要的自然资源之一，也是国民经济发展所不可替代的战略资源。我国幅员辽阔，人口众多，水资源总量虽然比较丰富居世界第六位，但人均拥有水量只有世界人均占有量的1/4，按耕地平均拥有的水资源量也相当紧张。因此水资源是我国十分珍贵的自然资源。

地下水具有分布广、储存量大、调蓄能力强、水质水量相对稳定、保证程度高、供水投资少、见效快的特点。从供水的角度看，地下水是缺水山区、水质型缺水地区、城镇地区饮用水的重要水源，更是荒漠地区生态用水最可依靠的就地水资源。充分发挥地下水的优势，把有限的地下水纳入合理开发、经济利用和科学管理的轨道，是今后的战略重点。

中国陆地国土面积为960万km^2，山地丘陵和高原占69%，平原和盆地占31%。东西向延伸的昆仑山—秦岭，成为南方和北方的天然分界线，对于地下水资源的分布产生主要影响。中国大部分地区的降水受太平洋东南季风控制，多年平均降水量为648 mm，年降水量由东南向西北递减。全国内陆流域约占陆地国土面积的1/3，外流流域占2/3。

全国新一轮地下水资源评价已结束，最新评价结果为：多年平均年地下淡水资源量为8 837亿m^3，约占全国水资源总量的1/3，其中山区为6 561亿m^3，平原为2 276亿m^3；多年平均年地下淡水可开采资源量为3 527亿m^3，其中山区为1 966亿m^3，平原为1 561亿m^3；多年平均年地下微咸水天然资源量(矿化度1～3 g/L)为277亿m^3，半咸水(矿化度3～5 g/L)为121亿m^3。

在全国的地下水资源中，按分布面积统计，有63%的地下水资源可供直接饮用，17%需经适当处理后方可饮用，12%为不宜饮用但可作为工农业供水水源，约8%的地下水资源不能直接利用，需经专门处理后才能利用。南方大部分地区地下水可供直接饮用，可饮用地下水分布面积占各省地下水分布面积的90%以上，但一部分平原地区的浅层地下水污染比较严重。北方地区的丘陵山区及山前平原地区水质较好，中部平原区较差，滨海地区水质最差。

各省(自治区、直辖市)不同程度地存在着与饮用水水质有关的地方病。我国北方丘陵山区分布着与克山病、大骨节病、氟中毒、甲状腺肿等地方病有关的高氟水、高砷水、低碘水和高铁锰水等。全国有7 000多万人仍在饮用不符合饮用水水质标准的地下水。

长江流域、黄河流域等全国一级水文地质单元的地下水资源量见表10-4。

表 10-4 2021 年全国水资源一级区地下水资源总量与实际开采量表 亿 m^3/年

编号	水资源一级区	地下水资源量	地下水实际开采量
1	松花江区	582.7	157.5
2	辽河区	231.4	90.3
3	海河区	405.2	128.1
4	黄河区	461.8	104.6
5	淮河区	503.0	127.9
6	长江区	2624.8	39.9
7	东南诸河区	464.1	3.3
8	珠江区	888.7	19.5
9	西南诸河区	1 289.5	3.8
10	西北诸河区	744.4	178.7
	合计	8 195.7	853.8

引自《中国水资源公报 2021》。

注：我国水资源一级区目前是按照长江、黄河、淮河、海河、珠江、松花江、辽河、东南诸河、西南诸河、西北诸河等十大区域进行划分，尽可能地保证了大江大河的完整性，注重流域与行政区域有机结合。

(二)我国地下水的类型及分布特征

1. 我国水文地质分区

目前，我国地下水开发利用主要是以孔隙水、岩溶水、裂隙水 3 类为主，其中以孔隙水的分布最广，资源量最大，开发利用的最多，岩溶水在分布、数量开发均居其次，而裂隙水最小。在以往调查的 1 243 个水源地中，孔隙水类型的有 846 个，占 68%，岩溶水类型的有 315 处，占 25%，而裂隙水类型的只有 82 处，仅占 7%。

按水文地质学观点，我国可分为 7 个水文地质区(图 10-18)，主要是根据影响潜水的性质、动态等自然条件，如气候条件、地形及岩石成分等划分的。这 7 个区分别为：①亚寒带多年冻土带水文地质区；②寒温带湿润气候的水文地质区；③半干旱气候的水文地质区；④内陆干旱气候下的沙漠与干旱草原地带水文地质区；⑤暖温带潮湿气候水文地质区；⑥亚热带强烈潮湿气候的水文地质区；⑦内陆干寒气候条件的青藏高原水文地质区。

2. 我国地下水的分布特点

我国自然条件的地区差异导致地下水资源分布的地区差异。地下水资源分布与降水的区域变化规律一致。南方水资源丰富，北方水资源贫乏。约占全国总面积 60%的北方 15 省(自治区、市)地下水补给资源约 2 600 亿 m^3/年，占全国 30%。特别是约占全国 1/3 面积的西北地区，地下水补给资源和开采资源分别为 1 125 亿 m^3/年和 430 亿 m^3/年，各占全国地下水补给资源量和开采资源量的 13%。而占全国面积 40%的南方地区，地下水补给资源为 6 100 亿 m^3/年，约占全国的 70%。东南及中南地区，面积仅占全国的 13%，地下水补给资源为 2 600 m^3/年，占全国的 30%。全国地下水开采近 1 000 亿 m^3/年。北方是我国地下水开采量和开采强度最大的地区，西北大部分地区地下水开采程度低，尚有潜力。我国地下水资源的分布在宏观上具有由北向南，由西向东逐渐增加的规律。

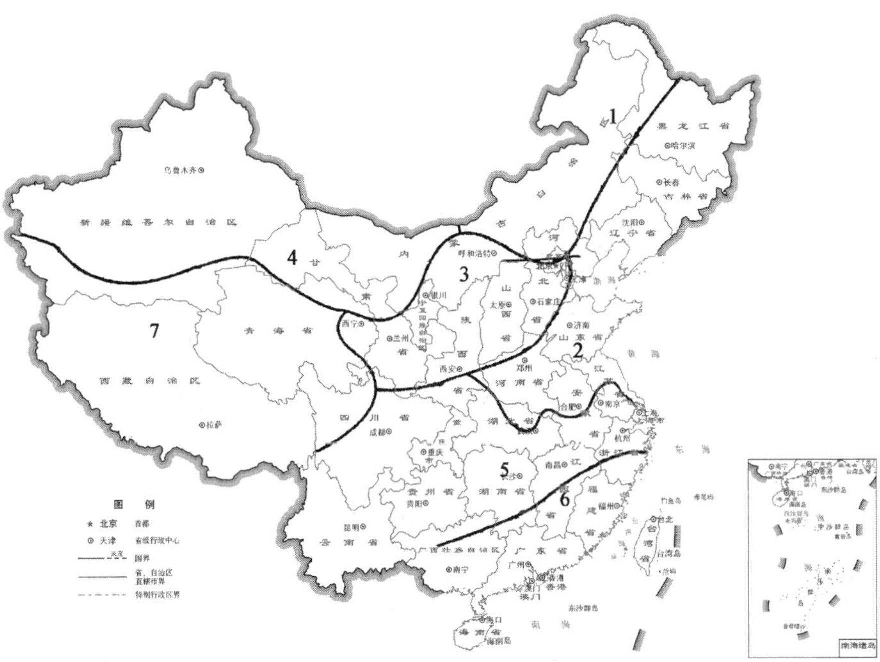

1. 位于我国北部，为河谷潜水，草原区多年冻土潜水，岩浆岩裂隙水等；2. 东北山地、黄淮海地区和山东丘陵，河谷、三角洲潜水、山前冲洪积孔隙潜水、基岩风化裂隙水；3. 黄河流域中游部分，包括山前冲积洪积孔隙潜水、河谷潜水、黄土潜水、基岩风化裂隙水；4. 我国西北部，为沙漠盆地潜水、山前洪积孔隙潜水、基岩风化裂隙水和冰碛层潜水；5. 我国东南部，长江流域河谷潜水、山前平原湖相潜水、滨海冲积层潜水、岩浆岩裂隙水、岩溶水；6. 南岭南麓以南，两广地区及台湾、海南、南海诸岛，为河谷潜水、山前平原冲积、洪积潜水、滨海阶地潜水和基岩裂隙水；7. 我国西南部，为最高隆起带，地下水类型为：河谷湖相潜水、冰碛物中潜水及基岩裂隙水

图 10-18　我国水文地质分区示意图

从目前的供水情况看，全国地下水的利用量占全国水资源利用总量的 16%，其中地下水开发利用程度最高的是华北地区，其地下水供水量占全区总用水量的 52%。预计在 21 世纪，我国淡水资源供需矛盾突出的地区仍是华北、西北、辽中南地区及部分沿海城市。

受我国水资源及人口分布、经济发达程度、开采条件等诸多因素的影响，我国城市特别是北方城市地下水资源的供需矛盾尤为突出。目前全国有近 400 个城市开采地下水作为城市供水水源，300 多个城市存在不同程度缺水，每年水资源缺口大约为 1 000 万 m^3。据不完全统计其中以地下水水源地作为主要供水水源的城市超过 60 个，如石家庄、太原、呼和浩特等；以地下水与地表水联合供水的城市有 17 个，如北京、天津、大连、上海等。

目前城市地下水资源遭受污染的情况较为严重，据不完全统计全国已有 136 个大中城市的地下水受到不同程度的污染，其中比较严重的有包头、长春、郑州、鞍山、太原、沈阳、哈尔滨、北京、西安、兰州、乌鲁木齐、上海、无锡、常州、杭州、合肥、武汉等城市。主要污染源均为工业和生活污染，局部农业区地下水也受到污染，主要分布在城近郊区的污灌区，目前有污水灌溉农田约 134 万 hm^2，直接污染了地下水，也有的还受到农药和化肥的污染。

第四节 岩溶地貌

一、岩溶及岩溶作用过程

(一)岩溶的概念

岩溶又称喀斯特(Karst),原是前南斯拉夫西北部伊斯特里亚半岛石灰岩高原的地名,意为岩石裸露的地方,那里有各种奇特的石灰岩地形。19 世纪末,前南斯拉夫学者司威治(J. Cvijic)研究了喀斯特高原的各种石灰岩地形,采用喀斯特一词称呼碳酸盐岩地区的一系列特殊地貌过程和水文现象,之后喀斯特一词成了世界地学上的专门术语,在我国此二者皆使用。

目前,大多数学者认为:岩溶是指地下水和地表水对可溶性岩石的破坏和改造作用及其形成的水文现象和地貌现象。

岩溶地貌不仅在碳酸盐岩石地区发育,而且在其他可溶性岩石(硫酸盐、卤化物)分布区也可见到,但以碳酸盐岩石地区的岩溶地貌最为广泛和壮观。

岩溶地貌在我国分布非常广泛。全国碳酸盐类岩石分布面积约 130 万 km^2,以广西、广东、云南、贵州、四川、重庆、湖北、湖南的石灰岩分布集中而广泛,面积约占全国分布面积的一半,广西桂林山水和云南路南石林皆因其独特的岩溶地貌闻名于世。

岩溶地区的国民经济建设有其独特性。在岩溶发育地区,地表水系不发育,却蕴含有丰富的地下水资源。因此通过研究岩溶地貌,掌握岩溶水的分布规律,开采工农业和民用饮水所需的水源,对于工农业生产有重要的意义。另外,岩溶区发育有许多溶洞、暗河,因而在这些地区进行工农业建设规划时,要尽量避开它,如无法回避时,则应采取防渗措施等。

(二)岩溶化学作用过程

岩溶作用是指在可溶性岩石地区,在地表水、地下水的化学过程(溶解和沉淀)和物理过程(流水的侵蚀和沉积,重力崩塌等)的共同作用下,对可溶性岩石的破坏和改造作用。尽管岩溶作用是化学和物理的共同作用过程,但主要是水对可溶性岩石的溶解过程,而且以碳酸盐类岩石分布最广,因此,这里介绍一下碳酸盐类岩石的化学过程。

碳酸盐在纯水中的溶解度很微弱,只有当水中含有 CO_2 时,碳酸盐的溶解度才会显著提高。含有 CO_2 的水对碳酸盐的溶解过程如下:

$$CO_2 + H_2O \longrightarrow H_2CO_3$$

碳酸电离为 H^+ 与 HCO_3^-:

$$H_2CO_3 \longrightarrow H^+ + HCO_3^-$$

水中的 CO_2 含量越高,H^+ 就越多,当含大量 H^+ 的水对石灰岩作用时,H^+ 就会与从 $CaCO_3$ 中离解出的 CO_3^{2-} 结合为 HCO_3^-,分离 Ca^{2+},从而使 $CaCO_3$ 溶解于水:

$$H^+ + CaCO_3 \longrightarrow HCO_3^- + Ca^{2+}$$

上述过程用一个总的化学式子概括为:

$$CO_2 + H_2O + CaCO_3 \rightleftharpoons Ca^{2+} + 2(HCO_3^-)$$

该反应式是可逆的。当水中 CO_2 含量增多时，化学反应向右进行，溶解 $CaCO_3$，正向反应分解成的 Ca^{2+} 及 HCO_3^- 随水流失，从而使原来的岩石遭到溶蚀破坏，形成各种溶蚀地貌；当化学反应进行到一定程度，水中的 CO_2 与离子态的 Ca^{2+}、HCO_3^- 达到平衡，溶解作用不再进行；如果压力降低或温度升高，水中的 CO_2 逸出，化学反应向左进行，沉淀出 $CaCO_3$。只有当水不断流动时，$CaCO_3$ 被溶解，变为 Ca^{2+} 和 HCO_3^- 随水流走，被消耗的 CO_2 不断得到补充，上述化学反应才能为正向反应，使溶解作用不断进行；而逆向反应时，则形成各种沉积地貌，包括地表岩溶沉积地貌和地下岩溶沉积地貌。

二、岩溶发育的基本条件

岩溶是水流和可溶性岩石相互矛盾的产物。可溶性岩石是岩溶作用产生的内因，具有裂隙的可溶性岩石只有在水流作用下，才能进行岩溶作用，所以水的溶蚀能力和流通循环，是推动岩溶作用不断进行的外因。

(一)岩石的可溶性

可溶性岩石的存在，是形成岩溶的先决条件。岩石的可溶性取决于岩石的结构及成分。

1. 岩石的成分

根据岩石的组成成分，将可溶性岩石分为 3 类：①碳酸盐类岩石，包括石灰岩、白云岩、硅质灰岩和泥灰岩等；②硫酸盐类岩石，包括石膏、硬石膏、芒硝等；③卤盐类岩石，包括岩盐和钾盐等。它们的溶解度以卤盐最高，碳酸盐类最低。实验表明，在 25 ℃的纯水中，NaCl 的溶解度为 320 g/L，$CaSO_4$ 为 2.1 g/L，$CaCO_3$ 为 0.015 g/L。虽然卤盐类岩石和硫酸盐类岩石的溶解度比碳酸盐类岩石溶解度要高得多，但它们分布不广，岩溶仍然是以碳酸盐类岩石最为发育。

在含有 CO_2 的水溶液中，方解石的溶解度比白云石高。因此，石灰岩比白云岩容易溶蚀。硅质灰岩是含有燧石结核或条带的石灰岩，燧石矿物主要是石髓和石英或蛋白石。泥灰岩是含有黏土矿物的石灰岩。一般而言，石灰岩比白云岩易受溶蚀，白云岩比硅质灰岩易受溶蚀，硅质灰岩比泥灰岩更易溶蚀，因为泥灰岩经过溶蚀作用以后，其表面残余的黏土颗粒能填塞洞隙，妨碍水流运动，影响岩溶作用的进行。

2. 岩石的结构

一般说来，晶粒愈小，相对溶解度就愈大，隐晶质和细晶质的溶解度比粗晶质高；不等粒结构比等粒结构的相对溶解度更大，见表 10-5。

表 10-5　广西不同结构碳酸盐类岩石的相对溶解度

石灰岩类型			白云岩类型		
结构特征	CaO/MgO	相对溶解度	结构特征	CaO/MgO	相对溶解度
隐晶质微粒结构	18.99	1.12	细晶质生物微粒结构	2.13	1.09
细晶质微粒结构	27.03	1.06	隐晶质向镶嵌结构过渡	1.44	0.88
鲕状结构	21.04	1.04	细晶及隐晶质镶嵌结构	1.65	0.85
微粒、细粒及中粒结构	21.43	0.99	中晶及细晶质镶嵌结构	1.53	0.71
中晶质镶嵌结构	25.01	0.56	中晶质镶嵌结构	1.36	0.66
中粒、粗粒结构	14.97	0.32	中粗粒镶嵌结构具溶孔	1.73	0.65

引自杨景春，李有利，2005。

(二)岩石的透水性

岩石的透水性创造了水和可溶性岩石广泛接触的可能性,使溶蚀作用不限于岩石的表面,还能向深部发展。

岩石的透水性取决于裂隙率和孔隙度以及岩层产状。其中裂隙比孔隙更为重要。在各种裂隙中,构造裂隙对岩溶的发育最密切,是水流透入可溶性岩体内部的最主要的通道。风化裂隙破坏着可溶性岩石的表面,可以促进地表岩溶发育。在两组裂隙(节理)交叉部位,有利于岩溶作用。在近于水平或微倾斜的岩层,如有隔水层阻挡,地下水常沿岩层层面流动,发生近于水平方向的溶蚀。在断层发育的地方,特别是张性断裂发育的部位,结构松散,孔隙大,有利于岩溶作用的增强,沿断裂发育成溶洞。

(三)水的溶蚀性

水的溶蚀能力主要取决于侵蚀性 CO_2 的含量。其含量愈高,碳酸盐类岩石的溶解度也愈高。CO_2 含于空气之中,也形成于土壤上层强烈的生物地球化学作用,其受气温、气压和土壤中有机质的氧化和分解等因素控制。一般来说,温度越高,水的电离度越大,水中 H^+ 和 OH^- 增多,溶蚀能力越强。但温度对岩溶作用的影响比较复杂,温度高,水中 CO_2 含量少,溶蚀作用减弱。一般大气中 CO_2 含量约为空气体积的 0.04%,在自由大气下,空气中 CO_2 分压力 $p_{CO_2}=0.0004$ 大气压。在空气中,p_{CO_2} 条件相同,温度越高,$CaCO_3$ 在水中的溶解度就越小;当温度相同时,p_{CO_2} 越高,$CaCO_3$ 在水中的溶解度越大(图 10-19)。

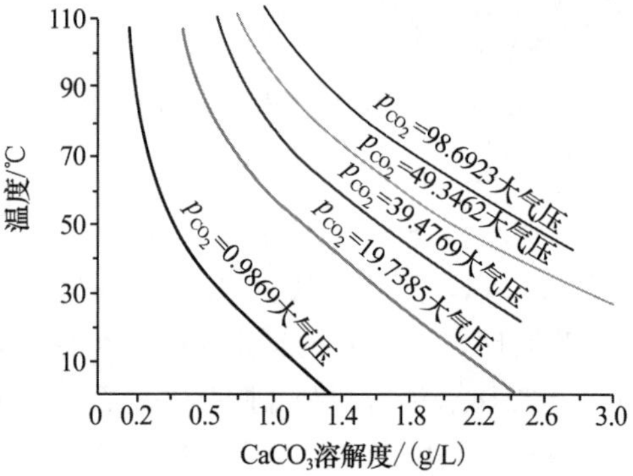

图 10-19 不同 CO_2 分压下方解石在水中的溶解度和温度的关系

(引自《中国岩溶研究》)

另外,随着深度的增加,形成 CO_2 的生物地球化学作用逐渐消失,具有侵蚀性 CO_2 逐渐减少,地下水的溶蚀能力也逐渐下降。动植物可供给土壤大量有机质,土壤中有机质的氧化和分解可产生许多 CO_2,土壤中的 CO_2 含量可达 1%~2%,在高温地区通过有机质氧化作用,CO_2 大量增加,有利于岩溶作用。

当水中含有 HCO_3^- 和 SO_4^{2-} 时,方解石和白云石的溶解度也能增加。所以在硫化矿床氧化带附近,溶蚀作用很强。

(四)水的流动性

如果水流处于静止状态,随着 CO_2 的不断消耗,便不能对可溶性岩石充分溶蚀,必须不断循环流通,补充新鲜的 CO_2 才能更充分地进行岩溶作用。影响水流动的因素有降水量、水位差和透水条件。降水量多的地区,地表径流量大,水交替条件好,水的溶蚀力强。据估算,我国南方湿润多雨岩溶区的溶蚀量为北方半干旱地区的 10 倍(表 10-6)。

表 10-6　不同地区溶蚀量计算表

地　区	年降雨量/mm	气候带	溶蚀量/(mm/千年)
河北西北部	400～600	暖温带半干旱地区	20～30
广西中部	1 500～2 000	亚热带湿润地区	120～300

在新构造运动上升强烈的山区，溶蚀作用较强，因为水位差增大，而在新构造运动相对稳定的准平原区，则溶蚀作用不如山区强烈。

另外，岩石的孔隙和裂隙发育程度影响到水流的流通条件，岩溶孔洞越多，水的流动性强，因而促使岩溶作用更强烈地进行。

三、岩溶地貌

按岩溶地貌出露与分布情况，分为地表岩溶及地下岩溶两类(图 10-20)。

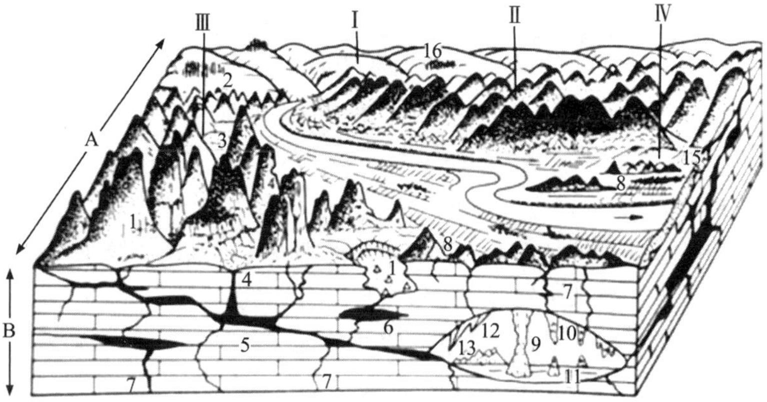

形态组合：Ⅰ.岩溶高原；Ⅱ.峰丛-洼地(谷地)；Ⅲ.峰林-洼地(谷地)；Ⅳ.岩溶平原。
岩溶形态：1.岩溶塌陷；2.石林；3.溶蚀洼地；4.落水洞(或漏斗)；5.暗河；6.地下湖；7.溶隙；8.溶蚀残丘；9.石柱；10.石钟乳；11.石笋；12.石幕；13.洞穴角砾；14.抬升的溶洞；15.岩溶泉；16.陡崖；A.地表岩溶；B.地下岩溶

图 10-20　岩溶地貌示意图

(引自曹伯勋，1995)

(一)地表岩溶

1.溶沟和石芽

溶沟和石芽是地表岩溶的最初形态。当可溶性岩石在地表出露后，在水流的作用下，发生不均衡的溶蚀，沿层面及其他裂隙较强烈处，逐渐形成许多凹槽，称为溶沟，其间的突起部分称石芽(彩版 4 图 3)。规模从数厘米至数米不等。溶沟间的石芽有裸露的，也有埋藏的，埋藏石芽是在地下水渗透的过程中溶蚀而成的，在热带，植被茂密，土壤中的腐殖质分解形成大量 CO_2，地下水的溶蚀能力很强，也可以形成埋藏石芽。通常，从坡上到坡下，石芽的分布是：全裸露的石芽—半裸露的石芽—埋藏的石芽。

溶沟和石芽的分布特征与地形、地质条件有关。在地形坡度较大的地面上，形成彼此平行的溶沟和石芽；在平缓的地面上，溶沟纵横交错。在石灰岩节理发育的区域，水流沿节理溶蚀，形成格状溶沟；在质纯层厚而致密的石灰岩坡面，溶沟和石芽非常密集；薄层或含有白云质、硅质、泥质等成分者则发育较差。

石林是特别巨大的石芽，生成在近于水平的巨厚层或厚层石灰岩之上，具有两组以上的垂直节理，地形一般较平坦。云南路南石林，高达 20～30 m，密布如林，故名石林。石林中所形成的溶蚀岩溶地貌，栩栩如生，如阿诗玛石峰、象山等(彩版 4 图 5)。

2. 溶蚀漏斗和塌陷漏斗

溶蚀漏斗是碟形或圆形洼地，平面轮廓为圆形或椭圆形，其宽度较深度大，一般宽为数至数十米，深度为数至十余米(图 10-21a)。其底部常有垂直裂隙或管道与地下暗河相通。

a. 溶蚀漏斗　　b. 塌陷漏斗

图 10-21　溶蚀漏斗和塌陷漏斗

溶蚀漏斗是地下水沿裂隙向下溶蚀发展的结果，在两组裂隙的交汇处或原始地形较低洼处最易形成。暗河埋藏较深，地下水的垂直循环作用较强烈，漏斗也较发育。溶蚀漏斗常在地面成串排列，是判定暗河位置和延伸方向的可靠标志。

如果地下洞穴的洞顶崩塌，形成漏斗状的洼地，称为塌陷漏斗。其特点是漏斗壁较陡，底部有较多的崩积岩块(图 10-21b)。

3. 溶蚀洼地

溶蚀作用所形成的小型封闭洼地，平面形态为圆形或椭圆形，其长轴常沿构造线而发育。溶蚀洼地由溶蚀漏斗逐渐溶蚀扩大而成。它的底部常发育落水洞和漏斗。溶蚀洼地常在褶皱轴部或断裂带中发育。大断裂中发育的溶蚀洼地，常呈串珠状排列。

溶蚀洼地底部如被红土或边缘的坠积物覆盖，底部的漏斗和落水洞就被阻塞，形成溶湖。

4. 落水洞和竖井

落水洞是开口于地面通往地下深处裂隙、地下河或溶洞的洞穴，是连接地表水流和地下暗河的垂直管道。一般沿裂隙发育，受裂隙的形态控制，可以是垂直的，也可是倾斜的，其宽度比深度小得多，也常分布在溶蚀漏斗、溶蚀洼地、干谷和盲谷底部。

竖井是暗河顶部崩塌而形成的。缝隙状落水洞在发育过程中，如果崩塌作用显著，也可形成竖井。竖井与一般井状落水洞的区别在于其井壁特别陡直，往往可以从竖井中直接看到暗河的水面。

5. 岩溶盆地

又称坡立谷或岩溶谷地，是大型的有地表河流穿过的岩溶洼地。面积较大，可达十余至上百平方千米。岩溶盆地的边坡陡峭，底部平坦，常覆盖着溶蚀残留的黄棕色黏土或红色黏土。岩溶盆地中的河流从某一端流出到另一端经落水洞汇入地下河流走。在许多岩溶盆地中还耸立着一些岩溶丘，桂林山水就是以漓江盆地为主体的这种岩溶景观。

岩溶盆地常形成在地壳运动相对长期稳定的地区，其分布和形状往往与地质条件有关，其长轴多与构造线一致。在可溶性岩石与非可溶性岩石接触面上发育的溶蚀盆地多呈长条形，两侧不对称，在可溶性岩石的一侧为陡壁，非可溶性一侧为缓坡。沿断裂带发育的岩溶盆地，也为长条形，宽度较窄，谷底平坦，其大小取决于断裂带的规模。在向斜轴部和背斜轴部发育的岩溶盆地，常为椭圆形(图 10-22)。

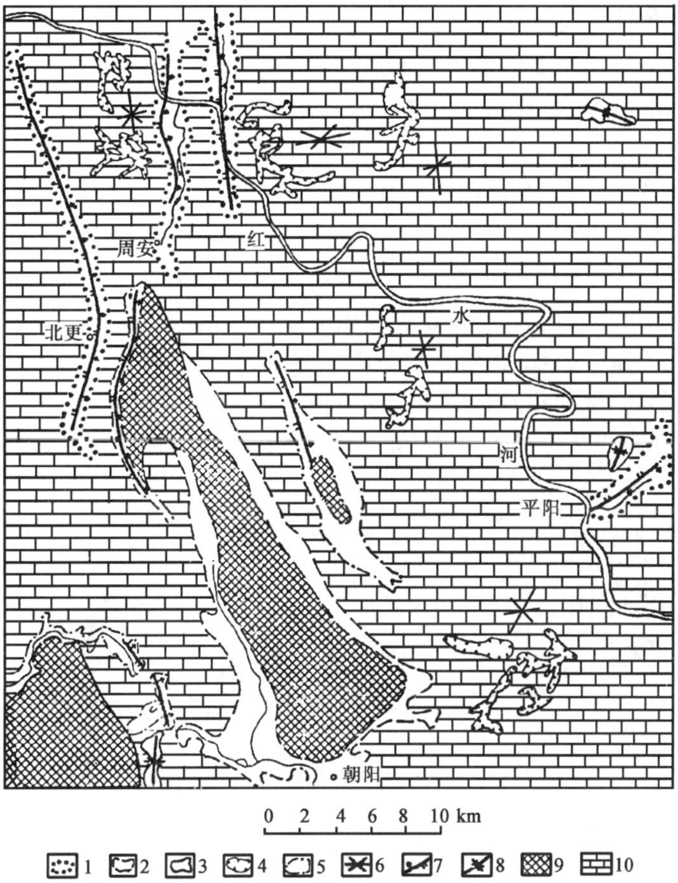

1.沿断裂带发育的岩溶盆地;2.沿可溶性地层和非可溶性地层接触而发育的岩溶盆地;
3.沿向斜轴部发育的岩溶盆地;4.沿主要构造裂隙发育的岩溶盆地;
5.由多种影响因素发育的岩溶盆地;6.灰岩中主要几种裂隙方向;
7.断裂;8.向斜轴;9.页岩出露范围;10.灰岩出露范围

图 10-22　岩溶盆地与地质构造的关系(改自杨景春等,2017)

6.干谷和盲谷

干谷是岩溶地区的干涸河谷。由于主河下切使岩溶水的水平循环带下降,原来由地下水补给的河流,失去了水源,同时地表水又不断沿落水洞或溶蚀漏斗转入地下,因而使河谷变成干谷。

在岩溶区,常见河谷上游的水流从某一陡坝下的泉眼涌出,而河流流向的前方有一陡坎阻挡,陡坎下方有一落水洞,河水沿落水洞流入地下,这种上下游封闭的谷地叫盲谷(图10-23)。转入地下的河流,叫伏流。我国广西、云南和贵州等地发育有许多盲谷。在贵阳市西南,红水河的支流涟水时隐时现,出现多次伏流。

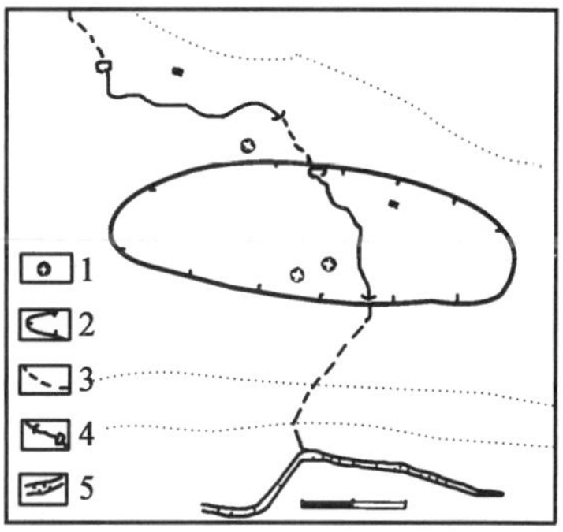

1.溶斗;2.溶盆;3.伏流;4.盲谷;5.干谷

图 10-23　干谷和盲谷

7.峰丛、峰林和孤峰

峰丛和峰林是石灰岩遭受强烈溶蚀而形成的山峰集合体。从峰丛或峰林的单个山峰外形看，有呈锥状、塔状、圆柱状等形态。山峰的表面发育石芽、溶沟，山峰之间低洼处有溶洞、落水洞等。

峰丛是一种连座的峰林，基部的相对高度超过峰林部分相对高度。峰丛是由岩溶水的垂直渗入溶蚀扩大而成。

峰林是峰丛进一步溶蚀发展的结果。当峰丛之间进一步溶蚀向深处发展，直到水平流动带，这时地下河可能出露成地表河，使侵蚀作用加强，峰丛基座被切开，相互分离成峰林。

孤峰是孤立的石灰岩山峰，由峰林进一步发展而成，常分布在岩溶盆地中，相对高度由数十米至百余米。孤峰是地壳相对长期稳定的条件下，岩溶山峰发育到后期的产物。

在岩溶山地，通常峰丛位于山地的中心部位，峰林位于山地边缘，孤峰位于比较大的岩溶盆地中(图 10-24)。

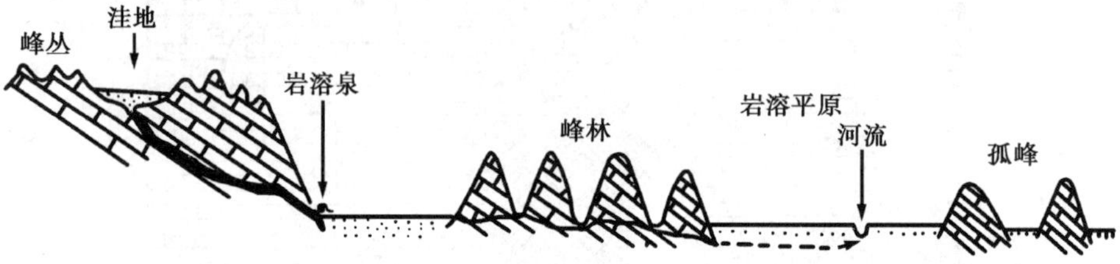

图 10-24 峰丛、峰林和孤峰(引自夏邦栋，1995)

8.天生桥

多为水平溶洞或暗河顶部崩塌后的残余部分。某些裂隙经溶蚀扩大，也能形成规模较小的天生桥。

9.地表岩溶沉积地貌

当温度升高，水体所受压力降低导致 CO_2 分压降低，水中 CO_2 逸出，导致 $CaCO_3$ 沉淀形成石灰华沉积，可形成边石坝灰华池群，如我国四川黄龙争艳池(彩版 4 图 6)。湖北恩施大峡谷绝壁的岩溶地貌、四川九寨沟珍珠滩瀑布的形成都与地表岩溶沉积有关(彩版 5 图 1、图 2)。

(二)地下岩溶

1.溶洞

溶洞又称洞穴，是地下水沿着可溶性岩石的层面、节理或断层进行溶蚀和侵蚀而成的地下管道。当地下水沿着可溶性岩石的较小裂隙和孔道流动时，水流速度缓慢，这时只能进行溶蚀作用。随着裂隙的不断扩大，地下水除继续进行溶蚀作用外，还产生机械侵蚀作用，使地下孔道迅速扩大成洞穴。

溶洞内有许多规模巨大的“大厅”与狭窄的通道并存，而且整个溶洞管道系统还与周围围岩中的细微溶蚀裂隙和孔隙并存，具有极不均衡发育的现象，这是地下岩溶地貌的重要特点。

溶洞的形态是多种多样的，它们的规模大小不一，我国著名的桂林七星岩洞穴最宽处 70 m，高约 15 m。根据洞穴的剖面形态可分为水平洞穴、管道洞穴、阶梯状洞穴、袋状洞穴和多层状洞穴。

这些形态各异的洞穴或是与地下水动态有关，或是受地质构造的控制。如在垂直循环带中发育的溶洞多是垂直的，规模较小。在水平循环带中形成的溶洞多是水平的，有时受断层面的倾向和地层产状的影响，也可能是倾斜的。有些溶洞发育受岩层中裂隙产状控制，常见到溶洞的方向和某一组特别发育的节理方向一致(图 10-25)。

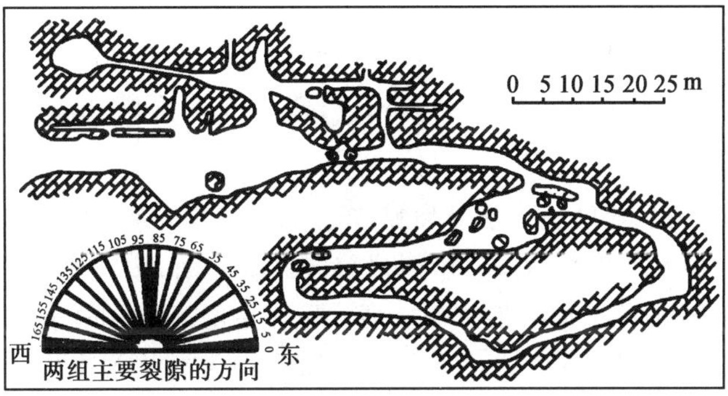

图 10-25　广西忻城十二岩洞平面分布与裂隙方向的关系

(引自杨景春，2017)

溶洞内常充满水，形成地下河、地下湖和地下瀑布。如果地壳上升，潜水面下降，溶洞将随之上升，使洞内无水。地壳多次间歇性抬升，就会出现多层溶洞。

2. 洞穴堆积物及沉积地貌

溶洞及其他岩溶裂隙与管道内的堆积物，称为洞穴堆积物。这些堆积物形成一些特殊的形态。按成因分为：

(1)化学堆积物　地下水沿着石灰岩细小的孔隙和裂隙流动时，溶解 $CaCO_3$，Ca^{2+} 和 HCO_3^- 随水流走，水流入洞穴时，CO_2 分压力降低，温度升高，水中 CO_2 逸出，就沉淀出 $CaCO_3$。如水自洞顶下滴，边滴边沉淀，可形成自洞顶向下垂直生长的石钟乳。石钟乳横切面呈同心环带构造，核心常是空的。渗出水滴落洞底后，$CaCO_3$ 就在洞底沉淀并向上生长形成石笋。石笋的形态一般为塔状，横切面具有同心环带构造，是实心的。石钟乳与石笋长大后连成一体，称石柱(彩版 5 图 3)。石钟乳、石笋和石柱形成过程见图 10-26。如果地下水沿着洞壁裂隙成层状渗出，能沉淀成石帘、石瀑布和石幔等。

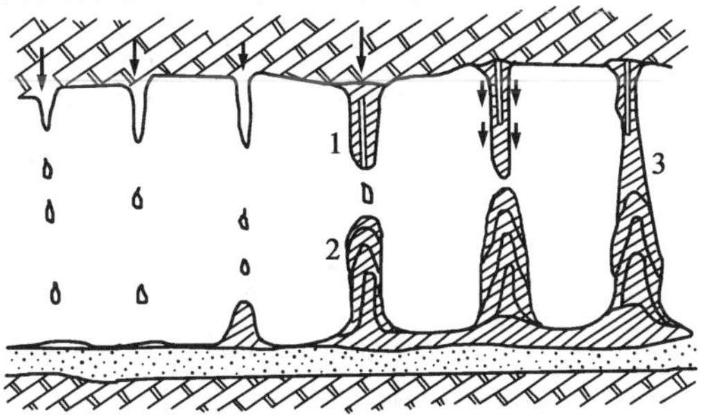

1. 石钟乳；2. 石笋；3. 石柱

图 10-26　石钟乳、石笋和石柱形成过程(引自夏邦栋，1995)

(2)机械堆积物　包括河流沉积、湖泊沉积和崩塌沉积3种。河流沉积物是地下河沉积的小砾石和砂。有时在地下溶洞的河流沉积物中,可见到磨圆极好的小砾石。湖泊沉积是一种具有极薄层理的黏土——粉砂沉积,它们是在地下湖中沉积的。崩塌沉积物是从洞顶、洞壁崩塌下来的一些碎屑堆积物,常和洞底的石灰华、黏土混杂在一起,胶结以后就成为坚硬的角砾岩。

(3)生物堆积物　一些离水源较近,洞口向阳,出入方便的洞穴,常成为原始人类和各种动物的住所,如北京周口店北京猿人和山顶洞人,广西柳江人和湖北长阳人等,都是在石灰岩洞中发现的。另外,在热带和亚热带的洞穴中常有鸟粪堆积,含有磷。

3. 地下河和岩溶泉

(1)地下河　是石灰岩地区地下水沿裂隙溶蚀而成的地下水汇集和排泄的通道。地下河的分布深度和当地侵蚀基准面相适应。广西岩溶区的地下河,按其发育阶段和形态特性分为3类:①与当地侵蚀基准面相适应的地下河。多分布在主要河流的两岸,规模大,水量丰富,地下河水面与地面高差不大。②穿山式地下河,这类地下河与地面河水面一致,一般是连接两相邻溶蚀盆地中地表河的通道。③悬挂式地下河,规模小,分布在峰林洼地区。

(2)岩溶泉　岩溶洞穴的出口处常形的泉,按泉的涌水特征及成因可分为3种类型:①暂时性泉,洪水季节才有的泉;②周期性泉,水量时大时小,呈周期涌现;③涌泉,流量大且稳定,来自水平循环带的深部。

第五节　地下水、岩溶与农业资源环境

地下水与土壤和农业的关系非常密切。主要表现在对土壤的形成发育,农业灌溉用水水质,土地利用规划,以及土壤盐渍化和沼泽化几个方面的影响。因而,掌握地下水的分布和运动规律,对改良土壤、防治土壤盐渍化和合理开发利用地下水都有极其重要的意义。

一、地下水与土壤的形成发育

土壤的形成发育,离不开地下水的作用。如前所述,按埋藏条件把地下水分为土壤水、潜水和承压水。首先,土壤水是土壤最重要的组成部分之一。它在土壤的形成过程中起着极其重要的作用,因为形成土壤剖面的土层内各种物质的运移,主要是以溶液形式进行的,即这些物质同液态土壤水一起运移。土壤水在很大程度上参与了土壤内进行的许多物质转化过程,如矿物质风化、有机化合物的合成和分解等。其次,潜水的水位高低不同也会影响到土壤的形成及分布状况。半水成土和水成土的形成都与地下水密切相关。半水成土是指在地下水位较高,地下水毛管前锋浸润地表,土体下层经常处于潮润状态下形成的土壤。其共性是:剖面具有腐殖质层和氧化还原交替形成的锈色斑纹层。半水成土所处地形平坦,土体深厚,大都被垦殖,是重要的旱地土壤资源,其广泛分布于河流平原,如三江平原、松嫩平原、辽河平原、黄淮海平原、长江中下游平原、南方江河湖平原、内蒙古及西北地区河谷平原等。平原地形平坦,地下水埋深较小,土壤发育受季节性水位升降影响,土体中氧化还原特征明显。旱季时地下水降至2～3 m,雨季可上升至0.5 m左右,常年变幅为2 m左右。雨季,土体处于水分淹浸状态,土壤中易变价元素如铁锰向下移动;旱季,地下水位下降,因而土体上部处于氧化状态,部分低价

铁锰重新氧化成难溶性高价氧化物在土体内局部凝聚。随着地下水位周期性频繁升降，土体内一定层位干湿交替引起氧化还原交替变化，从而形成铁锰斑纹和结核。

水成土是在地面积水或土层长期水分饱和状态、生长喜湿和耐湿植被下形成的土壤。由于土层长期处于还原状态，从而土壤潜育过程很活跃，土层中游离铁、锰还原和移位，形成蓝灰色潜育土层。局部铁和锰在孔隙、裂隙中氧化淀积，形成锈纹锈斑和铁锰结核。

二、地下水与农田灌溉用水水质评价

评价农田灌溉用水水质，要考虑其物理性质和化学成分，如水温、pH、矿化度、离子含量以及某些特殊元素含量。如地下水温度一般较低，直接灌溉作物不利于生长。因而使用时，要采取一定措施增温，如通过较长的渠道等。大多农作物对灌溉水有一定的要求，矿化度＜1 g/L 的地下水对农作物通常无害，但如果能准确地了解地下水水质情况，对一些淡水资源紧缺的地区和特定的作物，用一定矿化度的地下水灌溉还是可行的，这样就可以开发咸水，扩大水资源。咸水（矿化度＞2 g/L）资源在干旱、半干旱地区，甚至半湿润地区广泛分布，咸水灌溉在世界各国都被广泛采用，如意大利用 2～5 g/L 咸水灌溉。我国就华北地区而言，无论平原区或山间盆地都有咸水分布。尤其在渤海湾西岸，从秦皇岛开始经过唐山、天津，直到沧州，沿海地区地下咸水分布宽度由几千米增至近 200 km，含水层厚度也逐渐增大。这些年来，在黄淮海平原区的大量野外灌溉试验数据及国外有关资料，证明咸水是可以用于农灌的，微咸水（矿化度为 1～3 g/L）可在有排水系统条件下长期进行农田灌溉，一般在春旱期间，可进行必要的灌溉，在雨季来临时，可由雨季淋洗，而通过排水系统将含盐的土壤水和浅层潜水排掉而不会积盐。半咸水（矿化度 3～5 g/L）亦可直接灌溉农田，但灌溉次数不宜过多。位于华北平原东部的南皮盐改试验区，利用当地矿化度 5.6 g/L 的咸水少量灌溉，粮食产量一般高于不灌农田产量，在干旱年份效果更显著。

三、地下水与土地利用规划

合理开发利用地下水，提高地下水资源利用的效率和效益，是促进社会经济和生态环境协调发展，合理土地利用规划的前提。因此，在地下水资源评价的基础上，结合各类土地利用对水资源的需求，确定地下水开发利用的规模，合理开展土地利用空间规划布局。

（一）地下水是重要的供水水源

地下水是居民生活、工业生产、农业发展的重要供水水源。2021 年，全国用水总量为 5 920.2 亿 m^3。其中，生活用水为 909.4 亿 m^3，占用水总量的 15.4%；工业用水为 1 049.6 亿 m^3，占用水总量的 17.7%；农业用水为 3 644.3 亿 m^3，占用水总量的 61.5%；人工生态环境补水为 316.9 亿 m^3，占用水总量的 5.4%。地下水源供水量为 853.8 亿 m^3，占供水总量的 14.5%。地下水资源状况与确定工程建设项目及城市发展规模密切相关。比如水源充足，水质良好，则可规划耗水量大的工业项目。总之，在作规划时，应从地下水水量、赋存形式、矿化度、径流条件，并结合其他自然条件，统筹土地利用规划。

（二）地下水位对地基基础的影响和排水定额指标的影响

在土地利用规划时，某些建筑物的地基基础有一定的设计深度，相应对地下水位也有一定限定。一般要求地下水位应低于地基基础,低于季节冻土层深度,地下水中侵蚀性 CO_2 的含量也应较小,否则对基础造成腐蚀。必要时可采取降低地下水水位的措施。

此外,在做水利工程规划时,常涉及水工建筑物的位置深度设计问题,如某些渠道的排水定额的选取往往选择地下水的埋深;另外,有些地下建筑场地的选择(如地下商场,地下停车场),也必须考虑地下水位的状况,以保证有一个安全稳定的地下空间。

(三)地下水资源分区与规划利用

1. 一级类型区(大区)

依据地形地貌特征,将规划区划分为平原区和山区。

2. 二级类型区(亚区)

依据次一级地形地貌特征,含水层岩性及地下水类型,在一级分区内再划分二级分区。平原区划分出一般平原区、内陆盆地平原区、山间平原区、沙漠区;山区划分出一般山区和岩溶山区。

3. 三级类型区(小区)

依据地下水埋深条件和开采条件,并考虑行政区划,在二级类型区内划分小区。

分析和解决规划区内,国民经济发展和生态环境保护对水的需求量与水源通过机井可能提供的供水量之间的矛盾。根据供需平衡关系,确定地下水开发利用的最大规模,开展土地利用规划。

四、地下水与土壤盐渍化和沼泽化

1. 土壤盐渍化

是指在比较干旱的气候条件下,由细粒土组成的平原、盆地中,埋藏较浅的潜水强烈蒸发,盐分累积于土壤,便导致土壤的盐渍化。耕层累盐达到一定程度(0.2～0.3 g/100 g 土),作物生长明显受到抑制,重盐渍土上甚至寸草不生。如果要改良和利用这些盐化土壤,或在干旱、半干旱和半湿润地区要发展灌溉,就必须建立排水系统,使潜水位下降到其临界深度(即土壤的毛细水的上升高度,一般$<$2 m)。

2. 土壤沼泽化

是指土壤长期处于过湿状态,使地表滞水,植物遗体因氧化不完全而形成泥炭层堆积下来,便形成沼泽。按补给水源,可分为主要为大气降水、地表水和地下水补给的沼泽。在地势低洼,或地下水流动受阻,潜水面接近地表的地方,可形成潜水补给的沼泽。河流中下游的宽缓河谷,冲积平原下游的河间地带,湖滨、海滨地区,洪积扇溢出带的沼泽多属此类。

可见,土壤盐渍化和土壤沼泽化问题,与地下水关系十分密切。灌区土壤次生盐渍化的发生直接受到地下水的影响。因此,要解决土壤盐渍化和沼泽化问题,就必须掌握当地地下水的分布和运移状况,从而有意识地采取排水措施,降低地下水位,以达到防治的目的。

五、地下水与环境

地下水是活跃的环境因子,是生态环境系统的重要子系统。地下水与地表水、大气水共同构成水循环系统；地下水与其赋存的岩石共同构成力学平衡系统；赋存在含水系统中的地下水构成时空有序的水流系统；地下水是陆地、湿地及地表水体生态系统的支撑者；与周围环境相互作用相互依存，构成动态平衡系统。

当人类活动使地下水数量和质量发生明显改变时，这种动态平衡遭到破坏，产生一系列的生态环境问题。过度开发地下水引起的环境问题包括：地下水位深降、开采条件恶化、水资源枯竭；土地沙化、生态退化；地面沉降、地面塌陷、海水倒灌等。据初步统计，全国已形成区域地下水降落漏斗 100 多个，漏斗区总面积达 15 万 km^2，主要分布在北方地区。华北平原深层地下水大量开采，形成了跨京、津、冀、鲁的区域地下水降落漏斗群。过量补充地下水，比如修建水库、地表水灌溉、跨流域调水等，所引起的环境问题包括：次生沼泽化、土壤盐渍化、地下水咸化、斜坡失稳（滑坡与崩塌）、水库诱发地震等。此外，自然或者人为活动产生的有害组分进入地下水会造成地下水污染，如酸雨以及生活中污水与垃圾、工业生产中的污水和废渣、农业生产中的肥料与农药过度施用、污水灌溉等变成污染源污染了河流、湖塘，从而会污染地下水，造成环境危害。

六、岩溶与农业资源环境

（一）岩溶的资源性

由于岩溶地区的地表水资源匮乏，而地下水资源丰富，鉴此特点，在低洼处或岩溶暗河出口处以及大泉附近蓄水，建筑小型水利工程，有效拦截和利用岩溶水资源，对农业生产有重要意义。此外，岩溶作为旅游资源有其重要的美学价值。有名的桂林山水、云南的路南石林就是典型的岩溶地貌。而美丽的地貌资源与乡村振兴也有密切联系。乡村振兴需要发展特色优势产业，优势产业要依托特色优势资源，而优势资源之一是可以发展旅游的特殊地质地貌资源，如岩溶地貌景观等。在一些具有特定岩溶地貌的地方发展旅游，可带动当地的经济发展。

人们在游览祖国的大好河山时，爱国之情会油然而生。歌曲“我和我的祖国”的词作者就是为广西的岩溶地貌美景激发了创作灵感，写出了脍炙人口的好作品。

（二）岩溶的危害

近年来，我国南方一些地区出现的石漠化现象，实际上与岩溶密切相关。石漠化是荒漠化在岩溶地区的一种表现。石漠化是在岩溶区脆弱的生态环境下，由于人类的不合理经济和社会活动造成人地矛盾突出，使植被遭受严重破坏，加之坡陡，引起严重的土壤侵蚀，从而导致岩体裸露，土地生产力衰退丧失的演变过程，其会给农业造成极大的损失。这种现象已成为我国南方特别是西南石灰岩高原某些岩溶地区严峻的生态问题，应受到有关部门的高度重视。对于碳酸盐岩出露面积较大而引起石漠化问题的地区，其生态重建必须建立在充分掌握该地的岩溶发育状况和分布规律的基础上，因地制宜地制定相应的政策，如在坡度大的坡耕地进行封山育林、退耕还林，或修筑梯田，或利用石灰岩裂缝附近风化形成的肥力较高的黑色石灰土，种植耐旱林木等。

在岩溶地区，由于自然因素和人为因素引起的地表破坏如自然塌陷、开裂、下沉，山体崩塌，抽水造成的塌陷、开裂、下沉，水库渗漏造成地下溶蚀的加剧，地下水污染后对地表的反作用等，都不同程度危害农业环境安全及人们的生活、生产活动。因而，全面、准确地了解碳酸盐分布范围，以及充分掌握各地岩溶作用规律以及人类活动情况，是防灾减灾的前提。在人类活动导致的岩溶区地表破坏中，以塌陷最为突出，其主要由抽取地下水、水库蓄水、矿山排水引起，塌陷将毁坏民房、水田、道路等，造成巨大损失。近几十年来，我国南方岩溶区如广东凡口、湖南水口山、广西泗顶、贵州水城等地都发生过大规模的塌陷。只有掌握了塌陷分布和发育的特点，找到其成因，才能采取相应的措施而有效地预防。

二维码资源

二维码 10-1
洛阳龙门石窟珍珠泉(岩溶水)

二维码 10-2
石灰岩岩溶地貌景观

二维码 10-3
北京京东大溶洞

二维码 10-4
北京京东大溶洞洞内的石笋及石钟乳

二维码 10-5
九寨沟和黄龙的岩溶地貌

复习思考题

1. 解释：地下水、包气带(非饱和带)、饱水带(饱和带)、含水层、隔水层、潜水、承压水、自流水、土壤水、泉、矿化度、潜水动态、岩溶、岩溶作用。

2. 地下水类型的划分及各类的特征如何？

3. 地下水的补给来源有哪些？其受哪些因素的影响？

4. 影响岩溶作用的因素有哪些？

5. 试述溶洞的形成过程和峰丛→峰林→孤峰的形成过程。

6. “桂林山水甲天下”，分析桂林风景优美的地学原因。

7. 试述地下水对土地利用规划的影响。

8. 岩溶与农业资源的关系如何？

9. 熟悉主要的岩溶地貌类型。

参考文献

曹伯勋. 地貌学及第四纪地质学. 北京：中国地质大学出版社，1995.

陈梦熊，马凤山. 中国地下水资源与环境. 北京：地震出版社，2002.

华南农业大学. 地质学基础. 北京：中国农业出版社，1999.

籍传茂. 地下水资源的可持续利用. 北京：地质出版社，1999.

李溢三，陈梅芬. 地下水开发利用. 北京：农业出版社，1982.

李正根. 水文地质学. 北京：地质出版社，1980.

马军. 中国的水危机. 北京：中国环境出版社，1999.

全国土壤普查办公室. 中国土壤. 北京：中国农业出版社，1998.

施嘉炀. 水资源综合利用. 北京：中国水利水电出版社，1996.

水利电力部水文局. 中国水资源评价. 北京：中国水利水电出版社，1996.

王大纯，等. 水文地质学基础. 北京：地质出版社，1998.

王大纯，张人权，史毅虹. 水文地质学基础. 北京：地质出版社，1981.

薛禹群，吴吉春. 地下水动力学. 北京：地质出版社，2010.

严钦尚，曾昭璇. 地貌学. 高等教育出版社，1990.

杨景春，李有利. 地貌学原理. 4版. 北京：北京大学出版社，2017.

张俊民. 中国的土壤. 北京：商务印书馆，1996.

张人权，梁杏，靳孟贵，等. 水文地质学基础. 7版. 北京：地质出版社，2018.

中国地质调查局，中国地质科学院岩溶地质研究所. 中国西南地区岩溶地下水资源开发与利用. 北京：地质出版社，2006.

Chorley R J, Schumm S A, Sugden D E. Geomorphology. Cambridge University Press, 1984.

Stephen Marshak. Essentials of geology. London: W. W. Norton & Company, Ltd., Castle House, 2003.

http://www.gov.cn/xinwen/2022-06/16/content_5695973.htm　2021年度《中国水资源公报》.

第十一章 风成地貌

风通常是指以水平运动为主的空气运动。风能搬运沙和尘土，也能剥蚀破坏岩石，形成各种风成地貌(aeolian landform)。在干旱地区，由于气温和气压变化大，降雨少(年降雨量＜250 mm，有的甚至少于 50 mm)，且多以暴雨形式降落；蒸发强烈，植被稀少甚至地面裸露；特别是因空气湿度小而热容量小，温度变化大而快，因此风大而频繁，风成为塑造干旱、半干旱区地貌的主要地质营力。此外，风成地貌也可出现在诸如大陆冰川外缘，湿润区植被稀少的沙质海岸、湖岸和河岸。

在地质历史中，风的地质作用遗迹广泛存在，特别是地球上植物还未出现的时候，风的地质作用更为显著。因此，研究风的地质作用不仅对于防治风沙和环境保护具有实际意义，而且对于了解古气候、古地理的变迁也具有重要的理论意义。

第一节 风的地质作用

由于风沙的运动引起地表物质的磨损、迁移和聚集，这些作用统称风的地质作用。它像其他外力作用一样，包括剥蚀、搬运及沉积一系列作用。风的地质作用强度取决于风速的大小，风力与风速的平方成正比，其关系式为：

$$P=\frac{1}{2}\rho\nu^2=\frac{1}{2}\times\frac{r}{g}\times\nu^2$$

式中：P 为 风力(kN/m^2 或 kPa)；ρ 为空气密度(kg/m^3)；ν 为风速(m/s)。$\rho= r/g$，r 为空气重度(kN/m^3)；g 为重力加速度(m/s^2)。

由于受地面摩擦阻力的影响，越接近地表，风速越小。如距离地面 2 m 处的风速约等于距离地面 12 m 处风速的 75%。高度与风速的实测关系如图 11-1 所示，近地面层风的风速沿高度的分布呈对数关系。

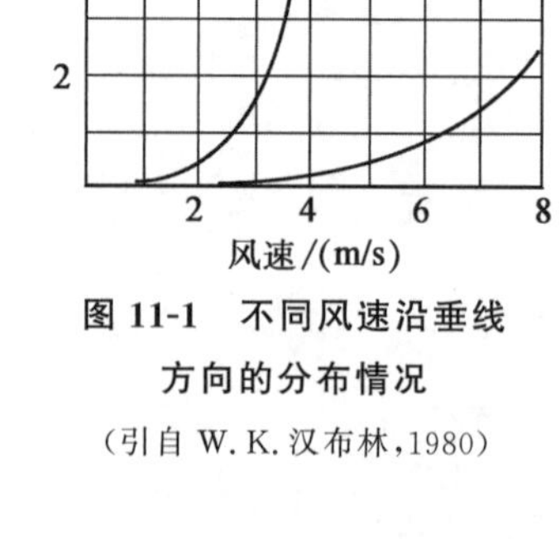

图 11-1 不同风速沿垂线方向的分布情况

(引自 W. K. 汉布林，1980)

一、风的剥蚀作用

风的剥蚀作用简称风蚀作用(wind erosion)，是风以自身动力和挟带的沙粒对岩石进行破坏并将其剥离原地。风蚀作用强度主要取决于风速大小和地面状况。风速越大，地面越干燥，植被稀疏，松散碎屑物粒径变化范围越大，风蚀作用就越强。风蚀作用主要表现为风的吹蚀作用和磨蚀作用。

(一)吹蚀作用

吹蚀作用(deflation)是指风吹过地面产生紊流，沙粒或尘土离开地面，使地表物质遭受破坏。吹蚀作用主要限于沙漠、海滩等地。吹蚀作用强度与风速成正比，与粒径成反比。风速增大，摩阻流速亦增大，地表泥沙颗粒所受的拖曳力随之增大；当风速达到某一程度时，地表沙粒开始运动，此时的风速为起动风速。风速＞4 m/s 时，可扬起 0.25 mm 粒径的沙粒，＞5 m/s 时，可将粉沙垂直抬升到 3 000 m 的高空；龙卷风更容易扬起地面的重物质。

英国的 R. A. 拜格诺通过风洞实验发现，当沙粒起动以后，由于跃移颗粒的碰撞，风速低于流体起动条件时，床面沙粒仍会保持运动。对于＞0.1 mm 的泥沙颗粒来说，因密度和粒径的不同，起动运动所需的风速是不一样的。对于密度相同的泥沙颗粒，临界起动风速将随粒径而变化。对于细粒泥沙（＜ 0.1 mm）并不遵循上述规律，当床面仅由细小颗粒组成时，随着颗粒粒径的减小，流体起动值反而越来越大。这是由于更细的颗粒一方面受到附面层流层的隐蔽作用，同时易从大气中吸附水分使粒间产生一定黏结力所致。

吹蚀作用不仅可以把地表的细小物质吹走，残留下基岩、砾石、沙等，形成岩漠、砾漠和沙漠，也可使地面降低，形成风蚀洼地和风蚀湖。

（二）磨蚀作用

磨蚀作用（abrasion）指由于风沙流贴近地面运动，运动的沙粒冲击、摩擦岩石表面的作用。洁净的风（非挟沙气流）即使是超过临界起动值的，通常对于多数地表无显著作用。当风挟沙形成风沙流，则以其所携带的泥沙颗粒为工具，对地表产生巨大的冲击力和摩擦力。试验证明，风所挟带的以高速跃移的颗粒通过冲击方式可以推动直径 6 倍于它或重量 200 倍于它的颗粒。处于不同胶结程度的土壤结壳或泥沙块体，也会受到风沙流中沙粒的冲击和摩擦，尤其是受跳跃颗粒的撞击而发生崩解和破碎，使地表泥沙数量增加，加剧风蚀。自然界中的各种风蚀地貌大多是由风沙流塑造的，如石窝、风蚀蘑菇、雅丹等。一般说来，风沙流中的沙粒集中分布于距离地面 30 cm 的高度内，因此，在该高程范围内磨蚀作用尤为显著。如沙漠地区的电线杆下部常因磨蚀作用而折断，常用砖或土砌一底座以防止磨蚀作用。

磨蚀作用与吹蚀作用常相伴而生，吹蚀带动沙粒而引起磨蚀，磨蚀又为吹蚀提供更多的原料。一般地，在基岩裸露的地区，磨蚀作用较为明显，在地表由松散而细小的物质组成的地区，吹蚀作用则更突出。风蚀的下限为当地的地下水面，即为风蚀的侵蚀基准面。随着风蚀作用不断进行，地面因风蚀作用逐渐降低，当到达当地地下水面且有地下水出露时，就会形成沙漠中的绿洲和湖盆。如我国甘肃省敦煌市鸣沙山北麓的月牙泉。

二、风的搬运作用

风的搬运作用（wind transport）是指风所挟带各种不同粒径的泥沙颗粒被输移的过程。

（一）风的搬运形式

风的搬运形式主要有跃移、悬移和蠕移 3 种（图 11-2）。

1. 跃移

沙粒在风力作用下以跳跃方式向前移动，叫作跃移（saltation）。当风速超过起沙风速

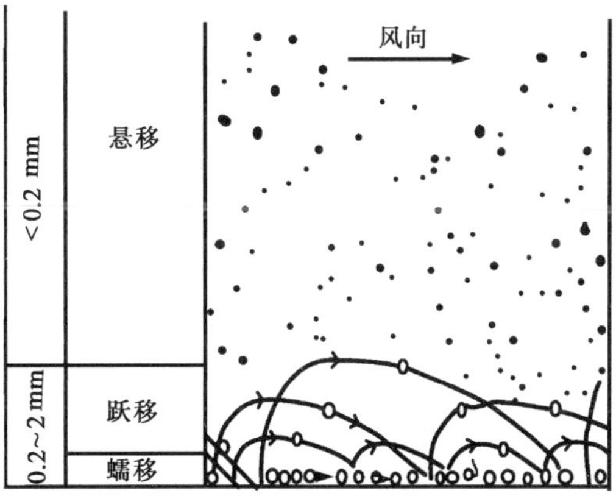

图 11-2　风沙运动的三种基本形式

（W. K. 汉布林，1980）

时,沙粒由风力上扬作用而脱离地表后,在气流中取得动能加速前移。由于空气密度比沙粒密度小得多(约 1∶2 000),沙粒所受阻力较小,所以在落到地面时仍有相当动量,或反弹跃起,或冲击其他颗粒跃起,使风沙运动很快达到很大强度。据风洞试验和野外观测资料,天然沙丘中的跃移物质在气流挟沙量中所占比例随风速增大而增加(平均约占 3/4)。跃移是风力搬运作用中最主要的方式,跃移物质多为 0.25～0.5 mm 的沙粒,其搬运量占总搬运量的 70%～80%。

2. 悬移

细小的沙粒受到其气流紊动上升分速(约等于平均风速的 1/5)的作用而悬浮于气流中移动的方式,称为悬移(suspension)。一般当风速达到 5 m/s 时,<0.2 mm 的沙粒就能悬移。如粒径<0.05 mm 的粉沙和尘土,悬浮后不易沉降,可随空气运离源地,在很远的地方沉降。如撒哈拉大沙漠的尘土可以被风吹到英国、德国和北欧半岛地区;我国新疆、内蒙古的尘土被风吹到黄土高原,甚至更远。在沙粒的风力输移中,悬移量所占比例一般不足 5%,甚至在 1% 以下。

3. 蠕移

较大的颗粒(>0.5 mm)因风压或跃移颗粒的冲击作用使之沿地面滚动或滑动,称为蠕移或推移(traction)。蠕移的速度较小,一般不到 2.5 cm/s,而跃移质平均速度可达每秒数百厘米。粒径在 0.5～1.0 mm 的粗沙一般均以蠕移方式运动,蠕移的搬运量约占风力总搬运量的 20%。

上述 3 种搬运方式中以跃移为主,蠕移次之,悬移最少。一般说来,占搬运量 90%的跃移和蠕移的物质主要是 0.2～2 mm 的沙,而悬移物质主要是小于 0.2 mm 的碎屑,其搬运距离较远,而且颗粒越细则搬运越远。对某一粒径的沙粒来说,随着风速的增大,可以从蠕移转化为跃移,从跃移转化为悬移,反之,也是一样。

此外,风的搬运能力取决于风速大小,随着风速的变化,搬运物质的粒度大小也会改变(表 11-1)。如当风速 >4 m/s 时,风能搬运 0.25 mm 以下的碎屑;风速>33.5 m/s (12 级)时,风能搬运巨大的砾石。但是就一定地区和一定时期而言,总存在一种占主导地位的风速。

表 11-1 风力与搬运沙粒大小的关系

风级	风的名称	风速/(m/s)	搬运沙粒直径/mm
3	微风	4.5～6.7	0.25
4	和风	6.7～8.4	0.50
5	清劲风	9.4～11.4	1.00
6	强风	11.4～13.0	1.50

(二)风的搬运高度

风沙流中的沙粒在不同高度上的相对含量(或浓度、输沙率)随风力和地表性质等不同而有变化。据中国沙漠地区的观测资料,跃移质含量在各种风速下随高度的分布近似遵循对数规律,含量随高度增加而递减。跃移质主要集中在距地面 30 cm 高度以下,尤其是 10 cm 以下,在地表附近,随风速增大,跃移高度也逐渐增加。蠕移质则紧贴地面移动,搬运距离一般较近。

(三)风的搬运强度

输沙率是单位时间单位宽度内在搬运层中通过的泥沙量,该数值直接反映风沙活动的强度。影响输沙率的因素很多，它不仅取决于风速和泥沙粒径等因素，而且受地形以及沙层湿度和空气稳定度等影响。因此在治沙工程中仍多采用实测值经统计分析后求得特定条件下的搬运强度。

三、风的沉积作用与风积物

（一）风的沉积作用

风的沉积作用（wind deposition）是指风沙流在运动过程中，当风速减弱或遇到障碍物（包括植物或地表起伏），以及地面结构（或下垫面性质）改变时，沙粒从风沙流中跌落下来发生堆积的现象。风的沉积作用主要发生在风暴区外缘，主要有 3 种方式。

1. 沉降堆积

沉降堆积（falling deposition）指在气流中悬浮运行的沙粒，当风速减弱而沉降速度大于紊流与涡流的垂直风速时，沙粒从风沙流中降落的过程。沉降速度与沙粒的粒径大小关系密切，粒径越大，其沉降越快；粒径越小，沉降越慢。尤其是当其粒径＞0.05 mm 时，沉降速度随着粒径的增大而加快的趋势更明显。这种方式多为尘土的沉积形式，不受地形影响，主要受大的地貌单元影响，如黄土的沉积，受到东西向秦岭山脉的影响，在黄土高原沉积形成大面积的台地地形。

2. 遇阻堆积

遇阻堆积（encroachment）是指当风沙流运行时遇到障碍物（如树林、沙丘、植被、石块等）或遇到山体时，使风力减小而发生的沉积作用。风沙流因遇阻发生减速，而把部分沙粒卸积下来；也可能全部越过（或部分）障碍物继续前进，在障碍物的背风坡发生沉积（形成涡流，消耗了气流的能量，使风速减小）。另外，如风沙流遇到湿润或较冷的气流而被迫上升，可使部分沙粒沉积；如两股风沙流相遇，尤其是在风向几乎平行的条件下，气流相互干扰，风速降低，也可使部分沙粒沉积。在风沙流经常发生的地区，悬浮高度大且粒度＜0.05 mm 的颗粒遇到冷湿气团时，沙粒便和雨滴凝结成大量小团粒，发生降尘现象（图 11-3）。

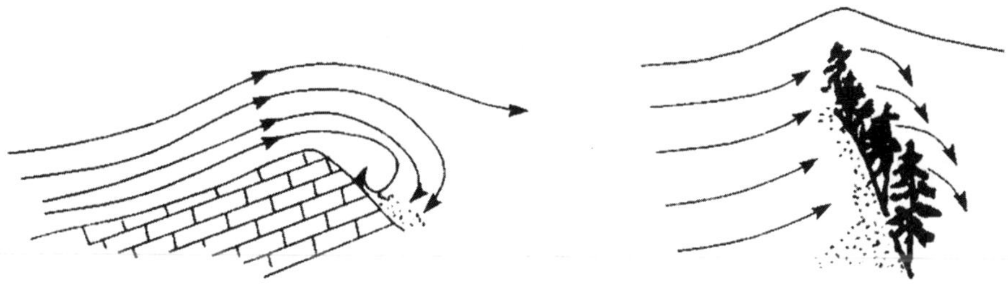

图 11-3　遇阻堆积示意图（吴发启等，2016）

3. 停滞堆积

在风沙运动的过程中，如由于风速减弱或地表结构的变化引起输沙率减小，气流中多余的沙粒就会停止运动，称停滞堆积（stagnation）。

(二)风积物

风积物(eolian deposit)是指经风力搬运后沉积下来的物质。风成沙是主要的风积物,现在所看到的风成沙大多是由早期形成的河流沉积物、海洋沉积物、冰水沉积物等经风的改造作用而成的。由于风力的性质和其他外力不同,风积物具有下列特点:

1. 碎屑物粒度均一

主要包括沙粒、粉沙以及少量黏土,粒径<2 mm,主要集中在 0.01~0.50 mm,其中 0.01~0.25 mm 的细沙含量最高。

2. 碎屑物分选性好

其分选性甚至较冲积物更高,这是由于风力搬运高度选择性所决定的。

3. 碎屑颗粒磨圆度较高

由于沙粒在搬运过程中相互撞击摩擦而变圆,沙粒表面像毛玻璃,表面常有一些相互撞击而形成的麻坑。即使是很细的粉沙(成分主要是石英),也有此特点。

4. 碎屑颗粒成分多样

沙粒以石英为主,含有少量长石、云母、石膏、方解石等矿物,此外,碎屑中存在较多的铁镁质及其他不稳定矿物,如辉石、角闪石、黑云母、方解石等,这些性质不稳定的矿物在由水力搬运的沉积物中较少存在。

5. 具有规模极大的交错层理

其形成是由于风积物整体作大规模移动的结果。

6. 颜色多样

多半呈黄色、浅棕色和红色,而绿色、黑色、白色者很少。

风的搬运作用具有分选性,所以风积物的平面分布具有分带性。风向稳定时,从风源区沿风的前进方向,风积物的粒度逐渐从粗变细。风向不稳定时,风向的改变会使风积物的分带性混乱。

第二节 风成地貌

一、风蚀地貌

风蚀地貌(wind-erosion landform)是风或风沙流对地表物质及基岩进行吹蚀和磨蚀作用形成的地表形态。风蚀地貌在近地面处尤为明显,主要的风蚀地貌如下。

1. 石窝(风蚀壁龛)

在陡峭的岩壁上,经风蚀形成大小不等、形状各异的小坑,直径约 20 cm,深达 10~15 cm,时而分散,时而群集,使岩石表面具有蜂窝状的外貌,称为石窝。干旱区的昼夜温差较大,使岩石表面的矿物体积发生膨胀和收缩,在这种过程的频繁作用下,岩石表面呈片状剥落,形成很多浅小的凹坑。以后,风沙就沿此凹坑向里钻磨,被带到凹坑内的沙粒受风力作用在凹坑内旋转,不断地磨蚀凹坑的内壁而形成。大规模发育的石窝称为风蚀壁龛。

2. 风蚀洼地

风蚀洼地(wind-erosion depression)是指松散物质组成的地面，经风的吹蚀形成的洼地，平面上多呈椭圆形，沿主要风向伸展。单纯由风蚀作用形成的洼地多为小而浅的蝶形洼地，有时也可形成巨大的马蹄形洼地，自地面向下凹进很深。如果风蚀洼地的底部达到地下水面，这里就会成为沙漠中的绿洲，如我国呼伦贝尔沙地中的乌兰湖。

3. 风蚀蘑菇

风蚀蘑菇(wind-erosion mushroom)是由风蚀作用所形成的上大下小的蘑菇状地形(图11-4)。由于风沙在近地面含沙量高，突出地面上的孤立岩石，下部受磨蚀作用强于上部所致。如果下部岩性较上部岩性软，或因水平节理发育，在差异风蚀作用下，更易形成风蚀蘑菇。

4. 风蚀柱

风蚀柱指垂直节理发育的岩石，经风的磨蚀作用及重力崩塌，形成孤立的柱状岩石。它可以单个挺立，也可以成群分布，成为风蚀柱群(图11-5)。

图11-4　风蚀蘑菇(引自曹伯勋，1995)

图11-5　风蚀柱群(引自曹伯勋，1995)

5. 风蚀谷和风蚀城堡

在干旱地区，暴雨往往在地面冲刷出很多沟谷。这些沟谷再经风蚀作用，便会进一步扩大，发展为风蚀谷(wind-eroded valley)。风蚀谷无一定形状和走向，宽窄不均，蜿蜒曲折，有时为狭长的壕沟，有时为宽广的谷地，在陡峭的岩壁上散布着石窝，壁坡坡脚堆积着崩塌的岩屑锥。风蚀谷不断扩大，原始地面逐渐缩小，最后残留下来的小块原始地面成为风蚀残丘。在软弱的水平岩层地区，经风力长期吹蚀，塑造成一些顶平壁陡的残丘，远远望去，好似城堡，称为风蚀城堡(wind-eroded castle)(图11-6)。例如，我国新疆东部吐鲁番盆地的库姆达格沙漠北部以及柴达木盆地西部都有由第三纪砂岩、页岩及泥岩所构成的风蚀城堡。在这些风蚀城堡中，由于风速不同的风在风蚀丘、壁和回廊中所产生的摩擦而形成不同频率的声音，往往会产生一些美丽和惊恐的传说与民间故事。

图11-6　风蚀城堡

(引自夏邦栋，1995)

6. 风蚀垄槽(雅丹地貌)

在干旱地区，干涸的湖底常因干缩而裂隙发育，风沿着裂隙不断吹蚀，形成垄槽地形，维吾尔语称之为雅丹(Yardan)。它是风蚀垄脊、风蚀沟槽、风蚀洼地的组合。以新疆塔里木盆地罗布泊西北楼兰附近最典型。通常发育在干旱地区的干涸湖底或河湖堆积阶地上，定向风沿干缩裂隙不断吹蚀，或加上暴流侵蚀，裂隙逐渐扩大，使平坦地面形成与盛行风向一致的垄脊和沟槽，相间平行排列(图 11-7)。

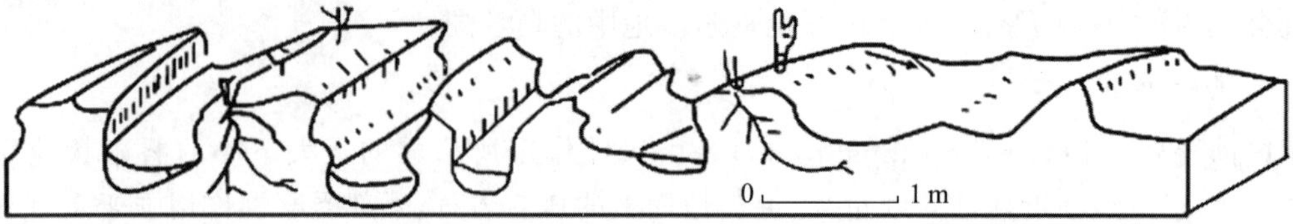

图 11-7 雅丹地貌

二、风积地貌

风积地貌(wind-accumulated landform)是风的沉积作用所形成的地表形态。这里仅阐述沙质风积地貌，黄土地貌在第十二章中论述。沙质风积地貌是在干燥气候和沙质来源丰富等条件下，由风力作用堆积而成，沙丘是其最基本的形态，其物质来源主要包括：①古代河流冲积物，这是沙丘物质的最主要来源，如中国塔克拉玛干沙漠、古尔班通古特沙漠中的沙丘；②现代河流冲积物，如中国乌兰布和沙漠中的沙丘；③冲积—湖积物，如中国罗布泊地区及其以东的库鲁克库姆沙漠中的沙丘；④洪积－冲积物，包括部分冰水沉积物，如中国阿尔金山山前平原上的沙丘；⑤基岩风化的残积－坡积物，如中国吐鲁番盆地附近库姆塔格沙漠中的沙丘。

按照沙丘的地貌形态和风向的关系可将风积地貌分为以下类型。

1. 沙波纹

沙波纹是沙地和沙丘表面呈波状起伏的微地貌，其排列方向与风向垂直。两个波纹的脊线间距不等，一般为 20～30 cm。沙波纹主要是颗粒大小不等的沙面在风的作用下产生颗粒的分异，形成微小的凹凸不平的沙面或小洼地。

2. 沙堆

沙堆是风沙流遇到障碍物时，在其背风面所形成的堆积体。其形态为舌状，高度一般不超过 10 m，长度可达数十米至数百米，其内部具有交错层理。沙堆最初呈蝌蚪状，并平行风向延伸，如果沙源丰富、风力强，会不断扩大演化为盾状沙堆(图 11-8)。

3. 新月形沙丘

新月形沙丘 (barchan)是在稳定单风向作用，并有足够沙源条件下，形成的平面形态如新月的沙丘(图 11-9a)。其纵剖面的两坡不对称，迎风坡凸而平缓，坡度为 5°～20°；背风坡凹而陡，一般为 28°～34°。新月形沙丘背风坡的两侧形成近似对称的两个尖角，称为沙丘的两翼，此两翼顺着风向延伸(图 11-10)。

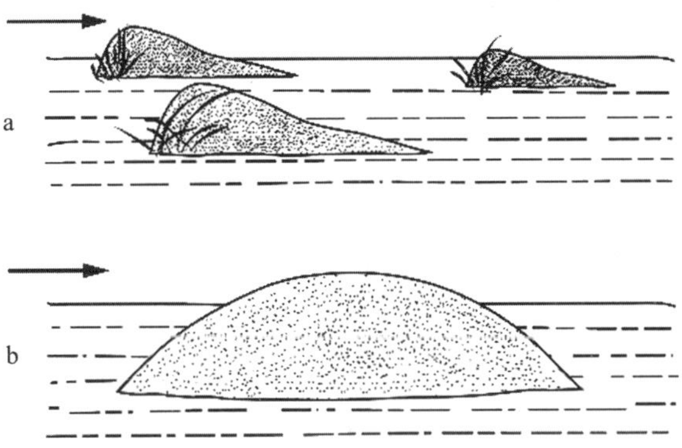

a. 蝌蚪状沙堆；b. 盾状沙堆；箭头表示风向

图 11-8 沙堆演化示意图

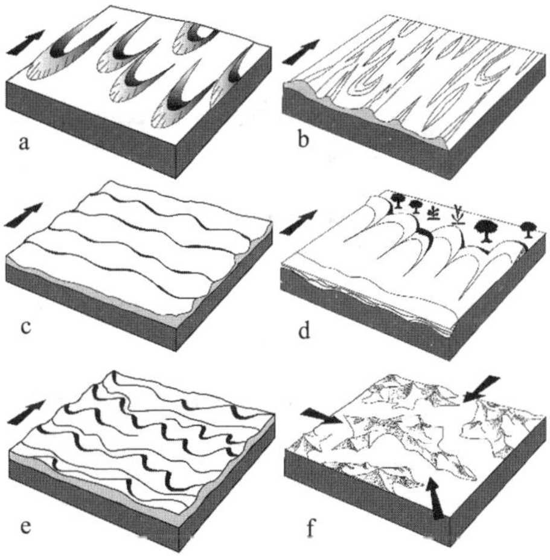

a. 新月形沙丘；b. 纵向沙垄；c. 横向沙垄；
d. 抛物线沙丘；e. 新月形沙丘链；
f. 金字塔沙丘；箭头表示风向

图 11-9 沙丘的类型(田明中等，2013；改绘)

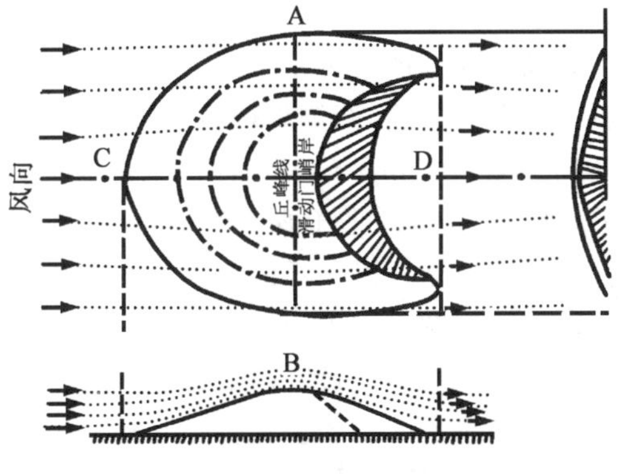

图 11-10 新月形沙丘的平面图和纵剖面图(杨景春，2017)

新月形沙丘是由盾状沙堆(图 11-11a)演化而来。由于沙堆使地面起伏，风沙流经过沙堆时，使近地面风速发生变化，导致气压分布不同。在沙堆顶部风速较大，空气压力较小；沙堆的背风坡，风速较小，空气压力较大。从沙堆顶部和绕过沙堆两侧来的气流在沙堆背风坡产生涡流，并将带来的沙粒堆积在沙堆后的两侧，在沙堆背风坡形成马蹄形小洼地(图 11-11 b)。如果风速和沙量继续加大，沙堆背风坡的小凹地将进一步扩大，从沙堆顶部和两侧带来的沙粒在涡流的作用下不断堆积在沙堆后部的两侧，形成幼年型新月形沙丘(图 11-11c)。幼年型新月形沙丘进一步扩大增高，使气流通过它的顶峰附近和背风坡坡脚时，产生更大的压力差，从而在背风坡形成更大漩涡，使原有浅小马蹄形洼地扩大，从迎风坡吹越沙丘顶的流沙，只在沙丘顶部附近的背风坡处堆积，沙粒堆积到一定程度就会在重力作用下下滑，再被涡流吹向两侧堆积，此时就形成典型的新月形沙丘(图 11-11d)。

新月形沙丘在向前移动过程中，在风的作用下沙粒不断在背风坡沉积，并形成倾向与背风

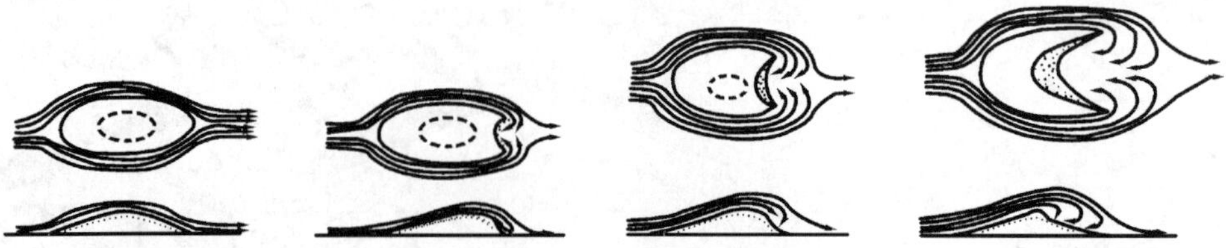

图 11-11 新月形沙丘形成示意图(杨景春,2017)

坡一致的斜层理,同时背风坡的两个翼角也向前延伸,使沙丘不断向前移动。新月形沙丘移动的速度与沙丘高度成反比,与沙丘间的距离成正比。即沙丘越低,间距越大,其移动速度越快,反之就越慢。

4. 新月形沙丘链

新月形沙丘链(barchan chain)是在两个相反风向的交替下,新月形沙丘的翼角彼此相连而成(图 11-9e)。这种风积地貌在我国季风气候区的沙漠较发育,如阿拉善东南部的腾格里沙漠,冬季、夏季分别为西北风和东南季风,因此这里形成北东-南西走向的新月形沙丘链。在沙源非常丰富的情况下,新月形沙丘非常密集,单个新月形沙丘相互连接成新月形沙丘链。

5. 纵向沙垄

纵向沙垄是沙漠中顺主要风向延伸的一种垄状堆积地貌(图 11-9b)。沙垄前端具有明显的迎风坡和背风坡,较高大;中部垄脊平缓,两侧斜坡对称;尾部两侧斜坡平缓。沙垄的规模各地不同。垄体狭长平直,一般高 10～30 m。敦煌鸣沙山的沙垄高 130 m,北非沙垄最高可达 100～200 m,长数百米至数千米,也可达数十千米。纵向沙垄的成因之一是由新月形沙丘发展而成,即在两个风向呈锐角相交时,新月形沙丘的一翼沿主要风向伸延,另一翼相对退缩,最终形成纵向沙垄,即纵向新月形沙垄(图 11-12);也可能是由两个或两个以上草丛沙堆同时顺主风向延伸并相互连接形成,如古尔班通古特沙漠的纵向沙丘。另外,受地形条件控制,在山口或垭口附近,单向风力特别强烈,风沙流的含沙量高也可形成顺风向延伸的纵向沙垄;在沙漠区龙卷风与单向风作用下,气流沿着地面呈水平螺旋状前进,风从低地将沙粒吹起堆积在两侧沙堆顶部,也可逐渐形成纵向沙垄。

6. 横向沙垄

是一种在风力大、沙源丰富条件下形成的巨型复合新月形沙丘链(图 11-9c)。长可达 10～20 km,一般高 50～100 m,最高可达 400 m,其延伸方向与风向垂直。沙垄整体较平整,两侧不对称,背风坡陡,迎风坡缓,其上发育小型沙丘链或新月形沙丘。

7. 抛物线沙丘

形态与新月形沙丘相反,沙丘的两翼指向迎风方向,迎风坡平缓而凹进,背风坡陡急呈弧形凸出,平面轮廓呈抛物线状,由横向沙垄演变而来,当前进中的横向沙丘遇到障碍物时,局部未受阻的部分继续前进,使沙丘形成向前的弧形。随着风的继续作用,弧顶向前移动,两翼角逐渐拉长变细,弧顶不断增大形成抛物线沙丘(图 11-9d)。

8. 梁窝状沙地

梁窝状沙地(grated sandsheet)是两个风向相反风力不等的风交替作用下,在植被覆盖区

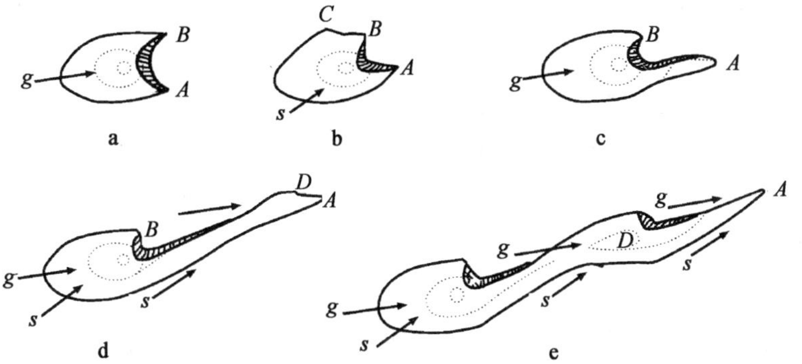

a. 来自主要风向 g 的稳定风形成最初的新月形沙丘；b. 从新的风向 s 来风，A 翼朝新方向前进；c. 风向转为 g，翼沿 g 方向伸长；d. 经 g 和 s 风长期作用后，A 翼逐渐向 s 风向延伸，并达到 D 点；e. 形成新月形沙垄

图 11-12 新月形沙丘演变成纵向新月形沙垄(R. A. 拜格诺,1954)

形成的由隆起的沙丘梁与凹下的沙窝相间组成的一种微地貌。其弧形的沙梁迎风坡短而陡，两侧较对称。在我国准噶尔的古尔班通古特沙漠西南和毛乌素沙地红碱淖南部可见到该地貌。

9. 格状沙丘

格状沙丘(trellis dune)由两个近乎垂直的风相互作用形成，主风向形成沙丘链(主梁)与次风向形成低矮的沙埂(次梁)分隔着丘间低地(沙窝)，形似格状。

10. 金字塔形沙丘

金字塔形沙丘(pyramidal dune)是由几个风向、风力相差不大的风形成的棱面明显、呈角锥状的沙丘(图 11-9f)。沙丘高度一般为 50～100 m，每个沙丘由 3～4 个三角形的斜面组成(斜面坡度一般 25°～30°)，每个斜面代表一个风向。当主风力遇到山体阻碍而折射，引起气流干扰时，易形成金字塔沙丘星。在基岩起伏的地区(如有残余丘岗)也容易形成。常见于我国北疆的古尔班通古特沙漠和塔克拉玛干沙漠西部地区。

11. 蜂窝状沙地

蜂窝状沙地(honeycombed sandsheet)是沙漠中一些比较固定的圆形碟状洼地。在沙漠地区，白天炽热的阳光使温度骤增，引起空气的强烈对流，形成龙卷风。强烈的龙卷风把沙漠地面吹成一个个圆形洼地，被吹蚀的沙粒堆积在洼地四周就形成蜂窝状沙地。

以上地貌中，沙堆、新月形沙丘、纵向沙垄和抛物线沙丘是在单风向或几个相近风向作用下形成，称为信风型风积地貌；新月形沙丘链、横向沙垄和梁窝状沙地是在两个相反风向交替出现作用下形成，称为季风型风积地貌；金字塔形沙丘在多风向作用下形成，属于干扰型风积地貌；蜂窝状沙地在龙卷风作用下形成，属于对流型风积地貌。

三、沙丘的移动

沙漠中沙丘在风力作用下通过迎风坡吹蚀、背风坡堆积而实现移动。沙丘的移动与风力大小、沙丘高度、水分以及植被状况等因素密切相关，其移动过程主要表现在沙丘的移动方向、移动方式和移动速度 3 方面。

(一)沙丘的移动方向

沙丘移动的方向取决于有一定延续时间的起沙风风向,移动的总方向与起沙风的年合成风向大体一致。根据气象资料,在我国沙漠地区,影响沙丘移动的风主要是东北风和西北风。受其影响,沙丘移动方向表现在:新疆塔克拉玛干沙漠广大地区、甘肃河西走廊西部等地,在东北风的作用下,沙丘自东北向西南移动;其他各地区,都是在西北风作用下向东南移动。

(二)沙丘的移动方式

沙丘的移动方式取决于风向及其变化,主要有前进式、往复前进式和往复式 3 种(图 11-13):①前进式指在单一风向作用下沙丘不断向前移动,如我国新疆塔克拉玛干沙漠、青海柴达木盆地沙漠、内蒙古巴丹吉林沙漠以及腾格里沙漠的西部等地,受单一的西北风和东北风的作用,沙丘均以前进式运动为主;②往复前进式指两个风向相反而风力不等情况下,沙丘往复向前移动,如我国毛乌素沙地的沙丘在西北风(冬季,风力强)和西南风(夏季,风力弱)交替作用下,慢慢由西北向东南移动;③往复式是指两个风向相反风力相等情况下使沙丘产生的往复移动。我国沙丘的移动方式主要是前进式,其次为往复前进式。

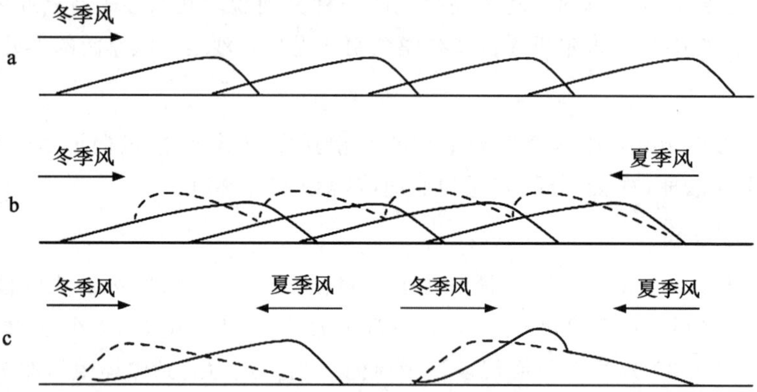

a. 前进式;b. 往复前进式;c. 往复式

图 11-13 沙丘的移动方式示意图

(三)沙丘的移动速度

沙丘的移动速度主要取决于风速和沙丘本身的高度,如果沙丘在移动过程中,形状和大小保持不变,则迎风坡吹蚀的沙量应该等于背风坡堆积的沙量。

沙丘移动的速度与风速和沙丘高度的关系,可用下式表示:

$$D=\frac{Q}{rH}$$

式中:D 为单位时间沙丘前移的距离(m);Q 为单位时间内通过单位宽度,从迎风坡搬运到背风坡的总沙量(m^3/d);H 为沙丘的高度(m);r 为沙子的容重。

由表达式可以看出,沙丘移动速度与其高度成反比,而与输沙量成正比。

沙丘移动速度与沙丘的形态有关。如横向沙丘由于走向与主风向垂直,在同等风力条件下有效作用面积最大,因此在各种类型的沙丘中移动速度最快。沙丘的移动速度还与沙丘的水分含量、下伏地形状况、植被状况等因素有关。沙丘湿润时，沙粒的黏滞性和团聚作用较强，不易被吹扬搬运，沙丘移动的速度降低；沙丘下伏地面有起伏时也能降低其上沙丘移动的速度；当植被覆盖度小时，沙丘则移动得快，反之则慢。

四、风成地貌的影响因素

沙丘的形成和发育受风向和风力、地面形态、水分、植被及沙源供应等条件的影响。

1. 风向和风力

起沙风的情况决定着沙丘的总特征，如单一风向地区一般以新月形沙丘和沙丘链为主，两组相反风向的作用下易形成横向沙垄。沙丘的排列方向(以沙丘迎风坡方位角表示)和起沙风合成风向大体相一致，但是不可能完全符合，而是有一夹角存在。另外，风力大小决定沙丘移动的方向和速度，沙丘移动的总方向也遵循起沙风的合成方向。

2. 地面起伏

地面起伏状况使近地面风沙流的运行发生改变，造成沙丘形态的差异，特别是山岭的起伏往往成为风沙流运行的障碍，在其迎风侧沙子大量堆积，形成巨大的沙丘。如塔克拉玛干沙漠西北叶尔羌河南岸高大沙丘的形成即与蚀余残山有关。

3. 地面物质组成

其实质在于沙子供应量的多少，关系着沙丘发育的规模。如塔克拉玛干沙漠边缘洪积扇上的沙丘都较低矮，原因是地表细沙、中沙较少；沙漠内部冲积平原上的沙丘都较高大，这与地表细沙、中沙较丰富有关。

4. 水分和植被

地表水分、植被条件愈好，越不利于沙丘的发育。如塔克拉玛干沙漠的策勒地区在西北风作用下，南部为水分条件很差、无植被覆盖的洪积沙砾平原，沙源供应较少，形成低矮稀疏的裸露新月形沙丘；中部为洪积—冲积扇前缘的潜水位较高、有间歇性流水补给的沙质平原，植物生长较好，仅发育灌丛沙堆；北部是现代流水不能到达的古河流冲积沙质平原，因为有丰富的沙源，水分条件差，植被稀疏，所以形成了高大沙丘。

第三节 沙质荒漠化及其防治

一、荒漠和荒漠化

(一)干旱区荒漠的类型

气候干旱，植被非常稀少，土地十分贫瘠的自然地带，称为荒漠(desert)。主要分布在两个地区：一是南、北纬度 15°～35°的亚热带，如北非的撒哈拉、西南亚的阿拉伯半岛、南美的阿塔卡马等地；二是温带内陆地区，如中亚、我国的西北和美国西部等地。我国干旱荒漠的面积占全国陆地面积 1/4 左右。

荒漠是干旱区的大型地貌组合，按照其地貌形态与地表组成物质不同，可分为 4 类：岩漠、砾漠、沙漠和泥漠。

1. 岩漠

岩漠(石质荒漠)(rocky desert)是干旱区发育的基岩裸露区,多分布在大型盆地和谷地的山麓地带,其地貌结构从山地边缘到盆地中心表现为山麓剥蚀面、岛山、洪积扇、干盐湖或盐湖。在石质荒漠地区,地表覆盖着一层薄薄与基岩岩性一致的尖角石块和砾石,山坡陡峭,植被稀少,基岩裸露地表。另外,由于昼夜温差变化急剧,物理风化作用强烈,裸露岩石由于风的吹蚀作用可形成风蚀谷、风蚀丘及风蚀蘑菇等风蚀地貌。

2. 砾漠

砾漠(砾石荒漠)(gravel desert)又称戈壁(gobi),指地势起伏平缓、地面布满砾石的地区,多发育于干旱盆地或谷地边缘。在各种成因的堆积物上,由于强大的风力吹蚀作用,留下粗大的沙砾石覆盖整个地表,形成大片的砾石滩。砾石主要来源于古代河流的冲积物和洪积物,砾石在风沙的磨蚀作用下形成具有棱角而表面光滑的风棱石(ventifact)(图 11-14);有些砾石表面可见到以 Fe、Mn 氧化物为主的油黑色荒漠漆皮。在我国砾漠主要分布在西北的河西走廊、柴达木、吐鲁番和塔里木等内陆盆地的山前地带。

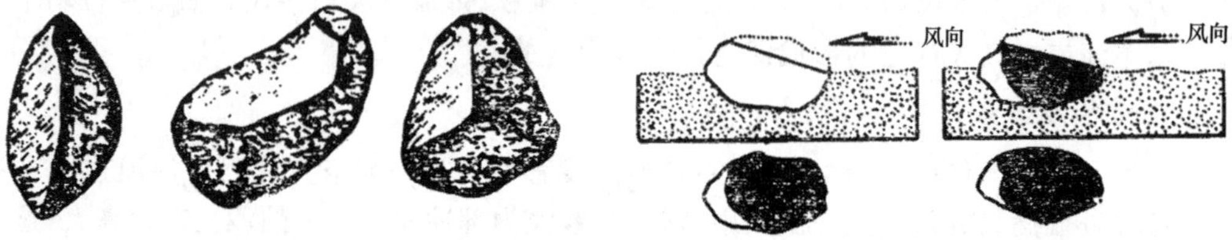

图 11-14 风棱石(W. K. 汉布林,1980)

3. 沙漠

沙漠(沙质荒漠)(desert)指地表覆盖有大量流沙,并发育有不同时代的各种形态沙丘的荒漠。沙漠是荒漠中分布最广的一种类型,这里风沙活动强烈,可形成各种风成地貌形态。此外,在半干旱的干草原地区,也常有大面积为风成沙所覆盖的地面,称为"沙地"。沙漠多分布在内陆巨大的山间盆地里,以及干燥剥蚀的高原上,其形成除了干旱气候外,还要有丰富的沙物质来源。沙漠中沙的来源复杂,主要来源于吹蚀区的冰碛物、冲积物、湖积物、洪积物或残积物等。多数大型沙漠沙的主要来源是风的吹蚀作用将细粒沉积物中的黏土带走,留下沙粒形成;也可将沙粒搬运过来堆积而成。中国的沙漠面积达 70×10^4 km^2,其中最大的沙漠是位于新疆塔里木盆地的塔克拉玛干沙漠,也是世界上第二大流动沙漠(表 11-2)。人类活动对现代沙漠的扩展起重要作用,沙漠的扩展破坏了生态环境,威胁人类的生命财产。

表 11-2 世界主要沙漠的面积

名称	面积(10^4 km^2)	名称	面积(10^4 km^2)
撒哈拉沙漠(非洲北部)	932	巴塔哥尼亚沙漠(南美)	67
阿拉伯沙漠(阿拉伯半岛)	233	鲁卜哈利沙漠(阿拉伯半岛)	65
利比亚沙漠(非洲东北部)	169	卡拉哈里沙漠(非洲南部)	63
澳大利亚沙漠(澳大利亚西南部)	155	大沙沙漠(澳大利亚西部)	41
戈壁沙漠(中国、蒙古之间)	130	塔克拉玛干沙漠(中国新疆)	33

4. 泥漠

泥漠(黏土荒漠)(mud desert)由黏土物质组成的地面，分布在干旱区的低洼地带，如封闭盆地的中心。它是由湖泊水体干涸，湖底裸露而成，在我国西部，一般以第三纪、白垩纪等的红色黏土为主。泥漠的地面平坦，发育有龟裂纹，植物稀少，地表光裸，如塔里木盆地的罗布泊一带有大面积的泥漠分布。有的泥漠地区，地下水位较浅且含有大量盐分，在干燥气候条件下水分不断蒸发，盐分析出在地表不断积聚，形成盐土、盐壳甚至盐岩层，则称为盐沼荒漠或盐漠(salt desert)。

(二)荒漠化的概念

荒漠化(desertification)是指包括气候变异和人类活动在内的种种因素造成的干旱、半干旱和亚湿润干旱地区的土地退化，主要包括：风蚀和水蚀致使土壤物质流失，土壤的物理、化学、生物特性或经济特性退化以及自然植被长期丧失。根据形成荒漠化的主导外营力，我国荒漠化类型主要分为：

1. 风蚀荒漠化

土地面积约为 160.7 万 km^2，占荒漠化土地总面积的 62%左右，主要分布在干旱、半干旱地区，在各类型荒漠化土地中是面积最大、分布范围最广的一种荒漠化类型。风蚀荒漠化程度受气候、干湿程度影响较大，即重度风蚀荒漠化主要分布在干旱区，半干旱区、亚湿润干旱区较少；而轻度风蚀荒漠化主要分布在半干旱区和半湿润干旱区。

2. 水蚀荒漠化

土地面积约为 20.5 万 km^2，占 8%左右，在干旱、半干旱和亚湿润干旱区，呈不连续地局部集中分布在一些河流的中、上游及一些山脉的山麓地带，表现出明显的地形特征。这些地段海拔高，具有较好的降水条件。此外，地形起伏且坡度大，土壤覆盖厚，人类活动强烈，具有水蚀荒漠化形成的物质基础。水蚀荒漠化程度分布表现出与土壤质地紧密相关性。

3. 冻融荒漠化

土地面积约为 36 万 km^2，占 14%左右。主要分布在青藏高原的高海拔地区，属于较干燥的大气候，但局部地段海拔高、水分相对较好的地段。

4. 土壤盐渍化

土壤盐渍化面积约为 23 万 km^2，占 10%左右，集中连片分布在柴达木盆地、塔里木盆地周边绿洲以及天山北麓山前冲积平原地带、河套平原、银川平原、华北平原及黄河三角洲。现代盐渍土以盐渍化草地面积最大，盐渍化耕地次之。土壤盐渍化主要是由于气候、排水不畅、地下水位过高及不合理灌溉方式等造成。其程度也是从干旱→半干旱→亚湿润干旱依次减轻。

5. 其他因素形成的荒漠化

指以上 4 种主导因素以外的其他因素综合形成，总面积约 22 万 km^2，占 9%左右，分布于各气候类型区，以轻度为主。如因地形因素影响而使局部地区变为干热的焚风气候。我国是一个山区面积较大，无论是东西走向还是南北走向的山系，都可能与季风(包括东部的太平洋季风、西南的印度洋季风和西部大西洋或北冰洋季风)形成局部的焚风区。

二、沙质荒漠化的危害

狭义的荒漠化即为沙质荒漠化(沙漠化),它是指在干旱、半干旱及部分半湿润地区,由于自然因素与人为活动等影响下所产生的一种以风沙活动为主要标志的环境退化过程。沙漠化的实质就是土地风蚀、出现流沙和产生沙漠的过程,也包括原来固定和半固定沙丘活化,演变为流动沙丘的过程。沙漠化是我国干旱半干旱地区特定自然环境下产生的地质灾害,对人类赖以生存的生态环境和社会经济活动产生严重危害,主要表现在以下四个方面。

(一)侵吞农田、牧场,使可利用土地资源减少

沙化土地蔓延,吞噬绿洲和农田,降低植被覆盖度,导致生物种群数量减少,多样性消失;沙漠化导致耕层土壤内的细粒物质损失(10%～30%),造成地表颗粒变粗、沙丘堆积,农牧业生产用地减少,农牧民被迫“生态迁移”;居住、生产用地受到严重的风沙灾害影响,也会导致土地资源短缺和人口减少甚至消失。

(二)降低土地质量,使农牧业减产

沙漠化不仅使可利用的土地面积减小,还造成土地质量逐渐下降。受风蚀影响,耕层土壤中有机质和细粒物质的流失,使土层变薄、土壤粗化、肥力下降,进而导致农作物减产和草场退化;另外,风蚀作用使种子和肥料被吹走,幼苗连根拔起,也会导致农作物减产,甚至颗粒无收。

(三)破坏生产建设工程和设施

风沙活动会毁坏生活设施和建设工程,沙漠化造成河流水库淤积、灌渠堵塞,使之难以发挥正常效益;损坏铁路路基、桥梁、涵洞,使公路路基、路面积沙,中断交通,甚至使公路废弃。据估计,全国有 1 500 km 铁路、3 000 km 公路由于风沙危害造成不同程度的破坏。风沙还造成全国约 50×10^4 km 引水灌渠遭受沙害,水库的淤积问题更加严重。

(四)加剧自然灾害,影响社会的稳定

沙漠化会引发沙尘暴、风沙、雾霾等沙尘天气,污染环境,加剧自然灾害,严重影响人们的生产和生活,甚至威胁人类健康。如风沙活动会破坏通讯、输电线路和设施;流动的沙丘会埋没公路、铁路;沙尘暴会降低大气能见度,迫使机场、公路停运,会扰乱人们正常的生产生活秩序。沙漠化蔓延和发展制约了当地经济的发展,使农牧民粮食减产、收入降低、生活质量下降,加剧贫困,扩大地区差异,也影响社会的稳定。

三、沙漠化的防治措施

防治沙质荒漠化的根本途径在于保护天然植被、建立人工植被,加强人工草场生态系统的建设,合理开发利用水资源,主要包括工程措施和生物措施。

(一)工程治沙措施

利用杂草、树枝以及其他材料,在流沙上设置沙障或覆盖沙面,称为工程措施。

1. 机械沙障固沙

机械沙障(mechanical barrier)是在沙面上设置障蔽物,以降低风速,削弱风沙活动,达到固定流沙的作用。根据固沙原理和设置类型,分为:①直立式沙障:多为积沙型沙障,是将柴、

草、枝条、板条等直插入沙层内做成高出沙面 20～30 cm 的沙障，可降低风速起到阻挡和固积流沙的作用。沙障设置应与主风方向垂直，以行列式和格状式为主，普遍应用于农田、渠道等的防沙。另外，在铁路、公路及重点工程建设防沙上的防沙栅栏(高立式沙障)，村庄、农田边缘的防沙土墙，也属直立式沙障。②平铺式沙障：为固沙型的沙障，是将柴、草、卵石、泥土或沥青乳剂、聚丙烯酰胺等高分子化学聚合物铺盖或喷洒在沙面上，用以遮盖和隔绝沙面，达到风虽过而沙不起，但对过境风沙流中沙粒的截阻作用不大。沙障沿垂直主风方向带状铺设，在降雨稀少的河西走廊，沙丘上栽植植物困难，急需治理的重点沙地，常用土埋沙丘和泥漫沙丘固定流沙，消除危害。在缺乏柴、草、黏土而有砾石或白僵土、石膏、盐结皮等的地方，可用这些材料铺设沙障。

如用沥青乳剂、聚丙烯酰胺等高分子化学聚合物等喷洒于松散的流沙沙地表面，化学胶结物质将表层沙粒(1～5 mm)胶结成一层保护壳，以此来隔开气流与松散沙面的直接接触，从而起到防止风蚀的作用，这种方式也称为化学固沙。为了使沙丘长期固定，沙障必须结合植物固沙措施，才能取得较长远的固沙效果。

2. 风力治沙措施

风力治沙是以风的动力为基础，人为地干扰、控制风沙的蚀积搬运，因势利导，变害为利的一种治沙方法。目前主要利用风力拉沙防治风沙危害。如利用地形设置屏障，以聚集风力，改变风向，借以削平沙丘或疏导流沙，避开被保护对象；或在需要保护地段铺设砾石等材料，使下垫面变得平滑，增强沙粒冲击跃移能力，使沙丘越过被保护地段而不形成沙堆。

3. 水力治沙措施

水力治沙是以水为动力，按照需要使沙子进行输移，消除沙害，以改造利用沙漠的一种方法。其实质是利用水利定向控制风沙的蚀积搬运，达到除害兴利的目的。如引水拉沙可以增加沙地水分，为植物生长创造条件，增强地表的抗蚀性，减小风沙危害；冲高淤低，改变沙地的地形，改良土壤，使土壤的理化性质得到改善，促进团粒结构的形成；改善沙区小气候，为农林牧生产事业创造有利条件。

(二)生物固沙措施

生物固沙是防治土地沙漠化最有效、最经济、最持久、最稳定的技术措施，也是根本性措施。包括营造农田防护林网和防沙林带、造林固沙、封沙育草等。对不同的地带采取不同的治理方法，主要有：

1. 绿洲防护林体系

绿洲外围处于风蚀、风积严重的生态脆弱带，可通过自然繁生或人工辅助进行封沙育草，建立宽阔的抗风蚀、耐干旱的灌草固沙林带；在绿洲内部构建纵横交错的沙地农田或牧场防护林，可改善绿洲生态环境，有利于植物生长发育，林带宽度以小网格窄林带防护效果最好；在灌草固沙林带与农田之间构建防风阻沙林带，可削弱越过灌草固沙带的风速，拦截流沙中的剩余沙粒，进一步减轻风沙危害。

2. 沙漠沙源带封沙育草技术

沙漠沙源带水分条件差，直接造林困难，为防止沙源物质进一步扩张，可通过封沙育草，促进沙生植物的生长和固沙效益的发挥。封育面积因沙区沙源物质、风力强度、绿洲规模、绿洲水源和植被破坏程度不同而有差别。在重点封育类型治理区,如流动沙丘及危害绿洲的主要封口地段,进行全面封闭管理,严禁一切形式的开发利用;在一般封育区,主要进行监护,促进天然植物的更新。育草技术因地制宜,在春季或秋季可进行人工撒播沙生旱生草种,促进植物繁殖,立地条件较好地段,可辅以飞机播种;有些地段可利用绿洲灌溉尾水灌溉,改善育草环境。

3. 流动沙丘的造林技术

在沙漠化严重的流动沙地采用固、撵、拉、挡等固沙治沙措施。根据沙丘的大小、分布密度、丘间低地可利用程度和沙地立地条件,首先选择沙丘部位和丘间低地作为“突破点”进行造林,然后再在固定或削平的沙(丘)地上大面积种草种树,形成较为稠密的防风阻沙林带。在流动沙地通过沙湾造林、前挡后拉、迎风坡造林等方式,结合密集式造林与宽行密植,固身削顶、截腰分段、逐年推进、分期造林。我国内蒙古巴彦淖尔市杭锦后旗采用“撵沙腾地,固放结合”的方式清除沙丘,开发利用沙荒地。对零星散布的流动沙丘,则采用机械措施和造林防沙相结合的办法进行环丘造林。

二维码资源

二维码 11-1　风成地貌

复习思考题

1. 名词解释:风蚀作用、风积作用、风积物(eol)、荒漠化、沙漠化
2. 风的搬运形式有哪些? 各有何特点?
3. 新月形沙丘的形成过程是怎样的?
4. 风蚀作用有哪些类型? 举例说明风蚀地貌的特征。
5. 干旱地区荒漠和荒漠化的类型各有哪些?
6. 比较风积物与冲积物的异同。
7. 比较风力搬运与水力搬运的异同。
8. 分析风蚀的影响因素并由此论述防治土地沙化的措施。
9. 试述荒漠化成因、危害及防治措施。

参考文献

曹伯勋. 地貌学及第四纪地质学. 北京:中国地质大学出版社,1995.
梁成华. 地质与地貌学. 2 版. 北京:中国农业出版社,2017.
田明中,程捷. 第四纪地质学与地貌学. 北京:地质出版社,2013.
吴发启,朱首军. 水土保持学概论. 北京:中国农业出版社,2016.

夏邦栋.普通地质学.2版.北京:地质出版社,1995.
杨景春,李有利.地貌学原理.4版.北京:北京大学出版社,2017.
张洪江,程金花.土壤侵蚀原理.4版.北京:科学出版社,2019.
张祖陆.地质与地貌学.北京:科学出版社,2012.
左建,孔庆瑞.地质地貌学.4版.北京:中国水利水电出版社,2019.
R. A.拜格诺.风沙和荒漠沙丘物理学,London: Methuen,1954.
W. K.汉布林.地球动力系统.北京:地质出版社,1980.

第十二章　黄 土 地 貌

第一节　黄　　土

一、黄土的分布

黄土(loess)(或风成黄土)是指在地质时代中的第四纪期间，以风力搬运的黄色粉土沉积物。它是原生的、成厚层连续分布，掩覆在低分水岭、山坡、丘陵，常与基岩不整合接触，无层理，常含有古土壤层及钙质结核层，垂直节理发育，常形成陡壁。

黄土状土又叫次生黄土(secondary loess)，是原生黄土地层再受风力以外的营力搬运，主要是洪积、坡积、冲积成因，堆积在洪积扇前沿，低阶地与冲积平原上，有层理，很少夹古土壤，垂直节理不发育，不易形成陡壁。

(一)世界的黄土分布

世界上的黄土主要分布在北半球的中纬度干旱及半干旱地带。南半球除南美洲和新西兰外，其他地区很少有黄土分布(图 12-1)。

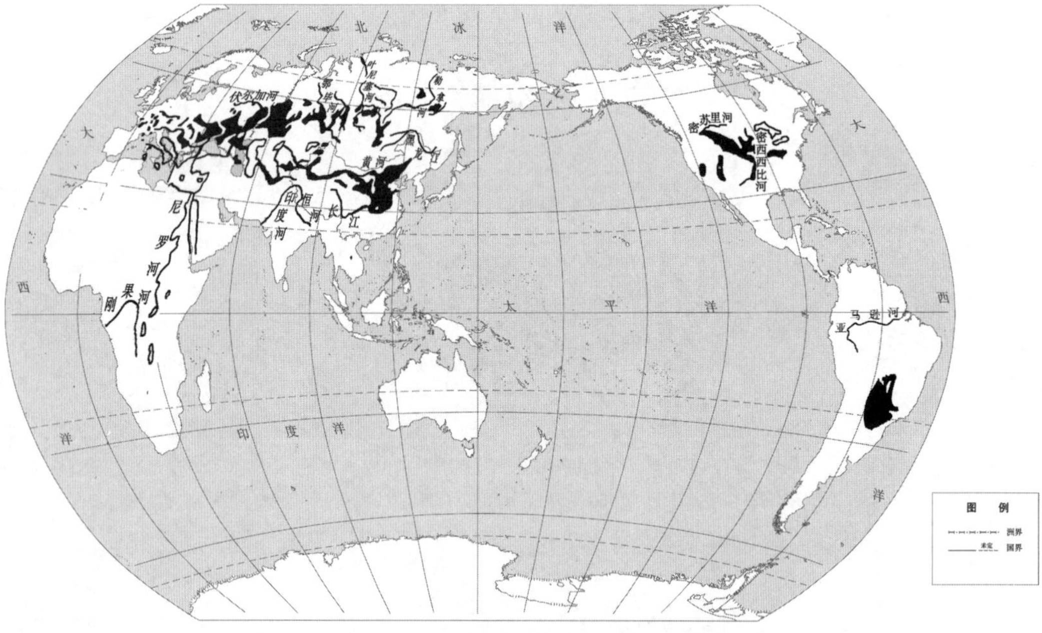

图 12-1　地球上黄土和黄土状土分布

亚洲黄土分布最广，最北界达北纬 74°，最南抵北纬 32°（南京附近）。欧洲黄土分布最北界为北纬 62°，南界在北纬 40°左右。在北美，黄土主要分布在北纬 40°附近古代冰川前缘地带。在南半球，黄土主要分布在南纬 40°附近的阿根廷巴姆斯草原地区。黄土分布特点是：

（1）黄土不连续的带状分布，东西延伸，连绵于南北两半球的中纬度地带。

（2）欧洲、北美和西伯利亚的黄土都分布于第四纪大陆冰盖的外围，而中亚、中国和南美的黄土分布在沙漠的外围，说明它们的形成与大陆冰盖和沙漠上的高压中心所产生的反气旋风有关。

（3）黄土主要分布在中纬度气候温暖地带，该区以干旱、半干旱和温暖少雨、有强烈季节变化为特点，而高纬、低纬地区黄土少见。因为高纬度地区是黄土物质的吹扬区；中纬地带温暖，草原发育，雨量不大，冲刷不强，便于黄土的沉积与保存；低纬地区距风源已远，黄土来源不多，加之雨量充沛，冲刷强烈，红土化作用盛行，不利于黄土的保存。据 V. 台劳估计，欧洲黄土覆盖面积占 7%，北美占 5%，南美占 10%，亚洲占 3%，K. 凯哈克估计，大陆面积 9.3% 为黄土覆盖。

（二）我国的黄土分布

（1）中国的黄土和黄土状土主要分布在昆仑山、秦岭、泰山、鲁山连线以北的干旱、半干旱地区。原生黄土以黄河中游发育最好，主要是山西、陕西、甘肃东南部和河南西部（图 12-2）。此外，在北京、河北西部、青海东部、新疆地区、松辽平原、四川、三峡、皖北淮河流域和南京等地也有零星分布。

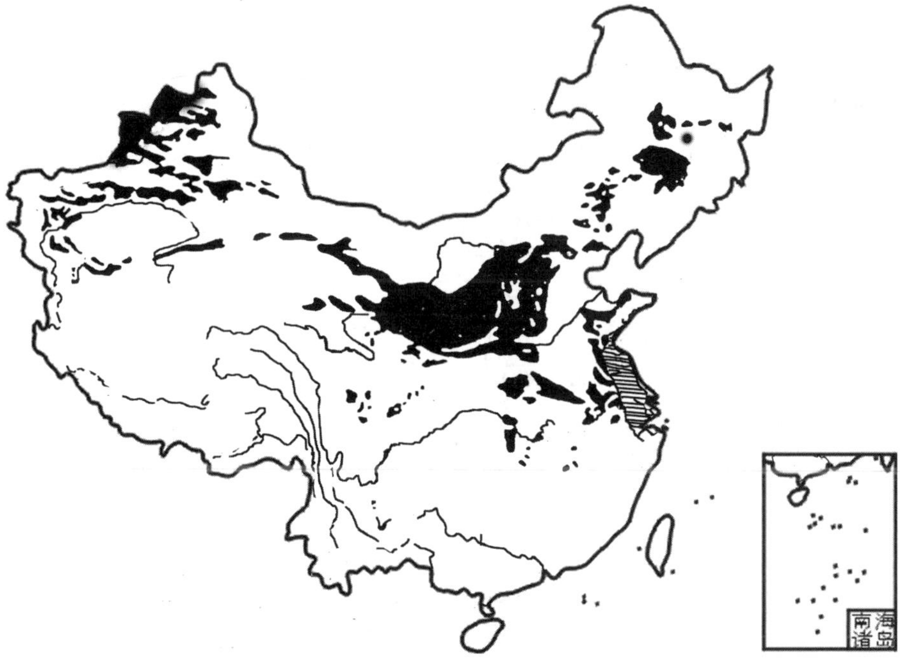

图 12-2　中国的黄土分布

(2)我国黄土的弧线分布除受山脉地形控制外，与我国气候的带状分布有关。黄土分布范围大致在年平均降水量300～700 mm线，降雨量小于蒸发量，即主要分布在温带地区。

(3)戈壁、沙漠和黄土从西北向东南顺次成带状分布。

以上是黄土的平面分布。黄土分布的高度变化很大。我国黄土最高可达4 500 m(帕米尔)，最低在吐鲁番盆地中，海平面<100 m也有黄土分布。

二、黄土的一般特征

1. 粒度成分

黄土的粒度成分是区别其他第四纪沉积物的代表性特征之一。黄土组成成分均一，以含高量粉土颗粒(0.05～0.005 mm)为特征，其中粗粉粒(0.05～0.01 mm)含量在50%以上，黏土颗粒(<0.005 mm)含量在10%左右。黄土中普遍夹有沙粒，但以极细砂(0.10～0.05 mm)居多，不含或很少含粒径>0.25 mm的颗粒。总之，黄土是以粉土为主，并含一定比例的细砂、极细砂和黏粒的沉积物。刘东生等依据黄土中沙粒和黏粒的比例，将其划分为砂黄土、黄土和黏黄土，黏黄土又叫下蜀黄土。西北黄土高原的黄土颗粒成分的分布规律是自西向东、自北向南，黏粒含量逐渐递增(表12-1)。黄河中游黄土颗粒粗细分带见图12-3。

表12-1 黄土颗粒成分变化 %

地点	>0.05 mm	0.05～0.005 mm	<0.005 mm
兰州	18	67	15
太原	11	71	18
西安	10	66	24
洛阳	12	60	28

引自王景明等，1996。

黄土状土的粒度成分与黄土很相似，如粉土含量高，但经常夹有较粗的沙粒。

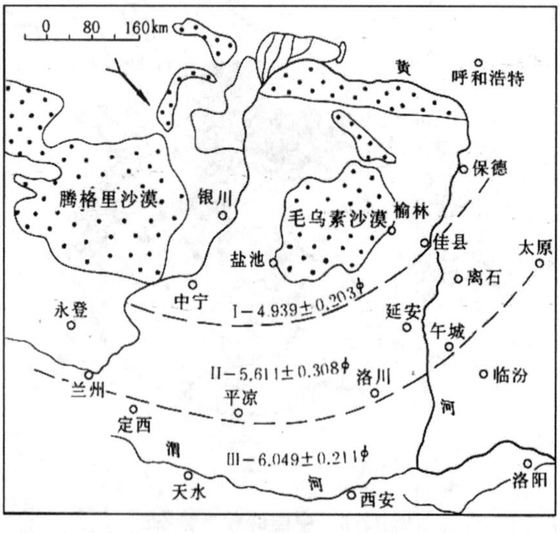

Ⅰ.沙黄土带及颗粒均值；Ⅱ.黄土带及颗粒均值；Ⅲ.粘黄土带及颗粒均值。箭头示现代高空气流方向。
据研究得知食道癌死亡率，粘黄土带>黄土带>沙黄土带

图12-3 黄河中游黄土颗粒粗细分带图(引自曹伯勋，1995)

2. 矿物成分

包括碎屑矿物和黏土矿物，前者占70%以上。在碎屑矿物中，主要是相对密度小于2.90的轻矿物，占90%以上，石英最多，长石其次，还有一些碳酸盐矿物（方解石、白云石等）。黄土中黏土矿物成分主要为水云母、高岭石及蒙脱石。这些矿物的存在，使黄土具有吸附、膨胀、收缩等特性，影响到黄土的工程性质。碳酸盐类矿物往往起胶结作用，使黄土在天然结构情况下，颗粒经常呈团聚体存在。遇水后，由于可溶盐胶结的团聚体被破坏，黄土的湿陷性增强。所以有人认为，黄土中碳酸盐类的存在是黄土湿陷的原因之一。

黄土状土的碎屑矿物虽然也以石英、长石为主，但不稳定矿物成分含量较低，一般都风化强烈，并与附近基岩有联系。

3. 化学成分

黄土的化学成分由矿物成分决定。如黄河中游黄土的化学成分见表12-2。

表12-2 黄河中游黄土的化学成分 %

化学成分	马兰黄土	离石、午城黄土
SiO_2	48.22～63.54(53.54)	39.34～65.3(53.53)
Al_2O_3	7.77～14.61(1.11)	7.83～14.79(11.48)
CaO	3.52～12.92(8.72)	4.83～19.25(8.05)
Fe_2O_3	2.15～6.14(416)	2.98～7.32(4.67)
FeO	0.46～1.72(1.13)	0.34～2.46(1.12)
MgO	$<$6.63(2.58)	$<$9.25(3.13)
Na_2O	1.82～2.32(1.76)	0.28～2.0(1.68)
K_2O	0.2～2.44(1.81)	1.24～2.28(1.97)
TiO_2	0.11～0.85(0.45)	0.25～0.90(0.54)
MnO_2	$<$0.35(0.16)	$<$0.35(0.15)

引自刘东生等。

从上述资料看出，黄土中SiO_2含量很大，这是因为黄土中除含有大量的石英外，还有铝硅酸盐矿物；其次为Al_2O_3，因为黄土中主要矿物有长石。CaO含量也较高，因为黄土中含有方解石。

黄土的化学成分在地域分布上也呈规律变化。我国黄河中游的黄土的化学成分变化规律是：Al_2O_3及Fe_2O_3自西北向东南有含量增长的趋势，而SiO_2、FeO、CaO、Na_2O、K_2O则相反，含量自西北向东南方向渐少。化学成分的这种变化与黄土粒度的变化而带来的黄土矿物成分变化有直接关系，如在黄河中游黄土自西北向东南渐变细，随着这种变化，黄土中石英含量减少，而长石和黏土矿物随之增加，因此出现了SiO_2与Al_2O_3的变化。其他成分的变化，则与分布区气候自西北向东南渐变湿热有关。

在淮河、长江流域，因气候变暖、变湿，使Fe、Al氧化开始明显，形成黏粒含量较多的下蜀黄土。

黄土状土的化学成分虽以SiO_2，Al_2O_3为主，但变化较大，常随源地基岩而异。

4. 结构构造

黄土具有发育的孔隙和垂直节理（图12-4），它不具层理。

黄土普遍具有发育良好的管状孔隙，孔径大者达0.5～1 cm，孔内大都填充有不同数量的碳酸盐,部分孔隙几乎全部被碳酸盐充填;黄土的孔隙度较高,一般为33%~64%。经验证明,黄土的多孔性是黄土湿陷性的基本原因。

黄土中垂直节理的产生,一方面由于在重力作用下黄土内部在铅直方向上受张应力的作用,另一方面黄土中又有着众多的铅直孔隙,削弱了水平方向的合力,因而沿铅直方向易产生裂隙。在黄土区的边坡部位,经常沿节理面发生崩塌,形成峭壁,有时甚至产生大规模的滑坡。

图12-4 河北省阳原县黄土的垂直节理

(王数 摄)

黄土不具层理,黄土的粒度在垂直剖面上虽然有粗细变化,但这样的变化并没引起明显的成层交替的现象,与一般层理不同。黄土状土孔隙较黄土少,但层理很清晰。

5. 埋藏土壤

黄土中经常夹有"色带",这种特点往往容易被人们视为不同的沉积层次,并用以作为黄土水成的佐证。据研究,这不是黄土沉积时物质成分变化而成的沉积层次,而是埋藏古土壤。因为在这些红色条带中,含有较多的腐殖质,有动植物生活的痕迹,有特殊的土壤结构。在腐殖质层之下还发育有淀积层(钙结核层),构成了完整的土壤剖面。

埋藏土壤层的存在常标志着沉积间断或沉积速度的减缓,同时也说明在黄土沉积的漫长时期内气候有很多次干冷与温湿的变化,如从我国离石黄土中埋藏土壤的特征分析,说明在离石黄土上部的沉积时期内,至少发生过5~6次间歇,在每次沉积间歇期间曾发育土壤,而这时的气候比黄土堆积时期更温暖湿润。

6. 渗透性和湿陷性

黄土中有大孔隙及发育的垂直节理,而且还具有岩溶现象,所以黄土在垂向上有较大的渗透性,垂向渗透系数一般为$K=0.6\sim0.8$ m/d。湿陷性是黄土在所受压力不变的情况下遇水湿润后,突然发生沉陷的性质。湿陷性是黄土特有的工程地质性质。黄土浸水后会立刻发生湿陷,一般在3~30 min内的湿陷量达80%。黄土的湿陷可分为两类:自重湿陷和非自重湿陷,分别是在黄土本身自重压力作用下和附加荷载作用下产生的。

三、黄土成因和我国的黄土地层

(一)黄土的成因

世界上大部分黄土都是由风搬运堆积而成的。这种观点,现在已经被大多地质工作者所承认。黄土的物质来源主要有两种类型,一种来源于沙漠,另一种来源于冰川外围的冰水沉积物。不言而喻,干旱的气候条件对黄土的发育最为有利。但在潮湿的气候条件下,只要地面经常保持裸露,并有充足的粉土物质,那么在风的作用下同样也会形成黄土堆积。

一般认为,我国黄河中游的黄土,特别是马兰黄土,主要是由风力搬运、堆积而成的。有利于这种说法的证据是:①黄土与沙漠、戈壁成带状排列;②其产状与基岩地形无关;③含有陆生动植物化石;④结构的相似和成分的一致性;⑤由北而南粒度逐渐变细和厚度逐渐变薄;⑥多次埋藏土壤层的重叠等。具有上述特征沉积物的形成，很难以其他营力作用解释。这可能是由黄土高原北部及西北部由风力吹蚀作用把尘土由远处吹来而形成的。但是，由于广大黄土分布区内地理、地质条件的复杂性，在黄土堆积时期，某些局部地区有风以外的其他地质营力参与也是可能的。

据研究，我国除有真正的风成黄土外，同时也有由非风力作用形成的黄土状岩石。按成因它们可分为残积、坡积、冲积、洪积等类型。这些黄土状岩石所具有的共同特点是：其分布往往受一定地形的制约；矿物成分比较简单，并与附近基岩大体一致；具有独特的剖面结构。

根据现有保存在我国黄河中游黄土中的脊椎动物化石来看，以喜干燥的啮齿动物为主，其他喜湿动物很少。孢粉分析结果也表明其中以蒿属和禾本科植物为主，木本植物花粉占从属地位。这些都反映出黄土堆积时期的气候条件是相当干燥的。黄土的颗粒、矿物成分和化学成分等分析结果表明，其颗粒成分以粉土为主，不稳定矿物含量很高，矿物风化微弱，含有大量的碳酸盐、石膏和蒙脱石，pH 值很大，所有这些特点也都证明黄土形成的气候条件是相当干燥的。但是，不同时代黄土堆积的气候条件也并不是始终没有变化的。因为午城、离石、马兰各不同时代黄土中均夹有埋藏土壤，这就说明在黄土堆积的过程中除以干燥的气候条件为主外，其间也曾有过若干次由干燥寒冷转为湿润温暖的阶段。而埋藏土层层数的多少可以反映气候变化的频率。由午城黄土到马兰黄土，埋藏土层渐次减少，这就证明黄土堆积时期气候变化的次数是由多逐渐减少的。

已经发现我国也有冰缘黄土存在，甚至还有更多的黄土都可能属于冰缘沉积。我国不仅有间冰期黄土堆积，而且也有冰期的黄土堆积。它们的相互关系，可能比较复杂。

(二)我国的黄土地层

我国的黄土类土从早更新世(Q_1)开始堆积，经历了整个第四纪，直到目前还在堆积。按沉积时代和基本特征，我国的黄土地层可分为 4 层：

第一层为下更新统(Q_1)的午城黄土。

第二层为中更新统(Q_2)的离石黄土，它们均是较老的黄土。一般没有湿陷性，土的承载力较高，多在 40 t/m^2 以上。午城黄土主要分布在陕甘高原，覆盖在第三系红土层或基岩上，它的标准地点是山西隰县午城镇柳树沟。午城黄土色较红，质地均匀黏重，结构致密而坚实，大孔隙少。午城黄土分布面积不大，厚度也较小，多为 10～20 m。午城黄土发育的土壤，耕性不良。离石黄土，主要分布在甘肃、陕西、山西及河南西部等地，以山西离石区陈家崖为典型分布区。其颜色较午城黄土淡，质地为粉沙质黏壤土，夹多层埋藏古土壤，最多可达 20 多层。离石黄土分布范围比午城黄土广，遍及黄河中游各地，厚度也较大，一般为 100 m 左右，其形成了黄土高原的主体。根据离石黄土中存在的不整合面，把离石黄土分为上、下两部分。

第三层是上更新统(Q_3)的马兰黄土，此为新黄土，在北方各地分布较广，广泛叠覆在老黄土之上，其质地为粉沙壤土，结构疏松，一般都具有湿陷性，土的承载力一般为 15～25 t/m^2。马兰黄土是黄土高原主要的成土母质，厚度小，很少超过 30 m。马兰黄土耕性良好，由它形成发育的土壤肥力较高。

第四层是全新世晚期沉积的全新统(Q_4)的现代黄土。分布在局部山前山脚、洪积扇表层及河流泛滥区，只有数米厚，土质疏松，土的承载力较低，一般小于 15 t/m^2。这是最近才将这层划分出来的。各黄土地层的主要特征见表 12-3。

表 12-3 黄土主要的地质特征

时代	地层	命名	颜色	结构	钙质结核（姜石）	古土壤	湿陷性	开挖情况	各地俗名对照（参考）
全新世（Q_4）	现代黄土		灰黄 浅褐 黑灰	多虫孔，最大直径 0.5～2 cm，孔壁有虫屎，有植物根，结构松软，蜂窝状，构造节理不发育	无姜石，偶有坡积姜石	无	强烈	铁锨挖容易	淤泥土、卧土、面砂土、白山土、五花土
晚更新世（Q_3）	新黄土	马兰黄土	浅黄 灰黄 黄褐	土质软，均匀，大孔发育，具原生节理，有构造节理，稍密至中密，有溶洞土柱等	无	偶有埋藏土	强烈至一般	铣镐开挖不困难	白土、立土、鸡粪土、白子土
中更新世（Q_2） 中更新世上部（Q_2^2）	老黄土	离石黄土上部	深黄 褐黄	大孔退化，仅有少量大孔，较紧密，构造节理发育	姜石小而少，零星分布，在古土壤下有薄层分布	在古土壤 4～5 层，间距离 3～5 m	轻微至无	铣镐开挖费劲	黄土、立土、油光土
中更新世（Q_2） 中更新世下部（Q_2^1）	老黄土	离石黄土下部	深棕 微红	少孔或无孔，土质紧密，构造节理发育好	姜石大而多，粒径 10～20 cm 在古土壤下成层分布	可有十余层，顶部有时连续分布，呈深红色	无	镐开挖费劲	黄土、红子土、料姜土
早更新世（Q_1）	古黄土	午城黄土	微红 深棕 棕红	不具大孔，土质紧密至坚硬，构造节理发育，不见层理	多呈钙质胶结层分布	古土壤层密集，但界限不清晰，呈棕红色	无	镐开挖很困难	红土、红胶土、红色黄土

引自王景明等，1996。

第二节 黄土地貌

在黄土分布范围很广的山前低地或盆地内，黄土堆积减缓了基底的地形起伏，构成平原或高原地形，如经侵蚀则演变成黄土丘陵。在规模巨大的黄土高原、黄土平原和黄土丘陵上还发育着次一级的地貌类型。风成黄土堆积造成的地貌，基本上承袭下伏埋藏古地貌的形态。由于现代剥蚀作用强烈，造成广泛的水土流失，对生产建设带来很大的危害。

黄土地区的外动力多种多样，包括流水侵蚀作用、重力剥蚀作用和风力吹蚀作用等，以前两者为主。流水侵蚀作用包括片状侵蚀、沟状侵蚀和黄土地区特有的潜蚀作用。黄土地貌主要分为黄土沟谷地貌和黄土沟间地貌，另外还有黄土谷坡地貌和黄土潜蚀地貌。

一、黄土沟谷地貌

黄土疏松多孔，现代的黄土分布区又处于干旱气候条件下，暂时性流水作用是该区地貌发育的主要营力。根据黄土沟谷发生的部位、沟谷的发育阶段和形态特征，可将之分为纹沟、细沟、切沟、冲沟、坳沟，其逐渐发展的，见第七章的侵蚀沟内容。

二、黄土沟间地貌

黄土沟(谷)间地貌主要是塬、梁、峁。它们是黄土高原上的平缓地面经流水切割侵蚀后的残留部分，其形成和黄土堆积前的地形起伏及黄土堆积后的流水侵蚀都有关。

1. 黄土塬

由黄土组成的范围很广的平坦高地(图 12-5)，四周被沟谷的沟头所蚕食。塬的中心部分，地势极平坦，斜度不到 1°，塬的边缘地带的斜度可增至 5°。有些黄土塬的面积可达 2 000～3 000 km^2。黄土塬受沟谷长期切割，面积逐渐缩小，这时两沟头向中心伸展而很接近，沟头之间剩下一条极窄的长脊，称为“崾崄”(图 12-6)。

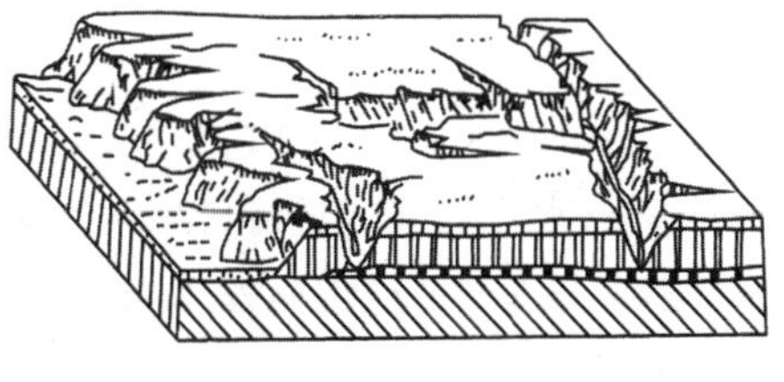

图 12-5　黄土塬(引自田明中等，2009)

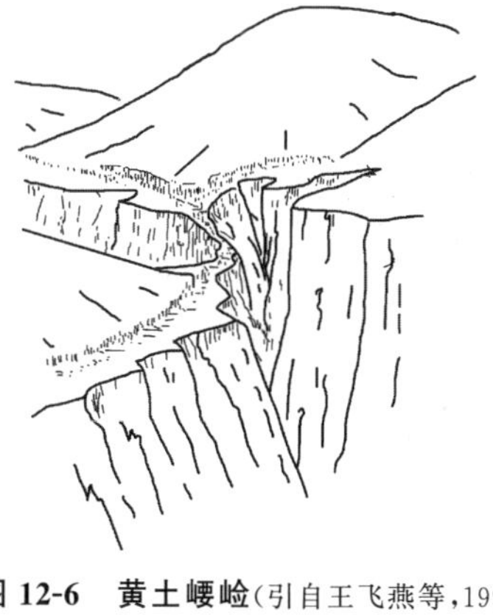

图 12-6　黄土崾崄(引自王飞燕等，1991)

2. 黄土梁

由两条平行沟谷分割的长条状的黄土高地(图 12-7)。梁的顶面可以是宽平的、凸形的或者丘状与鞍状交替的。黄土平顶梁的顶部平坦，宽度不一，多数为 400～500 m，长度达数千米。

3. 黄土峁

被沟谷分割而成的穹状黄土丘，平面呈椭圆形或圆形，峁顶地形呈圆穹形，峁与峁之间为地势稍凹下的宽浅分水鞍部。峁常与梁伴生，若干峁连接起来形成和缓起伏的梁峁，统称黄土丘陵。

据研究，塬出现在基岩低洼而平坦的地区，而在基底起伏强烈的丘陵区则是梁、峁地形。此外，塬经历流水的长期侵蚀后，也可以演变为梁、峁地形。但不能简单地把黄土地形发育过程理解为由塬变梁，由梁再变峁。

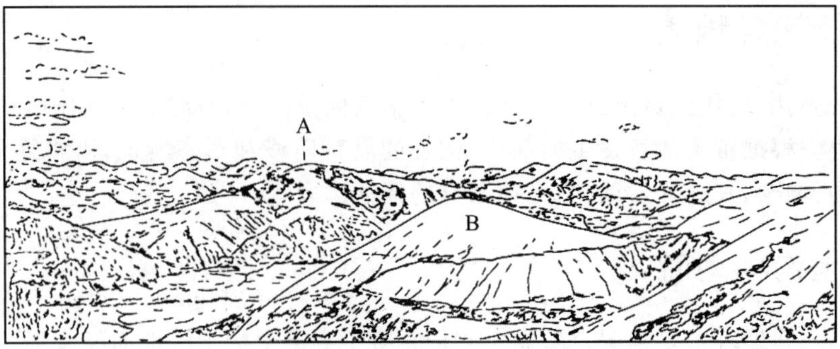

图 12-7　黄土梁(A)、黄土峁(B)及黄土沟谷和丘陵

(引自曹伯勋,1995)

三、黄土谷坡地貌

黄土谷坡的物质在重力作用和流水作用下,发生移动,谷坡变缓。黄土谷坡地貌可分以下几种。

1. 泻溜

黄土谷坡的土体表面受干湿、冷热和冻融等变化影响而引起物体的胀缩,造成碎土和岩屑的剥裂,在重力作用下,顺坡泻溜而下。由于泻溜作用使谷坡上的物质泻落到沟床两侧,洪水时期对沟水中的泥沙量的增加有很大影响,这也是黄土区的水土流失方式之一。

2. 崩塌

在黄土的谷坡上,由于雨水或径流沿黄土的垂直节理下渗,水流在地下进行机械侵蚀和化学溶蚀,并把一些不溶的细小颗粒带走,使节理不断扩大,谷坡土体失去稳定而发生崩塌,如沟床河流侵蚀陡崖基部或因雨水浸湿陡崖基部而使上坡失去稳定,也会发生崩塌。

黄土能形成很陡的斜坡而不易崩塌,黄土区能见到许多直立的黄土柱,多年不坠。但是,一旦黄土受湿,其斜坡的稳定性就要大大降低。

3. 滑坡

黄土沟谷的滑坡常在不同时代黄土接触面之间或黄土与基岩之间产生滑动。例如马兰黄土与离石黄土或与午城黄土接触面之间的滑坡,就是因不同时代黄土的质地不同,地下水的下渗程度不同造成。

四、黄土潜蚀地貌

地表水沿黄土中的裂隙或孔隙下渗,对黄土进行溶蚀和侵蚀,称为潜蚀。潜蚀后,黄土中造成洞穴,引起黄土的陷落而形成的各种地貌,称黄土潜蚀地貌。潜蚀地貌有以下几种:

1. 黄土碟

是一种圆形或椭圆形的浅洼地,深数米,直径 10～20 m,是地表水浸湿黄土后,在重力作用下黄土发生压缩使地面沉陷而成。

2. 黄土陷穴、陷沟、黄土井

黄土陷穴是一种比较深的圆形或椭圆形洼地，它是黄土碟进一步沉陷的结果。陷穴往往成串珠状分布，串珠状陷穴进一步发展，每个陷穴相互连接起来便形成沟壑，称陷沟。黄土井与石灰岩地区的落水洞类似，其直径小，深度大，常出现在陷穴底部(图 12-8)。

3. 黄土桥、黄土柱

黄土中经地下水溶蚀和侵蚀所形成的地下洞穴，在重力作用下发生崩塌，而残余的洞顶形如拱桥，称为黄土桥(图 12-9)。黄土桥沿垂直节理面继续崩塌，最后残留下来的孤立土柱，叫黄土柱。

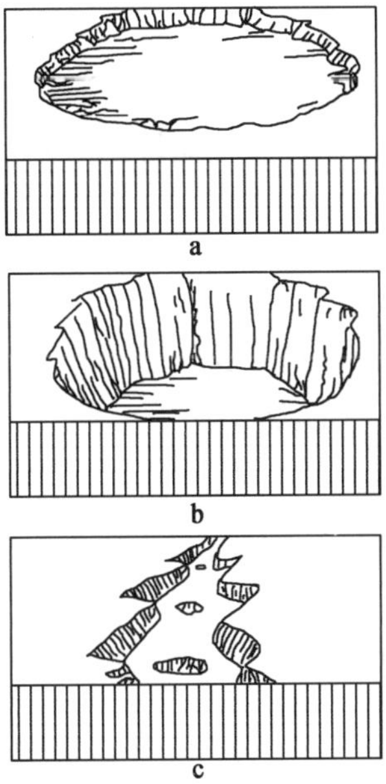

a. 黄土碟；b. 黄土陷穴；c. 黄土沟

图 12-8 黄土潜蚀地貌

图 12-9 黄土桥

(引自王永焱等，1983)

第三节 黄土地区的水土流失及水土保持

一、黄土地区的水土流失

由于黄土中构造节理和原生节理的广泛存在，沿着节理，往往发育一些侵蚀沟，使黄土地区沟壑纵横，从而造成黄土地区严重的水土流失现象。黄土地区的水土流失冲走了耕地表层的熟土，减小了土壤的肥力和蓄水保墒能力，使作物生长缺水缺肥，造成农业低产。另外，侵蚀沟的形成和发展还会分割、减少耕地。原来完整、大面积的耕地，随着沟蚀作用的发展，浅沟逐渐加深加宽，形成切沟和冲沟，把耕地分割成小块并使一部分耕地变为沟谷不能耕种。

引起黄土地区水土流失的原因主要有：降水性质，黄土的物质组成、结构和节理等特点，以及地形、人为因素等。

二、水土保持措施

水土保持措施是针对防止水土流失而提出的措施。在水土流失的黄土分布区,可采取造林种草、农田措施、农田水利措施等进行水土保持,发展农业生产。

造林植草可使地面覆盖度增大,防止降雨对地表的直接打击、冲刷,从而达到截流保土的作用。造林的措施有:黄土塬护田林、沟谷防护林等,加强沟头、沟边、沟坡和沟底防护。

农田措施主要有坡地梯田化和土壤改良。坡地梯田化是将坡地改成阶梯状的水平梯田;土壤改良是对耕地进行平整深翻或人工培肥,使土壤增厚,以吸收较多的雨水,减少地面径流,防止水土流失。

农田水利措施用于保护耕地、防止沟头扩展。主要有:治理沟谷工程和治理沟间地工程,前者包括淤低坝、小水库和护岸等工程,其作用是减缓水流冲刷,防止沟谷进一步扩展;后者包括坡面截流槽和蓄水槽,主要是防止坡面水流过分集中或将坡面水引向无害地带。

二维码资源

二维码 12-1 陕西洛川黑木沟黄土

二维码 12-2 洛川黑木沟黄土沟

复习思考题

1. 解释:风成黄土(原生黄土 eol-ls)、次生黄土、黄土塬、黄土梁、黄土峁。
2. 简述黄土的岩性特征? 黄土中的节理类型有哪些? 其有何作用?
3. 试述黄土的形成及其结构和构造特点?
4. 我国黄土地层是如何划分的?
5. 试述黄土沟间地貌和黄土沟谷地貌的特征。
6. 如何防治黄土区的水土流失?

参考文献

曹伯勋. 地貌学与第四纪地质学. 北京:中国地质大学出版社,1995.
陈永宗,景可,蔡强国. 黄土高原现代侵蚀与治理. 北京:科学出版社,1988.
高抒,张捷. 现代地貌学. 北京:高等教育出版社,2006.
雷祥义. 黄土高原地质灾害与人类活动. 北京:地质出版社,2001.
刘东生. 黄土与环境. 北京:科学出版社,1985.
田明中,程捷. 第四纪地质学及地貌学. 北京:地质出版社,2009.
王景明,等. 黄土构造节理的理论及其应用. 北京:中国水利水电出版社,1996.
王永焱. 黄土与第四纪地质. 西安:陕西人民出版社,1983.
杨景春,李有利. 地貌学原理. 4 版. 北京:北京大学出版社,2017.

第十三章　冰川地貌与冻土地貌

冰川(glacier)又叫冰河，是地面上缓慢运动着的巨大冰体，在重力作用下有一定的运动。在现代高纬(如格陵兰、南极洲)和高山(如喜马拉雅山、贡嘎山、天山、祁连山)地区，都有众多冰川分布。世界陆地面积的11%为冰川所覆盖，淡水资源的4/5积聚在冰川上；多年冻土为$3.5\times10^7\ km^2$，占地表面积的24%。我国冰川、冰缘作用区面积估计达$225\times10^4\ km^2$，约占全国总面积的23%左右。我国冻土主要分布在东北北部山区，青藏高原及西北高山地区，冻土面积约215万km^2，占全国总面积的22.4%。在第四纪最大冰期，冰川、冻土作用区的面积更为广泛。冰川进退引起海平面升降和地壳均衡运动，使海陆轮廓发生较大的变化。冰川对地表的塑造很强烈，仅次于河流的作用，所以冰川是塑造地表地形的强大外营力之一。冰川的冻融作用引起一系列的地质、地貌过程，产生各种类型的冰川和冻土地貌。

冰川、冻土地区特有的物质组成和地貌形态，往往直接影响到工农业的开发利用和水库、渠道的布置，以及地表、地下矿产资源的勘探与开采。因而，对冰川与冻土地貌的研究，在不同程度上直接或间接地涉及人类经济活动和自然景观的演化。

第一节　基本概念

一、冰川的形成过程

(一)雪原与雪线

在高纬度地区或低纬度高山区，降落和保存的水分多处于固体状态，形成积雪。由于该区域气温低，一年之内难以将积雪融化或升华，进而长年累月地积累起来，形成终年积雪区，称为雪原。

在地球陆地某一海拔高度上，年降雪量等于年消融量，这一高度的界限称雪线，又叫均衡线。在雪线以上的地带，全年冰雪的积累量大于消融量，因此常年积雪；雪线以下的地带，全年积雪量小于消融量，冰雪无法积累，只能季节性积雪。山区积雪的面积和高度随季节变化，冬季积雪区扩大，雪线高度下降；夏季积雪区缩小，雪线高度上升。

雪线的高度是寒冷气候地貌的一条重要界线。不同地区的雪线高度有差异，雪线高度取决于各地的温度、降水量及地形等因素。地球上雪线高度的分布由赤道向两极逐渐降低，如雪线高度在赤道非洲为4 500～5 200 m，阿尔卑斯山降至2 400～3 200 m，再到高纬度的挪威便降低到1 540 m，而到北冰洋，雪线就接近海平面了(图13-1)。

(二)冰川的形成

积雪变成冰川的过程是先由新雪变粒雪，再由粒雪变成冰川冰，最后形成冰川。初降的雪即为新雪，它是一种六角形的冰片。随着雪层的不断增厚，下部雪层受到压缩，排出部分空气，同时在压力和阳光的照射下，引起雪的升华或融化，由此产生的水汽或雪融水就会迁移到另一

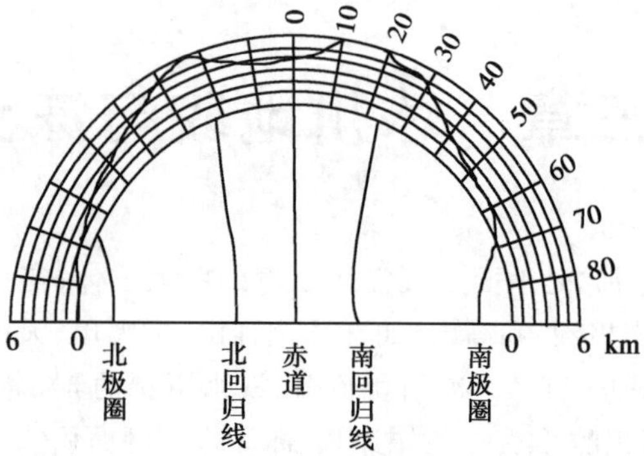

图 13-1 地球上的雪线分布高度

部分的雪粒上发生重结晶,使雪粒增大变圆,形成粒雪。粒雪是一种绿豆大小的白色的坚实冰晶。当粒雪继续被压紧,孔隙进一步减少,彼此便紧密地结合成冰川冰。冰川冰是浅蓝色的致密透明的冰层,在缓慢而持久的压力下,具有可塑性。通常积雪厚达 40 m 时,底部的雪层即可转变为冰川冰。只要冰川冰积累到一定厚度,冰层表面或地面具有一定坡度,冰川冰就发生运动。这种具有缓慢变形和流动的特征,并顺坡运动的冰川冰就是冰川。

二、冰川的类型

全球现代冰川的形态类型多种多样,根据不同原则可将冰川划分为不同类型。

(一)按冰川发育的气候条件和冰川温度状况划分

1. 海洋性气候冰川

又称暖冰川,发育于高山和高原降水充沛的海洋性气候地区,雪线在年降水量 2 000～3 000 mm 地区附近,冰川的形成以暖渗透再结晶成冰过程为特征,冰川恒温层的温度接近零度或压力融点。由于海洋性冰川补给量大,消融也多,冰川运动速度快,一般为 100 m/年,最快可达 500 m/年,这一类型冰川的地质作用强烈,侵蚀地形发育,冰舌末端常伸入森林带。欧洲的阿尔卑斯、我国西藏东南部喜马拉雅山脉东段、念青唐古拉山山脉的东段和川滇横断山系的冰川都属于这种类型。

2. 大陆性气候冰川

又称冷冰川,发育于降水较少、气温低的大陆性气候地区,雪线在年降水量 1 000 mm 以下的区域。冰川恒温层的温度处于负温状态,主要依赖低温严寒提供的冷储条件而生存。冰川上部活动层的厚度为 0.5～1 m,冰川主体温度经常保持在 −5～10 ℃,当融水向下渗入低温的冰体中时,迅速形成附加冰,称为冷渗透再结晶成冰过程。由于大陆性气候冰川温度低,补给少,冰川运动速度缓慢,流速为 30～50 m/年。这一类冰川地质作用微弱,堆积地形发育,冰舌末端位置较高,远离森林带。我国西部和中亚的冰川,大多属这种类型。

(二)按冰川的规模、运动性质及所处的地貌条件划分

1. 山岳冰川

主要分布于中、低纬度的高山地带。山岳冰川发育在雪线以上的常年积雪区,沿山坡或槽谷呈线状向下游缓慢流动(图 13-2)。

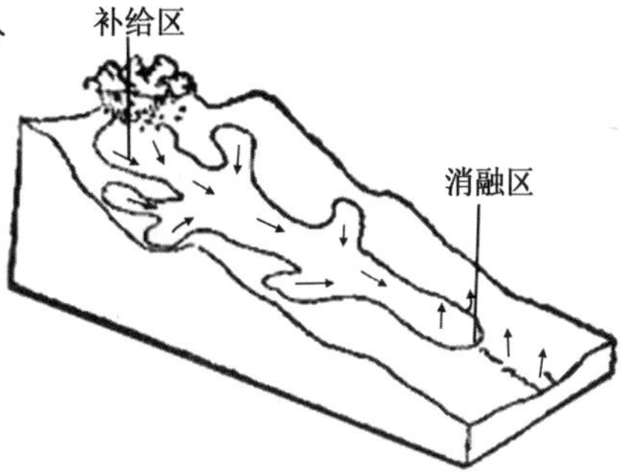

图 13-2　山岳冰川示意图

(引自叶俊林等,1987)

根据冰川形态、发育阶段和地貌特征的差异,山岳冰川进一步分为:

(1)冰斗冰川　分布在雪线附近呈斗状的洼地中,由冰雪积累而形成。冰斗冰川分布广泛,规模不大,大的可达数平方千米,小的不到 1 km^2。其外形像一个汤匙,三面皆为陡峭的山坡环绕,只是在出口处流出短短的冰舌(图 13-3a)。

(2)悬冰川　短小的冰舌悬挂在山坡上,称为悬冰川。一般呈斑点状悬挂依附在山坡上。冰川规模小,冰体厚度薄,冰川面积通常不足 1 km^2。悬冰川的存在取决于冰斗冰川供给的冰量,容易形成,也容易消亡(图 13-3b)。

(3)山谷冰川　在谷地中呈带状的冰川,是规模最大的一种山岳冰川。冰川长达数千米至数十千米以上,冰川厚度多为数百米。以雪线为界,山谷冰川具有明显的冰雪积累区(粒雪盆)和消融区(冰舌)。如果是单独的一条冰川,称单式山谷冰川(图 13-3c);如沿途还可接纳支冰川的汇入,组合为规模更大的复式山谷冰川(图 13-3d)、树枝状山谷冰川。

2. 大陆冰川

大陆冰川是面积最广、冰层厚度最大的一种大型冰川(图 13-4)。大陆冰川的运动基本上不受下伏地形的影响。在大陆冰川中,表面凸起如盾的叫冰盾。冰盾的中央为积雪区,边缘为消融区,冰川自中心向四周运动。另一种是表面起伏较大、规模也更大的冰川,称为大陆冰盖(图 13-3g)。冰盖的面积可达几百万平方千米,厚度可达千米以上(南极冰层最厚达 4 267 m)。第四纪冰期时,冰川曾广泛覆盖北美及欧洲大陆。现代大陆冰川主要分布在两极地区,如南极、格陵兰、冰岛等地。

当气候变冷湿时,处于雪线以上的常年积雪区不断增大,随着冰雪积累量的增加,在地势低凹的地方或谷地源头,先后发育了悬冰川、冰斗冰川和山谷冰川。各冰川在不断增长的过程中,相互汇合成一个冰川系统,但其内部结构往往仍保持其一定的独立性,使得冰川个体逐渐变得复杂。在山谷冰川发展成山麓冰川的同时,其源头冰体也进一步扩展,溢出分水岭,从而使各类冰川上源结合成一个统一的冰雪补给区,发展成为冰帽。这时,冰川获得了新的特性,并继续发展,直至形成规模巨大的大陆冰川。

3. 过渡型冰川

除了山岳冰川和大陆冰川外,还有一类介于二者之间的过渡类型,称为过渡型冰川。

(1)山麓冰川　又称山足冰川或山前冰川(图 13-3e),一条或几条山谷冰川或复式山谷冰川流出山口,在山麓带扩展或汇合成一片广阔的冰原,叫山麓冰川。山麓冰川是山岳冰川和大陆冰川的过渡类型,这类冰川主要形成于山区,因冰量大,经山谷达到山麓后继续向外漫流,有的可伸展到很远的地方,并覆盖了大片山前平原和洼地。阿拉斯加在太平洋沿岸就有许多山

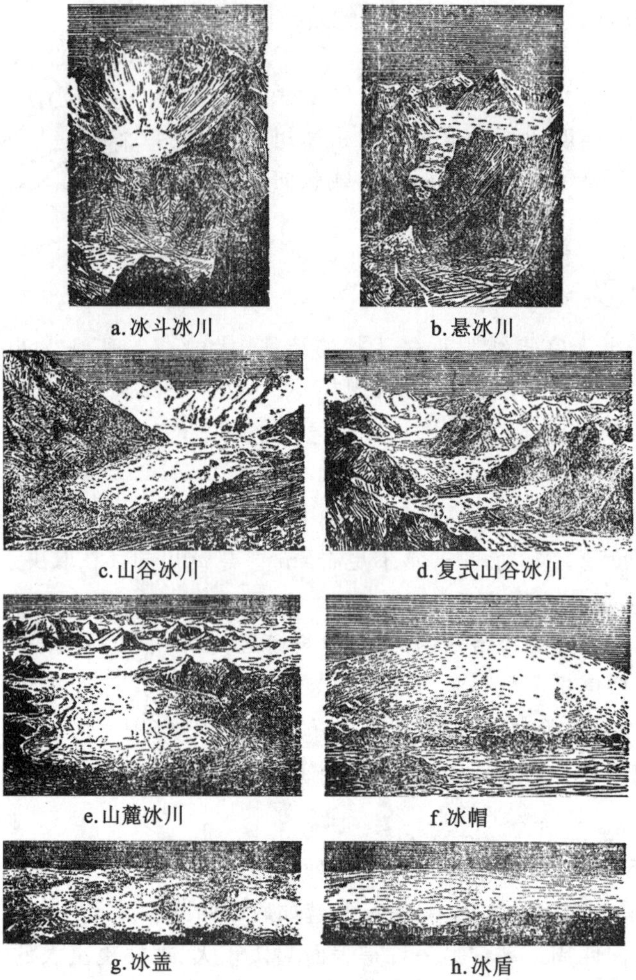

图 13-3　冰川的类型(根据 Г.К.图申斯基)

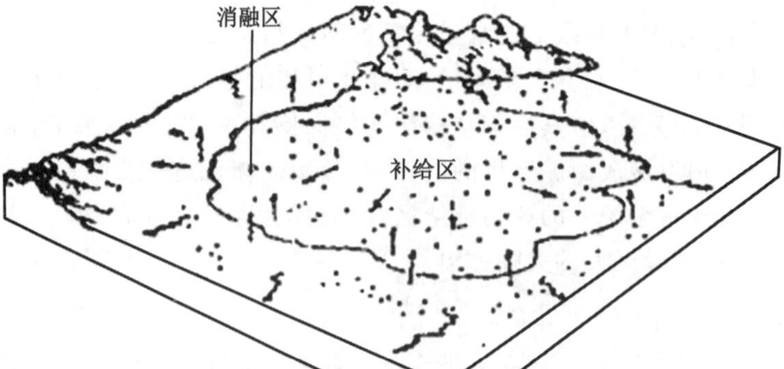

图 13-4　大陆冰川示意图(引自叶俊林等,1987)

麓冰川，最著名的是马拉斯平冰川，它由 12 条冰川汇合而成，面积达 2 682 km^2。

(2)平顶冰川　又称高原冰川或冰帽(图 13-3f)，其发育在雪线以上起伏和缓的高原或高山夷平面上。它分布于高山地区的边缘山地或分布在高纬度地区的高原。这类冰川规模差别较大，其面积自数十至数千平方千米不等。该冰川运动方向是自中心向四周散开，冰面有时出露个别山峰，冰川边缘常有冰舌伸出，它是山岳冰川向大陆冰川过渡的一种类型。这类冰川在我国西部、斯堪的纳维亚半岛和冰岛等地皆有分布。

三、冰川的运动

冰川能够运动，这是区别于其他自然界冰体的最主要特点。冰川运动不仅把大量的冰体从积累区运送到消融区，还对冰川各层的热量平衡有巨大影响，是造成冰川内部的褶皱、断裂等构造变化的动力源泉。

冰川运动速度远较河流小，肉眼不易觉察，一般平均每年运动数十至数百米。如中国天山冰川流速为 10～20 m/年；珠穆朗玛峰北坡的绒布冰川，全长 22.2 km，其中游海拔 5400 m 处的最大流速为 117 m/年。但也有些冰川在一定时段内，有快速前进的情况，但流速也较河流小。

冰川运动起因于本身的可塑性，冰川塑变的力源来自冰川本身的重力和压力(图 13-5)。由床底坡度引起的冰川运动叫重力流，由冰面坡度引起的冰川运动叫压力流，前者多见于山岳冰川，后者多见于大陆冰川。冰川运动主要通过冰川内部的塑性变形和块体滑动来实现。一般规模较大的冰川，常可分为上部脆性带和下部塑性带，冰川表层裂隙深度多小于 50 m，在此深度以下，冰处于可塑状态。但对小冰川而言，塑性流动常不明显，冰川运动主要依靠基底滑动。冰川运动方式还取决于温度的变化，温度愈高，虽有利于塑性变形，但因冰融水的参与，冰川底部润滑作用的增强，致使基底滑动的比例提高；而当低温时，冰与冰床的冻结强度超过冰自身的剪切强度，则往往发生冰内剪切滑动。

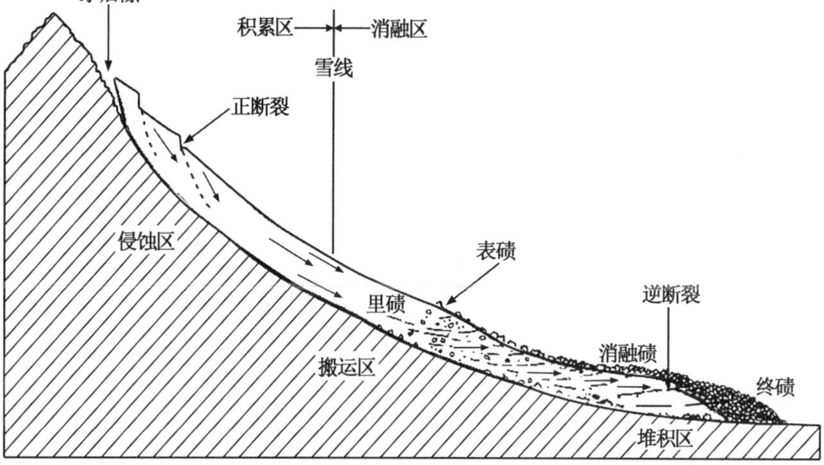

图 13-5　山谷冰川的运动(引自严尚钦等，1990)

冰川运动速度的大小，主要取决于冰床或冰面坡度与冰川厚度。厚度大、坡度大，运动速度就快。同一冰川的各个部位，速度也不同。冰川运动速度在冰舌横向上的分布，中部快于两侧。对于复式冰川而言，则可出现几条主流线。冰川的纵向分布，冰舌部分以冰面最大，向下逐步减小；而在冰川补给区则因下部受压大，最大流速常位于下层。冰川运动速度还随时间而变化，一般夏季快、冬季慢；白天快、夜间慢，但其变化幅度较小。

四、冰川的前进与退缩

冰川的前进与退缩，实质上是冰川的积累与消融。冰川的消融是指冰川形成后，在太阳辐射及其他有效热源的作用下，发生融化或蒸发损耗，并使冰层变薄的现象。冰川的进退，往往反映了冰川物质平衡的变化。当冰川的积累量与消融量处于平衡时，冰川稳定。随着气候的变化，若固态降水增多，冰川积累量加大，就会导致冰川流速变快，并以动力波的方式向下传播，冰舌末端向前推进；反之，若冰川补给量减少或消融量增加，则冰川流速相应减小，冰川边缘后退。但冰川物质平衡的改变，反映在冰川规模、运动速度和末端位置的变化上，需要落后一段时间。一般小冰川或海洋性冰川对气候变化的反映较灵敏，只要数年、数十年冰川规模有明显的改变；而南极大陆冰川补给区冰雪积累的增减，反映到冰川边缘则推迟时间较长，甚至达千年以上。

冰川的进退演化，在自然界中经常发生，并具有一定的周期性。就近期而言，16 世纪末期开始，出现了世界性的冰川前进；19 世纪中叶后，产生了世界性的冰川后退，20 世纪以来，现代冰川仍处于总的退缩过程中，但在这个基础上，还存在着次一级时间更短的冰川进退变动。世界各地冰川进退演化的一致性，主要受全球性的气候变化所制约，而各地冰川进退变动的差异性，是由于各区不同的自然地理条件引起(图 13-6)。

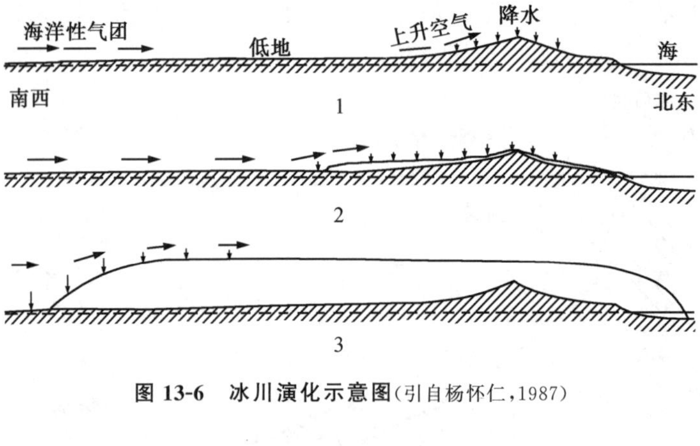

图 13-6 冰川演化示意图(引自杨怀仁，1987)

五、冰川的地质作用

(一)冰川的剥蚀作用

冰川对地表具有很大的侵蚀破坏能力。按冰河与一般河流含沙量多少的对比分析，估计冰川侵蚀力为河流的几倍至十几倍。冰蚀作用包括挖掘(拔蚀)作用与磨蚀作用(图 13-7)。

1. 挖掘(拔蚀)作用

冰川自身的重量和冰体运动，致使底床基岩破碎，冰雪融水渗入节理，冻融交替，从而使裂隙扩大，岩块不断破碎，冰川就像推土机铲土一样，把松动的石块挖起，并与冰冻结一起带走。它是冰川侵蚀作用破坏最强的一个过程，也是大岩块和岩屑带入冰内或冰川底部的主要方式。

2. 磨蚀作用

指冰川运动时，冻结在冰体中的大量岩石碎块像铁犁和锉刀一样不断地对冰床进行的削磨和刻蚀。如冰川厚度为 100 m 时，1 m^2 的冰床上，将受到 90 t 左右的压力。冰川的磨蚀作用可在基岩上形成带有擦痕的磨光面，冰川擦痕与冰川运动方向大致平行。

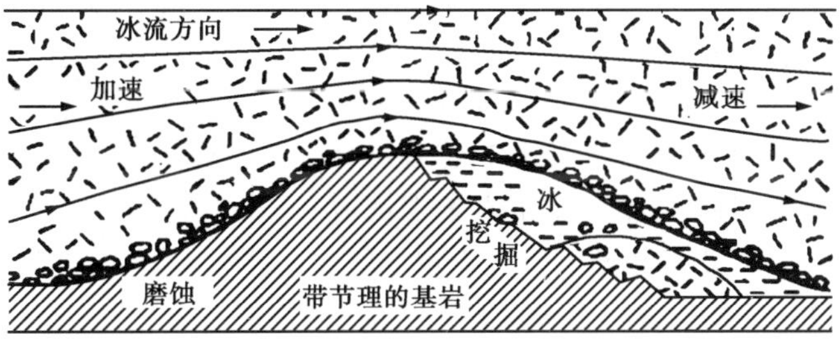

图 13-7　冰川对基岩的磨蚀和挖掘作用(引自严尚钦等，1990)

(二)冰川的搬运作用

冰川侵蚀产生的大量松散岩屑和由山坡上崩落下来的碎屑，进入冰川体后，随冰川运动向下游搬运，称为冰川的搬运作用。冰川在运动过程中，不仅具有强大的侵蚀力，还能携带冰蚀作用产生的许多岩屑物质，接受周围山地寒冻风化、雪崩、泥石流等作用所造成的坠落堆积物，使它们不加分选地随着冰川的运动而位移。例如，欧洲第四纪大陆冰川曾把斯堪的纳维亚半岛上的巨砾搬运到远离千里之外的英国东部、德国、波兰北部和苏联东欧部分。同时，冰川还有逆坡搬运的能力，例如，我国西藏东南部一大型山谷冰川，曾把花岗岩漂砾抬举高度达 200 m。

冰川剥蚀下来的物质立即又被冰川搬走，被冰川搬运的物质称冰运物。冰川搬运的方式有两种，一种为推运，即冰川前端以巨大推力像推土机一样将地面物质向前推进；另一种为载运，是浮载于冰川表面或内部的物质随冰川一起运动。冰川是固体流，其搬运力不受流速限制，而主要与冰川厚度、大小有关。冰川大，厚度大者搬运力强，搬运物质的直径和数量亦较大。其搬运的特点为：

(1)呈固体搬运，搬运力强，能将巨大的岩块搬至远处，这种巨大的岩块称为冰漂砾。

(2)冰运物在搬运途中彼此位置变化不大，因此磨圆作用十分微弱，在底部或冰蚀谷两侧冰运物和冰床及其相邻的岩石相互磨蚀，使冰运物颗粒逐渐变细，在大碎屑颗粒上可见冰擦痕。

(3)没有分选作用，粗细碎屑一起搬运。冰川搬运力随冰川消融而减弱。

(4)可逆坡搬运。

(三)冰川的堆积作用及冰碛物

1. 冰川的堆积作用

是指冰运物的堆积过程。冰川搬运力随其消融而逐渐减弱时，冰运物便逐渐堆积下来。

向下流动的冰川，当其能量逐渐减弱，流动变慢，最后在冰川末端停滞。而上游段冰川冰所携带的岩屑随着冰川运动而源源不断被输送，在冰川消融下，冰川末端大量冰川岩屑脱离冰体而堆积下来，形成不同形态的堆积体。

2. 冰碛物

冰川直接堆积的物质叫冰碛物，它是冰川消融后，以不同形式搬运的物质堆积而成。它实质上是未经其他外力特别是未经冰融水明显改造的沉积物。根据冰碛物在冰川体内的不同位置，可分为表碛、内碛、底碛、侧碛、中碛、前碛和终碛(图 13-8)。出露在冰川表面的叫表碛；夹在冰内的叫内碛；分布在冰川底部的叫底碛；分布在冰川边缘的叫侧碛；两条冰川汇合后，侧碛合并构成中碛；位于冰川边缘前端的冰碛物，叫作前碛；随着冰川向前推进在冰川末端围绕冰舌的前端的冰碛物，叫终碛 (尾碛)。

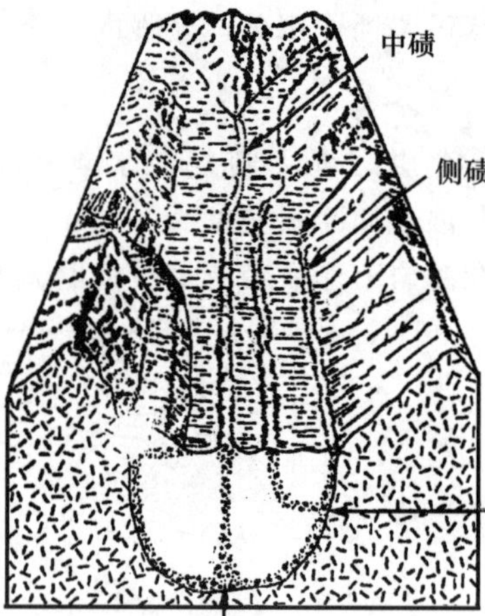

图 13-8　冰川中各种冰碛物示意图

冰碛物的特点是：在冰川活动中，冰碛物有其独特的搬运、沉积过程，其主要特点为：①都由碎屑物组成；②分选性极差，粗大的石块和细的泥土混杂在一起，不具层理；③磨圆度差，碎屑多具棱角；④有的冰碛石和冰漂砾上可见磨光面或冰擦痕；⑤冰碛内保存有寒冷地区植物的孢子和花粉；⑥碎屑物无定向排列。

随着冰川的衰退，冰川携带的冰碛物就相应地被堆积下来。当冰川的冰雪积累与消融处于相对平衡阶段时，冰川边缘比较稳定，冰川源源不断地将上游的表碛、中碛、内碛等各类向下游运送，直至冰川末端堆积，部分底碛还沿冰川前缘剪切滑动面上移，它暴露冰面，当冰体消融后也堆积于冰川边缘地带；若冰川迅速消退，冰体大量融化后，表碛、中碛、内碛等各种冰碛物就地坠落，即运动冰碛转化为消融堆积冰碛，从而形成了各类冰碛地貌类型。

第二节　冰川地貌

由冰川作用形成的地貌叫冰川地貌，包括冰蚀地貌、冰碛地貌和冰水堆积地貌三大类型。

一、冰蚀地貌

由冰川侵蚀作用塑造的地貌叫作冰蚀地貌。它是冰川剥蚀与冰川作用区其他自然因素结合的结果。常见的冰蚀地貌有下列几种。

(一)冰斗、刃脊和角峰

冰斗是山地冰川重要的冰蚀地貌之一，它位于冰川的源头。典型的冰斗是一个围椅状洼地 (图 13-9a)，三面是陡峭的岩壁，向下坡有一开口，开口处常有一高起的岩槛。冰川消退后，冰斗内往往积水成湖叫冰斗湖。

冰斗形成于雪线附近。在平缓的山坡上，或在山坡上的浅洼地处，常能聚积多年的积雪，雪线附近的积雪冻融频繁，岩石受寒冻风化破坏，形成许多岩屑，在重力和融雪水的共同作用下，岩屑不断地向低处搬运，使雪线附近形成洼地。洼地形成后，为积雪创造更有利条件，积雪不断增厚，逐渐变成粒雪，进而演化成冰川。冰川形成后，它的运动对底床产生磨蚀和拔蚀作用，使底部不断地加深，在冰斗开口处留有与坡向相反的岩槛，这时就形成典型的冰斗。当冰斗进一步扩展，或谷地源头数个冰斗汇合时，冰槛往往不明显或消失，这种地貌叫作围谷，或称冰窖。

由于冰斗发育在雪线附近，可根据古冰斗底部的高度，推断当时的雪线高度。

随着冰斗的进一步扩大，斗壁后退，两个冰斗或冰川谷地间的岭脊不断变窄，最后形成薄而陡峻、刀刃状的锯齿形山脊，称为刃脊。当不同方向的数个冰斗后壁后退，发展成为棱角状的陡峻山峰，叫作角峰。如珠穆朗玛峰，外貌呈巨大的金字塔形，由于坡度陡，上部冰雪难以停积，外营力以冻融风化、雪崩、冰崩作用为主，中下部则主要是冰川雪蚀霜冻作用；冻雪的磨蚀、挖蚀作用使上部坡形陡而直，下部转折为明显的内凹；主峰与周围峰顶之间，经常有锯齿形刃脊相连（图 13-9b，c）。

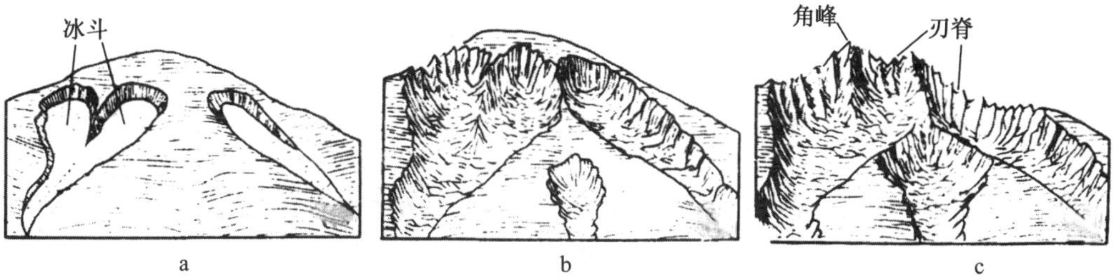

图 13-9　冰斗、刃脊和角峰发展图(引自北京大学 等，1984)

（二）冰川谷

冰川谷的横剖面似 U 形，称为 U 形谷或槽谷，它是山岳冰川在运动过程中形成的谷地。冰川谷常在河谷的基础上发展起来。

冰川谷的纵剖面与河谷比较，除坡降更陡外，最显著的特点是具有一系列基岩洼地。冰川在它经过的途中，特别是在坡度较陡处，由于它铲刮的力量增大，因而在坡下形成圆形或椭圆形的基岩洼地。这种作用如同汽车在急速行驶时突然刹车，车轮对路面起了铲刮的作用一样。这类基岩洼地的前面，冰流出口处，常常有道横坎，冰川爬过这种横坎后，一直往前流动，达到适当地点，又会造成基岩洼地。这种在基岩中形成的一连串洼地，称为葫芦形洼地。

冰川谷的横剖面与河谷比较，主要区别是，冰川谷成 U 形，如川西高原九寨沟地区有一系列的 U 形谷，而河谷多为 V 形。当山谷被冰川充填后，一方面由于冰川的挖掘和锉磨使谷地不断加深，另一方面冰川谷还不断增宽变陡，形成 U 形横剖面。而山区河流在坡降较陡、流速较大的情况下，流水的垂直侵蚀作用很强，由于河流不断下切，谷地横剖面成 V 形。若河床坡降变小，流速减慢，使流水侧蚀作用加强，这样也形成宽阔的谷地，但其横剖面是不对称的，受侧蚀的一坡陡，而堆积的一边谷坡平缓，从总体上看，在侧蚀作用下，这种河谷必然发育河曲，与平直的冰川谷不同。

（三）冰蚀盆地与羊背石

在一些节理、片理或断层发育的岩石分布地区，冰川的掘蚀作用较强烈，冰蚀作用，常导致洼地的形成，这种低洼的地形叫冰蚀盆地。

羊背石是冰川基床上的一种侵蚀地形，它是由基岩组成的小丘，常成群分布，远望如匍匐的羊群，故而得名。羊背石长轴方向与冰流方向一致，向冰川上游方的一坡由于受冰川的磨蚀作用，坡度小，有许多擦痕；向冰川下游方，坡度较陡。每一小丘平面上呈椭圆形，两坡不对称。

在羊背石上以及在大漂砾上常因冰川作用形成磨光面。当冰川搬运物多是砂和粉砂时，在较致密的岩石上，磨光面更为发育（图 13-10）。

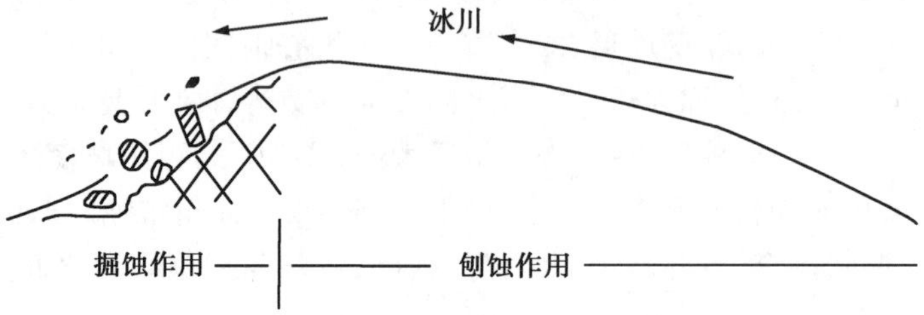

图 13-10 羊背石的形成

二、冰碛地貌

当冰川消融后，冰川所携带的大量冰碛物就地堆积，形成各种冰碛地貌。主要有下列 4 种。

（一）冰碛丘陵（基碛丘陵）

在冰川后退过程中，由于冰体逐渐消融，原来的表碛、内碛和中碛都沉落到冰川谷底，与底碛一起合称基碛。这些冰碛物受冰川谷底地形起伏的影响或受冰面和冰内冰碛物分布的影响，形成波状起伏的丘陵，称冰碛丘陵或基碛丘陵。

冰碛丘陵广泛分布于大陆冰川作用区，高度可达数十米至数百米。山岳冰川也能形成冰碛丘陵，但规模要小得多，如西藏东南部波密。在冰川槽谷内的冰碛丘陵，高度只有几米到数十米。冰碛丘陵之间的洼地，如果是漂砾和黏土混合组成，透水性很小，常能积水成池。

冰碛丘陵的物质结构特征和组成冰碛丘陵的不同冰碛物有关。冰碛丘陵如果是由原底碛组成，因底碛长期受冰川强有力的挤压和长距离搬运，砾石棱角稍有磨圆现象，扁平砾石有定向排列现象，长轴平行冰川流向，扁平面倾向上游。如果冰碛丘陵是由表碛或内碛在冰融化后沉落而成的，则砾石无定向排列现象。

（二）侧碛堤

随着冰川的退却，山谷两侧的侧碛在槽谷两旁沉落，形成了与冰川流向平行的长条状冰碛堤岗，叫作侧碛堤。一般高度为数十米。侧碛堤的上游源头开始于雪线附近，下接终碛堤。

（三）终碛堤（尾碛堤）

分布于冰川前缘地带，当冰川末端的补给和消融处于相对平衡状态时，冰碛物在冰舌前端不断沉积下来，形成与河川流向近于垂直的弧形长堤，称终碛堤（尾碛堤）。

大陆冰川的终碛堤，高度为 30～50 m，长度可达几百千米，弧形曲率较小。山岳冰川的终碛堤可高达数百米，长度较小，弧形曲率较大。

终碛堤成因与冰川的进退有关，当冰川处于平衡状态时，冰舌处的大量底碛和内碛沿冰体剪切面被推举到冰川表面形成表碛，另一部分内碛由于冰川表面消融而出露为表碛。这些表碛如滚落到冰川末端边缘堆积下来，待冰川退缩时，就形成弧形终碛堤（图13-11）。这种成因的终碛堤称冰退终碛堤。如果冰川的积累大于消融，冰川前进，除一部分冰碛沿冰体剪切面被推举到冰川表面再滚落到冰川末端边缘外，同时冰川以外的谷地中的砂砾或过去的冰碛层则被推挤向前移动，形成终碛堤。这种成因的终碛堤称推挤终碛堤。

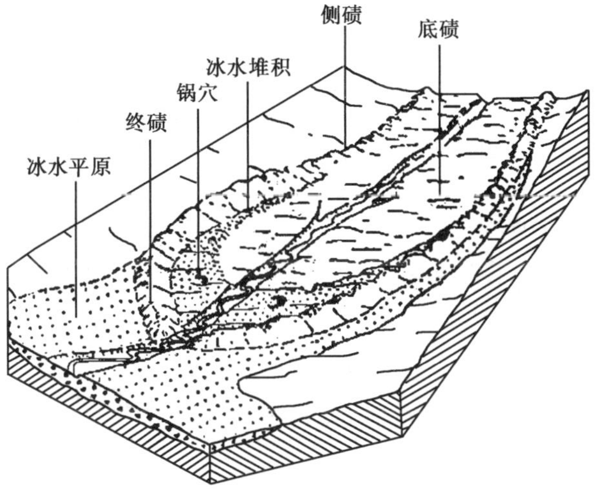

图13-11　山谷冰川末端的侧碛堤和终碛堤（引自杨景春等，2017）

（四）鼓丘

鼓丘是一种由冰砾泥组成的流线型丘陵，平面上呈蛋形，长轴与冰流方向一致。一般高度数米至数十米，长度多为数百米。鼓丘内有时含有基岩核心，形如羊背石，它局部出露于迎冰坡，或完全被冰碛物所埋藏。鼓丘在大陆冰川区往往成群地分布于终碛堤内不远的地方。前后两坡不对称，迎冰坡陡，常为基岩构成，背冰坡缓，常堆积着冰砾泥。

三、冰水堆积地貌

冰水流的沉积作用是冰川与冰水共同沉积的结果，冰川所携带的物质受到冰融水的搬运和分选，会依照颗粒的大小，堆积成层，形成冰水沉积物和各种地貌，称为冰水堆积地貌。它既保留了冰川作用的痕迹，如冰川擦痕、磨光面等，又具备河流堆积物的一些特征，如一定的磨圆度、分选性和层理构造。

根据冰水堆积地貌的分布位置、形态特征和物质结构可分为以下几种类型。

（一）蛇形丘

蛇形丘是一种狭长而曲折的垄岗地形，它蜿蜒伸展如蛇，故称蛇形丘。它实质上是冰川融化后出露的丘岗，其长度约数千米至数十千米，高十多米至数十米，底宽几十米至几百米，丘顶较狭窄，仅数米宽，顶部平缓，两坡对称，坡度较大（30°～40°）。蛇形丘的延伸方向大致与冰川的流向一致。蛇形丘可以分布在低处，也可爬上高地。蛇形丘的组成物质为有分选的成层沙砾，偶尔夹有冰碛物的透镜体，表面常覆盖一层冰碛物。蛇形丘主要分布在大陆冰川区，山地冰川中少见。

蛇形丘形成,可在冰川消融时期,冰融水很多,它们沿冰川裂隙渗入冰下,在冰川底部流动,形成冰下隧道,隧道中的冰融水携带许多沙砾,沿途搬运过程中不断堆积,填充冰隧道。待冰全部融化后,隧道中的沉积物就显露出来,形成蛇形丘。在蛇形丘横剖面上,沙砾层常呈弯曲的背斜状(图 13-12)。

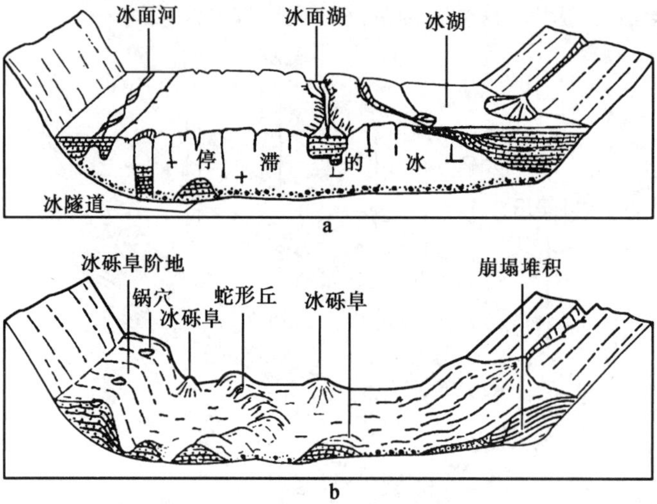

图 13-12 冰砾阜、冰砾阜阶地和锅穴(根据 R. F. 弗林特)

(二)冰砾阜、冰砾阜阶地和锅穴

冰砾阜是一种圆形或不规则的小丘,由有层次并经分选的细粉砂组成,表面通常有一层薄的冰碛层覆盖。它是冰面上小湖或小河的沉积物,在冰川消融后沉落于冰川谷中而成。

在冰川两侧,由于岩壁和侧碛吸热而使附近冰体融化,同时冰川两侧的冰面较中部要低,所以冰融水就汇集在这里,形成冰侧河流,并带来大量冰水物质。当冰川全部融化后,这些冰水物质就堆积在冰川谷的两侧,形成冰砾阜阶地(图 13-12)。它由冰水沙砾层组成,仅发育在山地冰川谷中。

锅穴是冰水沉积区内的一种圆形洼地,常与冰砾阜相伴而生,规模较小,直径十余米至数十米,深数米,周围壁陡直(图 13-12)。它是埋在砂砾中的死冰块融化引起的塌陷所形成。

(三)冰水扇和外冲平原

冰融水从冰川两侧或冰面、底部流向冰川前端时,由于地形展宽,坡度变缓,冰水携带大量沙砾物质沉积下来,在终碛堤的外围堆积成扇形堆积体,叫冰水扇(图 13-13)。相邻冰水扇扩展相连形成冰水冲积平原,又名外冲平原。在这些地形上,冰积物呈缓坡倾向下游,粒度向下游逐渐变小。

(四)冰川湖与季候泥(纹泥)

冰川湖是由冰川挖掘成的洼坑和冰碛物堵塞冰川槽谷积水而成的一类湖泊,天山上的天池就是典型的冰碛物堰塞湖。冰川湖有明显的季节变化,夏季冰融水增多,携带大量物质进入湖泊,一些砂和粉砂级的颗粒很快沉积下来,颜色较淡;秋冬季节,融水减少,一些长期悬浮湖水中的细粒黏土才开始沉积,颜色较深。这样,一年内在湖泊内就沉积了粗细两层沉积物,叫

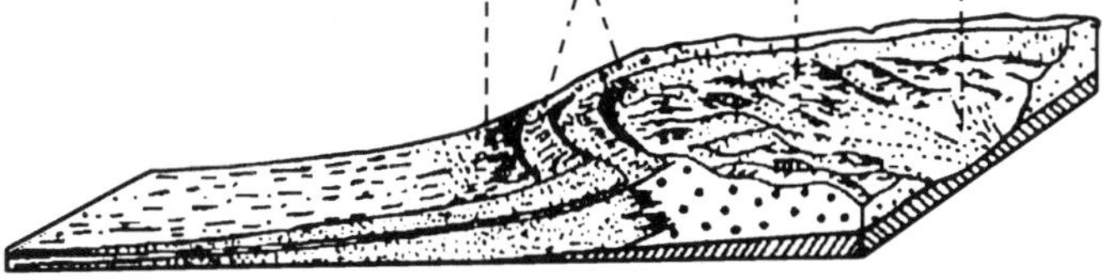

图 13-13　冰水扇(引自曹伯勋,1995)

季候泥,又称纹泥,是淡水湖内具有明显季节性变化特征的沉积。根据季候泥的粗细层次多少,可以确定冰湖沉积的年龄。

冰川地貌因冰川运动距离有限,多种冰蚀地貌类型与多种冰碛地貌类型常混杂分布在有限的范围内,产生以各种冰蚀地貌为主(高部位),和以多种冰碛地貌为主(低部位)的冰川地貌组合。山岳冰川地貌组合有明显的垂直分带规律。雪线以上是角峰、刃脊和冰斗为主的冰蚀地貌,雪线以下和终碛堤以上是以槽谷、侧碛堤和冰碛丘陵为主的冰蚀-冰碛地貌带。冰川末端是以终碛堤为代表的冰碛地貌,终碛堤外缘,则表现为冰水扇和外冲平原的冰水堆积地貌带。大陆冰川地貌组合表现为水平分带规律。以终碛堤为界,堤内以冰碛地貌为主,发育冰碛丘陵和冰退终碛堤等。堤外以冰水堆积地貌为主,发育外冲平原和锅穴等地貌。

第三节　冻土地貌

温度处于0℃或0℃以下,并含有冰的土层,称为冻土(frozen earth)。冻土是岩石圈与大气圈热交换作用的产物。在上述条件下,地表的上部土层常随季节变化或昼夜变化而发生周期性的融冻,下部土层则长期处于冻结状态,这种土层称为多年冻土。如果冬季土层冻结,夏季全部融化,叫季节冻土。

在多年冻土区,地下具有一定深度和一定厚度的冻土层,地表则发生周期性(季节、昼夜)的冻融作用,结果形成一些特殊的地貌,称为冻土地貌。

一、冻土

(一)冻土的分布与厚度

世界上冻土总面积约为$35\times10^6\ km^2$,占陆地总面积的25%。主要分布在俄罗斯、加拿大、美国的阿拉斯加、南极和格陵兰的无冰盖地区及高山地区。我国冻土的总面积约为$2.15\times10^6\ km^2$,占全国总面积的22.3%,主要分布于东北北部山区、西部高山区及青藏高原。

冻土在地球上的分布,具有明显的纬度地带性和垂直地带性规律。在水平方向上,自高纬到中纬,多年冻土的埋藏深度逐渐增加,其厚度则不断减小,由连续多年冻土带过渡为不连续多年冻土带、季节冻土带。例如,极地地区多年冻土层顶面与地表一致,其厚度可达千米以上,年平均地温低到−15 ℃,至连续多年冻土带南部(北纬60°附近),冻土的厚度减至100 m,地温增高到−5～−3 ℃;冻土分布的南边界限附近(北纬48°左右),冻土层厚仅1～2 m,地温接近 0 ℃。我国东北北部大兴安岭一带，属于北半球多年冻土带南缘，南界达北纬 47°，多年冻土平均地温下降 1～1.5 ℃，冻土层厚度增加 20～30 m。

冻土在垂直方向上的分布，主要受海拔高度的控制。海拔愈高，地温愈低，冻土埋藏愈浅，厚度愈大。

(二)冻土的影响因素

除受纬度和高度的控制外，下列因素一般是通过水热条件来影响冻土的发育。

1. 气候

冻土形成首先取决于温度，只有在土层的温度低于 0 ℃时才能形成冻土。同时只有在每年冬季冻结的深度大于夏季融化深度时，冻层才能保存。如果土层的散热量长期大于吸热量，冻层就会逐渐向深处发展，一直到地热不允许冻层发生的地方为止。所以冻土的厚度主要取决于吸热量和放热量的对比关系，以及气候的多年变化。另外，温暖湿润的海洋性气候不利于冻土的发育。对于海洋性气候强烈影响的阿拉斯加西海岸，即使在高纬度地区也无多年冻土。

2. 地形

主要表现在坡向和坡度上。阳坡日照时间长，受热和水分蒸发多于阴坡，所以阳坡的冻土厚度比阴坡薄。据报道，昆仑山西大滩不同坡向的山坡，同一高度与同一深度处的地温相差 2～3 ℃，阴坡冻土下界高度比阳坡低 100 m。另外，坡向对冻土的发育，随着坡度减小而减弱。

3. 岩性特点

含细颗粒和黏土多的土体以及泥炭，热容量大，导热率低，不易透水，利于冻土的形成；相反，对于颗粒粗大的沙土，不利于冻土的发育。在连续冻土带，往往在潮湿黏土区的永冻层顶面埋深比砂砾石区的要浅，厚度比砂砾石区的也要大。在不连续冻土带，泥炭黏土组成的地区往往发育许多岛状冻土。

4. 植被与雪盖

冬季，植被和雪盖阻止土层中的热量散失；夏季，植被和雪盖可减少太阳对土体的辐射，进而使得地面温差减小。如大兴安岭落叶松、桦树林和青藏高原的高山草甸区，能使地表年温差降低 4～5 ℃，进而影响冻土的发育。雪盖的作用随着积雪厚度和形成时间而不同。薄层雪盖和夏季积雪对地表起冷却作用，因前者对太阳辐射起反射作用，后者阻碍地表从大气吸收热量，因而有利于冻土的发育；相反，厚层雪盖和冬季积雪对地表起保温作用，对冻土生成不利。

(三)冻土的基本特征

冻土可分为多年冻土和季节冻土。多年冻土其冻结状态可持续多年，甚至可达数千年，一般可以分为上下两层：上层为冬冻夏融的活动层，下层是常年不化的永冻层。活动层有两种状态，即夏季融化后为季融层，冬季再冻结则为季冻层。如果某年的冬季气温较高，地温也随之较高，冻结深度小于夏季融化厚度时，这样，在季冻层的下面就会出现一个未冻结的融区。相反，如果某年的冬季较上年冷，而夏季又较上年凉，这样，夏季的融化深度可能小于冬季的冻结层厚度，便在季融层的下面保留一层没融化的隔年冻结层(图 13-14)。所以，各年因温度变化的差别，在活动层和永冻层之间出现隔年融区和隔年冻结层。活动层在冬季冻结时与永冻层完全连接起来，称衔接多年冻土；活动层在冬季冻结时不与永冻层衔接，其间夹有融土层的，称为不衔接多年冻土(图 13-15)。

活动层每年冻结时均由上层开始,上层土的冻结膨胀,就会对下面未冻结的含水土层施加压力,使未冻结层在刚性的永冻层上面发生塑性流动而产生揉皱变形,这一现象为冻融扰动构造。

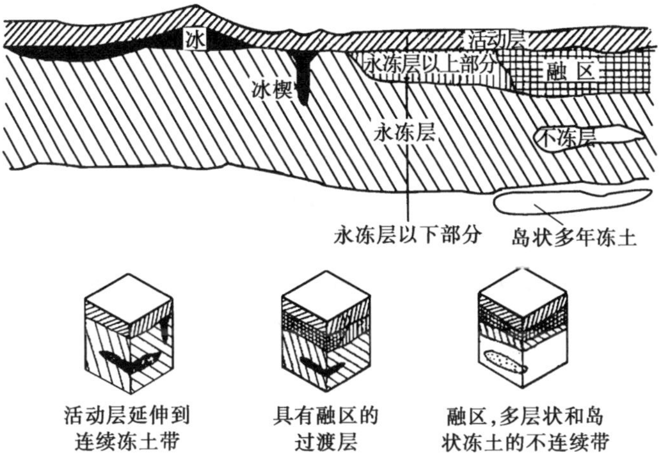

图 13-14　冻土的结构特征(引自杨景春,1988)

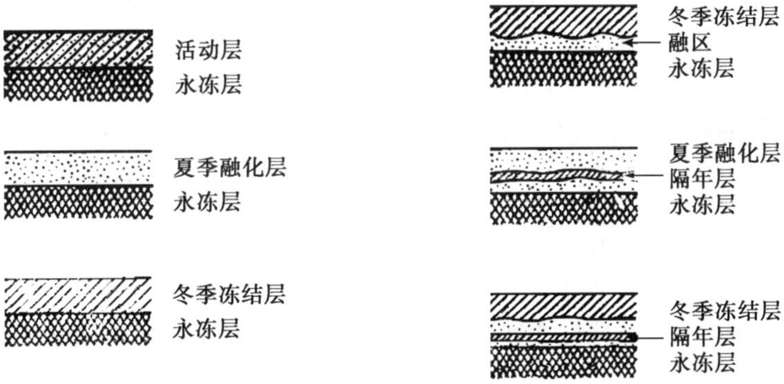

图 13-15　多年冻土层中活动层的变化

二、冻土地貌

多年冻土区的主要地貌作用是冻融作用。冻融作用是指冻土层中的地下水和地下冰在气温周期性的正负变化影响下,不断发生相变和迁移,使土层反复冻融,导致土体或岩层破坏、扰动和移动等现象。冻融作用是寒冷气候条件下特有的地貌过程。

(一)雪蚀洼地与山原阶地

在山地积雪洼地中,积雪场周围及其底部的基岩,遭受着冻融作用强烈破坏,重力与融水将冻融风化碎屑物向下搬运,因而形成了碟形雪蚀洼地。其下部出口处,一般无明显陡坎。但当气候转冷,固态降水量补给增加时,雪蚀洼地有可能演化为冰斗。

山原阶地常常分布在由基岩构成的夷平山顶周围。阶地面平坦,多被薄层冻融风化碎屑物所覆盖;阶坎坡度较陡,基岩裸露,冻融风化强烈。在频繁的冻融作用下,基岩不断受到风化剥蚀,碎屑物相应地被泥流带走,致使山原阶地面逐渐降低,阶坎后退,阶地级数减少,坡地日趋变缓。

(二)石海、石河和石冰川

1. 石海

在冻土地区山顶夷平面或缓坡等平坦地貌部位,基岩受冻裂风化,产生大量巨石、角砾,就地成片分布,形成石海。石海是强烈寒冻风化、岩石就地崩裂的产物。发育石海的必要条件是地形比较平坦,出露坚硬而多节理的岩石,温度在 0 ℃上下大幅度升降变化。因此,石海往往形成于富有节理的花岗岩、玄武岩和石英岩等坚硬岩石区,而在页岩等软弱岩石区则很难发育石海。石海形成后,很少运动,并能长期保存,如山西五台山 3 000 m 的平坦山顶上,仍保留着晚更新世石海。石海分布的下界随着纬度的降低而升高。如中国天山、喜马拉雅山北坡现代石海下界分布高度分别为 3 600 m 和 5 900 m。石海的分布下界,可作为重要的气候地貌界线。

2. 石河

山坡上寒冻风化产生大量碎屑滚落到沟谷里,在重力和冻融作用下,发生整体运动,形成石河。石河的运动速度缓慢,多呈蠕动状态,各地因水热条件的不同而有所差别。瑞士山区石河中部的下移速度为 1.35～1.55 m/年;而中亚山地的石河下移速度仅有 0.13～0.15 m/年。石河中的岩块碎屑在山麓形成石流扇,如四川贡嘎山。

石河停止运动是气候转暖的标志之一。当石河不再移动时,角砾表面生长地衣苔藓,有时生长树木或堆积新沉积物。这些石河多分布于多年冻土的南界和下界。

3. 石冰川

石冰川是由尖角岩屑组成的岩块碎屑流,形状很像冰川舌。当冰川退缩后,聚集在冰斗和 U 形谷中的冰碛物,在冻融作用下顺谷地下移,形成石冰川,这种石冰川内部常夹有冰川冰。另外,由寒冻—崩塌—倒石堆或碎屑陡坎的岩块循冰川谷移动,也可形成石冰川。石冰川的纵剖面常呈上凸的弧形,横剖面中部突起,向下整体滑动。它的长度一般几百米,宽百米左右。阿拉斯加最大的石冰川长达 3 km,末端堤高 60 m。

(三)多边形土

当冻土活动层冻结后,在坡度平缓、由细粒土组成的冰缘地区,温度继续下降或土层干缩,便形成了被裂隙所围绕的、中间略有突起的多边形土。其规模大小不等,直径有 2～3 m 的,也有 130 m 的。

多边形构造土是冰楔或砂楔（古冰楔）在地面的表现形式。从地表看,呈多边形,从剖面上看,呈楔形。根据楔子内的填充物的不同,又分为冰楔和砂楔。

1. 冰楔

裂隙被周期性注水、冻胀、再注水、再冻胀,裂隙不断扩大并为冰体填充,因其剖面上宽下尖呈楔状,所以称为冰楔。冰楔在平面上构成网状,每一网眼呈多边形。冰楔的规模大小不一,楔宽从数十厘米至数十米不等;深度最大可达 40 m 以上。总的来看,冰楔的宽度和冰楔的深度与寒冻程度有关。在南极大陆、阿拉斯加等地的观测,冰楔增长速率大约 1 mm/年。

根据冰楔的存在，可以推测古代气温。

冰楔的形成先是地表形成裂隙，地表水注入再冻结而成脉冰。由于脉冰随季节变化而反复冻融，形成冰楔。冰楔内的冰呈近乎直立条带状构造，一层条带代表一个年层，即冰年层，冰年层中部新，两侧老。

2. 砂楔（古冰楔）

其形态与冰楔相似，但裂隙中填充的是松散的砂土，它可从冰楔演变而来，当冰楔内的脉冰完全融化后，砂土代替冰体填充于楔内，形成砂楔。砂楔也是严寒气候中反复冻裂的结果，它也是古气候的一个重要标志。砂楔在我国东北北部和青藏高原常可见到，最近在我国北纬40°的大同盆地（海拔 1 000 m）发现了晚更新世后期的砂楔。

（四）石环、石圈、石带

1. 石环

是由较细粒土为圆心，周围由较大砾石组成的一种环状冻土地貌。石环是冻土区中颗粒大小混杂的松散砂砾层，由于饱含水分，经频繁冻融交替，发生物质分异造成（图 13-16）。石环的直径，中低纬高山地区为 0.5～2.0 m；极地高纬度地区的石环直径可达数十米，常交错排布。

2. 石圈

石圈是在斜坡上变形的石环，常成椭圆形，它的前端由大石块构成石堤（图 13-16）。

3. 石带

在较陡的山坡上，石圈前端常分开，经冻融分选的大岩块，集中在顺坡纵长延伸的裂隙中，形成石带。

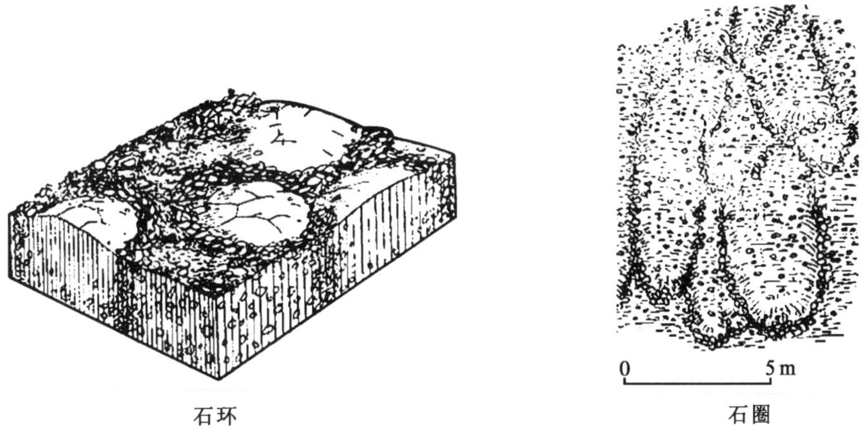

图 13-16　石环与石圈（引自杨景春，1988）

（五）热融地貌与融冻泥流阶地

1. 热融地貌

也称热力喀斯特。在冰缘地区由于气候转暖或开垦荒地、工程建设等人类经济活动的影响，破坏冻土层的热平衡，使多年冻土层上部地下冰融化，活动层加大，土体体积缩小，土层因重力压缩而发生沉陷，形成了沉陷漏斗、浅洼地和沉陷盆地等热融地貌。当其积水以后，则称为热融湖，常广泛分布于多年冻土发育的平原或高原地区。

2. 融冻泥流阶地

坡地上由冻融风化产生的碎屑物，在一定水分参与下受重力作用和反复冻融交替，顺坡滑动，形成融冻泥流。它主要发育在永久冻土区和季节冻土区。泥流阶地是融冻泥流在向下蠕动途中，通到障碍或坡度变缓时而产生的台阶状堆积地貌。阶地面平缓，略向下倾，有时凸出呈舌状，坡度较陡，在堆积物剖面中，末端部分可见小型揉皱、断裂等挤压构造现象。

(六)冰核丘、冰丘

1. 冰核丘

冻土层中常夹有未冻结层，未冻结层中的水分在地下慢慢凝聚成冰体，使地面隆起，形成冰核丘。冰核丘在平面上呈圆形或椭圆形，周边坡度陡，顶端扁平，表面裂隙交错，其剖面结构上面是泥土层，下面冰核，再下是砂砾石含水层。它大小不等，一年生冰核丘分布在活动层里，高几十厘米至几米，夏季消融，地面下沉，出现洼地，常引起地面变形，使道路翻浆等。

2. 冰丘

是地表水或地下水溢出河湖的冰面和地面并冻结成丘状冰体。河水因表面冻结而承压，溢出冰面而形成的冰丘叫地表水冰丘；冻土层间夹的融层水承压溢出地面而成的冰丘叫地下水冰丘。大部分冰丘是一年生的。一般发育于冰缘地区的湖积或冲积层中，冰丘的成因与冻胀丘相似。到春末冰丘停止发展，并转向消融，直到融解消失。冰丘的形成与消失，可以影响交通道路和工程建筑的稳固性。

(七)土溜阶坎

在多年冻土区，地表湿度很大的松散沉积物，在融冰时沿坡向下流动，前端常成一陡坎，叫土溜阶坎。土溜阶坎高约 1 m，宽 4～5 m。它的成因是融水因永冻土上部的活动层周期性融化及下部有永冻层的阻挡，不能下渗，导致活动层的松散物质被水浸润，内摩擦减小，在重力作用下沿坡向下缓缓滑动，当遇阻或坡度变缓时，流速减小，前端形成一个坡坎，即为土溜阶坎。土溜阶坎的流动物质叫土溜或融冻土溜，其流动缓慢，一般$<$1 m/年，如我国祁连山西段为 15 cm/年。

上述各种冻土地貌，其形态有正负，规模有大小。但在现实中，因冻融作用的复杂性，各种地貌形态往往同时出现，形成了冻土地貌的组合。在基岩裸露的山顶、山坡以冻裂作用为主，常形成石海和石冰川；在松散碎屑覆盖的斜坡上可形成土溜阶坎；在地势平坦、松散沉积较厚的谷地、盆地和湖岸，则往往形成许多冰楔、石环和多边形土。

第四节　冰川、冻土地貌与资源环境

一、全球气候变化与冰川

冰川中储存有很多气候与环境变化的信息，通过冰川的研究发掘出来，可以了解过去并预测未来的气候与环境。

(一)冰期与间冰期

1. 冰期与间冰期的概念

气候寒冷时,陆地上流水冻结,发育大规模冰川,叫冰期(glacial stage),它是地质历史上出现大规模冰川的时期(表 13-1)。

表 13-1 不同地区冰期和间冰期对比表

时代	中国东部	中国西部喜马拉雅山	阿尔卑斯地区	北 美
Q_4	冰后期	绒布德寺新冰期		
		高温期		
Q_3	大理冰期	珠穆朗玛冰期Ⅱ	玉木冰期	威斯康星冰期
	间冰期	间冰期	间冰期	三加蒙间冰期
	庐山冰期	珠穆朗玛冰期Ⅰ	里斯冰期	伊利诺冰期
Q_2	间冰期	加布拉间冰期	间冰期	雅茂斯间冰期
	大姑冰期	聂聂雄拉冰期	民德冰期	堪萨斯冰期
Q_1	间冰期	帕里间冰期	间冰期	阿佛托尼间冰期
	鄱阳冰期	希夏邦马冰期	恭兹冰期	内布拉斯加冰期

改编自杨景春等,2003;宋青青等,1983,《中国地质学》扩展版,1999。

冰期时各大陆的气候条件及冰川的规模并不相同。冰期时全球气温普遍下降,冰雪大量积累,高纬地区冰川大规模活动,并向中纬部分地区推进。位于海洋性气候区的欧洲和北美,温度低,湿度大,利于冰川的形成与发展;在大陆性气候条件下的亚洲大陆北部,气温虽低,但湿度小,不利于冰川的形成与发展。中纬度的大陆内部,冰期时因湿度小,降水稀少,风力作用显著,因而冰川发育甚微,形成沙漠与黄土带。

全球气温回升,降雪量减少,降雨量增加,冰川消融,当消融量超过积累量时,冰川大规模后退,冰川缩小,最后直至消失,气候温暖湿润,河流湖泊发育,地面生物繁茂,这一时期,称为间冰期(interglacial stage)。它实质上是两次冰期之间气候变暖的时期。冰期时,冰川大规模扩张或前进;间冰期时,冰川消融后退。一个冰期与相邻的间冰期是两个对立而又互相转化的气候期,组合成一个冰川周期。

早期较暖和,中期温暖,晚期较冷,并有小冰期发生,这一时期称冰后期。

2. 第四纪冰期

第四纪气候以全球大幅度的周期性冷暖变化为特征,表现为冰川作用的盛衰和气候带的移动,即冰期和间冰期的更替。在地质历史上,随着世界气候的巨大波动,曾发生过多次全球性的冰川作用。在冰期,冰川大规模地增长与扩展;而在间冰期时,冰川则发生大规模地退缩或消亡。自新近纪中新世以后,全球气候由温暖转为寒冷,南极洲和格陵兰开始出现冰川。由于第四纪气温继续下降,导致了全球性大冰期的来临,全世界发育了多次规模巨大的冰川作用。冰期时的平均气温比目前下降达 5~7 ℃,最大冰期时,世界大陆近 1/3 面积为冰川所覆盖。

第四纪时,北半球有三个主要的大陆冰川中心:①斯堪的纳维亚冰盖,面积 667×10^4 km^2,冰川最大厚度 3 000 m,冰流向南伸展到北纬 47°左右;②格陵兰与北美冰盖,面积 1 845×10^4 km^2。

冰川最大厚度 3 500 m，冰流向南伸展可达北纬约 38°；③亚洲北部冰盖，相对面积、厚度较小，冰流主要分布在北极圈附近，北纬 60°以北地区。第四纪冰川作用造成了丰富的地貌形态和沉积物，这正是恢复各地古冰川活动的有力证据。自第四纪以来，全球不少地区曾经历了多次冰期和间冰期。如我国的鄱阳、大姑、庐山和大理四个冰期，分别与欧洲阿尔卑斯山区的贡兹、民德、里斯和玉木冰期相当。

(二)冰川与环境

冰川的扩大与缩小是气候变化的指示器，冰川积雪的反馈作用对气候也有重要影响。

1. 冰川对河流水情的影响

冰川是固体水库，冰川变化直接影响着区域的水量平衡和水分循环。它的消融一方面对河川径流起着补给和调节作用，另一方面为干旱区工农业提供了水源。特别是在干旱的大陆性气候区，冰川是当地的稳定而可靠的水源，对丰、枯水年的径流量起着重要的调节作用。干旱年份太阳辐射强，冰川对河流的补给增加，湿润多雨年份，补给量减少。因而，使得冰源河流的多年变化比较和缓。但由于冰川的运动及作用，往往使河流改道或形成湖泊。

2. 冰川对地貌发育的影响

巨厚的冰层对下伏岩床产生巨大压力。由于地壳表层之下为软流层，地表局部受压后会逐渐向下沉降，压力消失后，又能抬升到原来的位置。冰期后，冰川消融后，地壳普遍上升，瑞典北部现代上升速度达 0.9 mm/年，格陵兰冰后期地壳上升速度为 0.9～1.0 mm/年，使风暴海滩在原来与现在的地方相隔相当长的距离。

3. 冰川中储存有很多气候与环境变化的信息

冰期时，高纬度地区降温幅度最大，中纬度地带的气温比现在平均值低 8～12 ℃，低纬度地区降温最小。在相同纬度的大陆性气候区，气温下降值比海洋性气候区下降值大。在冰期，由于大面积冰盖的存在，改变了全球大气的环流，北半球气候带南移，中纬度地区沙漠面积缩小，低纬及赤道地区沙漠扩大，大陆季风盛行，海洋季风衰退。如考虑到大陆架冰后期的地壳下降量为 14 m，则最大冰期最盛期的海平面比现在低 140 m。

二、冻土与农业关系

冻土是一种特殊的、低温易变的自然体。在各种不同的母质中，随着温度、含水量的变化和各相态水的比例变化，土的性质有很大的改变，它对于寒区农业的发展，有着重要的影响。

(一)冻土变化对寒区水文的影响

地温升高、降水、蒸发和径流变化会对寒区水文产生影响。冻土区的水文状况决定于活动层的水热状况。近 50 年来，在青藏高原北部边缘的祁连山区，融化层加深导致土壤水分逐渐散失、蒸发加强和径流减少对河西走廊水资源的稳定性产生了重要影响。1991 年降水量比正常年份少 6%，夏季均温高于正常年份 1 ℃，高山草原带河川径流量减少了 35%。因季节融化层深度增大、生态水位线下降以及冻结层上水文地质条件改变，水分不再被局限于近地表土层的深度，使植物可利用水分大为减少，导致短根系植物枯死，生物多样性减少、植被退化、荒漠化趋势增强等生态环境问题，将会影响冻土区农业的发展。

(二)冻土变化对寒区生态环境的影响

在青藏高原,多年冻土的弱透水层,对高寒草甸的活动层水分保持起着关键作用。以莎草为主的高寒草甸在冻土区广泛发育良好,对农牧区经济和人民生活极为重要。一方面,土壤温度升高,导致冻土退缩,而冻土退缩会导致一些地貌景观和灾害冰缘现象的增强,如广泛的边坡失稳、泥流和热喀斯特作用增强,并构成植物毁灭性灾难,暴露的下部土层也成为沙化的新物源,促使土壤侵蚀加剧。因冻土退化导致草场退化、荒漠化、沼泽湿地萎缩等下垫面改变,还引起热量平衡、辐射平衡变化,最终可反作用于多年冻土使之进一步退化。另一方面,土壤温度升高和植物生长期延长,土壤根系生长空间增大,营养改善,养分循环加强,可提高表土层湿度,利于植被、沼泽湿地发育,抑制荒漠化。

(三)冻土变化对农业生产的影响

我国北方地区,冬季气候严寒、积雪,夏季降雨不多,而且集中。由于气候寒冷,积雪和冻土影响,对当地农业生产影响较为明显。在全球变暖背景下,近几十年来,一些地区的冻土总体表现为冻结推迟,融化提前,最大冻土深度减小,冻结时间缩短,冻土下界上升的总体趋势。

冻土冻结时,土壤含水量增加易于在冻土层冻结,形成结晶体。在融冻期,含水量由降雨和融雪入渗,主要积蓄在融冻锋面以上,改变土壤含水量的垂向分布,土壤蒸发和入渗能力降低。高山冻土带在融化期间,水分难以下渗,因而会造成一定的水土流失,并降低了土壤肥力,进而影响农牧业的发展。另外,冻土区的局部开垦,将使冻土层加速融化,上限降低,造成洼地和土丘,以至农田废耕,甚至引起沼泽化。同时,在农耕季节,冻土融化,不利于农业机械化作业。

(四)冻土对道路的影响

1994 年调查数据表明,运营 20 多年第二条西伯利亚铁路的线路病害率达 27.5%;1996 年调查数据表明,运营近百年的第一条西伯利亚铁路,线路病害率为 45%。而我国,1990 年调查表明,青藏公路病害率为 31.7%,东北地区多年冻土区铁路病害率达 40%。可见,冻土对道路的影响极为深远。最常遇到的是冻胀问题,多年冻土区道路工程中沉降变形是最主要的病害类型,特别是由于高温导致的多年冻土地区的路基热融下沉问题严重危害着道路的稳定运营。例如,1985 年竣工改建的青藏公路格尔木至拉萨段的二级公路,由于冻土的沉降变形作用,导致沥青面层普遍出现波浪变形和裂缝类病害。

(五)冻土对水利工程的影响

水利工程遭受冻害相当严重,一般以冻胀危害为主。例如,同一条渠道,同一个断面上,渠底和渠坡中下部冻胀量大于渠顶,朝北的渠坡的冻胀量大于朝南坡,这就导致衬砌开裂,拱起或架空,加剧了渗漏,从而又加剧了冻胀危害。新疆北部和青海省,有半数以上的干、支渠都遭受严重冻害。如新疆阿尔图新柳干渠全长 21 km,为维修受冻害的混凝土衬砌,每年花费 30 余万元,平均每千米 1.43 万元。据统计,每年用于各类水利工程冻害处理的费用超过 8 000 万元,许多工程只能维持正常使用 3 年。

综上所述,多年冻土退化可引起土壤、植被及草场退化和冻融荒漠化,区域地下水位下降、泉口位置下移、沼泽湿地减少、热融湖塘消失等水资源减少和水环境变异,形成土地“黑土滩”型次生裸地和高寒草原沙化等危害。因此,在冻土区域发展农业过程中,必须合理利用土地,避免使生态环境恶化,包括不合理扰动冻土环境而导致生态环境恶化,避免由于不合理灌溉并在季节冻结—融化过程中加剧的土壤盐渍化，防止冻土退化，采取必要措施避免各类水利工程的冻害，避免水资源的浪费。

复习思考题

1. 什么是冰川？试述冰川的形成过程。冰川的类型有哪些？

2. 什么是冰蚀作用？冰蚀地貌的类型及特点如何？

3. 试述冰碛物和冰水沉积物的概念及特征，冰碛地貌和冰水堆积地貌各有哪些主要类型？

4. 比较河流与冰川在搬运作用方面的异同。比较冰水沉积物与冲积物中细粒沉积物的异同。

5. 什么是冻土？冻土的基本特征有哪些？

6. 冻土地貌有哪些主要形态类型？各有什么特征？

7. 什么是冰期与间冰期？第四纪冰期的特征如何？试述冰期与间冰期对资源环境科学研究的意义。

8. 试述冻土对寒区生态环境及农业生产和工程建设的影响。

9. 试述冰川在全球气候变化中的作用。

参考文献

褚永磊，王鹏，张诗琪. 多年冻土退化及其趋势初步评估综述. 内蒙古林业调查设计，2017，40(2)：89-92，94.

窦明健，胡长顺，多吉罗布，等. 青藏公路路面病害成因分析. 冰川冻土，2003，25(4)：439-444.

管伟瑾，曹泊，潘保田. 冰川运动速度研究：方法、变化、问题与展望. 冰川冻土，2020，42(4)：1101-1114.

李效珍，何正梅，韩登云，等. 大同市季节性冻土的分布与变化特征. 中国农业气象，2011，32(S1)：59-62.

梁成华. 地质与地貌学. 2 版. 北京：中国农业出版社，2017.

刘凡. 地质与地貌学(南方本). 2 版. 北京：中国农业出版社，2018.

马巍，程国栋，吴青柏. 多年冻土地区主动冷却路基方法研究. 冰川冻土，2002，24(5)：579-587.

马巍，程国栋，吴青柏. 解决青藏铁路建设中冻土工程问题的思路和思考. 科技导报，2005(1)：22-28.

倪明霞，段峥嵘，夏建新. 新疆南疆周边高山冰川融化及其未来水资源安全风险. 山地学报，2022，40(3)：329-342.

施雅风. 中国冰川与环境——现在、过去和未来. 北京：科学出版社，2000.

施雅风. 中国第四纪冰川与环境变化. 北京：科学出版社，2006.

施雅风. 中国东部第四纪冰川与环境问题. 北京：科学出版社，1989.

田明中，程捷，第四纪地质学与地貌学. 2 版. 北京：地质出版社，2020.

王鸿庆. 浅谈多年冻土对道路的危害及防治. 油气田地面工程. 2008，27(1)：62-63.

王敏，王猛，赵志中，等. 中国第四纪冰川地质遗迹调查方法综述. 地质论评，2022，68(4)：

1530-1540.

王数，东野光亮.地质学与地貌学.2版.北京：中国农业大学出版社，2013.

王锡魁.现代地貌学.长春：吉林大学出版社，2009.

王一博，吕明侠，赵海鹏，等.青藏高原多年冻土区活动层土壤入渗特征及机理分析.冰川冻土，2021，43(5)：1301-1311.

吴发启，王健.土壤侵蚀原理.3版.北京：中国林业出版社，2017.

吴泰然，何国琦.普通地质学.2版.北京：北京大学出版社，2011.

吴正.现代地貌学导论.北京：科学出版社，2009.

邢婕.气候变化背景下土地覆被响应冰川消融研究——以西藏山南地区为例.湖北农业科学，2021，60(15)：60-64.

严钦尚，曾昭璇.地貌学.北京：高等教育出版社，1985.

杨达源.自然地理学.2版.南京：南京大学出版社，2012.

杨广云，王长虹，丁晓黎，等.论寒冷地区农业水文气象特点和有关旱涝指标的确定方法.黑龙江水利科技，2006，34(6)：1-4.

杨景春，李有利.地貌学原理.4版.北京：北京大学出版社，2017.

曾克峰，刘超，程璜鑫.地貌学及第四纪地质学教程.武汉：中国地质大学出版社，2014.

张武文.地质学基础.北京：中国林业出版社，2011.

张祖陆.地质与地貌学.北京：科学出版社，2012.

周幼吾，郭东信，邱国庆，等.中国冻土.北京：科学出版社，2000.

左建，孔庆瑞.地质地貌学.4版.北京：中国水利水电出版社，2019.

第十四章　海岸地貌和湖泊地貌

第一节　海岸地貌

海岸带(coastal zone)是陆地与海洋相互作用的有一定宽度的地带,其上界是风暴浪作用的最高位置,下界为波浪作用开始扰动海底泥沙处。由于各地海岸具有不同的自然地理特征以及波浪的强度不同,因此海岸带是一个宽度变动的地带。现代海岸带由陆地向海洋可划分为潮上带、潮间带和潮下带(水下岸坡)3 部分(图 14-1)。

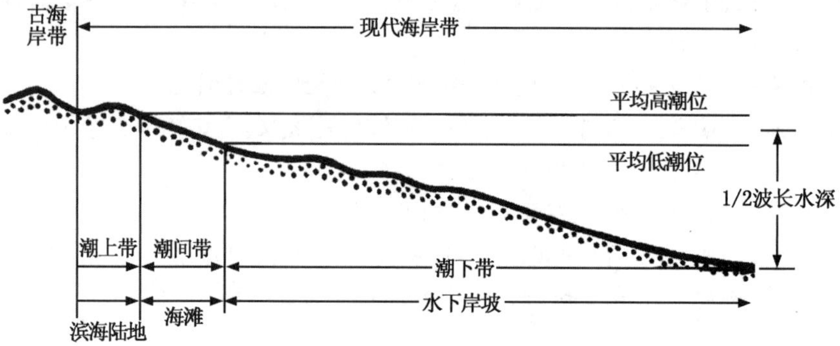

图 14-1　海岸带的划分(引自杨景春等,2017)

潮上带是高潮位以上至风暴浪所能作用的区域。在此范围内有海蚀崖、沿岸沙堤及潟湖低地等,它们大部分时间暴露在海水面以上,只在特大风暴时才被海水淹没,这一地带又称后滨,也是狭义的海岸。

高潮位和低潮位之间的地带,称潮间带,也称前滨,主要是海滩(沙滩和岩滩)或潮滩(黏土和细粉砂)。高潮时为海水淹没,低潮时则露出成为陆地。

水下岸坡是低潮位以下到海浪作用开始掀起海底泥沙处,即大约是 1/2 波长水深处,通常 10～20 m。水下岸坡又称潮下带或近滨。海岸线是陆地与海面的交界线,一般将平均高潮线当作海岸线,将平均低潮线当作海滨线。

由于海平面的升降,海陆相互作用的痕迹在与现代海岸带相邻的陆上或海底可能会有保存。例如,陆地上残留的海蚀阶地和海底的溺谷、岩礁、浅滩等都是古海岸的痕迹。

海岸带通常分布在平均海平面上下 10～20 m,宽度在数千米至数十千米的范围内。全世界海岸线长约 44 万 km,我国大陆海岸线长约 1.8 万 km,加上沿海几千个大小岛屿,则总海岸线长达 3.2 万 km。海岸带的自然资源十分丰富,全球有 2/3 的人口分布在沿海地区。

一、海岸动力作用

海岸地貌是由波浪、潮汐、海流和河流等动力作用所形成的地貌。其中以波浪作用为主，潮汐作用只在有潮汐海岸对地貌起塑造作用，海流作用更次之，河流作用只局限在河口地带。

(一)波浪作用

海洋水体受多种力的作用，如风、海底地震、海底火山等的作用，尤其是风的作用。风作用于海面，将大气中聚集的能量，通过摩擦过程传递给海洋表层水体，使表层水质点沿着风的作用方向，在垂直断面上作闭合的圆周运动，海洋表层水体随之发生周期性起伏，形成波浪。波浪是海岸地貌形成过程中最普遍、最重要的动力。

1. 波浪要素和波浪能量

波浪在外形上有一定的高低起伏，波形最高处称为波峰，最低处叫波谷。波峰的连线叫作波峰线，垂直波峰线的方向为波浪传播方向，在波浪传播方向上与波峰线垂直的线称波射线或波向线(图 14-2)。相邻两个波峰或波谷间的距离为波长 L，波峰到波谷间的垂直高度为波高 h。相邻两个波峰或波谷通过海面同一点的时间间隔叫周期 T，单位时间内波浪所移动的距离为波速 c。波长、波速和周期有如下关系：

$$L=cT$$

波浪运动既是波形的传播，又是能量的传播。波浪的能量主要取决于波长与波高，有如下关系：

$$E=\frac{1}{8}Kh^2L$$

式中：$K=\rho \boldsymbol{g}$，ρ 为海水密度，$\boldsymbol{g}$ 为重力加速度。

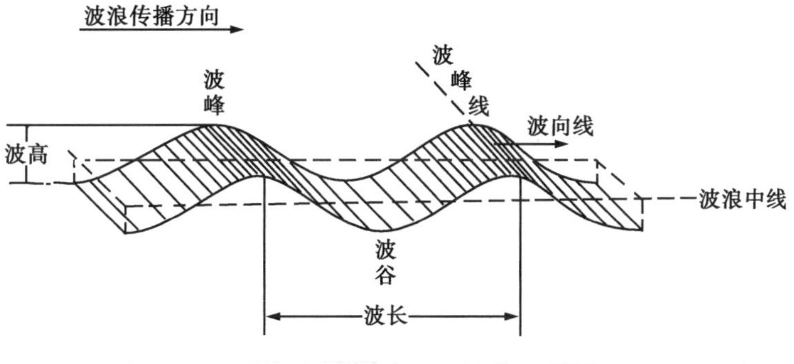

图 14-2 波浪要素(引自杨景春，1988)

2. 深水区波浪

在深水中的波浪水质点作等速圆周运动，水质点沿轨道运动一周，波形往前移动一个波长的距离。

波浪沿着海面向前传递的同时也向下部水层传递。在水平方向上水质点的圆周运动的轨迹半径相等，而在垂直方向上随水深增加，半径减小。当水深按等差级数增加时，水质点的运动半径按等比级数减小(图 14-3)。例如，在海面以下一个波长的深度处，水质点运动轨道的直径只有海面水质点的 1/512。

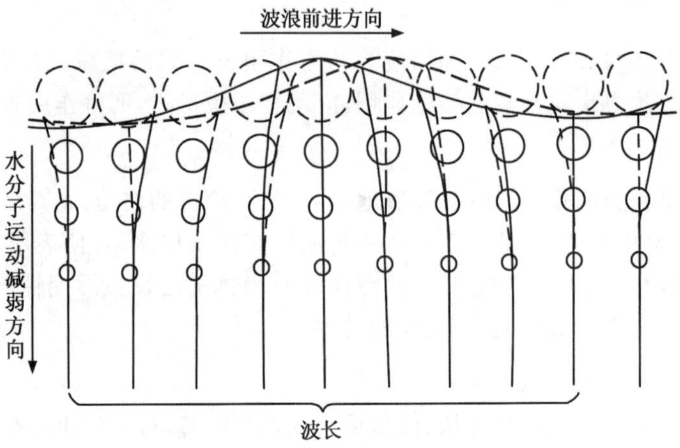

图 14-3 波高随水深的变化

3. 浅水区波浪

外海传来的波浪进入水深小于 1/2 波长的浅水区时，波浪中的水质点才比较明显地扰动海底，通常把 1/2 波长的深度看作波浪作用的极限深度。小于此深度的波浪性质发生变化，形成浅水波。波浪进入浅水区后，由于水质点运动与海底摩擦，水质点运动轨迹的形态发生变化，由圆形渐变为椭圆形，上半部凸起，下半部扁平；到了海底，轨迹的扁平度达到极限，椭圆形的水质点的垂直轴等于零，水质点作平行底面的往返运动。这时上层水体的运动速度大于下层水体，结果波高加大，波峰变窄。

4. 波浪破碎

波浪愈接近海岸，波浪变形愈明显，当波峰超出下部水体的支撑时或者说波峰明显超前并发生翻转时，波浪破碎，成为破浪。在比较平缓的水下岸坡，波浪急速变形，在 2 个波高水深处就开始破碎。波浪向岸传播过程中，还可以发生多次波峰局部破碎现象，使波能分散地消耗在宽广的水下岸坡上，最后到达岸边的波浪已很微弱。相反，在较陡的水下岸坡，波浪变形较慢，破碎发生在一个波高的水深处，再生的波浪很快到达岸边，形成强大的激浪流，它们在惯性力作用下沿坡向上产生进流，然后在重力作用下沿坡向下产生退流。由于进流带来的上涌水体大量渗透到海滩砂砾中，因此退流水量小于进流水量；另外，由于水流摩擦的影响，导致退流的速度小于进流的速度。

波浪破碎的临界水深并不是固定不变的，风向和风速都影响波浪破碎的临界水深。当风向（向岸吹）与波向一致或向岸风的风速较大时，波高增大，波浪破碎的水深度加大；相反，在离岸风作用下或向岸风的风速较小时，波高变小，波浪破碎的水深度减小。

5. 波浪折射

波浪进入浅水区后，如果波浪运动方向与海岸线斜交，就会出现在同一个波峰线的不同点有不同的运动方向和运动速度，随着波浪接近海岸，整个波峰线便偏离原来的前进方向，力图与海岸线平行，从而导致波峰线弯曲的现象，称为波浪折射（图 14-4）。

当波浪传播到岬角与海湾交错的曲折海岸时，波峰线同样逐渐与海岸线平行。在岬角处波浪集中，波峰线缩短，波能增大，以侵蚀作用为主；海湾处波浪辐散，波峰线拉长，波能降低，以堆积作用为主（图 14-5）。

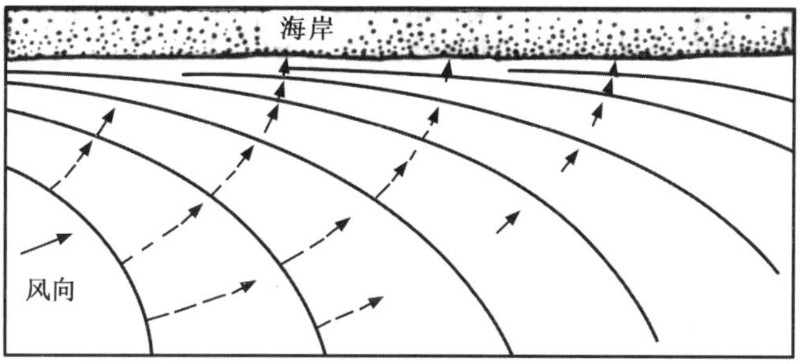

图 14-4　波浪在平直海岸的折射（引自梁成华，2002）

（箭头代表波浪作用方向）

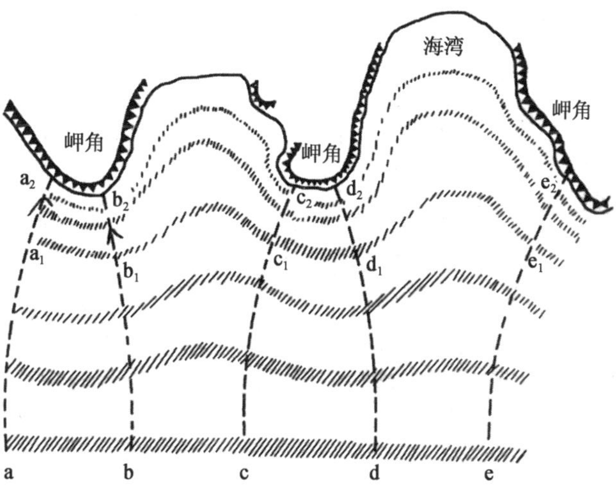

图 14-5　波浪在曲折海岸的折射（引自梁成华，2002）

（虚线为波射线，斜短线为波峰线；a、b、c、d、e 为不同岬角处的波射线位置）

（二）潮汐作用

潮汐是海水在太阳和月球引力作用下所发生的周期性运动，它包括海面周期性的垂直运动和海水周期性的水平运动，前者称为潮汐，后者为潮流。海面涨落过程称为涨潮和落潮。海面上涨到最高的位置叫高潮，下降到最低的位置为低潮，相邻高潮和低潮的高差叫潮差。涨潮时向岸流动的海水为涨潮流，落潮时离岸而去的海水称落潮流。高潮和低潮海面通常要持续 20～30 min，分别称为平潮和停潮。低潮到高潮的时间为涨潮历时，高潮到低潮的时间为落潮历时。

月球引潮力是引起潮汐现象的最主要作用力，它是月球引力和地月系统旋转产生的离心力的向量和。如果在 1 个太阳日（24 h）中有两次高潮和两次低潮，且相邻高潮或低潮的海面高度及涨落历时几乎相等，这种潮汐称为正规半日潮；如果其中一次高潮和一次低潮相对较弱，出现高高潮、高低潮、低高潮和低低潮的现象，称为不正规半日潮。如果一昼夜只有一次高潮和一次低潮，称为全日潮。

潮流的流速是变化的，在平潮和停潮时，潮流的流速为零，开始涨潮或落潮时流速很小，然后逐渐增大，至最大时又开始减小，直至为零。潮流在海岸、河口或海湾内往返流动。由于地球旋转的影响，海洋中潮流的方向时时在变化，北半球按顺时针方向偏转，南半球是逆时针方向偏转。在河口区的潮流，涨潮流与河水流向相反，落潮流与河水流向一致，因而落潮时的下行潮流水量大于涨潮时的上行潮流水量。此外，由于涨潮流咸水的密度大于河流淡水的密度，因此涨潮流可对上游河流相当长的一段水流起顶托作用。

潮差大小可影响海岸地貌的发育。戴维斯(1964)根据潮差的大小，将海岸分为弱潮海岸(潮差＜2 m)、中潮海岸(潮差 2～4 m)和强潮海岸(潮差＞4 m)。不同潮差的海岸可能具有不同的地貌组合。例如，河流三角洲与堡岛在弱潮海岸最发育，潮滩(坪)和盐沼在强潮海岸发育最好。在海峡和岛屿之间，由于地形变窄，潮差大，潮流流速也加大，尤其在海峡两端可以形成强大的潮流。当潮流流速为 10～20 cm/s 时，就可掀起粉砂淤泥，当潮流流速达到 250～300 cm/s 时，可搬运大石块，并把海底冲出很深沟槽。潮流作用能在潮间带形成潮滩、潮沟，在水下浅滩形成潮流沙脊和潮流通道。

(三)海流作用

海流又称洋流，是海水因热辐射、蒸发、降水、冷缩等而形成密度不同的水团，再加上风应力、地转偏向力、引潮力等作用而发生的大规模相对稳定的流动，是海水的普遍运动形式之一。比较大的海流，大多是由强劲而稳定的风吹刮起来形成的，称之为风海流；由密度分布不均匀而产生的海流为密度流。海洋里有着许多海流，每条海流终年沿着比较固定的路线流动，流速和水量没有多大变化；也有一些海流方向和流速不固定。海流把整个世界的大洋联系在一起，使整个世界大洋得以保持其水文、化学要素的长期相对稳定。大部分海流从海洋到达海岸带沿途受海底摩擦，地形阻碍以及波浪，潮汐和河流水流的顶托，其对海岸地貌塑造作用非常微弱。

(四)海啸

海啸是由水下地震、火山爆发或水下塌陷和滑坡等大地活动造成的海面恶浪，并伴随巨响的自然现象，是一种具有强大破坏力的海浪，是地球上最强大的自然力。

海啸的波长通常达 100～200 km，比海洋的最大深度还要大，在海底附近传播不受阻滞，不管海洋深度如何，波都可以传播过去。海啸在深水中的传播很快，甚至能到每小时 1 000 km，周期可达 10～30 min (暴风浪的周期为 15～20 s)。海啸在深水中只有很低的波高，常低于 1 m，因此海啸不会在深海大洋上造成灾害，正在航行的船只甚至很难察觉这种波动，海啸发生时，越在外海越安全。但当海啸进入浅水区或到达海岸带，波高迅速增大，可达数十米。例如，1958 年 7 月 9 日由 Fairweather 断层活动引起的地震触发了 3×10^7 m^3 滑坡体进入 Lituya 海湾，产生高 525 m 的波浪。海啸在深海波高小而浅水区波高急剧增大的原因是，海啸是由海底震动导致的海水主要沿水平方向的大规模运动，只有遇到陆地阻挡的时才会出现海浪。由于在深海当中没有陆地阻挡，所以不会产生巨浪，也就没有了海啸。

有时海啸波谷首先到达，造成海面迅速下降，在浅水海岸带造成大面积海底出露。这种奇异的海底暴露，使大量海洋生物暴露，无警觉的游客被吸引进入暴露的海滩，结果被后来的巨浪吞没。

海啸具有极大的破坏性，2004 年 12 月 26 日在东南亚由海底地震引发的海啸造成了 20 万人口的死亡。历史上纪录表明，全球每十年平均有 57 次海啸。1990—1999 年共记录了 28 次海啸，其中 10 次与环太平洋俯冲带活动及其伴随的地震有关。

二、海岸地貌

波浪侵蚀过程和堆积过程中对海岸进行塑造，形成海岸侵蚀地貌[海蚀地貌(marine abrasion landform)]和海岸堆积地貌[海积地貌(marine deposition landform)]。

(一)海岸侵蚀地貌

1. 波浪侵蚀作用

波浪水流以及携带的沙粒和岩块对海岸的撞击、冲刷、研磨和溶蚀等作用称为波浪的侵蚀作用或海蚀作用。有冲蚀、磨蚀和溶蚀 3 种形式。

(1)冲蚀作用　指波浪水流对海岸的撞击和冲刷。冲蚀作用在基岩海岸最明显。基岩海岸的水深大，海岸斜坡陡，外来的波浪能直接到达岸边，将大部分能量消耗在对岩壁的冲击上。波浪冲击岩壁产生的压力可由下式计算出：

$$P=0.15H+2.42H/L$$

式中：P 为压力(t/m^3)；H 为波高(m)；L 为波长(m)。

波浪撞击基岩时水体的巨大压力以及基岩裂隙中的空气突然被压缩，然后海浪后退时又突然发生膨胀，对岩石具有极大的破坏性。这样连续的压缩和膨胀，使岩石发生崩解。

此外，波浪撞击陡峭的岩壁后回落的水体对下面的基岩也产生巨大的打击力，可用下面的经验式计算：

$$P=3H(1+H/L)$$

节理发育的基岩海岸波浪冲蚀作用的效果最显著。崩解的岩石碎块被波浪带走，海岸逐渐后退。

(2)磨蚀作用　指波浪挟带的沙砾、岩屑等对基岩海岸的撞击、凿蚀和研磨等。它也加快了对基岩海岸的侵蚀速度。

(3)溶蚀作用　海水对岩石的溶蚀能力比淡水强，不仅碳酸盐岩能溶于海水，海水对正长岩、角闪岩、黑曜岩和玄武岩等都有很强的溶蚀作用，其溶蚀速度比淡水大 3～14 倍。

2. 海岸侵蚀地貌

海蚀地貌的类型有海蚀穴、海蚀洞、海蚀崖、海蚀窗、海蚀拱桥(海穹)、海蚀柱和海蚀平台等(图 14-6)。

(1)海蚀穴(marine cave)和海蚀洞：海崖的下部，大致与海面高度相等处，在波浪的不断冲淘下形成凹槽，叫海蚀穴(也叫海蚀凹槽)。向陆地方向伸入的深度比宽度大的叫海蚀洞。在节理发育或夹有软弱岩层的基岩中，海蚀洞可达几十米深，山东石岛沿花岗岩节理发育的海蚀洞长 20～30 m，高 16 m。

(2)海蚀崖(marine cliff)：海蚀穴或海蚀洞不断扩大，当其上方的岩石悬空并发生崩落，形成高出海面的基岩陡崖，叫海蚀崖(彩版 5 图 4)。崩塌物若很快被波浪冲走，则重新发育海蚀

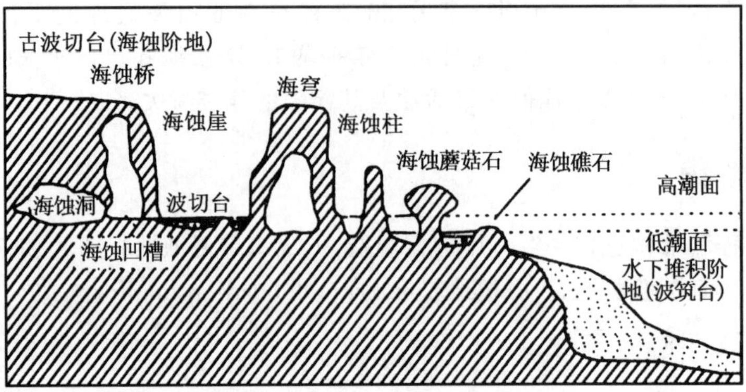

图 14-6 基岩海岸的侵蚀地貌(引自田明中等,2009)

穴,使海蚀崖继续后退,崖面坡度变陡,岩石表面比较新鲜,谓之活海蚀崖;如果波浪不能搬运海蚀崖坡脚的碎屑物,崖坡则停止崩塌,坡度平缓,长有植被,称死海蚀崖。

(3)海蚀窗、海蚀拱桥[海穹(sea arch)]和海蚀柱(sea stack):向海突出的岬角也能发育海蚀洞和海蚀穴,冲入洞中的浪流及其对空气的压缩作用,可将洞顶击穿,形成海蚀窗。岬角同时遭受两个方向波浪作用,可使两侧海蚀穴蚀穿而成拱门状,称海蚀拱桥或海穹(彩版5图5)。海蚀拱桥的拱桥发生崩落,残留于海中的柱状岩石,叫海蚀柱。如青岛海滨的石老人、芝岛的石公公、屺姆岛的将军石、山海关的姜女坟等都是海蚀柱。海蚀柱下部经侵蚀变细,形成形似蘑菇的海蚀柱,即海蚀蘑菇石。

(4)海蚀平台(bench):也叫波切台(wave-cut platform)。海蚀崖逐渐后退,波浪不断冲刷磨蚀位于海蚀崖前方的基岩面,形成微微向海倾斜的基岩平台,称为海蚀平台。由于岩性和构造的差异,海蚀平台表面常有一些突出的岩脊和小陡坎。海蚀平台形成后,因陆地上升或海面下降而高出海面,则成为海蚀阶地。

(二)海岸堆积地貌

海岸带的泥沙在波浪水流的作用下,发生横向移动和纵向移动。当泥沙的运动受阻,会产生堆积,形成海岸堆积地貌。泥沙的横向移动和纵向移动所形成的地貌是不同的。

1. 泥沙横向移动及其形成的海岸堆积地貌

当外海波浪作用方向与海岸线直交时,海底泥沙在波浪作用力和重力的切向分力共同作用下作垂直岸线方向的运动,称为泥沙横向运动。对于坡度均一的水下岸坡,沙粒受到波浪向岸方向作用力大于向海方向作用力,在一个波浪作用周期后,泥沙则向岸移动一段距离,随着水深的减小,向岸流速愈来愈快,作用力更强,使泥沙向岸移动距离也愈来愈大。

泥沙横向移动可形成的堆积地貌有海滩、水下沙坝、沿岸堤、离岸堤和潟湖等。

(1)海滩 是在激浪流作用下形成的由松散泥沙或砾石堆积而成的平缓地面。海滩沿岸分布,其范围从波浪破碎处开始并向陆地方向延伸到组成物质或地形有显著变化的地带,如永久性植物生长带、沙丘带或海蚀崖处。激浪流分为向岸的进流和向海的退流,进流受重力和水流下渗的影响,流速逐渐减小,当流速等于零时,就形成退流。退流虽顺坡而下,重力可加大流速,但因水流下渗,水量减少而使流速变小。因而进流和退流的速度在不同位置是不同的,海滩上每一点的进流速度总是大于退流速度。向岸进流速度通常大于离岸回流速度,导致底部泥沙净向岸搬运。

海滩按组成物质颗粒的大小，可分为砾石滩（卵石滩）、粗砂和细砂。一般来说，砾石滩渗透性好，波浪回流弱，滩面窄而陡，横剖面呈凸形；粗砂渗透性较差，滩面松软；细砂的渗透性最差，滩面平缓而坚硬，横剖面呈凹形。

海滩按剖面可分为滩脊海滩（双坡形）和背叠海滩（单坡形）两种。滩脊海滩是在向陆侧有自由空间的开阔地带，进浪越过滩顶流到向陆一侧的斜坡上，将泥沙带到海滩上堆积，形成向海和向陆两个坡向的海滩。背叠海滩是由于海滩后部没有自由空间，进流可直达岸边的海蚀崖坡麓或坡度较大的海滩斜坡上，发育向海倾斜的单坡形海滩。如退流的水量下渗多，流速很小，进流带来的泥沙不能被退流带走，海滩剖面呈上凸形，如砾石海滩；如退流的下渗水量少，则有足够的退流水流搬运泥沙，海滩剖面呈下凹形，如细砂海滩。

（2）水下沙坝　是一种大致与岸线平行的长条形水下堆积体。在水下岸坡，波浪发生破碎时，翻卷的水体强烈冲淘海底，被淘起的泥沙和向岸搬运的泥沙堆积在波浪破碎点附近，形成水下沙坝。水下沙坝分布在水下岸坡的上部。在缓坡海岸，波浪破碎的临界水深大，水下沙坝多分布在 2 倍波高的水深处，并由于浅水波多次破碎而形成一系列水下沙坝，沙坝的规模和间距向岸逐渐减小（图 14-7a）。在粗颗粒的陡坡海岸，波浪破碎的临界水深小，水下沙坝多分布在相当 1 个波高的水深处，水下沙坝条数少，一般仅有 1～2 条（图 14-7b）。由于水下沙坝形成与碎浪有关，碎浪又受波高影响，因而不同季节的风浪规模不一样而使碎浪位置发生变化，水下沙坝的位置也常发生迁移。风浪大的季节，沙坝向海方向移动；风浪小的季节，沙坝向陆方向移动。

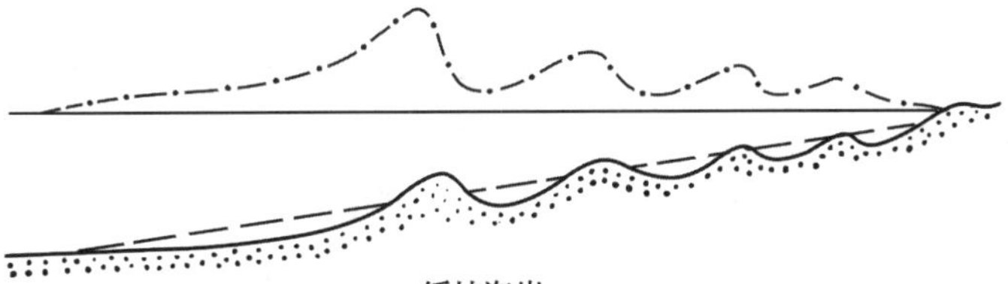

a. 缓坡海岸

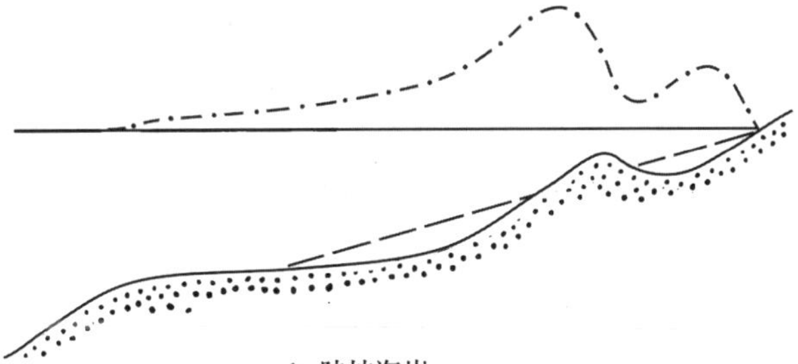

b. 陡坡海岸

图 14-7　水下沙坝与岸坡坡度的关系（引自杨景春和李有利，2005）

（3）沿岸堤　沿岸堤是沿岸线堆积的垅岗状沙堤，它可由海滩发育而成，属于海滩上的次一级地貌单元，也可能由水下沙坝演化形成。沿岸堤常呈多条分布，每一条沿岸堤的位置代表它形成时的岸线位置。如果不同时期的沿岸堤高度不同，说明在它们形成过程中海面有升降变化。海面上升，岸线不断向陆地移动，沿岸堤的向海一侧泥沙不断向陆方向搬运，越过堤顶堆积在沿岸堤的向陆一侧,使沿岸堤向陆方向移动并不断增高;海面下降,岸线不断向海方向移动,或水下斜坡坡度变小,波浪搬运泥沙能力变弱,大量泥沙堆积在向海的一侧,使沿岸堤加宽或向海方向迁移并不断降低。因此,沿岸堤的位置和形态是处于经常变化中,其高度一般只有几米,宽 5～7 m。

(4)离岸堤　离岸堤是离岸一定距离高出海面的沙堤,又称岛状坝或堡岛。离岸堤可由水下沙坝不断加积形成或海面下降使水下沙坝出露海面形成。其长度一般由几千米至几十千米不等,最长的墨西哥湾的沿岸堤长达 1 800 km,宽度由几十米至几百米。堤顶受风吹扬,常形成规模不等的沙丘。堡岛在全世界纬度不同的海岸都有分布,以低纬度海岸为多,美国是世界上堡岛分布最广的国家。

(5)潟湖　由离岸堤或沙嘴将滨海海湾与外海隔离的水域称潟湖。潟湖有通道与外海相连,并有内陆河流注入,但也有些潟湖与外海完全隔离封闭,或只在高潮时海水进入潟湖。随着海水和河水进出潟湖的比例变化,潟湖湖水可淡化也可咸化。潟湖由于位于波影区内,水体宁静,沉积物细,因而潟湖沿岸常发育泥滩。

2. *泥沙纵向移动及其形成的海岸堆积地貌*

当波浪的作用方向与岸线呈斜交,海岸带泥沙所受的波浪作用力和重力的切向分力不在一条直线上,泥沙颗粒按两者的合力方向沿岸线方向移动,称为泥沙纵向移动。

在波浪和海流作用下,有着大致相同方向和一定数量的泥沙纵向运动,称为海岸泥沙流。泥沙流的输沙能力为单位时间内通过一定断面波浪能够搬运泥沙的最大数量,又称容量。单位时间内,通过一定断面的波浪实际输沙量称为强度。强度与容量之比为饱和度。当容量和强度相等时,泥沙流处于饱和状态,波浪的全部能量都消耗在搬运泥沙上;若容量大于强度,泥沙流未饱和,波浪的一部分能量则侵蚀海岸和搬运水下岸坡的泥沙;若容量小于强度,泥沙量过饱和,波浪不足以搬运全部泥沙,便发生堆积。

海岸泥沙流的容量除受波浪强度影响外,还与波浪作用方向和岸线的夹角大小有关。当夹角较大时,泥沙颗粒受到波浪作用力较强,但在波浪作用力与重力切向分力共同作用下,实际纵向移动较小,海岸泥沙流的容量并不大;当夹角很小时,波浪的大量能量消耗在海底摩擦上,也不利于泥沙颗粒的纵向移动,海岸泥沙流的容量小。当夹角等于 45°时纵向移动速度最快,海岸泥沙流的容量最大。由于岸线走向变化使波浪作用方向与岸线夹角增大或减小,海岸泥沙流的容量降低,发生堆积。此外,如河流入海带来大量泥沙,或在波影区水域也会使泥沙流过饱和而发生堆积。泥沙纵向移动可形成湾顶滩(海滩)、沙嘴,拦湾坝和连岛坝等地貌(图 14-8)。

(1)湾顶滩(海滩)　在 AB 段,波浪作用方向与岸线夹角为 φ(假定 $\varphi=45°$),当有一股达到饱和状态泥沙流从 A 向 B 移动,到达 B 点后,由于海岸方向改变,使波浪作用方向与岸线夹角大于 φ,泥沙搬运能力降低,也即容量降低而发生堆积,形成湾顶滩(海滩)(图 14-8a)。在海岸带建坝或连岸防波堤,也会引起类似的堆积。

(2)沙嘴　在凸形海岸,根部与陆地相连、末端向着海面伸展的堆积体称为沙嘴(图 14-8b)。在 AB 段波浪作用方向与岸线夹角为 φ(假定 $\varphi=45°$),BC 段的夹角小于 φ,当泥沙流进入 BC 段时,搬运能力降低,在海岸转折处发生堆积并不断向前伸长,便形成沙嘴。具有单一形态向海延伸的沙嘴,称为箭状沙嘴。末端受其他动力作用改造而发生弯曲的沙嘴,称为弯曲沙嘴。如在港湾海岸的沙嘴,由于潮汐作用可使沙嘴尾端发生弯曲。在原沙嘴末端或内侧又形成新沙嘴的堆积体，称为复合沙嘴。海岸后退，沙嘴的位置也随之改变，在沙嘴的内侧出现一些弯曲的小沙嘴，它们是老沙嘴尾端的残部(图 14-9)。沙嘴如被侵蚀破坏，残留的沙嘴在海中成为孤立沙体，称飞坝。

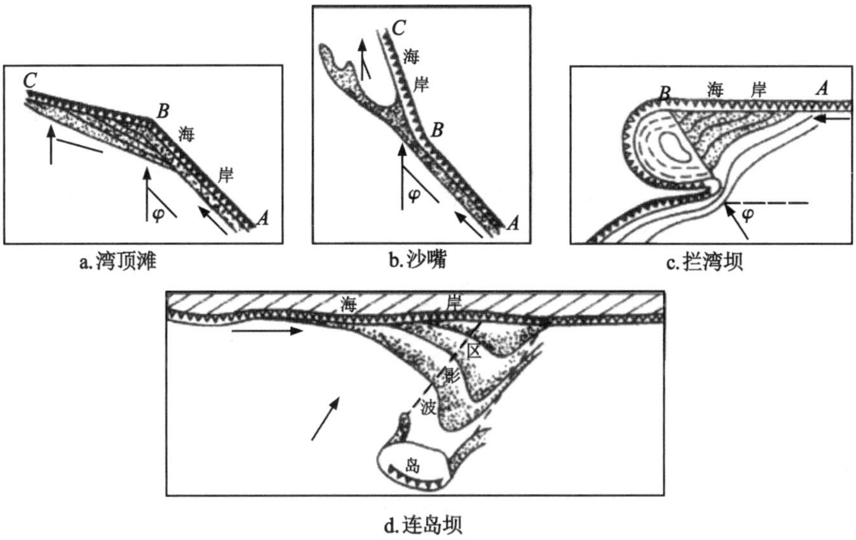

图 14-8　海岸带泥沙纵向移动形成的堆积地貌(改自杨景春等，2005)

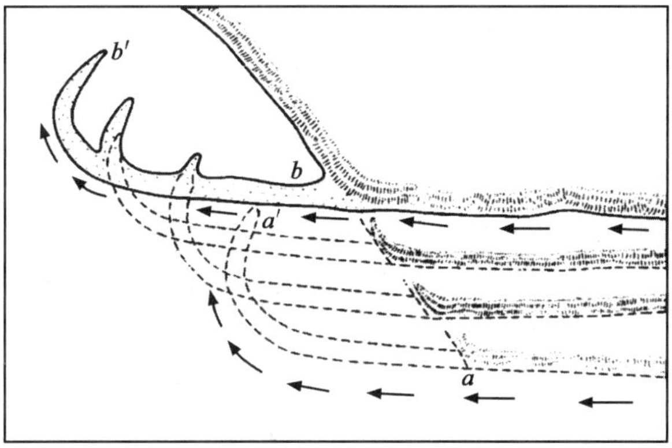

图 14-9　复式沙嘴发育过程(引自王颖和朱大奎，1994)

(3)拦湾坝　沙嘴若发生在海湾外侧湾口就形成了拦湾坝。由于海岸外侧岬角为屏障，在岬角的内侧海域，形成波影区，波浪进入波影区后能量降低，泥沙搬运能力减弱便发生堆积形成沙嘴，沙嘴不断增长与岬角相连形成拦湾坝(图 14-8c)。

(4)连岛坝　连接岛屿与陆地的沙坝。岸外有岛屿，在岛屿与陆地之间形成波影区，外海波浪遇到岛屿时发生折射或绕射，进入波影区后波浪的能量减弱，搬运能力降低，沿岸移动的泥沙流将逐渐在岸边堆积下来，形成向岛屿延伸的三角形沙嘴。与此同时，岛屿向海的一面受到冲蚀，被冲蚀的物质在岛屿两侧后方堆积成两个向陆地延伸的沙嘴。最后两个方向的沙嘴相接，便形成了连接岛屿与陆地的沙坝，即连岛坝。我国山东半岛烟台市的芝罘岛便是很典型的连岛坝(图 14-8d)。

海蚀地貌与海积地貌组合见图 14-10。

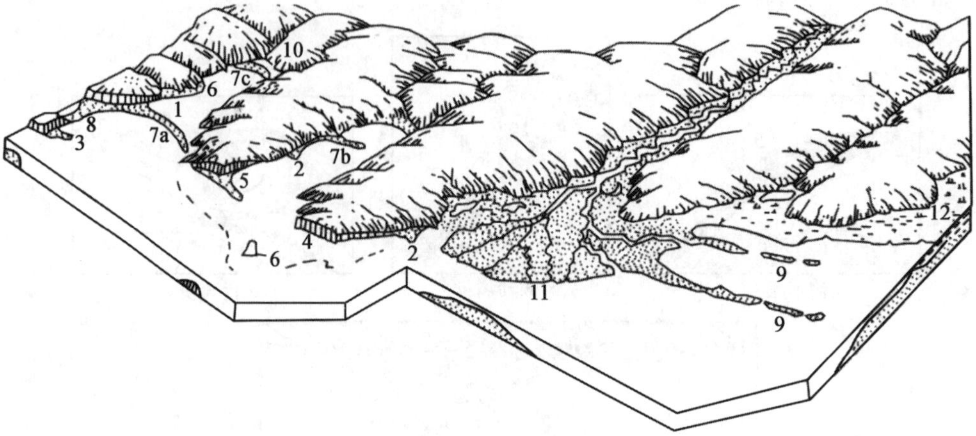

1.海滩;2.角滩;3 和 5.沙嘴;4.海蚀崖;6.海蚀柱(断线区为水下波切台);7.拦湾坝(7a.湾口坝;7b.湾中坝;7c.湾内坝);8.连岛坝(有壁障区);9.离岸堤;10.潟湖;11.三角洲;12.泥滩

图 14-10 海岸带地貌组合(转引自田明中等,2009)

三、海岸类型

有多种海岸类型的划分方案,根据海岸物质组成可将海岸划分为基岩海岸、沙质海岸、淤泥质海岸和生物海岸四种类型。

(一)基岩海岸类型

基岩海岸由岩石组成,岸线曲折或平直,岸坡陡峭。根据海岸线与地质构造关系可分为横海岸和纵海岸。横海岸的海岸线与构造线直交,岸线曲折,西班牙西北部里亚港一带海岸最为典型,所以又称之为里亚式海岸,我国山东半岛荣城湾一带也属这种类型。纵海岸的海岸线与构造线平行,海岸平直,少港湾,有一些与岸线走向平行的岛屿发育,以亚得里亚海东岸的达尔马堤亚海岸最为典型,又称达尔马堤亚式海岸。以断层控制的海岸,海岸平直,岸坡陡峭,专称为断层海岸,我国台湾地区东海岸属于断层海岸。断层面走向与海岸线一致的断层海岸也是纵海岸。

图 14-11 展示的是曲折基岩海岸的演化模式。

(1)在海岸演化的初期,由于岸线曲折,波浪发生折射,岬角处波能汇聚,海湾中波能辐散,在岬角处发育海蚀崖,在湾内开始出现堆积,海岸基本保持原有岸线特征(图 14-11a)。

(2)海岸进一步演化,岬角处形成大规模的海蚀崖和岩滩,大陆与岛屿之间形成连岛坝,湾口形成沙嘴等堆积地貌(图 14-11b)。

(3)当岛屿被蚀去,岬角进一步侵蚀后退,湾口被沙坝封闭,阻断了海湾与外海的连通,使岸线逐渐趋于平直,形成基岩岸段与砂砾岸段相间分布的夷平岸(图 14-11c)。

(4)当海蚀崖不断后退,退至海湾岸线位置时,岬角全部被侵蚀掉,残留宽广的岩滩,这时,海蚀崖在宽广岩滩的保护下,后退停止,海岸趋于稳定,形成平直的基岩磨蚀夷平岸(图 14-11d)。

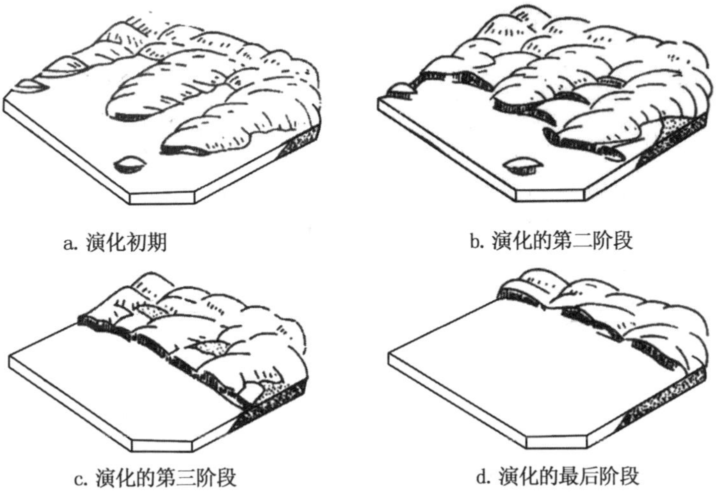

图 14-11　基岩港湾海岸的演化图式(引自杨景春等,2005)

(二)沙质海岸类型

沙质海岸可分为海滩海岸、沙堤－潟湖海岸和沙丘海岸等。

海滩海岸是泥沙在激浪带堆积形成的,其范围从波浪破碎开始点起到海岸陆地上波浪作用消失处止。在宽敞的海岸形成滩脊海滩,在有海蚀崖的较狭海滩,则形成背叠海滩。海滩上常发育一些与岸线平行的沿岸堤,它们的高度代表当时的海面高度。

沙堤-潟湖海岸是由沙质海岸堆积体和潟湖构成的海岸。它是一种重要的海岸类型,约占世界海岸 13%。沙质海岸堆积可能是水下沙坝或离岸堤,也可能是沙嘴。沙堤－潟湖常形成于中潮差和小潮差的海岸。沙堤常被潮汐通道所切割,潮汐通道的两侧常常发育着涨潮和落潮三角洲。因此,沙堤－潟湖海岸由沙堤、潟湖、潮汐通道、涨潮和落潮三角洲等主要地貌单元组成。

沙堤-潟湖海岸在我国的山东半岛、辽东半岛、广东和广西沿海均有发育。距河北昌黎县城约 15 km 的黄金海岸是一个典型的沙堤－潟湖海岸 (图 14-12)。七里海潟湖是与渤海相通的半封闭潟湖。目前潟湖长约 3 km,宽约 2 km。其东岸及东南岸有沙丘,俗称沙坨峪,与渤海相隔。潟湖与渤海相连的通道,称新开口,位于潟湖东北角,为一潮流通道,长约 2 km,宽 200～400 m。潟湖西侧、西北侧有稻子沟、刘台沟、刘坨沟、泥井沟和赵家港沟五条小河注入。这 5 条小河系滦河古入海汊道,均为季节性河流,合称七里海水系。由于河流径流较小,潟湖水深主要受潮汐作用影响。潟湖内波浪很小,遇 6 级风,海上浪高可达 1.5～2 m,潟湖内波浪仅 0.2～0.3 m,6 级风以下基本无浪。

七里海湖底分布着黑色淤泥质细沙,无湖相泥质沉积,但其水域中心的潮沟组成物质却相对比较粗,主要是些富含贝壳碎片的青灰色细沙。潮流通道底部分布有海陆相交互沉积物,为灰黑色淤泥质粉沙。

沙丘海岸是沙质海岸在风的作用下沙粒被吹扬形成沙丘的海岸。沙丘的宽度由几米到数千米不等,高度也有几米大到几百米不等。

(三)淤泥质海岸类型

淤泥质海岸是由粉砂和淤泥堆积的低缓平坦海岸。淤泥质海岸从陆到海由 3 部分组成:沿岸冲积平原或海积平原、潮间带浅滩(又称潮滩)、广阔平缓的水下岸坡。

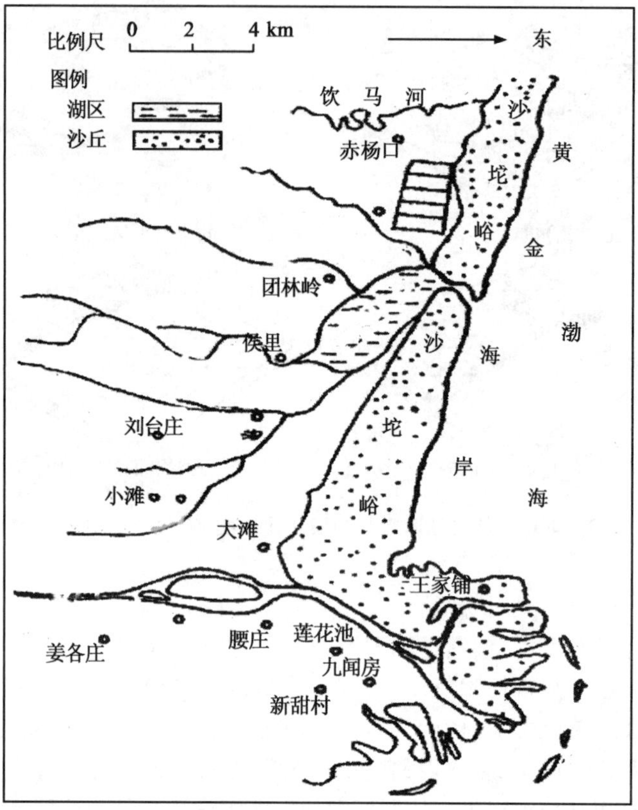

图 14-12 河北昌黎黄金海岸示意图(引自杨静和曾昭爽,2007)

淤泥质海岸主要分布在含沙量大的河流下游平原,构造下沉区,岸外有沙洲岛屿掩护的海岸段和有大量淤泥供应的港湾内。因此,可将淤泥质海岸划分为平原型、堡岛型和港湾型 3 种。

平原型淤泥质海岸是沿平原外缘由大河带来的粉砂淤泥堆积而成。我国渤海湾海岸是最为典型的平原型淤泥质海岸。渤海湾沿岸是宽广的黄河三角洲冲积平原和滦河三角洲冲积平原,地势平坦,有 3 列绵延数十千米的贝壳堤及一些废弃河道、牛轭湖、盐渍洼地。沿岸平原外缘有 4～6 km 宽的潮滩,坡度为 0.03%～0.1%,潮滩上形成大量泥质沉积层,它们主要来自黄河和海河。水下岸坡坡度非常平缓,水深 0～15 m 的水下岸坡坡度为 0.021%,水下岸坡的沉积物在岸边为粉砂,向海逐渐变细,至水深 5 m 处为直径 0.005 mm 的黏土和细粉砂,在潮流作用下发育潮流沙脊和潮流通道。

堡岛型淤泥质海岸是发育在沙岛与陆地之间的淤泥质潮滩,由沙岛、潮滩及潮汐通道和盐沼低地儿部分组成。

港湾型淤泥质海岸发育于深入陆地的港湾内。湾内波浪小,由潮流,沿岸流和河流带来的细颗粒物在港湾内沉积下来,形成小面积淤泥带。

淤泥质海岸的主要物源是大河带来的泥沙,因此,河流改道或河流上游水土流失状况改变可以引起泥沙来源的变化,从而导致海岸经历着堆积期和侵蚀期的轮回。河流泥沙来源充分时,海岸处于在堆积期中,形成宽广而平缓的淤泥质潮间浅滩,滩地中穴居了大量的贝类生物。河流上游植被恢复或一旦河流改道,泥沙的供应减少或中止,海岸便进入了侵蚀期,波浪作用冲刷原来的滩地,将细粒物质扬起,被水流带至邻近地区堆积,滩地中被淘洗出来的贝壳碎屑由激浪抛至高潮滩，形成贝壳堤。如果河流上游开垦破坏植被，或河流恢复原来入海位置，带来泥沙增多，海岸重新进入堆积期，在贝壳堤的外侧就会发育一个新的淤泥滩。

我国渤海湾沿岸的海积平原上有 3 条贝壳堤。三列贝壳堤的形成与黄河改道和上游开垦破坏植被有直接关系。

(四)生物海岸类型

生物海岸有红树林海岸和珊瑚礁海岸。

1. 红树林海岸

红树林指生长在热带、亚热带低能海岸潮间带上部，受周期性潮水浸淹，以红树植物为主体的常绿灌木或乔木组成的潮滩湿地木本生物群落。由红树林与潮间浅滩组合而成的海岸称为红树林海岸。红树林中文名称源自红树科植物，体内含大量单宁，当单宁在空气中氧化，其附着的枝干呈红褐色，因此得名。国际红树林组织根据红树林的生育型，将其分为真正红树林植物、半红树林植物和红树林伴生植物 3 类。

真正红树林植物是只出现在河口潮间带的木本植物，具有为适应环境而演化出的气生根及胎生现象等，以红树科（Rhizophoraceae）的 18 种植物为代表；半红树林植物能在潮间带生长亦能延伸到陆地上生长，例如黄瑾、海檬果等都是可以在潮间带及陆地生长的半红树林植物。黄瑾、海檬果常选作行道树；红树林伴生植物是指通常生长在红树林的边缘地带伴随红树林生长的草本、蔓藤及灌木，例如马鞍藤、冬青菊、苦林盘等都是红树林常见伴生植物。

红树生长的适宜水温为 25～28 ℃，最冷月平均温度＞20 ℃，要求生长在淤泥质海滩上，因为淤泥质海滩富含有机质；同时要求处于低能环境，如河口、海湾、潟湖等无波浪作用或作用微弱的环境，这种环境有利于幼苗的生长。

红树林具有发达的根系，由于生长地土质松软，且受潮水冲刷、缺氧，因此根系分布很广却很浅，有利于支撑树体和进行呼吸。红树林的根系可大体分为气根和地下根两类。气根由主干或较低的分枝长出，悬垂向下生长，进入土壤后形成支持根，可进行呼吸并具有支撑植株作用。气根还可向侧方延伸，最后形成板状的支持根，有更佳的支撑作用。地下根有的是由支持根长出的，也有在地下形成纵向根后，再向上长出并直立露出地面的呼吸根。

红树林植物叶片具有很高的渗透压，因此可以从沼泽盐渍土中吸收水分和养分。叶片的表皮角质层厚，具有肉质化和革质化，既能储存水分，又能抵挡强烈的光照。叶片气孔凹陷或为密毛状体所包围，以减少水分丧失。有的叶片则具有盐腺，以调节组织的盐分。

红树植物具有胎生现象，它是红树植物在盐度高、土质松软、缺氧及水中含氯量高的环境下最有利的繁殖方式。红树林植物的果实仍在母树上时，胚即自种子长出且伸出果实，最后而形成具胚茎和根的胎生苗。幼苗垂挂在枝条上，可自母株吸取养分。胚茎上有多数皮孔，可进行气体交换。当幼苗脱离母株时，有些可插入泥中，快者在几个小时后就长出根系，固定住自己。即使幼苗没有顺利插入泥中，也能随波逐流，遇到适当地点再繁殖生长。

红树林具有重要的生态价值。红树林区内潮沟发达，能吸引深水区的动物来到红树林区内觅食栖息、生产繁殖。红树林区也是候鸟的越冬场和迁徙中转站，更是各种海鸟的觅食栖息、生产繁殖的场所。红树林构成的湿地生态系统具有很高的间接利用价值。红树林具有防风消浪、促淤保滩、固岸护堤、净化海水和空气的功能。盘根错节的发达根系能有效地滞留陆地来沙，减少近岸海域的含沙量；茂密高大的枝体宛如一道道绿色长城，有效抵御风浪袭击。1958 年 8 月 23 日，12 级台风由正面向厦门沿海登陆，随之产生的强大而凶猛的风暴潮，几乎吞没了整个沿海地区，损失惨重。但在离厦门不远的龙海市角尾乡海滩上，因生长着高大茂密的红树林，结果该地区的堤岸安然无恙，农田村舍损失甚微。1986 年广西沿海发生了近百年未遇的特大风暴潮，合浦县 398 km 长海堤被海浪冲垮 294 km。堤外有红树林的地方，海堤没有被冲垮。

2. 珊瑚礁海岸

生物礁是由石珊瑚虫和其他造礁和礁栖生物（如石灰藻、层孔虫、有孔虫、海绵、贝类等）的骨骼及它们分泌的有机质、黏结碳酸盐碎屑而形成的多空隙岩体。由于生物礁主要由石珊瑚虫的骨骼构成，因此生物礁也称珊瑚礁。现代珊瑚礁分布在南北纬 30°之间的热带海区。我国的珊瑚礁主要分布在台湾地区沿岸、雷州半岛西南岸、海南岛周围的基岩海岸以及西沙、东沙、中沙和南沙群岛等地。

珊瑚生存条件非常严格，要求海水的年平均温度在 20 ℃以上，最适宜的水温是 25～30 ℃，海水盐度是 27‰～40‰，最适宜的盐度是 36‰。此外，珊瑚生长要有足够光线，含有大量泥沙的浑浊水体会窒息珊瑚，使礁体发育受到抑制，因此在有淡水注入，水体浑浊的河口地区不生长珊瑚。在低潮位至水深 20 m 的浅海区，珊瑚繁殖最盛，因为这里有充足的阳光和丰富的微生物养料，水温也较高。另外，要有坚实的附着基底，因为珊瑚是固着生长，比较坚硬的基底有利于大规模珊瑚礁的发育。

根据礁体和岸线的关系，珊瑚礁分为岸礁（裙礁或边缘礁）、堡礁（堤礁）和环礁。岸礁分布在大陆或岛屿的岸边，由于岸边水浅，珊瑚礁的外缘不断向海增长，形成宽度不一的珊瑚平台，即礁坪。在我国，岸礁主要分布在海南与台湾沿岸。红海沿岸的岸礁，长 2 700 km，是世界上现代最长的岸礁。

堡礁是与海岸相距几千米至几十千米，以潟湖或带状海湾与大陆或岛屿相隔的平行海岸分布的长条形礁体。堡礁的宽度一般仅几百米，但是长度达几百至上千千米，呈断续分布。澳洲东岸的大堡礁，长达 2 000 km 以上，宽 40～120 km，同大陆相距 13～180 km，是现代世界上最大的堡礁。

环礁的礁体围绕海底较大隆起边缘生长，在平面上呈不连续环带状，中央是很浅的潟湖，有水道沟通潟湖与外海。环礁主要分布在大洋和滨外广海中。环礁潟湖是难得的避风港。我国南海诸岛大多属环礁类型，礁体厚度达 1 000 m 以上，其中著名的有南沙的郑和环礁、九章环礁、永登环礁，西沙的宣德环礁、东岛环礁，中沙环礁，黄岩环礁和东沙环礁等。

达尔文（1842）认为，岸礁、堡礁和环礁是火山岛沉降过程中发育的珊瑚礁系列，珊瑚礁的发育经历了 3 个阶段：①围绕火山岛发育岸礁；②随着火山岛缓慢下沉，珊瑚礁向上增长，而且礁体的向海侧比向陆侧增长得快，于是珊瑚礁逐渐与海岸分离，岸礁演变为堡礁，之间出现潟湖或浅海；③最后当火山岛完全沉入水中时，珊瑚仍不断增长，形成环绕潟湖的环礁（图 14-13）。根据我国学者研究，南海环礁的基

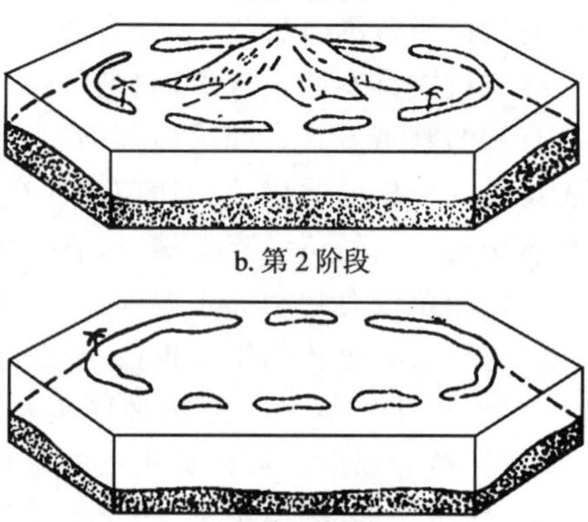

a. 第 1 阶段

b. 第 2 阶段

c. 第 3 阶段

图 14-13 达尔文的岸礁、堡礁和环礁的成因系列图（引自杨景春等，2005）

础并不都是火山岛，如宣德环礁的基底是花岗片麻岩，礁体的将近一半是经海浪等外力作用形成的珊瑚碎屑沉积物，珊瑚礁灰岩中有热带榕树和红树科花粉，还有溶洞和淡水层等，这说明环礁并不全是火山岛下沉珊瑚向上增长而成。

四、影响海岸发育的因素

海岸带是海陆相相互作用的地带，海岸带的发育除受到波浪影响外，还受到海岸原始地形、组成海岸的岩性、地质构造、地壳运动以及海平面变化等因素的影响。

(一)海岸的原始地貌

海岸剖面的形态与原始岸坡的坡度有紧密联系，当原始岸坡的坡度很大时，其重力作用也较强。在波浪作用下，岸坡的上部受侵蚀，陆地不断地后退，形成海蚀带(图 14-14a)。当岸坡坡度中等时，则发育成海蚀—海积混合型海岸(图 14-14b)。当岸坡坡度平缓时，则发育成堆积海岸(图 14-14c)。

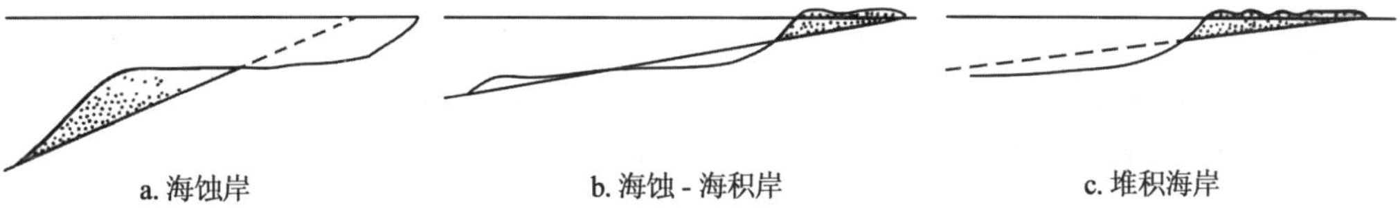

图 14-14　不同原始岸坡发育的海岸剖面

(二)岩性的影响

组成海岸带的基岩受海蚀和风化的双重破坏作用，因此，基岩的抗海蚀的能力对海岸形态以及海岸演变速度都具有重要的影响。

(1)由硬度大的单一岩石，如花岗岩、石英岩、石英砂岩、板岩等所组成的海岸，其抗蚀强度大，海岸能够长期保持原始的海岸形态。

(2)由不同岩性的岩石交替所构成的海岸，往往出现选择性的海蚀作用，常常表现为岬湾交错的港湾式海岸。

(三)构造运动的影响

根据大洋板块和大陆板块相对运动的性质，海岸分为碰撞海岸、拖曳海岸和边缘海岸 3 大类。碰撞海岸受板块的挤压作用，构造运动强烈，挤压褶曲形成的山地濒临海岸；构造线与海岸线平行，大陆架狭窄，侵蚀作用强烈，海蚀崖、上升阶地等发育；拖曳海岸是板块拉伸的结果，其基本特征是岸线与构造线垂直或斜交，高原、丘陵或平原邻接海岸，大陆架较宽。边缘海岸分布在受岛弧遮蔽的边缘海中，通常发育三角洲平原，具有宽度不一的陆架。

(四)海平面变动的影响

海平面变动，导致海岸升降，引起海岸线前进与后退，影响海岸的侵蚀和堆积作用，从而引起海岸地貌的发展和演化。大约 2.1 万年前的末次冰期的最盛期，当时全球海平面比现在低 130～150 m。现在的许多大陆架当时都是大陆的一部分。大约 1.1 万年前，全球气候转暖，进入了全新世的冰后期，冰川开始融化，海平面开始上升。距今约 6 000 年前开始，海平面上升速度减缓，海平面一直趋于稳定或仅有微小的波动。因此，现代海岸地貌在近 6 000 年来基本没有太大变化。

海平面升降会引起海岸地貌的重塑。海平面上升，会使水下岸坡坡度增大，波浪到达岸边的能量增加，海岸遭受更大的侵蚀，被蚀物质被带到水下岸坡的下方堆积。海平面下降，会使水下岸坡变浅。在堆积海岸，如果原来的水下岸坡处于平衡状态，则水下岸坡的中间部分会被侵蚀，粗的被蚀物质向岸移动堆积在岸边，而细小物质向海移动堆积在水下岸坡的基部。

第二节　湖泊与湿地

湖泊指陆地上洼地积水形成的、水域比较宽广、换流缓慢的水体。全世界湖泊总面积为270万 km^2，约占陆地总面积的1.8%。世界上湖泊最多的国家是芬兰，有55 000个之多，占全国总面积的8%；世界上最大的湖泊是里海，为咸水湖，位于欧洲和亚洲的交界处；世界上最深的湖泊是俄罗斯的贝加尔湖，达1 620 m；世界上最高的湖泊是我国西藏的纳木措湖。我国的湖泊很多，总面积7.561万 km^2，洞庭湖、鄱阳湖、青海湖等都是著名的大湖。

湿地在狭义上一般被认为是陆地与水域之间的过渡地带。广义上则被定义为“包括沼泽、滩涂、低潮时水深不超过6 m的浅海区、河流、湖泊、水库、稻田等”。截至2009年，全世界湿地面积约有5.14亿 hm^2，约占陆地总面积的6%。世界上最大的湿地是巴西中部马托格罗索州的潘塔纳尔沼泽地(Pantanal)，面积达2 500万 hm^2。中国湿地面积65.94万 km^2，居亚洲第一位，世界第四位。

一、湖泊的形成与分类

湖泊是经常充满水的陆上洼地，它是在一定的地质、地形和气候条件下形成和发展起来的。形成湖泊需要两个条件：一是有一定的水源；二是有盛水的洼地，即所谓湖盆。

湖盆是湖泊形成的前提，根据湖盆的成因，湖泊可以划分为以下各种类型：

(一)构造湖

由地壳内力作用，包括构造运动所产生的地壳断陷、凹陷和沉陷等所产生的构造湖盆，经贮水而形成的湖泊称为构造湖。

我国大多数湖泊都程度不等地受新、老构造运动的影响和控制。构造湖具有十分鲜明的形态特征，即湖岸陡峭且沿构造线发育，湖水一般都很深。同时，还经常出现一串依构造线排列的构造湖群。但因构造湖所处的发育阶段不同以及构造运动性质的差异，反映在湖泊形态方面的特征也就不甚一致。构造湖又分为：

1. 断陷湖

由断层陷落形成的湖盆。这类湖泊外形狭长，湖岸陡直，深度较大，分布有一定规律性。世界著名的东非大裂谷湖群就是这类湖泊的典型。我国云南的滇池、洱海，四川的邛海等都是很典型的断陷湖。

2. 向斜拗陷湖

由向斜拗陷或大地缓慢下降所形成的湖泊。这类湖泊面积较大，如处于欧洲和亚洲交界处的里海，我国的洞庭湖、鄱阳湖等。

(二)火山湖

湖盆是由于火山活动造成的，可分为：

1. 火山口湖

由岩浆大量喷出，并堆积在火山口周围，形成高耸的锥状山体，而火山口内，因大量浮石(很轻)被喷出和挥发性物质的散失，引起颈部塌陷而形成漏斗状洼地，之后经积水而成。如长白山顶的天池，位于庞大的火山锥体之中，水面海拔达 2 200 m，水深有 373 m。

2. 火山堰塞湖

由火山熔岩流堵截河谷或河床后贮水而形成的湖泊。如我国黑龙江省宁安市的镜泊湖、五大连池市的五大连池，都是玄武岩流阻塞河流而形成的火山堰塞湖。堰塞湖的堵塞物不是固定永远不变的，它们也会受冲刷、侵蚀、溶解、崩塌等等。一旦堵塞物被破坏，湖水便漫溢而出，倾泻而下，形成洪灾，极其危险。

(三)河成湖

河成湖盆的形成与河流作用有关。可分为：

1. 牛轭湖

在平原地区流淌的河流，河曲发育，随着流水对河岸的侵蚀，河流愈来愈弯曲，最后导致河流自然截弯取直，河水沿取直部位径直流去，原来弯曲的河道被废弃而形成湖泊。因这种湖泊的形状形似牛轭，所以称之为牛轭湖。湖北省的尺八口和原有的白露湖及排湖、内蒙古的乌梁素海皆为著名的牛轭湖。

2. 河口湖

支流注入主流时，因主流的天然堤对支流的阻截，在支流流入主流的河口地带，即在堤下洼地潴水成湖。这类湖泊沿大的江河分布极广，如安徽的龙湖、大官湖，湖北的武昌湖、莱子湖等，也有人认为洞庭湖、鄱阳湖可能属于河口湖。

(四)冰川湖

与冰川作用相关形成的湖。这类湖泊大多数分布在高山、高原及高纬度地区。如念青唐古拉山和喜马拉雅山区较为普遍。它们分布的海拔一般较高，而湖体较小，多数是有出口的小湖。如藏南的八宿错，它是由扎拉弄巴和钟错弄巴两条古冰川汇合以后，因挖蚀作用加强所形成的冰川槽谷，后来谷口被终碛封闭堵塞形成，湖面高程 3 460 m，面积 26 km^2，最大水深 60 m。还有如四川九寨沟长海也是冰川成因的湖泊(彩版 5 图 6)。其海拔 3 101 m，长 4 349 m，最宽 415 m，最深 88.8 m，面积 928 440 m^2，是九寨沟最大的湖泊，形成于大约 50 万年前，是典型的冰川堰塞湖。高大的湖泊坝堤是冰川退缩过程中冰川末端较长期稳定于此而成的终碛堤。

(五)海成湖

此类湖原系海湾，后湾口处由于泥沙沉积而将海湾与海洋分隔开而成为湖泊，通常称为潟湖，如宁波的东钱湖和杭州的西湖。

(六)岩溶湖

典型的岩溶湖是由碳酸盐类岩石经流水的长期溶蚀所产生的岩溶洼地、岩溶漏斗或落水洞等被堵，经汇水而形成的一类湖泊。岩溶湖泊排列无一定方向，形状为圆形或椭圆形，有时也可呈长条形。岩溶湖一般面积不大，深度较小。我国岩溶湖大多分布在岩溶地貌较发育的黔、桂、滇等地。

(七)风蚀湖

湖盆因风蚀而成，常见于干旱地区。如果风剥蚀地面到潜水面时，则形成风成湖。干旱地区的风成湖由于气候干燥，蒸发量大，年雨量分配不均，因而湖水水量变化很大，湖盆轮廓也经常移动，甚至干涸成为间歇湖。

(八)人工湖(水库)

人工湖(水库)是一种具有特殊形式的人工和自然相结合的贮水水体。和天然湖泊不同，人工湖泊体现了人类利用和改造自然的智慧。水库是随着人类为解决水患和蓄水备用而出现和发展起来的。

二、湖泊的地质作用

湖泊的地质作用与海洋的相似，不过规模要小得多，尤其是浅水湖泊，剥蚀和搬运作用都很微弱，主要是沉积作用。

(一)湖泊的剥蚀和搬运作用

湖泊的剥蚀作用主要由于波浪作用引起，湖泊没有潮汐作用，湖流的规模也很小，不足以形成强烈的地质作用。湖水波浪的大小决定于风力的大小、风势的久暂、湖盆的大小及湖水的深浅等因素。在较大的湖泊周围，同样也可以看到风浪剥蚀的凹槽和湖滨阶地，如同海岸的剥蚀阶地一样，只是规模要小一些。不过湖滨阶地的产生，除由于地壳的升降所引起外，还可以是由于气候的变干、湖水量的减少等原因所引起。

在波浪的作用下，由湖岸剥蚀下来的碎屑物质，受到来回的搬运，较大的颗粒即堆积在湖岸附近，较细的颗粒被带向湖心，但是湖水没有巨大的波浪，对这些岩屑的分选作用比海浪的作用稍差，而且沿岸流也不明显，所以很少见到沙滩、沙堤和沙坝等堆积地形。

(二)湖泊的沉积作用

湖泊沉积物主要来源于河流、岸边侵蚀以及生物堆积。湖泊沉积与其他陆源沉积相比，无论在粒度、成分、颜色上，还是结构、构造上都具有独特性。湖泊沉积一般厚度较大而且稳定，层序较清楚，具有完整、大型的水平层理，层位较全而且连续，常可作为地层的标准剖面。

1.淡水湖沉积

(1)机械沉积　淡水湖机械沉积物来源，包括湖岸的剥蚀产物和河流携带的泥沙。淡水湖往往一端汇集许多河流的水流，而另一端水可以自由排泄。这样，湖泊就变成了沉淀由河流所携带泥沙的场所。同时，湖浪冲刷湖岸使之崩塌后退，形成沿湖岸分布的沙砾和石块堆积。

碎屑物的沉积发生在湖滨地带和浅水区。除由于河水流速较大，入湖后水流速度陡降使泥沙沉积下来，粗大的沙砾多堆积在湖口，形成三角洲。三角洲相沉积中有明显的斜层理，层理向湖心逐渐变缓。三角洲不断向湖心伸展扩大，致使湖泊淤实成湖成平原。湘、资、沅、澧4条河流每年向洞庭湖输入大量泥沙，使湖底年平均淤高4～5 mm，原来浩瀚无垠的“八百里洞庭”现在已被分割为数个大小不等的湖泊。

在湖泊中心部位的深水区，水动力较弱，沉积物以黏土和亚黏土为主，含有碳酸盐和有机质。季节性的水量变化明显影响沉积物的成分和结构。夏季水量大,较多较粗的颗粒物质可以进入湖心地带沉积;在冬季,较细的颗粒缓慢沉积于湖心。于是,形成粗粒和细粒物质厚薄相间形成的互层。此外,在夏季,生物的新陈代谢旺盛,动植物残体腐烂和分解较彻底,导致沉积物颜色较浅。冬季则相反,沉积物颜色较深。所以,颗粒较粗、沉积层较厚、颜色较浅的沉积物代表夏季沉积;而细粒、层薄、色深的沉积物代表冬季沉积。这种互层的湖泥可以用来推算湖泊年龄。

总之,湖泊沉积物在水平方向上可以分为四个带,从湖心到湖岸分别为:①软泥带,由亚黏土和黏土组成;②砂质软泥内带,由细砂和粉砂组成,碳酸盐含量很高;③砂带,由沙粒组成;④湖滨外带,由砾石组成(图 14-15)。

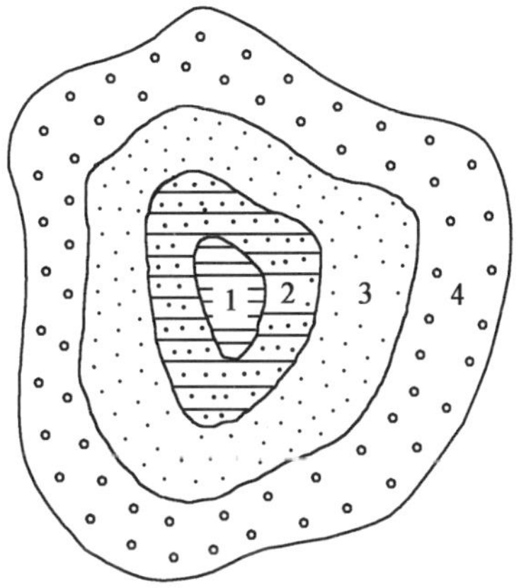

1. 软泥带;2. 沙质软泥内带;3. 沙带;
4. 湖滨外带

图 14-15　湖泊沉积物的平面分带

(引自梁成华,2002)

湖泊淤实后,开始进行一般的河流沉积,就像河流通过湖成平原一样。河水泛滥时,在湖积物上覆盖河漫滩堆积物。湖泊的淤实过程实际上就是由湖泊沉积逐渐过渡为河流沉积,最后完全被河流沉积所代替的过程。例如洞庭湖周围的平原就是由这样的沉积作用形成。

(2)化学沉积　化学沉积作用主要发生在湖心地区和深水区,它是通过湖水的各种化学作用和胶体的凝聚使各种盐类、黏土矿物沉积而形成软泥的过程。淡水湖水流畅通,湖水的含盐量较低,所以化学沉积作用不强烈,只有溶解度较小的 Ca、Fe、Mn、Si、Al 的化合物产生沉淀。水体流入湖泊时含有一定量的溶解 $CaCO_3$ 和 $Ca(HCO_3)_2$ 等,它们在一定的条件下与黏土混合形成钙质软泥,固结成岩后形成石灰岩、泥灰岩或钙质结核。在湿热地区,低价铁的胶体或真溶液进入湖泊并与有机质混合形成各种形态的铁矿层,在氧化条件下形成褐铁矿,呈团块状、透镜状和不规则状分布于浅水地带或河流入口处。在气候冷湿的条件下,在细菌的作用下可以形成菱铁矿;在湖泊深处的强还原条件下,可以形成黄铁矿。

(3)生物沉积　在湖泊周围的浅水地段生长着各种植物。水生植物的生长具有一定的分带性,水深不到 0.5 m 时,生长芦苇、蒲草;再深些则适合于野莲等浅水植物的生长;水深 3 m 左右时,菱、睡莲等浮叶植物大量生长,它们的根深入泥土,而长长的、柔软的茎使得叶子能漂浮在水面上;更深一些的地方,则生长着眼子菜、金鱼藻等深水植物,它们的全部植株都在水面以下。湖泊中的这些动植物死亡后的残体与泥沙一起沉淀,导致沉积物中有机质含量大增,形成灰色、灰黑色的有机质淤泥或泥炭层。这些泥炭经过变质作用可以形成煤矿。

湖泊中各种动植物的残体形成泥炭堆积或生物堆积。同时,植物的生长还能加快泥沙的沉积速度。于是,湖盆逐渐被植物残体和泥沙淤浅,沿湖岸生长的草丛向湖心扩展,使湖面逐渐缩小而最终完全淤塞成为沼泽。

2. 盐湖沉积

盐湖的机械沉积与淡水湖相同,所不同的只是在沉积物中经常含有可溶性盐类,这是机械沉积作用和化学沉积作用同时进行的结果。

干旱—半干旱地区的湖泊中,由于降雨量少而蒸发作用强烈,使湖水含盐量增高。在这样的湖滨，很少或没有植物生长。因此，盐湖的生物沉积作用相当弱，而化学沉积作用十分普遍和强烈。在长期蒸发过程中，湖水逐渐浓缩，湖水中的盐类就按照溶解度的大小顺序先后沉淀。例如，在一般情况下，盐类析出的大致顺序是 $Fe_2(CO_3)_3 \rightarrow CaCO_3$、$MgCO_3 \rightarrow CaSO_4 \cdot 2H_2O \rightarrow Na_2SO_4$、$Na_2CO_3 \rightarrow NaCl \rightarrow MgSO_4$、$MgCl_2 \rightarrow NaBr \rightarrow KCl$。

3. 沼泽沉积

在温湿和冷湿气候区，在平坦和低洼的地形、充足而稳定的水源补给条件下，喜湿性植物和喜水性植物生长繁茂，最后演化为沼泽。沼泽的形成途径有多种，但可以归纳为水体沼泽化和陆地沼泽化两类，前者包括湖泊、河流和水库的沼泽化，后者包括森林、草甸和冻土沼泽化。

沼泽中只有处于相对静止状态的小规模水体，因此沼泽的地质作用实质上只是沉积作用，而且以生物沉积作用为主。

沼泽有利于喜湿植物大量繁殖。在缺氧的环境下，低等植物(主要是藻类)遗体中的脂肪、蛋白质等有机质，经厌氧细菌分解后，可以形成含水很高的絮状胶体物质——腐殖质，它与黏土和粉沙混合，经过脱水变致密后形成腐泥，腐泥经过成岩作用可以转变成油页岩。

高等植物残留体中的纤维素和木质素等物质，在厌氧菌的参与下，经过氧化、分解、合成等复杂过程转化为多水的腐植酸盐等，它们与泥沙、水中溶解的矿物质等混合形成泥炭，泥炭中含碳量可达 60%。

泥炭形成以后，如果被泥沙等沉积物迅速掩埋，并随地壳运动进一步沉降到地下一定深处，泥炭中的有机物质将被压实而脱水。这一过程使泥炭孔隙度减小，H、O、N 等元素含量降低，C 含量增高并逐渐转变成煤。在成煤过程中，首先形成的是褐煤。在温度更高、压力更大的条件下，H、O、N 含量进一步降低，C 含量进一步升高，褐煤变成烟煤。如果烟煤受到更高的温度、压力作用，可以进一步转变成无烟煤。如果进一步变质，无烟煤可以转变成为石墨和天然焦。

由以上沉积和成岩作用可以看出，沼泽沉积的主要矿产是泥炭和煤。泥炭用途相当广泛，可作为燃料和化工原料，从其中可以提取焦油、沥青、石蜡和草酸等工业产品；泥炭中含有大量腐殖质及 N、P、K 等营养元素，因此也是重要的肥料。我国泥炭资源主要分布在华北平原、松辽平原、江汉平原和滇西断陷盆地。

由于煤的形成与植物的生长状况、气候、地壳运动有密切关系，因而成煤作用只能发生在特定的地质时期和特定的环境。我国是世界煤储量极其丰富的国家之一，探明储量占世界第3位。河北开滦、山西大同、河南平顶山、安徽淮南、辽宁抚顺等大煤田主要成煤时期是石炭纪、二叠纪、侏罗纪和第三纪，分别与孢子植物、裸子植物和被子植物的极盛时期相对应。

三、湿地的分类及其特点

湿地是地球上最重要的生态系统之一。在世界自然保护大纲中，湿地与森林、海洋并称全球三大生态系统。中国是世界上湿地最丰富的国家之一，湿地类型多样，分布广泛。从寒温带到热带，从平原到山地、高原，从沿海到内陆都有湿地发育。大体上湿地可分为天然湿地和人工湿地两大类。1999 年国家林业局为了进行全国湿地资源调查，参照全球《湿地公约》的分类将中国的湿地划分为近海与海岸湿地、河流湿地、湖泊湿地、沼泽与沼泽化湿地、库塘、稻田等类型。各湿地类型划分及其特点如下：

(一)天然湿地

1.近海及海岸湿地

近海及海岸湿地发育在陆地与海洋之间,生物多样性丰富、生产力高,在全球变化、防风护岸、降解污染、调节气候等诸多方面具有重要价值。

近海及海岸湿地主要分布于沿海11个省(自治区)和港、澳、台地区。以杭州湾为界分为南、北两部分。北部多为砂质和淤泥质海滩(除山东和辽东半岛部分地区为基岩海岸外),植物生长繁茂,潮间带无脊椎动物丰富,浅水区鱼类较多,为鸟类提供丰富食物来源和良好的栖息场所;南部以岩石性海滩为主,主要河口及海湾有钱塘江口—杭州湾、晋江口—泉州湾、珠江河口湾和北部湾等,在海湾或河口的淤泥质海滩分布有红树林,在西沙、南沙及台湾、海南沿海,北缘可达北回归线附近分布的热带珊瑚礁(钦佩等,2004)。近海及海岸湿地多分布在河口三角洲、沙丘间洼地、堤外洼地、潟湖及潮间、潮下带。近海及海岸湿地主要有以下几种类型:

(1)红树林沼泽　分布在潮间带,以红树植物为主。

(2)海草湿地　位于海洋低潮线以下潮下水生层,生长海草植被,植物盖度≥30%。

(3)潮间盐沼　由盐生植物组成,常见碱蓬茅草、盐地碱蓬、辽宁碱蓬、角碱蓬、海三棱藨草、獐茅杂草等,植物盖度≥30%。

(4)潮间淤泥质海滩　植物盖度≤30%,底质以淤泥为主。

(5)河口三角洲湿地　包括潮下河口湿地、潮间河口湿地、潟湖湿地等。

2.河流湿地

我国是一个山高水长,河流众多的国家。流域面积在100 km^2 的河流约5万多条,流域面积在1 000 km^2 以上的河流也有1 500余条,这些河流主要集中在长江、黄河、珠江、松花江和辽河等流域内,共计860条,占1 000 km^2 以上河流总数的57%(中国自然资源丛书编撰委员会,1995)。

我国河流多属外流型河流,其流域面积约占全国总面积的64%,其中,向东注入太平洋的河流主要有长江、黄河、黑龙江、辽河、海河、淮河、钱塘江、珠江、澜沧江;向南注入印度洋的有怒江和雅鲁藏布江;北部的额尔齐斯河向西流入哈萨克斯坦境内,再向北经俄罗斯流入北冰洋。

我国内陆性河流流域面积占全国总面积的36%,主要有4个地区:甘新地区(占21.3%)、藏北与藏南地区(占7.6%)、内蒙古地区(占3.4%)、柴达木与青海地区(占3.2%),均属欧亚大陆内陆流域的一部分,由于距海遥远,干燥少雨,水系不发育,河流极为稀少,甚至出现没有形成河流的无流区。

我国河流虽多,但在地区分布上很不均匀,绝大部分分布在东南部的外流区域内,河网密度多在500 m/km^2 以上。

河流是地理景观中较活跃的要素之一,在地表物质迁移中扮演着十分重要角色(熊怡等,1989):我国河流每年从陆地有26 000亿 m^3 的径流汇入海洋,成为海陆之间水循环的重要组成部分;我国河流每年从山地和丘陵地区带走约35亿t的泥沙,沉积在低洼地带和海洋中;我国河流每年搬运约4.5亿t各种盐类,其中4.0亿t带入海洋,0.5亿t沉积在内陆盆地中。

河流泛滥平原湿地即河流泛滥洪水淹没的湿地。50余年来,由于各种水利工程修建,特别是沿江、河筑堤,使洪水控制在沿河窄长地带,只有大洪水年才能漫堤进入堤外平原。因此,随着水利工程修建和控洪级别的提高，堤外的泛洪面积逐渐变小。但堤内泛洪湿地一般比较发育。

泛洪湿地主要由各类苔草、禾草、灌丛植物组成。在常年积水的牛轭湖湿地生长各种水生植物和苔草、芦苇等沼泽植物；季节积水湿地为沼泽化草甸和灌丛植物。

3. 湖泊湿地

我国幅员辽阔，天然湖泊遍布全国，无论高山与平原，大陆或岛屿，湿润区还是干旱区都有天然湖泊的分布，就连干旱的沙漠地区与严寒的青藏高原也不乏湖泊的存在。

根据全国湿地调查，全国现有大于 1.0 km^2 的天然湖泊总面积为 835.15 km^2，占全国国土面积的 0.0087%。这些湖泊各具特色，有的深居高山，雪山环抱，湖光山色交相辉映；有的静卧平原，烟波浩渺，水天一色，就像一颗颗璀璨的明珠，充满生机和灵气地散落在华夏大地之上，给大自然增添了无限风采，给人们带来许多美的享受。

湖泊是在一定的地质历史和自然地理背景下形成的。由于我国区域自然条件的差异，以及湖泊成因和演化阶段的不同，显示出不同区域特点和多种多样的湖泊类型：有世界上海拔最高的湖泊，也有位于海平面以下的湖泊；有浅水湖，也有深水湖；有吞吐湖，也有闭流湖；有淡水湖，也有咸水湖和盐湖等等。

中国的湖泊分布广且不均匀。按着湖群地理分布和形成特点，将全国划分 5 个主要湖区：青藏高原湖群、东部平原湖群、蒙新高原湖群、东北平原及山地湖群和云贵高原湖群。长江中下游及青藏高原是湖泊分布最为密集的地区。根据成因，我国的湖泊可划分为 8 种类型（见前述）。

4. 沼泽湿地

沼泽湿地包括沼泽和沼泽化草甸，是最主要的湿地类型。我国沼泽湿地面积 1 370.03 万 hm^2，占天然湿地面积的 37.85%。

沼泽的特点是地表经常或长期处于湿润状态，具有特殊的植被和成土过程，有的沼泽有泥炭积累，有的没有泥炭。沼泽湿地的主要类型有：

（1）藓类沼泽　以藓类植物为主，盖度 100%，有的形成藓丘，伴生有少量灌木和草本，一般有薄层泥炭发育。

（2）草本沼泽　以草本植物为主，包括莎草沼泽、禾草沼泽和杂类草沼泽，植物盖度≥30%，有泥炭或潜育层发育。

（3）灌丛沼泽　以灌木为主，常见有桦、柳、绣线菊、箭竹、岗松、杜香、杜鹃等，植物盖度≥30%，一般无泥炭堆积。

（4）森林沼泽　以木本植物为主，常见有落叶松、冷杉、水松、水杉、赤柏等，郁闭度≥0.2，一般有泥炭或潜育层发育。

（5）沼泽化草甸　包括河湖滩地，因季节性和临时性积水而引起的沼泽化湿地，无泥炭堆积。

（6）内陆盐沼　以一年生或多年生盐生植物为主，如盐角草、柽柳、碱蓬、碱茅、赖草、獐茅等，植物盖度≥ 30%，水含盐量达 0.6% 以上，一般无泥炭形成。

森林沼泽、灌丛沼泽、藓类沼泽和部分草本沼泽多分布在森林地带的林间地和沟谷中；草本沼泽和沼泽化草甸，多发育在河（湖）泛滥平原、河漫滩、旧河道及冲积扇缘等地貌部位。草本沼泽中蒿草、蒿草—苔草沼泽分布在我国西部高原地区宽谷、河漫滩、阶地、各种冰蚀洼地(古冰斗、围谷、冰蚀谷湿地)等地貌部位。

沼泽湿地在全国各省(自治区、直辖市)均有分布,但是在寒温带、温带湿润地区,沼泽湿地分布比较集中。大小兴安岭、长白山地、三江平原、辽河三角洲、青藏高原的南部和其东部的若尔盖高原、长江与黄河的河源区,河湖泛洪区,入海河流三角洲及沙质或淤泥质海岸地带沼泽湿地十分发育。

(二)人工湿地

1. 库塘

库塘湿地属于人工湿地,是指为灌溉、水电、防洪等目的而建造的人工蓄水设施。

全国各地都有零星分布,但主要分布在大江大河中、上游以及天然湿地集中的周边区域。长江流域中、下游是我国库塘湿地分布最集中的地区。根据2002年全国湿地调查的统计结果,全国库塘面积为228.50万hm^2。

2. 稻田

近年来,稻田已被认为是湿地的主要组成部分,其依靠人类的修复、挖凿而形成,除了供给人们粮食之外,同时还肩负着栖息、生存水生动植物,调节区域气候和固定二氧化碳的重要功能,因此,保护好这一湿地意义重大。

四、湿地的功能

湿地与人类的生存、繁衍、发展息息相关,是自然界最富生物多样性的生态景观和人类最重要的生存环境之一,它不仅为人类的生产、生活提供多种资源,而且具有巨大的环境功能和效益,在抵御洪水、调节径流、蓄洪防旱、控制污染、调节气候、控制土壤侵蚀、促淤造陆、美化环境等方面有其他系统不可替代的作用。因此,湿地被誉为“地球之肾”。在世界自然保护大纲中,湿地与森林、海洋一起并称为全球三大生态系统。湿地的功能如下:

1. 提供水源

湿地常常作为居民生活用水、工业生产用水和农业灌溉用水的水源。溪流、河流、池塘、湖泊中都有可以直接利用的水。其他湿地,如泥炭沼泽森林可以成为浅水水井的水源。

2. 补充地下水

我们平时所用的水有很多是从地下开采的,而湿地可以为地下蓄水层补充水源。从湿地到蓄水层的水可以成为地下水系统的一部分,又可以为周围地区的工农生产提供水源。如果湿地受到破坏或消失,就无法为地下蓄水层供水,地下水资源就会减少。

3. 调节流量,控制洪水

湿地是一个巨大的蓄水库,可以在暴雨和河流涨水期储存过量的降水,均匀地把径流放出,减弱危害下游的洪水,因此保护湿地就是保护天然储水系统。

4. 保护堤岸,防风

湿地中生长着多种多样的植物,这些湿地植被可以抵御海浪、台风和风暴的冲击力,防止对海岸的侵蚀,同时它们的根系可以固定、稳定堤岸和海岸,保护沿海工农业生产。如果没有湿地，海岸和河流堤岸就会很容易遭受海浪的破坏。

5.清除和转化毒物和杂质

湿地有助于减缓水流的速度，当含有毒物和杂质(农药、生活污水和工业排放物)的流水经过湿地时，流速减慢，有利于毒物和杂质的沉淀和排除。此外，一些湿地植物像芦苇、水湖莲能有效地吸收有毒物质。在现实生活中，不少湿地可以用作小型生活污水处理地，这一过程能够提高水的质量，有益于人们的生活和生产。

6.保留营养物质

流水流经湿地时，其中所含的营养成分被湿地植被吸收，或者积累在湿地泥层之中，净化了下游水源。湿地中的营养物质养育了鱼虾、树林、野生动物和湿地农作物。

7.防止盐水入侵

沼泽、河流、小溪等湿地向外流出的淡水限制了海水的回灌，沿岸的植被也有助于防止潮水流入河流。但是如果过多抽取或排干湿地，破坏植被，淡水流量就会减少，海水可大量入侵河流，减少了人们生活、工农业生产及生态系统的淡水供应。

8.提供可利用的资源

湿地可以给我们提供多种多样的产物，包括木材、药材、动物皮革、肉蛋、鱼虾、牧草、水果、芦苇等，还可以提供水电、泥炭、薪柴等多种能源利用。

9.保持小气候

湿地可以影响小气候。湿地水分通过蒸发成为水蒸气，然后又以降水的形式降到周围地区，保持当地的湿度和降雨量，影响当地人民的生活和工农业生产。

10.野生动物的栖息地

湿地是鸟类、鱼类、两栖动物繁殖、栖息、迁徙、越冬的场所，其中有许多是珍稀、濒危物种。

11.航运

湿地的开阔水域为航运提供条件，具有重要的航运价值，沿海沿江地区经济的迅速发展主要依赖于此。

12.旅游休闲

湿地具有自然观光、旅游、娱乐等美学方面的功能，蕴涵着丰富秀丽的自然风光，成为人们观光旅游的好地方。

13.教育和科研价值

复杂的湿地生态系统、丰富的动植物群落、珍贵的濒危物种等，在自然科学教育和研究中都具有十分重要的作用。有些湿地还保留了具有宝贵历史价值的文化遗址，是历史文化研究的重要场所。

第三节　围海造陆、围湖造田与资源环境

一、围海造陆与资源环境

(一)围海造陆概述

围海造陆是人类向海洋拓展生存和发展空间的一种重要手段。世界上许多国家,如荷兰、日本、美国、韩国等均通过围填海造陆来缓解人口与土地间的矛盾。荷兰海岸线长约1 075 km,约有四分之一的国土面积低于平均海平面,三分之一的国土面积仅高出海平面1 m,荷兰是围填海工程最先进的国家之一。荷兰的围填海造陆工程历史悠久,四分之一的国土是围填海造陆而来的。日本围填海工程大约始于11世纪,总共有12万 km^2 的土地源自围填海工程,沿海城市约有三分之一的土地是通过围填海获取的。美国50个州中有30个州和5个联邦领地为沿海州,围填海为美国提供了大量的建设和工业用地。仅20世纪60年代至80年代的20多年间,纽约、迈阿密、檀香山等城市就通过围填海工程新增了数百平方千米的建设用地。韩国海岸线长2 413 km,在日本殖民地时期就开始了围填海造陆工程,为韩国的经济发展提供了大量土地。我国也是围填海造陆工程的大国之一,改革开放以来,我国经济蓬勃发展,人口与土地资源间的矛盾日益凸显,沿海各级政府为了缓解这个矛盾,均开展了不同规模的围填海造陆工程。

(二)围海造陆与资源环境

海岸线曲折、海湾较多的沿海地区适宜于进行围填海造陆工程。围填海造陆工程有利,也有弊。有利的方面有以下几点:①提供土地以缓解用地紧张局面;②能促进沿海滩涂的合理有效的利用。我国部分沿海城市滩涂面积比较大,且绝大多数为沉积淤泥,科学合理的围填海造地有利于沿海种养殖业发展,还可以抵御台风等自然灾害,保护人民生命财产安全;③能够优化港口资源配置,增加港口泊位,解决沿海港口不足的问题。然而,人类从围填海中获得各种利益的同时,也意味着海洋与海岸带自然属性的永久性改变,对海岸带生态系统带来以下不良影响:①围填海工程会造成潮滩湿地、河口等滨海湿地退化、红树林和珊瑚礁等特殊生境被毁,海洋生态系统服务功能下降,包括生物栖息地破坏、生物多样性下降、海洋渔业资源减少。同时也会降低湿地的气候调节功能,降低分洪以及抵御台风等自然灾害的能力;②围填海工程破坏了海岸带原有的地形地貌、可能会造成沙滩、港湾等自然景观消失,从而影响当地旅游经济的发展;③围填海工程会降低海湾内海水面积容量,从而影响到区域的海洋潮流及水流运动特性,改变泥沙冲淤以及海水中污染物迁移规律,降低海水的环境容量与污染扩散能力,造成污染物在海底大量积聚,对区域生态系统造成影响。有学者使用生境等价分析法,对胶州湾围填海造地的资源和生态服务功能的受损程度和补偿规模进行了评估。评估的指标有生物资源损害、纳潮量损害、环境容量损害、湿地生境损害和生物多样性损害等。结果显示,1988—2005年胶州湾围填海造地的资源生态受损程度为41.33%,以退田还海作为修复工程,修复期为8年,在5%的折现率水平下,修复工程的规模应为22.47 km^2,才能使被填海域的生态服务功能恢复到初始水平。由于围填海造陆工程既有利又有弊,因此做到科学合理的围填海造陆将是至关重要的。发达国家在这方面的经验教训值得我们借鉴,具体包括健全法律法规体系、做好

规划管理工作、完善环境影响评价机制、采取先进的围填海技术等几个方面，以期为决策层提供参考依据。

二、围湖造田与资源环境

(一)我国围湖造田发展概述

近几十年，随着经济的快速发展和人口的不断增加，人与湖争地的现象愈加严重，人们企图靠缩小湖泊的办法来扩大耕地。这在长江中下游人口稠密、淡水湖泊较多的地区颇为普遍。据不完全统计，20 世纪 50 年代以来，全国被开垦的湖泊至少有 1.4×10^6 hm^2。

中国历史上的围湖造田现象不仅出现时间较早，涉及的区域也很广，我国唐朝以前的史籍很少关于围湖造田的记载。南朝文学家谢灵运虽然扬言要把会稽的回踵湖和始宁的岯蝗湖决以为田，但最终没有成为事实。唐时，个别豪强在江苏丹阳练湖围过田，但还是偷偷摸摸干的，当时的舆论称之为“盗湖”。北宋王安石做宰相时，政府财政困难，有人提议“涸梁山泊，可得良田万顷”。王安石害怕“无储水之地”，没有答应。北宋晚期，北方当时受外族侵扰，国家政治经济重心南移，南方人口大增，耕地不足，于是江南各滨湖地区普遍出现了围湖造田。赵宋王朝南渡后，正式承认了围湖造田的合法性，并诏令守臣，部署围垦。东南地区围湖，首当其冲的是太湖。据南宋绍兴 23 年(公元 1153 年)统计，太湖围田圩岸长达 145 里。淳熙十年(1183 年)围田多达 1489 处。

在围垦太湖的同时，浙江的一些著名湖泊，例如绍兴的鉴湖、奉化的广德湖、萧山的湘湖，都遭到围垦。杜甫诗“越女天下白，鉴湖五月凉”的鉴湖，到南宋淳熙年间，基本上全被围垦为田。

中原地区对洞庭湖和江汉湖区一些湖泊的正式围垦，也始于宋朝，到明、清两代进入高潮。据不完全统计，仅湖南境内，明代围垦洞庭湖筑的垸子就有 100 多处。清初，为了“裕库收”，清政府不仅允许濒湖居民筑垸造田，而且还拨出官银，也围了很多官垸。乾隆年间，湖南公私堤垸增加到 400～500 处。直到新中国成立前夕，堤垸增加到 990 多处，总长度超过 6 400 km。

围湖造田制造水旱灾害，这个早在南宋时期人们就取得的正确认识，经过明清两代围垦洞庭湖和湖北省其他一些湖泊的教训，认识得更加深刻。新中国成立后，由于我们对历史上围湖造田的利弊得失没有做过认真研究，对于前人的痛苦教训，也不大了解，仍继续走着前人走过的错误道路，并且在一定程度上比前人走得更远。新中国成立以来，围湖造田的规模和速度，在历史上是空前的。1896—1949 年的 53 年间，连围垦带淤积，洞庭湖平均每年缩小 19.8 km^2，而 1949—1976 年的 27 年间，平均每年缩小 96.7 km^2。向来有“千湖之省”之称的湖北省，新中国成立后湖泊水域面积缩小了 3/4。

围湖造田的长远后果不是当代人或几代人就能估计出来的，因此，无论怎样有组织有领导地进行，都无法避免盲目性。新中国成立后出现大规模的围湖造田，正因为多数情况下是有组织有领导地进行的。因而，工程浩大，投资很多，造成的问题也多。如果不是有组织有领导地进行，许多地方根本没法大规模搞起来。从南宋以来的历史经验证明围湖造田的口子易开难关，要禁就必须禁绝。

通过围湖来增加土地，一方面促进了经济发展和社会进步，但另一方面大大缩减了湖泊面积，改变了湖泊的自然演变进程。此外，在湖泊生态系统被人为转变为陆地农田生态系统或森林生态系统后，其碳循环机制也会发生一定变化，进而对区域乃至全球气候变化产生一定的影响。

(二)围湖造田与资源环境

随着环境、生态和国土整治诸多问题日益受到重视，对以往发生的某些改造自然界的重大活动进行历史地逆向考察成为必要。中国历史上的围湖造田现象不仅出现时间较早(可以追溯到宋代)，涉及的区域也很广，华中、华南地区最为典型。

长江中下游的天然湖泊，是自然界长期演化形成的。它们是长江水文的天然调节器。同时，湖泊也是环境因素，对它周围的气候、植被都有很大影响。长江中下游，其所以素称鱼米之乡，成为我国重要的经济区，与这里分布着大量的湖泊不无关系。可是近几十年来，对湖泊的开发利用缺乏统筹兼顾的整体思想和综合观点，单纯强调以粮为纲，盲目地围湖造田，使湖泊资源遭受破坏。据有关部门的统计，自 1954 年以来，长江中下游的天然湖泊面积减少约 13 000 km^2。两个最主要的通江大湖鄱阳湖和洞庭湖，尤为严重。

近百年鄱阳湖湿地分布变化巨大，20 世纪 30 年代鄱阳湖湿地面积约为 5 024.3 km^2，其中水体与草洲占比分别为 21%和 78%，没有闸控或圩垸导致的子湖。中华人民共和国成立以来，湖区开展了大规模的垦殖和防洪工程，军山湖和康山圩于 20 世纪 60 年代修筑大堤，湖泊北部通江水道的南北港湖、新妙湖等湖汊也相继修筑闸坝与主湖阻隔，鄱阳湖湿地面积在 1970s 锐减至 3 356.8 km^2。20 世纪 90 年代湖泊湿地面积持续减少至 3 224.7 km^2，之后由于 1998 年大洪水事件后开始的退田还湖活动，湖泊湿地面积有所上升，但基本保持稳定，21 世纪初湖泊湿地面积为 3 235.2 km^2。目前，仍保持与长江连通的鄱阳湖湿地面积为 3 232.7 km^2。通过对比 20 世纪 30 年代与 21 世纪 10 年代鄱阳湖湿地分布范围变化，发现相较民国时期，鄱阳湖湿地面积减少了 1 791.6 km^2，长期丧失率高达 35.7%，且主要分布于赣江入湖尾闾、饶河入湖尾闾与康山圩，人工闸坝与堤垸的建设也导致鄱阳湖湿地的大幅减少，包括军山湖、南北港、新妙湖和康山圩大明湖等。对鄱阳湖湿地的质心而言，21 世纪 10 年代的湿地质心相较 20 世纪 30 年代向西和向北分别转移了 3.2 和 6.3 km，也表明了鄱阳湖湿地在南部和西部湖区面积丧失较大。

洞庭湖的情况也差不多。由于具有独特的地理位置，洞庭湖为我国湖泊中泥沙沉积率较高、淤泥积聚量较多的湖泊之一。洞庭湖水域面积的减少和泥沙淤积增大致使湖泊容积逐年递减。近代以来，由于大规模堵支并流并垸，入湖泥沙淤积和围湖垦殖等原因，洞庭湖泊面积急剧萎缩。1949 年洞庭湖湖泊面积为 4 350 km^2，到 2000 年时下降为 2 560 km^2，减少了 41.15%。1998 年，湖南省对洞庭湖区域实行“平垸行洪、退田还湖、移民建镇”，使湖泊面积递减趋势得到控制。至 2004 年，洞庭湖的面积比 2000 年约扩大 10%，才重新回到我国第一大淡水湖的位置。

昔日那种“衔远山，吞长江，浩浩汤汤，横无际涯”的景象已不复存在。江汉平原向来是以湖泊星罗棋布著称，原有湖泊总面积 8 000 km^2以上，现在只剩下约 3 000 km^2。20 世纪 50～80 年代江汉平原湖区湖泊水域湿地变化迅速，围湖垦殖占主要原因。江汉平原湖区在 20 世纪 50 年代 0.1 km^2 以上的湖泊总量最多，达 1 309 个；20 世纪六七十年代由于大量围垦而迅速减少，至 611 个；20 世纪 80 年代有所上升，至 838 个。进一步分析发现，湖北省湖泊水域湿地以大湖迅速减少为显著特点，如 33.33 km^2 以上的湖泊从 20 世纪 50 年代的 41 个减少到

80 年代的 16 个，6.67～33.33 km^2 的湖泊从 20 世纪 50 年代的 162 个减少到 80 年代的 62 个。其中，20 世纪 60 年代和 70 年代的变化最为剧烈，这正是大规模围垦的时期。江汉湖区湖泊总面积在此阶段表现出总体下降的规律。20 世纪 50 年代湖泊总面积最多，为 8 503.7 km^2。从 20 世纪 50－70 年代，湖泊面积急剧减少，到 20 世纪 70 年代湖面仅有 2 934.3 km^2，仅占 20 世纪 50 年代的 34.5%，这是围垦的直接结果。大湖被围垦是这个时期的一个突出现象，大湖面积迅速减少，如 33.33 km^2 以上的湖泊总面积从 20 世纪 50 年代的 4 708.2 km^2 减少到 80 年代的 1 529.5 km^2，6.67～33.33 km^2 的湖泊总面积从 20 世纪 50 年代的 2 376 km^2 减少到 80 年代的 776.8 km^2。湖泊的大量减少，使长江的水文失调，丰水期缺乏足够的储蓄场所，导致洪水位升高。江西湖口地区，1954 年以前，20 m 标高的跳水位，每 5 年出现一次，近十几年来，每一年就出现一次。枯水期长江干流又缺乏补充，导致海水倒灌。1978 年冬至 1979 年春，海水倒灌 200 天之久。海水沿长江直达江苏常熟的望河。围湖造田加剧了长江洪水，也迫使中下游地区加高加固堤防。现在长江中下游堤防总长 29 000 多千米。

白洋淀是华北平原上最大的一个天然湖泊，位于河北省中部，距北京约 153 km，距天津约 160 km，距石家庄约 150 km，处于京、津、石三市所构成的三角形的中心，面积 336 km^2，现今位于雄安新区的核心地带，共有大小淀泊 143 个，万亩以上的淀泊有白洋淀、烧车淀、羊角淀、池鱼淀、后塘等淀，总称为白洋淀。由于人口不断增长，人们向白洋淀争夺土地，围湖造田，筑堤围田，疏沟排水，白洋淀的面积不断减小。白洋淀的水域 1967 年夏季大堤以内几乎全被水域覆盖，水域面积达 194.24 km^2；1987 年夏季白洋淀大堤内土地覆盖类型以旱地和水生植被为主，水域面积仅为 1.51 km^2，与 1967 年相差上百倍。以水域和水生植被分布面积之和为白洋淀湿地面积，湿地面积统计结果显示，1967 年以来白洋淀湿地演变大致可以分为 3 个阶段，分别为 1967—1987、1988—2000 年和 2001—2020 年。1967—1987 年为白洋淀湿地第一急速退化期，白洋淀湿地面积由 333.81 km^2 锐减 150 km^2 左右，湿地平均退化速率为 9.4 km^2/年；1988 年由于降水量较多，达到 900 mm，导致地表径流和入淀水量急剧增加，1988 年白洋淀湿地面积得到大面积恢复，但随后的十几年(1988—2000 年)为第二急速退化期，该时期除 1996 年湿地面积略有增大外，其他年份湿地面积均持续减小，湿地面积由 1988 年的 300.57 km^2 减至 2000 年的 153.53 km^2，湿地平均退化速率为 10.4 km^2/年；2000—2020 年为逐步恢复期，白洋淀湿地面积逐渐增大，湿地恢复速率约为 3.11 km^2/年。围湖造田加剧了白洋淀湖区湿地丧失，虽然短期内在一定程度上缓解了土地稀缺的问题，促进了经济的发展，但终究不是长远发展之计。

围湖造田还有损于水产资源，破坏鱼类产卵繁育、索饵育肥、生长栖息的场所。洞庭湖水域面积的减少和泥沙淤积增大致使湖泊容积逐年递减。自新中国成立以来到 1995 年，湖区容积递减率达到 43%，直到 2000 年后，湖区容积递减趋势才得到控制。洞庭湖容积的降低极大地使面积锐减，湖区生态环境逐渐恶化，动植物栖息地受到严重威胁，加上人类对资源不合理的开发和利用以及过度的捕猎，使得许多珍稀鸟类和名贵鱼种大量减少，甚至灭绝。部分水域沉水植物逐步消亡，外来入侵物种增多，水产量急剧下降。另外，围湖造田会造成耕地相对下沉，日久天长，地下水面抬高，排水日益困难，土壤盐渍化严重，对未来的发展极其不利。

对于中国来说，人口众多，而缺乏耕地。围湖造田从一定程度上可以增加耕地面积，解决人们吃饭问题，可以解决迁移人口的安置，可以增加当地的 GDP，可以解决工业、建筑等建设开发的用地问题。但是事实证明，围湖造田在缓解人口压力的同时也带来了生态的破坏。往往会损害湖泊自然资源，破坏湖泊生态环境和调蓄功能。加快湖泊沼泽化的进程，湖泊面积不断缩小，造成水旱灾害面积逐年增长，水生动植物资源衰退，湖区生态环境劣变，使鱼的种类不断下降，数量减少。

二维码资源

二维码 14-1　青海、西藏的湖泊

二维码 14-2　澳大利亚墨尔本的海岸地貌

复习思考题

1. 解释：海岸带、波浪折射、海蚀崖、海蚀穴、海蚀柱、海蚀洞、连岛坝、海滩、深水波、浅水波、激浪、构造湖、湿地。

2. 什么叫海进？什么叫海退？它说明了什么？

3. 熟悉海岸地貌类型。

4. 影响海岸地貌形成的因素有哪些？

5. 简单阐述从海蚀崖、海蚀穴、海蚀洞、海蚀窗、海蚀拱桥发育到海蚀柱的过程。

6. 什么是连岛坝？简单阐述其形成过程。

7. 泥沙横向移动和纵向移动分别能够形成什么样的海岸地貌类型？

8. 湖泊的成因类型有哪些？

9. 比较湖泊沉积与海洋沉积的异同。

10. 简述湖泊的演变及其对人类的影响。

参考文献

高抒，张捷．现代地貌学．北京：高等教育出版社，2006.

关骁使，鞠茂伟，陈兆林，等．渤海围填海历史遗留问题处理的实践经验启示——以大连金普新区为例．海洋环境科学，2021，40(6)：965-969.

华南农业大学．地质学基础．北京：中国农业出版社，1999.

李冰，万荣荣，杨桂山，等．近百年鄱阳湖湿地格局演变研究．湖泊科学，2022，34(3)：1018-1029.

李婵娟，吴耀建，李青生，等．历史遗留围填海生态保护修复工作探讨——以晋江盐场围填海项目为例．应用海洋学学报，2022，41(1)：60-68.

李明亮，吴曙亮，龚绪龙，等．人类活动影响下的1989—2019年江苏中部海岸线变化特征研究．海洋科学，2022，46(3)：60-68.

梁成华．地质与地貌学．北京：中国农业出版社，2002.

林静谦．围湖造田的历史教训．经济研究，1981(2)：75-79.

刘青松. 湿地与湿地保护. 北京：中国环境科学出版社，2003.

刘子刚，马学慧. 中国湿地概览. 北京：中国林业出版社，2008.

柳立子. 围海造田与农耕文明——以广州南沙地区为中心的考察. 农业考古，2014(1)：169-172.

罗康隆，刘景慧. 13世纪以来洞庭湖围湖造田的文化逻辑分析. 船山学刊，2010(1)：47-51.

宋南奇，黄杰，李滨勇，等. 人工岛机场填海工程对生态环境影响的综合评价. 中国环境科学，2020，40(8)：3703-3712.

覃红燕. 近50余年洞庭湖水文环境演变及其成因分析. 长沙：湖南农业大学，2013.

田明中，程捷. 第四纪地质学及地貌学. 北京：地质出版社，2009.

王锡魁，王德. 现代地貌学. 长春：吉林大学出版社，2009.

韦佳培，张俊飚. 填海造地的生态之痛. 生态经济，2022，38(3)：5-8.

魏婷. 世界主要海洋国家围填海造地管理及对我国的启示. 国土资源情报，2016，47：47-52.

吴正. 现代地貌学导论. 北京：科学出版社，2009.

武慧慧，孙志高，王晓颖，等. 福建省围填海进程及其对近岸海域生态环境的影响. 湿地科学，2022，20(3)：366-374.

许士国，许翼. 填海造陆区水环境演变与对策研究进展. 水科学进展，2013，24(1)：138-145.

杨吉龙，裴艳东，田立柱，等. 天津滨海新区围海造陆对沿海低地浅层地下水环境的影响. 地质通报，2016，35(10)：1653-1660.

杨景春，李有利. 地貌学原理. 4版. 北京：北京大学出版社，2017.

杨静，曾昭爽. 昌黎黄金海岸七里海潟湖的历史演变和生态修复. 海洋湖沼通报，2007(2)：34-39.

姚少慧，孙志高. 福建省围填海管控的政策演进、存在的问题和优化建议. 湿地科学，2021，19(3)：387-393.

尹德超，王旭清，王雨山，等. 近60年来白洋淀流域河川径流演变及湿地生态响应. 湖泊科学：1-14[2022-08-07].

尹延鸿，尹聪. 围海及填海造地的起因、发展及问题. 自然杂志，2014，36(6)：437-444.

于海龙，王宏志，王海芳，等. 江汉平原湖域拆围监测及其生态环境效益估算研究——以洪湖为例. 长江流域资源与环境，2020，29(12)：2760-2769.

于淑文，李百齐. 简论加强我国围海造田的科学管理. 中国行政管理，2011(9)：49-52.

曾文，钟声. 新中国成立以来洞庭湖区生态环境危机与治理. 经济地理，2016，36(10)：172-178.

第十五章 地质灾害

中国是地质灾害频发的国家之一,地质背景复杂,灾害种类多,分布广,危害大,严重制约着灾害多发区的经济发展,威胁着人民生命财产的安全。据统计,每年由于地质灾害造成的人员伤亡数以千计,直接经济损失占自然灾害的四分之一以上。全面调查地质灾害,了解地质灾害的现状,揭示地质灾害发生发展的规律,评价地质灾害的危险性,减少地质灾害对人民的生命及财产的损害,提高现有技术条件下抵御灾害的能力,对实现经济可持续发展意义重大。保护地球家园,实现地质环境友好,减灾防灾是我们的使命和责任。

第一节 地质灾害的概念、类型及分布

一、地质灾害的相关概念

(一)自然灾害的概念

以自然变异为主因产生并表现为自然状态的灾害称为自然灾害。自然灾害的内涵,其一是诱因为自然变异,其二是承灾体及灾情对人民的生命财产和生存环境所造成的危害。自然灾害一般按成因及特点分为:气象灾害、地质灾害、海洋灾害和生物灾害。地质灾害是自然灾害的一种类型。

(二)地质灾害的概念

1.地质灾害的概念

地质灾害(geologic disaster)是指自然和人为的地质作用,或二者共同引发的,在地球表层强烈地危害人类生命财产和人类赖以生存与发展的资源、环境的事件或现象。

2018年我国地质灾害防治条例中关于地质灾害的定义为:地质灾害,包括自然因素或者人为活动引发的危害人民生命和财产安全的山体崩塌、滑坡、泥石流、地面塌陷、地裂缝、地面沉降等与地质作用有关的灾害。

地质灾害是岩石圈、大气圈、水圈和生物圈相互作用的结果,导致地质环境变异。随着社会的发展,科学技术的进步,人类的创造力和其对自然资源的消耗及对环境的破坏力,均以空前的速度急剧递进。由于人类对资源、环境的不合理开发利用,地质环境逐渐恶化,四大圈层也出现了异常变化,从而导致地质灾害发生的频度增加,造成的损失日益严重。

2.地质灾害的内涵

地质灾害的内涵强调的是致灾条件和结果,主要表现在下列两个方面:

(1)强调致灾的动力条件 即因地质作用形成的灾害才是地质灾害。除自然地质作用外,随着人类工程—经济活动的规模和范围迅速扩展,人类对地球表面形态和物质组成产生愈来愈大的影响,有学者把这类作用称为人类工程动力作用。因而,地质灾害是指由内力、外力和

人类工程动力作用导致的灾害。

(2)强调地质动力活动的灾害性后果　即对人类生命财产和社会经济活动以及资源环境产生危害的不幸地质事件称为地质灾害,它对人类生活和生存产生巨大的危害,其破坏程度是人们难以预测的。灾害事件的后果强调的是对人类生命财产和生存环境产生影响或破坏。若某种地质过程仅仅改变地质环境,并没有破坏人类生命财产或影响生产、生活,则不是地质灾害。

3. 地质灾害的基本特性

地质灾害的基本特性有:

(1)自然属性、社会属性及资源属性　地质灾害既有自然属性,又有社会经济属性,同时还具有资源属性。自然属性体现在致灾动力为自然营力;经济属性则表现灾害与人类经济活动相关的特点;资源属性表现为地质体受灾后,形成独特的地质地貌现象,成为地质公园,资源遗产,如火山喷发形成的火山锥体构造,火山湖泊。它是自然属性和经济属性及资源属性统一关系的综合体现。

(2)区域性　地质灾害的形成受地域、地质环境和地理及气候条件的制约。中国的地质构造轮廓最突出的特点是:"东西分区,南北分带,交叉成网",这一构造格局对区域性地质灾害的分布起至关重要的制约作用。灾害的区域性还随着人口密度、社会经济发展的分带而呈现出区域性特点。

(3)阶段性　任何地质灾害大体都有孕育、发展、暴发和平静等发育阶段。地质灾害预测、预报的关键在于捕捉住临近暴发的信息。

(4)继承性　同一地区的地质灾害在外界条件作用下往往继承性地重复发生。

(5)周期性　地质灾害发生时间具有一定的时间韵律性。地震活动存在着活动期与平静期交替的现象。据研究,滑坡、泥石流灾害具有一年到几百年的不同时间尺度的周期性活动规律。云南省小江流域的蒋家沟,一般规模的泥石流活动 4～6 年发生 1 次。

(6)群发性　在一定时期内,一些地质灾害与其他自然灾害都同时频繁出现。

(7)链生性　一种主要地质灾害的发生往往可以引起一系列与其相关的其他次生地质灾害。例如,地震可以诱发滑坡、崩塌、泥石流、地裂缝等灾害。

二、地质灾害的分类与分级

(一)地质灾害的分类

按不同的分类原则,地质灾害有多种分类方案:

1. 按空间分布状况划分

地质灾害可分为陆地地质灾害和海洋地质灾害两个系统。前者又分为地面地质灾害和地下地质灾害;后者又分为海底地质灾害和水底地质灾害。

2. 按灾害的成因分类划分

可分为自然动力型、人为动力型及复合动力型(表 15-1)。

3. 按地质环境或地质体变化的速度划分

可分为突发性和渐进性地质灾害两类。前者主要有地震、火山、泥石流、滑坡、崩塌、岩溶塌陷等；后者主要有水土流失、地面沉降、土地荒漠化等。

表 15-1 地质灾害成因类型划分表

类 型	亚 类	灾害例子
自然动力型	内动力亚类	地震、火山、地裂缝等
	外动力亚类	崩塌、滑坡、泥石流、岩溶塌陷、荒漠化等
人为动力型	农林牧活动	水土流失、荒漠化、与地质因素有关洪涝灾害等
	道路工程	崩塌、滑坡、荒漠化、黄土湿陷等
	水利水电工程	崩塌、滑坡、泥石流、岩溶塌陷、地面沉降、诱发地震等
	矿山工程	泥石流、诱发地震、地面塌陷、坑道突水、煤与瓦斯突出等
	城镇建设	地面沉降、地裂缝、地下水变异等
	海岸港口建设	海底滑坡、岸边侵蚀、海水入侵等
自然与人为动力复合型	内外动力复合亚类	崩塌、滑坡、泥石流等
	内动力、人为复合亚类	岩爆、瓦斯爆炸、地裂缝、地面沉降等
	外动力、人为复合亚类	崩塌、滑坡、泥石流、水土流失、荒漠化等

引自潘懋，2002。

(二)地质灾害分级

地质灾害分级反映了地质灾害的规模、活动频次及其对人类与环境的危害程度。张梁等(1998)根据地质灾害的规模，对崩塌、滑坡、泥石流、岩溶塌陷、地裂缝、地面沉降、海水入侵、膨胀土等灾害进行了较详细的灾变等级划分(表 15-2)。

表 15-2 地质灾害灾变等级划分表

灾 种	指标	灾变等级			
		特大型	大型	中型	小型
地裂缝	影响范围/km^2	>10	10～5	5～1	<1
岩溶塌陷	影响范围/km^2	>20	20～10	10～1	<1
泥石流	堆积物体积/$10^4\ m^3$	>50	50～20	20～1	<1
崩塌	体积/$10^4\ m^3$	>100	100～10	10～1	<1
膨胀土	分布面积/km^2	>100	100～10	10～1	<1
海水入侵	入侵范围/km^2	>500	500～100	100～10	<10
地面沉降	沉降面积/km^2	>500	500～100	100～10	<10
	累计沉降量/m	>2.0	2.0～1.0	1.0～0.5	<0.5
滑坡	体积/$10^4\ m^3$	>1 000	1 000～100	100～10	<10

改自张梁等，1998。

地质灾害的灾度是指灾害事件发生后所造成的破坏损失程度的级次。按照人员伤亡、经济损失的大小，分为特大型、大型、中型和小型 4 个等级，见表 15-3。

表 15-3 地质灾害灾度等级分级表

(经济损失值为 1990 年不变价格)

指　标	特大灾害（Ⅰ级灾害）	大灾害（Ⅱ级灾害）	中灾害（Ⅲ级灾害）	小灾害（Ⅳ级灾害）
死亡/人	＞30	30～10	10～3	＜3
重伤/人	＞150	150～20	20～5	＜5
直接威胁人数/人	＞500	500～100	100～10	＜10
直接经济损失/万元	＞1 000	1 000～500	500～50	＜50
灾害期望损失/(万元/年)	＞5 000	5 000～1 000	1 000～100	＜100

改自国土资源部地质灾害防治条例。

三、地质灾害的分布

地质灾害的发育分布及其危害程度与地形地貌、地质构造格局和新构造运动的强度与方式、岩土体工程地质类型、水文地质条件等,尤其是气象水文及植被条件、人类经济工程活动及其强度等有极为密切的关系。图 15-1 是全国地质灾害的分布图。

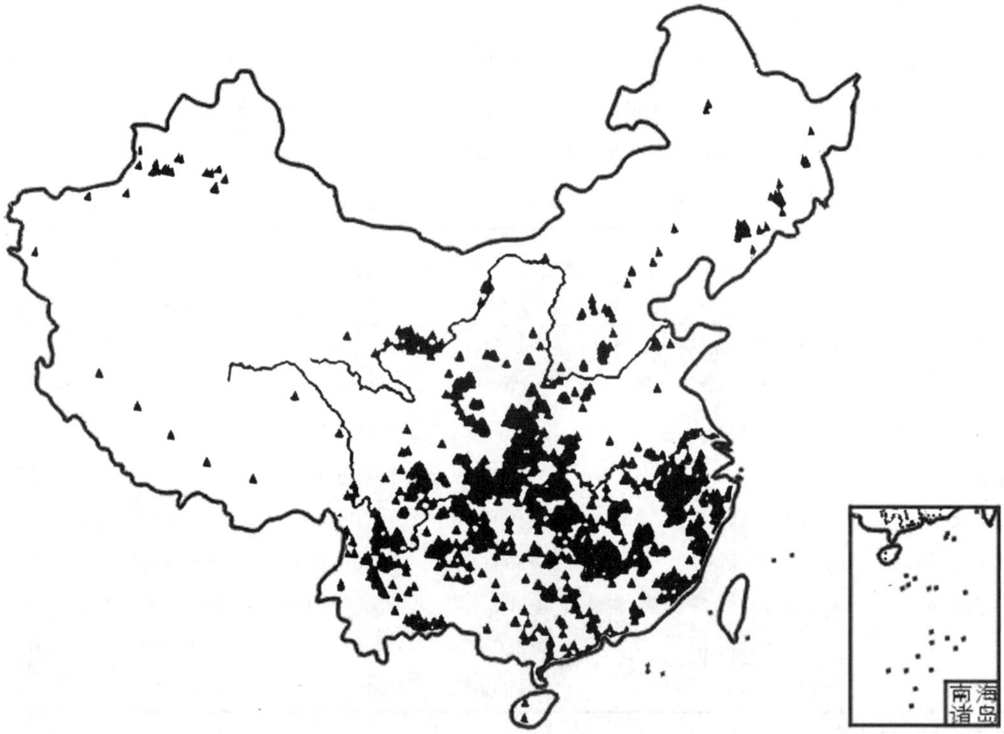

图 15-1 全国地质灾害分布图(改自 2009 年 7 月全国地质灾害通报)

中国地处环太平洋构造带和喜马拉雅构造带汇聚部位,太平洋板块的俯冲和印度板块向北对亚洲板块的碰撞,使中国内地承受着最主要的地球动力作用。在印度板块与亚洲板块的碰撞边界上产生了世界上最高的喜马拉雅山脉,并使青藏高原受压隆起,东部因太平洋板块俯冲造成了华北、东北地壳向东拉张，形成了华北和松辽沉降大平原。这两种活动构造带汇聚和西升东降的地势反差，不仅形成了中国大地构造和地形的基本轮廓，同时也是形成我国地质灾害种类繁多的根本原因。

我国从西向东分为3大区。西区为高原山地，海拔高，主要发育有地震、冻融、泥石流、沙漠化等地质灾害；中区为高原、平原过渡地带，主要发育地震、崩塌、泥石流、滑坡、水土流失、土地沙化、地面变形、黄土湿陷、矿井灾害等地质灾害；东区为平原及海岸和大陆架，地形起伏不大，主要发育地震、地面变形、崩塌、滑坡、泥石流、河湖灾害、海岸灾害、盐碱(渍)化、冷浸田等地质灾害。

从北向南，阴山—天山、昆仑—秦岭、南岭等巨大山系横贯中国内地，沿这些山系，崩塌、滑坡、泥石流、水土流失等地质灾害易发生且严重。它们的相间地带(大河流域)，土地沙化、盐碱化、黄土湿陷、水土流失、地面变形及崩、滑、流、岩溶塌陷等地质灾害频发严重。

随着我国“十四五”规划的实施，已经开启全面建设社会主义现代化国家新征程、向第二个百年奋斗目标进军，经济建设活动正在由东向西、由南向北、由沿海向内地深入展开，西部大开发战略正在蓬勃实施。大规模的经济开发，也必然会面临严重的地质灾害威胁，国家高度重视，早在第十二个五年规划纲要中明确提出，地质灾害易发区的调查评价、监测预警、防治和应急体系要加快建立，贯彻“以人为本”的科学发展观，最大限度减少或避免人员伤亡事件，加快建设资源节约型，环境友好型社会，提高生态文明，实现可持续发展的重要决策。

四、地质灾害对农业资源与环境的影响

地质灾害常使农业资源与环境遭到破坏，资源与环境日益恶化又导致灾害频发。地质灾害对农业资源与环境的影响表现在下列几个方面。

(一)破坏土地资源

土地资源是地质灾害主要承灾体。也是各种灾害危害的对象。水土流失，土地荒漠化，地面沉降，塌陷，崩塌，滑坡，泥石流等地质灾害严重破坏土地资源。如水土流失是土地资源遭到破坏最为常见的地质灾害，也是较严重的生态环境问题之一。水土流失使土地丧失的是表层土壤，损失的是耕层农作物必要的养分N、P、K，降低土壤肥力，危害的是生态和粮食的安全。

1. 地质灾害对土地资源的影响

滑坡对土地资源的影响较大，滑坡冲毁农田及农作物，使可耕地面积减少，农作物的产量降低，破坏的是农业生产存在和发展的重要物质基础。如1984年12月20日，陕西省高陵区蒋刘乡发生滑坡，毁坏耕地245亩，房屋159间，整个村庄被毁。频繁发生的地质灾害使农户的人身安全和家庭财产受到很大威胁。滑坡和泥石流直接对农户及村庄造成危害。瑞丽1988年1月，3天连续降雨260 mm，山区边坡出现塌滑，沟谷形成泥石流山洪，被水困26个村寨1 601户10 181人。因躲避灾害而进行的住房搬迁不仅给当地居民的生产、生活带来不便，使贫困人口的经济状况更加恶化。

2. 地质灾害对土地资源的开发利用影响大

受滑坡的影响，土地不适宜建设，其价值打折扣。地面沉降塌陷不仅破坏建设物，也增加土地资源开发的难度，发生地面沉降的地区属于地层不稳定的地带，在城市建设和资源开发时，需要更多的建设投资。

3. 地质灾害毁掉城市、道路、桥梁、水利等基础设施

地震灾害一旦发生，毁掉的是家园，城市瞬间变为废墟，人类的生存环境受到重创，水电、燃气、通讯将全部中断。众所周知，水利工程的建造不仅为农业生产发展带来益处，也保障了区域内人们的生活用水。但由于地质灾害的频繁发生，基础设施受到一定程度的损坏，影响了生活用水等方面，给人们生活带来不便的同时也阻止了本区农业生产的发展。

(二)影响空气质量

火山地质灾害，使人类的财产和生命遭受重创，火山灰和气体喷发物会改变区域空气的成分，严重影响空气的质量。

(1)火山灰和气体在空中形成气溶胶，降下酸雨，土壤酸化，会给农业资源环境带来重大影响，对农作物产生不利的影响。

(2)火山灰和气体飘散至高空，形成火山灰云，影响空气能见度，使航空运输受到影响，造成巨大经济损失。

(3)火山气体中含有有毒的气体成分，吸入致人死亡。

(三)影响水资源的安全

1. 地质灾害可能导致城市水质的变化

海水倒灌是滨海城市常见的地质灾害之一，海水倒灌常会造成滨海地下水含水层的水质咸化，使滨海宝贵的淡水水源地受到破坏，导致滨海城市的水资源更加缺乏。海水入侵还会导致土壤盐碱化等一系列生态环境问题。由于海水入侵，地下水矿化度提高，土壤产生不同程度盐渍化，也可使灌溉机井报废，农业产量大幅度下降。

2. 水体污染对农业环境的影响

(1)水体污染对水环境的安全危害大，也使土壤环境受到污染。水土流失使土壤表层的N、P进入河流、湖泊和海口等水体，形成的面源污染，引发藻类和浮游生物繁殖，水体富营养化污染。灌溉水质不良，直接导致土壤物理性质恶化、土壤酸化、土壤环境改变、重金属污染等土壤污染。

(2)水体污染危害作物，对农作物生长和发育产生直接影响，水体有害物质的积累，影响作物生长发育，使产量下降，作物食用的安全性降低，产品质量下降。

地质灾害发生时给人类带来巨大灾难，但地质灾害也不是一无是处的，如火山灾害，火山灰、水山碎屑发育的土壤无机矿物质丰富，尤其是基性火山灰，富含农作物生长的必要养分。印度尼西亚的“天府之国”爪哇岛，13.87 万 km^2 土地养活 1.45 亿印尼人口(总人口 2.64 亿)。生长在火山灰发育形成的肥沃土地上的作物产量较高；火山作用还能形成重要矿产资源；火山地貌壮观奇特，成为旅游胜地，火山口湖泊、温泉也是人们疗养休闲的好去处。如五大连池地质公园，位于我国东北黑龙江省的中北部，地处小兴安岭山地向松嫩平原的转换地带上，被誉为“天然火山博物馆”“火山地貌博物馆”和“打开的火山教科书”；荣获“世界地质公园”“世界生物圈保护区”两项世界级桂冠和九项国家级称号。火山风景名胜区，是由莲花湖、燕山湖、白龙湖、鹤鸣湖、如意湖组成的串珠状的湖群，14 座不同时期的火山喷发年代跨越 200 多万年，熔岩流动形成的石河、石海、结满冰霜的熔岩石洞、石莲花、石波浪令人目不暇接，当你徜徉在五大连池火山公园栈道中，无不感叹大自然神奇，“鬼斧神工”之力！一种热爱祖国大美的山

川、保护地质环境、保护地质地貌景观、珍惜地质遗迹是我们责任的情感油然而生。

地质灾害与土地资源的关系，不仅体现在生态环境价值方面的破坏，还表现在社会价值方面，对经济价值的影响更深远。防治地质灾害是一项长期艰难的工作，防灾减灾意义重大。

第二节　地 震 灾 害

地震是一种内动力地质作用，它所产生的地震波，引起地面破坏，给人类带来灾难。地震是一种破坏性极强的地质灾害。地震灾害不仅使建筑物瞬间沦为废墟，使人类生命财产遭受重大损失，还会诱发大规模的崩塌、滑坡和泥石流等次生地质灾害。据统计，全世界每年发生的地震约有 500 万次，其中绝大多数的地震人们不易察觉。人们能直接感觉到的地震，仅约占地震总数的 1/30。至于强烈的破坏性地震就更少了，全球每年仅有几次。突如其来的地震灾害使无数生命停息，家园被毁，不仅给人类带来巨大灾难，也给人们心灵造成不可弥合的创伤。

一、地震灾害概念

(一)地震的相关概念

地震是大地的快速振动(颤动)，它是岩石圈中内能逐渐积累而后突然释放的结果。地震发源于地下某一点，该点称为震源。地震发生时，能量以地震波的形式从震源向地球各个方向传播出去。震源在地面的垂直投影为震中，震中为地面上的震动中心，震中到震源的垂直距离为震源深度，地面上其他点到震中的距离称为震中距(图 15-2)。

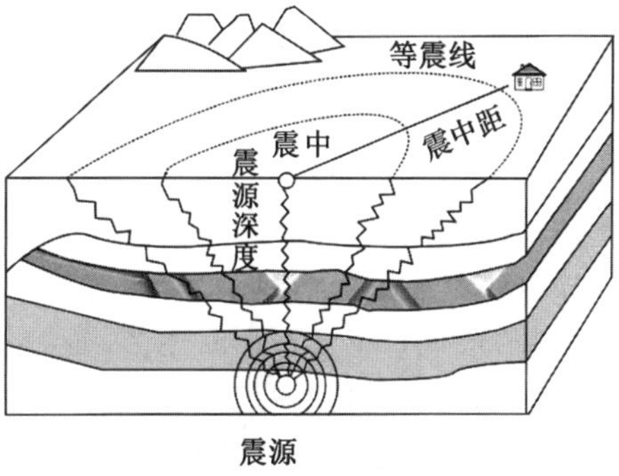

图 15-2　地震构造示意图

按照震源深度可以将地震分为：深源地震(300～700 km)、中源地震(70～300 km)和浅源地震(＜70 km)。破坏性最大的地震都属于浅源地震(全球约占 90％)，且其震源多集中在地表以下 5～20 km 的地壳中。

地震产生的震动以弹性波的形式传播出来，这种弹性波称为地震波。体波是由震源振动直接产生的、在地球内部传播的地震波。体波分为纵波(P)和横波(S)。面波(L)是体波在地表衍生而成的次生波。

纵波又称疏密波，由介质体积变化而产生，并靠介质的扩张与收缩而传递，质点振动与波的前进方向一致。可以在固体和液体介质中传播，最先到达地面，传播速度是 5～6 km/s，振幅小，周期短，造成地面物体发生垂直方向的上下运动，对建筑物破坏性小。横波又叫剪切波，是介质性状变化的结果，质点的振动方向与波传播方向互相垂直，各质点间发生周期性的剪切振动，只能在固体介质中传播，传播速度为 3～4 km/s，在纵波之后达到地面，振幅大，周期长，使物体发生左右方向的运动，对建筑物破坏性大。

面波仅限于地表传播，振幅最大，波长最长，能量最大，往往最后被地震仪记录到。如果地震非常强烈，面波可能在震后围绕地球运行数日。面波产生的振动也使物体发生左右方向和垂直方向的运动，对建筑物破坏性最大。

一次大地震发生后，其余震可能持续几十年甚至上百年。2021 年 7 月 12 日 6 时 38 分，河北唐山古冶区（北纬 39.78°，东经 118.44°）发生 5.1 级地震，震源深度 10 km，京津冀多地区震感明显。同日，唐山市应急管理局回应称，此次地震属于 1976 年唐山大地震的余震。判断依据是，古冶区位于原唐山大地震的地震破裂带上，且震级小于当年主震震级，因此，这次 5.1 级地震属于“1976 年唐山大地震较强的远期余震”。一般来讲，四五十年甚至六七十年后发生在原地震带上的地震，都被认为是“远期余震”。大地震发生以后，它会造成一个相当长的破裂带，这个破裂带的应力和应变的调整会持续很长时间，在调整过程中会产生很多小的破裂，余震便因此发生了。余震持续时间与地震发生地的大地构造背景有关。在大陆板块内部，板块位移速率比较低（约为 4 mm/年），因而地震后需要的调整时间也比较长，余震可能持续上百年。而在大陆板块边界，因板块位移速率比较大（约 40 mm/年），所以调整时间比较短，余震可能在短期内衰减完成。例如，在 1811—1812 年间，位于北美板块内部的美国密苏里州的纽马德里地区曾发生过三次 7.0～7.4 级地震。尽管地震已经过去 200 多年，但一直到 2000 年为止，该地区的小震依然很活跃，研究人员认为这些小震是大地震的余震。

地震不仅发生在陆地上，也经常发生在海底，海底或滨海地区发生强烈地震时，从震源处发出的地震波，掀动上覆的海水形成巨大的海浪，称为海啸。智利 1960 年发生了 8.9 级地震，震区几十万幢建筑物破坏殆尽。有的地方在几分钟内下沉 2 m，同时引起海啸。强大的海波横扫太平洋，使夏威夷群岛沿岸建筑物遭到破坏，甚至把日本海边的渔船抛到数米高的码头上。2011 年 3 月 11 日当地时间 14 时 46 分 21 秒（北京时间为 13 时 46 分）发生在日本东北太平洋海域的强烈地震，此次地震的矩震级 Mw 达到 9.0 级（美国地质调查局数据为 Mw9.1），震中位于日本宫城县以东太平洋海域，距仙台约 130 km，震源深度 20 km。此次地震引发巨大海啸，造成日本东北部岩手县、宫城县和福岛县毁灭性破坏，并引发福岛第一核电站核泄漏。

大地震动是地震最直观、最普遍的表现。地震虽然发生在一瞬间，但其孕育过程时间却是漫长的。在地球内能逐渐积累的过程中，可能会引起所在地区地壳物理性质发生一系列的变化。如岩石在地应力作用下改变其电阻率，并发生压磁效应，从而引起大地电场和磁场的变化。因而在地震发生前或地震发生时往往会看到地下发出像闪电一样的地光，这种光实际上是大地电场引起的放电现象。地应力的变化还可使地下水的存在状态和化学成分发生变化，水位和水质突然改变，甚至造成喷水冒沙等现象。地震发生时，除了地球物理性质的微观变化外，还可使地形和地壳结构发生明显的变化。强烈的地震形成褶皱和断裂等宏观的地质现象，也能导致山崩地裂，地面沉陷和隆起，地表错位，河水堵塞或决堤，建筑物倒塌或损毁，电路走火，水道断裂等。

（二）地震的成因类型

地震的成因类型归纳起来主要有四种：构造地震、火山地震、陷落地震和诱发地震。构造地震（tectonic earthquake）又称断裂地震，由地下岩石突然发生错断引起。在一定的条件之下，岩石具有刚性，位于地下的岩石处于某种构造“力”的作用之下。岩石受力达到一定程度就要发生变形，包括体积和形态的改变。作用力的强度一旦超过了岩石强度，岩石就要破裂，或断开，或错位。

各处岩石受力是不均匀的，而且不同岩石的强度不一，抗破裂的能力也不同，因而只是在受力最集中且最容易发生突然破裂的岩石所在部位才会有地震发生，这好比弯曲的一个钢片，在外力作用下，钢片弯曲处便引起应力集中，当应力增大超过钢片强度而折断时，便突然释放出聚集的能量。岩石断裂时释放的能量，以地震波的形式向周围传播于是便形成了构造地震。全球90%以上的地震都属于构造地震。构造地震所产生的破坏力也是最大的。

火山地震是火山喷发时由于气体的冲击力所引起的地震。这种地震强度和影响范围有限，只是发生在火山周围地区。一般都与中、酸性岩浆的喷发有关。沿海地区或海岛上强烈的火山爆发还能引起海啸。

陷落地震主要出现在石灰岩发育的地区和煤矿采空区。陷落地震影响范围局部，强度小，破坏性不大。

诱发地震是指由人类工程活动引起的地震。一定条件下，一些人类工程活动，如城市抽取地下水、油田采油与注水、修建水库、矿山坑道岩爆及人工爆破等都会引起局部地区出现地震活动。虽然诱发地震的震级较小，对人类危害小，但其造成的社会影响和经济损失却不容忽视。因为诱发地震常发生在城镇、工矿等人口密集区。

按诱发地震的主要诱因分为流体诱发地震和非流体诱发地震。前者如水库诱发地震和抽注液体诱发地震等。水库诱发地震最为常见；后者如采矿诱发地震、爆破诱发地震等。20世纪五六十年代，世界各地修建大量的大中型水库，使60年代后全球的水库诱发地震的频度和强度都到了高峰，一些大型水库相继发生6级以上的地震，造成大坝及库区附近人员伤亡及财产损失。截至1995年统计，全世界有百余个水库蓄水后诱发地震，我国有19座水库诱发地震。1962年发生在我国广东新丰江水库的诱发地震达6.1级，震区房屋破坏几千间，死伤数人，水库边坡发生崩塌、滑坡，大坝右侧坝体产生裂缝。

（三）地震的强度

地震的强度以震级和烈度衡量。

常用的指标为地震震级（ML），也称里氏震级，是衡量地震绝对强度的级别的，由地震时震源释放出的能量大小决定的，释放的能量越大，则震级越大。一般通过地震仪记录的地震波，测算出震源释放的能量，则可根据里克特（美国）提出的实验公式 $\lg E=A+BM$ 计算出震级。式中 E 为震级，M 为释放的总能量（单位为尔格），A、B 为常数，按标准地震仪（伍德—安德逊式地震仪，其周期为0.8 s，衰减常数约等于1，放大倍数为800倍）：$A=11.8$，$B=1.5$。由于一次地震释放的能量是一定的，所以无论在什么地方测算出的震级都是相同的。震级和能量之间不是简单的比例关系，而是对数关系。震级每差一级，则能量相差很多倍，如一个7级地震相当于32个6级，或1 000个5级地震。目前已知最强地震的震级是8.9级（1960年智利大地震）。其释放的能量为 1.4×10^{18} J。8级地震的能量约为4级地震的10万倍。7级以上的地震称为强烈地震，5级以上地震称为破坏性地震，3.5级以下地震在一般情况下不为人们所感觉。

地震的衡量指标还有面波（MS）震级，是根据周期约为20 s的面波大小确定的地震震级；体波震级（MB）是根据地震波的体波（P波）大小确定的地震震级。

无论是里氏震级、面波震级，还是体波震级，有两个问题，其一是震级与地震发生的物理过程没有直接的联系，物理意义含糊；其二是当地震所释放的能量增大时，超过它的量程，震级却不再增大了，因而出现大地震时，用这几种震级度量会标低地震的能量。所以近年来出现矩震级来表示地震的强度。大家看到2008年汶川地震和2011年日本海啸均用矩震级来表示强度，也可用震级表示，而且中国和美国的矩震级也有差异。

1979年日本的金森博雄提出了矩震级（Mw）的概念。矩震级目前已成为世界大多地震台网和地震观测机构优先使用的地震标度，矩震级实质上就是用地震矩来描述地震的大小。地震矩是震源的等效双力偶中的一个力偶的力偶矩，是继地震能量后的第二个关于震源定量的特征量，一个描述地震大小的绝对力学量，单位为 N·m(牛·米)，其表达式为：

$$M_0 = uDA$$

式中，u 为介质的剪切模量，D 为破裂的平均位错量，A 为破裂面的面积。地震矩是反映震源区不可恢复的非弹性形变的量度。

由此可见，地震矩是对断层滑动引起的地震强度的直接测量。所以，M_0 由地震波振幅的低频成分的大小来决定，它反映了震源处破裂的大小，断层面积越大，激发的长周期地震波的能量越大，周期越长。

矩震级标度的定义为：

$$M\mathrm{w} = 2/3 \times \lg M_0 - 6.033$$

也就是说，能够得到地震矩 M_0，就可以计算矩震级 $M\mathrm{w}$。

2008 年汶川地震的里氏震级 8.0 级，矩震级 8.3 级。智利大地震里氏 8.9 级，矩震级 9.5 级。

烈度是地震对地面和建筑物的破坏程度。它是根据地面的破坏情况来确定的，一般分为 12 级。12 级烈度是毁灭性的，6 级以上的烈度都具有破坏性(表 15-4)。同一次地震在不同地区造成的破坏程度不同，所以具有不同的烈度。震中区破坏最大，离震中越远烈度越低。同一地震地面上具有相等烈度的各点的连线或不同烈度区的分界线为等震线(图 15-2)，等震线为封闭曲线，由等震线组成的地图称作等震线图。

表 15-4 地震烈度表

烈度	主要特征
1	无感、仪器才能记录到
2	个别非常敏感但完全静止的人有感
3	室内少数静止的人感觉有振动，悬挂物有些摇动
4	室内大多数人和室外少数人有感觉，少数人从梦中惊醒，门窗、顶篷、器皿等有时轻微作响
5	室内几乎所有人和室外大多数人能感觉到，多数人从梦中惊醒，挂钟停摆，不稳器皿翻倒或落下，墙上灰粉散落，抹灰层上可以有细小裂缝
6	一般民房少数损坏，简陋的棚窑少数破坏，甚至有倾倒的，潮湿疏松土里有时出现裂缝，山区偶有不大的滑坡
7	一般民房大多数损坏，少数破坏，坚固的房屋也可能有破坏，民房烟囱顶部损坏，个别牌坊和塔或工厂烟囱轻微损坏，井泉水位可能发生变化
8	一般民房多数破坏，少数倾倒，坚固的房屋可能有倾倒的，有些碑和纪念物损坏、移动或翻倒，土质地面有裂缝，宽达 10 cm 以上，常有挟泥沙的水喷出，土石松散的山区有崩滑，人畜有伤亡
9	一般民房多数倾倒，许多坚固的房屋遭受破坏，少数倾倒
10	坚固的房屋多数倾倒。地表裂缝成带断续相连，总长度可达几千米，有时可局部穿过坚实的岩石
11	坚固的房屋普遍毁坏。山区有大规模的崩塌，地表产生极大的垂直和水平断裂，地下水位剧烈变化
12	一切建筑物普遍毁坏，广大地区内地形改变很大，地面与地下水系均被破坏，洪水溢流，山区崩塌，土陷，动植物遭到毁灭

引自宋春青。

地震的震级与烈度是度量地震强度的两种不同方法。同一地震只有一个震级，烈度则随离震中或震源的距离而不同。同一震级的地震在不同的地区造成不同烈度的破坏，而同一地点、同一震级的地震，其震源越浅，造成的破坏越大，烈度越高。

二、地震的分布

全球地震的分布规律显著，主要集中在3个带：

(一)环太平洋地震带

是世界最大的地震带。该带沿一系列山脉而行，从美洲南端的合恩角沿西海岸到阿拉斯加向西横跨到亚洲，在亚洲沿太平洋海岸自北向南经过俄罗斯堪察加、日本、菲律宾、新几内亚、斐济，最后到达南端的新西兰而构成环路。这一地震带集中了世界上80%的地震，包括大量的浅源地震，90%的中源地震，几乎所有深源地震和全球大部分特大地震。例如，1960年美国加利福尼亚8.3级地震，1923年日本关东8.3级地震，1960年智利8.9级地震。

(二)欧亚地震带

也称为地中海—喜马拉雅地震带，为全球第二大地震带。西起大西洋亚速尔群岛，向东经地中海、土耳其、伊朗、阿富汗、巴基斯坦、印度北部、中国西部和西南部边境，过缅甸到印度尼西亚，与环太平洋地震带相接。该带集中了世界上15%的地震。主要是浅源地震和中源地震，缺乏深源地震。破坏力巨大。如2004年12月26日7点59分(当地时间)，印度尼西亚苏门答腊岛北部海域发生里氏高达8.9级的强烈地震，引发印度洋海啸，造成印度尼西亚、斯里兰卡、印度、泰国和马来西亚等国家15万余人死亡，财产损失无法估计。这次地震范围广，威力大，是近年来最大的一次地震。

(三)洋脊地震带

分布在太平洋、大西洋、印度洋中海岭(海底山脉)的轴部，均为浅源地震，震级一般较小。

此外，大陆内部还有一些分布范围相对较小的地震带。如东非裂谷地震带。

中国受欧亚地震带和环太平洋地震带控制，地震活动频繁且强烈，是世界上地震最活跃、地震灾害最严重的国家之一。据统计，20世纪以来中国发生6级以上地震650多次，其中7级以上的地震98次，8级以上地震9次，全球8.5级以上的特大地震5次，其中2次发生在中国。一次死亡10万人以上的毁灭性地震，20世纪共发生3次，其中有2次发生在中国，分别是1920年宁夏海原8.5级地震和1976年河北唐山的7.8级地震，这两次大地震造成的死亡人数在人类地震灾害史上屈指可数，在国内外引起极大的震动。

2008年5月12日14时28分04秒汶川地震，里氏震级达8.0 Ms、矩震级达8.3 Mw(美国矩震级为7.9 Mw，地震烈度达11度。地震严重破坏地区超过10万km^2。截至2008年9月18日12时，5·12汶川地震共造成69 227人死亡，374 643人受伤，17 923人失踪，是中华人民共和国成立以来破坏力最大的地震，也是唐山大地震后伤亡最严重的一次地震。中国地震带分布见图15-3。

- 华北区　郯城—庐江带、燕山带、山西带、渭河平原带、河北平原带。
- 东南区　台湾带和东南沿海带。
- 西南区　五都—马边带、康定—甘孜带、安宁河谷带、滇东带、滇西带、腾冲—澜沧带和西藏带。

• 西北区　天山南北带、河西走廊带、六盘山带和天水—兰州带。

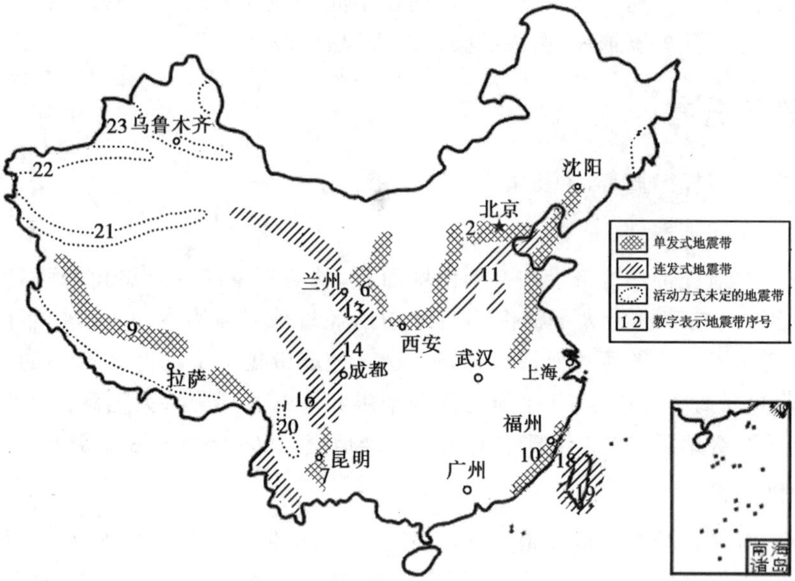

图 15-3　中国地震带分布

三、地震效应

在地震影响范围内，地壳表层出现的各种震害及破坏现象都称为地震效应。地震效应大致分为场地破坏效应和地振动破坏效应两大类。

(一)场地破坏效应

按形成条件和建筑物的破坏形式与规模，可将场地破坏效应分为地面破裂效应、斜坡破坏效应和地基变形破坏效应三种情形。

1. 地面破裂效应

地震导致地表岩土体发生断裂或地裂，跨越断裂或地裂的建筑物、道路、桥梁和管线等出现严重破坏，这些是场地破坏效应。

2. 斜坡破坏效应

地震导致斜坡岩土体失去稳定，造成崩塌或滑坡等地质灾害，引起斜坡地段上的建筑物、道路、桥梁和管线等出现严重破坏，这些是斜坡破坏效应。另外，由于发生崩塌或滑坡等地质灾害，因此斜坡破坏效应还应该包括斜坡下方所发生的建筑物、道路、桥梁和管线等的严重破坏。

3. 地基变形破坏效应

地基变形破坏效应是地震导致地基发生变形并由此引起的地面建筑物、道路等的破坏。地基变形破坏效应可分以下三种：

(1)地基强烈沉降与不均匀沉降　软弱岩层和土层、疏松的砂砾层以及人工填土等地基容易发生强烈沉降；岩性不均匀的地基易发生不均匀沉降。

(2)地基水平滑移　主要发生在斜坡地基中。

(3)饱和砂土地基液化　它是地基变形的最主要形式。突然的震动或扰动能够使饱水松散沉积物发生液化,使得看似坚硬的地基变成液状的流沙。这种砂水悬浮液体在上覆地层的作用下可能会沿土层薄弱部位喷出地表,产生喷水喷砂现象。

(二)地振动破坏效应

地震波对建筑物直接的破坏现象为地振动破坏效应。包括建筑物的水平滑动、摇晃和共振等造成的破坏。这是最主要的地震灾害,约 95%的人员伤亡和建筑物破坏都是由强烈的地振动造成的。地振动破坏效应可分地震力对建筑物的作用和地震周期对建筑物的影响两种情况。

1. 地震力对建筑物的作用

地震力是地震波在传播过程中使质点做简谐振动所引起的,它的大小决定于简谐振动所引起的加速度。地震力作用于建筑物,使建筑物发生变形和破坏。

2. 地震周期对建筑物的影响

地震波的冲击导致建筑物的地基发生振动,同时也引起建筑物的振动。地基和建筑物具有各自的振动周期,当两者的振动周期相等或相近时便发生共振,使得建筑物振动的振幅加大,以至建筑物倾斜倒塌。通常,建筑物越高,它振动周期愈长,长周期的地基振动能使较高建筑物容易发生破坏,而低层建筑物反而受影响较小。由于地面振动的周期随距震中的距离增加而变长,因而常见到距震中较远地区的高层建筑物遭到严重破坏的现象。在厚层松散沉积物的地区,由于松散沉积物对来自深部的地震起选择性放大作用,使地面振动周期变长,因此高层建筑常发生共振而被破坏。

四、地震灾害的预报与预防

地震预报要求回答何时、何地、发生何种震级的地震。

后两个问题尚可回答,可根据历史地震的资料和地质情况,做出地震区划图,划出地震危险区和危险程度。而要准确回答何时发生地震却很难。部分原因是地震机制和过程都发生在地球深部,研究和监测十分困难。此外,地震发生的先兆现象并不会在所有地震前都出现。地震预报分为中长期、短期和震前预报。中长期预报是数年以上时间跨度的预报,主要通过历史地震资料和地质情况的调查研究来实施。短期预报是指 1～2 年时间跨度的预报。短期预报的实现既要依靠历史地震资料和地质情况的调研,还要依靠各种监测手段。震前预报主要依靠各种监测手段。地震的监测主要是利用各种仪器设备去研究岩石中正在发生的各种物理变化,如测量与研究地电、地磁、地应力的变化及地壳形变。地下水氡的含量变化及地下水位和水质的变化等。反映岩石受力变形的程度,也是监测的对象。此外,天气和动物的异常反应,地光、地声的产生,也是地震即将到来的预兆。1975 年,我国科学家根据地表的缓慢倾斜、磁场波动和无数小的前震成功地预报了辽宁海城 7.3 级地震,它是人类历史上唯一被成功预报的地震。尽管此次地震导致半个城市被毁,但由于 100 万市民已经提前转移,人员伤亡大大地降低,死亡几百人。

地震的预防主要在于提高建筑物的抗震能力。在设计与施工中应根据地震区划的资料作出相应的抗震措施,特别是大型矿山、水库、重大工程设施以及工业建设等要严格符合抗震要求。抗震建筑的实质在于加强建筑物的整体性、结构的牢固程度及地基的稳固性。

现在正在探讨如何防止发生大地震的问题。其主要思路在于,使岩石中因受力而积累起来的能量,用人为措施逐步加以释放,而不是听其自然的突然释放,以求变大震为许多不招致强烈破坏的小震。目前的途径是对那些有可能引起地震的活动性断裂注水,增加岩石的润滑性,使断裂逐渐发生微小活动,逐步释放已积累起来的能量。若干水库蓄水以后曾引起地震发生,便是这一思路可行性的体现(夏邦栋,1995)。

第三节 地面沉降

随着工业化,城市建设的飞速发展,地面沉降已成为经济社会可持续发展的主要地质灾害之一,导致建筑物倾斜,破坏地基的稳定性,给人们的生产和生活带来危害。地面沉降是我国乃至世界范围较为普遍的地质灾害。据《2011 年—2020 年全国地面沉降防治规划》,目前全国遭受地面沉降灾害的城市超过 50 个,分布于北京、天津、上海、江苏、河北、山西、内蒙古等 20 个省(自治区、直辖市)。

一、地面沉降的概念、类型及特点

1. 地面沉降的概念

地面沉降(surface subsidence)是在自然和人为因素作用下,由于地壳表层土体压缩而导致区域性地面标高降低的一种地质现象。

地面沉降也称地面下沉或地陷,是目前世界各大城市的一个主要工程地质问题。上海地面沉降的报道最早见于 1921 年,到 1965 年在市区已形成了一个碟形洼地,其中心处的最大沉降量达 2.63 m。

2. 地面沉降的类型及特点

地面沉降从发生的地点来看,一般表现为区域性下沉和局部下沉两种形式。

地面沉降的主因可分为构造沉降、抽水沉降和采空沉降三种类型。

(1)构造沉降　由地壳沉降运动引起的地面下沉现象。

(2)抽水沉降　由于过量抽汲地下水(或油、气)引起水位(或油、气压)下降,在欠固结或半固结土层分布区,土层固结压密而造成的大面积地面下沉现象。

(3)采空沉降　因地下大面积采空引起顶板岩(土)体下沉而造成的地面碟状洼地现象。

地面沉降具有生成缓慢、持续时间长、影响范围广、成因机制复杂和防治难度大等特点。

二、地面沉降的原因

(一)自然因素

引起地面沉降的自然因素主要有新构造运动、强烈地震、海平面升降、土层的天然固结、黄土的湿陷性和地下大面积岩溶。

以垂直升降为主的新构造运动可使地面随基底而升降。我国天津、西安和大同等城市的地面沉降均受到新构造运动的影响。天津处于新华夏构造体系华北沉降带,长期以来缓慢下沉。

强烈地震是新构造运动的一种突发事件，在短期内可引起变幅较大的区域性地面垂直变形。如唐山地震，震后在主震和强余震的震中附近，形成3个强烈地面下沉中心，其中宁河的最大下沉量达1 551 mm(图15-4)。此外，强震使软土地基震陷和古河道新近沉降土液化，也可造成局部地区的地面下沉。如唐山地震时，天津塘沽软土地基的最大震陷量达十几厘米；市区柳林某疗养院地基土液化，喷水冒砂200余处，出现地堑式沉陷，地面下沉达0.3～0.8 m。

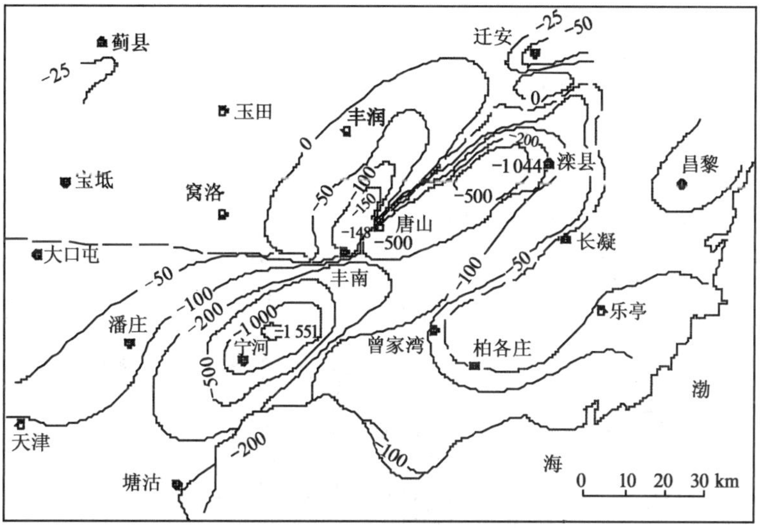

图15-4　唐山地区1975—1976年(震后)垂直地形(据林宗元，1991)

海平面上升将导致地面的相对下降，如意大利威尼斯市海平面上升速度为1.27 mm/年，所引起的地面相对下沉约占该地区平均沉降量的40%，为该城市1952—1970年间平均沉降量的11%。

欠固结土在土自重压力下的固结作用和正常固结土的次固结作用，将使土层压缩变形，进而引起地面沉降。例如，威尼斯潟湖地区沉积物的自重压密固结速率为0.4 mm/年，约占该地区年均沉降量的14%。由此可见，对于有巨厚松软沉积物的滨海城市，土层的天然固结对地面下沉的影响是不可忽视的。

(二)人为因素

人类工程经济活动的能力和强度与日俱增，其对地面沉降的影响通常占主导地位。因此，这类地面沉降现象是目前人们研究的重点。影响地面沉降的人为因素主要包括抽汲地下气和液体、大面积地面堆载、开采地下固体矿产等。

下面简单介绍抽水作用导致地面沉降的机理以及地面沉降与地下水开采量的动态变化的相关性。

因抽水而引起地面沉降的地区，地层主要由各含水层(粉土和砂层)及其相对隔水的黏土层相叠加组成，各层间在一定的水压力下有着水力联系。抽水使含水层的水头(或水位)下降，并牵动相关层水头波动，导致孔隙水压力减少，有效应力增加。

有效应力增加等同于给土层施加一附加压应力，其压缩变形量受应力大小(即水位变幅)

和压缩层厚度及其工程性质控制。通常砂层的强度和模量值较高,所以黏性土是主要压缩层。如天津的地面沉降,主要是由黏性土的压密造成,其压缩量约占总沉降量的77.6%,而砂层仅占22.4%。

地面沉降与地下水开采量的动态变化有密切关系:

(1)地面沉降与地下水开采漏斗中心分布区明显一致(图15-5)。

(2)地面沉降区与地下水集中开采区域大体相吻合。

(3)地面沉降量等值线与地下水位开采漏斗等值线的展布基本一致。

(4)地面沉降速率与地下水开采量和开采速率相对应。

(5)地面沉降量及各单层的压密量与承压水位的变化密切相关。

(6)许多地区已经通过人工回灌或限制地下水开采方法恢复和提高地下水位,基本控制了地面沉降的发展,有些地区的地面还有所回升。进一步证明地面沉降与开采地下水所造成的地下水位或土层孔隙水压力降低密切相关。

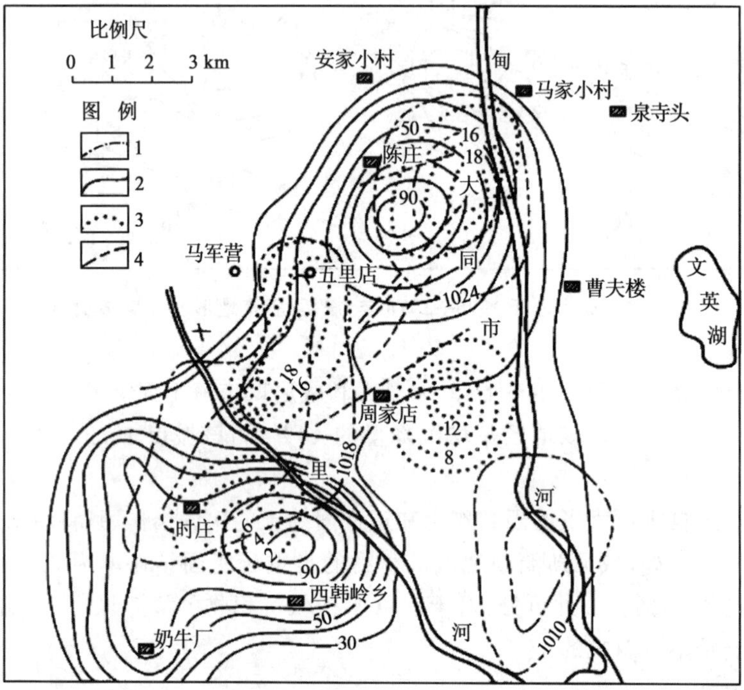

1. 地下水降落漏斗;2. 地面沉降量等值线(mm);3. 地下水位(m);4. 地裂缝

图15-5 大同市地面沉降与地下水降落漏斗平面分布(据林宗元,1991)

三、地面沉降的危害和防治

地面沉降会造成的破坏有:毁坏建筑物和生产设施;海水倒灌,使土壤和地下水盐碱化;损失地面工程,使洪涝灾害加剧,防洪、排涝工程效能下降。

(一)危害

区域性地面沉降给工农业生产、交通运输、城市建设和人民生活造成很大的危害和严重的经济损失，它使城市环境明显恶化，具体表现在：

（1）破坏城市设施，妨碍城市建设。造成建筑物开裂、倾斜或倒塌（图 15-6）。

（2）海水入侵，倒灌，使土壤和地下水盐碱化。

（3）下水道排水不畅，降雨积水成灾，城市内涝加剧。

（4）桥下净空间减少，过航能力下降，影响交通运输。

（5）河、海堤埝或防汛墙的防洪防潮能力下降，洪涝灾害加剧。港口码头失效，其作用和功能降低。

（6）道路设施及地下水管道受到破坏，地下水取水设备失效。

（7）地面沉降引起地裂缝、涝洼地等，破坏土地和耕地，引起公害。

图 15-6　地面沉降（意大利比萨斜塔）

（二）防治

目前国内研究的地面沉降主要着重于因抽取地下水、石油、天然气所引的区域性地面沉降。防治抽取地下水引起地面沉降的措施有两种：

（1）已发生地面沉降的地区　基本措施是进行地下水资源管理。整治的具体方法有：①限制或压缩地下水开采量，减少水位降深幅度。在地面沉降剧烈的情况下，应暂停开采地下水。②向含水层进行人工回灌，并根据地下水动态和地面沉降规律，制定合理的回灌方案。回灌时，要严格控制回灌水源的水质标准，以防止地下水被污染。③调整地下水开采层次，进行合理开采，适当开采更深的地下水。

（2）可能发生地面沉降的地区　基本措施是预测地面沉降的可能性及其危害程度。防治方法有：①估算沉降量，并预测其发展趋势。②结合水资源评价，研究确定地下水资源的合理开采方案。在最小的地面沉降条件下抽取最大可能的地下水开采量。③采取适当的建筑措施。如避免在沉降中心或严重沉降地区建设一级建筑物。在进行房屋、道路、管道、堤坝、水井等规划设计时，预先对可能发生的地面沉降量有充分考虑。

第四节　其他地质灾害

一、火山灾害

火山灾害是由火山喷发引起的地质灾害。火山喷发是自然界最壮观最令人望而生畏的地质现象。火山灾害有两大类，一类是由于火山喷发本身造成直接灾害，另一类是由于火山喷发而引起的次生灾害。一般火山喷发时，这两类灾害常常是兼而有之。火山碎屑流、火山熔岩流、火山喷发物（包括火山碎屑和火山灰）为直接灾害；而火山喷发引起的泥石流、滑坡、地震、海啸等为火山次生灾害。火山灾害常常会给人类带来毁灭性的破坏以及伴随灾害连锁产生的环境破坏。

(一)灾害的类型和危害

1. 直接灾害

(1)火山灰和气体

①空气污染,影响气候。火山爆发时喷出的火山灰和火山气体,改变区域的大气成分,形成的气溶胶,在大气圈中发生化学反应,破坏臭氧层。火山灰和火山气体被喷到万米高空,飘散弥漫,会遮天蔽日,导致气温下降。如1815年4月15日印度尼西亚坦博拉火山爆发,也是人类历史上最大规模的火山喷发,受其影响全球气温在之后的两年下降了0.4～0.7 ℃,1816年全球气候出现异常,被称为无夏之年的事件。

②危及航空安全。火山灰和气体形成火山灰云层,白昼可能变黑暗,能见度降低,给人们的正常出行带来延误风险,对飞行安全造成威胁。2010年4月冰岛埃亚菲亚德拉冰盖火山14日喷发,火山灰升至万米高空,之后飘向欧洲大陆北部,欧洲航空安全受到前所未有的影响,致使全球范围内的航空运营商日损失总计约2亿美元。

③毒气致人毙命。有些火山喷发释放出的(CO_2、HS、SO_2)有毒气体足以致人于死地。1986年8月喀麦隆尼沃斯火山喷发,有1 700余人死于火山喷出的CO_2等大量有害气体。气体中的硫化物和卤化物遇降水可以形成有毒的酸雨,危害动植物。

(2)火山碎屑流和火山熔岩流　火山爆发会抛出大量的火山碎屑和火山口不断涌出的熔浆,温度高、流动性大,掩埋房屋、建筑,耕地、林地等土地资源,造成人财重大伤亡,毁坏的生态环境无法重建。公元79年意大利维苏威火山喷发,炽热的火山熔岩碎屑流,很快埋没了繁华的庞贝城,使庞贝城瞬间绝迹,直到1689年这座古城才被后人发现。

2. 次生灾害

火山喷发时,火山口溢出的熔岩流顺坡而下,可以摧毁沿途的一切物质。1980年美国圣海伦斯火山爆发,炽热的火山碎屑和熔岩流使山地冰雪大量溶化,形成了汹涌的泥石流,从山顶倾泻而下,并引起洪水泛滥,造成24人死亡,46人失踪。1985年哥伦比亚华多德尔的鲁伊斯火山爆发,火山碎屑流熔化了山顶冰盖,形成大规模的泥石流,造成2万多人丧生,7 700余人无家可归。火山喷发诱发的地震也是常见的次生灾害,只不过它分布在火山灾害的附近区域。海底火山喷发引发的海啸,给滨海地区带来巨大灾难。如2004年12月26日早晨印度尼西亚苏门答腊岛西海岸160 km处,30 km深的海底发生的大地震引发的印尼海啸,死伤惨重,据统计,超过23万当地百姓死于非命,许多城镇被摧毁,大量房屋被冲垮,无数财物被海水席卷一空。几吨重的汽车,在汹涌的海里当中,就好像是轻飘飘的树叶。

(二)火山灾害的特点、分布和预防对策

1. 火山灾害的特点

(1)火山灾害源较固定,一般为现代活火山分布区域。

(2)突发性和严重性,往往给人类带来重大财产和人员的损失。有些火山在毫无征兆的情况下突然爆发,造成重大的灾难。

(3)火山灾害周期性,一般火山喷发活动周期较长。有些活火山周期性活动可能有几百年。

(4) 影响的范围和时间较长,由火山作用的规模强度决定。

2.火山分布

全球火山活动带位于板块构造活动带，地震和火山灾害分布区域一致，常相伴发生。全球火山主要分布在以下四个带：环太平洋火山带、大洋中脊火山带、东非裂谷火山带、阿尔卑斯-喜马拉雅火山带。

在地质历史时期，中国区域曾发生过广泛而又强烈的火山活动，但近代火山活动已经十分微弱。据现有资料统计，发生在历史时期并有较可靠记载的火山活动有11次，其中1949年以来有两次，均发生在荒无人烟的青藏高原地区。

中国内地有新生代火山1 000余座，组成大约120个火山群式火山区(带)。其中活动性较强的火山群主要有：长白山火山群、五大连池火山群、大同火山群、滇西腾冲火山群、台湾火山活动区、西昆仑—可可西里火山带等。

3.预报预警

历史上中国火山灾害轻微，预测今后中国发生严重火山灾害的可能性不大，但今后仍有发生小规模火山活动的可能，因而加强火山监测、预报和火山灾害研究仍然是必要的。

我国火山监测研究工作起步较晚，与国际先进水平相比较仍然有很大差距。我国已开展了中国若干近代活动火山的监测与研究，对长白山、五大连池与腾冲火山及海南进行了较系统的监测与研究，均建立了监测和预警系统。通过对长白山、腾冲、五大连池和海南火山的深部结构的研究，揭示了长白山天池与云南腾冲热海地区存在地壳岩浆囊，通过地震监测、地形变测量、地下流体的监测和岩石化学的分析，发现了火山地震活动、异常地形变和来自深部地幔的流体、地球化学指示异常，并据此给出火山喷发危险性的定性结论。

火山喷发预报预警是对灾害性的火山喷发，提出发生的时间、地点、灾害类型及其规模影响(强度)的评估与判定，并依据火山活动不同阶段的动态反映和要求，采取逐步逼近的预报方法，相应地做出不同时间的预报。由于火山喷发活动周期较长，火山喷发引起的灾害种类及形式也多种多样，而且限于当前对火山喷发与灾害预测预报尚处于探索阶段，所以在喷发预报的程序及其在时间的尺度上还难以把握。国内外的一些成功经验是根据火山喷发活动的规律性，采取阶段性或渐进式的预报方法；从不同阶段可能发生有不同的前兆现象出发，把火山喷发预报，包括灾害预测与评估，大体分为：长期预报，中、短期预报，临喷前的预报和喷发后的趋势(息止)预报等。

我国火山监测预报工作已被纳入中国地震局统一管理，所以，根据《发布地震预报的规定》，原则上是省级以上的地震部门为正式评审和确定火山预报意见的单位。

预防火山灾害的主要措施包括：①城镇和重要工程设施避开火山危险区及可能的危害区；②在火山喷发前，进行人员疏散和财产转移；③阻挡或疏通熔岩流，改变其流动方向或聚集场所，减少灾害损失；④消除火山洪水、火山泥石流等隐患，预防间接灾害；⑤制定火山灾害应急预案，进行有效的抗灾、救灾工作。除此之外，科学家一致认为，如能长期保持持续给地下深部注水，将有效避免其火山喷发。如美国航天局科学家提出了向黄石公园地下钻井并注水的方法来给火山降温，来给这座超级火山怒火降温，阻止火山灾害的爆发。

二、崩塌、滑坡、泥石流

崩塌、滑坡、泥石流是广泛发生在山地高原地区的地质灾害，也称山地地质灾害。它们的形成条件和活动规律相近，区域分布密切共生，所以常称为崩滑流灾害。关于崩滑流的形成机理已在前面相关章节介绍了，这里主要阐明崩滑流的分布、危害。

中国是崩滑流灾害十分严重的国家。据卫星航片资料，全国有可疑灾害点 100 万处以上，经调查证实的大型、特大型灾害 7 800 多处。1949—1998 年的 50 年间，共发生破坏较大的灾害 5 000 多次，造成重大损失的严重灾害事件有 1 000 多次。

崩滑流灾害分布广泛。全国除上海等个别省、市外，均受到不同程度的危害。辽、京、冀、晋、陕、甘、鄂、川、滇、贵地区，是灾害活动最强烈的地区，其中川滇山地、鄂西山地、秦岭、黄土高原、燕山山地、辽东山地最严重。西部和西北部地区除阿尔泰山、天山、祁连山和青藏高原部分地区灾害活动比较强烈外，其余大部分地区灾害不发育，我国东部和东南部地区，灾害分布在东南丘陵和台湾山地，除局部地区灾害严重外，灾害一般不强。

崩滑流灾害的主要破坏作用表现在 5 个方面。第一，造成人员伤亡。1949—1999 年崩滑流灾害至少造成 22 000 人死亡。如 1983 年 3 月 7 日甘肃省东乡族自治县洒勒山发生大型滑坡，摧毁 3 个村庄，死亡 237 人。第二，破坏城镇、矿山、企业。全国受崩滑流严重侵扰的城市有 59 座，县城以下的城镇 400 多个。如重庆市共有体积 $> 500\ m^3$ 的滑坡 233 处，崩塌 199 处，新中国成立以来多次发生活动，造成了严重损失。第三，破坏铁路、公路、航道，威胁交通安全。川滇、川陕、甘川、昆洛、成兰、滇黔等公路崩滑流灾害也十分严重。大江大河两岸是崩滑流灾害的多发区，因此对内河航运造成严重威胁。如在长江中上游的重庆—宜宾之间的 690 km 河段，发育有滑坡、崩塌和危岩体 283 处，总体积约 $15\times10^8\ m^3$ 或以上。几十年来，长江中上游两岸多次发生特大规模的崩塌、滑坡活动，给长江航运造成严重危害。第四，破坏水利、水电工程。新中国成立以来有数百座水库和水电站遭受崩滑流灾害破坏。仅云南一省遭破坏的水库就有 50 余座，水电站有 360 余座。长江三峡水利工程地质灾害特别发育，三斗坪—江津的库岸地带内有 $> 5\ 000\ m^3$的崩塌(危岩)、滑坡 392 处，库区内有泥石流沟 271 条，给工程建设、移民和以后运营造成严重威胁。第五，影响资源开发，阻碍山区经济发展。在崩滑流活动区，这些经济活动受到严重阻碍，如四川省攀西地区，是我国规划中的重要矿产基地，但在该地区大约 $6.6\times10^4\ km^2$ 范围内，发育有体积 $50\times10^4\ m^3$ 以上的滑坡或滑坡群 200 余个，对矿产资源开发造成了严重困难。下面简要介绍三峡库区崩滑流的防治情况：

据 1999 年国土资源部的大调查，长江上游地区仅嘉陵江上游、三峡库区和金沙江下游及奉节地区就有大小滑坡 16 000 多处，泥石流 4 000 多条，灾多面广，突发性强，每年造成数百人乃至数千人员伤亡。三峡库区所在区域是崩滑流多发地段，在三峡工程施工的过程中离三峡大坝几千米的地方曾经发生过崩滑流，对三峡工程造成很大的威胁，为了确保三峡库区 120 万移民的安全和三峡工程顺利实施，对三峡库区 19 个县(区)开展了 1/10 万地质灾害调查，共完成调查面积 54 000 km^2，发现灾害点 6 200 余处。这项工作为国家投入的 40 亿元开展三峡库区地质灾害防治的规划编制和监测预警系统建设提供了重要的基础数据。

三峡库区地质灾害防治规划包括 5 项主要内容：一是崩滑地质灾害防治和塌岸防护调查评价规划。二是崩滑地质灾害防治规划。三是塌岸地质灾害防护规划。四是地质灾害监测预警规划。五是高边坡防护和深基础处理规划。防治重点是移民迁建城镇和重要交通等建设设施所形成的高边坡和深基础。其中高边坡防护 1 428 处,深基础防护处理以奉节、巫山、巴东等新城区为主。

库区地质灾害调查与预警加大了科技创新力度,在重庆巫山、奉节、巴东等县初步建立了以专业队伍为主,具有国际水平的重大地质灾害实时监测预报示范站,为我国地质灾害严重区开展地质灾害科学监测和预报提供了范例。最成功的崩滑流防治工程是长江链子崖防治工程。链子崖危岩体在长江南岸,下距宜昌市 73 km,距三峡坝址 27 km。长江链子崖危岩体防治工程的目的,是改善坡体稳定状况,防止大规模崩滑入江造成危害。其中,危岩体锚固工程是整个防治工程的重要组成部分,主要是改善水马门一带的"五万方"危岩体、"五千方"滑移体和"七千方"滑移体的稳定状况(图 15-7)。

图 15-7　长江链子崖危岩体防治工程

三、地面塌陷

地面塌陷是指地表岩土体在自然或人为因素作用下向下陷落,瞬时急剧地破坏其连续性,并在地面形成塌陷坑(洞)的一种动力地质现象。地面塌陷的形态多呈圆形、椭圆形或不规则形状,剖面上呈圆锥形、漏斗状、井、坛等(图 15-8)。由于其发育的地质条件和作用因素不同,地面塌陷可分为岩溶塌陷和非岩溶性塌陷两大类。

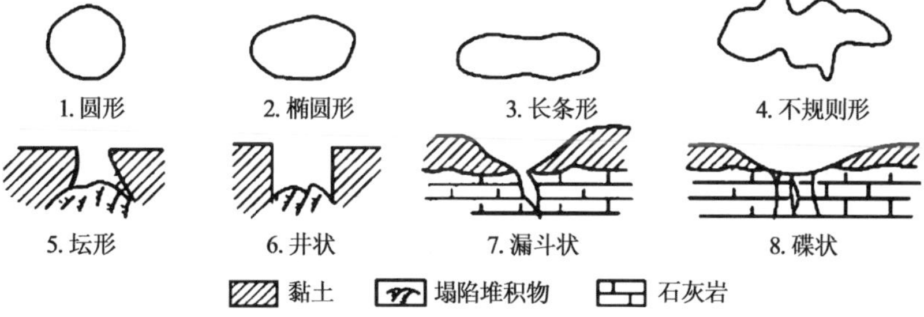

图 15-8　地面塌陷坑示意图(引自林宗元,1991)

岩溶塌陷是指在可溶岩发育区,溶洞上方的岩土体在自然或人为动力作用下发生形变破坏,快速向下陷落后,在地面或地表浅层形成塌陷坑洞的现象。岩溶塌陷分为多种类型,其中以碳酸盐岩塌陷和以抽水引起的人为塌陷较多。岩溶塌陷造成局部地表破坏，是岩溶发育到一定阶段的产物。因此，岩溶塌陷也是一种岩溶发育过程的自然现象，可出现于岩溶发展历史的不同时期，既有古岩溶塌陷，也有现代岩溶塌陷。岩溶塌陷还是一种水土流失现象，水土通过塌陷向地下流失，影响着地表破坏的演变和改造，形成具有鲜明的岩溶景观。

我国岩溶塌陷灾害十分严重。据调查，全国有岩溶塌陷 3 000 处，塌陷坑约 33 200 个，总面积 330 km^2。中国岩溶塌陷广泛发育在 24 个省（自治区、直辖市），以桂、湘、黔、粤、冀、赣、滇等地最严重，与碳酸盐岩分布区基本一致。

1. 岩溶塌陷的类型

岩溶塌陷的类型见表 15-5。

表 15-5 岩溶塌陷类型划分表

按塌陷时期划分	按成因划分		按可溶岩类型划分	按盖层岩性结构划分
	大类	类型		
古塌陷（形成于第四纪以前，如陷落柱） 老塌陷（形成于第四纪）	自然塌陷	暴雨塌陷 洪水塌陷 重力塌陷 地震塌陷	碳酸盐岩类塌陷、蒸发岩类塌陷（石膏岩溶塌陷）	土层塌陷
现代塌陷	人为塌陷	坑道排水或突水塌陷，抽汲岩溶地下水塌陷，水库蓄水或引水塌陷，震动或加载塌陷，地表水下渗塌陷，多种成因复合塌陷	可溶性碎屑岩类塌陷（红层岩溶塌陷）	基岩塌陷

引自林宗元，1991。

2. 岩溶塌陷的形成条件

岩溶塌陷是由覆盖层中的土洞发展而成（图 15-9）。土洞形成的条件与基岩的岩溶发育程度、土层的性质和地下水的活动特征有关。

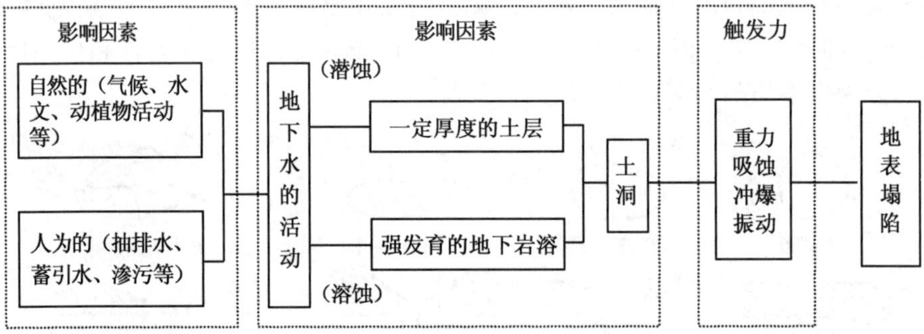

图 15-9 岩溶塌陷过程框图

岩溶塌陷处下伏基岩的岩溶发育程度强烈则塌陷常见，反之，则塌陷少见。而且，岩溶塌陷主要与浅部岩溶发育程度密切相关。浅部岩溶是指基岩表面的溶芽和溶沟部分，以及低基岩面以下约 10 m 范围内的洞穴或溶隙发育段。

土层是土洞形成和塌陷发生的物质基础。土层的矿物成分、颗粒组成、结构构造、物理力学性质、含水量、厚度等影响着土洞的形成和发展的快慢。土层的厚度还控制或影响塌陷的形态与规模(表 15-6)。

表 15-6 主要塌陷点的第四系厚度统计表

第四系厚度/m	塌陷点数/个	比例/%	说明
<10	36	69.2	以黏土、粉质黏土为主
10～20	15	28.2	以黏土、砂砾石为主
20～30	1	2.0	粉土、砂砾石
合计	52	100	

注:主要塌陷点是指塌坑数多于 20 个的塌陷点(引自康彦仁,《中国南方岩溶塌陷》,1990)。

地下水的活动是土洞形成、发展,以致破坏的最活跃因素,特别是水位在基岩面上下波动的幅度和频度对崩解和搬运土粒和流土的速度有重要作用。地下水的活动还改变土的含水量、塑性状态,以及因湿胀干缩出现裂缝等。

3. *岩溶塌陷的危害*

岩溶塌陷的主要危害是破坏房屋、道路、水坝、电站等工程设施和城市、矿山、企业环境。全国发生岩溶塌陷灾害的城市近 70 个,造成严重破坏的有 44 个,主要有唐山、武汉、昆明、黄石、九江、水城、杭州、柳州等。受岩溶塌陷严重危害的大中型矿山有 60 多个,有湖南恩口煤矿、湖北铜绿山铜矿、广西烟顶山铅锌矿、广东凡口铅锌矿、山东莱芜铁矿等。全国铁路沿线近年发生岩溶塌陷 375 处,其中危害严重的有 55 处。受害线路 60 多段,主要分布在贵昆线、湘桂线以及京广线、京九线、沈大线、胶济线的部分线段。此外,岩溶塌陷引发地震造成灾害,引发社会问题。

4. *岩溶塌陷的防治*

岩溶塌陷的防治措施主要有两方面:一是控水措施,包括防止地表水进入塌陷区,减少向地下的渗入量;控制地下水动态,限制地下水位的频繁升降保持岩溶水承压状态;防止地下水位和岩溶水压力的大起大落,控制地面塌陷。二是加固措施如挖填、强夯、灌注填充、采用锚固柱、栅栏、支撑建筑物、防止洞穴坍塌。

非岩溶性塌陷主要为采空区塌陷,即人工开挖地下空间形成采空区,主要是地下采矿和地下工程开挖。随着国民经济的发展,人类对矿产资源的地下开采和地下空间的开发利用不断增加,因地下采空区塌陷而造成的灾害呈增加趋势。

第五节 地质灾害勘查与评价

地质灾害勘查即用专业技术方法调查分析地质灾害状况和形成发展条件的各项工作的总称,地质灾害勘查成果为地质灾害评价与防治的基础资料。根据勘查目的和勘查精度,将地质灾害勘查工作分为小比例尺的全国或区域地质灾害勘查;中等比例尺的地区性地质灾害勘查;大比例尺的地质灾害点或地质灾害区的专门性勘查。

一、地质灾害勘查目的和任务

(一)地质灾害勘查目的

地质灾害勘查目的是为了科学确定地质体的特征、稳定状态和发展趋势，分析地质灾害发生的危险性，论证地质灾害防治的可行性，为地质灾害防治方案编制，包括最终确定是否需要治理、采取躲避方案或实施防治工程等不同对策提供科学依据。

(二)地质灾害勘查任务与研究内容

地质灾害勘查一般应完成下列任务：

1. 灾情调查

主要查明已经造成的危害，如财产损失(如房屋塌或开裂、土地破坏等)、人员伤亡、直接经济损失、间接经济损失和生态环境破坏情况及其特点。

2. 区域调查

主要是调查地质灾害形成的区域地形地貌、地质构造等环境条件，特别是构造期以来的地球表层动力地质作用发育情况。

3. 具体地质灾害体的勘查

采用工程手段和简易监测方法，勘查地质灾害体的形态、结构和主要作用因素及其变化等，采用地质历史分析法综合评价其稳定性。

4. 室内外试验

根据地质灾害体的稳定性评价的需要，有目的地在适当位置开展现场原位测试、采集试验样品进行室内试验。

5. 成因机制分析、研究模拟和稳定性评价

综合上述几个方面的资料分析地质体破坏的成因机制，抽象提取正确的地质模型，开展物理模拟和数学模拟，最后进行定性分析和定量评价。

6. 进行防治工程可行性论证，提出地质灾害防治方案

根据灾情调查和勘查评价结果，作出未来地质灾害危险性预测，初步提出并论证不需要治理、需要治理和必须搬迁躲避或综合方案的依据、布置与工程概算。

其中重点是第 3、4、5 部分。

二、地质灾害勘查工作程序

地质灾害勘查过程通常包括勘查设计、生产、辅助生产、成果使用 4 个过程。

(一)地质灾害勘查设计过程

这里所指的“设计”是指地质灾害勘查工作的总体设计，并非指勘查工作后的工程设计。地质灾害勘查设计是地质灾害勘查单位为完成地质灾害勘查项目而编写的“作战方案”。它体现了勘查工作的目的、任务、工作步骤、工作方法和手段、工期、预期要完成的成果等内容。勘查设计过程的重点是编制勘查技术指导书和勘查大纲。勘查大纲编写完后，要经过上级审核

和签署方可生效。

(二)地质灾害勘查生产过程

地质灾害勘查生产过程也就是实施勘查设计制订的“作战方案”,包括野外勘查、室内试验和资料整理3个方面的工作。勘查生产过程是勘查全过程的中心环节,是保证或维持勘查质量的关键过程。

(三)地质灾害勘查辅助生产过程

地质灾害勘查辅助生产过程包括物资供应、设备维修、生活后勤等环节。主要任务是主动及时为生产第一线提供必要的、质量良好的生产技术服务和生活服务,为保证完成勘查任务和提高勘查质量创造条件。

(四)地质灾害勘查成果使用过程

与传统只重视勘查生产过程管理不同,勘查成果提交后,勘查工作没有结束,而应继续抓好以下工作:

(1)开展技术服务,包括配合施工做好试验、检验、监测等工作,给用户传授和讲解成果及图纸的使用方法及注意事项等。

(2)进行质量回访,包括召开用户座谈会,调查勘查成果使用效果、使用要求和存在的问题等。

(3)认真处理已交付勘查成果的质量问题。

(4)做好项目竣工后的长期观测和监测。

三、地质灾害勘查方法与选用

地质灾害勘查方法主要有搜集资料(含文献)、地质调查与测绘、遥感图像解译、地球物理勘探、钻探、山地工程、试验(包括室内和现场原位测试、模型与模拟试验等)、动态监测等。另外,把3S技术用于地质灾害勘查中非常必要。

(一)勘查方法选择的基本原则

勘查方法选择的基本原则是以较低的勘查工作投入,取得较多的有用且好用的资料和数据,实现最好的减灾效益。主要考虑方法是否有针对性、实用性和是否简便高效和经济合理。尽可能选择地质调查与测绘、轻型山地工程、物探、化探、3S技术,少用或不用钻探工程和重型山地工程。

(二)勘查方法的优化配置

钻探和山地工程对物化探有很强的互补性和互验性。首先用钻探对地面物化探结果进行验证,提高其成果的准确性和应用推广价值。随后进行测井和跨孔探测,拓宽物探的勘测范围,以取得更好的成效。钻探应尽量投入到关键部位。每个钻孔都应综合测井,力求每个钻孔都具备较多的功能,包括利用钻孔进行变形观测与监测等。对于主裂缝或隐伏裂缝构成的危岩体或滑坡边界,应钻探勘查并进行跨孔探测,以准确确定边界条件、裂缝的发育深度等重要资料。

动态监测是地质灾害勘查的重要项目。监测内容包括:绝对位移监测是首选项目,一般利用勘查时投入的测量仪器进行大地测量法监测;相对位移监测与绝对位移监测一同展开,当勘查后即建立长期监测站时，应根据建站要求，及时投入其他监测项目，如电测；宏观地质调查简便易行，应确定相对固定的调查线路，定期进行。

四、地质灾害危险性评估

地质灾害危险性评估属地质灾害勘查与防治的工作范畴。我国自2001年开展地质灾害危险性评估。目前，已形成一套完整的地质灾害危险性评估法律法规管理体系和技术规范体系。如《地质灾害防治条例》《地质灾害危险性评估技术要求(试行)》《地质灾害危险性评估单位资质管理办法》《地质灾害危险性评估技术规范》(DZ125)等。

地质灾害危险性评估是指地质灾害发生的可能性和可能造成的损失的综合估量，它是在查明各种致灾地质作用的性质、规模和承灾对象社会经济属性(价值、可移动性等)的基础上，从致灾体稳定性和致灾体与承灾对象遭遇的概率上分析入手，对其潜在的危险性进行客观评估，一般包括地质灾害危险性现状评估、地质灾害危险性预测评估和地质灾害危险性综合评估。地质灾危险性评估工作的一般程序如图15-10所示。

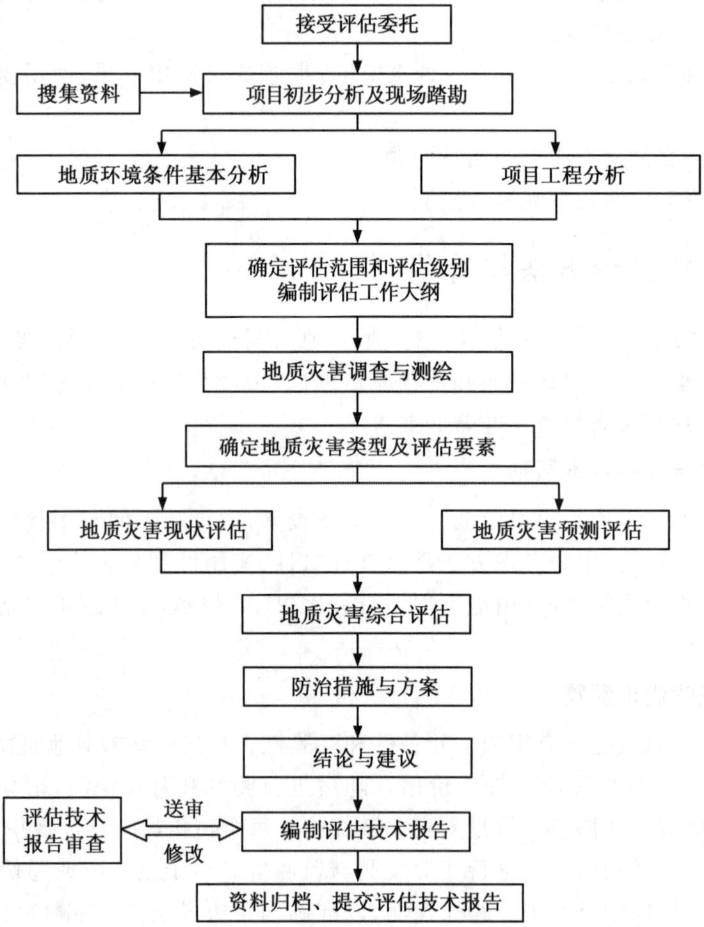

图15-10 地质灾害危险性评估程序框图

(一)地质灾害危险性评估的技术要求

地质灾害危险性评估范围不应小于规划区、建设用地和矿山范围，一般应视规划、建设和矿山项目的特点及影响范围、地质环境条件和地质灾害种类确定，且调查范围不应小于评估范围，以能合理划定评估范围为原则。地质灾害危险性评估工作应分级进行，评估工作级别按项目重要性和地质环境条件的复杂程度确定。严禁不具备相应资质条件的单位从事地质灾害危险性评估工作。对规划区、建设用地和矿山的地质灾害危险性评估的地质灾害种类包括崩坡、滑坡、泥石流、塌岸、地面塌陷(含岩溶塌陷和采空区塌陷)、地裂缝、地面沉降和采矿移动。地质灾害危险性评估级别确定应符合下列规定：

(1)城市总体规划区、村庄和集镇规划区的地质灾害危险性评估级别均应按一级考虑。

(2)建设场地和矿山地质灾害危险性评估级别应根据地质环境复杂程度与建设项目和矿山开采项目重要性按表 15-7 划分。

表 15-7　地质灾害危险性评估分级表

项目重要性等级	地质环境复杂程度		
	复杂	较复杂	简单
重要	一级	一级	二级
较重要	一级	二级	三级
一般	二级	三级	三级

注：①建设用地，当拟建线状工程长度≥30 km 或非线状工程丘陵山区用地面积≥0.5 km^2 时、平原区用地面积≥1 km^2 时，评估级别应定为一级；当拟建线状工程长度 30～10 km 或非线状工程丘陵山区用地面积 0.5～0.1 km^2 时、平原区用地面积 1～0.5 km^2 时，按本表划分的评估级别如为二、三级则应提高一级；当矿区面积≥5 km^2 时，评估级别应确定为一级。②矿山项目，当矿区面积 5～1 km^2 时，按本表划分的评估级别如为二、三级应提高一级。

(3)建设项目重要性分类按表 15-8 确定。

表 15-8　建设项目重要性分类表

项目类型	项目类别
重要建设项目	开发区建设、城镇新区建设、放射性设施、军事设施、核电、二级(含)以上公路、铁路、机场，大型水利工程、电力工程、港口码头、矿山、集中供水水源地、工业建筑、民用建筑、垃圾处理场、水处理厂等
较重建设项目	新建村庄、三级(含)以下公路，中型水利工程、电力工程、港口码头、矿山、集中供水水源地、工业建筑、民用建筑、垃圾处理场、水处理厂等
一般建设项目	小型水利工程、电力工程、港口码头、矿山、集中供水水源地、工业建筑、民用建筑、垃圾处理场、水处理厂等

注：①教学楼和监舍的重要性等级按本表确定级别提高一级。②建设工程中各单位工程重要性不在同一级别时，按其中最高级。③矿山项目重要性由矿山规模和保护对象的重要性确定，取两者中的较高者。

(4)丘陵山区的地质环境条件复杂程度一般按表 15-9 确定。

表 15-9 地质环境条件复杂程度分类表

判别地质因素	地质环境复杂程度类型		
	复杂	中等复杂	简单
不良地质作用发育程度	发育	中等发育	不发育
地形地貌	复杂	中等复杂	简单
地质构造	复杂	中等复杂	简单
岩土类型与性质	复杂	中等复杂	简单
水文地质条件	复杂	中等复杂	简单
破坏地质环境的人类活动程度	强烈	中等强烈	不强烈

注：地质环境复杂程度由复杂向简单推定，不良地质作用发育程度和破坏地质环境的人类活动程度 2 项中任一项首先满足某高等级者即定为该等级；其余 4 项中有两条符合某较高等级者即定为该级别。

(二)地质灾害危险性现状评估

地质灾害危险性现状评估是在基本查明评估区已发生崩塌、滑坡、泥石流、地面塌陷、地裂缝和地面沉降等灾害形成的地质环境条件、分布、类型、规模、变形活动特征，主要诱发因素与形成机制，对其稳定性进行初步评价，在此基础上对其危险性和对工程危害的范围与程度做出评估，评估内容包括划分地质灾害等级(表 15-2)、确定地质灾害灾情和险情等级(表 15-3)。

(三)地质灾害危险性预测评估

地质灾害危险性预测评估是对工程建设场地及可能危及工程建设安全的邻近地区可能引发或加剧的和工程本身可能遭受的地质灾害的可能性、危险性和危害性做出评估，并在此基础上划定地质灾害易发程度分区。地质灾害的发生可能性，应根据相应灾种的致灾因素进行综合判定，当能判断致灾地质体的稳定性时，地质灾害发生的可能性应根据致灾地质体在不利情况下的稳定性按表 15-10 判定。地质灾害可能造成的损失大小分级可按表 15-11 综合确定。

表 15-10 判定地质灾害发生的可能性

致灾地质体在不利情况下的稳定性	不稳定	欠稳定	基本稳定	稳定
地质灾害发生的可能性	可能性大	可能性大或中等	可能性中等或小	可能性小或不可能

表 15-11 地质灾害可能造成的损失大小分级

损失大小	可能造成的直接经济损失/万元	可能造成的直接经济损失占项目总投资的比例/%	受威胁的人数
大	≥1 000	≥30	≥300
中等	1 000～100	30～10	300～50
小	<100	<10	<50

注：①损失大小判定的三因素中，有一个因素达到某较高等级的标准时，损失大小级别即为该等级。

②地质灾害发生后可能造成的经济损失和受威胁人数，应是地质灾害涉及范围内可能造成的经济损失和受威胁人数；当有正式的地质灾害防治方案或明确具有地质灾害防治功能的建设工程方案时，可只考虑防治方案实施前地质灾害可能造成的损失。

(四)地质灾害危险性综合评估

地质灾害危险性综合评估是指依据地质灾害危险性现状评估和预测评估结果，充分考虑评估区的地质环境条件的差异和潜在的地质灾害隐患点的分布、危险程度，确定判别区段危险性的量化指标，根据项目“区内相似，区际相异”的原则，采用定性、半定量分析法，进行工程建设区和规划区地质灾害危险性等级分区(或段)。并依据地质灾害危险性、防治难度和防治效益，对建设场地的适宜性作出评估，提出防治地质灾害的措施和建议。当地质灾害危险性差异不明显时，可不进行地质灾害危险性分区。

用地或用地内各区地质灾害危险性等级应根据用地或用地内相应区地质灾害发生的可能性和可能造成的损失大小按表 15-12 确定。不可能发生地质灾害的区域，应视为无地质灾害危险区。

表 15-12　地质灾害危险性等级划分

地质灾害发生的可能性等级	地质灾害可能造成的损失		
	大	中	小
可能性大	危险性大	危险性大	危险性中等
可能性中	危险性大	危险性中等	危险性小
可能性小	危险性中等	危险性小	危险性小

建设用地或用地内各区的适宜性应根据地质灾害危险性及地质灾害防治难度按表 15-13 确定。当基本不需要设计防治工程的，土地适宜性为适宜；地质灾害危险性中等，防治工程简单的，土地适宜性为基本适宜；地质灾害危险性大，防治工程复杂的，土地适宜性为适宜性差。

表 15-13　建设用地的适宜性等级与划分标准

地质灾害危险性	地质灾害防治难度		
	大	中等	小
危险性大	适宜性差	适宜性差	适宜性差
危险性中等	适宜性差	基本适宜	适宜
危险性小或无	适宜	适宜	适宜

(五)地质灾害危险性评估成果

地质灾害危险性评估成果包括地质灾害危险性评估报告书或说明书，并附评估区地质灾害分布图、地质灾害危险性综合分区评估图和有关的照片、地质地貌剖面图等。地质灾害危险性一、二级评估，应提交地质灾害危险性评估报告书；三级评估，应提交地质灾害危险性评估说明书。

地质灾害危险性评估报告是评估工作最终成果，应在综合分析全部资料的基础上进行编写。地质灾害性评估报告书的内容包括下列内容：前言、评估工作概述、地质环境条件、地质灾害危险性现状评估、地质灾害危险性预测评估、地质灾害危险性综合分区评估及防治措施、结论与建议等部分。

复习思考题

1. 解释:地震、地面沉降、海水入侵、地质环境、地质灾害
2. 什么是环境地质学? 环境地质学主要研究内容包括哪些?
3. 试述地质灾害的概念、类型及分布。
4. 为什么泥石流与地震的分布地区大体一致?
5. 地震、火山、泥石流和滑坡四种地质灾害之间相互有什么联系?
6. 人类的哪些活动可以诱发地质灾害? 采取哪些措施才能降低损失?
7. 如何有效地建立地质灾害的预报预警机制?

参考文献

段永候,罗元华. 中国地质灾害. 北京:中国建筑工业出版社,1993.

蒋辉. 环境地质学. 北京:化学工业出版社,2008.

康彦仁,等. 中国南方岩溶塌陷. 南宁:广西科学技术出版社,1990.

雷祥义. 黄土高原地质灾害与人类活动. 北京:地质出版社,2001.

李观德. 昭通地区滑坡泥石流预警系统及其减灾效益分析. 灾害学,1998(1):50-52.

李燕芳. 自然灾害与应急管理研究. 北京:经济日报出版社,2017.

林宗元. 岩土工程勘察设计手册. 沈阳:辽宁科学技术出版社,1991.

刘传正, 张明霞. 长江三峡链子崖危岩体防治工程研究. 岩石力学与工程学报,1999, 18(5):524-528.

刘传正,黄学斌,黎力. 乌江鸡冠岭山崩堵江地质灾害及其防治对策. 水文地质工程地质, 1995, 22(4):6-10.

刘传正,杨冰. 三峡库区地质灾害调查评价与监测预警新思维. 工程地质学报,2001, 9(2):121-126.

刘传正. 地质灾害勘查指南. 北京:地质出版社,2000.

刘传正. 地质灾害预警工程体系探讨. 水文地质工程地质,2000,27(4):1-4.

孟荣. 论地质灾害的研究、勘察及防治工作若干建议. 中国地质灾害与防治学报,1994,5(S1).

尼克·卡特. 灾害管理手册. 许厚德,主译. 北京:地震出版社,1993.

潘懋,李铁峰. 灾害地质学. 北京:北京大学出版社,2002.

王占礼,彭珂珊. 中国主要灾害类型、成因及分布. 桂林工学院学报,1999,19(4):354-360.

中国科学院水利部成都山地灾害与环境研究所,中国山地危险工程综合培训项目组. 中国山地灾害防治工程. 成都:四川科学技术出版社,1997.

吴正. 现代地貌学导论. 北京:科学出版社,2009.

伍国春,西泽雅道. 东日本大地震后的日本减灾制度研究. 王雪梅,译. 武汉:华中科技大学出版社,2019.

项伟. 三峡库区巴东科教基地地质灾害防治实践教学. 武汉: 中国地质大学出版社,2019.

张梁, 张业成,罗元华. 地质灾害灾情评估理论与实践. 北京,地质出版社,1998.

中华人民共和国国土资源部. 地质灾害危险性评估技术规范(DZ125) .

中华人民共和国国务院令第 394 号.地质灾害防治条例(2004).

Nagarajan R, Roy A, Vinod Kumar R, et al. Landslide hazard susceptibility mapping based on terrain and climatic factors for tropical monsoon regions, Bulletin of Engineering Geology and the Environment, 2000,58(4): 275-287.

Petak W J, Atkisson A A. 自然灾害风险评价与减灾政策.向立云,程晓陶,等译. 北京:地震出版社,1993.

专业术语中英文对照表

A

absolute age 绝对年代
abrasion 磨蚀作用
aeolian deposit 风积物
aeolian landform 风成地貌
aeolian sand 风成沙
agate 玛瑙
aggradation 加积作用
alluvial plain 冲积平原
alluvial fan 冲积扇
alluvium 冲积物
amphibolite 斜长角闪岩
amygdaloidal structure 杏仁状构造
amygdaloidal rock 杏仁状岩
andesite 安山岩
angular unconformity(角度)不整合接触
anticline 背斜
aquiclude 隔水层
aquifer 含水层
aquitard 弱透水层、半隔水层

B

basalt 玄武岩
barchan 新月形沙丘
barchan chain 新月形沙丘链
base level 基准面
black mica 黑云母
bottomset beds 底积层
Bowen's Reaction Series 鲍文反应系列
braided stream 辫流
breccia 角砾岩

C

Carboniferous(C)石炭纪(系)
catastrophism 灾变论
cave 洞穴
cavity 溶穴
cementation 胶结作用
chemical sedimentary rocks 化学沉积岩
chemical weathering 化学风化
clastic sedimentary rocks 碎屑沉积岩
clasts 碎屑
clay mineral 黏土矿物
cleavage 解理
coastal zone 海岸带
combined water 结合水
concave bank 凹岸
confined aquifer 承压含水层
confined groundwater 承压水
conformity 整合接触
conglomerate 砾岩
convex bank 凸岸
creep 蠕动
creeping 蠕移
crystal 晶体、水晶
crystal structure 晶格

D

debris flow 泥石流
deflation 吹蚀作用
delta 三角洲
deluvial,talus 坡积物
deluvial apron 坡积裙
desert 沙漠,荒漠
desertization 沙漠化
Devonian(D)泥盆纪(系)
diabase 辉绿岩
diagenesis 成岩作用
differential expansion and contraction 差异

胀缩
differential weathering 差异风化
diluvial fan 洪积扇
diorite 闪长岩
diorite-porphyrite 闪长玢岩
discharge 排泄
distributary 分流
dolomite 白云石
dolomitite 白云岩
downcutting 下切
drainage basin 流域
drainage system 水系
drifting continent 大陆漂移

E

eluvium(el)残积物
erosion basis 侵蚀基准面
extrusive igneous rocks 喷出岩

F

fall 崩塌
falling deposition 沉降堆积
fault 断层
feldspar 长石
feldspathic sandstone 长石砂岩
fissure(fracture)裂隙
fissure water 裂隙水
flood current 洪流(沟谷流)
flood land 河漫滩
flood plain 泛滥平原
fold 褶曲
folds 褶皱
foreset beds 前积层
fracture 断裂
frost wedging 冰劈作用
frozen earth 冻土
freeze-thaw desertification 冻融荒漠化

G

gabbro 辉长岩
Geology 地质学
Geomorphology 地貌学
geologic age 地质年代
geologic time scale 地质年代表
geological disasters 地质灾害
geological environment 地质环境
geological structure 地质构造
glacial stage 冰期
glacier 冰川
gneiss 片麻岩
graded profile 均衡剖面
graded stream 均夷河流
granite 花岗岩
granite-porphyry 花岗斑岩
granitic texture 花岗结构
granodiorite 花岗闪长岩
granulite 变粒岩
graphic granite 文象花岗岩
gravel 砾石
gravel desert 砾漠
gravitational water 重力水
groundwater 地下水
groundwater resources 地下水资源
gully 沟、冲沟
gully erosion 沟蚀

H

head erosion 向源侵蚀
honeycombed dune 蜂窝状沙丘
hydrologic cycle 水循环
hydrosphere 水圈
hypogene rock 深成岩

I

igneous rocks 火成岩
infiltrate 渗入
interglacial stage 间冰期
intrusive igneous rocks 侵入岩
isolated peak 孤峰

J

jade 玉、翡翠
joint 节理
Jurassic(J)侏罗纪(系)

K

Karst 喀斯特
karst water 岩溶水

L

land desertification 荒漠化
landform 地貌
landslide 滑坡
lava 熔岩
law of superposition 地层层序律
limestone 石灰岩
lithification 固结作用
lithosphere 岩石圈
local(ultimate) base level 地方(终极)基准面
loess flat-topped ridge 黄土梁
loess replat 黄土峁
loess bridge 黄土桥
loess platform 黄土塬

M

magma 岩浆
magmatic rocks(igneous rocks)岩浆岩(火成岩)
marble 大理岩
marine cave 海蚀穴
marine cliff 海蚀崖
marine abrasion 海蚀
marine abrasion landform 海蚀地貌
marine deposition landform 海积地貌
mass movement 块体运动
meander 河曲
meandering stream 曲流
mechanical exfoliation 层裂或层层剥落
metamorphic mineral 变质矿物
metamorphic rocks 变质岩
metamorphism 变质作用
metamorphic rocks 变质岩
mineral 矿物
mica 云母
mother(parent) material 母质
mother rock 母岩
mud desert 泥质荒漠(泥漠)
mudstone 泥岩

N

natural levee(dike)自然堤
neptunism 水成论
normal fault 正断层

O

obsidian 黑曜岩
olivine 橄榄石
Ordovician(O)奥陶纪(系)
orthoclase 正长石
outcrop 露头
oxbow lake 牛轭湖

P

parallel unconformity 平行不整合
parabolic dune 抛物线沙丘
peak cluster 峰丛
peak forest 峰林
pedology 土壤发生学
pegmatite 伟晶岩
perched aquifer 上层滞水含水层
periglacial 冻土
perlite 珍珠岩
Permian(P)二叠纪(系)
permeability 渗透性
phreatic water 潜水
phyllite 千枚岩
physical weathering 物理风化
plagioclase 斜长石
plutonism 火成论

pore 孔隙
pore water 孔隙水
porosity 孔隙度
positive landform 正地形
potassium feldspar 钾长石
precipitation 降水
primary geological environment 原生地质环境
primary loess 原生黄土
primary mineral 原生矿物
proluvial fan 洪积扇
proluvium 洪积物
pyramidal dune 金字塔形沙丘

Q

quartz 石英
quartz -porphyry 石英斑岩
quartzite 石英岩
quartzose sandstone 石英砂岩
Quaternary(Q)第四纪(系)

R

recharge 补给
regolith 土状风化层
relative age 相对年代
reverse fault 逆断层
reversed topography 逆地形
rhyolite 流纹岩
river bed 河床
river mouth 河口
river terrace 河流阶地
river valley 河谷
rock characteristics 岩性
rocky desert 石质荒漠(岩漠)
roundness 磨圆度

S

salinizing desertification 盐渍荒漠化
salt desert 盐漠
saltation 跃移
sand desert 沙质荒漠(沙漠)
sandstone 砂岩
sand spit 沙嘴
sarsen 风蚀柱
saturated zone 饱和带(饱水带)
schist 片岩
sea arch 海穹
sea stack 海蚀柱
secondary geological environment 次生地质环境
secondary loess 次生黄土
secondary mineral 次生矿物
sediment 沉积物
sedimentary rocks 沉积岩
shale 页岩
sheet flow(laminar flow)片流
sheet wash 片流侵蚀
siltstone 粉砂岩
Silurian(S)志留纪(系)
slate 板岩
soil 土壤
soil horizon 土层;土壤发生层
soil profile 土壤剖面
soil salinization 土壤盐渍化
sorting 分选性
spherical weathering 球形风化
spring 泉
stalactite 石钟乳
stalagmite 石笋
stalacto-stalagmite 石柱
star dune 星状沙丘
stratum 岩层
stream 河流
stream capture 河流袭夺
stream deposition 河流沉积
stream discharge 河流流量
stream erosion 河流侵蚀
stream terrace 河流阶地
stream transport 河流搬运

subsoil 底土
surface running water 地表流水
surface subsidence 地面沉降
suspension 悬移
syenite 正长岩
syenite-porphyry 正长斑岩
syncline 向斜

T

tectonic earthquake 构造地震
tectonic movement 构造运动
the rock cycle 岩石循环
till 冰碛
topset beds 顶积层
topsoil 表土
trachyte 粗面岩
Triassic(T)三叠纪(系)
tributary 支流
trunk stream 干流
tuff 凝灰岩

U

unconfined aquifer 无压含水层
underearth 地球内部
underground river 地下河
uniformitarianism 均变论
unsaturated zone 非饱和带(包气带)

V

ventifacts 风棱石
volcano 火山
volcanic breccia 火山角砾岩
volcanic action 火山作用
volcanic ash 火山灰
volcanic belt 火山带
volcanic bomb 火山弹

W

wall rock 围岩
water of unsaturated zone 包气带水
water table 潜水面
water shed 分水岭
water-erosion desertification 水蚀荒漠化
wave-cut platform 波切台
weathering 风化作用
weathering crust 风化壳
white mica 白云母
wind deposition 风积作用
wind-erosion desertification 风蚀荒漠化
wind erosion 风蚀作用
wind-erosion landform 风蚀地貌
wind-accumulated landform 风积地貌
wind-erosion depression 风蚀洼地
wind-erosion mushroom 风蚀蘑菇
wind-erosion valley 风蚀谷
wind-erosion castle 风蚀城堡
wind transport 风的搬运作用

Y

yardan 雅丹

图 1　正长石的卡氏双晶

图 2　赤铁矿

图 3　沙漠玫瑰(墨西哥)

图 4　气孔状玄武岩(浙江新昌)

图 5　似斑状花岗岩

图 6　含狼鳍鱼化石的粉砂质页岩

彩版 2

图 1　三叠纪贵州龙(贵州兴义)

图 2　长白山玄武岩风化

图 3　黄山梦笔生花(李贵桐 摄)

图 4　黄山花岗岩峰林与云海

图 5　北京凤凰岭花岗岩球形风化

图 6　内蒙古阿斯哈图石林(陈焕伟 摄)

彩版 3

图 1　黑龙江五大连池老黑山、火烧山地区火山喷发前水系分布(引自王允鹏等)

图 2　五大连池堰塞湖形成(引自王允鹏等)

图 3　湘西张家界砂岩峰林

图 4　福建武夷山丹霞地貌(王国安 摄)

图 5　河北阳原县虎头梁附近山前洪积扇

图 6　新疆巴音布鲁克开都河河曲(左强 摄)

彩版 4

图 1　云南路南大叠水瀑布

图 2　北京百花山山顶夷平面

图 3　云南路南石芽

图 4　湖北恩施大峡谷瀑布

图 5　云南路南石林象山

图 6　四川黄龙国家公园争艳池